U0383276

《中国工程物理研究院科技丛书》第 074 号

实验冲击波物理

Experimental Shock Wave Physics

谭 华 著

国防工業出版社

·北京·

图书在版编目(CIP)数据

实验冲击波物理 / 谭华著 . —北京:国防工业出版社,2018. 5
ISBN 978-7-118-11562-8

Ⅰ. ①实… Ⅱ. ①谭… Ⅲ. ①冲击波-物理学 Ⅳ. ①O347. 5

中国版本图书馆 CIP 数据核字(2018)第 100358 号

※

国防工業出版社 出版发行
(北京市海淀区紫竹院南路 23 号 邮政编码 100048)
三河市腾飞印务有限公司印刷
新华书店经售
*
开本 787×1092 1/16 **印张** 27¾ **字数** 610 千字
2018 年 5 月第 1 版第 1 次印刷 **印数** 1—3000 册 **定价** 168. 00 元

(本书如有印装错误,我社负责调换)

国防书店:(010)88540777 发行邮购:(010)88540776
发行传真:(010)88540755 发行业务:(010)88540717

致 读 者

本书由中央军委装备发展部**国防科技图书出版基金**资助出版。

为了促进国防科技和武器装备发展,加强社会主义物质文明和精神文明建设,培养优秀科技人才,确保国防科技优秀图书的出版,原国防科工委于1988年初决定每年拨出专款,设立国防科技图书出版基金,成立评审委员会,扶持、审定出版国防科技优秀图书。这是一项具有深远意义的创举。

国防科技图书出版基金资助的对象是:

1. 在国防科学技术领域中,学术水平高,内容有创见,在学科上居领先地位的基础科学理论图书;在工程技术理论方面有突破的应用科学专著。

2. 学术思想新颖,内容具体、实用,对国防科技和武器装备发展具有较大推动作用的专著;密切结合国防现代化和武器装备现代化需要的高新技术内容的专著。

3. 有重要发展前景和有重大开拓使用价值,密切结合国防现代化和武器装备现代化需要的新工艺、新材料内容的专著。

4. 填补目前我国科技领域空白并具有军事应用前景的薄弱学科和边缘学科的科技图书。

国防科技图书出版基金评审委员会在中央军委装备发展部的领导下开展工作,负责掌握出版基金的使用方向,评审受理的图书选题,决定资助的图书选题和资助金额,以及决定中断或取消资助等。经评审给予资助的图书,由中央军委装备发展部国防工业出版社出版发行。

国防科技和武器装备发展已经取得了举世瞩目的成就,国防科技图书承担着记载和弘扬这些成就,积累和传播科技知识的使命。开展好评审工作,使有限的基金发挥出巨大的效能,需要不断摸索、认真总结和及时改进,更需要国防科技和武器装备建设战线广大科技工作者、专家、教授,以及社会各界朋友的热情支持。

让我们携起手来,为祖国昌盛、科技腾飞、出版繁荣而共同奋斗!

国防科技图书出版基金

评审委员会

《中国工程物理研究院科技丛书》出版说明

中国工程物理研究院建院50年来，坚持理论研究、科学实验和工程设计密切结合的科研方向，完成了国家下达的各项国防科技任务。通过完成任务，在许多专业领域里，不论是在基础理论方面，还是在实验测试技术和工程应用技术方面，都有重要发展和创新，积累了丰富的知识经验，造就了一大批优秀科技人才。

为了扩大科技交流与合作，促进我院事业的继承与发展，系统地总结我院50年来在各个专业领域里集体积累起来的经验，吸收国内外最新科技成果，形成一套系列科技丛书，无疑是一件十分有意义的事情。

这套丛书将部分地反映中国工程物理研究院科技工作的成果，内容涉及本院过去开设过的二十几个主要学科。现在和今后开设的新学科，也将编著出书，续入本丛书中。

这套丛书自1989年开始出版，在今后一段时期还将继续编辑出版。我院早些年零散编著出版的专业书籍，经编委会审定后，也纳入本丛书系列。

谨以这套丛书献给50年来为我国国防现代化而献身的人们！

《中国工程物理研究院科技丛书》
编审委员会
2008年5月8日修改

《中国工程物理研究院科技丛书》
第七届编审委员会

《中国工程物理研究院科技丛书》公开出版书目

001 高能炸药及相关物性能
董海山 周芬芬 主编 科学出版社 1989年11月

002 光学高速摄影测试技术
谭显祥 编著 科学出版社 1990年02月

003 凝聚炸药起爆动力学
章冠人 陈大年 编著 国防工业出版社 1991年09月

004 线性代数方程组的迭代解法
胡家赣 著 科学出版社 1991年12月

005 映象与混沌
陈式刚 编著 国防工业出版社 1992年06月

006 再入遥测技术(上册)
谢铭勋 编著 国防工业出版社 1992年06月

007 再入遥测技术(下册)
谢铭勋 编著 国防工业出版社 1992年12月

008 高温辐射物理与量子辐射理论
李世昌 著 国防工业出版社 1992年10月

009 粘性消去法和差分格式的粘性
郭柏灵 著 科学出版社 1993年03月

010 无损检测技术及其应用
张俊哲 等 著 科学出版社 1993年05月

011 半导体材料的辐射效应
曹建中 等 著 科学出版社 1993年05月

012 炸药热分析
楚士晋 著 科学出版社 1993年12月

013 脉冲辐射场诊断技术
刘庆兆 等 著 科学出版社 1994年12月

014 放射性核素活度测量的方法和技术
古当长 著 科学出版社 1994年12月

015 二维非定常流和激波
王继海 著 科学出版社 1994年12月

016 抛物型方程差分方法引论
李德元 陈光南 著 科学出版社 1995年12月
017 特种结构分析
刘新民 韦日演 编著 国防工业出版社 1995年12月
018 理论爆轰物理
孙锦山 朱建士 著 国防工业出版社 1995年12月
019 可靠性维修性可用性评估手册
潘吉安 编著 国防工业出版社 1995年12月
020 脉冲辐射场测量数据处理与误差分析
陈元金 编著 国防工业出版社 1997年01月
021 近代成象技术与图象处理
吴世法 编著 国防工业出版社 1997年03月
022 一维流体力学差分方法
水鸿寿 著 国防工业出版社 1998年02月
023 抗辐射电子学——辐射效应及加固原理
赖祖武 等 编著 国防工业出版社 1998年07月
024 金属的环境氢脆及其试验技术
周德惠 谭云 编著 国防工业出版社 1998年12月
025 实验核物理测量中的粒子分辨
段绍节 编著 国防工业出版社 1999年06月
026 实验物态方程导引(第二版)
经福谦 著 科学出版社 1999年09月
027 无穷维动力系统
郭柏灵 著 国防工业出版社 2000年01月
028 真空吸取器设计及应用技术
单景德 编著 国防工业出版社 2000年01月
029 再入飞行器天线
金显盛 著 国防工业出版社 2000年03月
030 应用爆轰物理
孙承纬 卫玉章 周之奎 著 国防工业出版社 2000年12月
031 混沌的控制、同步与利用
王光瑞 于熙龄 陈式刚 编著 国防工业出版社 2000年12月
032 激光干涉测速技术
胡绍楼 著 国防工业出版社 2000年12月
033 气体炮原理及技术
王金贵 编著 国防工业出版社 2000年12月
034 一维不定常流与冲击波
李维新 编著 国防工业出版社 2001年05月

054 强流粒子束及其应用
刘锡三 著　　国防工业出版社　2007年05月
055 氚和氚的工程技术
蒋国强 罗德礼 陆光达 孙灵霞 编著　　国防工业出版社　2007年11月
056 中子学宏观实验
段绍节 编著　　国防工业出版社　2008年05月
057 高功率微波发生器原理
丁 武 著　　国防工业出版社　2008年05月
058 等离子体中辐射输运和辐射流体力学
彭惠民 编著　　国防工业出版社　2008年08月
059 非平衡统计力学
陈式刚 编著　　科学出版社　2010年02月
060 高能硝胺炸药的热分解
舒远杰 著　　国防工业出版社　2010年06月
061 电磁脉冲导论
王泰春 贺云汉 王玉芝 著　　国防工业出版社　2011年03月
062 高功率超宽带电磁脉冲技术
孟凡宝 主编　　国防工业出版社　2011年11月
063 分数阶偏微分方程及其数值解
郭柏灵 蒲学科 黄凤辉 著　　科学出版社　2011年11月
064 快中子临界装置和脉冲堆实验物理
贺仁辅 邓门才 编著　　国防工业出版社　2012年02月
065 激光惯性约束聚变诊断学
温树槐 丁永坤 等 编著　　国防工业出版社　2012年04月
066 强激光场中的原子、分子与团簇
刘 杰 夏勤智 傅立斌 著　　科学出版社　2014年02月
067 螺旋波动力学及其控制
王光瑞 袁国勇 著　　科学出版社　2014年11月
068 氚化学与工艺学
彭述明 王和义 主编　　国防工业出版社　2015年04月
069 微纳米含能材料
曾贵玉 聂福德 等 著　　国防工业出版社　2015年05月
070 迭代方法和预处理技术(上册)
谷同祥 安恒斌 刘兴平 徐小文 编著　　科学出版社　2016年01月
071 迭代方法和预处理技术(下册)
谷同祥 徐小文 刘兴平 安恒斌 杭旭登 编著　　科学出版社　2016年01月
072 放射性测量及其应用
蒙大桥 杨明太 主编　　国防工业出版社　2018年01月

前 言

冲击波物理是研究凝聚态物质，尤其是固态物质，在瞬态外力作用下的状态和性质变化规律的一门基础科学。目的是建立能够对物质受到高速碰撞和爆炸等极端外力作用时的动力学行为正确地进行预言、分析和评价的科学方法。众所周知，在第二次世界大战后，由于核武器研究的迫切需求，冲击波物理学科在苏联和美国等西方国家中得到了迅猛发展。到20世纪80年代初，国外就公布了金属、岩石、塑料、炸药、无机化合物、有机化合物、液体和气体等许多物质的冲击绝热压缩数据，建立了比较完备的、描述这些物质受到冲击压缩的响应特性的数据库。随着冲击波物理研究领域的不断拓展、实验测量技术的不断进步和计算模拟能力的迅速提高，这些数据库一直在不断修订和扩充之中。

我国冲击波物理的系统性研究始于20世纪50年代后期。因战略武器发展的需求，中国工程物理研究院的老一代科学家在非常困难的条件下开始了这项极具挑战性的工作。与其他核大国一样，首先发展和建立的动高压实验手段是用炸药爆轰释放的化学能产生高压冲击波的实验技术和相应的测量技术，后来又发展了以二级轻气炮为代表的气炮加载实验技术。早期的实验研究也集中在强冲击压缩下相关材料的冲击绝热参数测量上。作者有幸从20世纪70年代初参加到实验冲击波物理研究工作中。到90年代初，国内外冲击波物理研究已经发展到了较高水平。90年代中期《禁止核试验条约》的签订使战略武器的可持续发展面临严峻的挑战，也为冲击波物理学科的发展带来了新机遇。特别是进入21世纪以后的10多年以来，我国在发展极端条件下的动高压物理的实验研究能力方面取得了长足进步，包括：在实验室条件下产生太帕(10^7 bar)超高压平面冲击波压缩的三级炮技术；具有极端应变率的斜波加载技术；对具有亚纳秒至皮秒时间分辨力的瞬态动力学过程的精密实时诊断的能力；对实验测量数据的物理解读能力。从而标志着我国冲击波物理实验研究进入了国际先进行列。作者深感有必要对10年前出版的《实验冲击波物理导引》进行全面修订扩充，以便与有关领域的研究者分享作者和所在研究团队近20年来在实验冲击波物理的基础研究方面取得的成果。

多年来，已经有不少论述冲击波物理基本问题的经典著作问世。本书主要讨论当前实验冲击波物理研究领域最感兴趣的一些重要问题。由于当时实验研究重点关注内容的不同和研究能力的限制，这些问题在以往的著作中较少或基本没有涉及。本书注重于对实验研究中引用的基本概念和描述的物理图像进行剖析，从不同角度对本构关系这类经典问题和极端应变率斜波加载这类新问题进行讨论，引导读者认识当今冲击波物理实验的研究现状和发展方向；注重于建立具有实用价值的实验装置的设计方法，以及对实验数据的物理解读，以便能够从实验测量数据中获得规律性的认识。

本书第1章至第4章聚焦于冲击压缩产生的高温-高压状态的实验研究。第1章对冲击绝热压缩 Hugoniot 状态及流体近似模型的含义进行分析，这是能够把冲击绝热数据用于 Gruneisen 物态方程计算的基础；对小扰动传播的特征线理论及所描述的物理图像进行剖析,这是分析和研究连续应力波的基础;从拉格朗日(拉氏)坐标的含义出发推导拉氏坐标下的守恒方程、拉氏声速及拉氏坐标下的特征线方程。在第 2 章中重点介绍冲击绝热线的实验测量方法,专门介绍苏联在极低密度疏松材料的冲击绝压缩研究方面的进展;尽管对金属材料冲击温度的辐射法实验测量研究工作已经持续了半个多世纪,但至今尚有许多问题没有得到很好解决。在第 3 章和第 4 章中分别对冲击波温度测量的非理想界面模型、能够直接获得冲击熔化温度的 TDA 模型及冲击波温度测量的实验数据解读方法重新进行梳理。还对"金属样品/透明窗口"界面热传导引发的窗口材料的熔化对辐射法测温的影响进行深入分析,有可能找出以往的辐射法测温实验中有时出现奇异温度数据的原因。

第 5 章至第 7 章重点讨论极端应力冲击压缩技术和高应变率连续应力加载实验技术及动力学性质的实验研究问题。第 5 章以声速测量技术的发展历程为主线,介绍各种测量方法的基本原理,引导读者理解不同声速测量技术的适用性。首先阐述小扰动应力波传播速度的实验测量方法,这是开展固体材料在极端应变率斜波加载下的动力学响应实验测量的基础;然后重点介绍从反向碰撞实验测量的粒子速度剖面获取声速及原位粒子速度的方法,以及计算卸载路径的方法;最后阐述从冲击压缩状态卸载时发生的准弹性-塑性转变与冲击压缩时出现的弹-塑性转变的本质区别。

第 6 章围绕单轴应变极端条件下金属材料的弹-塑性屈服和剪切强度展开讨论。重点关注在兆巴压力和 10^6/s 以上应变率的斜波加载下固体材料的强度的测量方法。首先阐述单轴应变加载下固体材料强度的含义及表征强度特性的两个基本力学方程;然后阐述沿着再加载路径或卸载路径的准弹性区的有效剪切模量的测量方法,根据有效剪切模量判定发生准弹-塑性屈服的原理。对测量金属材料在冲击压缩 Hugoniot 状态下的强度的 AC 方法,在单轴应变斜波加载下的测量强度的双屈服面法的基本原理,进行深入剖析;讨论固相区的 Hugoniot 状态偏离冲击加载的屈服面,而准等熵斜波加载状态能保持在屈服面上的原因。在分析 LY12 铝合金的剪切模量和屈服强度测量数据的基础上,对传统的 Steinberg 本构关系中的剪切模量方程提出修正,给出描述沿着准弹性卸载路径的有效剪切模量随卸载压力变化的修正方程。第 6 章还对层裂的图像和测量方法进行初步讨论。6.6 节就单轴应变条件下的泊松比与声速的关系进行了讨论,给出了准弹性区的声速与泊松比的关系,揭示了发生冲击熔化时的泊松比随冲击熔化压力的变化规律。

第 7 章首先介绍产生极端应变率斜波加载的三种基本方法。重点介绍根据叠层型阻抗梯度飞片产生的无冲击驱动原理研制的三级炮、三级炮超高速发射技术以及在太帕超高压区冲击绝热线测量中的应用。对利用准连续型阻抗梯度飞片产生具有兆巴峰值应力和 $10^5 \sim 10^6$/s 峰值应变率的斜波加载的原理、实验测量技术、实验装置设计方法,以及从实测的粒子速度剖面计算原位应力-应变状态的反向积分计算法原理,进行剖析。本章讨论的第二个问题是聚心球面冲击波压缩。推导球面冲击压缩下的守恒方程;从守恒方程出发,对聚心球面冲击波后流场的图像进行分析。阐明球面冲击波后的状态与平面冲击 Hugoniot 状态的本质区别:球面冲击波阵面后不存在平台应力区;球面冲击压缩的瞬时冲击状态虽然位于 Hugoniot 线上,但冲击波阵面过后被压缩材料立即进入 off-Hugoniot 状态并沿着 off-Hugoniot 线连续变化。因此,球面冲击波阵面后紧跟着斜波。该图像将球面冲击压缩与高应变率斜波加载关联起来。在此基础上,对球面冲击压缩下基于平均冲击波速度的对比法实验测量及可能引入的偏差进行分析。最后对三种宏观相变动力学模型进行深入剖析;就如何利用两共存相区的冲击绝热数据构建两相物态方程的方法进行初步讨论。

第8章讨论具有超快时间分辨力的激光干涉技术。为了深刻理解传统激光速度干涉仪(VISAR)的本质,也为了理论叙述的条理性和系统性,便于非激光专业人员阅读,作者以不同的视角对多普勒频移、拍频干涉原理和Barker型离散VISAR的基本结构、光路设计方法及数据解读方法等进行详细分析;论证导致VISAR条纹丢失的根源是VISAR测量的条纹与界面的加速度直接关联而不是与界面速度直接关联。虽然许多动力学过程的速度变化非常有限,但由于过程变化极其迅速因而其加速度极大,导致VISAR测量有时会丢失干涉条纹。基于这一认识,提出通过激光位移干涉测量获得界面速度的设想,因为即使加速度很大但极短时间间隔内发生的位移依然非常有限。论述基于多模-单模模式转换思想和位移干涉原理发明的全光纤激光位移干涉仪(DISAR)的基本原理、光路基本结构和数据解读方法;给出DISAR在多种超快动力学过程的测量结果,证明了DISAR设计思想的正确性,能够避免丢失干涉条纹;简要介绍在DISAR技术的基础上进一步发明的光波-微波混频干涉仪(OMV)的性能和优点,以及在超高速度实验测量中的应用。

本书可供从事凝聚态物理、地球物理、天体物理和材料科学等研究领域的研究者,以及从事航天器防护、新材料合成、爆炸及其效应等应用研究的有关人员阅读;也可作为相关专业的大学本科生、研究生和教师的教材或参考书。

本书是作者在中国工程物理研究院长期从事冲击波物理实验研究以及研究生教学工作的基础上撰写的一本专著,融合了作者所在研究团队的部分研究成果。没有他们在长期的科研工作中的合作,给予作者的帮助和支持,不可能完成本专著的写作。部分章节也参考引用了国外相关研究的成果(均列出参考文献)。衷心感谢戴诚达博士、俞宇颖博士、翁继东博士、柏劲松博士和谭叶博士对本书部分章节的校阅及提出的宝贵修改意见。感谢中国工程物理研究院赵宪庚院士、宁波大学陈大年教授和中国工程物理研究院流体物理研究所吴强研究员对本书出版的支持和帮助。

谨以此书献给50年来一起工作、相互学习、共同生活的同事们和朋友们。

感谢我的家人在本书5年多的写作过程中给予的鼓励和支持。

本书的出版得到了国防科技图书出版基金、《中国工程物理研究院科技丛书》出版基金的鼎力资助。感谢国防工业出版社于航编辑为本书的顺利出版付出的辛勤劳动。

不足之处敬请读者批评与指正。

谭　华
2017年4月30日
于四川绵阳

目　　录

Contents

第1章　绪　　论

1.1　冲击波物理和物态方程研究的意义

冲击波物理是研究凝聚态物质在瞬态外力载荷作用下的高压-高温状态和动力学性质变化规律的科学。它属于凝聚态物理学高压物理学科的一个分支。按照作用力加载过程的特点,高压物理可以分为静高压物理和动高压物理两个分支。在静高压物理中,外力加载过程比较缓慢,外力载荷作用时间较长(需以毫秒或秒来度量),可以把外力加载看成一种"准静态"过程:在任何时刻,物体各部分受到的作用力都相等并处于力学平衡状态。这等价于忽略作用力在物体中的传播过程及其影响,相当于假定作用力在瞬间传遍整个物体或传播速度为无穷大;作用时间较长还意味着在外力作用过程中以及达到热力学平衡后可以与外界进行热交换,因此静高压测量数据常当作等温压缩数据看待。但是,物体经受外力载荷作用的过程原则上是一种动态过程,因为作用力在物体中的传播速度不可能无穷大,物体各部分之间也不可能在瞬间达到热力学平衡。在普通物理的质点动力学中,不考虑作用力在物体内部的传播过程对状态变化历史的影响,实际上是假定作用力的传播速度为无穷大,因此物体的运动可当作一个质点处理。在动高压物理中,特别关注作用力的传播过程及其与物质及物质边界的相互作用。虽然动态作用力从物体的某一位置传播到另一位置经历的时间有可能非常短,但与被研究对象达到热力学平衡所需的时间相比仍然足够长;在实验观测时间内,被研究对象中任意位置物质在任意时刻的状态仍然可作为热力学平衡态处理,只是各点的状态不一定相同。因此,实验观测者能够用热力学平衡方法研究物质在外力载荷作用下经历的物理、力学和化学状态的变化历程,通过实验测量获得这些变化与外力载荷作用之间的关系。这些是动高压研究的基本特点。

1. 应力、应变和应变率

在外力作用下固体的体积和形状会发生改变,即外力作用导致构成固体物质的粒子之间发生相对位移和运动。在力学中:用应力表征物体表面或物体内部单位面积上受到的作用力,用应力张量描述物体内部某一点的受力情况;用应变或应变张量来描述物体比容或形状的相对改变。固体在外力作用下既能发生弹性变形也能发生塑性变形。前者指撤去外力作用后固体能恢复到初始物理状态和几何形状,这是一种理想情况;后者指撤去外力后固体不再能恢复初始物理状态和几何形状,发生永久变形的情况。发生弹性变形和塑性变形时的应变分别称为弹性应变和塑性应变。

按照固体弹-塑性力学,作用于某面元上的应力可分解为正应力和切应力(或剪应力),前者垂直于该面元,而后者平行于该面元。正应力作用导致比容(或密度)发生改变;比容的相对改变称为体积应变,简称体应变或应变;剪应力作用导致固体的形状发生改变,形状的相对改变称为切应变或剪应变。度量剪应变的方法参见文献[1]。当应力载荷随时间改变时,应变也随时间发生变化,应变随时间的变化速率称为应变率。关于这些问题将在第6章中进一步讨论。

2. 应力波、波速与粒子速度

外力载荷作用使物质发生应变,在物质中形成力学扰动。力学扰动在物质中的传播称为应力波;应力波的传播速度称为波速。应力波属于机械波;与正应力扰动和剪应力扰动对应的应力波分别称为纵波和横波,相应的波速分别称为纵波速度和横波速度。受到应力波作用的那部分物质将发生宏观运动。由于历史原因,物质在应力波作用下的宏观运动速度称为粒子速度。

3. 小扰动波

在应力波到达之处,物质的力学或热力学状态随之发生改变。应力波把物质分为受到应力扰动作用和未受到应力扰动作用两部分。这两部分物质的分界面称为应力波的波阵面。波阵面前方和后方的物质区域分别称为应力波的波前区和波后区。

如果应力波引起的热力学状态改变与波前状态相比是一阶或高阶小量,则这种应力波称为小扰动波。声波就是一种典型的小扰动波。研究表明:小扰动传播过程是一种绝热过程[2,3];在热力学中,无限小的应力扰动过程属于等熵过程。因此,小扰动传播过程常当作等熵过程处理。从严格意义上讲,实际的动力学过程或多或少地会存在耗散,理想的等熵过程实际上是不存在的。

4. 声速

小扰动波相对于波前介质的传播速度称为声速,用 c 表示。根据数学物理方程中关于"波动方程"的通解,声速由通过该热力学状态点的等熵线的斜率确定:

$$c^2=\left(\frac{\partial\sigma}{\partial\rho}\right)_S \tag{1.1}$$

式中:σ 为应力,$\sigma=\sigma(\rho)$ 表示应力随密度 ρ 的变化,它们都是时间 t 的函数。下标"S"表示小扰动,微分计算沿着小扰动的传播路径进行。因此,声速由材料的热力学状态决定。

由式(1.1)计算的声速也称为热力学声速或欧拉(Euler)声速。这样计算的小扰动传播速度是相对于波前介质的传播速度,也称为当地声速。

一般的应力扰动不一定满足小扰动条件。例如,以有限速度运动的活塞在汽缸中产生的压缩波就不是小扰动波。对于任意一个动力学过程,在应力-密度平面上的 σ-ρ 曲线的斜率与经过该点的等熵线的斜率不一定相同;但是,可以把一个大应力扰动分解成无数子应力扰动的叠加,其中每一个子应力扰动都是一个小扰动波,而每个小扰动波是以当地声速传播的,其运动路径可以用 x-t 图上的一条曲线描述,这条路径的斜率与实验室坐标系中的观察者测量的小扰动波的传播速度密切相关,即

$$\frac{\mathrm{d}x}{\mathrm{d}t}=u\pm c \tag{1.2}$$

式中:x 为小扰动波在时刻 t 到达的空间位置;u 为小扰动波前物质的运动速度或波前粒子速度;c 为跟随波前介质一起运动的坐标系中的观察者测量的小扰动波的传播速度即声速;"+"号表示两者运动方向相同,"-"号表示两者方向相反。

小扰动波的传播路径也称为"特征线"[2],需要指出,尽管每一个小扰动波可以作为等熵扰动处理,但无穷多个小扰动组成的有限应力扰动过程的熵增不一定等于零,因为在数学上无穷多个"零"相加具有不确定值。

5. 冲击波与斜波

对于大多数物质,由式(1.1)计算的声速随应力的增加而增大,因为在应力-密度平面上大多数物质的 $\sigma-\rho$ 曲线是向上凹的(或向下凸的)(图1.1(a)),因此大多数物质的声速随应力或密度的增加而增大;但在一些特殊情况下,或对于某些特殊材料在特定的应力范围内,$\sigma-\rho$ 曲线是向下凹的(或向上凸的)(图1.1(b)),导致其声速在该特定应力区间内随应力增加而减小。对于大多数材料,在随时间单调增大的应力波作用下,后方的子波总能逐渐赶上前方的子波;当这些子波最终完全会聚在一起时,材料中的应力作用发生跃变,形成"冲击波"。因此,冲击波是一种应力做跃变的特殊应力波。冲击波的应力跃变过程极其迅速,与外界的热交换可以忽略不计,因此是不可逆绝热过程。不可逆冲击压缩导致显著熵增,冲击压缩过程的温升十分显著。

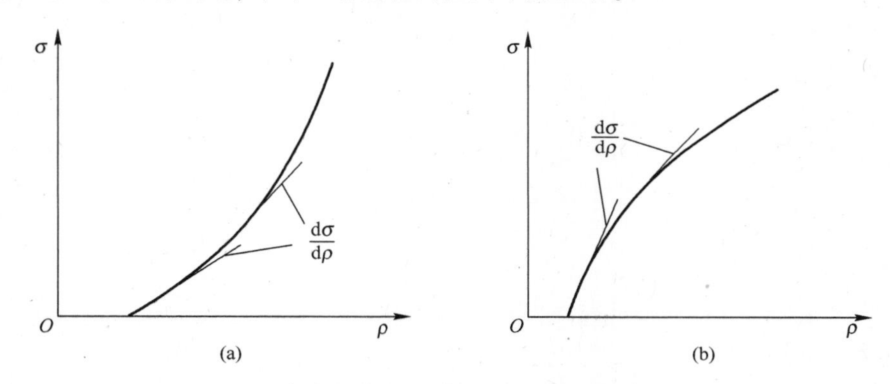

图1.1　声速速随应力-密度($\sigma-\rho$)曲线斜率的变化

(a) 声速随应力或密度的增加而增大;(b) 声速随应力或密度的增加而减小。

除了应力做突跃变化的冲击波,还有一种应力随时间做单调、连续变化的应力波。由于历史原因,这种应力波称为斜波。尽管斜波加载下的应力做连续变化,但变化过程也可以非常迅速;与冲击加载相比,斜波加载引发的熵增很小,温升比冲击加载要低得多。因而斜波称为准等熵波甚至等熵波。早期文献中把斜波加载实验称为等熵压缩实验(ICE)。

6. 单轴应变加载、单轴应力加载与球面冲击加载

波阵面为平面的应力波包括平面冲击波和平面斜波,是实验冲击波物理重点讨论的内容。对于在半无限平板介质中传播的平面冲击波和平面斜波,仅需考虑沿着应力波阵面法线方向上的原子间距的变化,即沿着应力波传播的轴向尺寸的宏观变化或体应变,在其他方向上不发生体应变。因此,平面冲击波或平面斜波加载也称为单轴应变加载。实际上不存在半无限平板介质,但由于声波的传播速度是有限的,在一定的时间范围和空间尺度上,在有限尺度平板介质中传播的平面应力波能够严格满足单轴应变加载条件。然而在单轴应变加载下固体材料中的应力并不是单轴的;除了轴向应力,固体材料中还存在与轴向应力垂直的横向应力。关于单轴应变加载下固体材料中的应力、应变问题将在第6章中讨论。

另一种极端状态是沿着直径极细的长杆（杆的长径比很大）的轴向传播的应力波。因其横向应力可近似当作零，这种应力加载状态称为单轴应力加载状态。但是，实际上不存在直径无限细的长杆，把长径比足够大的细长杆中传播的应力波近似当作单轴应力波。即使在理论上，单轴应力加载也只能近似成立；在单轴应力加载下，应变并不是单轴的，除了轴向应变，还存在横向应变。

球面冲击波加载因具有特殊科学意义和工程应用背景受到冲击波物理研究的关注。在受到球面冲击压缩时，球面冲击波阵面后方的物质微团沿着球半径方向做聚心运动。这种球面聚心运动导致冲击波能量会聚，使冲击阵面后方的物质运动状态、应力-应变状态随时间改变。除了沿着球半径方向的体应变外，在球面冲击波阵面的切向也发生体应变。因此，球面冲击加载不属于单轴应变加载，球面冲击加载状态与平面冲击加载状态存在本质区别。

冲击波物理在国防科技和国民经济中占有非常重要的地位。许多军用武器和民用爆破工程就是利用冲击波在周围介质中产生的高温-高压状态来实现特定的应用目的。在爆炸合成金刚石或冲击压缩合成高温超导材料时，为了理解和控制合成产物的产额、性质与合成条件的关系，必须对合成过程中的热力学状态（如温度、压力等）有清楚的了解。在这些研究中需要相关材料在冲击高压下的热力学状态、力学性质和其他响应特性的知识。获取这些知识是实验冲击波物理研究的内容之一。这些知识既可以通过实验研究获得，也可以通过理论分析得到。为此需要建立确当的物理模型，对相关动力学过程进行预测和正确描述。在对上述过程进行计算机模拟时，需要通过精密实验测量为计算模拟提供必要的初始输入参数。

冲击波物理研究在地球物理和天体物理中也具有重要的应用。太阳、白矮星、中子星等恒星的内部处于极端高温-高压状态。地球内部的温度和压力也很高，核-幔边界的压力达到 136GPa（$1GPa=10^9Pa$，$1Pa=1N/m^2$），内-外核界面的压力约为 330GPa，地心压力约为 364GPa。物质在这类极端压力-温度状态下的性质可以通过冲击波物理进行研究。从地球物理研究知道，地核的主要成分是铁，内地核为固态而外地核为液态，内-外地核界面的温度应等于该界面压力下地核物质的熔化温度，从理论分析知道该熔化温度为 5500~6000K。利用冲击波物理方法研究铁和铁合金等在上述高压下的熔化规律是获取内-外地核界面处地球物理知识的重要途径之一。目前，研究空间碎片与航天器之间的高速碰撞已经成为航天科学重点关注的领域之一。进入 21 世纪以后随着人类科研和生产活动的扩展，对能源和新材料将提出更多更新的需求，冲击波物理知识的应用领域也将越来越宽广。

从自然科学研究的角度来看，需要获得从（零温-零压）到 10^4~10^6K 高温及数太帕（$1TPa=10^3GPa=10^7bar$，$1bar=10N/cm^2=10^5Pa$）超高压下的物质状态的知识（图 1.2）。在上述压力-温度区间内，单纯依靠理论方法只能给出比较粗糙和近似的描述，通过实验测量获得的高压-高温状态数据与物性知识对于检验各种物理假定和理论模型的适用性是不可或缺的。当压力、温度超出上述范围时，物质已经处于等离子态，可以用 Thomas-Fermi 统计物理模型描述处于这种极端高压-高温下的物质状态[3,4]。

在过去很长一段时间内，实验冲击波物理研究主要集中在中、高冲击压力下冲击绝热线测量和物态方程研究、物性研究等方面。从 20 世纪 90 年代开始的 20 多年来，实验冲击波物理的研究方向发生了显著转变,重点关注极高应力与极高应变率斜波加载下固体材料的动力学性质和行为问题,包括斜波加载下的固体材料的强度或“本构关系”,以及斜波加载下的相变和材料的失效破坏等。已经能够在实验室条件下产生稳定的太帕超高压平面冲击波,具有数兆巴(1Mbar = 10^6bar)峰值应力和 10^6 ~ 10^8/s 峰值应变率的连续光滑的斜波[5-10];建立了能够对这类超快动力学过程进行高时空分辨力连续诊断的能力。预示着极高应力和应变率斜波加载下固体材料的动力学性质和行为研究正成为实验冲击波物理研究的一个崭新领域。

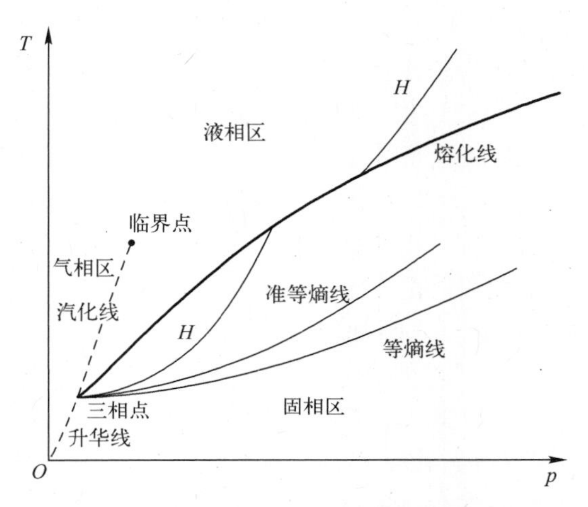

图 1.2　冲击波物理关注的主要压力、温度范围及热力学状态区(H 表示冲击绝热线)

1.2　流体近似模型与冲击波压缩的守恒方程

平面冲击压缩为研究固体材料的高压物态方程提供了基本手段。但物态方程中的压强是从理想气体物态方程研究中引入的概念,是流体静水压强的简称。在流体静水压作用下气体和液体介质中任意位置、任意方向上的应力与压强相等。但固体具有确定的形状,在受到外力作用时固体内部不同位置、不同方向上的应力并不相等。

实验冲击波物理通过精密测量物质在平面冲击压缩下的状态获得物态方程的知识。在平面冲击压缩下仅能对轴向应力和应变进行精密测量,对其他方向上的应力难以或无法进行精密测量。理论上,除非固体发生冲击熔化并处于液相状态,固体材料在平面冲击压缩下的轴向应力与流体静水压强并不相等。尽管如此,在构建固体的高压物态方程时,即使冲击压缩状态位于固相区,仍然把冲击压缩的轴向应力作为流体静水压强看待并直接用于物态方程计算,此即冲击压缩的流体近似模型。关于流体近似模型的合理性将在第 6 章讨论。

1.2.1　流体近似模型

依据帕斯卡定律,在外力载荷作用下流体(包括液体及气体)介质内部的任意位置、任意方向单位面积上的作用力处处相等。但是在受外力作用时固体材料内部的应力随具体位置和方向改变。在平面冲击压缩下,固体中沿着冲击压缩方向的轴向应力与垂直于该方向的横向应力并不相等。按照固体力学[1]，固体中任意位置上的应力作用可以表达为垂直于应力作用面元的流体静水压作用和平行于该面元的剪应力作用的叠加。流体静水压作用使固体材料的比容发生变化，力学上用体积模量描述固体对流体静水压作用的响应或抵抗能力。虽然金属等固体材料具有很高的体积模量，但固体发生冲击熔化后液态熔融金属仍有很高的体积模量。因此，能够抵抗流体静水压加载作用不是固体独有的性质。

但是，流体介质不能承受剪切应力作用，能够承受高剪切应力作用是固体材料独有的力学性质。剪应力能够使固体形状发生改变但不能改变其比容或密度。如果忽略固体对剪切加载作用的抵抗能力，固体在外力载荷下的力学行为与流体就没有区别。研究表明，当冲击波的轴向应力（冲击压力）高于 10GPa 时，固体中的剪应力与轴向应力相比已经很小，在进行物态方程计算时可以忽略剪应力的贡献，直接把轴向应力当作冲击压缩下的流体静水压。这意味着，可以用流体力学方程组描述固体材料在冲击压缩下的状态，这就是流体近似模型的含义。在冲击压缩下可以忽略固体材料中的剪应力的影响还有更深层次的原因，将在第 6 章讨论。

在许多情况下能够把冲击压缩的轴向应力视作流体静水压强，简称冲击压力，用 p 表示；在需要强调冲击压缩作用力是轴向应力时，用 σ_H 或 σ_x 表示。虽然对于金属等固体材料当冲击压力达到 10～20GPa 时，在物态方程计算中可以忽略剪应力的影响，但固体材料在极端应变率斜波加载下表现出与冲击压缩极为不同的性质，即使斜波加载的峰值应力达到兆巴量级，也不能简单地将“流体近似”模型用于斜波加载下的物态方程计算。在第 7 章中将对极端应变率斜波加载下固体材料的强度问题进行讨论。

1.2.2 平面冲击波压缩的守恒方程

在许多专著[3,4,10]中都有关于平面冲击压缩下的守恒方程的详细证明。为了理论上的系统性和读者查阅方便，有必要对冲击压缩下的守恒方程做简要讨论。

假定实验室坐标系中冲击波以速度 D 从左向右运动（图 1.3），冲击波阵面将介质分为未受冲击压缩的波前区和受压缩的波后区。波前物质的运动速度为 u_0，压强、密度（或比容）和比内能分别为 p_0、ρ_0（或 $V_0=1/\rho_0$）和 E_0；波后被压缩物质的运动速度（粒子速度）为 u，相应的状态量分别用 p、ρ（或 $V=1/\rho$）及 E 表示。

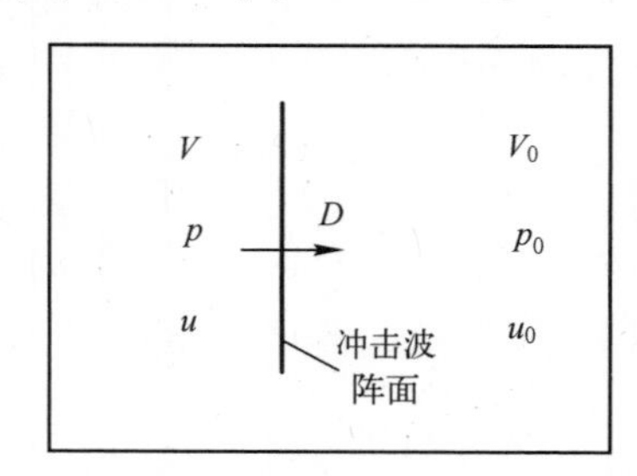

图 1.3 冲击波阵面将介质分为波前和波后两部分

1. 质量守恒方程

假定在 t 时刻和 $t+\mathrm{d}t$ 时刻实验室坐标系中冲击波阵面的位置分别如图 1.4 所示。现讨论 $\mathrm{d}t$ 时间间隔内被冲击波阵面扫过的物质的质量。单位面积的冲击波阵面扫过的波前区物质的质量为$\rho_0(D-u_0)\mathrm{d}t$。由于波后被压缩物质以速度u运动,被冲击波阵面扫过的这部分波前区物质受冲击压缩后的厚度为$(D-u)\mathrm{d}t$,密度为ρ,由质量守恒可得

$$\rho(D-u)\mathrm{d}t=\rho_0(D-u_0)\mathrm{d}t \tag{1.3}$$

或

$$\frac{\rho_0}{\rho}=\frac{D-u}{D-u_0}=1-\frac{u-u_0}{D-u_0} \tag{1.4}$$

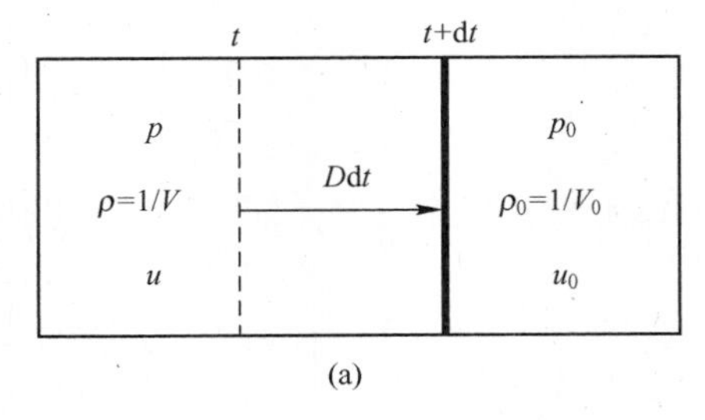

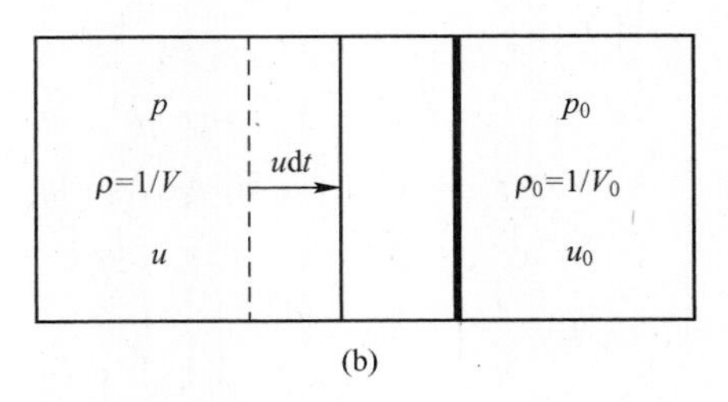

图 1.4 冲击波波前/波后状态量之间的关系
(a) 冲击波阵面的运动;(b) 波后物质的运动。

若波前介质处于静止状态,$u_0=0$,则可得

$$\frac{\rho_0}{\rho}=\frac{V}{V_0}=\frac{D-u}{D}=1-\frac{u}{D} \tag{1.5}$$

因此,只要能够测量冲击波速度和粒子速度,即可由式(1.4)或式(1.5)计算平面冲击压缩下的密度或比容。

2. 动量守恒方程

在平面冲击压缩下波前物质的压力从p_0增加到p,粒子速度从u_0增加到u,粒子速度的变化应满足冲量原理。冲击波作用于波前物质单位面积上的净作用力为$(p-p_0)$,在$\mathrm{d}t$时间间隔内的冲量为$(p-p_0)\mathrm{d}t$。在这一冲量作用下,波前质量为$\rho_0[(D-u_0)\mathrm{d}t]$的物质的动量增加等于$[\rho_0(D-u_0)\mathrm{d}t](u-u_0)$。由冲量原理可得

$$p-p_0=\rho_0(D-u_0)(u-u_0) \tag{1.6}$$

式(1.6)表明只需同时测量冲击波速度和粒子速度就能获得冲击加载的轴向压力。将式(1.6)代入式(1.4)可得

$$(u-u_0)^2=(p-p_0)(V_0-V) \tag{1.7}$$

$$(D-u_0)^2=V_0^2\frac{p-p_0}{V_0-V} \tag{1.8}$$

式(1.6)是流体近似模型下的结果。如果采用冲击压缩的轴向应力σ_H代替流体静水压p,则动量守恒方程的一般形式可以写为

$$\sigma_H-\sigma_0=\rho_0(D-u_0)(u-u_0)$$

式中:σ_0为材料中的初始应力。

3. 能量守恒方程

考虑$\mathrm{d}t$时间间隔内单位面积冲击阵面上的净作用力对波前物质所做的功$\mathrm{d}W$,则有

$$\mathrm{d}W=(p-p_0)\cdot[(u-u_0)\mathrm{d}t]$$

结合式(1.6)可得

$$dW=\rho_0(D-u_0)(u-u_0)^2dt \tag{1.9}$$

dt 时间内单位面积冲击波阵面扫过的质量为 $\rho_0(D-u_0)dt$，其内能增加为 $[\rho_0(D-u_0)dt]\cdot(E-E_0)$，动能增加为 $\frac{1}{2}\rho_0(D-u_0)dt\,(u-u_0)^2$，由能量守恒可得

$$\rho_0(D-u_0)(u-u_0)^2dt=\rho_0(D-u_0)dt(E-E_0)+\frac{1}{2}\rho_0(D-u_0)dt\,(u-u_0)^2$$

即

$$p\frac{u-u_0}{\rho_0(D-u_0)}=(E-E_0)+\frac{1}{2}(u-u_0)^2$$

上式等号左边表示冲击波在单位时间间隔内对单位质量物质所做的功或冲击压缩的比功率。结合式(1.7)及式(1.8)可得

$$p(V_0-V)=(E-E_0)+\frac{1}{2}(p-p_0)(V_0-V) \tag{1.10}$$

或

$$E-E_0=\frac{1}{2}(p+p_0)(V_0-V) \tag{1.11}$$

此即著名的平面冲击压缩的 Rankin-Hugoniot 能量方程。它描述平面冲击压缩下的比内能增加与冲击压力及比容改变的关系。

同样，可以用 σ_H 代替式(1.11)中的 p，将 Rankin-Hugoniot 能量方程表示为

$$E-E_0=\frac{1}{2}(\sigma+\sigma_0)(V_0-V)$$

1.2.3 冲击绝热线测量在物态方程研究中的意义

质量守恒方程(式(1.4))、动量守恒方程(式(1.6))及能量守恒方程(式(1.11))中共包含 p、V、E、D、u 五个未知数。因此，需要再补充两个方程才能使方程组封闭。

首先补充材料的物态方程。通常采用 $p=p(V,T)$ 形式的物态方程描述压强 p 随比容 V 和温度 T 的变化。但是采用 $p=p(V,T)$ 形式的物态方程将引入新的热力学变量即温度 T。以 p、V 及 E 为变量的 Gruneisen 物态方程[2,4]与三大守恒定律具有相同的热力学状态变量，在冲击波物理研究领域得到了广泛应用。Gruneisen 物态方程是建立在 Debye 晶格热振动模型基础上的，其具体形式为

$$p-p_K(V)=\frac{\gamma(V)}{V}(E-E_K) \tag{1.12}$$

式中：$\gamma=\gamma(V)$ 为 Gruneisen 系数，假定它是比容 V 的单值函数；下标“K”表示热力学温度零开(0K)；$p_K(V)$ 表示 0K 等温线或 0K 等熵线，故称为冷压；$E_K(V)$ 表示 0K 时的比内能，称为冷能；相应地，$p_T\equiv p-p_K(V)$ 及 $E_T\equiv E-E_K$ 分别称为热压和热能。

形式上，Gruneisen 系数 $\gamma(V)$ 也可以表达为

$$\gamma/V=p_T/E_T$$

因此 Gruneisen 系数 γ 表示热压与热能之间的某种比例关系。为了建立 Gruneisen 物态方程的具体表达式，需要给出 $\gamma(V)$、$p_K(V)$ 及 $E_K(V)$ 的具体函数形式。在第 2 章将简单讨

论从冲击压缩和静高压实验数据确定 $p_K(V)$，进而确定 $\gamma(V)$ 和 $E_K(V)$ 的方法。

所需补充的第二个方程是实验测量的冲击压力与比容关系：

$$p_H=f(V_H) \tag{1.13}$$

式中：下标"H"表示冲击压缩过程，以区别于其他热力学过程中的状态量。

描述冲击压力与比容关系的曲线习惯上称为 Hugoniot 关系或冲击绝热线。大量冲击压缩实验发现，许多金属材料在中等压力区的冲击波速度 D 与粒子速度 u 近似成线性关系：

$$D-u_0=C_0+\lambda(u-u_0) \tag{1.14}$$

式中：C_0、λ 分别为从实测冲击波速度和粒子速度得到的线性拟合常数。

式(1.14)称为 $D-u$ 线性拟合关系或 $D-u$ 冲击绝热线。实际上，也可以把 $D=D(u)$ 函数关系当作 Hugoniot 关系的另一种表达形式。一旦从实验测量得到了 $D-u$ 冲击绝热线，则式(1.4)、式(1.6)及式(1.11)、式(1.13)构成了一个封闭的方程组，能够唯一地确定以 p、V、E 为参量的材料热力学状态。例如，对于冲击压缩过程，由式(1.12)可得

$$p_H(V)-p_K(V)=\frac{\gamma(V)}{V}[E_H(V)-E_K(V)] \tag{1.15}$$

对于等熵压缩过程(以下标"S"表示)，可得

$$p_S-p_K=\frac{\gamma(V)}{V}(E_S-E_K) \tag{1.16}$$

将式(1.15)与式(1.16)相减，可得

$$p_H-p_S=\frac{\gamma(V)}{V}(E_H-E_S) \tag{1.17}$$

因此，冲击绝热线确定以后，在 Gruneisen 物态方程框架下等熵线也是唯一确定的。利用式(1.17)确定的等熵线与冲击绝热线具有热力学相容性。

虽然通过冲击绝热线测量可以确定 Gruneisen 物态方程的具体形式，但是从 Gruneisen 物态方程不能给出所有的热力学状态量。例如，不能从 Gruneisen 物态方程直接给出温度 T。为了得到冲击压缩下的温度，还需要补充比热容数据。像 Gruneisen 物态方程这样不能给出所有物性数据的物态方程称为不完全物态方程。还有另一类物态方程，如以比容 V 和熵 S 为特性参量的内能方程 $E=E(S,V)$，或者以压力 p 和熵 S 为特性参量的焓方程 $H=H(p,S)$ 等，称为完全物态方程[11]。理论上，一旦建立了完全物态方程，其他所有热力学量就能从物态方程得到完全确定，如温度 $T=\left(\frac{\partial E}{\partial S}\right)_V$，比定容热容 $c_V=\left(\frac{\partial E}{\partial T}\right)_V$ 等。当然，只有在理论上才可能建立完全物态方程的解析表达式。

1.3　冲击波物理的实验研究技术

经过数十年的发展，已经建立了化爆加载、气炮加载、激光驱动、磁压缩等多种产生冲击波压缩的实验室技术，发展了以电探针为代表的冲击波速度测量技术和以激光位移/速度干涉测量技术为代表的粒子速度剖面测量技术。本节仅对最基本的冲击波物理实验加载技术和测量技术进行简单介绍。感兴趣的读者还可从有关专著中获得更多冲

击波物理实验技术的知识[10,12]。

1.3.1 实验加载技术

先进的动高压实验加载技术和精密测量技术是开展冲击波物理实验研究的基础,在一定程度上代表了一个国家冲击波物理的研究能力和水平。产生冲击波加载的最基本方法是以平稳飞行的高速平板(也称为飞片或飞层)碰撞待研究的材料(也称为待测材料、样品或靶板),在待测试材料中产生所需的瞬时高压-高温状态。这种技术称为平板碰撞技术。为了实现对冲击压缩状态的精确测量,要求飞片在碰撞靶板前保持匀速运动,击靶后能够在足够长的时间间隔内和足够大的空间尺度上于靶板中产生稳定的平面冲击波。能够在实验室内产生满足上述要求的平面冲击波的持续时间通常不超过数微秒($1\mu s=10^{-6}s$)。对于压力非常高的冲击波,持续时间更短,有时仅能持续几百纳秒甚至几十纳秒($1ns=10^{-9}s$)。

1. 化爆加载技术

为了使平板飞片达到足够高的碰撞速度,需要用恰当的方法赋予它足够高的动能。通常用炸药爆炸或气炮驱动方法将飞片加速到所需的高速。前者称为化爆加载法,后者称为气炮加载法。文献[11-13]对这两种加载方法给出了较详细的论述。在化爆加载实验中(图 1.5),高级炸药爆轰释放的化学能转变为飞片的动能。在使用裸炸药驱动飞片做一维运动的“一维推体”方法中,高级炸药爆轰产物气体能够将厚数毫米、直径数十毫米的金属飞片驱动到最高 5~6km/s 的速度,用这样的飞片碰撞重金属靶板能够产生约 300GPa 的冲击压力。中国工程物理研究院流体物理研究所谭华等曾利用爆轰产物气体的二维会聚流动(图 1.5(a))将厚度约 0.8mm、直径约 50mm 的 93 钨合金飞片驱动到 6.7km/s 的高速[7],在 93 钨合金试样中产生了最高为 5.4Mbar 的冲击高压。

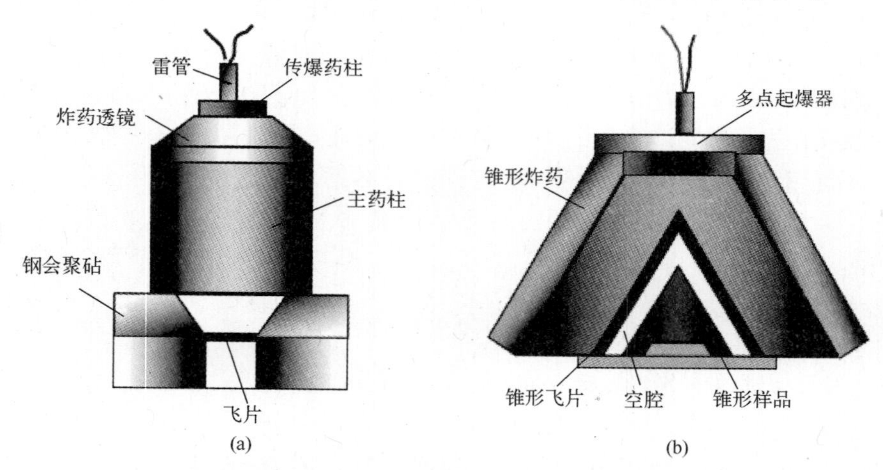

图 1.5 利用爆轰产物的二维会聚流动驱动飞片的实验装置
(a) 爆轰产物气体的二维会聚流动装置;(b) 会聚冲击波的 Mach 反射产生强冲击压缩。

苏联科学家 Glushak 等利用锥形炸药的会聚爆轰在金属样品中产生马赫(Mach)反射(图 1.5(b)),在铜样品中产生了 6~7Mbar 的冲击压力[14];将 Mach 反射技术与多层飞片技术结合,在重材料中产生了 1.6TPa 的超高压状态。Trunin 等[15,16]利用化爆聚心球面冲击波驱动铁飞片达到超高速度，碰撞铁、铅、钽等材料，在钽材料中获得了最高压力 2.5TPa 的冲击绝热线数据。这是在实验室条件下能够用于物态方程测量的冲击压力最高的化爆加载技术。关于聚心球面冲击压缩下的守恒方程、冲击波后流场的状态及冲击绝热线测量等问题，将在第 7 章进行讨论。

2. 气炮加载技术

化爆加载技术在 20 世纪 50 至 60 年代得到了大量应用。为了能够获得更加精密的 Hugoniot 数据，美国的核武器实验室首先发展了火炮和气炮加载方法。火炮加载方法利用火药燃烧气体驱动前端粘贴了金属飞片的塑料弹丸，使之达到高速度。其基本结构与军事上使用的滑膛火炮没有太大差别，只是实验室使用的火炮结构更加精细，弹速可以按照需要进行精确调节和控制而已。

一级气体炮采用压缩气体取代火药燃烧气体，将弹丸驱动到所需的高速度。通过调节压缩气体的压力控制弹速。通常采用高压氮气或空气作为一级气炮的工作气体，也可采用氦气或氢气。二级轻气炮采用低密度轻质气体（氢气或氦气）作为工作气体。冲击波物理与爆轰物理重点实验室（依托单位为中国工程物理研究院流体物理研究所，下同）在 20 世纪 90 年代初建立的二级轻气炮，其基本原理如图 1.6(a)所示。

二级轻气炮由火药室、泵管（二级轻气炮的第一级）、高压段、发射管（二级轻气炮的第二级）和靶室组成。火药室中的发射药（火药）点火燃烧产生大量火药气体，火药气体膨胀到预定压力时图 1.6(a)膜片 1 破裂，高压火药气体推动位于“泵管”后端的活塞做加速运动。泵管中活塞的前方预先充有数个大气压的轻质工作气体（氢气、氦气）；轻质工作气体在活塞的压缩下被压进“高压段”，在高压段中继续被压缩到数千大气压和数千开温度的状态。当高压段中的工作气体的压力达到设定的压力时，位于“高压段/发射管入口端”处的膜片 2 破裂。高压气体穿过膜片 2 喷射进二级轻气炮的发射管，驱动位于发射管入口端的弹丸做加速运动。在高压气体的持续驱动下，前端预先粘贴了金属飞片的弹丸在发射管中加速到预定的高速度，从发射管的出口端飞出，进入靶室，与靶室中的待测样品碰撞。靶室被预先抽至 100Pa 以下的低真空状态，待测样品预先放置于精密设计的样品盒中；高速飞片与样品碰撞产生冲击波，受冲击样品的状态通过光、电探头进行测量。光、电测试信号通过电缆或光缆传输至靶室外的示波器或其他记录仪器上进行记录。图 1.6(b)是冲击波物理与爆轰物理重点实验室在 20 世纪 90 年代初建造的、发射管直径 32mm 的二级轻气炮。

在气炮实验中，高压气体在二级轻气炮的发射管中膨胀、驱动弹丸做加速运动的时间约数毫秒，弹丸的加速过程接近于准等熵无冲击驱动；调节火药量和轻质工作气体的压力可对飞片的击靶速度进行精确控制，使飞片到达发射管的出口端时处于匀速运动状态并保持优良的平面飞行姿态；击靶时刻高速飞片的物理状态（密度、温度等）与常压下的物理状态差异极小；飞片击靶时刻的速度可以精确测量。这些优点对于冲击绝热线的精密测量非常重要。

一级气炮能够将弹丸驱动到 0.1~2.0km/s；火炮可以使弹丸加速到最高 2~2.5km/s。一级气炮和火炮通常用于数十吉帕冲击压力区的冲击压缩实验研究。二级轻气炮能够将质量数克的金属飞片加速至 2~8km/s，能够在高密度金属材料中产生最高接近 600GPa 的冲击压力。

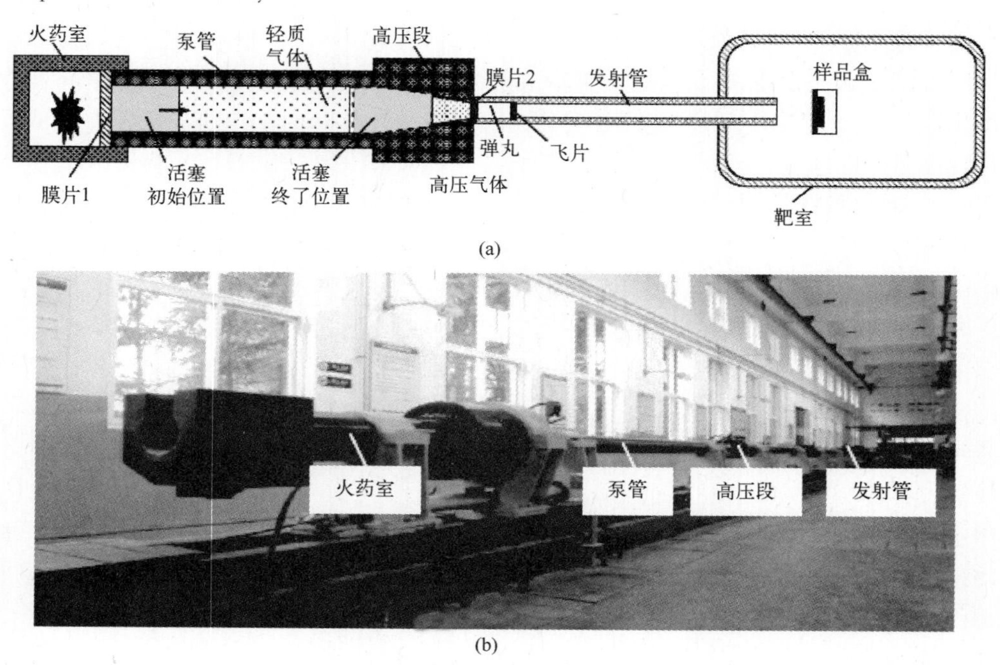

图 1.6 二级轻气炮装量

(a) 二级轻气炮基本结构示意图;(b) LSD 早期建造的一种二级轻气炮照片。

3. 三级炮技术

为了达到更高的压力,从 20 世纪 90 年代初期开始,美国圣地亚实验室(Sandia National Laboratory,SNL)发展了一种新型超高速驱动技术,称为超高速发射器(Hyper-Velocity Launcher,HVL),简称三级炮技术。在三级炮中,利用"叠层型阻抗梯度飞片"代替二级轻气炮中的均质单层飞片。将该阻抗梯度飞片粘贴在二级轻气炮的弹丸前端,首先利用二级轻气炮将它加速到 6~7km/s,使之碰撞位于第三级发射管中的厚度 0.5~1mm 次级均质单层金属飞片(锌、TC4 合金等),能够将该次级飞片加速到 16km/s 的超高速度[17,18]。冲击波物理与爆轰物理重点实验室在 21 世纪初研制成功的一种三级炮技术,将第 7 章中进行讨论。

正在发展的其他冲击波超高压技术还有电炮加载技术、高功率激光加载技术以及电磁驱动技术等。电炮技术利用大电流加热金属箔片产生爆炸形成的稠密等离子体,驱动聚酯薄膜,可产生 100m/s~10km/s 的高速,能够产生脉宽极窄的低压冲击波;激光加载技术能够在极短时间间隔内把激光束的能量聚集在极小的体积中,形成局域性的高能量密度状态,从而在极小的空间范围内形成极高的瞬态高温-高压状态($p \approx E/V$)。用激光加载技术能够产生前沿极陡、脉宽超窄、压力峰值达几太帕至几十太帕的高压冲击波[19]。电磁驱动技术通过大电流脉冲放电产生强大的洛伦兹力,能够将克量级的金属圆片加速到 20km/s 以上的超高速度[20],击靶后在重材料中产生太帕量级的超高压力。

此外,俄罗斯[16]报道了利用地下核爆实验技术测量铁、铅、铜、钛等金属材料的冲击绝热线,获得了最该高达 10~20TPa 压力的冲击绝热线数据。美国核武器实验室[21,22]也报道了利用地下核爆测量铁、钼在数太帕冲击压力下的冲击绝热线数据。受篇幅所限,本书不对这些加载技术做详细介绍。

需要指出,虽然超高速碰撞能够产生压力很高的冲击压缩状态,但并不意味着这种高压状态一定能够被精密测量。为了获得具有高置信度的冲击压缩实验数据,要求飞片在击靶时刻处于匀速运动状态,使实验测得的飞片的平均速度等于其击靶的瞬时速度;飞片以优良的空间姿态与靶板碰撞,确保击靶产生的冲击波是稳定的平面冲击波;飞片具有合理的几何尺寸,以便高速飞片击靶后在试样中产生的冲击波具有足够大的平面范围,以布置足够数量的测试探头对冲击波运动进行实时诊断;冲击波速度在足够长的时间间隔内能够保持稳定,以满足测量探头的有限时间响应能力的要求。

1.3.2　实验测量技术

从实验测量角度来看,最容易测量的物理量是长度、时间、质量或密度。因此,在冲击绝热线的测量中,首先建立的实验方法是测量冲击波速度、飞片击靶速度或样品的自由面速度等,把其他物理量的测量转变为速度量或时间量的测量,结合三大守恒定律得到冲击压力、比容、比内能状态。冲击绝热线的实验测量方法将在第 2 章进行详细讨论。常用的测量冲击波速度和飞片运动速度的方法有电探针法、狭缝照相法和分幅照相法、脉冲 X 射线照相法、电磁速度计测量等。这些方法给出的是平均速度,在文献[10,12]中有较详细介绍。

用于测量粒子速度连续变化历史(或速度剖面)的方法主要有电容器方法[23]和激光速度干涉仪(VISAR)[24]方法。自从激光速度干涉技术在 20 世纪 70 年代发明以后,电容器法已经极少使用。根据光学多普勒效应发明的 VISAR 测量技术,是第一种能够精密测量物质界面(粒子)瞬态运动速度历史的非接触式测量技术,测量不确定度可达 1%~2%,时间分辨力可达到纳秒量级。VISAR 一直对我国禁运。国内研制的激光干涉速度测量仪直到 20 世纪 90 年代中后期才渐趋成熟。从 90 年代中期开始,冲击波物理与爆轰物理重点实验室开始研究另一种基于激光位移干涉技术的瞬态速度测量技术,在 21 世纪初取得突破[25]并实现了仪器化。我国独创发明的这种新型速度干涉测量仪命名为 DISAR[26](Displacement Interferometer System for Any Reflector)。DISAR 和 VISAR 虽然仅一字之差,但在原理、结构和性能上有很大差别。VISAR 和 DISAR 仪器的基本原理将在第 8 章进行讨论。

冲击波温度与冲击压力一样,都是描述冲击压缩下材料高温-高压状态和性质不可或缺的物理量。但是温度与冲击压缩的能量和物质的比热容相关,冲击温度测量技术至今尚未能得到完全解决。目前主要用辐射法测量冲击波温度,这是一种使用瞬态辐射高温计[27]测量从冲击波阵面辐射的能量的技术,将在第 3 章详细介绍。辐射高温计的冲击波温度测温范围大约为 $1\times10^3\sim3\times10^4$ K。2000~10000K 的温度测量用可见光高温计,2000K 以下的温度测量用红外高温计,10000K 以上的温度测量用紫外高温计。

与冲击波温度测量密切相关的是冲击熔化温度测量。测量金属等在冲击高压下的熔化温度比单纯的冲击温度测量更困难。目前,采取的一种方法是在测量冲击熔化温度的同时测量受冲击固体的声速,根据声速的变化规律判定发生冲击熔化的压力区间。在第 4 章中将对金属的冲击熔化的实验测量方法及 TDA 模型进行讨论。

冲击压缩产生的 Hugoniot 状态不可能永久维持不变,必定会在外力扰动的作用下发生改变。为了研究外力扰动对冲击状态的影响,需要讨论小扰动应力波的传播速度即声速的实验测量技术。高压声速测量是近年来实验冲击波物理研究的热点领域之一,声速测量还与材料的动力学性质、本构关系、相变等研究密切相关,因而是开展这些动力学问题的实验研究的基础手段之一。常用的声速测量技术有早期发展的光分析法,以及通过测量"样品/透明窗口"界面的粒子速度剖面获得高压声速方法等,其基本原理将在第5章详细讨论。

在平面冲击压缩下的质量守恒、动量守恒和能量守恒定律的方程中,仅出现轴向应力,没有出现剪切应力,因此不能通过守恒方程获得冲击加载下的剪应力的信息。剪切应力与固体材料的变形或弹-塑性屈服有关[28],即与固体材料的强度或本构关系有关。极端应变率斜波加载下的强度是近年才提出的新问题,第6章将对测量Hugoniot状态下的屈服强度的AC方法[29,30],以及根据上、下屈服面之间的距离确定材料屈服强度的双屈服面法进行讨论。

1.4 小扰动传播的特征线理论基础

理想的斜波是一种幅值和应变率均随时间做单调、连续变化的应力波。一个连续变化的具有有限应力幅度的大扰动总可以分解为无数个小应力扰动的叠加,每个小扰动子波的应力幅值相对于其前方的子波做微小改变,且相对于波前介质以当地声速在传播。小扰动子波的传播导致波后应力和粒子速度也随时间变化。因此,斜波加载下波后物质的运动可以看作连续应力场中物质微团的流动,用流体力学方程组进行描述。但是这绝不意味着连续应力波作用下固体材料变成了"流体"。

用无数个小扰动子波的叠加描述大应力扰动作用的传播过程的方法称为特征线法。在连续应力作用下,材料中的应力、密度和粒子速度的空间分布可以看作(欧拉)空间坐标 x 和时间 t 的函数。在子波扰动经过之处,该坐标位置处的应力、密度以及粒子速度随之改变;能量从一部分物质向另一部分物质传递。如果忽略粒子微团之间的热交换以及与外界的热交换,这类小扰动过程就是绝热的。在绝热过程中,状态的改变完全是应力波作用的结果。虽然单个小扰动的传播可以看作绝热的(不存在热传导和化学反应),但不一定是等熵的,一维流体微团之间的相互作用也可能引起熵增。按照热力学定义,等熵过程是一种可逆、绝热过程,只有同时满足"准静态"和"绝热"两个条件的过程才可以当作"等熵的",因此应从过程的应变率和绝热性两方面来判别等熵性。平面连续应力波的熵增比冲击加载要小得多,往往可以忽略不计,因此斜波有时称为"准等熵"斜波。

1.4.1 小扰动传播的守恒方程

1. 能量方程

小扰动传播过程中可能发生的热交换包括流体微团通过热传导从外界获得的热量 δQ_{cond}、由于化学反应或相变等内热源产生的热量 δQ_{reac} 以及由于流体的黏性运动产生的热量 δQ_{vis},可表示为

$$\delta Q=\delta Q_{\text{cond}}+\delta Q_{\text{reac}}+\delta Q_{\text{vis}}$$

为简单起见,假定小扰动传播过程是绝热的($\delta Q=0$),内能增加仅由外力载荷 σ 引起,则有

$$dE=\delta Q-\sigma dV=-\sigma dV=\frac{\sigma}{\rho^2}d\rho \tag{1.18}$$

但此时的应力 $\sigma=\sigma(\rho,t)$ 并不一定等于沿着等熵线的等熵压力 $\sigma_S(\rho)$，因而式(1.18)的内能增量中包含了熵增的贡献。如果过程是等熵的，$\sigma\equiv\sigma_S(\rho)$，则内能增加为

$$de_S=-\sigma_S dV \tag{1.19}$$

2. 质量方程

以 x 轴表示一维应力波的传播方向(流体微团或“粒子”的运动方向)，沿 x 轴方向在流场内取一微圆柱体元，设该微圆柱体元的底面积为单位面积，一个端面位于 x 处，另一个端面位于 $x+\delta x$ 处，如图 1.7 所示。考察在某时刻 t 流经微圆柱体的两个端面处的质量。在 x 处和 $x+\delta x$ 处的质量流密度(单位时间通过单位面积的质量)分别为 ρu 及 $\rho u+\frac{\partial(\rho u)}{\partial x}\delta x$。在 δt 时间内从 x 处流入该柱体元的质量为 $(\rho u)\delta t$，从 $x+dx$ 处流出该柱体元的质量为 $\left[\rho u+\frac{\partial(\rho u)}{\partial x}\delta x\right]\delta t$，因此，在 δt 时间内该微柱体元内密度的增加为 $\frac{\partial\rho}{\partial t}\delta t\delta x$。由质量守恒可得

$$\frac{\partial\rho}{\partial t}\delta t\delta x=(\rho u)\delta t-\left[\rho u+\frac{\partial(\rho u)}{\partial x}\delta x\right]\delta t$$

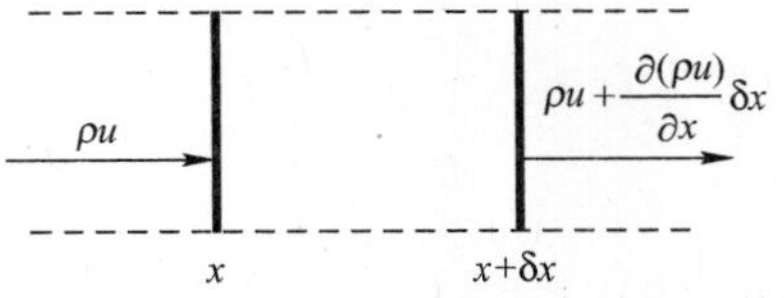

图 1.7 不定常流动的质量守恒方程

当 $\delta x\to 0$ 时，可得

$$\frac{\partial\rho}{\partial t}+\frac{\partial(\rho u)}{\partial x}=0 \tag{1.20}$$

式(1.20)就是小扰动传播的质量守恒方程。

3. 动量方程

如图 1.8 所示，微圆柱体元在某一时刻 t 受到的总作用力(不计体力)可表示为

$$\sigma-\left(\sigma+\frac{\partial\sigma}{\partial x}\delta x\right)=-\frac{\partial\sigma}{\partial x}\delta x$$

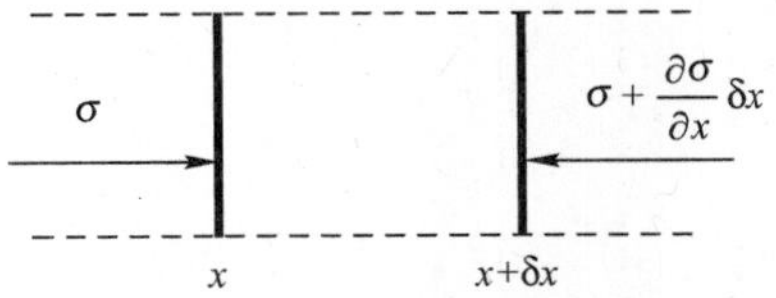

图 1.8 不定常流动的动量守恒方程

由牛顿运动定律或动量原理可得

$$-\frac{\partial\sigma}{\partial x}\delta x=(\rho\cdot\delta x\cdot 1)\frac{du}{dt}$$

即

$$\frac{\partial \sigma}{\partial x}+\rho\frac{\mathrm{d}u}{\mathrm{d}t}=0 \tag{1.21}$$

式中：$\frac{\partial \sigma}{\partial x}$表示某一时刻的应力梯度，它描述应力扰动的空间分布，而应力扰动的空间分布也可以表达为密度扰动的空间分布的函数。根据小扰动传播速度即声速的定义，可将$\frac{\partial \sigma}{\partial x}$改写为

$$\frac{\partial \sigma}{\partial x}=\frac{\partial \sigma}{\partial \rho}\frac{\partial \rho}{\partial x}=c^2\frac{\partial \rho}{\partial x}$$

结合式(1.21)得到小扰动传播的动量守恒方程或运动方程，即

$$c^2\frac{\partial \rho}{\partial x}+\rho\frac{\mathrm{d}u}{\mathrm{d}t}=0 \tag{1.22}$$

1.4.2 小扰动传播的特征线方程

将式(1.20)进行微分并展开，可得

$$\frac{\partial \rho}{\partial t}+u\frac{\partial \rho}{\partial x}+\rho\frac{\partial u}{\partial x}=0 \tag{1.23}$$

由于物质微团的运动速度 u 是用它通过相距 $\mathrm{d}x$ 的两个空间位置所需的时间 $\mathrm{d}t$ 来定义的，即

$$u=\frac{\mathrm{d}x}{\mathrm{d}t}\equiv u(x,t) \tag{1.24a}$$

式中：x 为粒子的空间坐标。

同样，加速度 $\mathrm{d}u/\mathrm{d}t$ 也是用某个流体微团的速度变化定义的，即

$$\frac{\mathrm{d}u}{\mathrm{d}t}=\frac{\partial u}{\partial t}+\frac{\partial u}{\partial x}\frac{\mathrm{d}x}{\mathrm{d}t} \tag{1.24b}$$

式中：$\frac{\mathrm{d}u}{\mathrm{d}t}$为速度的全微分。

式(1.24b)的物理含义：δt 时间间隔内粒子速度的变化包含两个因素的影响，即在 δt 时间间隔内到达该粒子处的应力波引起的粒子速度变化 δu，以及该粒子在流场中的位移 δx 引入的速度变化$\frac{\partial u}{\partial x}\delta x$。因此式(1.24b)可写为

$$\frac{\mathrm{d}u}{\mathrm{d}t}=\frac{\partial u}{\partial t}+u\frac{\partial u}{\partial x} \tag{1.24c}$$

利用式(1.24c)将式(1.22)改写为

$$c^2\frac{\partial \rho}{\partial x}+\rho\left(\frac{\partial u}{\partial t}+u\frac{\partial u}{\partial x}\right)=0 \tag{1.25}$$

将式(1.23)与式(1.25)相加或相减，可得

$$\frac{\partial \rho}{\partial t}+(u+c)\frac{\partial \rho}{\partial x}+\frac{\rho}{c}\left[\frac{\partial u}{\partial t}+(u+c)\frac{\partial u}{\partial x}\right]=0 \tag{1.26}$$

$$\frac{\partial\rho}{\partial t}+(u-c)\frac{\partial\rho}{\partial x}-\frac{\rho}{c}\left[\frac{\partial u}{\partial t}+(u-c)\frac{\partial u}{\partial x}\right]=0 \tag{1.27}$$

由于声速 c 表示小扰动波相对于波前物质的传播速度,u 表示流场中物质的运动速度,因此式(1.26)中的 $u+c$ 表示实验室坐标系中观察到的、与流场的粒子运动方向相同的小扰动的传播速度。习惯上将波的传播方向与波前物质运动方向一致的小扰动波称为右行波。以小扰动波阵面的空间位置 x 随时间 t 的变化描划它的传播路径,则 $\mathrm{d}x/\mathrm{d}t$ 即表示实验室坐标系中观察到的右行波的传播速度,即

$$\frac{\mathrm{d}x}{\mathrm{d}t}=u+c \tag{1.28}$$

式(1.28)称为右行波特征线,它表示小扰动波在 $x-t$ 图上的传播径迹。因此式(1.28)中 $\mathrm{d}x/\mathrm{d}t$ 代表小扰动波的传播速度而不是物质粒子的速度,与式(1.24b)中的 $\mathrm{d}x/\mathrm{d}t$ 的含义不同。由式(1.28)积分得到小扰动波的传播路径 $x=x(t)$;式(1.28)中 u 及 c 分别为沿着小扰动波的传播路径、在波阵面到达位置 x 处流场中的物质运动速度和声速。将式(1.28)代入式(1.26)可得到沿着小扰动波的传播途径的密度 ρ、粒子速度 u 和声速 c 之间的关系,即

$$\frac{\partial\rho}{\partial t}+\frac{\mathrm{d}x}{\mathrm{d}t}\frac{\partial\rho}{\partial x}+\frac{\rho}{c}\left(\frac{\partial u}{\partial t}+\frac{\mathrm{d}x}{\mathrm{d}t}\frac{\partial u}{\partial x}\right)=0 \tag{1.29}$$

利用 $\rho=\rho(x,t)$ 及 $u=u(x,t)$ 的全微分形式,进一步将式(1.29)写为

$$\frac{\mathrm{d}\rho}{\mathrm{d}t}+\frac{\rho}{c}\frac{\mathrm{d}u}{\mathrm{d}t}=0$$

或

$$\mathrm{d}u+\frac{c}{\rho}\mathrm{d}\rho=0 \tag{1.30a}$$

在式(1.30a)中,微分计算沿着小扰动的传播路径进行。结合声速的定义 $c^2=\dfrac{\partial\sigma}{\partial\rho}$,式(1.30a)也可写为

$$\mathrm{d}u+\frac{\mathrm{d}\sigma}{\rho c}=0 \tag{1.30b}$$

或

$$\mathrm{d}\sigma+\rho c\mathrm{d}u=0 \tag{1.30c}$$

式(1.30)是在满足式(1.28)的条件下推导出来的,因此它表示沿着右行小扰动波的传播路径,在波阵面到达的位置处的应力 σ、密度 ρ 和物质运动速度 u 与小扰动波的传播速度 c 必须满足的关系。该方程称为右行波特征线方程。式(1.30)的积分形式为

$$J_+=\int\mathrm{d}u+\int\frac{\mathrm{d}\sigma}{\rho c}\equiv\int\mathrm{d}u+\int\frac{c}{\rho}\mathrm{d}\rho \tag{1.31}$$

式(1.31)表示沿着右行波的整个传播路径,从右行波的波头到波尾的应力、密度、物质运动速度与波速的关系。积分常数 J_+ 称为 Riemann 第一不变量,由沿着右行波传播路径的边界条件决定。

在这里,需要区分波所在位置流场的状态(密度、应力及粒子速度)与经过小扰动的作用以后流场状态的改变。前者直接决定波的传播速度;后者表示该小扰动经过以后流

场状态的变化，而变化后的流场状态决定了跟随在该小扰动波后方的另一个小扰动的传播速度。若经过小扰动波作用后，流场中的应力、密度、物质速度和声速由 σ、ρ、u 和 c 分别变为 $\sigma+\delta\sigma$、$\rho+\delta\rho$、$u+\delta u$ 及 $c+\delta c$，则按式(1.28)后继扰动波阵面的速度可表示为

$$\frac{\mathrm{d}x}{\mathrm{d}t}=(u+\delta u)+(c+\delta c) \tag{1.32}$$

$\sigma+\delta\sigma$、$\rho+\delta\rho$、$u+\delta u$ 及 $c+\delta c$ 不是沿着原来的小扰动波的传播路径(特征线)的状态量，而是经过该小扰动波的作用或穿过该小扰动波阵面(穿过特征线)后的状态量。穿过特征线的状态量与沿着特征线的状态量不同，因此穿过小扰动右行波特征线 $\mathrm{d}x/\mathrm{d}t=u+c$ 的状态不能由式(1.30)或式(1.31)计算给出。

同理，式(1.27)中的 $u-c$ 表示小扰动波的传播方向与波前物质的运动方向相反，这种小扰动波称为左行波。左行波波阵面的空间位置 x 随时间 t 的变化称为左行波特征线。类似地，可得

$$\frac{\mathrm{d}x}{\mathrm{d}t}=u-c \tag{1.33}$$

$$\mathrm{d}u-\frac{c}{\rho}\mathrm{d}\rho=0 \tag{1.34a}$$

或

$$\mathrm{d}u-\frac{\mathrm{d}\sigma}{\rho c}=0 \tag{1.34b}$$

或

$$\mathrm{d}\sigma-\rho c\mathrm{d}u=0 \tag{1.34c}$$

式(1.34)表示沿着左行波的传播的路径的应力增量、密度增量和速度增量与波速的关系，它的积分形式为

$$J_-=\int\mathrm{d}u-\int\frac{\mathrm{d}\sigma}{\rho c}\equiv\int\mathrm{d}u-\int\frac{c}{\rho}\mathrm{d}\rho \tag{1.35}$$

表示沿着左行波的传播路径上，从波头到波尾的应力、密度和物质运动速度的改变与扰动传播速度之间的关系。积分常数 J_- 称为 Riemann 第二不变量，由沿左行波传播路径的边界条件决定。

同样，经过左行波作用以后，流场的状态发生了变化，后继小扰动的传播速度为

$$\frac{\mathrm{d}x}{\mathrm{d}t}=(u+\delta u)-(c+\delta c) \tag{1.36}$$

右行波特征线和左行波特征线分别描述沿相反方向传播的两簇应力波对介质的扰动作用。将式(1.28)、式(1.30)、式(1.33)及式(1.34)联立得到介质在两簇相向传播的应力扰动的联合作用下的状态。每一条左行波特征线都穿过右行波特征线，每一条右行波特征线也穿过左行波特征线。因而沿着左行波特征线的状态量的变化，恰好反映了在经过右行波的小扰动波作用后介质的状态量的改变，即反映了右行波特征线传播导致的波前与波后状态量之间的关系。简言之，通过计算沿着左行波特征线的状态量可以获得关于右行波的波后状态变化的信息；反之亦然。

(1) 简单波。在某些情况下，当其中一个方向所有特征线的斜率均相等时，就会出

现只有单一方向的应力波传播的情况。当式(1.33)中左行波特征线的斜率为常数时,有

$$\frac{dx}{dt}=u-c=\text{const} \tag{1.37}$$

虽然沿着该左行波特征线的 u 和 c 均可变化,但 $u-c$ 保持恒定不变。由于所有左行特征线的斜率都相等,各左行波特征线之间彼此平行,前一特征线的传播对后一特征线不产生任何影响,因此,整个左行波特征线簇退化为一条直线。从物理上看,每一条左行波特征线的波前状态与波后状态完全相同,整个左行波簇的传播不对流场产生任何影响,就好像它不存在一样。因此,在流场中事实上只存在一簇右行波。习惯上把这种只在单一方向传播的应力波称为简单波(图1.9),而把同时存在左行波和右行波的情况下两者共同作用的区域称为复杂流动区(图1.10)。在 $x-t$ 图上,简单波的每一条特征线均是直线,而复杂流动区的特征线将发生弯曲。

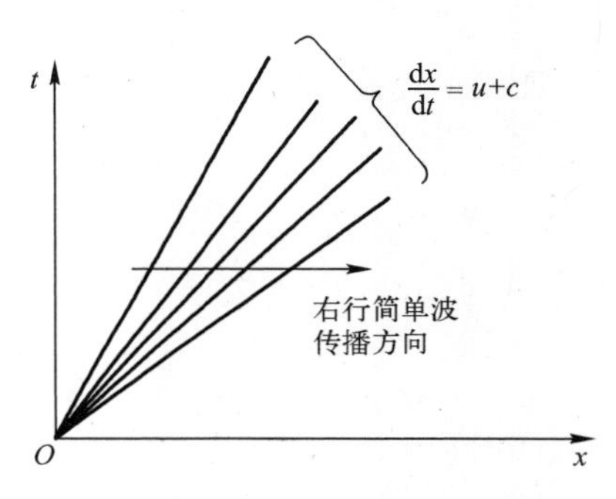

图1.9　右行简单波特征线

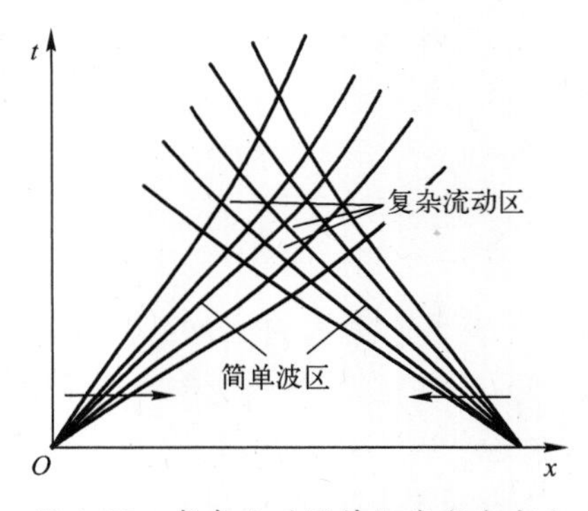

图1.10　复杂流动区特征线发生弯曲

(2) 简单波的波前与波后状态的关系。对于简单波,其波前、波后的应力、密度、粒子速度及声速之间的关系特别简单。在只存在右行简单波的情况下,若其波前、波后应力及粒子速度分别为 σ_0、u_0 及 σ_1、u_1,则波前、波后状态量之间的关系应由穿过该右行波簇特征线的左行波特征线关系式(1.34)表示。

由 Riemann 第二不变量可得

$$J_-=\int du-\int\frac{d\sigma}{\rho c}=\text{const}$$

积分上式得到右行简单波的波前、波后粒子速度与应力波的关系,即

$$u_1 = u_0 + \int_0^1 \frac{\mathrm{d}\sigma}{\rho c} \tag{1.38}$$

式中:下标“0”表示波头位置处流体介质的初始状态,下标“1”表示经整个应力波作用后波尾位置处流体介质的状态。

同理,得到穿过左行简单波的波前、波后粒子速度由右行波特征线关系式(1.31)描述,即

$$u_1 = u_0 - \int_0^1 \frac{\mathrm{d}\sigma}{\rho c} \tag{1.39}$$

(3) 绝热流场的比内能。经过外力扰动作用后,绝热流场比内能的变化由式(1.18)给出,利用声速定义将它改写为

$$\mathrm{d}E = \frac{\sigma}{(\rho c)^2}\mathrm{d}\sigma \tag{1.40}$$

对于右行波,穿过波阵面的粒子速度增量由沿着左行波特征线的方程给出,按照式(1.34c)可得

$$\mathrm{d}E = \frac{\sigma \mathrm{d}\sigma}{(\rho c)^2} = \frac{\sigma \mathrm{d}u}{\rho c} \tag{1.41}$$

或

$$\rho c \mathrm{d}E = \sigma \mathrm{d}u \tag{1.42}$$

式中:等号右边 $\sigma \mathrm{d}u$ 表示在单位时间内外力所做的功或外力做功的功率;等号左边 ρc 表示波阵面在单位时间扫过的质量;$\rho c \mathrm{d}E$ 表示单位时间内系统比内能的增加。

因此,在准等熵压缩或卸载过程中,外力做功提供的能量将以声速在流场中传播。使用具有高声速的流体作为应力作用的传递介质能够提高外力做功的功率。例如,二级轻气炮中单位时间内活塞传递给弹丸的能量与泵管内的工作气体介质的声速密切相关。在各种常用气体中氢气的声速最高,在泵管中注入具有较高初始压力的氢气作为二级轻气炮的工作气体,能够更多、更快地使弹丸获得活塞通过工作气体传递的能量,以期获得尽量高的弹速。

最后需要指出,本节中的 σ 表示连续应力波加载的轴向应力,它与连续应力波加载下的流体静水压 p 不一定相等。通过沿着特征线的声速和粒子速度剖面测量能够从特征线方程确定斜波加载的应力随时间的变化,但是由斜波加载的轴向应力 σ 计算流体静水压 p 需要去除材料强度的贡献。冲击加载下的流体近似模型不一定适用于连续应力斜波加载,这一问题将在第6章进行讨论。

1.5 拉格朗日坐标及守恒方程

1.5.1 拉格朗日坐标与拉格朗日坐标系

在流体动力学中,把材料当作由许多流体微元或流体微粒组成的连续介质。实验测量时以观测者所在的坐标系作为参考系,或使用与测量仪器固定在一起的坐标系作为参考系,通过观察流经固定空间位置的流体微粒的运动状态随时间的变化,研究整个流场

的运动状态。例如,用固定在河道某一位置的流速仪测量水流速度的变化,以及江河汛期水文站报告的流量等,都属于这种情况。这样的参考系称为实验室坐标系或欧拉(Euler)坐标系。欧拉坐标系中的坐标位置 x 是固定于欧拉空间的一些特定标记,通过测量流经该坐标位置的流体运动速度 u、加速度$\dot{u}=\mathrm{d}u/\mathrm{d}t$ 等物理量随时间 t 的变化,描述欧拉空间中的流场状态。1.3 节的质量、动量和能量守恒方程就是在欧拉坐标系中的表达形式,1.4 节小扰动波的特征线方程也是针对欧拉坐标系写出的,各物理量均是欧拉空间坐标 x 和时间 t 的函数:如 $u=u(x,t)$,$c=c(x,t)$,$\rho=\rho(x,t)$等。

但是实验观察往往是针对某个或某些感兴趣的特殊流体微粒子进行。例如,测量粒子速度时必须针对某个特定的流体粒子进行,这是由“速度”物理量本身定义决定的,自由面速度或“样品/透明窗口”界面粒子速度也是对特定界面上粒子运动速度进行的测量。在这种测量中,首先对感兴趣的流体粒子(如自由面)进行标记,通过观测这些特定流体粒子运动状态的变化历史,获得整个流场的信息。被标记的流体粒子的所赋予的“标号”就是它的“坐标”,这个标号在整个实验观测过程中保持不变。对流体粒子进行标记相当于把“坐标”固定在流体粒子上。历史上,这种坐标固定在流体粒子上的参考系称为拉格朗日(Lagrange)坐标系(简称拉氏坐标系)。拉氏坐标系中的流体粒子简称为拉氏粒子,其坐标简称为拉氏坐标。

考虑从某时刻开始运动的一维流场中的某些流体粒子。若以这些流体粒子在初始时刻 t_0 的欧拉空间位置作为其拉氏坐标,则初始时刻各流体粒子的空间位置唯一地确定了该粒子区分于其他粒子的特征。因此,拉氏坐标系是特别定义的一种坐标系;拉氏坐标 h 不过是用来标记流体粒子的“位置”的一种方法。拉氏粒子的标号或“坐标”一旦得到确定,就始终保持不变。拉氏坐标不随时间改变意味着拉氏粒子相对于拉氏坐标系不发生运动;在拉氏坐标系中拉氏粒子相互之间也不发生相对运动,因此拉氏坐标中介质的密度不随时间改变。这些是拉氏坐标与欧拉坐标的最重要区别。当然从欧拉坐标系中观察,这些拉氏粒子相对于欧拉坐标系在运动着,且运动速度随时间改变着。因此,需要用在欧拉坐标系中测量的流体粒子的运动速度来表征该拉氏粒子的运动速度;拉氏粒子当然也受到外力载荷的作用,拉氏粒子受到的应力等于它在欧拉坐标系中受到的应力。尽管在拉氏坐标系中看来拉氏粒子不发生运动,但应力波能够从一个拉氏粒子传播到另一个拉氏粒子。小扰动在拉氏坐标系中的传播速度称为拉氏声速。

在图 1.11 所示的一维流场中,假定任意时刻 t 流经欧拉坐标 x 处的流体粒子的拉氏坐标为 h,则有

$$x=x(h,t) \tag{1.43}$$

流经欧拉坐标 $x+\delta x$ 的拉氏粒子为 $h+\delta h$,则在任意时刻 t 分布在拉格朗日坐标为 $h\sim h+\delta h$ 区间内的拉氏粒子对应的欧拉坐标将分布在 $x\sim x+\delta x$ 区间内。求解式(1.43),可得到任意时刻 t 位于欧拉坐标为 x 处的拉氏坐标 h,即

$$h=h(x,t) \tag{1.44}$$

1. 从欧拉坐标系中观察拉氏粒子的运动

设任意时刻流经欧拉坐标 x 处的流体物质速度为

$$w=w(x,t) \tag{1.45}$$

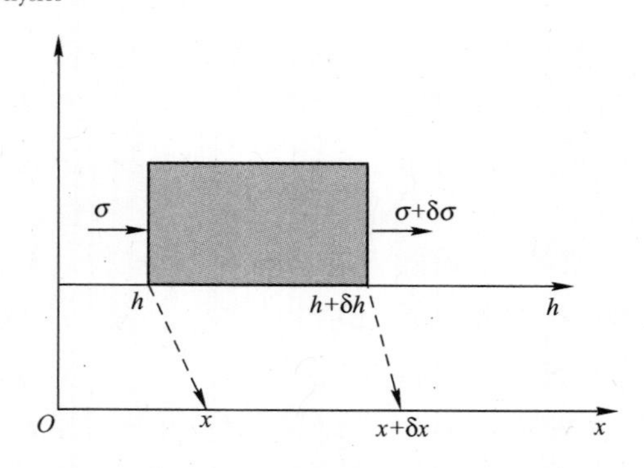

图 1.11　拉氏坐标与欧拉坐标关系

此为欧拉坐标中的流场速度分布。根据式(1.43)可得到用拉氏坐标表示的流场速度分布,即

$$u=u(h,t) \tag{1.46}$$

因此,一旦由式(1.45)确定了欧拉坐标系中的速度分布,则由式(1.46)可完全确定拉氏坐标系中的速度分布。根据粒子速度的定义,它表示某流体粒子的在欧拉坐标系中的位移对时间的变化,需要由该拉氏粒子在实验室坐标系中的位移随时间的变化来表征,即

$$w\equiv\left.\frac{\mathrm{d}x(h,t)}{\mathrm{d}t}\right|_{h}=\frac{\partial x}{\partial t}+\frac{\partial x}{\partial h}\frac{\mathrm{d}h}{\mathrm{d}t}$$

式中:下标"h"表示微分计算是对固定的拉氏粒子进行的。

由于拉氏坐标恒定不变,即 $\mathrm{d}h/\mathrm{d}t=0$,因此有

$$w=\left.\frac{\mathrm{d}x}{\mathrm{d}t}\right|_{h}=\frac{\partial x}{\partial t}$$

同样,加速度测量也是针对某个固定的流体粒子的速度变化进行计算的,有

$$\dot{w}\equiv\frac{\mathrm{d}w(h,t)}{\mathrm{d}t}=\frac{\partial w}{\partial t}+\frac{\partial w}{\partial h}\frac{\mathrm{d}h}{\mathrm{d}t}$$

即

$$\left.\frac{\mathrm{d}w}{\mathrm{d}t}\right|_{h}=\frac{\partial w(h,t)}{\partial t}$$

2. 应力扰动在拉氏坐标系和欧拉坐标系中的传播

现讨论拉氏粒子受到的应力作用 $\sigma_h=\sigma(h,t)$ 随时间的变化以及应力扰动在拉氏坐标系中的传播。显然,应力扰动从拉氏粒子 h 传播到 $h+\delta h$ 所需的时间与欧拉坐标系中从对应的欧拉坐标 x 传播到 $x+\delta x$ 所需的时间相等,但在拉氏坐标系中经历的距离 δh 与欧拉坐标系中的距离 δx 并不相等,因此拉氏坐标系中的小扰动的传播速度(拉氏声速)与实验室坐标系测量的声速(称为热力学声速或欧拉声速)也不相等;拉氏坐标系中的速度梯度和应力梯度(即速度或应力对拉氏坐标的偏微分)与欧拉坐标系中的梯度分布(对欧拉坐标的偏微分)也不相等,导致两种坐标系中守恒定律的形式也不相同。通过守恒定律能够建立两种坐标系中的物理量之间的联系。

1.5.2 拉格朗日坐标系中的守恒方程

1. 动量守恒方程

为简单起见,把拉氏坐标系中从 h 到 $h+\delta h$ 的许多流体粒子组成的、具有单位面积的、长度为 δh 的微圆柱体称为流体微柱元或微柱体。设在时刻 t 微柱体所对应的欧拉空间位置如图 1.11 所示,测得它在欧拉坐标系中的长度为 δx。微柱体的运动状态的变化是由于它的两端面上受到的应力作用不相等的缘故。考察该微柱体在欧拉空间中的运动,设拉氏坐标系中的应力分布为 $\sigma=\sigma(h,t)$,取压应力为正,若 t 时刻作用于圆柱体端面位置 h 处的应力为 $\sigma(h,t)$,t 时刻在 $h+\delta h$ 位置处的应力为 $\sigma+\dfrac{\partial\sigma}{\partial h}\delta h$。按照牛顿第三定律,该微柱体受到的合应力为

$$\delta\sigma\mid_t=-\frac{\partial\sigma}{\partial h}\delta h$$

式中:下标“t”表示该应力差必须在同一时刻进行计算(下同)。

在该合应力作用下微柱体的运动速度发生改变,使 δt 时间间隔内微柱体内的拉氏粒子的平均速度从$\overline{w}$增加到$\overline{w}+\dfrac{\partial\overline{w}}{\partial t}\delta t$,微柱体的总质量为 δm,由冲量原理可得

$$\left(-\frac{\partial\sigma}{\partial h}\delta h\right)\cdot\delta t=\delta m\cdot\left(\frac{\partial\overline{w}}{\partial t}\delta t\right)$$

微柱体元的质量 δm 恒等于 $h\sim h+\delta h$ 的拉氏粒子质量 δm_0,因此

$$\delta m=\bar{\rho}\cdot\delta x\cdot 1=\delta m_0=\bar{\rho}_0\cdot\delta h\cdot 1$$

式中:$\bar{\rho}$为欧拉坐标系中微柱元的平均密度;$\bar{\rho}_0$ 为初始时刻拉氏坐标系中微柱元的平均密度。

当 $\delta h\to 0$ 时,$\bar{\rho}_0\to\rho_0$,$\overline{w}\to u$,可得

$$\frac{\partial\sigma}{\partial h}=-\rho_0\frac{\partial u}{\partial t}\tag{1.47}$$

式(1.47)即为拉氏坐标系中的动量守恒方程。

动量守恒方程将实验室坐标系中测量的流体粒子的速度变化历史 $u(t)$ 与拉氏坐标中的应力梯度剖面$\partial\sigma/\partial h$ 联系起来。式(1.47)中等号右边是某个拉氏粒子的速度对时间的偏导数,它也是欧拉坐标系中测量到流体粒子的加速度。若$\dfrac{\partial u}{\partial t}>0$,则$\dfrac{\partial\sigma}{\partial h}<0$,表示应力分布随 h 的增大而减小,因此沿着 h 轴正方向传播的是右行压缩波,或者沿着 h 轴逆方向传播的是左行稀疏波;若$\dfrac{\partial u}{\partial t}<0$,则$\dfrac{\partial\sigma}{\partial h}>0$,表示应力分布随 h 的增大而增加,沿着 h 轴正方向传播的是右行稀疏波,或沿着 h 轴逆向传播的是左行压缩波。这些结果对于理解右行波和左行波后粒子速度的变化非常有益。

在上述分析中,当 $\delta h\to 0$ 时,由$\bar{\rho}\cdot\delta x=\bar{\rho}_0\delta h$,可得

$$\frac{\partial h}{\partial x}=\frac{\rho}{\rho_0}\tag{1.48}$$

定义拉氏声速为应力扰动在拉氏坐标系中的传播的速度,等于拉氏距离 δh 与应力扰动

传播过该距离所需时间δt之比,即

$$a=\lim_{\delta h\to 0}\left(\frac{\delta h}{\delta t}\right)=\frac{\partial h}{\partial t} \tag{1.49}$$

式(1.49)为拉氏声速的实验测量提供了极大方便。由于拉氏距离不随时间而变,在实验上仅需测量小扰动通过两个特定拉氏位置所经历的时间,如从平板实验样品的一个界面到另一个界面的距离所经历的时间,就能得到拉氏声速。在实验室(欧拉)坐标系中的声速称为欧拉声速,其定义为小扰动通过某欧拉空间距离 δx 与所需时间 δt 之比,即

$$c=\frac{\partial x}{\partial t} \tag{1.50}$$

结合式(1.48)、式(1.49)及式(1.50)可得到拉氏声速 a 与欧拉声速 c 的关系,即

$$\rho_0 a=\rho c \tag{1.51}$$

因此,一旦测量了拉氏声速 a,便可根据式(1.51)计算欧拉声速 $c=(\rho_0/\rho)a$,只要能够确定欧拉坐标系中的密度 ρ 即可。

2. 质量守恒方程

从欧拉空间观察图1.11中微柱体的运动。设时刻 t 拉氏粒子 h 的欧拉坐标 $x=x(h,t)$,速度为 $u(x,t)$,拉氏粒子 $h+\delta h$ 的欧拉坐标为 $x+\delta x$,速度为 $u+\frac{\partial u}{\partial x}\delta x$。从欧拉坐标系中观察,该微柱体比容(或密度)的变化是由于微柱体两端的拉氏粒子的运动速度不同的缘故;该速度差异导致微柱元的体积 Ω 发生变化。在 δt 时间内微柱元体积的变化为

$$\delta\Omega=\left(\frac{\partial u}{\partial x}\delta x\cdot\delta t\right)\cdot 1 \tag{1.52}$$

微柱元的总质量 $m=\bar{\rho}\cdot\delta x\cdot 1=\bar{\rho}_0\cdot\delta h\cdot 1\equiv m_0$,因此微圆柱体的比容 $V=\Omega/m_0$,δt 时间内微柱元比容 V 的变化为

$$\delta V=\delta(\Omega/m_0)=\delta\Omega/m=\delta\Omega/(\bar{\rho}\cdot\delta x) \tag{1.53}$$

当 $\delta h\to 0$ 时,由式(1.48)及式(1.52)可得

$$\frac{\partial V}{\partial t}=\frac{1}{\rho}\frac{\partial u}{\partial x}=\frac{1}{\rho}\frac{\partial u}{\partial h}\frac{\partial h}{\partial x}=\frac{1}{\rho_0}\frac{\partial u}{\partial h}$$

得到拉氏坐标系中的质量守恒方程:

$$\frac{\partial u}{\partial h}=\rho_0\frac{\partial V}{\partial t} \tag{1.54}$$

质量守恒方程将拉氏坐标系中的速度梯度与实验室坐标系中的比容变化率或应变率联系起来。若$\frac{\partial V}{\partial t}<0$,则$\frac{\partial u}{\partial h}<0$,拉氏粒子的速度随 h 的增大而减小,即沿着 h 轴正方向传播的是压缩波或沿着 h 轴逆方向传播的是稀疏波;若$\frac{\partial V}{\partial t}>0$,则$\frac{\partial u}{\partial h}>0$ 拉氏粒子速度随 h 的增大而增加,即沿着 h 轴正方向传播的是稀疏波或沿着 h 轴逆方向传播的是压缩波。式(1.54)表明,可以通过测量欧拉坐标中流体粒子的比容随时间的变化(应变率)计算拉氏坐标系中的速度梯度。

拉氏坐标系中的速度梯度($\partial u/\partial h$)是应力扰动在介质中传播结果。在 δt 时间内该扰动作用从图1.11中的微柱体的一端传到另一端。根据拉氏声速的定义,$a\equiv\partial h/\partial t$,结

合式(1.49)可得

$$\frac{\partial u}{\partial h}=\frac{\partial u}{\partial t}/a \tag{1.55}$$

式中:$\partial u/\partial t$ 为粒子速度剖面的斜率或粒子的加速度。

由式(1.54)进一步可得

$$\frac{\partial V}{\partial t}=\frac{1}{\rho_0 a}\frac{\partial u}{\partial t}=\frac{\dot{u}}{\rho_0 a} \tag{1.56}$$

因此,极端高应变率加载意味着超高加速度;为了计算拉氏坐标下的应力梯度和速度梯度,需要同时测量粒子速度剖面(或加速度$\dot{u}$)和拉氏声速 a。

3. 能量守恒方程

单位质量物质的内能(比内能)无论在欧拉坐标系还是拉氏坐标系中都是相同的。在 δt 时间间隔内微柱体单位质量的内能 δE 的变化来源于热能变化 δQ 以及外力所做的体积功 δW 两方面。由热力学第二定律可得

$$\delta E=\delta Q+\delta W$$

热能的来源包括流体微团通过不可逆热传导与外界的热交换 δQ_{cond},由于化学反应或相变等内热源产生的热量 δQ_{reac},以及由于流体的黏性运动产生的热量 δQ_{vis},可表示为

$$\delta Q=\delta Q_{\text{cond}}+\delta Q_{\text{reac}}+\delta Q_{\text{vis}}$$

外力所作的体积功为

$$\delta W=-\sigma\cdot\delta V$$

假定流体是无黏性的,且与外界环境不发生热交换,也不存在相变和化学反应。该微柱体比内能的变化纯粹是由应力的体积功引起的,得到单位时间内的比内能变化速率,即绝热条件下的能量守恒方程:

$$\delta E=-\sigma\cdot\delta V$$

得到比内能的变化速率与比容变化速率或应变率的关系:

$$\frac{\partial E}{\partial t}=-\sigma\frac{\partial V}{\partial t} \tag{1.57}$$

结合式(1.56)可得

$$\frac{\partial E}{\partial t}=-\frac{\sigma}{\rho_0 a}\frac{\partial u}{\partial t} \tag{1.58}$$

1.5.3 拉格朗日坐标系中的特征线方程

假定幅度为 $\delta\sigma$ 的应力扰动沿着拉氏坐标系中 h 轴的正向传播(图 1.11)。受到该应力扰动的作用,某拉氏粒子的应力在 δt 时间内发生的变化为 $\delta\sigma|_h$,相应的速度变化为 $\delta u|_h$,其中下标 h 表示计算对同一粒子进行,则有

$$\delta\sigma|_h=\left.\frac{\partial\sigma}{\partial t}\right|_h\cdot\delta t$$

$$\delta u|_h=\left.\frac{\partial u}{\partial t}\right|_h\cdot\delta t$$

经过任意时间间隔 Δt 后,该应力扰动从拉氏坐标 h 处传播到达 $h+\Delta h$ 处,即其传播速度

为 $a=\frac{\Delta h}{\Delta t}=\frac{\partial h}{\partial t}$。一旦该应力扰动从 h 传播到达 $h+\Delta h$，处于 $h+\Delta h$ 位置上的拉氏粒子的应力和速度在 δt 时间内将分别增加 $\left(\left.\frac{\partial \sigma}{\partial t}\right|_h \delta t\right)$ 和 $\left(\left.\frac{\partial u}{\partial t}\right|_h \delta t\right)$，即在该小扰动作用下任意拉氏粒子的应力幅度和速度做相同变化（自相似传播）。若初始时刻流体粒子占据的空间尺寸为 δl，则其质量为 $\rho_0\delta l$，由冲量方程可得

$$\delta\sigma|_h \cdot \delta t=(\rho_0\delta l)\cdot \delta u|_h$$

因此

$$\delta\sigma|_h=\rho_0\frac{\delta l}{\delta t}\delta u|_h=\rho_0 a\delta u|_h$$

上式表示同一拉氏粒子在不同时刻状态量的改变，略去下标可写为

$$\delta\sigma=\rho_0 a\mathrm{d}u \tag{1.59}$$

或用欧拉坐标系中的状态量表示为

$$\mathrm{d}\sigma=\rho c\mathrm{d}u \tag{1.60}$$

式中：c、ρ 分别为实验室坐标下的声速和密度。

式(1.59)与1.4节中推导的特征线方程完全一致。在简单波流场中，通过观察某固定流体粒子的运动速度剖面，即可以通过实验测量得到的粒子速度和拉氏声速，由式(1.59)或式(1.60)计算该粒子的应力变化历史。

第2章　冲击绝热线的实验测量

冲击绝热压缩使材料从初始状态跃变到冲击波后的高压-高温 Hugoniot 状态。从同一始态出发经过不同平面冲击波压缩到达的所有 Hugoniot 状态的集合，在(p-V-T)状态空间形成一条曲线，称为 Hugoniot 曲线或冲击绝热线。根据三大守恒方程，冲击绝热线上任一点的状态量之间存在确定的关系。由热力学系统的自由度理论可知，在“流体近似模型”下，冲击压缩系统在(p-V-T)状态空间中只有一个自由度，只要确定了(p,V,T)变量中的任意一个状态量，如冲击压力 p，Hugoniot 线上的其余的状态量如冲击温度 T、比容 V 等就完全确定了。从这一意义上讲，表征 Hugoniot 状态的任意两个状态量之间的关系也可称为冲击绝热线。由于冲击波后的压力、比容及比内能都可表达为冲击波速度和粒子速度的函数，因此最常用也是最简单的冲击绝热线关系式就是描述冲击波速度与粒子速度关系的方程式，该关系简称 D-u 冲击绝热线、D-u 线甚至 Hugoniot 关系。只要确定了冲击波速度和粒子速度中的任一运动参量，根据 D-u 冲击绝热关系就能确定 Hugoniot 状态的所有其余热力学量。除非特别说明，本书将不再区分描述冲击波速度与粒子速度的关系的 D-u 冲击绝热线与描述冲击波后的其他热力学状态量之间关系的 Hugoniot 线，将它们统称为冲击绝热线或 Hugoniot 线。

2.1　冲击绝热线的基本走向

2.1.1　冲击波速度与粒子速度关系的五种基本类型

冲击绝热线的走向是指 D-u 冲击绝热线随冲击压力增加的一般性变化趋势。对于同一种材料，冲击波速度 D 和粒子速度 u 之间的关系 $D=f(u)$ 是唯一的。大量实验研究发现，对于许多固体材料，尤其在中等压力区，冲击波速度与粒子速度可以表示为线性关系，即

$$D-u_0=C_0+\lambda(u-u_0) \tag{2.1}$$

式中：D 和 u 均为实验室坐标系中的量；u_0 为冲击波前的初始粒子速度。

当然，D-u 线性关系不是严格意义的物理规律，而是在一定压力范围内冲击波速度与粒子速度之间的一种经验关系或近似关系，即 $D=f(u)$ 关系的一级泰勒(Taylor)展开，通常由中、高压力区的实验测量确定参数 C_0 和 λ 的值。

按照式(2.1)，常数 C_0 表示 $u\to u_0$ 时的冲击波速度，即极弱冲击波的波速。而极弱的冲击波就是零压小扰动波或声波。在中等冲击压力区，忽略材料强度的“流体近似”模型成立，理论上 C_0 应等于零压体波声速。从这一意义上讲，弱冲击波的波后状态应与等

熵压缩状态非常接近,冲击绝热线的低压段必定与等熵压缩线的差异很小。在后面将会看到,在流体近似模型下,冲击绝热线与等熵压缩线在始点(p_0,V_0)有二阶相切。但是,当冲击波很弱时,固体材料的强度不可忽略,从中等压力冲击压缩实验测量得到的 $D-u$ 线性关系不一定能外推到低压冲击压缩区。

在某些情况下,冲击绝热线需要用二次曲线描述:

$$D=C_0+\lambda u+\beta u^2 \tag{2.2}$$

式中:二次项的常数 β 可取正值或负值。

Trunin 总结了俄罗斯核武器实验室测量的大约 60 种金属元素从数吉帕至数太帕冲击压力范围内的冲击绝热线的特点,将金属元素的 $D-u$ 关系归纳为如下五种基本类型[16]。

1. 第一类金属的 $D-u$ 关系

其具有线性关系:

$$D=C_0+\lambda u$$

该组材料包括 Li、K、Be、Mg、W、Mo、Re、Ir、Au、Ba、Ga 等 11 种金属(图 2.1),图 2.1 中的空心圆表示俄罗斯实验中心测量的数据,其余为其他国家发表的数据(下同)。K、Mg、W、Mo 四种金属的 λ 值为 1.2~1.25,已趋于超高压下 $D-u$ 冲击绝热线斜率的极限值。

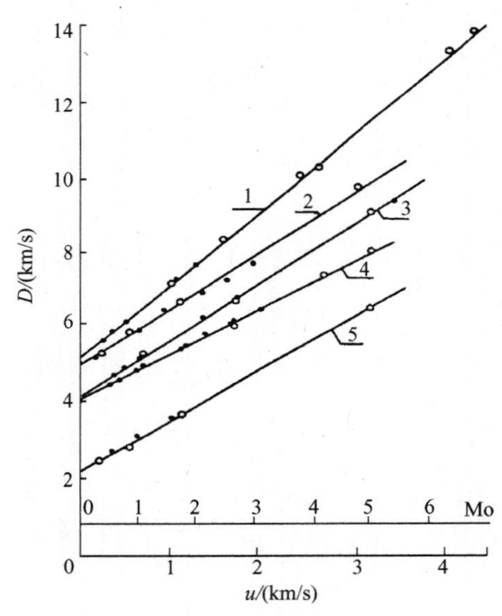

图 2.1 第一类金属的冲击绝热线[16]

1—Mo;2—Ir(D+1);3—Au(D+1);4—W;5—Re(D−2)。

2. 第二类金属的 $D-u$ 关系

其为向下凹(或向上凸)的抛物线:

$$D=C_0+\lambda u+\beta u^2 \quad (\beta<0)$$

该组包括 Al、Cr、Ni、Cd、Zn、Ag、Cu、Pd、Pt、Lu、Pb、Cs、Ce、Te 等 14 种金属(图 2.2)。其中,Al、Cu、Ni 的冲击波速度-粒子速度的线性范围很宽(对应的冲击波速度值分别从 C_0 直至 12km/s、11km/s、11km/s)。

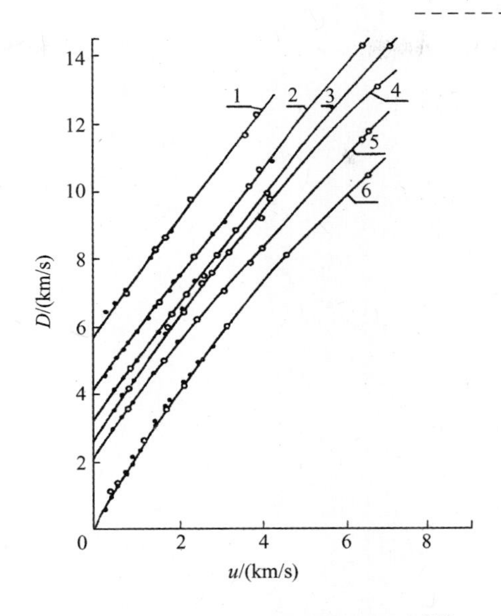

图 2.2 第二类金属的冲击绝热线[16]

1—Ni(D+1);2—Cu;3—Zn;4—Cd;5—Pb;6—Ce(D−1)。

由式(1.4)可得

$$\frac{\mathrm{d}\rho}{\mathrm{d}u}=\frac{\rho^2}{\rho_0}\frac{1}{D}\left(1-\frac{u}{D}\frac{\mathrm{d}D}{\mathrm{d}u}\right)$$

$$=\frac{\rho^2}{\rho_0}\frac{1}{D}\left[1-\left(1-\frac{\rho_0}{\rho}\right)\frac{\mathrm{d}D}{\mathrm{d}u}\right]$$

由于第二组金属 $D-u$ 冲击绝热线的斜率 $\mathrm{d}D/\mathrm{d}u$ 随粒子速度的增大而减小,$\rho-u$ 曲线的斜率 $\mathrm{d}\rho/\mathrm{d}u$ 将随粒子速度的增加而增大,意味着金属随冲击压力增加变得更易于压缩,或者说材料"变软"。

3. 第三类金属的 $D-u$ 关系

其为上凹(或向下凸)的抛物线:

$$D=C_0+\lambda u+\beta u^2 \quad (\beta>0)$$

这一组包括 Na、V、Nb、Ta、Co、Rh 等 6 种金属(图 2.3)。显然,$D-u$ 冲击绝热线的斜率随粒子速度增加而增大,因此 $\rho-u$ 曲线的斜率 $\mathrm{d}\rho/\mathrm{d}u$ 将随粒子速度增加而减小,象征着材料"变硬",即随冲击压力增加变得难以压缩。

4. 第四类金属的 $D-u$ 关系

其可近似表示为由两段不同斜率的直线组成的折线。它包括第六周期的稀土元素 La、Pr、Nd、Sm、Gd、Tb、Dy、Ho、Er、Tu、Yb、Lu,以及 Y、Rb、Sr、Ca、Sc 等 17 种金属(图 2.4)。

在这一组材料中,Ca 是例外。Ca 的 $D-u$ 折线是向上凸的,即 $D-u$ 折线在低压区的斜率大于它在高压区的斜率。除 Ca 以外,其余金属 $D-u$ 折线的形状均是向上凹的,且折线在低压端的斜率均小于 1,而高压端的斜率介于 1~1.7(Y、Sm、Dy、Ho、Tu)~1.8(La、Pr)之间,且在实验研究的压力区间内高压端 $D-u$ 折线几乎是直线。

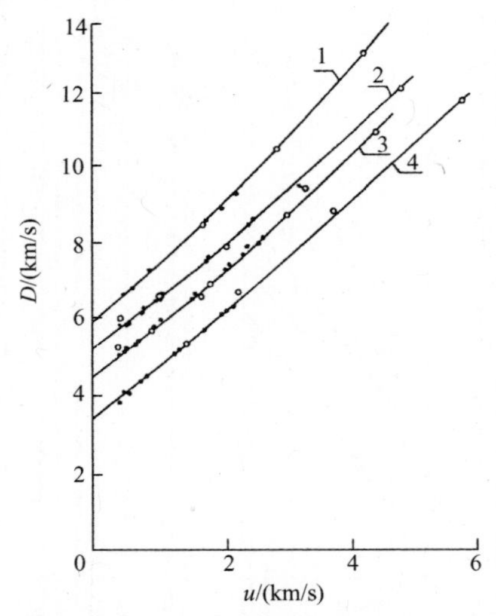

图 2.3 第三类金属的冲击绝热线[16]

1—Co(D+1);2—V;3—Nb;4—Ta。

在冲击压力超出图 2.4 所示的压力范围以后,$D-u$ 线高端折线的斜率当然会随压力增大发生改变。Trunin 认为[16],这一组金属的 $D-u$ 线的特征与冲击压缩下的电子相变有关。这些过渡金属的 d 电子壳层未被填满,当受到冲击压缩时,外壳层 s 电子向内壳层 d 电子壳层转移,导致材料的压缩性增大;而内壳层电子数增加到一定程度后又会使压缩性减小。

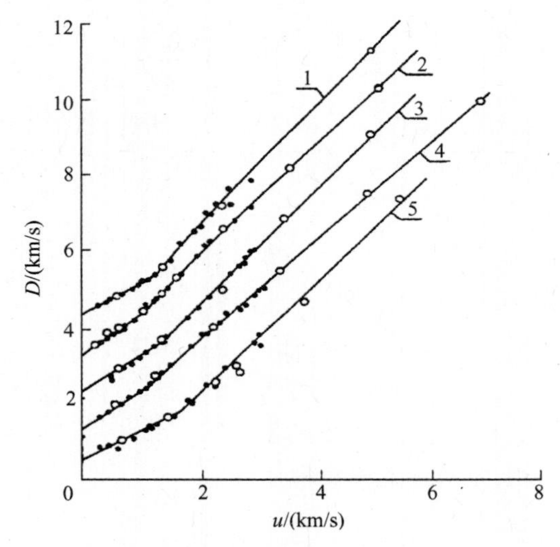

图 2.4 第四类金属的冲击绝热线[16]

1—Pr(D+2);2—La(D+1);3—Nd;4—Gd(D-1);5—Y(D-3)。

常温、常压下,这一组金属大多数具有密实的晶体结构,从 $D-u$ 线低端斜率向高端斜率的变化不能用向更密实的晶格结构的转变进行解释。随着冲击压力增加 $D-u$ 线斜率发生改变,意味着 s→d 电子相变完成,因此在 $D-u$ 线低端斜率与高端斜率之间应该存在某种光滑的表征电子相变过程的过渡区。但是,由于现有实验数据较少,加之实验测量存在不确定度,现有数据不足以显示出两段折线之间的过渡区。

5. 第五类金属的 D-u 关系

其由三段折线组成。这一组金属包括 Fe、Bi、Ti、Sn、Zr、Hf、Eu 等 7 种金属(图 2.5)。这是发生固-固相变时 D-u 线的典型形状,三段折线的斜率分别代表低密度初始相、混合相(折线的水平段)及高密度相的冲击压缩性的特点。反映了这些金属在冲击压缩下由相对较松散的晶格结构向较密集的晶格结构的转变。

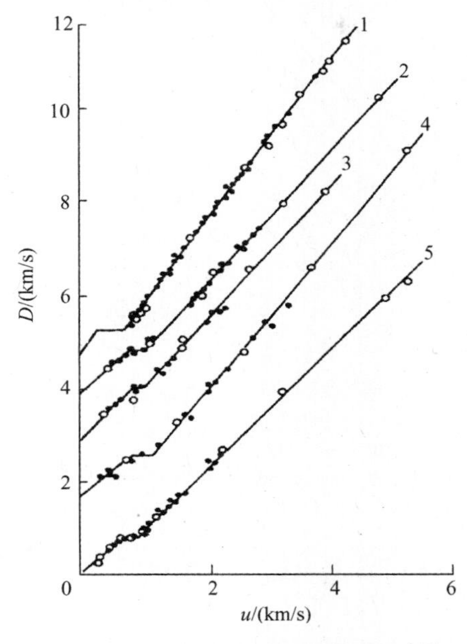

图 2.5　第五类金属的冲击绝热线[16]

1—Fe;2—Zr;3—Hf;4—Eu;5—Ti(D-5)。

尽管上述五种类型的 D-u 线形状各异,但是在某一局部冲击压力区内,冲击绝热线总可以用一段直线进行近似。这意味着,可以用具有不同斜率 λ 和截距 C_0 的直线段近似描述不同压力区的冲击波速度与粒子速度的关系。

2.1.2　极端高压下金属材料的冲击绝热线

俄罗斯学者通过大量实验发现,尽管不同金属 D-u 冲击绝热线的形状及斜率千差万别,但是随着冲击压力的不断升高,各种密实金属材料的 D-u 冲击绝热线逐渐趋于基本平行。在太帕极端高压区,它们的斜率基本相等[16],即

$$\left.\frac{\mathrm{d}D}{\mathrm{d}u}\right|_{\lim p\to\infty}=\lambda\approx1.2\sim1.25 \tag{2.3}$$

这一斜率称为 λ 的高压极限值。图 2.6 给出了几种典型金属材料在极端超高压区冲击绝热线的斜率。图中[16]的数据点包括实验室数据(点、星、圆圈,向上逗号)及地下核爆数据(半实心圆点、加号、叉号、三角、方块、向下逗号,实心圆)。许多金属在中高压区 D-u 冲击绝热线的斜率大于式(2.3)给出的值,因此金属 D-u 冲击绝热线在进入太帕超高压区后将发生弯曲,斜率逐渐变小,最终趋于式(2.3)的极限值。λ 存在高压极限值意味着通过冲击波压缩金属能够达到的压缩度 V_0/V 是相当有限的。根据式(2.3)计算的极端冲击压缩下金属的极限压缩度仅为

$$\lim_{p\to\infty}\frac{V_0}{V}\to 5\sim6$$

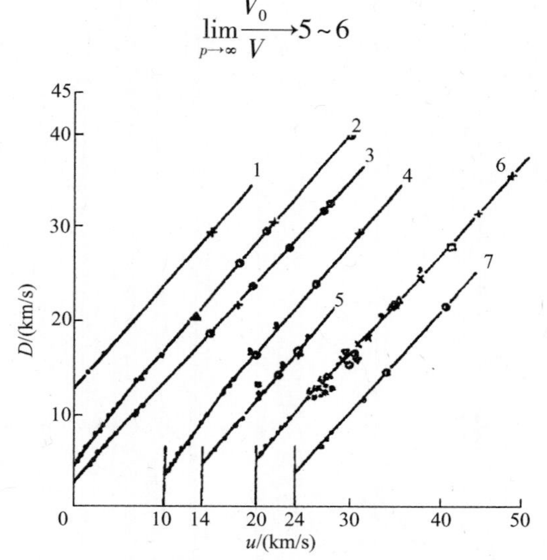

图 2.6　金属材料在超高压区的 D-u 冲击绝热线的走向[16]

1—W(D+10);2—Fe;3—Pb;4—Cu;5—Mo;6—Al;7—Cd。

根据线性 D-u 关系，冲击压力 p_H 与比容的关系可表示为

$$p_H=\frac{C_0^2(V_0-V)}{[V_0-\lambda(V_0-V)]^2} \tag{2.4}$$

定义压缩度 $\eta=1-V/V_0$，不难得到

$$p_H=\frac{\rho_0 C_0^2\eta}{(1-\lambda\eta)^2} \tag{2.5}$$

在高压冲击加载下，即使 D-u 冲击绝热线发生弯曲，但在某局部压力区间总可以用某种直线方程进行近似，因此斜率 $\mathrm{d}D/\mathrm{d}u$ 代表 D-u 冲击绝热线的走向。当式(2.5)中的分母为零时，得到极端高压下($p\to\infty$)D-u 冲击绝热线的斜率的极限值与极限压缩度的关系，即

$$\lim_{p\to\infty}\eta\equiv\frac{1}{\lambda_\infty}=\left.\frac{1}{\mathrm{d}D/\mathrm{d}u}\right|_{p\to\infty} \tag{2.6}$$

λ 越大，压缩度 η 越小，材料越难压缩。D-u 冲击绝热线的斜率 λ 表示材料在冲击压缩下的软硬度。将式(2.3)的极限值 $\lambda_\infty=1.2\sim1.25$ 代入式(2.6)可得到极限冲击压缩度，即

$$\lim_{p\to\infty}\frac{V_0}{V}=\left(\frac{V_0}{V}\right)_\infty\to 5\sim6 \tag{2.7}$$

极端高压冲击压缩下各种金属材料的冲击绝热线基本保持平行反映了金属在冲击压缩下的有限压缩性。依靠单一的冲击压缩方法金属材料能够达到的最大压缩度大致相同，不会超过初始密度的 5~6 倍，这与极端冲击压缩下的高温升有关。准等熵压缩的熵增远远低于冲击压缩，在相同压力下的温升比冲击压缩低得多，斜波加载能够达到比冲击压缩更高的压缩度。

2.1.3　不同压力区 D-u 冲击绝热线的基本特点

总结以上讨论和分析，不同冲击压力下金属材料 D-u 冲击绝热线的一般特征如图 2.7 所示。

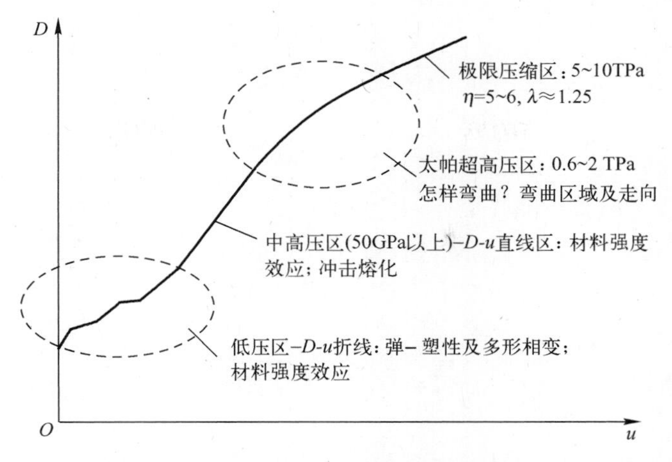

图 2.7　不同冲击压力区 $D-u$ 冲击绝热线的一般特点与走向

1. 中高压力区(数十吉帕至数兆巴)

这一压力区的 $D-u$ 冲击绝热线常可以用直线描述。在中高压冲击压缩下材料可发生冲击熔化并进入液相区。尽管冲击压力达到兆巴量级,但是只要没有发生冲击熔化或者冲击熔化没有完成,材料依然能够表现出固体特有的强度效应,尤其是从冲击压缩状态卸载时将表现出弹-塑性卸载特性;卸载时的逆相变和卸载熔化问题也是该压力区需要关注的问题。但是,在以往半个多世纪的时间内,实验冲击波物理的重点研究内容主要集中在中高压力区的冲击绝热线精密测量及物性研究。已经建立了包括各种金属材料、无机材料和有机物、矿物、塑料、液体及气体等在内的多种物质的冲击绝热线数据。由于采用流体近似模型,在过去长期的研究中忽略了冲击压缩下的材料强度问题。对于冲击熔化问题、冲击波引发的固-固相变和从 Hugoniot 状态卸载时的弹-塑性现象等问题虽然有些报道,但是缺乏系统性研究和深刻认识。

2. 低中压力区(数吉帕至数十吉帕)

许多固体材料在低中冲击压力区的 $D-u$ 线具有折线形状;冲击压缩下的弹-塑性、强度、固-固相变和冲击熔化相变等是固体材料在低中压力区对冲击压缩响应的主要特性。在以往数十年的研究中由于实验研究能力和诊断技术的局限性,未能对这些基本问题进行深入研究。

3. 太帕超高压下的渐近过渡区(0.6~2TPa)

这一压力区金属等固体材料已经完全处于液相区,甚至发生部分电离。$D-u$ 冲击绝热线将发生弯曲,其斜率逐步趋近于 1.25。依靠二级轻气炮技术在材料中达到的冲击压力不会超过 0.6TPa,需要发展实验室条件下的太帕超高压冲击加载能力和诊断技术,研究冲击绝热线在渐近过渡区的变化规律。

4. 极限压缩区(3~10TPa)

在冲击波压缩的极限压缩区,冲击绝热线具有基本相同的斜率,相互平行,金属材料达到极限压缩度。确定相关材料达到极限压缩度的压力及压缩度,与 Thomas-Fermi 理论模型的结果进行比较,是实验冲击波物理面临的挑战之一。

2.2 冲击绝热线的基本性质

冲击绝热线其实是(p-V-T)状态空间中的物态方程曲面上的一条曲线。这条曲线在压力-比容平面上的投影就是描述冲击压力与比容关系的 Hugoniot 曲线。冲击绝热线的性质在许多专著中[4,11]都有所叙述或证明。理解冲击绝热线的性质对于正确分析冲击波物理现象,正确理解和运用冲击压缩实验数据有重要意义。本节将从不同的角度阐述这些基本问题。

2.2.1 冲击绝热线是从同一始态出发的经平面冲击压缩达到的所有终态的轨迹

从常温、常压状态 A 出发,经过不同压力的平面冲击压缩到达不同的冲击终态 B、C、M、H 等,所有冲击压缩终态的集合称为冲击绝热线,也称为 Hugoniot 线,如图 2.8 中标为 H 的曲线所示。冲击压缩的始态(图 2.8 中的 A 点)称为冲击绝热线的中心,以常温、常压为始态的冲击绝热线称为主冲击绝热线或主 Hugoniot 。冲击绝热线不是一条过程曲线,从始态 A 出发通过不同的冲击压缩能够到达的 B、C、M 等终态,但是以 B 为始态的冲击压缩不可能到达状态 C,以此类推。因此,冲击绝热线与始态密切相关,从同一始态出发的冲击绝热线是唯一的。

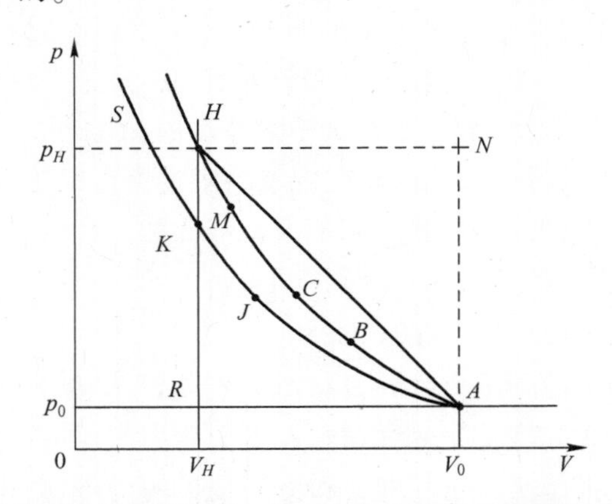

图 2.8 冲击绝热线是从同一始态出发的所有冲击压缩终态的集合

冲击压缩中从始态到终态的跃迁是在冲击波阵面内完成的。虽然始态和终态均为热力学平衡态,但是从初态到终态的跃变过程属于非平衡过程。从始态 A 到终态 H 的冲击跃变过程不经历 B、C、M 等状态,而是从始态 A 直接跳跃到终态 H。这是冲击压缩与等熵压缩或极端应变率准等熵压缩过程[31]的本质区别。连接始态 A 与终态 H 的直线$\overline{AH}$称为瑞利(Releigh)线。瑞利线的斜率的绝对值为

$$|\tan\alpha| = -\frac{p-p_0}{V-V_0}=\frac{(D-u_0)^2}{V_0^2} \tag{2.8}$$

式(2.8)实际上是动量守恒方程式(1.7)的变形。瑞利线的斜率与冲击波速度 D 直接关联,是冲击波压缩强度的直观反映。斜率越大,冲击波速度越高,冲击压力也越大,

比容变化就越小。因而压力-比容平面上的 Hugoniot 线应该是一条从始态出发的、凹面向上的曲线,除非发生冲击波失稳(发生相变等)。

2.2.2　冲击波压缩的总功平均分配给比内能和比动能

重写 Rankin-Hugoniot 能量关系式(1.11):

$$E_H-E_0=\frac{1}{2}(p+p_0)(V_0-V)$$

冲击压缩导致比内能增加恰好等于图 2.8 中以瑞利线为斜边的梯形AHV_HV_0A 的面积。除了内能增加,粒子速度也从 u_0 增加到 u。由于速度(因而动能)与坐标系的选取有关,不能直接以波前、波后的速度简单地计算动能的增加,需要考虑相对于波前物质的速度增量 $u-u_0$ 的贡献。在相对于波前物质静止的坐标系中,比动能增加为$\frac{1}{2}(u-u_0)^2$。由式(1.7)可得

$$\frac{1}{2}(u-u_0)^2=\frac{1}{2}(p-p_0)(V_0-V) \tag{2.9}$$

它等于以瑞利线为斜边的$\triangle AHR$ 的面积(图 2.8)。将比内能和比动能相加得到冲击压缩所做的总(比)功,即

$$w=p(V_0-V) \tag{2.10}$$

它等于图 2.8 中四边形 $V_0NHV_HV_0$ 的面积。当冲击压缩始态为常温-常压状态且冲击波压力较高时,可以忽略初始压力 p_0 的影响,则梯形AHV_HV_0A 的面积与$\triangle HRA$ 的面积相等,因而比动能的增加与比内能增加相等,即冲击压缩的比功平均分配给比内能和比动能:

$$E_H-E_0=\frac{1}{2}p(V-V_0)=\frac{1}{2}(u-u_0)^2=\frac{1}{2}w \tag{2.11}$$

2.2.3　冲击压缩的熵增

冲击压缩是绝热不可逆过程,熵增显著。熵增与热力学路径无关,仅由终态与始态决定。从始态 A 点经冲击压缩到终态 H 点的过程可以分解为两个步骤:首先从 A 点沿着等熵压缩线 $AJKS$ 到达 K 点(图 2.8),K 点与 H 点的比容相同;然后经等容过程从 K 点到达终态 H。等容过程中的熵增即等于从始态经冲击压缩到终态的熵增。等熵线 $AJKS$ 是一条过程曲线,从 A 点到 K 点的等熵过程中的内能增加为

$$\mathrm{d}E_S=T\mathrm{d}S-p\mathrm{d}V=-p_S\mathrm{d}V$$

得到等熵压缩过程的内能增加,即

$$\Delta E_S=E_S-E_0=-\int_{V_0}^{V}p_S\mathrm{d}V \tag{2.12}$$

等于图 2.8 上等熵线 AJK 下方的面积。等容过程的内能增加为

$$\mathrm{d}E_V=(\delta Q-p\mathrm{d}V)_V=\delta Q=c_V\mathrm{d}T$$

即

$$\Delta E_V=\int_{T_S}^{T_H}c_V\mathrm{d}T \tag{2.13}$$

因此

$$E_H-E_0=\Delta E_S+\Delta E_V$$

等容过程中的内能增加等于图 2.8 中梯形 AHV_HV_0A 的面积与等熵线 AJK 下方的面积之差,也就是冲击压缩比内能与等熵压缩比内能之差。冲击压缩过程的熵增为

$$\Delta S = S_H - S_0 = \int \mathrm{d}S = \int \frac{\delta Q}{T} \tag{2.14}$$

或

$$\begin{aligned}\Delta S &= \int \frac{\delta Q}{T} = \int_{T_S}^{T_H} \frac{c_V \mathrm{d}T}{T} \\ &= \int_{T_S}^{T_H} c_V \mathrm{d}\ln T\end{aligned} \tag{2.15}$$

可见,冲击压缩的熵增与瑞利线与等熵线所围的不规则图形 $AHKJA$ 的面积密切相关。

式(2.15)中的比定容热容 c_V 包括晶格比热容和电子比热容。晶格比热容比较简单,在不考虑晶格的非谐振动和电子比热容的情况下,晶格比热容可以由 Debye 模型计算。如果比热容近似为常数(等于晶格比热容的高温极限),则熵增近似为

$$\Delta S=S_H-S_0\approx c_V\ln\frac{T_H}{T_S} \tag{2.16}$$

式中:下标“S”“V”“H”分别表示等熵线、等容线和 Hugoniot 线上的状态。

式(2.16)表明,冲击波温度将随熵增以指数形式迅速升高,即

$$T_H=T_S\mathrm{e}^{\Delta S/c_V}$$

因此,冲击压缩的温升将随压力增大迅速增加。

2.2.4 从同一始态出发的等熵线与主 Hugoniot 线在始点二阶相切

在 p-V 平面上从同一始态出发的冲击绝热线和等熵线在始态具有二阶相切的特性,意味着这两条曲线不仅在始态的斜率相等,而且斜率的变化率相同,因而冲击压缩在始态的熵增是压力增量或比容增量的 3 阶小量。以下是借助于 Gruneisen 物态方程对上述“二阶相切性”的一个简单证明。

由 Gruneisen 物态方程不难得到

$$\frac{\mathrm{d}p_H}{\mathrm{d}V}-\frac{\mathrm{d}p_S}{\mathrm{d}V}=\left[\mathrm{d}\left(\frac{\gamma}{V}\right)/\mathrm{d}V\right](E_H-E_S)+\frac{\gamma}{V}\frac{\mathrm{d}(E_H-E_S)}{\mathrm{d}V} \tag{2.17}$$

利用 Hugoniot 能量关系及等熵关系得到

$$\frac{\mathrm{d}E_H}{\mathrm{d}V}=\frac{1}{2}\frac{\mathrm{d}p_H}{\mathrm{d}V}(V_0-V)-\frac{1}{2}(p_H+p_0)$$

$$p_S=-\frac{\mathrm{d}E_S}{\mathrm{d}V}$$

考虑图 2.8 中等熵线上的 K 点及冲击绝热线上的 H 点趋于初始状态 A 点:$p_H\to p_0$,$p_S\to p_0$,$V_H\to V_0$,$V_S\to V_0$,$E_H\to E_0$,$E_S\to E_0$,可得

$$\frac{\mathrm{d}(E_H-E_S)}{\mathrm{d}V}=\frac{1}{2}\frac{\mathrm{d}p_H}{\mathrm{d}V}(V_0-V)-\frac{1}{2}(p_H+p_0)+p_S\to 0 \tag{2.18}$$

将式(2.18)代入式(2.17),可得

$$\frac{\mathrm{d}p_H}{\mathrm{d}V}-\frac{\mathrm{d}p_S}{\mathrm{d}V}=\left[\mathrm{d}\left(\frac{\gamma}{V}\right)/\mathrm{d}V\right](E_H-E_S)+\frac{\gamma}{V}\frac{\mathrm{d}(E_H-E_S)}{\mathrm{d}V}\to 0$$

即冲击绝热线与等熵线的斜率在始态相等,或在始点一阶相切,即

$$\left.\left(\frac{\mathrm{d}p_S}{\mathrm{d}V}-\frac{\mathrm{d}p_H}{\mathrm{d}V}\right)\right|_0=0 \tag{2.19}$$

对于二阶微商,有

$$\begin{aligned}\frac{\mathrm{d}^2p_H}{\mathrm{d}V^2}-\frac{\mathrm{d}^2p_S}{\mathrm{d}V^2}=&\left[\mathrm{d}^2\left(\frac{\gamma}{V}\right)/\mathrm{d}V^2\right](E_H-E_S)+\\&2\left[\mathrm{d}\left(\frac{\gamma}{V}\right)/\mathrm{d}V\right]\frac{\mathrm{d}(E_H-E_S)}{\mathrm{d}V}+\frac{\gamma}{V}\frac{\mathrm{d}^2(E_H-E_S)}{\mathrm{d}V^2}\end{aligned} \tag{2.20}$$

由于

$$\left.\frac{\mathrm{d}^2(E_H-E_S)}{\mathrm{d}V^2}\right|_0=\left.\left[\frac{1}{2}\frac{\mathrm{d}^2p_H}{\mathrm{d}V^2}(V_0-V)-\frac{\mathrm{d}p_H}{\mathrm{d}V}+\frac{\mathrm{d}p_S}{\mathrm{d}V}\right]\right|_0\to 0 \tag{2.21}$$

因而冲击绝热线与等熵线的斜率在始点两者有二阶相切,即

$$\left.\left(\frac{\mathrm{d}^2p_H}{\mathrm{d}V^2}-\frac{\mathrm{d}^2p_S}{\mathrm{d}V^2}\right)\right|_0=0 \tag{2.22}$$

对于三阶微商,有

$$\begin{aligned}\frac{\mathrm{d}^3p_H}{\mathrm{d}V^3}-\frac{\mathrm{d}^3p_S}{\mathrm{d}V^3}=&\left[\mathrm{d}^3(\frac{\gamma}{V})/\mathrm{d}V^3\right](E_H-E_S)+\left[\mathrm{d}^2\left(\frac{\gamma}{V}\right)/\mathrm{d}V^2\right]\frac{\mathrm{d}(E_H-E_S)}{\mathrm{d}V}+\\&2\left[\mathrm{d}^2\left(\frac{\gamma}{V}\right)/\mathrm{d}V^2\right]\frac{\mathrm{d}(E_H-E_S)}{\mathrm{d}V}+3\left[\mathrm{d}\left(\frac{\gamma}{V}\right)/\mathrm{d}V\right]\frac{\mathrm{d}^2(E_H-E_S)}{\mathrm{d}V^2}+\\&\frac{\gamma}{V}\frac{\mathrm{d}^3(E_H-E_S)}{\mathrm{d}V^3}\end{aligned} \tag{2.23}$$

当$(p_H,p_S)\to p_0$,$(V_H,V_S)\to V_0$,$(E_H,E_S)\to E_0$时,可得

$$\frac{\mathrm{d}^3(E_H-E_S)}{\mathrm{d}V^3}=\frac{1}{2}\frac{\mathrm{d}^3p_H}{\mathrm{d}V^3}(V_0-V)-\frac{3}{2}\frac{\mathrm{d}^2p_H}{\mathrm{d}V^2}+\frac{\mathrm{d}^2p_S}{\mathrm{d}V^2}$$

因此,当$(p_H,p_S)\to p_0$,$(V_H,V_S)\to V_0$,$(E_H,E_S)\to E_0$时,上式变为

$$\left.\frac{\mathrm{d}^3(E_H-E_S)}{\mathrm{d}V^3}\right|_0=-\left.\frac{1}{2}\frac{\mathrm{d}^2p_H}{\mathrm{d}V^2}\right|_0\neq 0 \tag{2.24}$$

可见,冲击绝热线在始态的三阶微商与等熵线的三阶微商不相等,即

$$\left.\frac{\mathrm{d}^3p_H}{\mathrm{d}V^3}-\frac{\mathrm{d}^3p_S}{\mathrm{d}V^3}\right|_0\neq 0 \tag{2.25}$$

上述推导是在 Gruneisen 物态方程框架内进行的,隐含假定了在始态压力点附近固体材料的强度可忽略不计,即低压下的冲击压力和等熵压力均可视作流体静水压力。冲击绝热线与等熵线在始态具有二阶相切意味着两者在始态压力点附近非常接近,在实验上甚至难以区分。实际上,由于实验测量的有限不确定度,发现在 20GPa 压力以下实测冲击绝热线与实测等熵压缩线往往很难区分;然而根据 D-u 关系计算的低压 Hugoniot 数

据与实验测量的等熵线存在明显差异。这是因为 $D-u$ 关系通常是从中等压力下的实验测量拟合得到的,在中等压力区的 Hugoniot 数据可以忽略强度的影响;但这种 $D-u$ 关系不一定能外推到低压区,因为在低压区固体的强度效应常常不可忽略,而实验测量的低压等熵压缩数据中就包含了固体强度的影响。

2.2.5 沿着主 Hugoniot 的体波声速

在 Hugoniot 状态的小扰动传播速度称为沿着冲击绝热线的声速。按照第 1 章中给出的声速的定义,在 $p-\rho$ 平面或 $p-V$ 平面上,任意热力学状态下的声速由过该状态点的等熵线的斜率决定。在 Hugoniot 状态下的声速由经过该冲击压缩状态点的等熵线的斜率决定。若等熵线和冲击绝热线相交于 H 点(图 2.9),将 H 点的热力学状态表示为(p_H, V_H),则 H 点的声速由 $p-V$ 平面上过 H 点的等熵线的斜率决定,即

$$c^2=\left(\frac{\mathrm{d}p}{\mathrm{d}\rho}\right)_S\bigg|_{V=V_H}=-\left(V^2\frac{\mathrm{d}p}{\mathrm{d}V}\right)_S\bigg|_{V=V_H} \tag{2.26}$$

为了获得过 H 点等熵线的斜率与 Hugoniot 状态(p_H, V_H)的关系,设图 2.9 中等熵线上的 S 点与冲击绝热线上的 B 点具有相同比容,$V\equiv V_S=V_B$。假定 Gruneisen 系数仅与比容相关,不难得到等熵线在 S 点的斜率与冲击绝热线在 B 点的斜率之间的关系,即

$$\frac{\mathrm{d}p_S}{\mathrm{d}V}-\frac{\mathrm{d}p_B}{\mathrm{d}V}=\frac{\mathrm{d}(\gamma/V)}{\mathrm{d}V}(E_S-E_B)+\frac{\gamma}{V}\left(\frac{\mathrm{d}E_S}{\mathrm{d}V}-\frac{\mathrm{d}E_B}{\mathrm{d}V}\right) \tag{2.27}$$

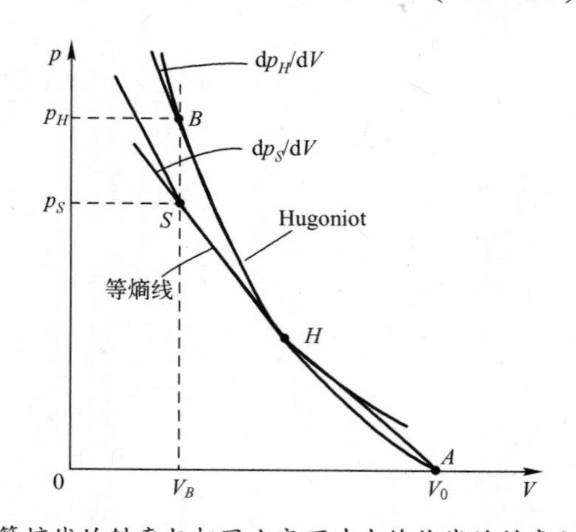

图 2.9 等熵线的斜率与相同比容下冲击绝热线的斜率之间的关系

由于

$$p_S=-\frac{\mathrm{d}E_S}{\mathrm{d}V}$$

以及

$$\frac{\mathrm{d}E_B}{\mathrm{d}V}=\frac{1}{2}\frac{\mathrm{d}p_B}{\mathrm{d}V}(V_0-V_B)-\frac{1}{2}(p_B+p_0)$$

可得

$$\frac{\mathrm{d}p_S}{\mathrm{d}V}=\frac{\mathrm{d}(\gamma/V)_B}{\mathrm{d}V}(E_S-E_B)+\frac{\mathrm{d}p_B}{\mathrm{d}V}+\left(\frac{\gamma}{V}\right)_B\left(\frac{\mathrm{d}E_S}{\mathrm{d}V}-\frac{\mathrm{d}E_B}{\mathrm{d}V}\right)$$
$$=\frac{\mathrm{d}(\gamma/V)_B}{\mathrm{d}V}(E_S-E_B)+\frac{\mathrm{d}p_B}{\mathrm{d}V}\left[1-\frac{1}{2}\left(\frac{\gamma}{V}\right)_B(V_0-V_B)\right]+\left(\frac{\gamma}{V}\right)_B\left[\frac{1}{2}(p_B+p_0)-p_S\right] \tag{2.28}$$

当 B 点和 S 点向 H 点趋近时，$p_S\to p_H$，$V_B\to V_H$，$E_S-E_B\to 0$，可得

$$\left(\frac{\mathrm{d}p}{\mathrm{d}V}\right)_S=\left(\frac{\mathrm{d}p}{\mathrm{d}V}\right)_H\left[1-\frac{1}{2}\left(\frac{\gamma}{V}\right)_H(V_0-V_H)\right]-\frac{1}{2}\left(\frac{\gamma}{V}\right)_H(p_H-p_0) \tag{2.29}$$

式(2.29)给出了过点(p_H，V_H)的等熵线斜率与该点的冲击绝热线的斜率的关系。假定 γ 仅与比容有关，则可略去(γ/V)的下标“H”，得到沿着冲击绝热线的声速一般表达式，即

$$c_H^2=\frac{1}{2}V_H^2\frac{\gamma}{V}(p_H-p_0)-V_H^2\left(\frac{\mathrm{d}p}{\mathrm{d}V}\right)_H\left[1-\frac{1}{2}\frac{\gamma}{V}(V_0-V)\right] \tag{2.30}$$

只要测量了冲击绝热线，可由式(2.30)计算 Hugoniot 状态下的声速。式(2.30)是在 Gruneiseng 物态方程框架下得到的，声速 c_H 是在流体模型近似下沿着冲击绝热线的声速，即流体力学声速或体波声速：$c_H\equiv c_b$。但是，在声速测量实验中直接测量的是纵波声速(见第 6 章)，只要不发生冲击熔化进入液相区，沿着冲击绝热线的纵波声速与式(2.30)计算的体波声速将存在显著的差异，不能用式(2.30)计算沿着 Hugoniot 的纵波声速。在第 6 章中将讨论声速的测量方法，以及如何利用泊松(Poisson)比估算纵波声速和横波声速。

2.2.6 冲击波速度与波前声速及波后声速的关系

1. 冲击波速度与波后声速的关系

利用冲击绝热线的普适关系，即瑞利线方程式(1.8)，得到

$$(D-u_0)^2=V_0^2\frac{p_H-p_0}{V_0-V}$$

将式(2.30)改写为

$$c_H^2=\frac{1}{2}\left(\frac{V}{V_0}\right)^2\frac{\gamma}{V}(V_0-V)(D-u_0)^2-V^2\left(\frac{\mathrm{d}p}{\mathrm{d}V}\right)_H\left[1-\frac{1}{2}\frac{\gamma}{V}(V_0-V)\right] \tag{2.31}$$

对于图 2.9 中的上凹的 $p-V$ 冲击绝热线，过 H 点的切线(图中未画出)显然比该点的瑞利线($\overline{AH}$)更陡。根据式(1.7)给出的瑞利线的斜率，得到

$$\frac{p-p_0}{V_0-V}=(D-u_0)^2/V_0^2<\left|\left(\frac{\mathrm{d}p}{\mathrm{d}V}\right)_H\right|$$

即

$$\left(-\frac{\mathrm{d}p}{\mathrm{d}V}\right)_H>\frac{p_H-p_0}{V_0-V}=\frac{(D-u_0)^2}{V_0^2}>0$$

结合式(2.31)进一步得到

$$c_H^2>\frac{1}{2}\left(\frac{V}{V_0}\right)^2\frac{\gamma}{V}(V_0-V)(D-u_0)^2+(D-u_0)^2\left(\frac{V}{V_0}\right)^2\left[1-\frac{1}{2}\frac{\gamma}{V}(V_0-V)\right]$$

或

$$c_H^2>(D-u_0)^2\left(\frac{V}{V_0}\right)^2\equiv(D-u)^2$$

因此

$$c_H>D-u \tag{2.32a}$$

或

$$D<c_H+u=c_b+u \tag{2.32b}$$

虽然式(2.32a)中的 c_H 是体波声速，但是由于纵波声速大于体波声速，对于纵波声速 c_l，同样有

$$D<c_l+u \tag{2.32c}$$

式(2.32)表明，在实验室坐标系中的观察者看来，冲击波阵面相对于波后的介质以亚声速传播。冲击波后方发生的任何事件(应力扰动)都能够赶上冲击波阵面并影响冲击压缩过程。

2. 冲击波速度与波前声速的关系

冲击波的波前声速即始态 A 点的声速(图 2.9)。由于冲击绝热线与等熵线在始点二阶相切，对于上凹的冲击绝热线，在 A 点有

$$\left(-\frac{dp_H}{dV}\right)_{V=V_0}=\left(-\frac{dp_S}{dV}\right)_{V=V_0}<\frac{p_H-p_0}{V_0-V}=\frac{(D-u_0)^2}{V_0^2} \tag{2.33}$$

以 c_0 表示冲击波前的声速，则有

$$c_0^2=-V_0^2\left(\frac{dp_S}{dV}\right)_{V=V_0}$$

式中：声速 c_0 既可以是体波声速也可以是纵波声速，因此

$$D-u_0>c_0 \tag{2.34a}$$

或

$$D>u_0+c_0 \tag{2.34b}$$

即冲击波对于波前介质是超声速的，因而冲击波能够追上或影响它前方发生的任何事件。

2.2.7 等温线、等熵线和冲击绝热线的相对位置关系

在绝大多数情况下，材料的 $p-V$ 冲击绝热线是上凹的。可以证明，从同一点出发的等温线、等熵线和冲击绝热线的陡峭程度依次增大[32]，它们相对位置关系如图 2.10 所示。

首先考察冲击绝热线与等熵线之间的关系。以比容 V 和熵 S 表达压力 p，得到 $p=p(V,S)$ 的全微分，即

$$dp=\left(\frac{\partial p}{\partial V}\right)_S dV+\left(\frac{\partial p}{\partial S}\right)_V dS \tag{2.35}$$

式中：$\left(\frac{\partial p}{\partial V}\right)_S$ 为等熵线的斜率。

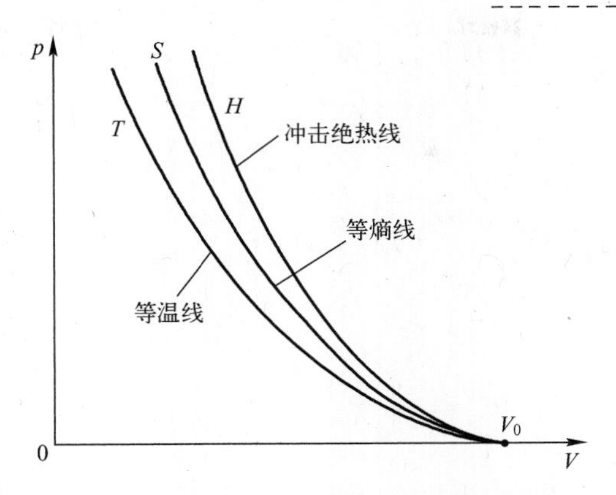

图 2.10 流体近似模型下，$p-V$ 图上冲击绝热线、等熵线及等温压缩线位置的相对关系

沿着冲击绝热线 $p=p_H(V)$，熵 $S=S_H(V)$ 仅仅是比容的函数，即

$$\left(\frac{\mathrm{d}p}{\mathrm{d}V}\right)_H=\left(\frac{\partial p}{\partial V}\right)_S+\left(\frac{\partial p}{\partial S}\right)_V\left(\frac{\mathrm{d}S}{\mathrm{d}V}\right)_H \tag{2.36}$$

在压力-比容平面上，冲击绝热线和等熵线的斜率均为负值，$\left(\frac{\mathrm{d}p}{\mathrm{d}V}\right)_H<0$，$\left(\frac{\partial p}{\partial V}\right)_S<0$，因此式(2.36)可写为

$$-\left(\frac{\mathrm{d}p}{\mathrm{d}V}\right)_H=-\left(\frac{\partial p}{\partial V}\right)_S-\left(\frac{\partial p}{\partial S}\right)_V\left(\frac{\mathrm{d}S}{\mathrm{d}V}\right)_H>0 \tag{2.37}$$

由于冲击绝热压缩的不可逆熵增随比容减小而增加，即$\left(\frac{\mathrm{d}S}{\mathrm{d}V}\right)_H<0$，而等容压缩过程中的熵增随压力的增加而增加，即$\left(\frac{\partial p}{\partial S}\right)_V>0$，因此式(2.37)中等号右端第二项为正值，即

$$-\left(\frac{\partial p}{\partial S}\right)_V\left(\frac{\mathrm{d}S}{\mathrm{d}V}\right)_H>0$$

因而在 $p-V$ 平面上冲击绝热线比等熵线更陡，即

$$-\left(\frac{\mathrm{d}p}{\mathrm{d}V}\right)_H>-\left(\frac{\partial p}{\partial V}\right)_S$$

其次，考察等熵线和等温线的关系。以比容 V 和温度 T 表达压力，得到 $p=p(V,T)$ 的微分，即

$$\mathrm{d}p=\left(\frac{\partial p}{\partial V}\right)_T\mathrm{d}V+\left(\frac{\partial p}{\partial T}\right)_V\mathrm{d}T \tag{2.38}$$

沿着等熵线的温度仅是比容的函数，$T=T(S,V)=T_S(V)$，有

$$\left(\frac{\mathrm{d}p}{\mathrm{d}V}\right)_S=\left(\frac{\partial p}{\partial V}\right)_T+\left(\frac{\partial p}{\partial T}\right)_V\left(\frac{\mathrm{d}T}{\mathrm{d}V}\right)_S \tag{2.39}$$

式中：$\left(\frac{\partial p}{\partial V}\right)_T$ 为等温线的斜率；$\left(\frac{\mathrm{d}T}{\mathrm{d}V}\right)_S$ 为沿着等熵线的温度随比容的变化。

利用麦克斯韦关系式得到$\left(\frac{\partial T}{\partial V}\right)_S \equiv -\left(\frac{\partial p}{\partial S}\right)_V$，因此

$$\left(\frac{\partial T}{\partial V}\right)_S = -\left(\frac{\partial p}{\partial S}\right)_V \equiv -\frac{\left(\frac{\partial p}{\partial T}\right)_V}{\left(\frac{\partial S}{\partial T}\right)_V} = -\frac{T\left(\frac{\partial p}{\partial T}\right)_V}{c_V} \tag{2.40}$$

式(2.39)变为

$$\left(\frac{\mathrm{d}p}{\mathrm{d}V}\right)_S = \left(\frac{\partial p}{\partial V}\right)_T - \frac{T}{c_V}\left[\left(\frac{\partial p}{\partial T}\right)_V\right]^2 \tag{2.41}$$

或

$$-\left(\frac{\mathrm{d}p}{\mathrm{d}V}\right)_S = -\left(\frac{\partial p}{\partial V}\right)_T + \frac{T}{c_V}\left[\left(\frac{\partial p}{\partial T}\right)_V\right]^2 \tag{2.42}$$

因此，在p-V平面上等熵线比等温线更陡。

在以上推导中使用了热力学关系，因此仅在流体静水压条件下或流体近似模型下等温线、等熵线与冲击绝热线的上述相互关系才能严格成立。

2.3 冲击绝热线的理论预估

在实际应用中可能需要预先估算材料的冲击绝热线。实验测量时需要对相关测量数据进行预估，以便确定测量仪器参数的设置范围，尽可能得到较高精度的数据。冲击绝热线的理论预估是从已知的材料物理性质出发估算它的冲击绝热线，粗略确定冲击波速度与粒子速度线性关系式 $D=C_0+\lambda u$ 中的参数 C_0 和 λ 的近似值。

2.3.1 纯净密实材料

纯净密实材料是指其组成具有完全确定的化学计量比，并且密度等于或非常接近于其理论晶体密度的固体材料。它包括单质和化合物两大类。

1. 利用静高压数据估算 C_0 及 λ

(1) C_0 值的估算。已经用静高压方法测量了许多纯净材料的体积压缩模量。按照体积模量 K 的定义及声速的定义可以估算出零压体波声速。等熵压缩体积模量的定义为

$$K_S = -V\left(\frac{\partial p}{\partial V}\right)_S$$

结合声速的定义并利用冲击绝热线与等熵线在零压下二阶相切的性质，参数 C_0 应与零压下的体波声速 c_{b0} 相等，即

$$C_0 \equiv c_{b0} = \sqrt{K_{0S}/\rho_0} \tag{2.43}$$

式中

$$K_{S0} = -\left(V\frac{\mathrm{d}p_S}{\mathrm{d}V}\right)_0 = \rho_0 c_{b0}^2$$

K_{S0}为零压等熵体积模量。

但是，从静高压实验得到的是等温体积模量，即

$$K_T=-V\left(\frac{\partial p}{\partial V}\right)_T$$

由热力学关系可以证明

$$\left(\frac{\partial p}{\partial V}\right)_S\equiv\frac{-\left(\frac{\partial S}{\partial V}\right)_p}{\left(\frac{\partial S}{\partial p}\right)_V}=-\frac{T\left(\frac{\partial S}{\partial T}\right)_p\cdot\left(\frac{\partial T}{\partial V}\right)_p}{T\left(\frac{\partial S}{\partial T}\right)_V\cdot\left(\frac{\partial T}{\partial p}\right)_V}\equiv\frac{c_p}{c_V}\left(\frac{\partial p}{\partial V}\right)_T$$

式中：c_p 及 c_V 分别为比定压热容及比定容热容。

因此

$$K_S/K_T\equiv c_p/c_V>1 \tag{2.44}$$

若用等温体积模量代替式(2.43)中的等熵体积模量，可得

$$C_0=\sqrt{(c_{p0}/c_{V0})K_{T0}/\rho_0} \tag{2.45}$$

式中：c_{V0}、c_{p0}分别为零压下的比定容热容和比定压热容。

因此，如果直接用等温体积模量代替式(2.43)中的等熵体积模量计算 C_0 时，则估算的 C_0 将稍稍偏低。

(2) λ 值的估算。在低压下，将等熵体积模量 $K_S(p)$ 做一阶泰勒展开得到

$$K_S(p)=K_{S0}+\left(\frac{\mathrm{d}K_S}{\mathrm{d}p}\right)_0\cdot p$$

式中：K_{S0}及$\left(\frac{\mathrm{d}K_S}{\mathrm{d}p}\right)_0$ 可通过静高压实验进行测量，下标“0”表示零压初始态。

由于等熵线与冲击绝热线在始态的一阶及二阶导数相等，得到零压等熵体积模量的一阶导数，即

$$K_{S0}\equiv-\left(V\frac{\mathrm{d}p_S}{\mathrm{d}V}\right)_0=-\left(V\frac{\mathrm{d}p_H}{\mathrm{d}V}\right)_0\equiv K_{H0}$$

以及

$$K'_{S0}\equiv\left(\frac{\mathrm{d}K_S}{\mathrm{d}p}\right)_0=\left(\frac{\mathrm{d}K_H}{\mathrm{d}p}\right)_0$$

令 $\eta=1-V/V_0$ 表示冲击压缩的工程应变，按式(2.5)得到在始态的斜率，即

$$K_{H0}=-V\frac{\mathrm{d}p_H}{\mathrm{d}V}=(1-\eta)\frac{\mathrm{d}p_H}{\mathrm{d}\eta}=\rho_0C_0^2\frac{(1-\eta)(1+\lambda\eta)}{(1-\lambda\eta)^3}=K_{S0} \tag{2.46}$$

以及该斜率的压力导数，即

$$\left(\frac{\mathrm{d}K_H}{\mathrm{d}p}\right)_0\equiv\left(\frac{\mathrm{d}K_H}{\mathrm{d}\eta}\Big/\frac{\mathrm{d}p_H}{\mathrm{d}\eta}\right)_0=\left[\frac{(4\lambda-1)+\lambda\eta(2\lambda-\lambda\eta-4)}{1-(\lambda\eta)^2}\right]_0 \tag{2.47}$$

对于零压“始态”，$\eta_0=0$，得到

$$K'_{S0}=4\lambda-1$$

根据实验测量冲击绝热线可以计算 K'_{S0}，进而得到线性 D-u 关系的斜率，即

$$\lambda=\frac{1}{4}(K'_{S0}+1) \tag{2.48}$$

在实际估算时同样需要用等温体积模量的一阶导数 K'_{T0} 代替式(2.48)中的 K'_{S0}。这样得到的 λ 在较低压力下有较好的适用性。Steinberg[33] 建议将式(2.48)修正为

$$\lambda=\frac{1}{4}\left(\frac{K'_{T0}}{1.15}+1\right) \tag{2.49}$$

发现用式(2.49)根据静压数据计算的冲击绝热线,与动高压实验结果符合得更好。表2.1给出了几种常用材料的等温体积模量和它对压力的一阶导数。

表2.1 常用材料的体积模量和它对压力的一阶导数[33]

材料	Fe	Cu	Al	W	Ni	Au	Ta	Pt	Al_2O_3	LiF
K_{T0}/GPa	170	142	75.2	317	183	171	200	280	252.5	73.0
K'_{T0}	6.1	5.2	4.8	4.3	5.2	6.0	3.6	5.3	4.1	5.1

2. 热力学 γ 及其随比容(密度)变化的近似关系

由 Gruneisen 物态方程可以得到 γ 的热力学表达式。由于

$$\begin{aligned}\gamma&=V\left(\frac{\partial p}{\partial E}\right)_V=V\left(\frac{\partial p}{\partial T}\right)_V\Big/\left(\frac{\partial E}{\partial T}\right)_V=\frac{V}{c_V}\left(\frac{\partial p}{\partial T}\right)_V\\&=-\frac{V}{c_V}\left(\frac{\partial p}{\partial V}\right)_T\left(\frac{\partial V}{\partial T}\right)_p\end{aligned} \tag{2.50}$$

利用等温体积模量 K_T、等熵体积模量 K_S 及体胀系数 $\alpha\equiv\frac{1}{V}\left(\frac{\partial V}{\partial T}\right)_p$ 的定义,式(2.50)变为

$$\gamma=\frac{V}{c_V}K_T\cdot\alpha=\frac{V}{c_p}K_S\cdot\alpha \tag{2.51}$$

式(2.51)是 Gruneisen 系数 γ 的热力学表达式,这样的 Gruneisen 系数称为热力学 γ。在常压下体积模量、线胀系数及比热容等物理量均可通过实验测量得到,也可从物理手册查到。常压下的 Gruneisen 系数又称为零压 Gruneisen 系数,用 γ_0 表示:

$$\gamma_0=\frac{V_0}{c_{p0}}K_{S0}\alpha_0=\frac{V_0}{c_{V0}}K_{T0}\alpha_0 \tag{2.52}$$

根据式(2.51)和式(2.52)得到高压 γ 和零压 γ_0 之间的关系为

$$\frac{\gamma}{\gamma_0}=\frac{V}{V_0}\cdot\frac{K_T\alpha/c_V}{(K_T\alpha/c_V)_0} \tag{2.53}$$

式(2.53)等号右边的第二个分式中的各热力学量对压力的变化均不太敏感。当压力变化范围较小时,假定

$$\frac{K_T\alpha/c_V}{(K_T\alpha/c_V)_0}\approx1$$

则得到关系

$$\gamma/\gamma_0\approx V/V_0=\rho_0/\rho \tag{2.54}$$

这就得到了高压 Gruneisen 系数与比容之间著名近似关系:

$$\rho\gamma\approx\rho_0\gamma_0=\text{const} \tag{2.55}$$

式(2.55)为分析和近似计算高压下 Gruneisen 系数提供了极大方便。式(2.55)给出的近似关系对许多常用金属材料(如LY12铝合金)在极宽的冲击压力范围内有良好的适

用性。

3. 利用 Gruneisen 系数估算 λ

Gruneisen 物态方程中的冷压 $p_K(V)$ 与 Gruneisen 系数 $\gamma(V)$ 的关系为[2,3]

$$\gamma(V)=\frac{m-2}{3}-\frac{V}{2}\frac{\mathrm{d}^2(p_K V^{2m/3})/\mathrm{d}V^2}{\mathrm{d}(p_K V^{2m/3})/\mathrm{d}V} \tag{2.56}$$

其中参数 m 的值可取 0、1 或 2，分别得到 Gruneisen 系数的 Slater 公式、D-M(达-麦)公式和自由体积公式。不管采用何种 m 值计算 $\gamma(V)$，不同 m 值计算的零压 γ 值均应等于零压热力学 γ_0。有关问题将在 2.8 节进一步讨论。

文献[2]给出了零压 Gruneisen 系数 γ_0 与 $D-u$ 线性关系中的系数 λ 之间的一般关系：

$$\gamma_0=2\lambda-\frac{m+2}{3} \tag{2.57}$$

因此

$$\lambda=\left(\gamma_0+\frac{m+2}{3}\right)/2 \tag{2.58}$$

一旦从体积模量、线胀系数和比热容等从式(2.52)计算了 γ_0，则由式(2.58)可估算 $D-u$ 冲击绝热线的 λ 值。选取不同的 m 值将得到不同的 λ 值。许多金属材料的 λ 值与 $D-M$ 公式($m=1$)估算的结果比较接近：

$$\lambda_{\mathrm{D-M}}=(\gamma_0+1)/2 \tag{2.59}$$

2.3.2 理想混合物

许多工程材料具有很复杂的组分，如某些合金材料、一些天然矿物等；另有一些材料的组成常常没有完全确定的化学计量比，属于机械混合物。在实际应用中，难以对各种不同组分的材料和混合物逐一进行冲击绝热线测量，但是往往已知构成这类材料的各个组元成分的冲击绝热线，希望利用各组分材料的冲击绝热线估算混合物的冲击绝热线。

在冲击压缩下，有些混合物组元材料之间可能会发生化学反应，有些则不会。后者称为理想混合物。理想混合物是均匀的机械混合物，可以忽略组元材料之间在冲击压缩下的化学反应。假定冲击波后各组元之间处于热力学平衡态，利用叠加原理可以估算理想混合物的冲击绝热线。

设理想混合物的总质量为 m，第 i 组元的质量为 m_i。定义第 i 组元的质量分数 x_i：

$$x_i=m_i/m \tag{2.60}$$

所有组元的质量分数之和当等于 1，因此

$$\sum_i x_i=1 \tag{2.61}$$

理想混合物的初始比容 V_0 可以表示为各组元按质量分数的贡献求和，设 V_{0i} 为第 i 组元的初始比容：

$$V_0=\left(\sum_i m_i V_{0i}\right)/m=\sum_i x_i V_{0i} \tag{2.62}$$

假定混合物在冲击压缩下的压力为 p，组元 i 的冲击波速度与粒子速度满足线性关系 $D_i=C_{0i}+\lambda_i u_i$。第 i 组元的压力 p_i 可表示为(图 2.11)

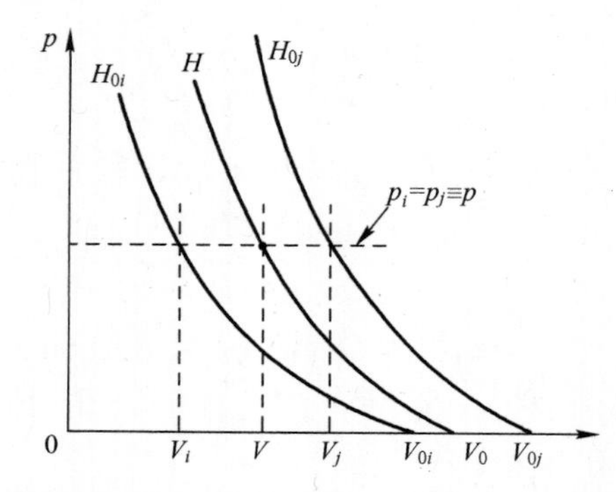

图 2.11 混合物的压力 p、比容 V 与各组分压力 p_i、组元比容 V_i 之间的关系

$$p_i=\frac{\rho_{0i}C_{0i}^2\eta_i}{(1-\lambda_i\eta_i)^2}\equiv p \tag{2.63a}$$

由于 $p_i\equiv p$,容易计算第 i 组元的压缩度 η_i 为

$$\eta_i=1-\frac{V_i}{V_{0i}} \tag{2.63b}$$

得到第 i 组元在冲击压力 p 时的比容 V_i 为

$$V_i=V_{0i}(1-\eta_i) \tag{2.63c}$$

对于理想混合物,各组分之间不发生相互作用,混合物的总比容 V 等于各组元比容的几何叠加:

$$V=\sum_i x_iV_i=\sum_i x_iV_{0i}(1-\eta_i) \tag{2.64}$$

根据式(2.62)和式(2.64)给出的 V_0 及 V,可得到理想混合物的冲击波速度 D 和粒子速度 u 为

$$D-u_0=V_0\sqrt{\frac{p-p_0}{V_0-V}} \tag{2.65}$$

$$u-u_0=\sqrt{(p-p_0)(V_0-V)} \tag{2.66}$$

利用式(2.65)及式(2.66)可计算得到一系列(D,u)数据。假定混合物的冲击波速度与粒子速度满足线性关系,由最小二乘拟合立即得到混合物的 $D-u$ 拟合关系。事实上,由式(2.65)可得

$$(p-p_0)V_{0i}^2=(D_i-u_0)^2(V_{0i}-V_i)$$

将各组元叠加,即

$$(p-p_0)\sum_i\frac{x_iV_{0i}^2}{(D_i-u_0)^2}=\sum_i x_i(V_{0i}-V_i)=V_0-V$$

将上式与混合物的冲击波关系式(2.65)比较,得混合物的冲击波速度 D 与同一压力下各组元的冲击波速度的关系:

$$\frac{V_0^2}{(D-u_0)^2}=\sum_i\frac{x_iV_{0i}^2}{(D_i-u_0)^2} \tag{2.67}$$

在零压下,冲击波速度退化为声速,由式(2.67)得到理想混合物的零压体波声速 c_0 满足

$$\frac{V_0^2}{C_0^2}=\sum_i \frac{x_i V_{0i}^2}{C_{0i}^2} \tag{2.68}$$

$$\frac{1}{C_0^2}=\frac{1}{V_0^2}\sum_i \frac{x_i V_{0i}^2}{C_{0i}^2} \tag{2.68a}$$

同理,对各组元的动能求和:

$$\begin{aligned}\frac{1}{2}\sum_i x_i(u_i-u_0)^2 &= \frac{1}{2}(p-p_0)\sum_i x_i(V_{0i}-V_i)\\ &= \frac{1}{2}(p-p_0)(V_0-V)\end{aligned} \tag{2.69}$$

式(2.69)与式(2.66)比较得到

$$\frac{1}{2}(u-u_0)^2=\frac{1}{2}\sum_i x_i(u_i-u_{0i})^2 \tag{2.70}$$

即混合物的总动能等于各组元动能按质量分数求和,这正是热力学期望的合理结果。

由第 i 组元的 Hugoniot 能量方程得到

$$E_i-E_{0i}=\frac{1}{2}(p+p_0)(V_{0i}-V_i)$$

将各组元的比内能按质量分数进行加和得到

$$\begin{aligned}E-E_0 &= \sum_i x_i(E_i-E_{0i})=\frac{1}{2}(p+p_0)\sum_i x_i(V_{0i}-V_i)\\ &= \frac{1}{2}(p+p_0)(V_0-V)\end{aligned} \tag{2.71}$$

根据第 i 组元的 Gruneisen 物态方程,可得

$$\frac{V_i}{\gamma_i}(p_i-p_{iK})=E_i-E_{iK}$$

由于 $p_i\equiv p$,将上式按质量分数求和得到

$$p\sum_i x_i\frac{V_i}{\gamma_i}-\sum_i x_i\frac{V_i}{\gamma_i}P_{iK}=E-E_K$$

或

$$p-\left(\sum_i x_i\frac{V_i}{\gamma_i}P_{iK}\right)\Big/\left(\sum_i x_i\frac{V_i}{\gamma_i}\right)=(E-E_K)\Big/\left(\sum_i x_i\frac{V_i}{\gamma_i}\right)$$

定义理想混合物的 Gruneisen 系数 γ 满足

$$\frac{V}{\gamma}=\sum_i x_i\frac{V_i}{\gamma_i} \tag{2.72a}$$

定义理想混合物的冷压 p_K满足

$$p_K=\frac{\sum_i x_i\frac{V_i}{\gamma_i}p_{iK}}{\sum_i x_i\frac{V_i}{\gamma_i}}=\frac{\sum_i x_i\frac{V_i}{\gamma_i}p_{iK}}{V/\gamma} \tag{2.72b}$$

则理想混合物的 Gruneisen 状态方程依然可以写成

$$p-p_{\mathrm{K}}=\frac{\gamma}{V}(E-E_{\mathrm{K}}) \tag{2.73}$$

两组分理想混合物。对于两组分体系,假定各组元的冲击波速度与粒子速度满足线性关系 $D_i=C_{0i}+\lambda_i u_i$,以 x 表示组元"1"的质量分数,得到双组分混合物的冲击波速度与粒子速度也满足线性关系,根据本节的分析,得到双组分理想混合物的 Hugoniot 参数为

$$C_0=C_{01}C_{02}\frac{\rho_{01}(1-x)+\rho_{02}x}{\rho_{01}C_{01}(1-x)+\rho_{02}C_{02}x} \tag{2.74}$$

及

$$\lambda=\lambda_1\lambda_2\frac{\rho_{01}(1-x)+\rho_{02}x}{\rho_{01}\lambda_1(1-x)+\rho_{02}\lambda_2 x} \tag{2.75}$$

2.4 疏松材料的冲击绝热线

在物态方程研究中,除了需要通过冲击压缩获得密度 $\rho \geqslant \rho_0$ 时的密实固体材料的冲击绝热线数据,并借助于理论计算获得靠近冲击绝热线的 off-Hugoniot 知识以外,还需要知道在 $\rho \ll \rho_0$ 的区域内的低密度-高温状态下的知识。苏联科学家最早提出了通过极低初始密度的疏松材料的冲击压缩实验,获得用密实材料的冲击压缩无法到达的低密度-高温状态的设想。俄罗斯研究者在疏松金属材料的冲击压缩领域进行了大量研究工作,测量了 Ni(12 个数据)、Cu(9 个数据)、Mo(8 个数据)和 Fe、W、Al、Cr、Ta、Pb、U、Pu、Ti、V、Bi、Zn 以及 Mg(仅 1 个数据)等 16 种金属疏松材料的冲击压缩数据。其中 Ni、Cu 、Fe、W 的数据包括用地下核爆方法和实验室方法两种手段进行的测量;而 Ni 的最大疏松度 $m \geqslant 20$。相比苏联对疏松材料的系统性研究,其他国家的研究不过是凤毛麟角。定义密实材料的密度 ρ_0 与疏松材料的密度 ρ_{00} 之比为疏松材料的疏松度,即

$$m=\rho_0/\rho_{00} \tag{2-76}$$

Trunin [16] 简要总结了俄罗斯在这方面的主要研究成果,指出用于冲击压缩实验测量的疏松材料样品必须满足以下基本要求。

(1) 用金属微粉压制出的疏松材料样品中的空穴分布必须均匀,各分离粒子的直径(颗粒度)$d \leqslant 100\mu\mathrm{m}$。颗粒度直接影响冲击波阵面的"粗糙"程度,造成冲击波阵面的不规则,影响实验测量数据的不确定度。Trunin 等通过以下三类冲击实验判别疏松材料样品允许的最大颗粒度。

① 用不同颗粒度的金属微粉制造具有相同密度 ρ_{00} 的疏松材料,将这些样品置于同一块密实金属靶板的下方,在同一发实验中使之经受相同的入射冲击波的压缩并进行实验测量。发现颗粒度为 20μm 及 100μm 时实验观测的冲击波阵面不受粒度大小的影响,即颗粒度小于 100μm 时冲击波阵面光滑性不受颗粒度大小的影响。

② 用相同的颗粒度制成密度相同、厚度不同的疏松材料样品,将其置于同一块密实

金属靶板的下方进行实验。实验中最大与最小样品厚度之比为2~5,观察不同厚度样品对冲击波实验测量结果的影响。在苏联进行的地下核爆冲击压缩实验中,疏松样品的最大厚度达80mm(样品疏松度 m 分别采用1.1、3.2、4.0),比实验室中使用的样品厚度大1个量级。发现当样品的颗粒度小于100~200μm时实验测量结果将不受颗粒度大小的影响。

③ 将疏松材料的冲击波剖面与密实材料的剖面进行比较。发现在17GPa冲击压力时用粒度10~100μm的二氧化硅制造的样品中的冲击波阵面与密实钢样品中的冲击波阵面等同。

(2) 必须消除疏松材料空穴中的空气及疏松材料空穴形成的大比表面积吸附的水蒸气对冲击实验可能带来的影响。Trunin等对样品进行抽真空及(或)烘烤,与未抽真空及未烘烤样品的结果进行比较,发现在实验测量不确定度范围内两种条件下的结果没有实质性差异。

2.4.1 极低密度疏松材料 *D-u* 冲击绝热线的一般特征[16]

Trunin在总结了大量疏松金属的冲击压缩实验结果的基础上,以不同疏松度的镍的冲击绝热线为代表,归纳了疏松金属材料冲击绝热线的基本特性。镍能制成疏松度极高的样品,疏松镍的冲击绝热线如图2.12所示,图中各曲线旁的数字表示疏松度。其他疏松金属材料冲击绝热线的特点与疏松镍的基本相同。归纳Trunin的结果,可以将疏松镍的 $D-u$ 冲击绝热线分为三段。

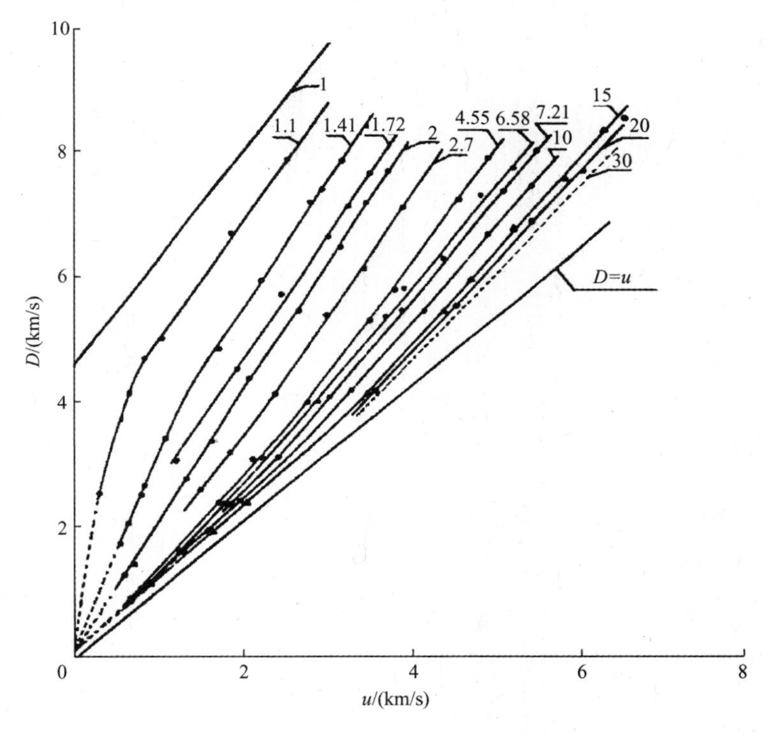

图2.12 疏松镍的 $D-u$ 冲击绝热线随疏松度 m 的变化[34]

(1) 低冲击波速段。$D-u$ 冲击绝热线为直线,其斜率 $\lambda_1 = dD/du$ 随疏松度 m 的增加迅速减小。当疏松度较低($m<4$)时,疏松镍的 $D-u$ 冲击绝热线的斜率 λ_1 显著大于密实材料的斜率 λ,即 $\lambda_1>\lambda$;当 $m>4$ 时,低冲击波速段的斜率小于密实镍的斜率,即 $\lambda_1<\lambda$;当疏松度 $m\approx4$ 时,低冲击波速段的斜率与密实材料的相等,即 $\lambda_1=\lambda$;在疏松度极大的极限情况下,低压段的斜率接近于 1,即 $\lim\limits_{m\to\infty}\lambda_1\approx1$,但它永远不可能与直线 $\lambda\equiv dD/du=1$ 相切。

若将第一段的冲击绝热线延伸到 $u=0$ 处,不同疏松度的 $D-u$ 线将交会于纵轴上截距 C_0' 的一个公共点(或者会聚于纵轴截距极窄的一个区域内),形成图 2.12 中(用虚线表示)的扇形区。Trunin 认为,这个交汇点相当于疏松镍的"零压声速"。对于镍、铜、镁、铁等 16 种疏松金属材料,$C_0'=0.15\sim0.3$km/s,但在文献[33]中报道的疏松镍的 $C_0'=130$m/s;而空气的常压声速也落在这一范围。Trunin 指出,即使疏松镍的密度仅比密实镍下降 10%($m=1.1$),低压段 $D-u$ 线的斜率迅速增大,其延长线也会经过这个公共点。因此,尽管镍样品的疏松度分布范围极宽($m=1.1\sim30$),但所有 $D-u$ 冲击绝热线的低压段均交汇于该公共点。

(2) 中等冲击波速段。斜率 $\lambda_2=dD/du$ 随疏松度 m 的变化较为复杂:对于镍,当 $m<4$ 时,$\lambda_2<\lambda_1$,即低压段的斜率大于高压段的,m 越小,两者的差异越大;当 $m=4\sim5$ 时,高冲击波速段的斜率大于低波速段,$\lambda_2>\lambda_1$;λ_2 随 m 的增大而增大;对于某一确定的疏松度 m,当 m 值较小时,λ_1 和 λ_2 对 m 值的变化均比较敏感。

(3) 高冲击波速度段。此时所有 $D-u$ 线几乎平行。俄罗斯利用地下核爆的极端冲击高压研究了疏松材料的冲击压缩特性。在厚度 100mm 的铝基板下方安装直径 250mm、厚度 80mm 的铜、铁、钨等大尺寸疏松样品,样品中最高冲击压力达 1~2TPa。在地下核爆条件下测量的疏松材料的 $D-u$ 数据与实验室条件下用毫米尺寸小样品疏松材料的测量结果一致。当冲击波速达 15~25km/s 时,疏松样品中的压力达 1~2TPa,且 $D-u$ 线的斜率 λ_2 也趋于极限值 1.25,与密实材料在极端冲击压缩下 $D-u$ 线斜率的极限值相同。

Trunin 指出,极低密度疏松材料冲击绝热线存在一个"禁区"。若将 $m>5$ 的疏松镍$D-u$ 冲击绝热线的第二段直线延长到 $u=0$ 处,则其纵轴截距 $C_0'<0$。因为粒子速度不可能大于冲击波速度,这一截距没有物理意义。因此,当疏松度很高时($m>5$),$D-u$ 冲击绝热线向低波速端的延长线必然会在某一位置处发生拐折,使斜率减小,并最终通过纵轴截距为 C_0' 的公共点。这一性质由图 2.12 中最右边的直线 $D=u$ 表征,即任意疏松度的 $D-u$ 冲击绝热线上的任意粒子速度点都不能与直线 $D=u$ 相交。因为当 $D=u$ 时,根据冲击压缩的质量守恒方程,冲击波后密度将趋于无穷大,在物理上不能成立。直线 $D=u$ 是极低密度疏松材料的 Hugoniot 的"禁区",不管疏松材料 m 如何变化,其 Hugoniot 的斜率不能到达 $dD/du=1$,或与 $D=u$ 直线相切。在图 2.12 中疏松度为 $m=15$ 和 $m=20$ 这两条 Hugoniot 在 $D\approx3.5$km/s 处与最右边的 $D=u$ 直线的粒子速度差约 200m/s。因此所有 $m>20$ 的疏松镍的冲击绝热线将被约束在 $m=20$ 的 $D-u$ 冲击绝热线与直线 $D=u$ 之间的极其狭窄的区域内。

2.4.2　极低密度疏松材料的 $p-\rho$ 冲击绝热线的一般特征

疏松金属材料冲击绝热线的上述复杂变化，与疏松材料在冲击压缩下的剧烈温升密切相关，导致在压力-密度平面上的冲击绝热线的走向显著不同于密实材料。图 2.13 和图 2.14 分别是根据实验测量的疏松镍和疏松铜的 $D-u$ 冲击绝热线计算的冲击压力 p 随密度 ρ 的变化[16]，各曲线旁的数字表示对应的疏松度。令人惊异之处是疏松度达到一定值时疏松材料在冲击压缩下的密度不增反降，疏松金属材料的 $p(\rho)$ 冲击绝热线全部位于密实冲击绝热线（$m=1$）的左方。在这些冲击绝热线上存在一个拐折点（cusp），它将 $p(\rho)$ 冲击绝热线分为两段：第一段为较平坦的低压段；第二段为陡峭高压段。第二段的斜率 $dp_H/d\rho$ 是疏松度 m 的函数。

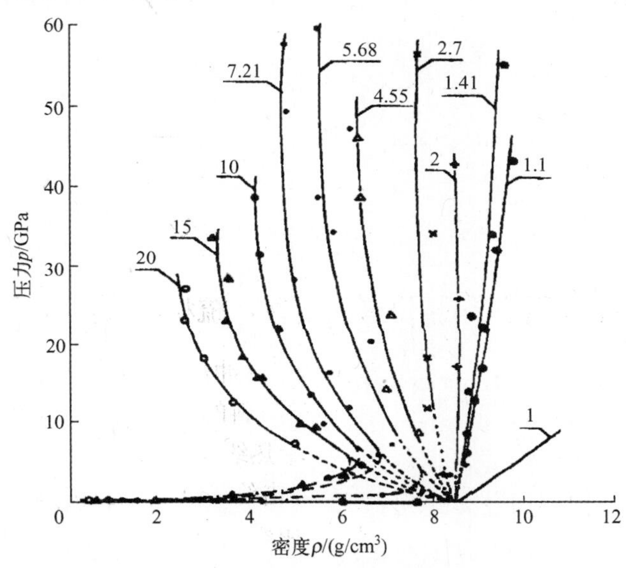

图 2.13　$p-\rho$ 平面上镍的冲击绝热线随疏松度 m 的变化[16]

注：虚线表示平坦的低压段；实线表示陡峭的高压段。

Trunin 将第二段斜率随 m 的变化归纳如下：

（1）当 $m<2$ 时，第二段的 $dp_H/d\rho>0$。

（2）当 $2<m<3$ 时，在该疏松范围内的某个 m 值，第二段的 $dp_H/d\rho\to\infty$，$\rho_H\approx\rho_0$，显示了冲击压缩下疏松材料的热压分量的巨大贡献。

（3）当 $m>5$ 时，第二段的斜率不再随冲击压力做单调变化：在压力较低时，斜率 $dp_H/d\rho<0$，当冲击压力增大到一定值时，$dp_H/d\rho>0$。

（4）在最大疏松度时，高压段的斜率 $dp_H/d\rho<0$，在图 2.13 中疏松镍（$m=20$，$p_H=24.7\text{GPa}$，$\rho_H=2.63\text{g/cm}^3$）及图 2.14 中疏松铜（$m=7.2$）的冲击绝热线即属于此种情形。

（5）将高压段 Hugoniot 线性外推到拐折点，该拐折点的压力 p_P 称为疏松材料的压紧压力（packing pressure），发生压紧时达到固体金属的密度。压紧压力 p_P 是疏松度 m 的函数，这些 $p_P(m)$ 形成类似于两相边界的包络线。但是低压下及大疏松度时疏松材料 Hugoniot 的实验测量不确定度很大，重复实验时这些包络线无法再现。此外，在低压下压电探头工作状态相当不稳定，实验测量难以达到 1%的不确定度。

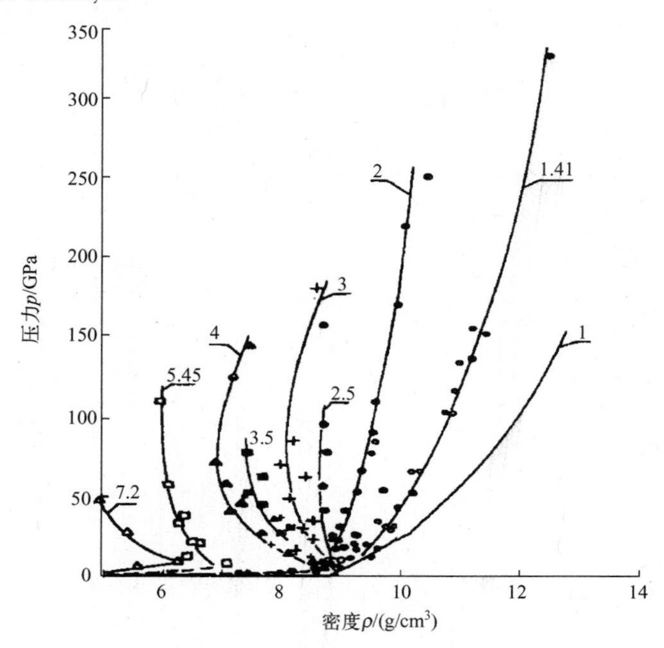

图 2.14 p-ρ 平面上铜的冲击绝热线随疏松度 m 的变化[16](符号说明同图 2.13)

2.4.3 依据密实材料的冲击绝热线估算疏松材料的冲击绝热线

当疏松度不太大($m<2$)时,金属疏松材料 p-ρ 冲击绝热线的形状和走向与密实材料类似。可以利用密实材料的 Hugoniot 估算疏松材料的冲击绝热线。

1. 从等压路径出发估算疏松材料的冲击绝热线

如图 2.15 所示,相同压力下疏松材料的冲击绝热线 H' 上的 A' 点的比容 V'_H 显然比同一压力下密实材料冲击绝热线 H 上的 A 点的比容 V_H 大,为此需要建立以压力为自变量的物态方程并获得 V'_H 和 V_H 之间的联系。吴强等[35]提出了一种以焓 H 和压力 p 为自变量的物态方程,描述沿着等压路径的比容 V 与压力和焓的关系:

$$V-V_{\mathrm{K}}=\frac{R}{p}(H-H_{\mathrm{K}}) \tag{2.77}$$

式中:V_{K}、H_{K} 为压力 p 时在 0K 等温线上的比容和比焓;$R=R(p)$ 为一个仅仅依赖于压力的无量纲参数。

式(2.77)能够在较宽的压力范围内描述铜、铝、钨 等疏松材料的冲击绝热线。但是参数 $R(p)$ 的计算比较复杂,在此不做详细介绍,有兴趣者可以参见文献[36,37]。吴强等将式(2.77)应用于疏松材料,将密实和疏松材料在同一冲击压力 $p=p_H$ 时的比容(图 2.15)V_H 与 V'_H 联系起来:

$$V'_H=\frac{1-R/2}{1-(R/2)[1-(p_1/p)]}V_H+\frac{R/2}{1-(R/2)(1-p_1/p)}\left[(V_1-V_0)+\frac{p_1}{p}V_{00}+\frac{1-R}{(R/2)}(V'_{\mathrm{K}}-V_{\mathrm{K}})\right] \tag{2.78}$$

式中:V_{K}、V'_{K} 分别为密实和疏松材料在 0K 等温线上的比容;下标“1”表示 Hugoniot 弹性极限。

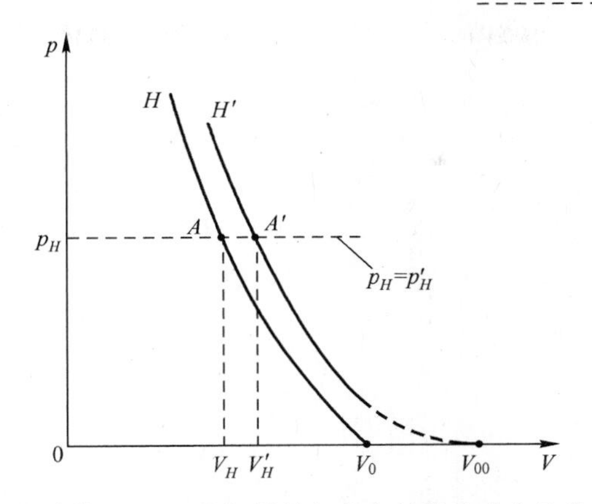

图 2.15　沿着等压路径,疏松材料与密实材料的冲击绝热线的关系

原则上,式(2.78)不仅适用于疏松材料,也应该适用于密实材料。利用式(2.78)进行计算需要知道参数 R,经过统计力学分析得到 R 的表达式为[35,37]

$$R=\left(\frac{\mathrm{d}\ln\theta_D}{\mathrm{d}\ln V}\right)_T\left(\frac{\mathrm{d}\ln V}{\mathrm{d}\ln p}\right)_T=-\frac{\gamma p}{V}\left(\frac{\partial V}{\partial p}\right)_T=\frac{\gamma p}{K_T} \tag{2.79}$$

式中:γ 为 Gruneisen 系数;θ_{D} 为 Debye 温度;$K_T=\rho c_b^2$ 为等温体积模量,其中,c_b 为体波声速。

参数 R 的高压值与常压值 R_0 应满足

$$\frac{R}{R_0}=\left(\frac{\gamma}{\gamma_0}\right)\left(\frac{p}{p_0}\right)\left(\frac{K_{T0}}{K_T}\right) \tag{2.80}$$

利用 Gruneisen 系数的热力学表达式

$$\gamma=\frac{V}{c_V}K_T\alpha \tag{2.81}$$

将式(2.79)改写为

$$R=\frac{\alpha}{c_V}pV \tag{2.82}$$

权且称式(2.82)为 R 的热力学表达式。类似于 Gruneisen 系数,得到常压下参数 R_0 和高压下的参数 R 的关系:

$$\frac{R}{R_0}=\left(\frac{\alpha}{\alpha_0}\right)\left(\frac{p}{p_0}\right)\left(\frac{V}{V_0}\right)\left(\frac{c_{V0}}{c_V}\right) \tag{2.83}$$

理论和实践表明,多数固体在零压(常压)下的 $\gamma=1\sim2$;在极端高压下 γ 的理论极限值为2/3。在数百吉帕高压下,声速、密度(或比容)、体胀系数、比热容等均不会发生量级的变化。因此,高压下 R 的变化主要取决于冲击加载压力的改变。用式(2.82)或式(2.83)计算的高压(如几吉帕或几十吉帕压力范围内)R 值将比零压值高数个量级。无论是理论计算或者实验测量,R 值都会比 γ 更加困难,不确定度会更大。

2. 从等容路径出发估算疏松材料的冲击绝热线

借助于密实材料的冲击绝热线和 Gruneisen 物态方程估算疏松材料的冲击绝热线的原理,如图 2.16 所示。在比容 $V'_H=V_H$ 时,疏松材料的冲击绝热线 H' 上的 A' 点的压力 $p'_H(V)$ 可以通过 Gruneisen 状态方程与密实材料冲击绝热线 H 上的 A 点的压力 $p(V)$ 联系起来:

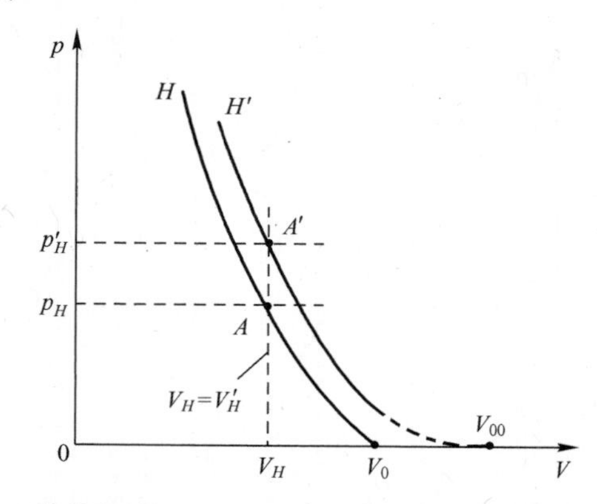

图 2.16　沿着等容路径，疏松材料与密实材料的冲击绝热线的关系

$$p'_H-p_H=\frac{\gamma}{V}(E'_H-E_H) \tag{2.84}$$

忽略密实材料与疏松材料初始比内能的差异，由 Hugoniot 能量方程得到

$$E_H-E'_H=\frac{1}{2}p'_H(V_{00}-V)-\frac{1}{2}p_H(V_0-V) \tag{2.85}$$

得到

$$p'_H(V)=\frac{1-\frac{1}{2}\frac{\gamma}{V}(V_0-V)}{1-\frac{1}{2}\frac{\gamma}{V}(V_{00}-V)}p_H(V) \tag{2.86}$$

式中：$V_{00}=mV_0$。

用式(2.86)计算 $p'_H(V)$ 需要知道 γ 随比容的变化。反过来，假定疏松度 m 较小时 γ 仅与比容相关，通过测量密实材料和疏松材料的冲击绝热线 $p_H(V)$ 及 $p'_H(V)$ 能够估算 γ：

$$\frac{\gamma}{V}=\frac{2(p'_H-p_H)}{[p'_H(mV_0-V)-p_H(V_0-V)]} \tag{2.87}$$

实验研究表明，通过式(2.87)计算的 γ 有较大的分散性，与疏松材料冲击波阵面的不规则随机起伏有关。这种不规则起伏来源于疏松样品的颗粒过大、试样不均匀等因素引入的测量不确定度。

大疏松度材料的热能与热压。当冲击温度较低、疏松材料的温升与密实材料相比相差不太大时可以忽略温升对 γ 的影响。但是当疏松度较大时，疏松材料的热能将占据支配地位。热能占支配地位的标志之一是在冲击压缩下疏松材料的密度不增反降。Trunin[16] 给出了大 m 值的疏松镍和疏松铜的冷能、冷压、热能、热压与密实镍和密实铜的比较，如表 2.2 所列。根据表 2.2，将 $m=20$ 的疏松镍冲击到 $p_H=24.7\text{GPa}(\rho_H=2.63\text{g/cm}^3)$ 时的比内能 $E_H=23.15\text{kJ/g}$，计算得到受冲击疏松镍的热能 $E_T=E_H-E_K=19.59(\text{kJ/g})$，已经远高于其冷能 $E_K=3.56\text{kJ/g}$；而要使密实镍达到同样的比内能(23.15kJ/g)需要将它冲击到 850GPa，此时密实镍的冷能与热能依然可以比拟。疏松镍的热压 $p_T=p_H-p_K=31.6\text{GPa}$ 为正值，但冷压 $p_K=-6.58\text{GPa}$，冷压为负值表明与弹性能对应的应力由于温升已经从压应力转变为拉伸(膨胀)应力。而在同样比内能下密实镍的冷压和热压均保持正值且冷压远高于热压，表明密实镍在 850GPa 冲击压缩下冷能依然起主要作用。疏松铜和密实铜的情况与镍类似。利用高疏松材料的冲击压缩能够实现一种密度不高但温度极高的状态,称为温密物质状态。

表 2.2 具有相同比内能的受冲击疏松材料和密实材料的热力学状态比较

样品材料	镍($\rho_0=8.87\text{g/cm}^3$)		铜($\rho_0=8.95\text{g/cm}^3$)	
疏松度	$m=20$	$m=1$	$m=7.2$	$m=1$
冲击压力/GPa	24.7	850	47	560
密度 ρ/(g/cm^3)	2.63	16.9	4.95	16.1
比内能 E_H/(kJ/g)	23.15	23.15	14.0	14.0
冷能 E_K/(kJ/g)	3.56	9.85	1.5	5.0
热能 E_T/(kJ/g)	19.59	13.3	12.5	9.0
冷压 p_K/GPa	-6.58	615	-19	360
热压 p_T/GPa	31.6	235	66	200

2.4.4 冲击压缩下疏松材料的空穴塌缩模型

俄罗斯学者 Batsanov 等[33]把疏松材料看作由基体材料与残留在空穴中的空气组成的混合物,分析了冲击压缩下孔穴塌缩能量与基体材料的内能和动能的关系,利用冲击压缩下的内能与动能均分的原理,提出了一种基于空穴塌缩内能与基体材料混合物内能的叠加,计算疏松材料的冲击绝热线的方法。Batsanov 指出,当疏松度不太高时,用这种方法计算的疏松材料的粒子速度与实验测量结果符合很好。表 2.3 和表 2.4 给出了他们用这种方法计算的几种金属和碱金属卤化物的粒子速度与实验结果的比较。

表 2.3 实测疏松金属材料的粒子速度与计算结果的比较[33]

金属材料	疏松度	压力/GPa	实测 u/(km/s)	计算 u/(km/s)
钨	1.03	198	1.74	1.76
		501	3.26	3.32
	1.76	31.5	112	1.15
		132	2.39	2.42
	2.96	91	2.93	2.99
	3.99	18.5	1.67	1.67
	4.30	205	5.63	5.68
铝	1.43	139	6.08	6.09
	2.08	100	6.55	6.69
	2.98	70.2	6.98	7.01
铜	1.57	263	5.01	4.99
		701	8.60	8.60
	2.00	220	5.40	5.41
		595	9.27	9.26
	3.01	158	6.02	5.95
	4.00	126	6.42	6.29
		354	10.94	10.78

(续)

金属材料	疏松度	压力/GPa	实测 u/(km/s)	计算 u/(km/s)
镍	1.43	291	4.81	4.84
	1.75	247	5.18	5.18
		687	8.73	9.09
	3.00	164	6.00	6.00
		467	10.15	10.45

表 2.4 实验测量的疏松碱金属卤化物的粒子速度与模型计算结果的比较[33]

化合物	疏松度	压力/GPa	实测 u/(km/s)	计算 u/(km/s)
LiF	1.55	124	6.19	6.15
	2.08	13.8	2.40	2.31
		93.5	6.59	6.57
	3.00	65.5	7.03	6.95
	4.68	43.0	7.44	7.33
NaCl	1.54	16.2	2.29	2.28
		39.7	3.81	3.83
		56.8	4.66	4.71
		64.5	4.97	5.06
		80.4	5.66	5.73
		87.4	6.00	6.01
		91.5	6.11	6.16
	2.185	11.2	2.53	2.50
		26.8	4.06	4.03
		44.9	5.30	5.33
		57.0	6.02	6.08
		65.9	6.60	6.57
		69.5	6.70	6.76
KCl	1.41	15.8	2.30	2.36
		95.8	6.56	6.50
	2.51	8.9	2.66	2.64
		56.6	7.19	6.99
CsBr	1.51	22.8	1.99	1.97
		152	5.86	5.75
	2.20	16.9	2.25	2.21
		112	6.33	6.27

首先,Batsanov 假定疏松材料中的孔穴中充满了空气。在单位质量疏松材料中,密实材料所占有的体积为 V_0,而孔穴(空气)所占的体积为 V_V,则单位质量疏松材料的总体积(比容)$V_{00}=V_0+V_V$。其次,假定冲击压缩时疏松材料的总内能可以表达为密实材料的冲击压缩能和孔穴塌缩能之和。若冲击压缩时孔穴中的空气初始体积为 V_V,空气被绝热压缩达到其极限压缩度 h(h 等于空穴的初始体积 V_V 与终态体积 V'_V 之比),因而空穴的终态体积 $V'_V=V_V/h$。根据多方气体的压缩特性将空穴的极限压缩度表达为

$$h=(k+1)/(k-1) \tag{2.88}$$

式中:k 为空气的多方指数(空气的 $k=1.4$)。

得到孔穴塌陷的内能为

$$\frac{1}{2}p_H(V_V-V_V/h)=p_HV_V/(k+1) \tag{2.89}$$

式中：p_H 为疏松材料冲击压缩的终态压力。

根据冲击波压缩的总功平均分配于内能和动能的特点，“孔穴”塌缩获得的动能等于它的内能，因此使孔穴塌缩所需的总能量 $W_h = 2p_H V_V/(k+1)$。把疏松材料看作密实的基体材料与空气的混合物，当冲击压力为 p_H 时，密实基体材料对应的粒子速度为 u_p，对应的动能为$\frac{1}{2}u_p^2$，根据冲击压缩下内能与动能相等的原理，密实基体材料在冲击压力为 p_H 时的总能量等于 $2\times\frac{1}{2}u_p^2 = u_p^2$。然而，基体材料组元是以“离散粒子”的形式存在于疏松试样中的，当冲击压力为 p_H 时疏松材料的粒子速度 u 并不等于相同压力下密实基体材料的粒子速度 u_p。当疏松材料的粒子速度为 u 时，按照同样的原理疏松材料冲击压缩的总内能等于 $2\times\frac{1}{2}u^2$，按能量守恒得到

$$2\times\frac{1}{2}u^2 = \left(2\times\frac{1}{2}u_p^2\right) + [2p_H V_V/(k+1)] \tag{2.90}$$

式中：等号左边表示冲击波压缩疏松材料(混合物)所做的总功，包括内能和动能两部分，或等于动能的2倍；右边第一项表示冲击波对疏松材料中的密实基体组元做的总功，它等于密实基体组元动能的2倍；右边第二项为孔穴中的空气被冲击压缩到极限压缩度时冲击波做的总功，即空穴的比塌缩能，等于孔穴比内能的2倍。

利用疏松度 m 的定义得到

$$m = \frac{V_{00}}{V_0} = \frac{V_0 + V_V}{V_0} = 1 + \frac{V_V}{V_0} \tag{2.91}$$

式中：V_0、V_{00}分别为密实基体材料的比容及疏松材料的比容。

于是式(2.90)可简化为

$$u^2 = u_p^2 + 2p_H V_0(m-1)/(k+1) \tag{2.92}$$

式(2.92)给出了疏松材料被冲击压缩到 p_H 时的粒子速度 u 随疏松度 m 的变化。其中，密实基体材料的冲击波压力 p_H 与密实组元的粒子速度 u_p 的关系称为 $p-u$ 冲击绝热线。一旦通过实验测量确定了密实组元的 $p-u$ 线，便可用式(2.92)计算在冲击压力为 p_H 时疏松材料的粒子速度 u 随疏松度 m 的变化，进一步可以计算疏松材料中的冲击波速度。

表2.3和表2.4的结果表明，当 $m \leqslant 2\sim3$ 时利用式(2.92)计算的粒子速度与实验测量结果符合很好，两种粒子速度的差异平均不超过1.2%，与实验测量不确定度相当。

2.5　冲击绝热线的实验测量方法

冲击绝热线的实验测量是通过实验测定待测材料的冲击波速度与粒子速度之间的关系，或者测定冲击波速度和冲击波压力的关系，再根据守恒定律获得粒子速度。前者称为绝对测量法，用于建立标准材料的冲击绝热线；后者称为对比测量法，是一种以标准材料的冲击绝热线为“计量标尺”，对待测试材料的冲击压缩状态进行度量的方法。

2.5.1　冲击绝热线的绝对法测量及标准材料冲击绝热线的建立

通过实验同时测量冲击波速度和粒子速度获得材料的冲击绝热线的方法称为冲击

绝热线的绝对法测量。因为在这种方法中不需要引入任何假定,所以可以根据守恒方程完全确定冲击波后 Hugoniot 状态的压力、比容、比内能等热力学量。

冲击波实验测量中使用的高速平板简称为飞片或飞层,被碰撞的待测平板材料称为靶板、基板、待测试样或实验样品等。在绝对法测量中,要求飞片与待测样品材料完全等同,不仅材料的化学组成相同,而且要求两者的物理状态(如密度、温度、应力状态等)也完全相同。按照对称性原理,飞片击靶后,两者的冲击压缩状态完全相同,因而这种实验称为对称碰撞实验。

设飞片以速度 W 碰撞静止的待测材料。若在相对于实验室坐标系以速度为 $W/2$ 运动的坐标系中观察该碰撞过程,则该运动坐标系中的观察者将看到飞片和样品材料以相等的速率做相向运动(图 2.17)。根据对称性要求,在运动坐标系中的观测者将看到如下图像:碰撞瞬间,在碰撞面$\overline{AA'}$两侧形成两个作反向运动的对称冲击波,碰撞界面$\overline{AA'}$保持静止,因而碰撞瞬间界面层两侧的物质的运动速度 $u'=0$。界面层物质的运动速度 u' 与这两个冲击波后的粒子速度 u_p' 相等,反向运动的两个对称冲击波后的粒子也将保持静止,$u_p'=u'=0$。

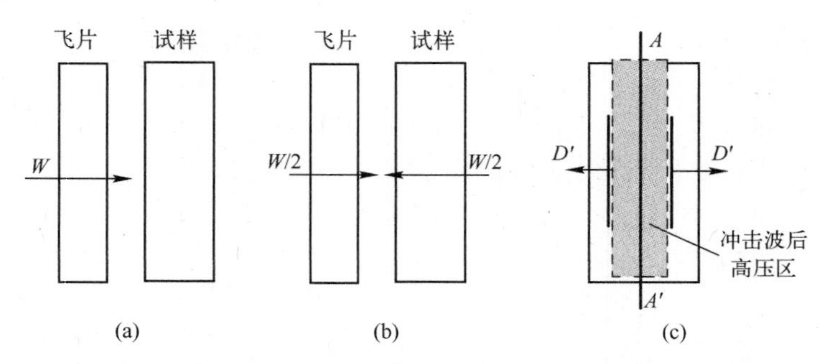

图 2.17 从实验室坐标系中观察的以速度 W 运动的飞片碰撞靶板
(a) 在实验室坐标系中的图像;(b) 在以速度 $W/2$ 运动的坐标系中飞片击靶前的图像;(c) 击靶后的冲击波运动图像。
注:D'表示在以速度 $W/2$ 运动的坐标系中测量的冲击波速度。

按照相对运动原理,实验室坐标系中的观察者测量的粒子速度 u_p 应等于坐标系的运动速度 $W/2$ 与相对运动坐标系中测量的粒子速度 u'之和,即

$$u_p \equiv W/2+u'=W/2 \tag{2.93}$$

因此,在对称碰撞实验中,实验室坐标系中观测到的波后粒子速度等于飞片速度的 1/2。

冲击绝热线的绝对法测量中需要测量的物理量有飞片的击靶速度 W 和样品中的冲击波速度 D。从飞片击靶速度获得冲击波后粒子速度避免了直接测量粒子速度的困难。可以用电磁速度计、脉冲 X 射线、光速遮断法及激光速度干涉仪等诊断技术测量飞片在击靶时刻的运动速度,用电探针、光探针测量冲击波速度,具体实验测试技术参见文献[10,28]。用绝对法测量获得的冲击绝热线称为标准材料的冲击绝热线。常用标准材料有 Ta、Fe、Cu、Al 等金属材料,在特殊情况下可能使用 Pt、Au 等高密度的材料。一旦预先测定了标准材料的 $D-u$ 冲击绝热线,也就确定了冲击波速度 D 与粒子速度 u_p 的对应关系。在实际应用中,仅需确定标准材料中的冲击波速度或粒子速度中的任意一个量,就能根据已知的 $D-u$ 冲击绝热线计算出其他状态参量。

2.5.2　冲击绝热线的对比法测量

在有些情形下，比如样品非常珍贵，数量十分有限，或者由于某种特殊原因不可能用它制作成飞片，不能用绝对法测量样品的冲击绝热线。需要用冲击绝热线已知的标准材料作为参照，将待测试样的冲击压缩状态与标准材料的进行比较，获得待测材料的冲击绝热线，这种方法称为冲击绝热线的对比法测量。

在力学中，密度 ρ 与声速 c 的乘积称为材料的声学阻抗或波阻抗，简称为阻抗，用 Z 表示，则有

$$Z=\rho c \tag{2.94}$$

这里的波速既可以是声速也可以是冲击波速度，视具体情况而定。使用对比法测量时，选用的标准材料的阻抗与待测量材料的应尽量接近或匹配，因此对比法有时也称为阻抗匹配法。

对比法中使用的标准材料的冲击绝热线是预先用对称碰撞法精密测量确定的。应选用组分稳定、物理性质均匀、在冲击压缩下不发生复杂相变、易于大量制备、价格不特别昂贵且无毒的材料作为标准材料。按照阻抗的高低，习惯上分为高阻抗标准材料，如铂（Pt，$\rho_0=21.43\mathrm{g/cm^3}$，$c_0=3.589\mathrm{km/s}$，$\lambda=1.558$）、93 钨合金（93W，$\rho_0=19.24\mathrm{g/cm^3}$，$c_0=4.064\mathrm{km/s}$，$\lambda=1.204$）、钽（Ta，$\rho_0=16.665\mathrm{g/cm^3}$，$c_0=3.316\mathrm{km/s}$，，$\lambda=1.292$）等，高阻抗材料也是高密度材料；中阻抗标准材料，如无氧铜（OFHC，$\rho_0=8.930\mathrm{g/cm^3}$，$c_0=3.940\mathrm{km/s}$，$\lambda=1.489$）、SS304 不锈钢（$\rho_0=7.890\mathrm{g/cm^3}$，$c_0=4.58\mathrm{km/s}$，$\lambda=1.49$）等，中阻抗标准材料也是中等密度材料；以及低阻抗标准材料，如 1100 铝（$\rho_0=2.712\mathrm{g/cm^3}$，$c_0=5.38\mathrm{km/s}$，$\lambda=1.34$）、LY12 铝（$\rho_0=2.785\mathrm{g/cm^3}$，$c_0=5.37\mathrm{km/s}$，$\lambda=1.29$）等，低阻抗材料也是低密度材料。

由波的传播和反射性质可知（见 2.5.5 节），当冲击波从阻抗较高的材料进入阻抗较低的材料时，在向低阻抗材料中传入冲击波的同时，将向高阻抗材料中反射稀疏波；反之，则透射波和反射均是冲击波。对比法通过测量标准材料中的粒子速度或冲击波速度、待测样品中的冲击波速度，根据界面两侧的状态应当满足的动力学平衡条件，即“阻抗匹配原理”，确定待测样品中的粒子速度。“阻抗匹配原理”是指：

（1）力学平衡条件。飞片击靶后，在碰撞瞬间界面两侧材料处于力学平衡状态，即进入样品的透射冲击波后的压力与飞片中的反射波后的压力相等。

（2）界面连续条件。击靶后飞片与靶板不发生分离，碰撞界面两侧的粒子速度相等。

依据靶板材料的不同，本书把阻抗匹配法实验装置分为两类：第一类实验装置的靶板用标准材料制造；第二类实验装置的靶板材料与待测样品材料相同。

1. 第一类对比法实验装置

第一类对比法实验装置如图 2.18 所示，也可分为两种结构。

在图 2.18（a）所示的实验装置中，飞片和靶板均用标准材料制造，在标准材料靶板的下方只需放置一块待测试样。实验测量的量为飞片的击靶速度 W 及试样材料中的冲击波速度 D_2。利用靶板标准材料的已知冲击绝热线，根据阻抗匹配原理即可求出待测样品的冲击压缩状态。图 2.18 中下标“1”和“2”分别表示标准材料和待测试样中的 $D-u$ 冲

击绝热线参量。根据标准材料飞片的速度 W 得到击靶时刻靶板中的冲击波速度 D_1 和压力 p_1:

$$D_1 = C_{01} + \lambda_1 u_1 = C_{01} + \frac{1}{2}\lambda_1 W \tag{2.95}$$

$$p_1 = \frac{1}{2}\rho_{01} D_1 W \tag{2.96}$$

当靶板中的冲击波以速度 D_1 穿过"靶板/样品"界面时,在向样品中传入透射冲击波的同时也将向靶板中反射应力波。根据阻抗匹配原理及待测样品的冲击波速度 D_2,计算待测样品的粒子速度 u_2。具体的计算方法将在后面介绍。

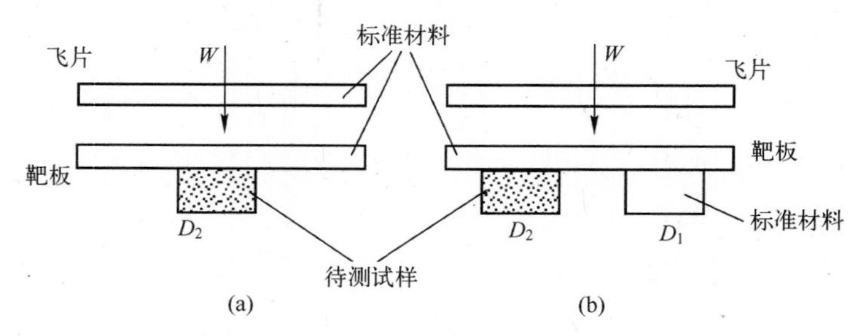

图 2.18　第一类对比法实验装置示意图

在某些情况下,难以精确测量飞片的击靶速度,则需要采用图 2.18(b)所示的实验装置。此时,靶板必须用标准材料制造,靶板下方必须同时安装一块标准材料样品和一块待测材料样品。这种实验装置的飞片材料可以与靶板材料不同。此时,需要同时测量标准材料和待测样品中的冲击波速度。从标准材料的冲击波速度 D_1 可直接得到标准材料样品和靶板中的粒子速度 u_1 和压力 p_1,再根据"阻抗匹配原理"计算待测样品中的粒子速度 u_2。

2. 冲击波在界面上反射稀疏波的 $x-t$ 图分析

冲击波阵面或波后粒子的空间位置 x 随时间 t 的变化称为 $x-t$ 图(图 2.19),它描述波阵面或波后物质的运动路径。在对比法实验中,取冲击波从靶板(标准材料)进入待测样品时刻的初始位置作为时间坐标和空间坐标的原点(图 2.19)。设飞片击靶后靶板的初始冲击状态为(p_H, u_p),穿过"界面"进入靶板中的透射冲击波的波后状态为(p_I, u_I)。当冲击波从阻抗较高的靶板进入阻抗较低的试样时,在向样品材料中传入右行透射冲击波的同时,将向靶板材料中反射左行中心稀疏波。该左行中心稀疏波的波前状态就是靶板材料的初始冲击压缩状态(p_H, u_p),左行中心稀疏波的波后状态与透射冲击波的波后状态(p_I, u_I)相同。经过从该中心稀疏波的波头到波尾的各条特征线的卸载,靶板中的压力从 p_H 逐步卸载到与样品中的透射冲击波波后压力 p_I 相等的状态,靶板中的粒子速度也从 u_p 变化到与透射波后粒子速度 u_I 相等的状态。在不发生相变、忽略卸载的弹-塑性转变(流体模型近似)等耗散过程的情况下,中心稀疏波的卸载过程可作为等熵卸载过程处理。卸载波的波前、波后压力及粒子速度由简单波特征线关系关联起来。由于卸载波是左行简单波,沿着穿过左行简单波的右行特征线方程式(1.30b),即

$$d\sigma + \rho c du = 0$$

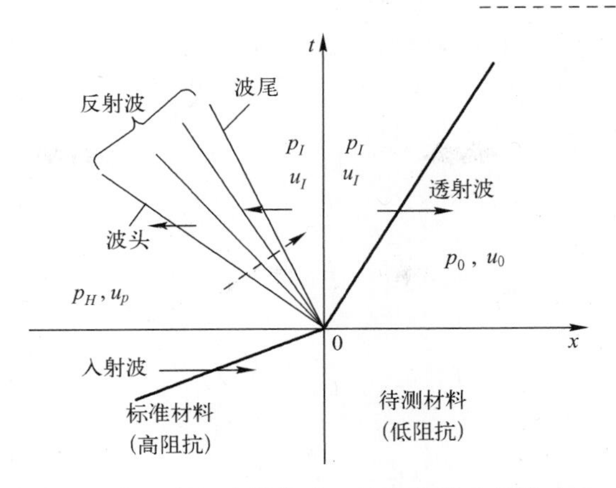

图 2.19 冲击波从高阻抗标准材料进入低阻抗样品材料时的 $x-t$ 图分析

积分上式可得

$$u_I - u_p = -\int_{p_H}^{p_I} \frac{\mathrm{d}p}{\rho c} \tag{2.97}$$

式中:p_H、u_p 分别为初始入射冲击波后的压力及粒子速度;u_I 为界面两侧的粒子速度或样品中的透射冲击波后的粒子速度;p_I 为界面两侧的压力。

3. 冲击波在“基板/样品”界面反射过程的 $p-u$ 图分析

描述冲击波压力 p 随粒子速度 u 变化的曲线称为 $p-u$ 冲击绝热线,简称 $p-u$ 曲线。利用 $p-u$ 曲线分析对比法实验中基板与待测试材料中的力学状态非常方便,因为它直观表达了阻抗匹配原理的基本要求。设图 2.20 中的曲线 OAH 表示标准材料的 $p-u$ 冲击绝热线,A 点表示击靶后标准材料中的初始冲击压缩状态,A 点的粒子速度 u_1 和冲击压力由标准材料的冲击波速度 D_1 确定:

$$u_1 = (D_1 - C_{01})/\lambda_1$$

$$p_1 = \rho_{01} D_1 u_1 = \rho_{01} D_1 (D_1 - C_{01})/\lambda_1$$

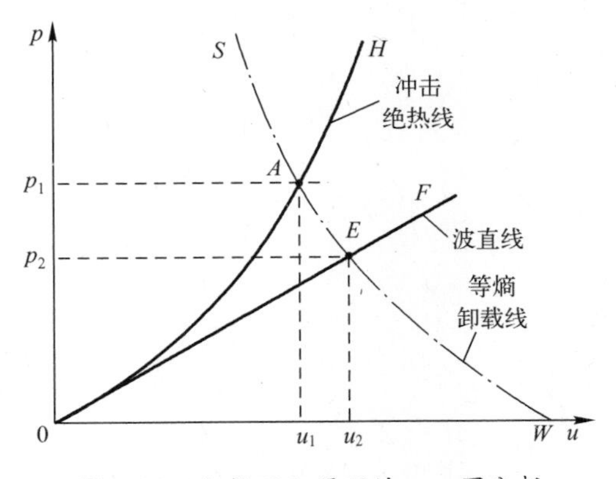

图 2.20 阻抗匹配原理的 $p-u$ 图分析

曲线 SAE 表示经过 A 点的标准材料的等熵卸载线,它描述图 2.19 中的左行稀疏波的卸载终态的轨迹;根据阻抗匹配原理,待测样品材料的冲击状态 E 也应位于这条卸载线上。另外,根据待测材料中的冲击波速度 D_2,其冲击状态应位于从原点出发的斜率为

$\rho_{02}D_2$ 的波直线 OF 上，因此等熵卸载线 SAE 与波直线 OF 的交点 E 确定了待测样品中的压力 p_2 和粒子速度 u_2。直线 OF 的斜率 $\rho_{02}D_2$ 恰好是待测材料的阻抗。

利用 $p-u$ 图确定对比法实验品中的状态比较直观，但是要精确确定等熵卸载线 SAE 并非易事。由于标准材料基板与待测材料的阻抗比较接近，从 A 点出发的等熵卸载线 SAE 与冲击绝热线 OAH 的镜像线非常接近，可以把冲击绝热线 OAH 过 A 点的镜像线近似当作等熵卸载线，这种方法称为镜像线近似法。这样获得的阻抗匹配解称为镜像线近似解。

4. 阻抗匹配法的镜像线近似解

为了减小在对比法实验中使用镜像线近似进行阻抗匹配计算引入的不确定度，所选用的标准材料的阻抗应与待测材料的阻抗尽量接近。

1）反射稀疏波的情况

首先考虑靶板（标准材料）的阻抗高于待测材料的情况，此时从靶板-样品界面上将反射中心稀疏波。设飞片击靶后的初始冲击状态位于图 2.21 中标准材料的 $p-u$ 冲击绝热线上的 A 点，A 点对应的冲击波速度为 D_1，其状态用 (p_1, u_1) 表示。样品中的冲击压缩状态 E 位于过 O 点的斜率等于 $k_2=\rho_{02}D_2$ 的波直线 OE 上，根据阻抗匹配原理，样品的冲击压缩状态 $E(p_2, u_2)$ 应由波直线 OE 与过 A 点的等熵卸载线 SAE 的交点确定。当靶板与待测材料的阻抗比较接近时，等熵线段 SAE 与过 A 点的冲击绝热线的镜像线非常接近。在图 2.21 中，把平行于 p 轴的直线 AA' 想象为一个镜面，镜像线 SAC 就是 $p-u$ 线 OAH 在该镜面中的像。过 E 点作平行于 u 轴的直线，与镜面 AA' 交于 B 点，与 OAH 交于 E' 点，E' 点为标准材料冲击绝热线上的一个假定状态。B 点对应的粒子速度为 u_1，E 点与 B 点的粒子速度差 $x=u_2-u_1$，在反射稀疏波的情况下，$x>0$；E' 点与 E 点成镜像对称，E' 点的粒子速度 $u_1'=u_1-x=2u_1-u_2$。假定 E' 点对应的冲击波速度为 D_1'，将 E' 点的状态表示为 (p_1', u_1')：

$$\begin{aligned}p_1' &= \rho_{01}D_1'u_1' \\ &= \rho_{01}(C_{01}+\lambda_1 u_1')u_1' \\ &= \rho_{01}[C_{01}+\lambda_1(u_1-x)](u_1-x)\end{aligned}$$

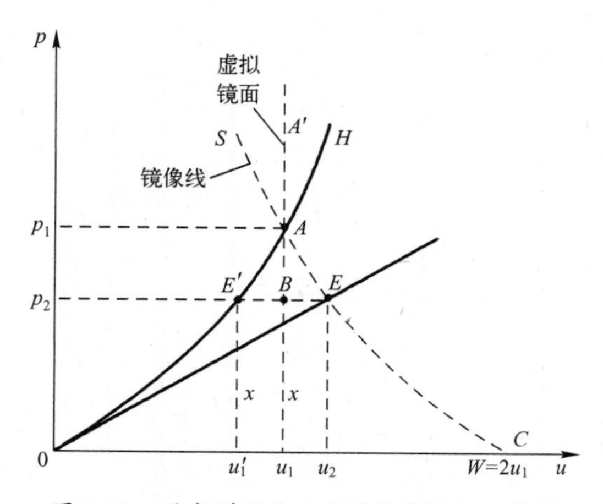

图 2.21　反射稀疏波时的镜像线近似示意图

E'点的压力 p_1' 和 E 点的压力 p_2 相等：

$$\rho_{01}[C_{01}+\lambda_1(u_1-x)](u_1-x)=p_2=\rho_{02}D_2(u_1+x) \tag{2.98}$$

整理式(2.98)得到 x 的二次方程：

$$\rho_{01}\lambda_1 x^2-(\rho_{01}C_{01}+2\rho_{01}\lambda_1 u_1+\rho_{02}D_2)x+(\rho_{01}C_{01}u_1+\rho_{01}\lambda_1 u_1^2-\rho_{02}D_2u_2)=0 \tag{2.99}$$

得到

$$x=\frac{-B\pm\sqrt{B^2-4AC}}{2A} \tag{2.100}$$

式中

$$A=\rho_{01}\lambda_1>0 \tag{2.101a}$$

$$B=-(\rho_{01}C_{01}+2\rho_{01}\lambda_1 u_1+\rho_{02}D_2)<0 \tag{2.101b}$$

$$\begin{aligned}C&=\rho_{01}C_{01}u_1+\rho_{01}\lambda_1 u_1^2-\rho_{02}D_2u_2\\&=\rho_{01}u_1(C_{01}+\lambda u_1)-\rho_{02}D_2u_2\\&=\rho_{01}D_1u_1-\rho_{02}D_2u_2>0\end{aligned} \tag{2.101c}$$

式(2.100)给出的两个 x 值中有一个是没有物理意义的。当待测样品的阻抗非常接近标准材料时，$\rho_{02}D_2\to\rho_{01}D_1$；$E$ 点和 E'点向 A 点趋近，速度差 $x=(u_2-u_1)\to0$。由式(2.101)可知，此时 $C\to0$，$\sqrt{B^2}=-B$。可见，必须舍弃“+”号，因此具有物理意义的解为

$$x=\frac{-B-\sqrt{B^2-4AC}}{2A} \tag{2.102}$$

由此得到镜像线近似下待测样品中的粒子速度为

$$u_2=u_1+x \tag{2.103}$$

2）反射压缩波的情况

当待测样品的阻抗高于靶板(标准材料)时，将从“靶板/待测材料”界面反射压缩波或冲击波(图2.22)。靶板中的反射波后 E 点的状态处于标准材料的二次冲击绝热线上。以一次冲击的Hugoniot状态为始态的所有冲击压缩终态的轨迹称为二次冲击绝热线。根据阻抗匹配原理，E 点的状态就是待测材料中透射冲击波后的状态。当待测样品与标准材料的阻抗比较接近时，标准材料中的反射冲击波是弱冲击波，可以把它近似看作等熵波，因而可以用镜像线近似求出待测样品材料的冲击压缩状态。同样，令 $x=u_2-u_1$(此时 $x<0$)，重复上述推导过程，得到关于变量 x 的二次方程与反射稀疏波时的式(2.99)完全一样，解的形式也与式(2.100)完全一样。因此，式(2.102)的结果也适用于反射压缩波时的情况。

以上分析表明，靶板中无论是反射稀疏波还是反射冲击波，都可以用式(2.102)计算 $x=u_2-u_1$ 的值。根据式(2.102)计算的粒子速度增量 x 的正、负号，就能够判定“靶板/样品”界面上的反射波是稀疏波还是冲击波。

综上所述，在使用第一类实验装置进行对比法实验时，需要知道标准材料的冲击绝热线，它的等熵卸载线或二次冲击绝热线，或者使用镜像线近似方法，根据阻抗匹配原理，计算待测样品中的粒子速度，获得它的击绝热线数据。

虽然阻抗匹配计算能够直接给出待测样品材料的冲击压力、粒子速度等状态参量，但是它不能直接给出反射波后靶板材料的比容。在反射稀疏波的情况下(图2.21)，按照

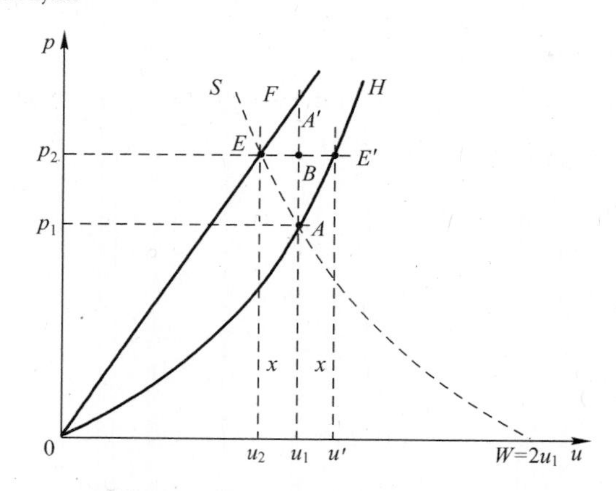

图 2.22　反射压缩波时的镜像线近似示意图

小扰动的特征线理论,靶板(或飞片)材料中反射波的波前与波后的压力、声速、粒子速度之间的关系满足

$$\mathrm{d}u=-\left(\frac{\mathrm{d}p}{\rho c}\right)_R \tag{2.104}$$

式中:下标"R"表示卸载。

利用声速的定义,式(2.104)可以改写为

$$\mathrm{d}V_R=-\frac{(\mathrm{d}u)^2}{\mathrm{d}p} \tag{2.105}$$

式中:V_R 为反射波后靶板材料的比容。

当样品和标准材料的阻抗比较接近时,卸载波前、波后的压力变化不大,由式(2.105)积分得到近似关系

$$\Delta V=V_R-V_1\approx-\frac{(u_2-u_1)^2}{p_2-p_1} \tag{2.106}$$

式中:ΔV 为由反射稀疏波引起靶板材料的比容的改变;下标"1"及"2"分别代表靶板在初始冲击压缩下的状态和经"基板/待测样品"界面的左行反射波后的状态(阻抗匹配压力下的状态)。

在反射弱冲击波的情况下,把弱冲击波看作(准)等熵压缩波,也可以用式(2.106)计算经过反射冲击波作用后靶材料的比容的改变。

2.5.3　第二类对比法实验装置

在第一类对比法实验装置中,需要借助于靶板(标准材料)的等熵卸载线或二次冲击绝热线才能得到待测材料的粒子速度。为了避免等熵卸载线或二次冲击绝热线的繁琐计算,镜像线近似法在第一类对比法实验中得到了广泛应用。尽管它形式简单,在压力不太高时具有良好的近似性,但是当标准材料和样品材料的阻抗差异较大时,镜像线近似可能会引入可观的测量不确定度。此外,标准材料可能会出现卸载熔化等相变,此时"等熵卸载"概念原则上不再适用。

使用第二类对比法实验装置能够避免上述困难。第二类实验装置如图 2.23(a)所示,靶板也用待测材料制造,经过精密加工和装配使靶板和待测试样成为一个整体;飞片则用标准材料制造。实验时高速飞片直接碰撞待测材料,冲击波直接进入待测样品中,这种方法形象地称为"裸碰"法。飞片裸碰待测样品意味着不存在来自"基板/样品"界面的反射波。第二类实验装置需要同时精确测量飞片速度和待测样品的冲击波速度。图 2.23(b)给出了飞片以速度 W 裸碰样品时的 $p-u$ 图。碰撞后标准材料中的左行冲击压缩绝热线 用 HCA 曲线表示,待测样品的冲击压缩状态位于波直线 OF(斜率等于 $\rho_{02}D_2$)上,两者的交点 A 就是击靶后的阻抗匹配状态。形式上,A 点的粒子速度与镜像线近似给出的解是相同的,但是其物理内涵完全不同。当飞片直接裸碰样品时,飞片、靶板和样品中的状态都是经过单次冲击压缩达到的状态,飞片材料没有经历等熵卸载或二次冲击加载过程;由待测样品的波直线 OF 与飞片中的左行 $p-u$ 冲击绝热线 HCA 的交点得到的阻抗匹配解在理论上是严格的精确解,不是镜像线近似解。因此,当无法判别镜像线近似法是否适用,或者当镜像线近似不能满足实验测量不确定度要求时,可以采用第二类对比法实验装置。只要精确测量了飞片的运动速度和样品材料的冲击波速度,就能通过阻抗匹配计算精确确定样品的冲击绝热状态。第二类对比法实验在气炮加载实验中比较容易实施。因为气炮实验可以使用较小直径的飞片、靶板和样品,易于进行精密加工、制造和装配;即使样品材料价格昂贵,耗费仍然能够承受。与化爆加载实验不同,气炮加载实验中飞片速度 W 和待测样品的冲击波速度 D_2 能够同时精密测量。

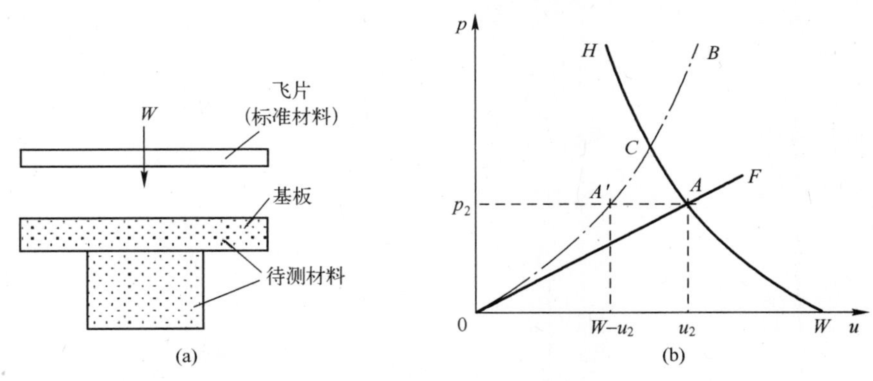

图 2.23　第二类对比法

(a) 实验装置;(b) 波直线与 $p-u$ 线的示意图。

利用图 2.23(b)中 A'点与 A 点的对称关系,易于根据阻抗匹配原理从实测的飞片速度和待测样品的冲击波速度计算样品材料的粒子速度 u_2。由于飞片中的左行冲击波阵面前方的粒子速度等于 W,波后粒子速度等于 u_2,左行冲击波的速度 D_1 可表示为

$$D_1-W=-C_{01}+\lambda_1(u_1-W) \tag{2.107}$$

飞片击靶后的压力方程可表达为

$$\rho_{01}(D_1-W)(u_2-W)=\rho_{02}D_2u_2 \tag{2.108}$$

或

$$\rho_{01}[C_{01}+\lambda_1(W-u_2)](W-u_2)=\rho_{02}D_2u_2 \tag{2.109}$$

从式(2.109)解出粒子速度为

$$u_2=\frac{-b-\sqrt{b^2-4ac}}{2a} \tag{2.110a}$$

式中

$$\begin{aligned} a&=\rho_{01}\lambda_1 \\ b&=-(\rho_{01}C_{01}+2\rho_{01}\lambda_1 W+\rho_{02}D_2) \\ c&=\rho_{01}C_{01}W+\rho_{01}\lambda_1 W^2 \end{aligned} \tag{2.110b}$$

或者令 $u_1=W/2$,$x=u_2-u_1$,用式(2.99)求解,得到与式(2.110)相同的结果。

2.5.4 对比法实验测量中隐含的基本假定

在对比法实验测量中,标准材料的冲击绝热线相当于度量待测样品的冲击压缩状态的一把“量尺”,可以将用对称碰撞法对标准材料冲击绝热线的精密测量看作对这把量尺进行刻度,将对比法实验测量看作是用这把尺子度量待测材料的冲击绝热状态。文献[16]中,也把对比法实验测量看作一种“绝对”测量。对比法实验隐含的一个基本假定:进入标准材料中的冲击波与进入待测材料中的冲击波必须是完全等同的(图2.24),以确保从标准材料获得的冲击波数据能够用作计算待测材料的冲击压缩状态的“基准”;而阻抗匹配法是用经过实验标定的标准材料作为“量尺”,度量待测材料的状态时的一种计算方法。在某些情况下这项假定的基本要求不一定能得到满足,例如当飞片在击靶时刻仍处于显著的加速运动或减速运动状态时,将导致进入靶板和待测材料中的入射冲击波也处于加速运动或减速运动状态,即入射冲击波不是一个稳定的冲击波。不稳定冲击波相当于在入射冲击阵面的后方跟随着一个压缩波或稀疏波。此时虽然入射波从基板进入标准材料时不存在波的反射(图2.24),但从基板进入待测材料时将发生反射,导致进入标准材料的应力波列与进入试样材料的应力波列不再等价。

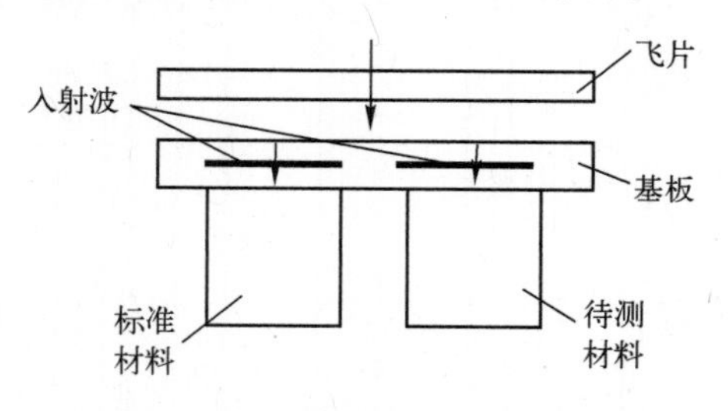

图2.24 对比法隐含的基本假定

注:进入待测试样与进入标准材料中的冲击波必须完全等同。

此外,飞片的不规则变形将导致击靶后的冲击波显著偏离“平面冲击波”状态,使进入标准材料样品和待测试样中的冲击波不等价。在阻抗匹配法实验中很有必要对飞片击靶前的速度变化历史和击靶产生的冲击波波形进行监测,以对飞片击靶姿态的不对称性对实验测量数据的影响进行修正。但是,飞片变形或飞行姿态的变化是一种随机变化,对实验数据的影响是随机的,有关飞片变形和倾斜的修正方法参见文献[38]。

在对比法实验中使用的标准材料冲击绝热线是以常温、常压为冲击压缩始态得到的主 Hugoniot 线,因此要求高速飞片在击靶时刻的物理状态(温度、密度)与它在常压、常温下的物理状态相同,以满足对称碰撞实验的要求。然而飞片在被加速到高速的驱动过程中受外力作用有可能发生显著温升。用于冲击波实验测量的动高压加载装置应尽可能减小飞片的温升。在采用高级炸药驱动飞片的化爆装置中,通常在炸药与飞片之间加一片厚度为毫米尺寸的塑料衬垫或者预留毫米尺度的空气隙,能够显著减小飞片的温升。

2.5.5　冲击波通过两种不同物质之间的界面时反射波的性质

冲击波(应力波)从一种材料进入另一种材料时,由于两种材料的阻抗失配,在两种材料的界面上将发生波的反射和透射。反射波的性质与两种材料波阻抗的相对大小密切相关。设应力波从阻抗为 Z_1 的介质进入阻抗为 Z_2 的介质,取反射时刻两种介质的界面位置为时间坐标 t 和空间坐标 x 的原点。假定入射应力波沿着 x 轴的正向传播,波列中某个小扰动波在界面上的反射波和透射波的运动轨迹如图 2.25 所示。为简单起见,假定波前介质中的初始应力为 p_0,波前粒子速度 $u_0=0$。入射波波后的应力和粒子速度分别为 p_1、u_1;根据第 1 章关于小扰动波传播的特征线关系及阻抗匹配原理,得到右行入射波及右行透射波后的应力与粒子速度的关系分别为

$$p_1-p_0=(\rho c)_1u_1=Z_1u_1 \tag{2.111}$$

$$p_2-p_0=(\rho c)_2u_2=Z_2u_2 \tag{2.112}$$

式中:Z 为波阻抗,$Z=\rho c$。

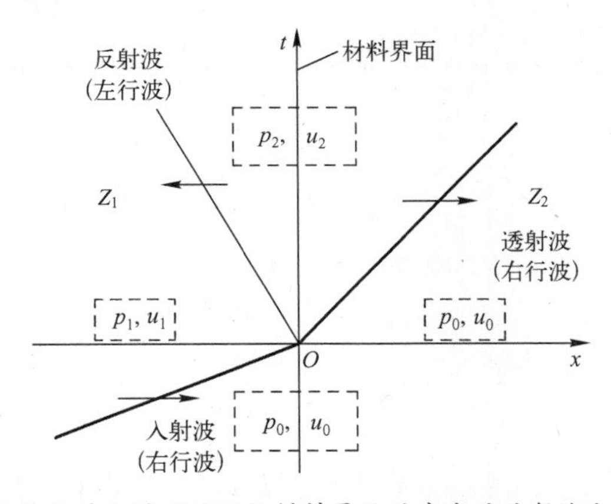

图 2.25　应力波通过两种不同阻抗材料界面时产生的反射波和透射波示意图

由于介质 1 中的反射波为左行波,波前波后状态满足特征线关系

$$\mathrm{d}\sigma+\rho c\mathrm{d}u=0$$

因此

$$p_2-p_1+Z_1(u_2-u_1)=0 \tag{2.113}$$

式(2.111)~式(2.113)中消去 u_1 及 u_2,得到

$$\frac{p_2-p_0}{p_1-p_0}=\frac{2Z_2}{Z_1+Z_2}>0 \tag{2.114}$$

习惯上,波后压力高于波前压力的应力波称为压缩波,波后压力低于波前压力的压力波称为稀疏波。式(2.114)是讨论反射波的性质的基础。

1. 入射波为压缩波

当入射波为压缩波时,$p_1-p_0>0$。

若 $Z_1>Z_2$，即压缩波从高阻抗介质进入低阻抗介质。由于

$$0<\frac{p_2-p_0}{p_1-p_0}=\frac{2Z_2}{Z_1+Z_2}<1,\quad p_1-p_0>0$$

根据式(2.114)必定有 $0<p_2-p_0<p_1-p_0$。因此，透射波为压缩波，$p_2>p_0$；反射波为稀疏波，$p_2<p_1$。

若 $Z_1<Z_2$，即压缩波从低阻抗介质进入高阻抗介质。由于

$$\frac{p_2-p_0}{p_1-p_0}=\frac{2Z_2}{Z_1+Z_2}>1$$

因此，$p_2-p_0>p_1-p_0>0$，即透射波和反射波为均为压缩波，$p_2>p_1>p_0$。

结论1：压缩波从高阻抗介质进入低阻抗介质时反射稀疏波；从低阻抗介质进入高阻抗介质时反射压缩波。而透射波均为压缩波(透射波的性质与入射波相同)。

2. 入射波为稀疏波

当入射波为稀疏波时，$p_1-p_0<0$。

若 $Z_1>Z_2$，由于

$$0<\frac{p_2-p_0}{p_1-p_0}=\frac{2Z_2}{Z_1+Z_2}<1,\quad p_1-p_0<0$$

根据不等式性质可知 $p_1-p_0<p_2-p_0<0$。因而反射波为压缩波，$p_2>p_1$；透射波为稀疏波，$p_2<p_0$。

若 $Z_1<Z_2$，由于

$$\frac{p_2-p_0}{p_1-p_0}=\frac{2Z_2}{Z_1+Z_2}>1,\quad p_1-p_0<0$$

根据不等式性质可知 $p_2-p_0<p_1-p_0<0$，因而透射波和反射波均为稀疏波。

结论2：稀疏波从高阻抗介质进入低阻抗介质时反射压缩波；反之，则反射稀疏波。而透射波均为稀疏波(透射波的性质与入射波相同)。

上述结论对冲击波也适用。

2.5.6 疏松材料冲击绝热线的对比法实验测量

Trunin[16]等用于测量疏松镍的对比法实验装置及等载荷曲线，如图2.26所示。等载荷曲线是指从标准材料基板中输入相同的入射冲击载荷时，在不同疏松度样品中的冲击波速度 D 随疏松度 m 的变化。以铝为标准材料，在铝基板下方同时放置密实镍和不同疏松度的若干疏松镍样品(图2.26(a))。飞片击靶后，在铝基板中形成一定载荷的入射冲击波，从“铝基板/疏松样品”界面进入到各个疏松样品的初始入射冲击波均相同。通过测量标准材料铝中的冲击波速度能够获得铝基板中入射冲击波的初始状态；通过测量密实镍和疏松镍样品中的冲击波速度，由阻抗匹配原理计算不同疏松度镍样品中的冲击状态。图2.26(b)给出了在五种不同冲击载荷下镍样品中的冲击波速度 D 随疏松度 m 的变化。曲线与纵轴的交点 D_0 就是密实镍($m=1$)样品中的冲击波速。同一条曲线表示在铝基板的同一冲击波速度 D_0 作用下疏松样品中冲击波速 D 随疏松度 m 的变化：在同一发实验中随着疏松度 m 增加，波速 D 先是快速下降，其下降速率 $\mathrm{d}D/\mathrm{d}m$ 与 D_0 有关，D_0 越小，D 下降得越快($|\mathrm{d}D/\mathrm{d}m|$越大)。当 m 增大到2~3时，D 随 m 呈线性增大，D_0 越

大，斜率 dD/dm 越大。因此，当疏松度 m 增大到一定程度时，可以通过线性外推得到大 m 下疏松镍的冲击波速度数据。

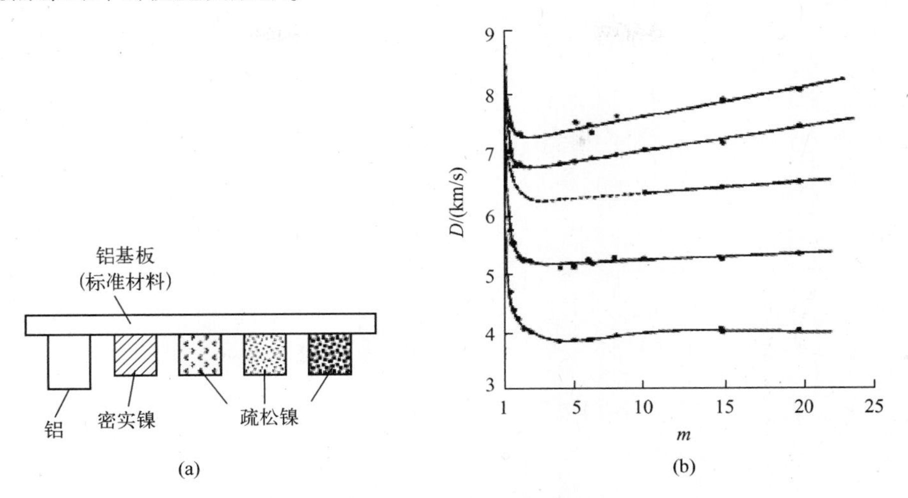

图 2.26　实验装置和结果

(a) 疏松材料阻抗匹配法实验装置；(b) 等载荷加载下的冲击波速度 D 随疏松度 m 的变化。

Trunin 指出[16]，上述变化规律也适用于其他疏松金属材料。在实验测量中，疏松样品中的冲击波速度随传播距离缓慢下降。当用平均冲击波速度$\overline{D}$代替瞬时冲击波速度 D 进行阻抗匹配计算时，将导致“铝基板/样品”界面处的冲击波速度有一微小修正，修正量大约为平均波速度$\overline{D}$的 1%。

2.6　冲击波在自由面的反射

与真空直接接触的物质界面称为自由面。在实际应用中，与大气直接接触的界面可以当作自由面看待。当冲击波沿着自由面的法线方向入射到达自由面时，为了满足自由面的应力始终等于零的边界条件，将从自由面向介质内部反射中心稀疏波；同时自由面以速度 u_{fs} 沿着法向做加速运动，以满足动量守恒的要求。测量自由面速度变化历史是研究物态方程和材料冲击动力学响应特性的重要内容之一。

设平面冲击波沿着 x 轴运动，自由面的位置在 $x=0$ 处且与 x 轴垂直，平面冲击波在自由面的反射引起的材料中的波系作用及状态变化的 $x-t$ 图如图 2.27 所示。根据 2.5.5 节的讨论，冲击波从自由面产生的反射波为稀疏波。对于理想冲击波，在冲击波反射的瞬间，波后应力迅即从 p_H 变为零，因此在反射瞬间从冲击波与自由面接触的位置上将产生无数个稀疏小扰动，即从 $x-t$ 图的原点将发出无数条小扰动特征线，形成中心稀疏波。在中心稀疏波各特征线作用下，自由面上的应力瞬间下降为零。中心稀疏波的传播方向与它前方物质的运动方向相反，属于左行中心稀疏波。随着它向物质内部传播，在物质内部形成三个应力区域：中心稀疏波波头特征线前方是入射冲击波的波后区，$p=p_H$，$u=u_p$；波尾特征线与自由面之间的区域为常流区，$p\equiv0$，$u=u_{fs}$，即常流区的压力等于零压（真空压力状态）而粒子速度等于自由面速度 u_{fs}；波头特征线与波尾特征线之间为左行中心稀疏波形成的扇形卸载区，材料从初始冲击加载压力 p_H 连续卸载到零压，粒子速度从冲击波后粒子速度 u_p 连续变化到自由面速度 u_{fs}。若将中心稀疏波波头和波尾处的声速分别记为 c_H 和 c_{R0}，则实验室坐标系中观察到的波头特征线的传播速度为 $-c_H+u_p$，波尾特征线的速度为 $-c_{R0}+u_{fs}$。因此扇形区的宽度和常流区的宽度将随时间或传播距离持续增大。

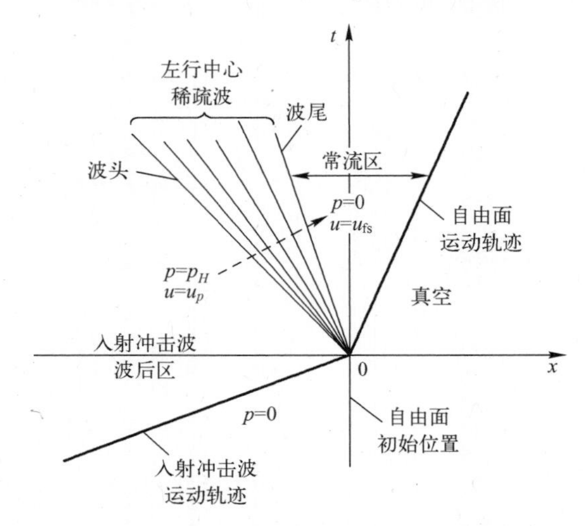

图 2.27　冲击波从自由面反射中心稀疏波的示意图

测量自由面速度的实验方法有很多种[11]，根据需要可以采用电探针、光探针、高速照相等方法进行测量，但这些方法给出的是自由面的平均速度。如果要进行任意时刻自由面的速度变化历史或速度剖面的精密测量，激光速度干涉技术通常能够提供具有纳秒量级时间分辨力的自由面速度数据[39]，而位移干涉技术能够提供亚纳秒至皮秒[26]量级时间分辨力的自由面速度剖面数据，两者都是目前精密测量自由面速度的主要手段之一。

2.6.1　与冲击绝热线相交的等熵线

在对比法实验测量中，靶板中反射波后的状态位于以靶板的冲击压缩状态为始态的卸载线上。如果该卸载过程中不发生相变，忽略弹-塑性卸载的影响，通常可把卸载过程当作等熵卸载过程处理；冲击波从自由面卸载时产生的左行中心稀疏波属于简单波，利用沿着右行波特征线的特征线关系，得到卸载到零压的自由面速度 u_{fs} 与冲击波后的粒子速度 u_p 的关系：

$$u_{fs} - u_p = \int_0^{p_H} \frac{\mathrm{d}p_S}{\rho c} \tag{2.115}$$

式中：p_H 为入射冲击波的 Hugoniot 状态 A 的压力（图 2.28）；p_S、ρ 和 c 分别为沿着等熵卸载线的压力、密度和声速（在流体近似模型假定下，c 为体波声速）。

利用已知的 Gruneisen 物态方程和冲击绝热线求解等熵线的数值计算方法在一些专著中有介绍[2,24]，但计算过程比较繁琐。

1. 两倍粒子速度近似

由于等熵线与冲击绝热线在始点二阶相切，当冲击加载压力不太高时两者的差异不太大；等熵卸载到零压的比容 V_0' 与冲击绝热线的初始比容 V_0 的差别很小。对

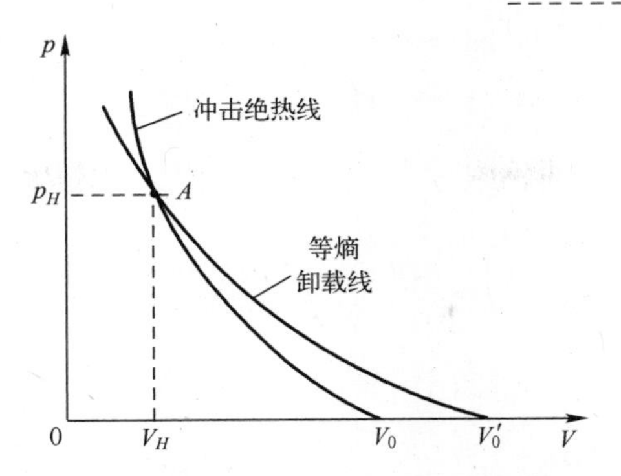

图 2.28　与冲击绝热线相交于 A 点的等熵线

式(2.115)做近似：

$$\int_0^{p_H}\frac{\mathrm{d}p_S}{\rho c}=\int_0^{p_H}\sqrt{-\mathrm{d}p_S\mathrm{d}V}\approx\int_0^{p_H}\sqrt{-\mathrm{d}p_H\mathrm{d}V}$$

$$\approx\sqrt{p_H(V_0'-V)}\approx\sqrt{p_H(V_0-V)}=u_p \tag{2.116}$$

式中：V 为沿着等熵卸载线的比容。

式(2.116)与式(2.115)联立得到

$$u_{\mathrm{fs}}\approx 2u_p \tag{2.117}$$

此即著名的“自由面速度两倍近似”关系：当冲击压力较低时，自由面速度近似等于入射冲击波后粒子速度的 2 倍。由于从冲击压缩状态卸载到零压时的温度(称为残余温度)高于主 Hugoniot 线的零压始态温度 T_0，在式(2.116)中沿着等熵线卸载到零压的比容 V_0' 将大于初始比容 V_0，因此自由面速度应大于 2 倍粒子速度。但是当冲击压力较低时由残余温度引起的比容变化 $V_0'-V_0$ 很小，式(2.117)在低压下有相当好的近似性。

2. 等熵线的解析表达式

假定 Gruneisen 系数满足经验关系 $\gamma/\gamma_0=(V/V_0)^n$，其中 n 为实数，且冲击绝热线满足线性关系 $D=C_0+\lambda u$，在流体近似模型下可以推导出等熵线的一般表达式(见 2.9 节)：

$$p_S^{(n)}(\eta)=p_H\left(\frac{1-\eta_H}{1-\eta}\right)^{n-1}\cdot\exp\left\{\frac{\gamma_0}{n}[(1-\eta_H)^n-(1-\eta)^n]\right\}+$$
$$\rho_0C_0^2\cdot(1-\eta)^{-(n-1)}\exp\left[-\frac{\gamma_0}{n}(1-\eta)^n\right]\times$$
$$\int_{\eta_H}^{\eta_S}G(\eta)\cdot\exp\left[\frac{\gamma_0}{n}(1-\eta)^n\right]\mathrm{d}\eta \tag{2.118}$$

式中：η 为冲击压缩终态的压缩度，或冲击压缩终态的工程应变，且有

$$\eta=(V_0-V)/V_0=1-V/V_0$$

函数 $G(\eta)$ 的定义为

$$G(\eta)=(1-\eta)^{n-1}\left[\frac{(1+\lambda\eta)-\gamma_0\eta\,(1-\eta)^{n-1}}{(1-\lambda\eta)^3}+\frac{(n-1)\eta}{(1-\eta)(1-\lambda\eta)^2}\right] \tag{2.119}$$

$\eta_H\equiv1-V_H/V_0$为等熵卸载起始点 A 的压缩度(图 2.28)，$\eta=1-V_S/V_0$ 为等熵线上任意位置比容 V_S 的压缩度。式(2.118)即流体近似模型下与冲击绝热线交于点 $A(p_H,\eta_H)$的

等熵线的方程，这是一条与实验测量的冲击绝热线相匹配的、满足热力学相容性要求的等熵线。由式(2.118)得到沿着等熵线上任意一点的斜率为

$$\frac{\mathrm{d}p_S}{\mathrm{d}\eta}=[\gamma_0(1-\eta)^{n-1}-(n-1)(1-\eta)^{-1}]p_S+\frac{\mathrm{d}p_H}{\mathrm{d}\eta}-\frac{\rho_0C_0^2\gamma_0\eta(1-\eta)^{n-1}}{(1-\lambda\eta)^3}+\frac{\rho_0C_0^2(n-1)\eta}{(1-\eta)(1-\lambda\eta)^2} \tag{2.120}$$

当指数 $n=1$ 时，$\gamma/V=\gamma_0/V_0$，等熵线简化为

$$p_S^{(1)}=p_H\cdot\exp[-\gamma_0(\eta_H-\eta)]+\rho_0C_0^2\cdot\exp(\gamma_0\eta)\int_{\eta_H}^{\eta_S}\left[\frac{(1+(\lambda-\gamma_0)\eta}{(1-\lambda\eta)^3}\cdot\exp(-\gamma_0\eta)\right]\mathrm{d}\eta \tag{2.121}$$

等熵线的斜率可简化为

$$\frac{\mathrm{d}p_S^{(1)}(\eta)}{\mathrm{d}\eta}=\gamma_0p_S^{(1)}(\eta)+\rho_0C_0^2\frac{(1+\lambda\eta)-\gamma_0\eta}{(1-\lambda\eta)^3} \tag{2.122}$$

2.6.2 卸载到零压时的比容与声速

假定 $\gamma/V=\gamma_0/V_0(n=1)$，由式(2.121)得到卸载到零压的压缩度 η_{R0} 应满足：

$$p_H\cdot\exp[-\gamma_0(\eta_H-\eta_{R0})]+\rho_0C_0^2\cdot\exp(\gamma_0\eta)\int_{\eta_H}^{\eta_{R0}}\frac{(1+(\lambda-\gamma_0)\eta}{(1-\lambda\eta)^3}\cdot\exp(-\gamma_0\eta)\mathrm{d}\eta=0 \tag{2.123}$$

利用迭代方法，可以从式(2.123)求得卸载到零压的压缩度 η_{R0}，得到

$$V_{R0}=V_0(1-\eta_{R0})$$

由于 $V_{R0}>V_0$，故 $\eta_{R0}<0$。按照声速的定义，沿着等熵线的声速 c_S 可表示为

$$c_S^2=\frac{\mathrm{d}p_S}{\mathrm{d}\rho}=V_0(1-\eta)^2\frac{\mathrm{d}p_S^{(1)}}{\mathrm{d}\eta} \tag{2.124}$$

将式(2.122)代入式(2.124)得到沿等熵线任一点的声速：

$$c_S^2=V_0(1-\eta)^2\left[\gamma_0p_S^{(1)}+\rho_0C_0^2\frac{1+\lambda\eta-\gamma_0\eta}{(1-\lambda\eta)^3}\right] \tag{2.125}$$

在等熵线与冲击绝热线相交的 A 点(图2.28)，$p_H=p_S$，$c_H=c_S$，得到

$$c_H^2=V_0(1-\eta_H)^2\left[\gamma_0p_H+\rho_0C_0^2\frac{1+\lambda\eta_H-\gamma_0\eta_H}{(1-\lambda\eta_H)^3}\right] \tag{2.126}$$

将 $p_H=\dfrac{\rho_0C_0^2\eta}{(1-\lambda\eta)^2}$ 代入式(2.126)得到

$$c_H^2=(1-\eta_H)^2\frac{1+\lambda\eta_H-\gamma_0\lambda\eta_H^2}{(1-\lambda\eta_H)^3}C_0^2 \tag{2.127}$$

$$c_H=(1-\eta_H)\sqrt{\frac{1+\lambda\eta_H-\gamma_0\lambda\eta_H^2}{(1-\lambda\eta_H)^3}}C_0 \tag{2.128}$$

式(2.128)与式(2.31)给出的声速完全一致。卸载到零压时的声速为

$$c_{R0}^{2}=(1-\eta_{R0})^{2}\frac{1+\lambda\eta_{R0}-\gamma_{0}\eta_{R0}}{(1-\lambda\eta_{R0})^{3}}\cdot C_{0}^{2} \tag{2.129}$$

2.6.3　自由面速度

由2.6.2节确定卸载到零压时的压缩度或比容以后，利用右行特征线方程不难得到卸载波波前、波后粒子速度的关系：

$$\mathrm{d}u=-\frac{\mathrm{d}p_{S}}{\rho c}=-\sqrt{-\frac{\mathrm{d}p_{S}}{\mathrm{d}V}}\mathrm{d}V \tag{2.130}$$

式中$\frac{\mathrm{d}p_{S}}{\mathrm{d}V}$由式(2.122)给出。从冲击压缩状态(比容为$V_H$)卸载到比容$V_R$时，沿着等熵卸载线的粒子速度为

$$u_{R}=u_{p}+\int_{V_{R}}^{V_{H}}\sqrt{-\frac{\mathrm{d}p_{S}}{\mathrm{d}V}}\mathrm{d}V \tag{2.131}$$

利用压缩度η将式(2.131)改写为

$$u_{R}=u_{p}+\int_{\eta_{R}}^{\eta_{H}}\left(V_{0}\frac{\mathrm{d}p_{S}}{\mathrm{d}\eta}\right)^{1/2}\mathrm{d}\eta \tag{2.132}$$

式中$\frac{\mathrm{d}p_{S}}{\mathrm{d}\eta}$由等熵线式(2.120)给出。在$\rho\gamma=\mathrm{const}$的条件下，得到卸载到零压的自由面速度为

$$u_{\mathrm{fs}}=u_{p}+\int_{\eta_{R0}}^{\eta_{H}}\sqrt{\frac{\gamma_{0}}{\rho_{0}}p_{S}(\eta)+C_{0}^{2}\frac{1+\lambda\eta-\gamma_{0}\eta}{(1-\lambda\eta)^{3}}}\mathrm{d}\eta \tag{2.133}$$

而卸载到任意压力$p_R(\eta_R)$的波后粒子速度为

$$u_{RI}=u_{p}+\int_{\eta_{R}}^{\eta_{H}}\sqrt{\left[\frac{\gamma_{0}}{\rho_{0}}p_{S}(\eta)+C_{0}^{2}\frac{1+\lambda\eta-\gamma_{0}\eta}{(1-\lambda\eta)^{3}}\right]}\mathrm{d}\eta \tag{2.134}$$

2.6.4　沿着等熵线的温度

内能E是熵S和比容V的特性函数。按照热力学第一定律，有

$$\left(\frac{\partial E}{\partial S}\right)_{V}=T,\quad \left(\frac{\partial E}{\partial V}\right)_{S}=-p$$

此外，为了研究等熵线上的温度与冲击压缩温度的关系，需要将内能表达为温度和比容的函数。令$S=S(T,V)$，$E=E(S,V)=E(T,V)$，得到

$$\begin{aligned}\mathrm{d}E(T,V)&=\left(\frac{\partial E}{\partial T}\right)_{V}\mathrm{d}T+\left(\frac{\partial E}{\partial V}\right)_{T}\mathrm{d}V\\&=c_{V}\mathrm{d}T+\left[\left(\frac{\partial E}{\partial V}\right)_{S}+\left(\frac{\partial E}{\partial S}\right)_{V}\left(\frac{\partial S}{\partial V}\right)_{T}\right]\mathrm{d}V\\&=c_{V}\mathrm{d}T+\left[-p+T\left(\frac{\partial S}{\partial V}\right)_{T}\right]\mathrm{d}V\end{aligned} \tag{2.135}$$

将麦克斯韦关系$\left(\frac{\partial S}{\partial V}\right)_{T}=\left(\frac{\partial p}{\partial T}\right)_{V}$代入式(2.135)，得到热力学恒等式：

$$dE=c_V dT+\left[-p+T\left(\frac{\partial p}{\partial T}\right)_V\right]dV=TdS-pdV$$

即

$$dT+\frac{T}{c_V}\left(\frac{\partial p}{\partial T}\right)_V dV=\frac{T}{c_V}dS$$

结合 Grüneisen 系数的定义 $\gamma=\frac{V}{c_V}\left(\frac{\partial p}{\partial T}\right)_V$，得到

$$dT+\frac{\gamma\cdot T}{V}dV=\frac{T}{c_V}dS \tag{2.136}$$

带入等熵条件 $dS=0$，得到

$$\left(\frac{dT}{T}\right)_S+\frac{\gamma}{V}dV=0 \tag{2.137}$$

$$T_S(V)=T_A\exp\left(-\int_{V_A}^{V}\frac{\gamma}{V}dV\right) \tag{2.138}$$

式中：下标“A”表示等熵线上的任意参考点。

若取冲击压缩状态 A 点（图 2.25）为参考点，$T_A=T_H$ 和 $V_A=V_H$，则与冲击绝热线交于 A 点的等熵线上任意点的温度为

$$T_S(V)=T_H\exp\left(-\int_{V_H}^{V_S}\frac{\gamma}{V}dV\right) \tag{2.139}$$

式中：V_S 为等熵线上任意点的比容。

从冲击压缩状态卸载到零压的残余温度为

$$T_{\text{Res}}=T_H\exp\left(-\int_{V_H}^{V_{R0}}\frac{\gamma}{V}dV\right) \tag{2.140}$$

若从常温状态 T_0 等熵压缩到 V_S，则等熵压缩温度为

$$T_S=T_0\exp\left(-\int_{V_0}^{V_S}\frac{\gamma}{V}dV\right) \tag{2.141}$$

沿着等熵线的温度的解析式特别简洁，常用作计算其他热力学过程的温度的参考点。

2.7 实验样品设计的一般原理

在平面冲击压缩产生的单轴应变加载下，冲击波后状态不随时间改变。对于确定的材料，冲击压缩状态由冲击波速度或粒子速度决定，因而仅与材料性质有关。冲击绝热线表征的是“材料”的性质，即没有特定几何形状或几何结构的材料在冲击压缩下的性质。之所以不考虑几何结构的影响，是因为平面波没有到达特定材料的几何边界之前，它不能“感觉”到结构或边界的存在。从这个意义上说，冲击绝热线反映了材料本身对平面冲击载荷的响应；如果再加上冲击波与几何边界的作用，将得到具体几何结构在冲击载荷作用下的响应。冲击压缩下实验样品设计的基本原则是确保实验测量数据与试样的几何结构无关，使实验测量获得的数据和认识具有普遍意义。因此，实验设计的基本要求是确保在测量时间内试样始终处于平面冲击单轴应变加载状态。

单轴应变平面冲击状态能够在有限时间间隔内保持稳定,通过测量物理量的平均值能够获得瞬时状态量的精确信息,这是通过平面冲击压缩获取材料对冲击载荷响应的最大优点;平面冲击加载下波后状态量之间的关系比较简单。而其他冲击压缩方法没有这些优点,如球面冲击加载或柱面冲击加载状态不仅与冲击波速度有关,还随冲击波的传播距离变化,即随冲击波的几何形状变化,波后状态不能保持稳定,且状态量的平均值也与冲击波阵面的几何形状有关,不能通过测量平均值获得瞬时值信息。

在平板碰撞实验中,样品中的单轴应变平面冲击状态主要受边侧稀疏扰动作用和追赶稀疏扰动作用两种扰动作用的影响。

2.7.1　边侧稀疏波的影响

高速飞片击靶后样品处于冲击波高压状态,但飞片、靶板及待测样品的边侧位置均处于零压状态,从实验装置的边侧部位传入的稀疏波会对平面冲击波的传播及波后状态产生干扰。边侧稀疏波的波头相对于冲击波后物质以声速 c 传播。在图 2.29 中,假定界面 AB 为飞片的击靶位置,经过 Δt 时间后冲击波从 AB 界面运动到样品的前界面 M_1N_1;在 Δt 时间内,以粒子速度 u 运动的 AB 界面已经到达 A_1B_1 位置。在相对于粒子静止的坐标系(拉氏坐标系)中观察,速度为 c 的边侧稀疏波的影响范围就是图 2.29 中以 A_1点为中心、以 $c\Delta t$ 为半径的圆弧区域。因此,从实验室坐标系中观察,前表面未受影响的区域为图 2.29 中的 MN 区域,它是实验测量时在样品前表面上可以布置探头的最大空间区域。$\angle\alpha=\angle M_1AM$ 称为边侧稀疏角,有

$$\tan\alpha=\frac{MM_1}{AM_1}=\frac{\sqrt{c^2-(D-u)^2}}{D} \tag{2.142}$$

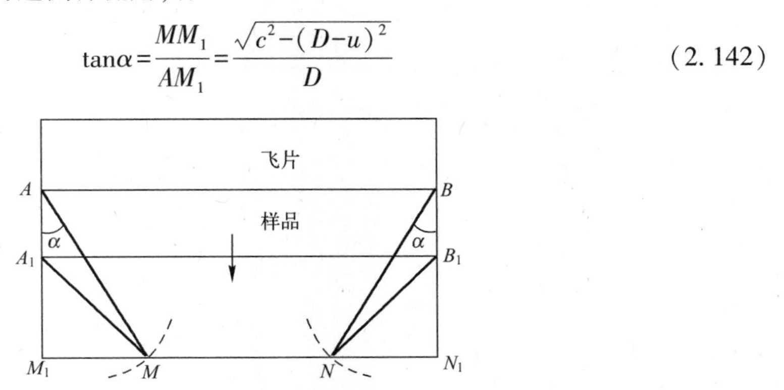

图 2.29　边侧稀疏波的影响示意图

可以利用线性 $D-u$ 冲击绝热线关系及冲击波后的声速对式(2.142)求解。当材料发生冲击熔化处于冲击熔化状态时式(2.142)中的声速为体波声速;当冲击压力较低时材料仍处于固相区,边侧稀疏波的波头以纵波声速 c_l 传播,因此式(2.142)中的声速应取纵波声速。固体的纵波声速比体波声速高,沿着冲击绝热线的纵波声速可以利用泊松比和体波声速计算(见第7章)。

边侧稀疏角 α 决定了样品的宽度 d 对厚度 h 的限制。实验样品的宽度与厚度之比称为样品的宽厚比。理论分析表明,边侧稀疏角 α 通常不超过 45°,因而样品宽厚比至少应大于 2。在具体实验中,考虑到声速计算值的不确定度,为了布置足够多的探头,样品的宽厚比的设计值需要达到 5~10 甚至更高。

2.7.2 追赶稀疏波的影响

影响冲击波的稳定性的另一个因素是来自飞片后界面的追赶稀疏波。二级轻气炮的弹丸通常用高压聚乙烯制作。在图 2.30 中,飞片击靶后在向靶和样品中传入右行冲击波 AF 的同时,从碰撞面向飞片中传入左行冲击波 AB。该左行冲击波到达“飞片/弹丸”界面即飞片后界面时立即反射右行中心稀疏波,该稀疏波称为追赶稀疏波。只要靶和样品足够厚,来自飞片后界面的追赶稀疏波总能赶上前方的冲击波阵面,导致冲击波速度下降。

图 2.30 是飞片后界面的稀疏波追赶样品中的冲击波阵面的 $x-t$ 图。设飞片向右运动并以速度 W 击靶,AF 和 AB 分别为击靶后样品和飞片中的冲击波的运动轨迹,DB 为飞片后界面的运动轨迹。BF 为追赶稀疏波波头特征线的运动轨迹, F 点为追赶稀疏波的波头特征线赶上样品中的冲击波阵面的位置。为简单起见,假定飞片材料与靶(样品)材料相同,当追赶稀疏波赶上冲击波阵面时,飞片中左行冲击波的运动时间 $l_f/(W-D_f)$ 加上稀疏波追赶样品中的冲击波的时间 $(l_d+l_f)/a$ 之和应等于样品中的右行冲击波的运动时间 (l_d/D),即

$$\frac{l_d}{D}=\frac{l_f}{W-D_f}+\frac{l_d+l_f}{a} \tag{2.143}$$

式中:l_d 为冲击波在样品中运动的距离;l_f 为飞片的初始厚度;D_f 为在实验室坐标系中测量的飞片中的反射冲击波的速度;a 为追赶稀疏波波头特征线的拉氏声速。

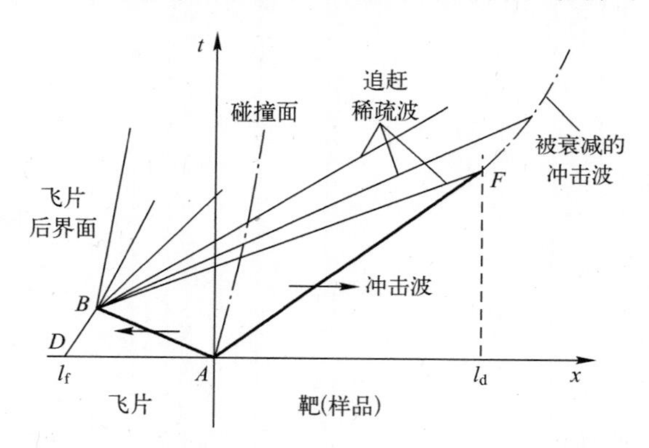

图 2.30 飞片与靶板材料相同时,追赶稀疏波对样品中的冲击波的追赶过程及追赶比的确定

利用第 1 章给出的拉氏声速 a 与欧拉声速 c 的关系

$$\rho c=\rho_0 a$$

得到

$$\frac{l_d}{D}=\frac{l_f}{W-D_f}+(l_d+l_f)\frac{\rho_0}{\rho c} \tag{2.144}$$

1. 追赶比

当追赶稀疏波的波头刚好赶上样品中的冲击波阵面时,样品(靶)的厚度 l_d 与飞片的厚度 l_f 之比定义为追赶比,用 R 表示。可表示为

$$R\equiv l_d/l_f \tag{2.145}$$

追赶比是实验样品几何尺寸设计中的另一个重要参量。由式(2.143)~式(2.145)得到

$$R=\frac{\dfrac{\rho c}{\rho_0(W-D_{\mathrm{f}})}+1}{\dfrac{\rho c}{\rho_0 D}-1}=\frac{\dfrac{c}{W-D_{\mathrm{f}}}+\dfrac{\rho_0}{\rho}}{\dfrac{c}{D}-\dfrac{\rho_0}{\rho}} \tag{2.146a}$$

将式(2.146a)用拉氏声速表示为

$$R=\frac{\dfrac{a}{W-D_{\mathrm{f}}}+1}{\dfrac{a}{D}-1} \tag{2.146b}$$

用式(2.146)计算 R 时,D_{f} 为实验室坐标系中测量的飞片中的反射冲击波速度。直接测量 D_{f} 非常困难。但是,如果从跟随飞片运动的坐标系中进行观测,靶板(样品)将以速度 W 向左运动并碰撞飞片。设跟随飞片运动的坐标系中的观察者测量的飞片中的左行冲击波速度为 D_{f}',根据相对运动原理,实验室坐标系中观测的飞片中的冲击波速度为

$$D_{\mathrm{f}}=W+(-D_{\mathrm{f}}')$$

或

$$W-D_{\mathrm{f}}=D_{\mathrm{f}}' \tag{2.147}$$

由此可见,式(2.146)中的 $W-D_{\mathrm{f}}$ 在数值上恰好等于 D_{f}',它相当于靶板以速度 W 碰撞飞片时在跟随飞片运动坐标系中的观测者测量到的冲击波速度。由于击靶后飞片与靶板的冲击压力相等,因此可以根据飞片击靶后的压力并利用飞片的冲击绝热线计算得到 D_{f}'。沿着冲击绝热线的欧拉声速 c 可以根据式(2.30)计算,或者用实验直接测量的沿着 Hugoniot 线的拉氏声速 a 计算(见第5章)。同样,在固相区的追赶过程需要采用纵波声进行计算。因此,由式(2.146)给出的 R 就是实验装置中靶样品厚度的最大许可值。经验表明,在中等压力区 R 的取值范围为5~7。

2. 飞片材料与靶板不同时的追赶比

当飞片与靶板的材料不同时情况比较复杂一些。此时,飞片中追赶稀疏波的波速与靶板的不同且会在"飞片/靶板"界面上发生反射,追赶稀疏波在飞片中的速度 c_{f} 与在靶板中的追赶速度 c_{d} 不相同,需要分别计算稀疏波在飞片和靶板中的追赶时间 t_{cf} 和 t_{cd}。

参阅图2.31所示的追赶过程,由追赶过程的时间关系得到

$$t_{\mathrm{f}}+t_{\mathrm{d}}=\frac{l_{\mathrm{d}}}{D}-\frac{l_{\mathrm{f}}}{W-D_{\mathrm{f}}}$$

式中

$$t_{\mathrm{f}}=\left(\frac{\rho_0}{\rho}\right)_{\mathrm{f}}\frac{l_{\mathrm{f}}}{c_{\mathrm{f}}}$$

$$t_{\mathrm{d}}=\left(\frac{\rho_0}{\rho}\right)_{\mathrm{d}}\frac{l_{\mathrm{d}}}{c_{\mathrm{d}}}$$

得到

$$\frac{\rho_{0\mathrm{f}}}{\rho_{\mathrm{f}}}\frac{l_{\mathrm{f}}}{c_{\mathrm{f}}}+\frac{\rho_{0\mathrm{d}}}{\rho_{\mathrm{d}}}\frac{l_{\mathrm{d}}}{c_{\mathrm{d}}}=\frac{l_{\mathrm{d}}}{D}-\frac{l_{\mathrm{f}}}{W-D_{\mathrm{f}}} \tag{2.148}$$

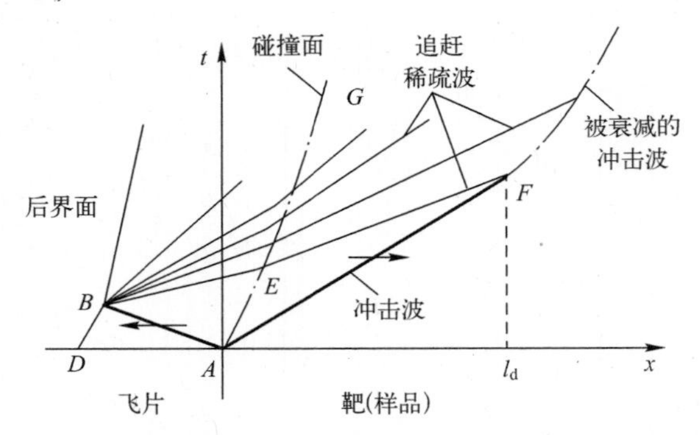

图 2.31 飞片和样品材料不同时,飞片后界面的稀疏波追赶样品中的冲击波的过程

由追赶比的定义得到

$$R=\frac{\dfrac{1}{W-D_{\mathrm{f}}}+\dfrac{\rho_{0\mathrm{f}}}{\rho_{\mathrm{f}}}\dfrac{1}{c_{\mathrm{f}}}}{\dfrac{1}{D}-\dfrac{\rho_{0\mathrm{d}}}{\rho_{\mathrm{d}}}\dfrac{1}{c_{\mathrm{d}}}}=\frac{\dfrac{1}{W-D_{\mathrm{f}}}+\dfrac{1}{a_{\mathrm{f}}}}{\dfrac{1}{D}-\dfrac{1}{a_{\mathrm{d}}}} \tag{2.149}$$

满足宽厚比和追赶比要求的实验设计,能够保证在冲击波到达测试探头所在位置的时刻进行的瞬时测量不会受到边侧稀疏波和追赶稀疏波的影响,但不能保证在该时刻以后进行的持续测量不会受到它们的影响。

在冲击波物理实验测量中,有时需要测量物理量在一定时间范围内的变化历程,即进行物理量的时间变化测量,这种测量也称为物理量的剖面测量,如自由面速度剖面测量、温度剖面测量等。此时,要求被测量的物理量在全部实验测量时间内不受边侧稀疏波或追赶稀疏波的干扰,对样品设计的要求将更加严格,将在讨论相关实验测量时作进一步讨论。

2.8 利用冲击绝热压缩数据建立 Gruneisen 物态方程

已经发展了多种物理模型和理论方法[2,4,11],利用冲击压缩实验数据和静高压实验数据建立固体的高压物态方程。本节就如何从冲击压缩数据建立 Gruneisen 物态方程的一般原理作简要介绍,为从事实验冲击波物理但不一定进行理论物态方程计算的研究人员提供一个从冲击绝热测量数据到建立 Gruneisen 物态方程的大致过程或基本方法,以理解冲击绝热线测量在建立 Gruneisen 物态方程中的地位。

为了给出 Gruneisen 状态方程

$$p-p_{\mathrm{K}}=\frac{\gamma}{V}(E-E_{\mathrm{K}})$$

的具体形式,需要确定下列三个待定函数的具体表达式。

(1) 冷压:$p_{\mathrm{K}}\equiv p_{\mathrm{K}}(V)$,它表示 0K 等温线。

(2) 冷能:$E_{\mathrm{K}}\equiv E_{\mathrm{K}}(V)=F_{\mathrm{K}}(V)$,它表示 0K 时晶格原子(离子)之间的相互作用能。其中 $F=E-TS$ 表示 Helmholtz 自由能。

(3) Gruneisen 系数：$\gamma(V)=V\left(\frac{\partial p}{\partial E}\right)_V=V\frac{p_{th}}{E_{th}}$，它表示热压分量与热能分量的某种比例关系。通常认为 γ 仅是比容 V 的函数，在温度不是非常高的情况下，可以不计温度的影响。

但 $p_K(V)$、$E_K(V)$ 和 $\gamma(V)$ 并非相互独立。冷压与冷能之间满足热力学关系

$$p_K=-\frac{dF_K}{dV}=-\frac{dE_K}{dV}$$

1. Gruneisen 系数的表达式

Gruneisen 系数 $\gamma(V)$ 可用冷压 p_K 的导数表示，如取 γ 的 Migault[2] 公式：

$$\gamma_m(V)=\frac{m-2}{3}-\frac{V}{2}\frac{d^2(p_K V^{2m/3})/dV^2}{d(p_K V^{2m/3})/dV} \tag{2.150}$$

当参数 m 分别取 0、1、2 时，分别得到 γ 的 Slater 关系式：

$$\gamma_{m=0}(V)=\gamma_{Slater}=-\frac{V}{2}\frac{d^2(p_K)/dV^2}{d(p_K)/dV}-\frac{2}{3} \tag{2.151}$$

Dugdale–MacDonald 关系式：

$$\gamma_{m=1}(V)=\gamma_{D-M}=-\frac{V}{2}\frac{d^2(p_K V^{2/3})/dV^2}{d(p_K V^{2/3})/dV}-\frac{1}{3} \tag{2.152}$$

和 Vashchenko 及 Zebarev[2,4] 提出的自由体积理论关系式：

$$\gamma_{m=2}(V)=\gamma_{free}=-\frac{V}{2}\frac{d^2(p_K V^{4/3})/dV^2}{d(p_K V^{4/3})/dV} \tag{2.153}$$

上述三种 γ 表达式之间的关系为

$$\gamma_{Slater}=\gamma_{D-M}+\frac{1}{3}=\gamma_{free}+\frac{2}{3} \tag{2.154}$$

2. Gruneisen 系数的热力学表达式

根据基本热力学关系导出的热力学 Gruneisen 系数 γ_{th} 可表示为

$$\gamma_{th}=\frac{\alpha K_T V}{c_V} \tag{2.155}$$

式中：α、K_T 分别为定压体胀系数和等温体积模量；c_V 为比定容热容。

但是，γ 作为一种材料常数，完全由材料的物理状态决定，应该是唯一的。在常压下，m 分别取 0、1、2 时得到的三种 γ_m 均应等于 γ_{th} 的零压值 γ_0：

$$\gamma_0=\frac{\alpha_0 K_{T0} V_0}{c_{V_0}}$$

按照式(2.151)～式(2.153)计算的三种常压 γ 值与 γ_0 之间都有一定差异，文献[2]建议引入归一化常数 δ，将式(2.150)写为

$$\gamma_m(V)=\frac{m-2}{3}-\frac{V}{2}\frac{d^2(p_K V^{2m/3})/dV^2}{d(p_K V^{2m/3})/dV}+\delta \tag{2.156}$$

当使用不同的 γ_m 表达式时，归一化常数 δ 的取值应使 γ_m 在零压下的值等于 γ_0。

可见，原则上只需要确定冷能 $E_K(V)$，即 0K 时的原子（离子）之间的相互作用能或势

能,就可以通过热力学关系确定冷压 $p_K(V)$ 和 Gruneisen 系数 $\gamma(V)$。

2.8.1 固体冷能的基本形式

按照原子之间的相互作用力,固体可以分为离子晶体、分子晶体、共价晶体和金属四种微观结构类型[2,4,40]。就原子结构而言,共价晶体和金属晶体中原子的电子壳层仅仅得到部分充填,离子晶体和分子晶体中原子的最外电子壳层是完全填满的。从量子力学的观点来看,晶体在受到压缩载荷时,原子(或离子)互相靠近使电子壳层发生交叠,导致波函数发生变化。共价晶体和金属晶体的外电子壳层由于未充满,电子壳层交叠对波函数造成的影响比较轻微,而离子晶体和分子晶体受到压缩时波函数将发生显著的改变。在共价晶体中,价电子由形成价键的最近邻原子共享;当考虑晶体格点上的原子与最近邻原子相互作用时,最近邻原子数就等于共价键数。金属中的价电子则形成自由电子气,为所有金属离子共享;金属晶体的最近邻原子数或配位数由金属材料的晶格结构决定[41]。例如面心结构(fcc)的配位数是 12,体心结构(bcc)的配位数为 8,密排六方结构(hcp)的配位数通常取作 12 等。在离子晶体和分子晶体中,最近邻原子数通常都很大。

以下就离子晶体、分子晶体、共价晶体和金属等四种类型晶体的原子相互作用势的基本形式作简单介绍和分析[2]。

1. 离子晶体

化学活性高的金属原子和化学活性高的非金属原子发生化学反应时,通过得失电子形成的化合物称为离子化合物,如单晶氯化钠(NaCl)。由离子化合物形成的离子晶体中,正、负离子之间的作用力主要为静电库仑(Coulomb)力,而范德瓦尔斯(Van der Waals)力的作用很小可忽略不计。在考虑晶格中近邻离子的相互作用后,正、负离子之间的静电势能可以表示为类似于库仑势的形式:

$$-\frac{\alpha q^2}{r}$$

式中:r 为正、负离子之间的最短距离;q 为离子电荷;α 为马德隆常数[42](Madelung constant),马德隆常数由晶格结构决定。

离子晶体受压缩时最近邻原子的电子壳层发生交叠,电子壳层中的电子交换产生量子排斥作用。另外,由于泡利(Pauli)不相容原理,电子之间也产生量子排斥作用。对于满电子壳层,量子力学计算表明,这种排斥势能随原子间距 r 呈现指数函数变化,其一般形式为

$$a\exp(-r/h)$$

式中:a 和 h 在理想情况下为常数,但实际上 a 和 h 可以随 r 做缓慢变化。因此,考虑近邻原子之间的相互作用后,离子晶体的势能可表示为以上两种势能之和[2]:

$$E_K = a\exp(-r/h) - \frac{\alpha q^2}{r}$$

或

$$E_K = \frac{3a}{b\rho_0}\exp\left\{b\left[1-\left(\frac{V}{V_0}\right)^{1/3}\right]\right\} - \frac{3k}{\rho_0}\left(\frac{V}{V_0}\right)^{-1/3} \tag{2.157}$$

式中:V_0 为常温、常压下的比容;$\rho_0 = 1/V_0$;a、b、k 为材料常数。

式(2.157)也称为 Born-Mayer 势。其中,第一项为量子效应引起的排斥势能,第二项为库仑吸引势能。为简单起见,式中没有考虑零点运动能对冷能的贡献。利用热力学关系 $p_K=-\frac{dE_K}{dV}$得到冷压的表达式:

$$p_K=a\left(\frac{V}{V_0}\right)^{-2/3}\exp\left\{b\left[1-\left(\frac{V}{V_0}\right)^{1/3}\right]\right\}-k\left(\frac{V}{V_0}\right)^{-4/3} \tag{2.158}$$

2. 分子晶体

具有满壳层结构的惰性气体或价电子已形成共价键的饱和分子,依靠瞬时电极矩的吸引作用即范德瓦尔斯力[2,40]结合在一起形成的晶体称为分子晶体或范德瓦尔斯晶体。例如,低温下惰性气体凝固形成的固体。

分子晶体结合能小,熔点低。按照量子力学,范德瓦尔斯势的一般形式可表示为

$$-\frac{c}{r^6}-\frac{c_1}{r^8}-\frac{c_2}{r^{10}}+\cdots$$

通常认为它近似与分子间距的 6 次方成反比,可用近似因子 $\xi(r)$将它简化为

$$-\xi(r)\frac{c}{r^6}$$

分子晶体的排斥作用力与离子晶体一样由电子壳层的交叠引起,冷能及冷压可以分别为

$$E_K=\frac{3a}{b\rho_0}\exp\left\{b\left[1-\left(\frac{V}{V_0}\right)^{1/3}\right]\right\}-\frac{k}{2\rho_0}\left(\frac{V}{V_0}\right)^{-2} \tag{2.159}$$

$$p_K=a\left(\frac{V}{V_0}\right)^{-2/3}\exp\left\{b\left[1-\left(\frac{V}{V_0}\right)^{1/3}\right]\right\}-k\left(\frac{V}{V_0}\right)^{-3} \tag{2.160}$$

3. 共价晶体

原子之间通过共用自旋反向平行的电子对的方式结合而形成的化合物称为共价化合物,如石墨、金刚石等。由共价化合物形成的共价晶体中,共用电子对同时与两个原子实发生作用,原子之间的吸引作用力的一般形式为[2]

$$-c\exp(-r/h)$$

库仑排斥作用力的形式为

$$\frac{a}{r}\exp(-r/h)$$

因此,冷能可以表达为

$$E_K=\left[a\left(\frac{V}{V_0}\right)^{-1/3}-c\right]\cdot\exp\left\{b\left[1-\left(\frac{V}{V_0}\right)^{1/3}\right]\right\} \tag{2.161}$$

4. 金属晶体

按照现代量子力学,金属原子实对最外层电子的束缚力较弱,金属的价电子很容易激发成为自由电子。大量自由电子形成自由电子云,与位于晶格格点上的金属离子实通过库仑相互作用力结合在一起。自由电子云与金属离子实之间的这种库仑相互作用力称为金属键。金属键的这些特点决定了典型金属晶体的典型结构常常只有面心立方(fcc)、密排六方(hcp)和体心立方(bcc)三种紧密排列结构[41],在进行数学处理时可以把金属看作由直径相等的离子排列堆积而成。

金属键的吸引力包括自由电子云和金属离子实之间的库仑作用力(可表达为 Ae^2/r 的形式)以及自由电子之间的交换作用力(可表达为 $-c/r$ 的形式或 $-c\left(\frac{V}{V_0}\right)^{1/3}$ 的形式)。金属键的排斥作用力主要包括三种形式[2]。

(1) 正离子之间的排斥势,正比于 $1/r$,此项可以与库仑吸引势合并。

(2) 正离子之间的电子壳层交叠引起的排斥作用,具有类似离子晶体的形式,可以用 $a\exp(-r/\rho)$ 表示。

(3) 自由电子的费米(Fermi)动能产生的排斥作用,形式为 d/r^2 或 $d\left(\frac{V}{V_0}\right)^{2/3}$。

因此,不考虑零点运动能量时金属的冷能可以表示为

$$E_{\mathrm{K}}=a\exp\left\{b\left[1-\left(\frac{V}{V_0}\right)^{1/3}\right]\right\}+d\left(\frac{V}{V_0}\right)^{-2/3}-c\left(\frac{V}{V_0}\right)^{-1/3} \tag{2.162}$$

式中:a、b、c、d 均为常数。

式(2.162)中的三个势能项对冷能的贡献各不相同。对于正离子实的电子壳层交叠很小的金属元素,如碱金属,第一项排斥能要在极高压力下才起作用,往往可以忽略。对于其他金属,第一项占据了排斥势能的主导地位,第二项可略去。因此,金属的冷能具有与离子晶体相同的形式,即可取作 Born-Mayer 势的形式,即

$$E_{\mathrm{K}}=\frac{3a}{b\rho_0}\exp\left\{b\left[1-\left(\frac{V}{V_0}\right)^{1/3}\right]\right\}-\frac{3k}{\rho_0}\left(\frac{V}{V_0}\right)^{-1/3}$$

因此,金属的冷压也与离子晶体冷压的形式相同,即

$$p_{\mathrm{K}}=a\left(\frac{V}{V_0}\right)^{-2/3}\exp\left\{b\left[1-\left(\frac{V}{V_0}\right)^{1/3}\right]\right\}-k\left(\frac{V}{V_0}\right)^{-4/3}$$

以上分析表明,原则上只要确定了 a、b、k 三个常数,就能确定金属的冷能和冷压。图 2.32 是式(2.157)表达的金属冷能函数随原子间距变化的示意图。r_0 表示 0K、零压时的原子间距,曲线的斜率即为式(2.158)。

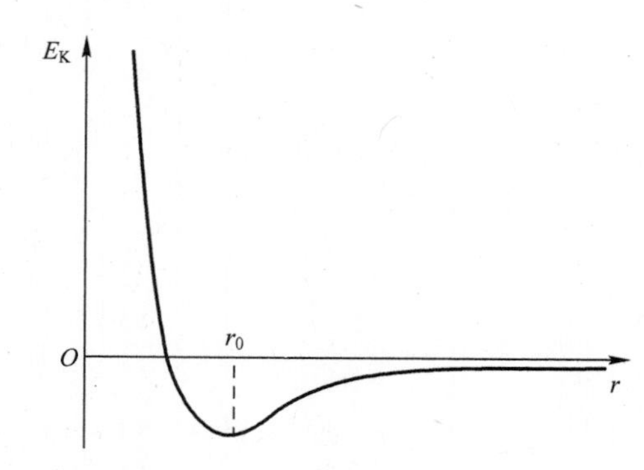

图 2.32 金属的冷能随原子间距的变化

在实际应用中,常将金属的冷能写为 $E_{\mathrm{K}}=f(Q,q)$ 形式[2,11]:

$$E_{\mathrm{K}}=\frac{3Q}{\rho_{0\mathrm{K}}}\left\{\frac{1}{q}\exp[q(1-\delta^{-1/3})]-\delta^{-1/3}-\left(\frac{1}{q}-1\right)\right\} \tag{2.163}$$

冷压则相应表示为

$$p_K = Q\delta^{-2/3}\{\exp[q(1-\delta^{-1/3})]-\delta^{2/3}\} \tag{2.164}$$

式中：ρ_{0K}为 0K 时的密度，$\rho_{0K}=1/V_{0K}$，可以从线胀系数计算得到；δ 为 0K 时密度的相对变化或压缩度，$\delta=V_{0K}/V=\rho/\rho_{0K}$，$Q$、$q$ 为材料参数，常用金属的 Q 和 q 可参见文献[2,43]。

2.8.2　利用静高压实验数据构建 Gruneisen 物态方程

静高压实验加载过程比较缓慢而且与外界（热源）有热交换，常把静高压实验测量数据看作等温压缩数据。在静高压实验中，压力 p、温度 T 和比容 V 都是从实验直接测量得到的。另外，Gruneisen 物态方程是建立在 Debye 模型基础上的。利用 Debye 声子模型描述晶格热振动，则比内能 E 和压力 p 可以表示为[2]

$$E = E_K + \frac{3RT}{M}D\left(\frac{\theta_D}{T}\right) \tag{2.165}$$

$$p = p_K + \frac{\rho_0\gamma}{\sigma}\frac{3RT}{M}D\left(\frac{\theta_D}{T}\right) \tag{2.166}$$

式中：R 为气体常数；M 为摩尔质量；σ 为压缩度，$\sigma=V/V_0$；θ_D 为 Debye 温度，且有

$$\begin{aligned}\theta_D(\sigma) &= \theta_0\exp\left(-\int_{V_0}^{V}\frac{\gamma}{V}\mathrm{d}V\right)\\ &= \theta_0\exp\left(-\int_{1}^{\sigma}\frac{\gamma}{\sigma}\mathrm{d}\sigma\right)\end{aligned} \tag{2.167}$$

其中：θ_0 为常温、常压下的 Debye 温度。

令 $x\equiv\theta_D/T$，Debye 函数 $D\left(\frac{\theta}{T}\right)\equiv D(x)$ 的定义为

$$D(x) = 3x^{-3}\cdot\int_0^x\frac{z^3}{\mathrm{e}^z-1}\mathrm{d}z \tag{2.168}$$

式(2.166)中的冷压 $p_K(V)$ 及 $\gamma(V)$ 是两个需要从实验确定的未知函数。γ 又通过式(2.150)或式(2.156)与冷能 $E_K(V)$ 或冷压 $p_K(V)$ 关联。因此，实际上只需确定式(2.157)或式(2.158)中 a、b、k 三个待定常数。将零压下的初始条件 $p=0, V=V_0, T=T_0, \theta=\theta_0$ 代入式(2.158)可以得到

$$p_K(V)\big|_{V=V_0} = a-k$$

将上式代入式(2.166)得到

$$k = a + \frac{\rho_0\gamma_0}{\sigma_0}\frac{3R}{M}D\left(\frac{\theta_0}{T_0}\right) \tag{2.169}$$

式中：$\sigma_0=1$。

将式(2.169)代入式(2.158)，得到冷压的表达式为

$$p_K = a\left(\frac{V}{V_0}\right)^{-2/3}\left\{\exp\left\{b\left[1-\left(\frac{V}{V_0}\right)^{1/3}\right]\right\}-\left(\frac{V}{V_0}\right)^{-2/3}\right\}-\frac{\rho_0\gamma_0}{\sigma_0}\frac{3R}{M}D\left(\frac{\theta_0}{T_0}\right)\left(\frac{V}{V_0}\right)^{-4/3} \tag{2.170}$$

将式(2.170)代入式(2.166)得到含温度的压力方程为

$$p=a\left(\frac{V}{V_0}\right)^{-2/3}\left\{\exp\left\{b\left[1-\left(\frac{V}{V_0}\right)^{1/3}\right]\right\}-\left(\frac{V}{V_0}\right)^{-2/3}\right\}+\frac{\rho_0\gamma}{\sigma}\frac{3R}{M}D\left(\frac{\theta_D}{T}\right)-\frac{\rho_0\gamma_0}{\sigma_0}\frac{3R}{M}D\left(\frac{\theta_0}{T_0}\right)\left(\frac{V}{V_0}\right)^{-4/3} \tag{2.171}$$

利用静高压实验测量的压力及压缩度对式(2.171)进行最小二乘拟合,得到参数 a 和 b 的值。再由式(2.169)计算参数 k。拟合参数 a 和 b 的不确定度取决于实验数据的测量不确定度。静高压实验比较简单,从静高压实验提供的数据构成了物态方程研究的重要组成部分;静高压实验能够达到的压力范围较低,也限制了这样得到的物态方程的适用范围。文献[2]根据静压实验数据计算了 Cu、Ag、Au、Be、Mg、Zn、Al、Ti、In、Sn、Ni 等金属,以及 NaCl、NaI,MgO、Fe_2O_3、FeS_2、SiO_2 等化合物的物态方程数据,其中部分材料的 a、b、k 的值及归一化因子 δ(见式(2.156))的计算结果列于表 2.5。每种材料在同一列中的三行数据分别对应于式(2.150)中 $m=0$,$m=1$ 和 $m=2$。计算时用到的材料参数 ρ_0、γ_0 及 θ_0 如表 2.6 所列。

表 2.5 利用静高压数据得到的物态方程参数[2]

材料	$a/10^5$ bar	b	$k/10^5$ bar	δ	材料	$a/10^5$ bar	b	$k/10^5$ bar	δ
Cu	5.5115	9.6801	5.7322	0.234	Sn	1.7798	11.3293	1.8744	0.536
	5.2703	9.9448	5.4910	0.076		1.6923	11.6741	1.7868	0.235
	5.1328	10.0894	5.3535	0.400		1.6379	11.8899	1.7324	0.082
Ag	2.8255	13.1208	3.0059	0.408	Ni	4.9647	13.6027	5.1924	1.034
	2.6887	13.5293	2.8691	0.114		4.7646	13.9474	4.9924	0.737
	2.5599	13.7990	2.7803	0.198		4.6336	14.1700	4.8612	0.424
Au	9.0762	7.8020	9.2975	1.116	Pb	1.8506	11.3293	1.8744	0.536
	8.8721	7.9029	9.0935	1.447		1.6923	11.6741	1.7868	0.235
	8.7741	7.9519	8.9954	1.781		1.6379	11.8899	1.7324	0.082
Be	2.0961	18.1501	2.3614	2.604	In	1.2994	11.1626	1.4040	0.325
	1.7918	19.9553	2.0674	2.523		1.2274	11.5108	1.3320	0.010
	1.5533	21.6596	1.8187	2.425		1.1806	11.7496	1.2852	0.315
Al	2.6081	10.5782	2.7828	0.332	Fe_3O_4	27.2828	3.9049	27.4227	0.248
	2.4433	10.9916	2.6180	0.024		26.6830	3.9333	26.8730	0.581
	2.3466	11.2392	2.5213	0.293		26.5189	3.9420	26.7080	0.915
Zn	1.9991	11.6065	2.1950	0.274	MgO	11.1815	5.5919	11.4238	0.316
	1.8403	12.1914	2.0362	0.008		10.7374	6.7287	10.9796	0.007
	1.7412	12.5764	1.9374	0.315		10.5506	6.7817	10.7931	0.339
Ti	1.4824	22.8721	1.5702	3.328	FeS_2	4.3637	12.3944	4.5287	1.233
	1.3882	23.8180	1.4761	3.130		4.1727	12.7332	4.3377	0.938
	1.3124	24.6274	1.4003	2.910		4.0502	12.9413	4.2153	0.626
Fe	10.296	6.9790	10.4859	0.102	NaCl	1.1829	8.5644	1.2713	0.567
	9.9743	7.0985	10.1639	0.222		1.0849	8.9488	1.1733	0.257
	9.8336	7.1521	10.0232	0.553		1.0282	9.1413	1.1166	0.066

表 2.6 静高压物态方程计算中使用的材料物性参数[2]

材料	ρ_0/(g/cm^3)	γ_0	θ_0/K	材料	ρ_0/(g/cm^3)	γ_0	θ_0/K	材料	ρ_0/(g/cm^3)	γ_0	θ_0/K
Cu	8.90	2.04	315	Ta	16.46	1.69	225	CsCl	3.95	1.97	166
Ag	10.50	2.47	215	Mo	10.20	1.58	380	CsI	4.51	2.01	100
Au	19.24	3.05	170	W	19.17	1.55	310	CsBr	4.45	1.93	119
Be	1.845	1.17	1000	Fe	7.84	1.68	420	Fe_3O_4	5.20	1.4	600
Mg	1.725	1.46	318	Co	8.82	1.99	385	Al_2O_3	3.99	1.6	800
Zn	7.135	2.38	235	Rh	12.42	2.26	340	MgO	3.56	1.4	600
Cd	8.64	2.27	120	Ni	8.86	1.91	375	FeS_2	5.02	1.5	900
Al	2.785	2.13	390	Pd	11.95	2.18	275	Olivine	3.32	1.2	1100
In	7.27	2.24	129	Pt	21.37	2.63	230	Gamet	3.58	1.4	800
Sn	7.28	2.03	260	Si	2.34	0.74	625	—	—	—	—
Pb	11.34	2.78	88	Ge	5.40	0.72	360	—	—	—	—
Sb	6.67	0.86	200	Th	11.68	1.12	100	—	—	—	—
Ti	4.51	1.18	380	U	18.90	1.83	160	—	—	—	—
Zr	6.49	0.771	250	NaCl	2.165	1.55	299	—	—	—	—
V	6.10	1.29	273	NaI	3.64	1.59	140	—	—	—	—
Nb	8.60	1.68	280	NaBr	3.16	1.56	243	—	—	—	—

2.8.3 利用冲击绝热数据和静高压数据构建 Gruneisen 物态方程

冲击压缩能够达到很高的压力。为便于阅读,重写 2.8.2 节中用 Debye 模型表示的内能和压力:

$$E=E_{\mathrm{K}}+\frac{3RT}{M}D\left(\frac{\theta_{\mathrm{D}}}{T}\right)$$

$$p=p_{\mathrm{K}}+\frac{\rho_0\gamma}{\sigma}\frac{3RT}{M}D\left(\frac{\theta_{\mathrm{D}}}{T}\right)$$

以及冷能和冷压

$$E_{\mathrm{K}}(V)=\frac{3}{\rho_0}\left\{\frac{a}{b}\exp\left\{b\left[1-\left(\frac{V}{V_0}\right)^{1/3}\right]\right\}-k\left(\frac{V}{V_0}\right)^{-1/3}\right\}$$

$$p_{\mathrm{K}}=a\left(\frac{V}{V_0}\right)^{-2/3}\exp\left\{b\left[1-\left(\frac{V}{V_0}\right)^{1/3}\right]\right\}-k\left(\frac{V}{V_0}\right)^{-4/3}$$

按照式(2.157),得到在常温、常压下的冷能为

$$E_{\mathrm{K}}(V_0)=\frac{3}{\rho_0}\left(\frac{a}{b}-k\right) \tag{2.172}$$

由 Hugoniot 能量方程得到冲击压缩内能为

$$E_H=E_0+\frac{p_H}{2\rho_0}(1-\sigma) \tag{2.173}$$

结合式(2.165)得到常压下的内能为

$$E_0 = E_K(V_0) + \frac{3RT_0}{M} D\left(\frac{\theta_0}{T_0}\right) \tag{2.174}$$

利用以上关系可将冲击波压力方程或冲击绝热线表示为

$$p_H = \frac{p_K + \frac{\rho_0 \gamma}{\sigma}(E_0 - E_K)}{1 - \frac{\gamma(1-\sigma)}{2\sigma}} \tag{2.175}$$

式中

$$\sigma \equiv \rho_0/\rho = V/V_0$$

式(2.175)实际包含 a、b、k 三个待定参数,原则上利用实验测量的冲击绝热线可以确定式(2.175)中的 a、b、k,从而得到冷能和冷压及 γ。利用最小二乘法进行上述数据处理的过程非常繁杂。表2.7给出了利用冲击绝热线数据计算得到的一些材料的 a、b、k 及 δ [2]。对比表2.5和表2.7中的数据,两种情况下同一材料的 a、b、k 及 δ 并不相同,这是因为静高压实验数据和冲击绝热数据的压力范围不同,它们的测量方法和不确定度不同,物态方程参数 a、b、k、及 δ 的适用范围也就不同。在它们适用的压力范围内,用这些参数计算的状态方程与实验结果符合。但是,静压实验的温度和压力较冲击压缩实验的要低得多,从静压数据拟合得到的参数 a、b、k 更多地反映了冷能和冷压的影响。为了得到全面的状态参数,需要将静压实验数据和动态数据一起进行拟合,获得统一的状态方程参数 a、b、k 及 δ,如表2.8所列。

表2.7 利用冲击压缩数据得到的状态方程参数[2]

材料	$a/10^5$ bar	b	$k/10^5$ bar	δ	材料	$a/10^5$ bar	b	$k/10^5$ bar	δ
Cu	5.2196	10.0094	5.4404	0.292	Ta	9.3749	7.6925	9.4905	0.213
	5.3191	9.8052	5.5398	0.100		9.5038	7.5979	9.6194	0.144
	5.4328	9.6111	5.6536	0.482		9.6159	7.5229	9.7315	0.496
Ag	3.8306	10.6513	4.0110	0.024	W	17.1170	7.3983	17.2408	−0.305
	3.9401	10.3651	4.1205	0.432		17.3243	7.3234	17.4481	0.046
	4.0592	10.0981	4.2396	0.828		17.4946	7.2660	17.6185	0.392
Au	6.7416	10.0098	6.9630	0.727	Pb	5.6139	4.9428	5.7256	1.378
	6.8611	9.8357	7.0825	1.108		9.6042	3.8204	9.7159	1.989
	6.9809	9.6810	7.2023	1.480		10.8725	3.6318	10.9842	2.379
Be	14.2362	4.5709	14.5015	0.153	Ni	14.1636	6.3736	14.3912	0.240
	14.1815	4.5451	14.4468	0.203		14.4904	6.2576	14.7181	0.606
	14.2066	4.5261	14.4720	0.548		14.7468	6.1755	14.9744	0.960
Al	3.8771	8.0755	4.0518	0.128	Pt	13.4996	8.4276	13.7164	0.592
	4.0380	7.7860	4.2127	0.540		13.6590	8.3348	13.8758	0.951
	4.2041	7.5377	4.3783	0.934		13.8092	8.2559	14.0259	1.304

(续)

材料	$a/10^5$bar	b	$k/10^5$bar	δ	材料	$a/10^5$bar	b	$k/10^5$bar	δ
Zn	2.1189	11.0863	2.3148	0.182	U	4.3967	10.3871	4.5045	0.550
	2.2360	10.5465	2.4319	0.295		4.4319	10.2740	4.5397	1.184
	2.3800	10.0195	2.5759	0.752		4.4784	10.1587	4.5861	0.178
Ti	4.9890	7.7348	5.0769	0.735	MgO	7.3066	3.6902	7.5489	0.697
	5.0990	7.5847	5.1869	0.364		7.5987	8.4008	7.8410	0.293
	5.2027	7.4602	5.2906	0.002		7.9164	8.1358	8.1587	0.098
Fe	5.5105	10.8970	5.7001	0.796	Al_2O_3	38.1679	4.4514	38.4422	0.318
	5.3870	10.9992	5.5766	0.462		41.4459	4.2629	41.7202	0.701
	5.3235	11.0372	5.5132	0.123		43.1222	4.1787	43.3964	1.056

表2.8 同时利用静高压数据和冲击压缩数据得到的状态方程参数[2]

材料	$a/10^5$bar	b	$k/10^5$bar	δ	材料	$a/10^5$bar	b	$k/10^5$bar	δ
Cu	5.6053	9.5524	5.8261	0.211	Fe	26.3094	3.9593	26.4991	0.514
	5.5819	9.5021	5.8026	0.153		26.3796	3.9454	26.5693	0.858
	5.6002	9.4248	5.8210	0.515		26.4000	3.9411	26.5897	1.195
Ag	3.1328	12.0830	3.3132	0.228	Co	8.0309	9.2461	8.2669	0.199
	3.1495	11.9180	3.3299	0.163		8.0000	9.2138	8.2361	0.156
	3.1864	11.7287	3.3668	0.549		8.0160	9.1603	8.2520	0.510
Au	5.8698	10.9810	6.0911	0.557	Sn	3.0638	7.4340	3.1358	0.154
	5.9195	10.8552	6.1372	0.931		3.1921	7.1738	3.2867	0.554
	5.9753	10.7302	6.1996	1.300		3.3059	6.9742	3.4004	0.935
Be	4.8040	8.8590	5.0693	0.978	Pb	1.9633	8.7562	2.0750	0.649
	4.5354	9.0593	4.8008	0.648		2.1555	8.1366	2.2672	1.125
	4.4109	9.1189	4.6762	0.303		2.3856	7.5548	2.4973	1.581
Mg	2.0861	7.2015	2.1666	0.383	Ni	8.1912	9.0337	8.4188	0.241
	2.1448	6.9851	2.2254	0.015		8.1740	8.9905	8.4016	0.116
	2.2166	6.7872	2.2972	0.398		8.2020	8.9293	8.4296	0.470
Zn	2.1023	11.1411	2.2982	0.192	MgO	8.9807	7.7037	9.2232	0.519
	2.1130	10.9190	2.3078	0.230		9.0628	7.5862	9.3050	0.148
	2.1516	10.6433	2.3475	0.645		9.2018	7.4646	9.4441	0.217
Al	3.0701	9.3207	3.2448	−0.098	Fe_3O_4	68.0680	2.7555	68.2580	0.713
	3.1010	9.1416	3.2757	0.299		67.9612	2.7540	68.1511	1.051
	3.1601	8.9456	3.3348	0.687		64.5303	2.7932	64.7202	1.355
Ti	9.7080	5.2351	9.7959	−0.267	—	—	—	—	—
	9.7676	5.1966	9.8555	0.081					
	9.8310	5.1672	9.9189	0.424					

2.8.4 关于 Q、q 方法

利用 Q 和 q 表达的冷能和冷压形式(式(2.163)和式(2.164))在物态方程研究中得到了广泛应用。参量 Q 和 q 与金属的微观结构有内在的联系[2,4,43,44]:

$$q=\frac{r_{0K}}{\eta},\quad Q=\frac{\bar{\alpha}e^2}{3\xi\,(r_{0K})^4}$$

式中:r_{0K} 为 0K 时离子间的最短距离;η 为由离子晶体的电子结构决定的排斥因子;e 为电子的电荷;$\bar{\alpha}$ 为与晶体结构和离子价相关的常数;ξ 为晶体的结构因子。

利用实验测量的冲击绝热线确定 Q 和 q 有多种方法,原则上只要测量了冲击绝热压缩线数据,就可以直接从实验数据拟合得到 Q 和 q。将 Gruneisen 物态方程表示为 Q 和 q 的函数形式:

$$p_H-p_K(Q,q)=\rho_{0K}\cdot\delta\cdot\gamma(Q,q)[E_H-E_K(Q,q)] \tag{2.176}$$

式中:$E_K(Q,q)$ 及 $p_K(Q,q)$ 由式(2.163)及式(2.164)给出;p_H 为实验测量的冲击压缩数据。

由冲击波内能方程得到

$$E_H-E_0=\frac{p_H}{2}\frac{1}{\rho_K}\left(\frac{1}{\delta_0}-\frac{1}{\delta}\right) \tag{2.177}$$

式中:$\delta_0\equiv V_0/V_{0K}$;$\delta=V/V_{0K}$。

Gruneisen 系数 γ 由冷压决定,利用 D-M 关系可将 γ 表示为 Q 和 q 的函数:

$$\gamma=\frac{1}{6}\,\frac{q^2\delta^{-1/3}\cdot\exp[q(1-\delta^{-1/3})]-6\delta}{q\cdot\exp[q(1-\delta^{-1/3})]-2\delta} \tag{2.178}$$

因此,式(2.176)中只有两个待定参量 Q 及 q,利用最小二乘拟合实验数据,原则上可以给出 Q 和 q 的具体值,由此完全确定 Gruneisen 物态方程。文献[43]给出了详细的计算方法。

在 Debye 模型近似下,热能和热压可以用 Debye 函数 $D(x)$ 描述。将式(2.163)及式(2.164)代入式(2.165)及式(2.166),得到

$$E=\frac{3Q}{\rho_{0K}}\left\{\frac{1}{q}\exp[q(1-\delta^{-1/3})]-\delta^{-1/3}-\left(\frac{1}{q}-1\right)\right\}+\frac{3RT}{M}D\left(\frac{\theta_D}{T}\right) \tag{2.179}$$

$$p=Q\delta^{-2/3}\{\exp[q(1-\delta^{-1/3})]-\delta^{2/3}\}+\frac{3RT\rho_{0K}}{M}\gamma\delta D\left(\frac{\theta_D}{T}\right) \tag{2.180}$$

式中

$$D(x)=3x^{-3}\cdot\int_0^x\frac{z^3\mathrm{d}z}{\mathrm{e}^z-1}$$

在已知冲击绝热线的实验测量数据后,冲击波温度 T_H 原则上也是知道的(见第3章)。事实上,当冲击压力较高时,冲击波温度 T 很高,高温下的 $D(\theta_D/T)=1$,由式(2.180)得到

$$T=\frac{p-p_K}{\dfrac{3R\rho_{0K}}{M}\gamma\cdot\delta} \tag{2.181}$$

式中:冷压 p_K 由式(2.164)给出。

因此,只要能够从理论上确定金属的 Q 及 q,就可以确定冷能、冷压,再利用式(2.176)和式(2.177)计算出理论 Hugoniot。

胡金彪等[44]假定冷压可以用 Born-Mayer 势表示。在冲击绝热线满足线性 $D-u$ 关系的条件下,利用冲击绝热线与等熵线在始点具有二阶相切的性质,得到了 Q、q 与以零压和 0K 为初始态的 $D-u$ 冲击绝热线的线性拟合系数 C_K 及 λ_K 的关系:

$$\lambda_{0K}=\frac{1}{12}\frac{q^2+6q-18}{q-2} \tag{2.182}$$

$$C_{0K}^2=V_{0K}\left(-\frac{dp_C/dV}{V}\right)_{V=V_K}=\frac{V_{0K}}{3}Q(q-2) \tag{2.183}$$

若 γ 用 Migult 关系式(2.150)表示,可得

$$\gamma_{0K}=\frac{1}{6}\frac{q^2+(2-3m)q+2(3m-5)}{q-2} \tag{2.184}$$

但是,实验测量通常是在常压、室温下进行的。胡金彪给出了以室温为初始态的 $D-u$ 冲击绝热线的线性拟合系数 C_0 及 λ_0 与以“零压”和 0K 为初始状态的 $D-u$ 冲击绝热线的线性拟合系数 C_{0K} 及 λ_{0K} 之间的关系[44]:

$$C_{0K}^2=C_0^2\frac{(1-\Delta)^2}{1-\lambda_0\Delta}\left[1+\lambda_0\Delta-\left(\frac{\gamma}{V}\right)_{0K}V_0\Delta\right]+\frac{(\gamma/V)'_{0K}}{\rho_{0K}^2}E_0 \tag{2.185}$$

$$\lambda_{0K}=\frac{(1-\Delta)^3}{(1-\lambda_0\Delta)^4}\left(\frac{C_0}{C_{0K}}\right)^2\frac{4\lambda_0+2\left[\lambda_0^2\Delta-\left(\frac{\gamma}{V}\right)_0\lambda_0V_0\Delta\right]-\left(\frac{\gamma}{V}\right)_0V_0^2\Delta}{4}+\frac{\left(\frac{\gamma}{V}\right)_{0K}\left(\frac{\gamma}{V}\right)'_{0K}-\left(\frac{\gamma}{V}\right)''_{0K}}{4\lambda_0\rho_{0K}^3C_{0K}^3} \tag{2.186}$$

式中:$\Delta=1-V_{0K}/V_0$。

假定 $\gamma/V=\text{const}$,式(2.185)及式(2.186)可以进一步简化为

$$C_{0K}^2=C_0^2\frac{(1-\Delta)^2}{1-\lambda_0\Delta}(1+\lambda_0\Delta-\gamma_0\Delta) \tag{2.187}$$

$$\lambda_{0K}=\frac{(1-\Delta)^3}{(1-\lambda_0\Delta)^4}\left(\frac{C_0}{C_{0K}}\right)^2\frac{4\lambda_0+2\Delta\lambda_0(\lambda_0-\gamma_0)-\left(\frac{\gamma}{V}\right)_0^2V_0^2\Delta}{4} \tag{2.188}$$

这样,利用式(2.187)和式(2.188),可以方便地利用室温冲击绝热线求出 C_{0K} 及 λ_{0K};然后根据式(2.182)和式(2.183)得到 Q 和 q,由式(2.163)、式(2.164)和式(2.178)分别确定 $E_K(Q,q)$、$p_K(Q,q)$ 及 γ。最后由式(2.176)和式(2.177)确定冲击绝热线和内能。

2.9　等熵绝热线的一种解析表达式

按照热力学第一定律与第二定律,等熵过程的内能可以表示为

$$dE_S=-p_SdV$$

利用 Gruneisen 物态方程得到

$$p_S-p_K=\frac{\gamma}{V}(E_S-E_K)$$

图 2.33 给出了相交于 A 点的冲击绝热线和等熵线。若以 Hugoniot 状态作为参照，则从同一始态出发的等熵线可以表示为

$$p_H-p_S=\frac{\gamma}{V}(E_H-E_S)$$

式中

$$E_H-E_0=\frac{1}{2}p_H(V_0-V_H)$$

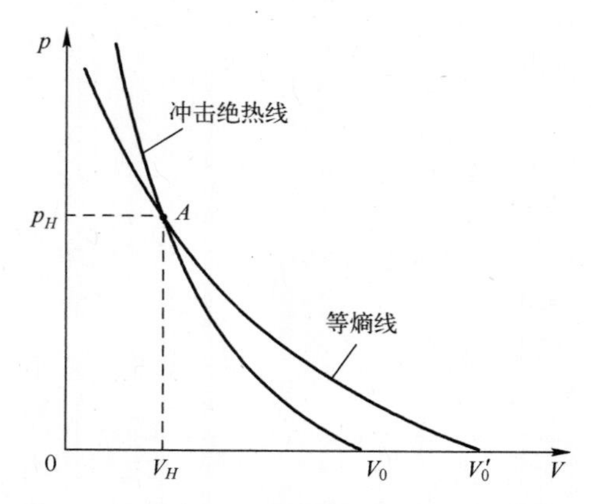

图 2.33　相交于 A 点的冲击绝热线和等熵线

在以下讨论中，下标 H 和 S 分别代表冲击绝热压缩态和等熵压缩态，下标“0”代表零压、常温状态。

2.9.1　以冲击绝热线为参考的等熵线的解析式

设 Gruneisen 系数随比容的变化满足 n 幂次关系：

$$\gamma/\gamma_0=(V/V_0)^n \tag{2.189}$$

即

$$\gamma=\gamma_0\left(\frac{V}{V_0}\right)^n=\gamma_0\left(\frac{\rho_0}{\rho}\right)^n \tag{2.190}$$

式中：n 为常数。

当压力不太高时，式(2.190)具有良好的近似性。等熵线与冲击绝热线的关系为

$$p_H-p_S=\frac{\gamma}{V}(E_H-E_S)=\gamma_0\frac{V^{n-1}}{V_0^n}(E_H-E_S) \tag{2.191}$$

将式(2.191)写为

$$(p_H-p_S)\frac{V_0^n}{V^{(n-1)}}=\gamma_0(E_H-E_S)$$

上式对比容求导，可得

$$\left(\frac{\mathrm{d}p_H}{\mathrm{d}V}-\frac{\mathrm{d}p_S}{\mathrm{d}V}\right)V_0\left(\frac{V}{V_0}\right)^{-(n-1)}-(p_H-p_S)(n-1)\left(\frac{V}{V_0}\right)^{-n}=\gamma_0\left(\frac{\mathrm{d}E_H}{\mathrm{d}V}+p_S\right) \tag{2.192}$$

假定 D-u 线性关系 $D=C_0+\lambda u$ 成立，引入压缩度 $\eta=1-\frac{V}{V_0}$，将冲击波压力、内能等表示为 η 的函数，得到

$$\frac{\mathrm{d}\eta}{\mathrm{d}V}=-\frac{1}{V_0}=-\rho_0$$

$$p_H=\frac{\rho_0 C_0^2\eta}{(1-\lambda\eta)^2}$$

$$\frac{\mathrm{d}p_H}{\mathrm{d}\eta}=\frac{\rho_0 C_0^2(1+\lambda\eta)}{(1-\lambda\eta)^3}>0$$

$$\frac{\mathrm{d}p_H}{\mathrm{d}V}=\frac{\mathrm{d}p_H}{\mathrm{d}\eta}\frac{\mathrm{d}\eta}{\mathrm{d}V}=\frac{\rho_0 C_0^2(1+\lambda\eta)}{(1-\lambda\eta)^3}(-\rho_0)=-\frac{\rho_0^2 C_0^2(1+\lambda\eta)}{(1-\lambda\eta)^3}$$

$$E_H-E_0=\frac{C_0^2\eta^2}{2(1-\lambda\eta)^2}$$

$$\frac{\mathrm{d}E_H}{\mathrm{d}\eta}=\frac{\rho_0 C_0^2\eta}{(1-\lambda\eta)^3}$$

$$\frac{\mathrm{d}E_H}{\mathrm{d}V}=\frac{\mathrm{d}E_H}{\mathrm{d}\eta}\frac{\mathrm{d}\eta}{\mathrm{d}V}=-\frac{\rho_0 C_0^2\eta}{(1-\lambda\eta)^3}$$

将以上公式代入式(2.192)，得到

$$-\frac{\rho_0^2 C_0^2(1+\lambda\eta)}{(1-\lambda\eta)^3}\cdot\frac{(1-\eta)^{-(n-1)}}{\rho_0}+\rho_0\frac{\mathrm{d}p_S}{\mathrm{d}\eta}\cdot\frac{(1-\eta)^{-(n-1)}}{\rho_0}-$$
$$(n-1)\frac{\rho_0 C_0^2\eta(1-\eta)^{-n}}{(1-\lambda\eta)^2}+(n-1)(1-\eta)^{-n}p_S$$
$$=\gamma_0\left[p_S-\frac{\rho_0 C_0^2\eta}{(1-\lambda\eta)^3}\right]$$

两边整理后，得到

$$\frac{\mathrm{d}p_S}{\mathrm{d}\eta}-[\gamma_0(1-\eta)^{n-1}-(n-1)(1-\eta)^{-1}]p_S$$
$$=\frac{\rho_0 C_0^2(1+\lambda\eta)}{(1-\lambda\eta)^3}+(n-1)\frac{\rho_0 C_0^2\eta(1-\eta)^{-1}}{(1-\lambda\eta)^2}-\frac{\rho_0 C_0^2\eta\gamma_0(1-\eta)^{n-1}}{(1-\lambda\eta)^3}$$
$$=\rho_0 C_0^2\left[\frac{(1+\lambda\eta)-\gamma_0\eta(1-\eta)^{n-1}}{(1-\lambda\eta)^3}+\frac{(n-1)\eta}{(1-\eta)(1-\lambda\eta)^2}\right]\tag{2.193}$$

令

$$F(\eta)=\rho_0 C_0^2\left[\frac{(1+\lambda\eta)-\gamma_0\eta(1-\eta)^{n-1}}{(1-\lambda\eta)^3}+\frac{(n-1)\eta}{(1-\eta)(1-\lambda\eta)^2}\right]\tag{2.194}$$

当 $n=1$ 时，$F(\eta)$ 具有比较简单的形式：

$$F(\eta)\big|_{n=1}=\rho_0 C_0^2\cdot\frac{(1+\lambda\eta)-\gamma_0\eta}{(1-\lambda\eta)^3}\tag{2.194a}$$

得到等熵线的一阶线性常系数非齐次微分方程为

$$\frac{\mathrm{d}p_S}{\mathrm{d}\eta}-[\gamma_0(1-\eta)^{n-1}-(n-1)(1-\eta)^{-1}]p_S=F(\eta) \tag{2.195}$$

(1) 求齐次方程的解。式(2.195)的齐次方程为

$$\frac{\mathrm{d}p_S}{\mathrm{d}\eta}-[\gamma_0(1-\eta)^{n-1}-(n-1)(1-\eta)^{-1}]p_S=0 \tag{2.196}$$

或

$$\begin{aligned}\frac{\mathrm{d}p_S}{p_S}&=[\gamma_0(1-\eta)^{n-1}-(n-1)(1-\eta)^{-1}]\mathrm{d}\eta\\&=-\gamma_0[(1-\eta)^{n-1}\mathrm{d}(1-\eta)+(n-1)(1-\eta)^{-1}\mathrm{d}(1-\eta)]\end{aligned}$$

对上式求积分,得到

$$\ln p_S=-\frac{\gamma_0}{n}(1-\eta)^n-(n-1)\ln(1-\eta)+a$$

进一步得到齐次方程式(2.196)的通解为

$$p_S=b(1-\eta)^{-(n-1)}\exp\left[-\frac{\gamma_0}{n}(1-\eta)^n\right] \tag{2.197}$$

式中:a、b 为积分常数。

(2) 用常数变易法求非齐次方程的解。将式(2-197)中的常数 b 做变易,令 $b=b(\eta)$,则式(2.197)可表示为

$$p_S=b(\eta)(1-\eta)^{-(n-1)}\exp\left[-\frac{\gamma_0}{n}(1-\eta)^n\right] \tag{2.198}$$

将式(2.198)代入式(2.193),得到

$$(1-\eta)^{-(n-1)}\cdot\exp\left[-\frac{\gamma_0}{n}(1-\eta)^n\right]\cdot\frac{\mathrm{d}b}{\mathrm{d}\eta}\equiv F(\eta)$$

整理后,得到

$$\frac{\mathrm{d}b}{\mathrm{d}\eta}=(1-\eta)^{n-1}\cdot\exp\left[\frac{\gamma_0}{n}(1-\eta)^n\right]\cdot F(\eta)$$

为书写方便,令

$$G(\eta)=(1-\eta)^{n-1}\left[\frac{(1+\lambda\eta)-\gamma_0\eta(1-\eta)^{n-1}}{(1-\lambda\eta)^3}+\frac{(n-1)\eta}{(1-\eta)(1-\lambda\eta)^2}\right] \tag{2.199}$$

得到 $b(\eta)$ 的表达式为

$$b(\eta)=\rho_0C_0^2\int G(\eta)\cdot\exp\left[\frac{\gamma_0}{n}(1-\eta)^n\right]\mathrm{d}\eta+c \tag{2.200}$$

式中:c 为待定常数。

将式(2.200)代入式(2.198),得到 $p_S(\eta)$ 的表达式为

$$\begin{aligned}p_S(\eta)=&c(1-\eta)^{-(n-1)}\exp\left[-\frac{\gamma_0}{n}(1-\eta)^n\right]+\\&\rho_0C_0^2(1-\eta)^{-(n-1)}\exp\left[-\frac{\gamma_0}{n}(1-\eta)^n\right]\int_{\eta_H}^{\eta_S}G(\eta)\cdot\exp\left[\frac{\gamma_0}{n}(1-\eta)^n\right]\mathrm{d}\eta\end{aligned} \tag{2.201}$$

式中:积分常数 c 由边界条件确定。

设等熵线与冲击绝热线的交点 A(图 2.32)的状态为

$$p_H=p_S=p_A,\quad \eta_S=\eta_H=\eta_A$$

将边界条件代入式(2.201),得到

$$p_H=c\cdot(1-\eta_H)^{-(n-1)}\cdot\exp\left[-\frac{\gamma_0}{n}(1-\eta_H)^n\right]$$

或

$$c=p_H(\eta)\cdot(1-\eta_H)^{n-1}\cdot\exp\left[\frac{\gamma_0}{n}(1-\eta_H)^n\right]\tag{2.202}$$

将式(2.202)代入式(2.201),得到与冲击绝热线相交于 A 点的等熵线方程为

$$p_S(\eta)=p_H(\eta)\cdot(1-\eta_H)^{n-1}\cdot\exp\left[\frac{\gamma_0}{n}(1-\eta_H)^n\right]\cdot(1-\eta)^{-(n-1)}\exp\left[-\frac{\gamma_0}{n}(1-\eta)^n\right]+\rho_0C_0^2\cdot(1-\eta)^{-(n-1)}\exp\left[-\frac{\gamma_0}{n}(1-\eta)^n\right]\cdot\int_{\eta_H}^{\eta_S}G(\eta)\cdot\exp\left[\frac{\gamma_0}{n}(1-\eta)^n\right]\mathrm{d}\eta\tag{2.203}$$

进一步整理,得到满足 $\frac{\gamma}{\gamma_0}=\left(\frac{V}{V_0}\right)^n$ 条件的等熵线的普遍解析表达式为

$$p_S^{(n)}(\eta)=p_H\left(\frac{1-\eta_H}{1-\eta}\right)^{n-1}\cdot\exp\left\{\frac{\gamma_0}{n}[(1-\eta_H)^n-(1-\eta)^n]\right\}+\rho_0C_0^2\cdot(1-\eta)^{-(n-1)}\exp\left[-\frac{\gamma_0}{n}(1-\eta)^n\right]\cdot\int_{\eta_H}^{\eta_S}G(\eta)\cdot\exp\left[\frac{\gamma_0}{n}(1-\eta)^n\right]\mathrm{d}\eta\tag{2.204}$$

当 $n=1$ 时,$\gamma/V=\text{const}$ 或 $\rho\gamma=\text{const}$,等熵线的表达式为

$$G(\eta)=\frac{1+(\lambda-\gamma_0)\eta}{(1-\lambda\eta)^3}$$

等熵卸载线 $p_S^{(n)}(\eta)=p_S^{(1)}(\eta)$ 具有较简单的形式:

$$p_S^{(1)}=p_H\cdot\exp[-\gamma_0(\eta_H-\eta)]+\rho_0C_0^2\cdot\exp[-\gamma_0(1-\eta)]\int_{\eta_H}^{\eta_S}\frac{1+(\lambda-\gamma_0)\eta}{(1-\lambda\eta)^3}\cdot\exp[\gamma_0(1-\eta)]\mathrm{d}\eta$$

或

$$p_S^{(1)}=p_H\cdot\exp[-\gamma_0(\eta_H-\eta)]+\rho_0C_0^2\cdot\exp(\gamma_0\eta)\int_{\eta_H}^{\eta_S}\frac{1+(\lambda-\gamma_0)\eta}{(1-\lambda\eta)^3}\cdot\exp(-\gamma_0\eta)\mathrm{d}\eta\tag{2.205}$$

当 $n=1$ 时,该等熵线的线的斜率可表示为

$$\frac{\mathrm{d}p_S^{(1)}}{\mathrm{d}\eta}-\gamma_0p_S=F(\eta)\big|_{n=1}=\rho_0C_0^2\cdot\frac{(1+\lambda\eta)-\gamma_0\eta}{(1-\lambda\eta)^3}$$

2.9.2　与主 Hugoniot 有公共始点的等熵压缩线

如图 2.28 所示,设等熵线与冲击绝热线的交点 A 为零压点,即 $p_H=0,\eta_H=0$。由

式(2.205)得到从 $\eta_H=0$ 压缩到 $\eta=\eta_S$ 时的等熵线方程为

$$p_S^{(n)}(\eta)=\rho_0 C_0^2\cdot(1-\eta)^{-(n-1)}\exp\left[-\frac{\gamma_0}{n}(1-\eta)^n\right]\times \int_0^\eta G(x)\cdot\exp\left[\frac{\gamma_0}{n}(1-x)^n\right]\mathrm{d}x \tag{2.206}$$

当 $n=1$ 时,由式(2.206)得到与主冲击绝热线有公共始点的等熵线的解析表达式为

$$p_S^{(1)}(\eta)=\rho_0 C_0^2\cdot\exp(\gamma_0\eta)\cdot\int_0^\eta\frac{1+(\lambda-\gamma_0)x}{(1-\lambda x)^3}\cdot\exp(-\gamma_0 x)\mathrm{d}x \tag{2.207}$$

显然,本节的推导是在流体近似模型下进行的。

第3章 冲击波温度测量

冲击波温度是指受冲击压缩物质在 Hugoniot 状态下的温度,它与冲击压力一起构成了表征受冲击物质的热力学状态的两个重要物理量。冲击波温度测量对检验各种物态方程的适用性具有重大意义。但是,冲击波温度没有直接出现在冲击压缩的三大守恒方程中,不能像压力、比容和比内能那样可以通过测量冲击波速度和波后粒子速度并结合三大守恒定律来获得。冲击波温度测量比冲击绝热线测量要困难得多,虽然经历半个多世纪的不懈努力,目前依然是实验冲击波物理研究领域面临的重大挑战之一。

3.1 冲击波温度测量的意义

以压力、比容和内能为状态参量的 Gruneisen 物态方程虽然在冲击波物理研究中得到了广泛应用,但是不能从 Gruneisen 物态方程直接导出物质的温度。为了用 Gruneisen 物态方程计算温度,还需要补充其他高压物性数据,如比热容。但是,高温、高压下固体的比热容比较复杂,除了晶格热振动对比热容的贡献,还包括电子热运动的贡献。晶格的非谐振动和电子热运动对比热容的贡献很复杂,尤其电子壳层结构复杂的金属元素,需要借助于复杂的量子力学理论模型描述在高温、高压下的比热容,这些模型本身的有效性尚待实验验证。此外,由于理论物态方程对温度参量比较敏感,冲击波温度的实验测量数据是检验物态方程模型的有效手段之一。

在冲击动力学研究中,有时需要考虑材料强度对动力学过程的影响,而描述极端条件下材料强度特性的 Steinberg 本构方程(见第6章)就包含了温度的影响。目前,关于在极端应力和极端应变率斜波加载下金属等固体材料的强度特性及其变化规律,引起了力学和材料科学研究者的广泛兴趣;研究温度对材料强度和细观结构演化的影响,对于深刻认识材料在极端条件下的动力学行为具有重要的科学意义。

有些固体(如铁、铋、石英等)在较低压力的冲击压缩下就会发生结构相变(固-固相变),而在足够强的冲击加载下固体都会发生冲击熔化(固-液相变)。仅依靠 $p=p(V,E)$ 形式的物态方程不足以描述相变规律。建立 $p=p(V,T)$ 形式的热力学物态方程在多相物态方程研究中具有特别重要的意义。因为热力学相变常通过 $p-T$ 相图表示,相图给出固体稳定相区的压力和温度范围以及发生相变时的压力与温度的关系,即 $p-T$ 相图上相线的方程。描述单元系的固-液相变和固-固相变的 Clausius-Clapeyron 方程[45]就是沿着固相线的压力对温度的一阶导数。此外,冲击熔化或卸载熔化的发生,会对层裂、微物质喷射、界面不稳定性等动力学过程产生重要的影响。

早期的冲击波温度测量采用的方法包括热电偶计、黑密度计等,这些方法测量精度不高,响应慢,局限性很大。2005年,V. W. Yuan[46]报道了采用中子共振法测量冲击波温度的结果。用该方法测量掺杂了少量钨(1.7%(质量分数))的钼样品在63GPa力下冲击波温度。在理论上,通过测量脉冲中子束穿过受冲击待测样品的飞行时间谱能够确定冲击温度。但结果发现,用中子共振法测量的钼的冲击波温度远远高于基于 Gruneisen 物态方程计算的 Sesame 数据库的结果,两者之间的巨大差异无法归结为测量不确定度。Yuan 无法对此给出解释。

本章主要介绍可以用于兆巴压力冲击加载下而且响应快(纳秒至亚纳秒)、灵敏度高、测量范围宽、精度较好的辐射法冲击波温度测量技术。着重介绍辐射法测温的基本原理、实验测量技术和实验数据处理方法,以及辐射法测温在实验技术上的主要困难及其局限性。利用瞬态多通道光学高温计测量材料在冲击压缩下的光辐射能量的辐射法测温技术,是20世纪60年代由苏联科学家 S. B. Kormer[47,48] 等首先提出和建立的。由于受冲击压缩材料在常温、常压下的光学性质不同,冲击波温度的辐射法测量技术可以分为透明材料和不透明材料两类。

3.2 透明材料的冲击波温度测量

透明材料是指常温、常压下对可见光吸收极少的一类介质,例如,一些碱金属卤化物单晶(KCl、NaCl、NaI、LiF 等单晶)、一些氧化物晶体(如 Al_2O_3、SiO_2)和单晶金刚石、玻璃、有机玻璃,以及一些液体介质(如水、酒精、三溴甲烷液体(溴仿))等。另外,常压下气体大都是透明的。绝大多数在常温、常压下具有良好透明性的物质在压力不太高的冲击压缩下就会失去透明性,因为冲击波阵面后方处于高压、高温状态下的被压缩材料的强烈发光,导致常压、常温下透明的物质在冲击压缩下失去透明性;但冲击波阵面前方的介质是透明的,冲击波阵面后方介质发射的光辐射能够透过冲击阵面前方介质被光电探头探测到。透明材料的辐射法测温就是建立在这一基础上的。

3.2.1 辐射法测温的原理和基本假定

利用辐射法进行冲击波温度测量的基本原理:通过测量受冲击压缩材料在高温、高压下发射的热(光)辐射能量,依据经典热辐射理论获得受冲击材料的温度。因此,辐射法冲击波温度测量的本质是测量 Hugoniot 状态下的瞬态热辐射能,其基本假定如下。

(1) 材料在冲击压缩下处于热力学平衡态。

(2) 受冲击压缩材料通过冲击波阵面发射的辐射能量与波长和温度的关系服从经典普朗克热辐射定律。

毫无疑问,第一条假定是利用冲击压缩研究物态方程和其他热力学性质的基础;第二条假定为定量描述冲击压缩下材料的热辐射性质提供了方便,虽然有时它不一定能完全得到满足。根据经典热辐射理论,温度为 T 的黑体,它的辐射能量由普朗克热辐射定律描述:

$$I_{\mathrm{PL}}(\lambda,T)=c_1\lambda^{-5}\exp\left(\frac{c_2}{\lambda T}-1\right)^{-1} \tag{3.1}$$

式中:λ 为热辐射的波长;I_{PL}为温度 T 的黑体在单位时间内从黑体单位面积上向垂直于黑体表面的单位立体角内发射的单位波长间隔内的辐射能量(图3.1);c_1、c_2 分别为第一

辐射常量和第二辐射常量,其值分别为

$$c_1 = 2\pi hc^2 = 1.19106\times10^{-16}\text{W}\cdot\text{m}^2/\text{Sr}$$

$$c_2 = hc/k = 1.43878\times10^{-2}\text{m}\cdot\text{K}$$

其中:c 为光速;h 为普朗克常量;k 为玻耳兹曼常数。

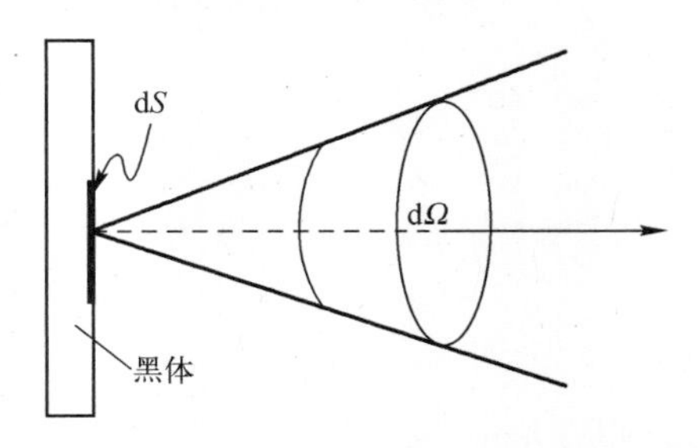

图 3.1　黑体面元 dS 在立体角元 dΩ 内发射的辐射能

物体在某一温度和波长下发射的能量与同一温度和波长下黑体辐射的能量之比称为发射率,用 ε 表示。因此,黑体的发射率 $\varepsilon\equiv1$;实际物体的发射率 $\varepsilon<1$,通常随波长和温度而变。如果发射率不随波长而变,则称该物体为“灰体”。因此温度 T 的灰体热辐射特性可表示为

$$I_{\text{grey}} = \varepsilon\cdot I_{\text{PL}}(\lambda,T) = \varepsilon\cdot c_1\lambda^{-5}\left[\exp\left(\frac{c_2}{\lambda T}\right)-1\right]^{-1} \tag{3.2}$$

虽然灰体的发射率 ε 与波长 λ 无关,但它可以是温度的函数。实际物体的辐射特性仅能在某一有限波长范围内用灰体辐射关系近似表征。

需要指出,黑体单位面元辐射的能量仅与温度及波长有关,与黑体物质质量的多少无关。但是灰体单位面元辐射的能量不仅与温度及波长有关,还与辐射体包含物质量的多少(因而与物质层的厚度或面质量密度)有关,其发射率随着被冲击压缩物质层的增厚而增大。如果从这一意义上理解发射率在冲击波温度测量中的含义,则发射率的大小仅有相对意义,而温度才是与热辐射物质量的多少无关的强度量。

3.2.2　透明材料的辐射法冲击波温度测量

室温、常压下透明的材料受冲击压缩大都会部分或完全失去透明性。例如,在常温、常压下具有良好透明性的石英晶体和三溴甲烷液体在约 20GPa 冲击压力下就会像黑体一样强烈发光。单晶 NaCl 在 35GPa 以上冲击压缩下就部分失去透明性;而单晶氟化锂(LiF)即使在 200GPa 冲击压力下依然能保持优良的透明性,但在 220GPa 冲击压力以上会部分失去透明性。透明材料在冲击压缩下失去透明性的原因比较复杂[49,50],有研究报道单晶 LiF 在 1000GPa 峰值压力的斜波加载下依然保持优良的透明性(见第 8 章)。可见,材料在动高压下的透明性问题比较复杂,是实验冲击波物理研究的重要内容之一。

1. 介质对光辐射能的吸收

设强度 I 的入射光经过厚度 dl 的介质层时,被介质层的吸收的光强为 dI(图 3.2),则出射光的强度为 $I-$dI。按照光吸收理论得到

$$-\text{d}I = \alpha\cdot I\cdot \text{d}l$$

式中:α 为材料的光学吸收系数,由材料的物理性质决定。

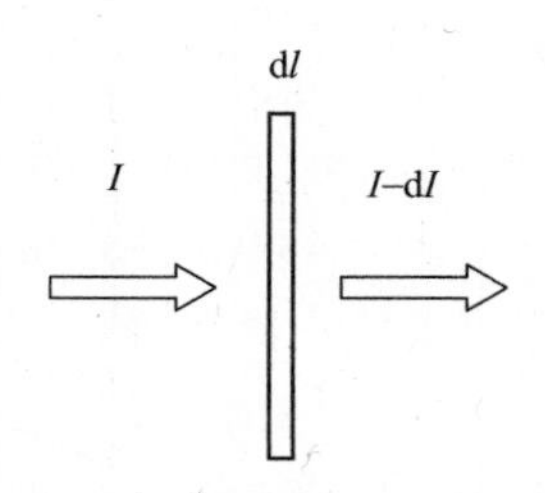

图 3.2　介质对光的吸收

积分上式得到初始光强为 I_0 的入射光经过厚度为 l 的介质层的吸收后，透射光的强度为

$$I=I_0\mathrm{e}^{-\alpha l} \tag{3.3}$$

光学吸收系数 α 通常与波长有关，也与压力（密度）、温度、杂质等因素有关。对于组分完全确定的材料，在冲击压缩下的吸收系数 $\alpha=\alpha(\lambda,T)$。若 α 与波长无关，则该辐射体称为灰体。

定义透射光强与入射光强之比为介质的光学透射率，即

$$\tau=\frac{I}{I_0}=\mathrm{e}^{-\alpha l} \tag{3.4}$$

使入射光强度衰减到 e^{-1}时的介质层厚度 δ 称为光学厚度，显然

$$\delta=1/\alpha \tag{3.5}$$

式(3.4)表明，透射率与温度及波长有关，还与材料层的厚度或材料的体量有关，因此不是材料常数。

若不考虑光在介质表面的反射（在同一介质内部），被厚度 l 的介质层吸收的光能为

$$I_a=I_0-I=I_0(1-\mathrm{e}^{-\alpha l}) \tag{3.6}$$

定义吸收的光能与入射光能之比为介质的光学吸收率，即

$$a=\frac{I_a}{I_0}=1-\mathrm{e}^{-\alpha l} \tag{3.7}$$

因此材料的吸收率 a 与入射光强无关，与材料层的厚度或物质的体量大小有关。即使吸收系数很大的金属材料，厚度足够薄时（如金箔）也具有一定的透光性。透明材料是指光吸收系数很小，因而在通常尺寸下透射率很大、吸收率很小的一些材料。而当介质材料层的厚度足够大时，即式(3.7)中的 $l\to\infty$ 时，吸收率 $a\to1$，透射率 $\tau\to0$，表明只要材料层足够厚许多介质都能够像黑体一样吸收入射的全部光辐射。

2. 透明材料发射率与吸收率的关系

材料的透明性与其吸收或发射光辐射的能力是相辅相成的。上一节讨论了材料对热辐射能的吸收，并未涉及灰体介质吸收的光辐射能与它发射光辐射之间的关系。假定初始温度 T_0、厚度 l 的灰体介质与温度 $T>T_0$ 的黑体源紧密接触，经过足够长时间后，该灰体介质与黑体源达到热力学平衡，温度由 T_0 升高到 T。按照式(3.2)处于热力学平衡态的温度为 T 的灰体介质向外发射的光辐射的强度为 $\varepsilon I_{\mathrm{PL}}(\lambda,T)$，$\varepsilon$ 为发射率。另外，它受到黑体源的热辐照，按照式(3.6)该灰体介质吸收的光辐射能为 $aI_0=aI_{\mathrm{PL}}(\lambda,T)$，$a$ 为灰体介质在温度 T 的吸收系数。为了保持热力学平衡，灰体介质向外发射的辐射能必定

等于其吸收的辐射能，即 $\varepsilon I_{PL}=aI_{PL}$，因而处于热力学平衡状态的灰体系统的发射率必定等于吸收率：

$$\varepsilon=a=1-e^{-\alpha l} \tag{3.8}$$

否则，热力学平衡将遭受破坏。

3. 冲击压缩下透明材料的发射率随时间的变化

冲击波后任意体积元内的被压缩物质一方面吸收周围介质发射的热辐射能，另一方面向外辐射热能。既然冲击波后物质处于热力学平衡态，冲击波阵面的发射率与波后被压缩材料的吸收率必须满足式(3.7)。冲击波后被压缩材料层的厚度 l 随时间 t 而变化满足 $l=(D-u)t$，因此发射率 ε 随时间 t 变化可表达为

$$\varepsilon=1-\exp[-\alpha(D-u)t] \tag{3.9}$$

式(3.9)表明，虽然 Hugoniot 状态的温度 T 不随时间变化，但发射率 ε 随被压缩材料的厚度或时间的增加而增大。受冲击透明材料的光辐射强度随着时间呈指数函数变化：

$$I_{grey}(\lambda,T,t)=[1-e^{-\alpha(D-u)t}]I_{PL}(\lambda,T) \tag{3.10}$$

在进行辐射法冲击波温度测量时，来自冲击波阵面的光辐射能量经光传输系统到达辐射能测量仪器（辐射高温计，见 3.3 节）。若 k 表示光能传输系统的能量衰减因子，则实验观测到的到达辐射高温计光电探头的光辐射能为

$$I_{exp}=k\cdot\varepsilon\cdot I_{PL}(\lambda,T)=k\cdot I_{PL}(\lambda,T)[1-e^{-\alpha(D-u)t}] \tag{3.11}$$

4. 冲击压缩下透明材料辐射法测温实验信号的基本特征

光电探头将接收到的光辐射能转换成电信号被示波器记录。在光电探头的线性工作区，它输出的电子学信号幅度 h 与它接收的光能成正比：

$$h\propto I_{exp}\sim I_{PL}(\lambda,T)[1-e^{-\alpha(D-u)t}] \tag{3.12}$$

实测信号幅度 h 按式(3.12)变化，透明材料在冲击压缩下光辐射强度随时间的变化如图 3.3 所示，信号幅度随时间的变化率：

$$\frac{dh}{dt}\propto\alpha(D-u)e^{-\alpha(D-u)t} \tag{3.13}$$

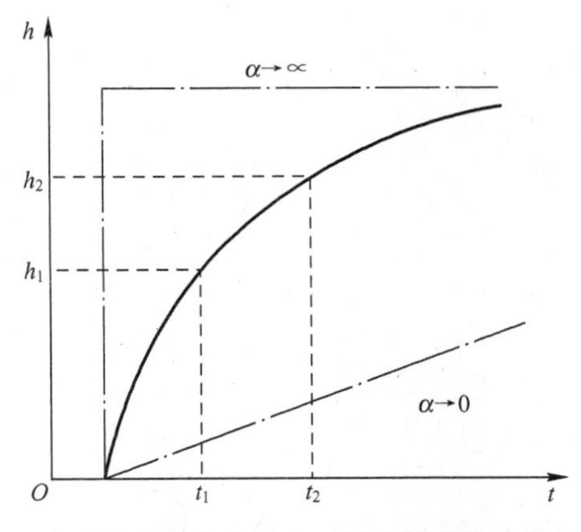

图 3.3　透明材料在冲击压缩下光辐射强度随时间的变化

因此，透明材料的冲击波温度实验测量信号具有以下基本特征。

(1) 当受冲击压缩材料的吸收系数 a 大小适中时，光学厚度 $\delta=1/a$ 具有有限厚度

值。实验信号幅度 h 随时间按指数规律平缓上升,如图 3.3 中的粗实线所示。单晶 NaCl、KCl 等透明材料在 30GPa 冲击压力以下的光辐射就表现出这种特性。随着冲击波在试样中的传播,被压缩层的厚度 l 增大,发射率 $\varepsilon=1-e^{-\alpha l}$ 增大,测量信号的幅度 h 连续增大。当 $t\to\infty$ 时,发射率 $\varepsilon\to1$,辐射强度达最大值,信号幅度出现平台。可见,只要测量时间足够长,被压缩层厚度足够大,透明材料的光辐射将呈现黑体辐射的特点。

(2)当吸收系数 α 很大($\alpha\to\infty$)时,光学厚度很小,$\delta=1/\alpha\to0$。按式(3.13),当 $t\to0$ 时,$\mathrm{d}h/\mathrm{d}t\to\infty$,因此初始时刻实验信号的上升沿极陡,实验信号将很快呈现出平台结构。表明该透明材料在冲击压缩下强烈发射热辐射,其辐射特性与黑体辐射十分接近。NaI 晶体、石英、溴仿、水等透明材料在高压冲击压缩下就呈现出这类辐射特性。

(3)当 α 很小($\alpha\to0$)时,光学厚度很大($\delta=1/\alpha\to\infty$)。辐射信号的斜率 $\dfrac{\mathrm{d}h}{\mathrm{d}t}\approx\alpha(D-u)$ 基本不随时间变化,$h=\alpha(D-u)t$,实验信号幅度呈现为斜率很小的直线。表明在冲击压缩下该透明材料的发射率很低。低压冲击压缩下的有机玻璃的光辐射具有这种特点。

上述分析表明,动高压下材料的透明性是一种相对的概念,它与受冲击压缩材料层的厚度和冲击波压力有关。在冲击压缩下能够继续保持透明的材料可用作冲击波实验测量的透明窗口。这类窗口材料是冲击压缩下发射率极小的一类材料,它们的温度也许很高,但是其发射率很低或吸收系数极小,因而在冲击压缩高温、高压状态下发射和吸收光辐射的能力很弱,在强冲击压缩下依然能够保持透明性。

5. 透明材料光吸收系数及冲击波温度的确定

由式(3.10)得到辐射强度 I 随时间 t 的变化率为

$$I'(t)=I_{\mathrm{PL}}\cdot\alpha(D-u)\mathrm{e}^{-\alpha(D-u)t}$$

取同一实验测量信号上的两个不同时刻 t_1 及 t_2(图 3.3),比较它们的斜率:

$$\frac{I'(t_1)}{I'(t_2)}=\exp[-\alpha(D-u)(t_1-t_2)]$$

得到吸收系数为

$$\alpha=-\frac{\ln[I'(t_1)/I'(t_2)]}{(D-u)(t_1-t_2)} \tag{3.14}$$

吸收系数 α 的精确计算要求时间差 t_1-t_2 的精确测量或辐射信号变化历史的高时间分辨测量。比较不同波长下的吸收系数,可以检验灰体假定的适用性。

将多个通道测量得到的辐射能对波长进行最小二乘拟合,同时得到发射率 ξ 和冲击波温度 T:

$$I_{\exp}(\lambda_i,T,t)=\xi\cdot c_1\lambda_i^{-5}[\exp(c_2/\lambda_iT)-1]^{-1} \tag{3.15}$$

按照式(3.15)从实验数据拟合给出的发射率 ξ 称为表观发射率。它不同于冲击波后材料的实际发射率 ε,因为它包含实验测量系统中光能传输系统的影响。由于发射率 ξ 随压缩层的厚度发生变化,即使能够从实验测量精确确定其值也没有多少重要意义。在实验测量中直接得到的是以电压表示的信号幅度 h 而不是辐射能量 $I_{\exp}$,在进行数据处理时,需要对高温计进行标定(或刻度),确定实验测量信号幅度 h 与辐射能 $I_{\exp}$ 之间的比例关系。在 3.3 节将介绍对高温计进行标定的方法,将实验测量的信号幅度转变成冲击波阵面的辐射能量的方法,以及利用不等权最小二乘法拟合对实验测量数据解读得到冲击波温度的方法。该方法同样适用于透明材料冲击波温度测量的数据处理。

3.3　金属材料的冲击波温度测量

3.3.1　金属冲击波温度测量的主要困难

许久以来,金属材料的冲击波温度测量一直研究者们企求攻克的难题之一。金属材料冲击波温度测量的困难来自于一个简单的事实:金属是不透明的,典型金属的光子自由程仅仅几纳米。也就是说,只有当冲击波阵面接近到距离自由面(或观测界面)数纳米时,才能观察到来自样品内部的未受到界面干扰的冲击波阵面的光辐射。进行这样的观测需要光学探头和测量系统具有亚纳秒或皮秒量级的响应特性,并将样品表面加工到优于亚纳米的粗糙度。这样的技术在目前尚难以实现,因而还不能像透明材料那样直接观测金属材料内部冲击波阵面的光辐射,只有当冲击波到达自由面时,才能探测到冲击波阵面发出的光辐射能。可是,当冲击波到达自由面时,它立即发生卸载:压力和温度迅速下降,实验观测结果不能直接反映金属材料在冲击压缩下的热辐射性质。为此,人们采用在金属样品的观测面上背负透明窗口的方法[51,52](图3.4),以金属样品与透明窗口界面上发射的光辐射代替样品内部的光辐射。这样测得的温度称为"样品/窗口"界面温度,简称界面温度。"金属样品/透明窗口"界面的引入给冲击波温度实验测量带来一系列新的物理问题。

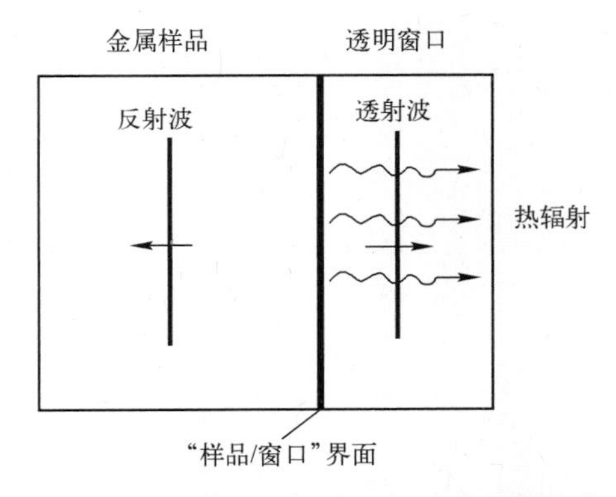

图3.4　在样品上粘贴透明窗口进行冲击波温度测量的实验装置原理图

(1) 金属样品与透明窗口之间的阻抗失配。金属材料的阻抗通常高于透明窗口材料,冲击波在"样品/窗口"界面发生反射(图3.4),反射波后的压力 p_R 和温度 T_R 并不等于金属样品的原始冲击波压力 p_H 和温度 T_H。虽然引入透明窗口避免了冲击波被卸载到零压,但实验测量的界面热辐射依然不等于样品中原始冲击波阵面发射的热辐射。

(2) 金属样品与透明窗口之间的热失配。虽然反射波和透射波后的压力相等,但"样品/窗口"界面两侧的温度差异很大:金属材料的温度远高于窗口的温度,界面两侧的温差能够达到10^3K量级。巨大的温差导致热能从金属流向窗口材料,使紧靠界面的一薄层金属材料的温度 T_I 既不等于反射波后的温度 T_R,也不等于窗口材料中透射冲击波后的温度 T_W。由于金属材料光子的自由程极短(数纳米),辐射法冲击波温度测量中观测的光辐射能恰好来自这一薄层高温界面材料发射的光辐射，导致实验测量的界面温度解读困难。

(3) 由阻抗失配和界面热传导引发的相变。金属材料可能因界面卸载发生固-固相变；即使金属样品的初始冲击压缩状态位于固相区，冲击波在“样品/窗口”界面的卸载可能导致金属发生卸载熔化进入固-液混合相区，甚至进入液相区(见第4章)；与此相反的过程是，已经发生冲击熔化的金属材料可能会由于界面热传导发生再凝固相变。

(4) 窗口的透明性。冲击波从样品进入窗口使窗口材料的压力和温度升高，窗口在冲击压缩下可能部分或完全失去透明性。为了确保测量的热辐射能没有受到窗口可能发射的光辐射能的影响，要求窗口在冲击高压下保持良好的透明性。窗口材料在高压下的透明性问题需要仔细研究。目前常用的高压窗口为单晶 LiF 和单晶蓝宝石(Al_2O_3)。单晶 LiF 是目前公认透明性最好的窗口，在 200GPa 冲击压力以下和在 1000GPa 压力的斜波加载下均能保持优良的透明性(见第8章)。蓝宝石在低压下透明性良好，在冲击压力接近及高于其弹性极限(约 15GPa)时其透明性仍存在疑问和争议[49]。虽然蓝宝石的阻抗比 LiF 高一些，但这两种窗口材料的阻抗比大多数金属都低，因此在辐射法冲击波温度测量中通常仅讨论冲击波在“样品/窗口”界面上反射稀疏波的情形。

(5) 样品与窗口之间的微米尺度间隙的影响。由于机械加工能力的限制，在样品与透明窗口之间存在微小的间隙(图 3.5(a))。微间隙的尺寸随加工粗糙度而变，通常在亚微米至微米尺度。这种微间隙虽然对冲击波速度(因而对冲击绝热线)测量不会带来可觉察的影响，但会对冲击波温度测量造成极严重后果。Grover 和 Urtiew 讨论了冲击波与尺度约 1μm 的间隙的作用[53]对辐射法测温的影响。把间隙界面看作样品的自由面(图 3.5(a))，当冲击波越过微米尺度的间隙从金属样品进入窗口时，紧靠间隙的受冲击样品材料首先发生卸载，接着以自由面速度与窗口碰撞，发生再冲击加载(“裸碰”)，再冲击产生的不可逆熵增导致冲击波能量在样品的界面层中沉积，形成一薄层温度很高的高温界面层(图 3.5(b))。该高温界面层的温度往往比金属内部的温度高出数百乃至上千摄氏度。该高温界面层的厚度与间隙的原始宽度大致相当，但远远超过金属材料的光学厚度或光子自由程。

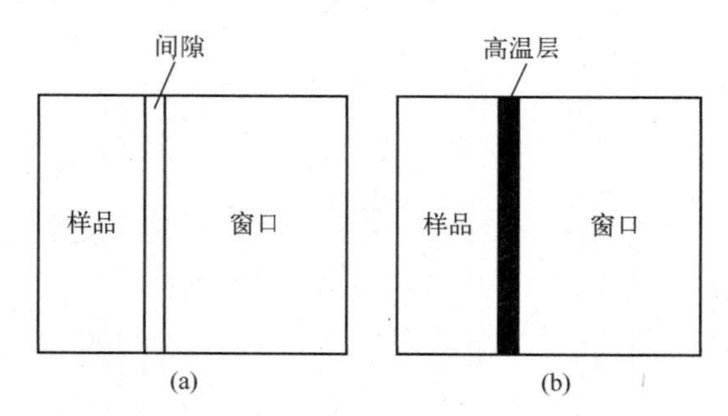

图 3.5 “样品/窗口”界面间隙及高温界面层的形成
(a)“样品/窗口”界面间隙；(b) 冲击波与间隙界面作用形成的高温界面层。

由于辐射高温计测量的热辐射主要来自相当于光学厚度的一薄层材料发射的光辐射能，上述高温界面层的形成使高温计的测量结果无法与金属样品内部冲击压缩状态的热辐射性质简单地联系起来；间隙界面使测温实验结果的物理解读变得更加复杂，增加了实验数据分析的困难和实验测量数据的不确定性。为了避免间隙的影响,许多研究者采用在窗口上镀膜的方法,用镀膜样品代替金属平板样品,实现镀膜样品与窗口之间的理想接触。本书把样品与窗口之间不存在间隙的界面称为理想界面,把样品与窗口之间存在微小间隙的界面称为非理想界面。

总之,在采用镀膜样品和透明窗口技术以后,研究者得以用辐射法观测金属材料在较高压力下的冲击波温度,但此时观测到的是来自"镀膜样品/透明窗口"界面的辐射能随时间的变化或温度剖面,界面上发生的一系列复杂的物理和力学过程使得如何解释实验观测到的界面温度,如何将该界面温度与金属在初始冲击波压缩下的温度相联系变得十分复杂和困难,增加了辐射法冲击波温度测量实验的复杂性和数据测量的不确定度。这些问题将在后续章节中逐步讨论。

根据前述讨论,辐射法测温实验装置的基本结构如图 3.6 所示,包括驱动高速飞片的加载系统、采用镀膜样品和透明窗口的实验样品系统以及辐射高温计系统[54]和实验信号记录系统。

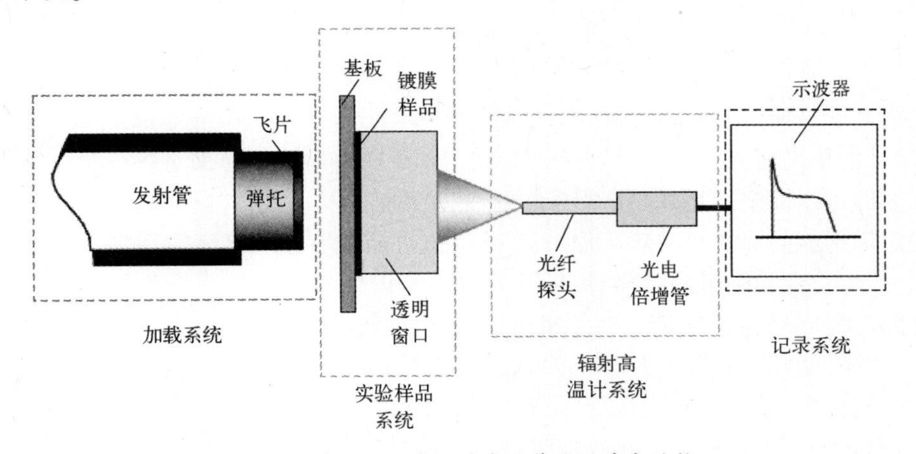

图 3.6　冲击波温度测量实验装置的基本结构

总之,利用辐射法测量金属的冲击波温度时,实验观测到的不是来自金属内部的从初始冲击波阵面后发射的热辐射能,而是来自"样品/透明窗口"界面上的热辐射能。这是冲击波在"样品/窗口"界面发生反射并经过"样品/窗口"界面热传导作用以后,从紧邻该界面附近的一薄层金属材料发射的热辐射。为了用瞬态辐射高温计-示波器系统测量辐射能量随时间的变化,获得定量结果,首先必须对瞬态辐射高温计进行标定。

3.3.2　多通道瞬态辐射高温计及其标定[55]

"样品/窗口"界面发射的辐射能用瞬态辐射高温计测量,首先需要确定瞬态辐射高温计对接收到的光辐射能的响应。

瞬态辐射高温计[54,55]主要由光辐射能收集系统(探头)、光能传输系统和光电转换系统三部分组成(图 3.6)。光传输系统通常有光学透镜传输系统(图 3.7)和光纤传输系统(见 3.3.4 节)两类,或者两者的结合。光电转换系统通常采用光电倍增管或光电二极管将光能转变为电子学信号。就像测量长度需要使用刻有厘米、毫米刻度的尺子一样,瞬态辐射高温计就是进行温度测量的一把"尺子",确切地说,是度量光辐射能的量计。

为了得到定量的结果，首先必须对高温计进行“刻度”或标定。为了把接收到的来自“样品/窗口”界面的辐射能转变成相应的温度，通常假定“样品/窗口”界面辐射为灰体辐射并满足经典热辐射定律。

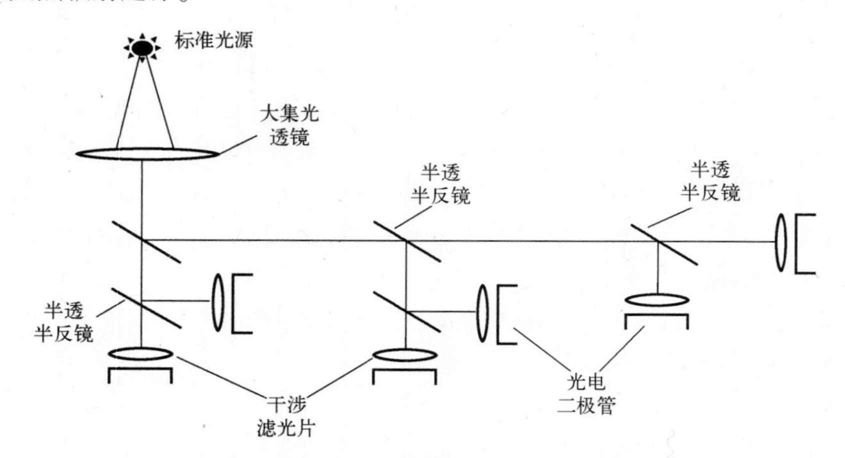

图 3.7　用透镜-半透半反射镜等构建的六通道辐射高温计的基本结构

辐射高温计通常有 6~8 个通道，每个通道使用滤光片使入射光变成不同波长的单色光，采用光电倍增管或光电二极管接收在该波长下的辐射能。必须对每个测量通道分别进行独立标定。标定就是确定高温计对已知辐射能的响应[55]。通常利用标准钨灯作为产生确定辐射能的标准光源对高温计进行实验室标定。标准钨灯在规定的电压和电流下工作，产生稳定和确定的光辐射；标准钨灯本身的光辐射特性由国家计量局利用黑体辐射光源（黑体炉）进行标定。除了标准钨灯，在早期的研究中也利用硝基甲烷炸药爆炸产生的光辐射能作为标准光源。硝基甲烷爆轰产生的光辐射的亮度比标准钨灯更高，而且像冲击波辐射一样属于瞬态辐射光源，而标准钨灯是静态光源。前者的标定相对较复杂，要在爆炸场地进行；后者的标定可以方便地在普通实验室的房间内进行，便于多次重复进行。表 3.1 给出了一种标准钨灯的光谱辐射亮度 $N_r(\lambda)$ 值，$N_r(\lambda)$ 表示钨灯辐射到距离它某一固定距离 l_0 处的单位面积（$1cm^2$）上的单位波长间隔 $\lambda \sim (\lambda+1)$ nm 范围内的能量。

表 3.1　标准钨灯的 $N_r(\lambda)$ 值（标定时 $l_0=50cm$）

λ/nm	400	450	500	550	600	650	700	750	800	900
$N_r(\lambda)$ /（μW/（cm^2 · nm））	0.438	0.908	1.52	2.21	2.90	3.52	4.07	4.50	4.77	5.01

进行冲击测温实验时，高温计的标定最好在实验现场进行。图 3.8 为辐射高温计标定的示意图。高温计与光学探头之间的距离 l_0 应与国家计量单位在标定标准钨灯时给定的距离保持一致。在标准钨灯与光学高温计探头之间有一个做高速旋转的圆盘，其上面开有一个小孔，这个圆盘称为斩波器。斩波器对标准灯发射的光辐射进行调制，产生的周期性调制信号经光电转换后被示波器记录。在高温计光电倍增管的线性工作区内，输出的电子学信号幅度正比于它接收到的能量。设标准光源入射到探头单位面积上的能量为

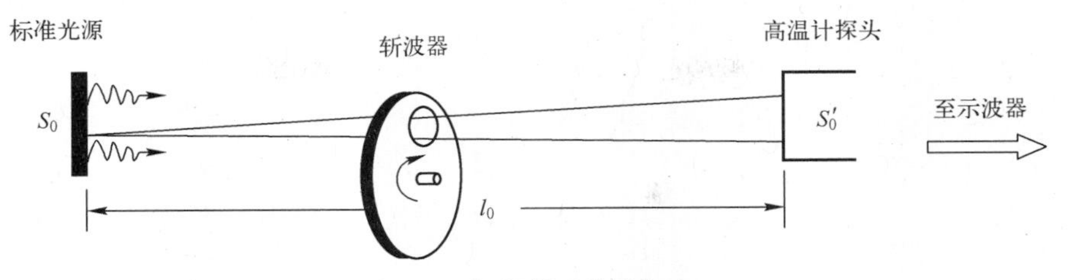

图 3.8　辐射高温计的标定

$$E_{op}=N_r(\lambda)\eta(\lambda) \tag{3.16}$$

式中：$\eta(\lambda)$为高温计的光能传输系统的几何因子。

示波器记录的标定信号的幅度 h_0 正比于探头接收到的能量 E_{op}：

$$h_0 \propto E_{op}=N_r(\lambda)\eta \tag{3.17}$$

图 3.9 给出了作者在 20 世纪 80 年代利用表 3.1 中的钨灯标准光源对一种透镜型六通道瞬态辐射高温计(图 3.7)进行标定得到的典型示波器记录。

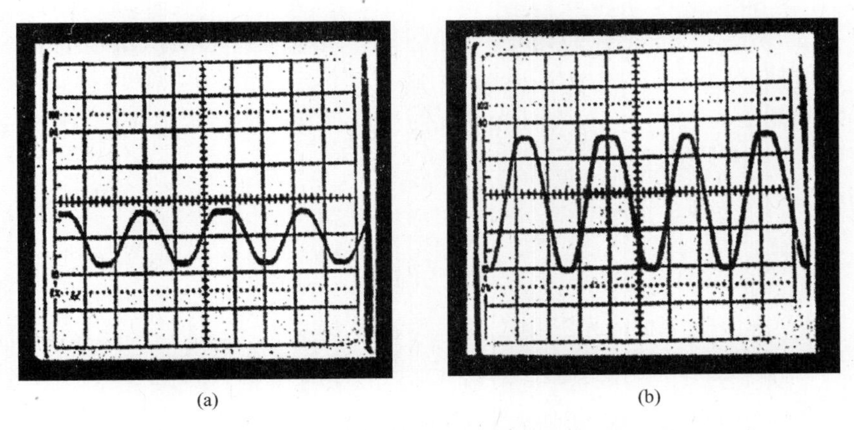

图 3.9　光学高温计标定信号的典型示波器记录

(a) 5mV/div，λ=450nm；(b) 20mV/div，λ=600nm。

3.3.3 "样品/窗口"界面辐射能的确定[55]

首先讨论透镜型瞬态辐射高温计测量的"样品/窗口"界面辐射能。为了保证实验测量时光辐射能的传输情况与标定时尽量一致，要求实验测量时样品和测温探头之间的距离与实验室标定时标准钨灯和探头之间的距离相等，而且使用相同的传输光路。设标定时高温计与标准钨灯之间的距离为 l_0。实验样品的有效发光面积为 S_0(S_0 通常不能充满光学透镜的视场角)。从实验"样品/窗口"界面辐射到高温计探头单位面积上的能量为

$$E_{exp}=\varepsilon \cdot I_{PL}(\lambda,T) \cdot S_0 \cdot \Omega_0 \cdot \eta(\lambda)=I_{exp}(\varepsilon,\lambda,T) \cdot S_0 \cdot \frac{1}{l_0^2} \cdot \eta(\lambda) \tag{3.18}$$

式中：Ω_0为样品单位面积对探头所张开的立体角，$\Omega_0=1/l_0^2$；$\varepsilon \cdot I_{PL}(\lambda,T)$为被测样品的单位面积在单位时间内向单位立体角内辐射的波长在 $\lambda\sim(\lambda+1)$ nm 范围内的辐射能量，记为 I_{exp}。

在高温计的线性工作区内,实验测量信号幅度 h 正比于探头单位面积上的入射能量 E_{exp}:

$$h \propto E_{exp} \tag{3.19}$$

由于标定和实验时的传输光路相同,比较式(3.17)及式(3.19)得到

$$\frac{h}{h_0}=\frac{I_{exp}S_0\Omega_0}{N_r} \tag{3.20}$$

由此得到实验样品的光谱辐射强度为

$$I_{exp}(\lambda)=N_r(\lambda)\cdot\frac{h}{h_0}\cdot\frac{l_0^2}{S_0} \tag{3.20a}$$

利用标准钨灯的 $N_r(\lambda)$、标定信号幅度 h_0、实验测量信号幅度 h 及样品的面积 S_0,可由式(3.20a)计算实验样品的谱辐射强度 I_{exp}。

3.3.4 光纤高温计

使用光纤作为光的接收和传输系统的高温计称为光纤高温计。光纤具有损耗小、传输距离长、不受外界干扰等优点。光纤的芯径很小,为 50~100μm,它的孔径角 α_0 为 10°~20°(图 3.10(a)),$\sin\alpha$ 称为光纤的数值孔径。由于光纤芯面积 a_0很小,单根光纤端面从标准钨灯接收到的光辐射能也很小。为了提高标定时的信号幅度,标定时钨灯与光纤接收端之间的距离 l 可以与标准灯光谱辐射亮度标定时的距离 l_0 不等,但是必须满足点光源假定(距离 l 必须远远大于标准灯的尺寸)。标定时(图 3.10(a))标准灯入射到光纤端面(芯面积为 a_0)的能量为

$$E_{of}=N_r a_0\frac{l_0^2}{l^2} \tag{3.21}$$

在进行冲击测温实验时,光纤接收端通常距离样品发光面很近,光纤的孔径角(视场)被实验样品的发光面充满。假定样品的光辐射强度满足朗伯 (J. H. Lambert)余弦辐射定律,即它在与光辐射面元 ds 的法线成 α 角的方向上发射的光辐射能与法向发射的光辐射能 I_x 成余弦关系(图 3.10(b)),因此,从样品表面发光微元 dS 入射到光纤端面的能量为

$$\delta E_{ofx}=I_x(\varepsilon,\lambda,T)\cos\alpha\cdot\omega\cdot \mathrm{d}S \tag{3.22}$$

式中:I_x 为样品的谱辐射强度;ω 为光纤的芯面积 a_0 对 dS 面元所张立体角,且有

$$\omega=\frac{a_0\cos\alpha}{(l_x/\cos\alpha)^2}=\frac{a_0}{l_x^2}\cos^3\alpha \tag{3.23}$$

其中:l_x 为光纤端面与样品表面之间的距离;α 为发光微元 dS 偏离光纤轴线的角度(图 3.10(b))。

样品的面发光微元可表示为

$$\mathrm{d}S=2\pi r\mathrm{d}r=2\pi(l_x\cdot\tan\alpha)\mathrm{d}r \tag{3.24}$$

式中:$r=l_x\cdot\tan\alpha$ 为样品上的发光面元 dS 距离样品中心的距离。

将式(3.23)和式(3.24)代入式(3.22),可得

$$\begin{aligned}\delta E_{ofx}&=I_x\cos\alpha\cdot\left(\frac{a_0}{l_x^2}\cos^3\alpha\right)\cdot(2\pi\cdot l_x^2\cdot\sin\alpha/\cos^3\alpha)\mathrm{d}\alpha\\&=2\pi I_x a_0\sin\alpha\cos\alpha\mathrm{d}\alpha\end{aligned} \tag{3.25}$$

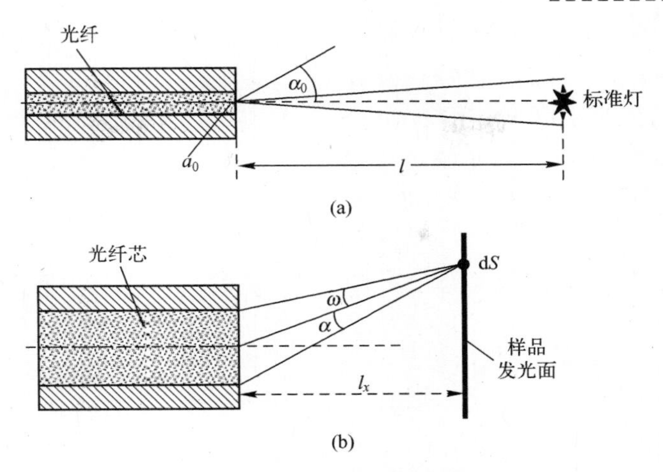

图 3.10 光纤高温计实验测量原理

(a) 标定时的情况;(b) 实验测量时的情况。

对式(3.25)积分,得到样品表面入射到光纤端面的能量为

$$E_{\mathrm{ofx}}=\pi I_x a_0\ (\sin\alpha_0)^2 \tag{3.26}$$

式(3.26)表明,只要样品的发光面能够充满光纤的孔径角,光纤接收到的能量就与光纤端面与样品发光面之间的(垂直)距离无关。辐射高温计的实验测量信号正比于它接收到的辐射能:$h\propto E_{\mathrm{ofx}}$,由式(3.21)及式(3.26)给出实验信号幅度 h 与标定信号幅度 h_0 之比:

$$\frac{h}{h_0}=\pi\ (\sin\alpha_0)^2\left(\frac{l}{l_0}\right)^2\frac{I_x}{N_{\mathrm{r}}}$$

由此得到样品的面辐射强度为

$$I_x=\frac{h}{h_0}\left(\frac{l_0}{l}\right)^2\frac{N_{\mathrm{r}}}{\pi\ (\sin\alpha_0)^2} \tag{3.27}$$

因此,与透镜型辐射高温计一样,根据实验前光纤型高温计的标定信号幅度、实验样品的信号幅度、实验装置的几何参数,能够由式(3.27)确定被测量样品的谱辐射强度。

3.3.5 “样品/窗口”界面温度的确定

多通道辐射高温计的每个通道都相当于工作于不同波长下的测量辐射能的一个独立量计。在进行高温计标定和实验测量时,不仅各通道的标定信号幅度 h_0 与波长各不相同,同一发实验中实测信号幅度 h 也与波长有关,而且每个通道具有不同的实验测量不确定度。在进行数值处理时,必须把这些测量结果看作使用具有不同精度的独立量计来度量同一个物理量(“样品/界面”温度)时得到的一组具有不同不确定度的测量数据,即把每一个通道的测量的谱辐射强度作为独立的不等权测量结果,用不等权最小二乘法对实验数据进行处理。

为了利用不等权最小二乘法对实验测量的辐射能 $I_{\exp}(\varepsilon,\lambda,T)$ 进行数据拟合[55],令

$$\chi^2=\sum_i\frac{[\varepsilon\cdot I_{\mathrm{PL}}(\lambda_i,T)-I_{\exp}(\lambda_i)]^2}{\sigma_i^2} \tag{3.28}$$

式中：χ^2 为最小二乘法拟合的加权均方根差；$1/\sigma_i^2$ 为通道 i 的测量值 $I_{\exp}(T,\lambda_i)$ 的权重。

实验测量不确定度 σ_i 的来源需要根据具体情况确定，例如，可以包括计量部门在标定标准灯（标准光源）时的不确定度 σ_{Nr}、在实验前现场标定辐射高温计的不确定度 σ_{h0} 以及实验测量的不确定度 σ_{h}。

假定总的测量不确定度可以取作以上各项不确定度之和：

$$\sigma_{\lambda i}=\sigma_{\mathrm{Nr}}+\sigma_{\mathrm{h0}}+\sigma_{\mathrm{h}} \tag{3.29}$$

最佳拟合就是寻求发射率 ε 和温度 T，使式（3.28）中的 χ^2 具有最小值：

$$\chi^2\big|_{\varepsilon,T}=\min \tag{3.30}$$

按照发射率 ε 的定义，一旦温度 T 确定以后，某一测量通道的发射率 ε_i 也就完全确定：

$$\varepsilon_i=\frac{I_{\exp}(\lambda_i)}{I_{\mathrm{PL}}(\lambda_i,T)} \tag{3.31}$$

因此发射率 ε 不是一个独立参量。式（3.30）相当于求 χ^2 的极小值，令 $\frac{\mathrm{d}}{\mathrm{d}T}(\chi^2)=0$，得到

$$f(T)\equiv\frac{\mathrm{d}}{\mathrm{d}T}(\chi^2)=\frac{\partial\chi^2}{\partial T}+\frac{\partial\chi^2}{\partial\varepsilon}\frac{\mathrm{d}\varepsilon}{\mathrm{d}T}=0 \tag{3.32}$$

式（3.32）中各项偏微分的表达式如下：

$$\frac{\partial\chi^2}{\partial T}=2c_2\sum_i\left[\frac{\varepsilon(\varepsilon\cdot I_{\mathrm{PL}}-I_{\exp})}{\sigma_{\lambda i}^2}\frac{\exp(c_2/\lambda_i T)}{\exp(c_2/\lambda_i T)-1}\frac{I_{\mathrm{PL}}}{\lambda T^2}\right] \tag{3.32a}$$

$$\frac{\partial\chi^2}{\partial\varepsilon}=2\sum_i\frac{I_{\mathrm{PL}}(\varepsilon\cdot I_{\mathrm{PL}}-I_{\exp})}{\sigma_{\lambda i}^2} \tag{3.32b}$$

$$\varepsilon=\frac{1}{n}\sum_i\frac{I_{\exp}}{I_{\mathrm{PL}}} \tag{3.32c}$$

$$\frac{\mathrm{d}\varepsilon}{\mathrm{d}T}=-\frac{1}{n}\frac{c_2}{c_1}\sum_i\left[\lambda^4\exp(c_2/\lambda T)\cdot\frac{I_{\exp}}{T^2}\right] \tag{3.32d}$$

式中：n 为实验测量中使用的辐射高温计的通道数；c_1、c_2 分别为第一辐射常量和第二辐射常量。

求解式（3.32）相当麻烦，需要通过计算机迭代求解。采用 Newton–Raphson 方法[56]进行计算机迭代求解比较简单易行，这是建立在泰勒展开到一级近似基础上的一种逐次逼近的近似计算方法。

该方法原理：若函数 $y=f(x)=0$ 有一根在 $x=x_0$ 附近，设所求根为 x_1，令 $x_1=x_0+\delta x$，则 δx 应满足

$$\delta x=-\frac{y(x_0)}{y'(x_0)} \tag{3.33}$$

首先设法猜测一个近似值 x_0 作为起始计算值，由式（3.33）得到下一个一级近似值 $x_1=x_0+\delta x$；其次以该一级近似值 x_1 作为初始值，重复上述计算，直到 δx 满足所需要求。

上述迭代计算中用到函数 y 的一阶导数，在本节讨论的情况下就是 χ^2 的二阶导数，计算依然比较麻烦。建议用下面的方法进行求解：注意到图 3.11 中在极小值 x_1 的左边 $f(x)$ 的斜率为负，$f'(x)<0$，在其右边 $f'(x)>0$。因此，从猜测值 x_0 出发，计算 $y'(x_0)$ 的

值,并按照 $y'(x)$ 的符号确定 x 的下一增量 δx 的取值方向,得到 $x_1=x_0+\delta x$。计算 $y'(x_1)$,直到 $y'(x)$ 的符号改变为止。由此得到极小值所在的区间。采用类似的方法可不断缩小区间的宽度,直到满足所需要求。

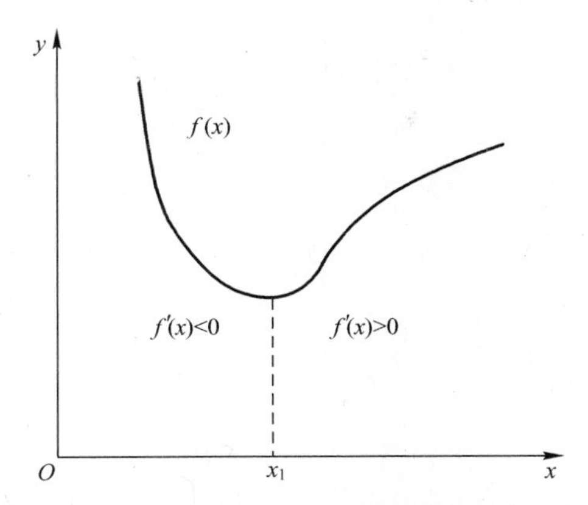

图 3.11　根据函数 $f(x)$ 的斜率符号的改变确定其极小值所在的区间的原理图

在上述计算中需要用发射率和温度的零级近似值 ε_0 和 T_0 作为计算的起始值。当温度不太高时,经典热辐射可以用维恩定律描述:

$$I_{\text{wie}}=\varepsilon\cdot c_1\lambda^{-5}\exp\left(-\frac{c_2}{\lambda T}\right) \tag{3.34}$$

$$\ln\frac{I_{\text{wie}}}{c_1\lambda^{-5}}=\ln\varepsilon-\frac{c_2}{\lambda T} \tag{3.35}$$

可把式(3.35)看作是变形的实测界面能量与发射率和温度的线性关系式。将实验数据 $I_{\exp}(\lambda)$ 用式(3.35)拟合,得到发射率 ε 和温度 T 的零级近似值,作为迭代计算的起始值。

通过以上数据解读,最终能够得到“待测样品/透明窗口”界面温度 T_{I} 及发射率 ε_{I}。从实测界面温度反演冲击波后的温度,需要考虑冲击波在界面上的反射和“样品/窗口”界面热传导过程的影响。

3.4　理想界面模型

采用镀膜样品进行冲击波温度测量时,认为金属镀膜样品与透明窗口之间不存在间隙。没有间隙的界面称为理想界面,简称“样品/窗口”界面或界面。冲击波扫过“样品/窗口”界面时,在向窗口材料中传入冲击波的同时,也向镀膜样品中反射稀疏波或冲击波。金属的冲击波阻抗比单晶 LiF 等透明窗口的高,本节仅讨论从“样品/窗口”界面向金属样品中反射稀疏波的情况。界面上的压力平衡过程比界面上的热弛豫过程要快得多,即使样品与窗口之间存在 1μm 量级的微间隙,界面两侧的力学状态也不会显著不同于无间隙理想界面的情形,在冲击波速度测量中几乎感觉不到这类微间隙的存在。为简单起见,把“样品/窗口”界面的热传导过程看作在界面两侧完全达到力学平衡后发生的热弛豫过程,相当于假定入射冲击波和反射波的传播速度极大,不受热弛豫的影响。理想界面热传导模型首先由 Grover 和 Urtiew 提出[51]。

3.4.1 理想界面模型热传导方程的解

1. “样品/窗口”界面热传导方程

设金属镀膜样品与透明窗口之间的理想界面位于 $x=0$ 处(图 3.12)。在初始时刻,金属样品区($x<0$)的温度等于入射冲击波在界面反射的阻抗匹配压力下的温度 T_R,透明窗口($x>0$)中的温度 T_W 等于窗口材料在冲击加载压力(等于阻抗匹配压力)下的温度。令 $u_4(x,t)$ 和 $u_1(x,t)$ 分别表示金属样品和透明窗口中在时刻 t 坐标 x 处的温度,则透明窗口(4 区)和金属样品(1 区)的热传导方程:

$$\begin{cases}\dfrac{\partial^2 u_4}{\partial x^2}-\dfrac{1}{\kappa_4}\dfrac{\partial u_4}{\partial t}=0\\[2ex]\dfrac{\partial^2 u_1}{\partial x^2}-\dfrac{1}{\kappa_1}\dfrac{\partial u_1}{\partial t}=0\end{cases}\tag{3.36}$$

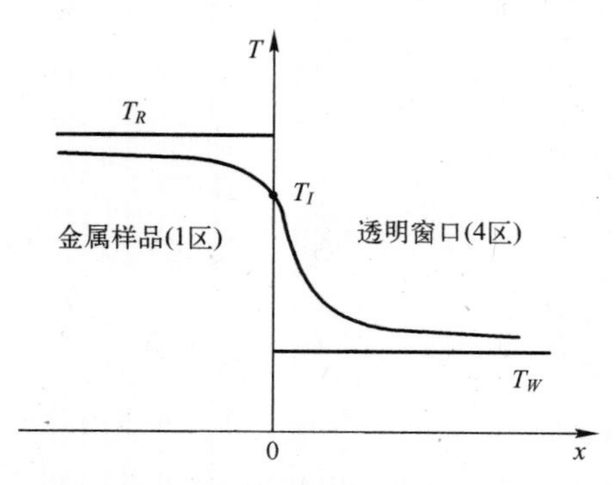

图 3.12 理想界面热传导模型中的温度分布

初始条件($t=0^-$):

$$\begin{cases}u_1(x,0)\,|_{x<0}=T_R\\ u_4(x,0)\,|_{x>0}=T_W\end{cases}\tag{3.37}$$

式(3.36)必须满足边界条件:

$$\begin{cases}u_1=T_R, & x=-\infty\\ u_1(0,t)=u_4(0,t), & x=0\\ -K_1(\partial u_1/\partial x)\,|_{x=0}=-K_4(\partial u_4/\partial x)\,|_{x=0}, & x=0\\ u_4=T_W, & x=+\infty\end{cases}\tag{3.38}$$

式中:$\kappa_i=\left(\dfrac{K}{\rho c}\right)_i$ 为热扩散率,其中下标“i”表示所在材料区域,K、ρ、c 分别为热导率、密度和比热容。

式(3.38)中 $x=0$ 处的边界条件分别表示在 $t>0^+$ 时刻界面两侧温度相等(界面温度连续),且由于热传导从金属样品中经界面流出的热流与从界面流入窗口的热流相等(能量守恒);无穷远处的两个边界条件表示在实验测量的有限时间内距离界面足够远处的样品和窗口中的温度尚未受到界面热传导的影响。

2. 热传导方程的解

利用拉普拉斯变换方法求解方程式(3.36),其通解为

$$\begin{cases} u_1 = A_1 + B_1 \cdot \operatorname{erf}\dfrac{x}{2\sqrt{\kappa_1 t}} \\ u_4 = A_4 + B_4 \cdot \operatorname{erf}\dfrac{x}{2\sqrt{\kappa_4 t}} \end{cases} \tag{3.39}$$

式中:待定系数 A_1、B_1、A_4、B_4 由边界条件式(3.38)和初始条件式(3.37)确定。

将式(3.39)代入式(3.37)和式(3.38)得到

$$\begin{cases} A_4 + B_4 = T_W \\ A_1 - B_1 = T_R \\ A_1 = A_4 \\ K_1 B_1 \dfrac{1}{\sqrt{\pi}} \dfrac{1}{\sqrt{\kappa_1 t}} \exp\left(-\dfrac{x^2}{4\kappa_1 t}\right)\Bigg|_{x=0^-} = K_4 B_4 \dfrac{1}{\sqrt{\pi}} \dfrac{1}{\sqrt{\kappa_4 t}} \exp\left(-\dfrac{x^2}{4\kappa_4 t}\right)\Bigg|_{x=0^+} \end{cases} \tag{3.40}$$

令

$$\alpha_{14} = \left(\frac{\rho_1 c_1 K_1}{\rho_4 c_4 K_4}\right)^{1/2} \tag{3.41}$$

表示阻抗匹配压力下金属与窗口材料的密度、比热容和热导率之比。从边界条件式(3.38)得到

$$B_4 = \alpha_{14} B_1 \tag{3.42a}$$

$$A_4 = A_1 = T_W + \frac{\alpha_{14}}{\alpha_{14}+1}(T_R - T_W) = T_R - \frac{1}{\alpha_{14}+1}(T_R - T_W) \tag{3.42b}$$

$$B_4 = -\frac{\alpha_{14}}{\alpha_{14}+1}(T_R - T_W) \tag{3.42c}$$

$$B_1 = -\frac{1}{\alpha_{14}+1}(T_R - T_W) \tag{3.42d}$$

得到热传导方程式(3.36)的解如下:

$$u_1(x,t) = T_R - \frac{1}{\alpha_{14}+1}(T_R - T_W) - \frac{1}{\alpha_{14}+1}(T_R - T_W)\operatorname{erf}\frac{x}{2\sqrt{\kappa_1 t}}, \quad x<0(\text{金属样品,1 区}) \tag{3.43a}$$

$$u_4 = T_R - \frac{1}{\alpha_{14}+1}(T_R - T_W) - \frac{\alpha_{14}}{\alpha_{14}+1}(T_R - T_W)\operatorname{erf}\frac{x}{2\sqrt{\kappa_4 t}}, \quad x>0(\text{透明窗口,4 区}) \tag{3.43b}$$

式中

$$\operatorname{erf}x = \frac{2}{\sqrt{\pi}}\int_0^x e^{-y^2}\,dy \tag{3.44}$$

从式(3.43)得到界面($x=0$)温度为

$$T_I = T_R - \frac{T_R - T_W}{\alpha_{14}+1} = T_W + \frac{\alpha_{14}(T_R - T_W)}{1+\alpha_{14}} \tag{3.45a}$$

由于 $\alpha_{14}=1/\alpha_{41}$，则式(3.45a)可以写为

$$T_I=T_W+\frac{T_R-T_W}{\alpha_{41}+1} \tag{3.45b}$$

式(3.45)表明，在理想界面模型下，界面温度 T_I 不随时间而变，且由入射冲击波在“样品/窗口”界面反射后的温度 T_R、窗口材料中的透射冲击波后温度 T_W 以及它们的高压物性参数(高压热导率 K、比热容 c、密度 ρ)决定。这是从 Grover 理想界面模型[50]得到的基本结论。因此，在理想界面模型下，“样品/窗口”界面发射的光辐射强度或实验测量信号的幅度 h 不随时间变化，信号顶部呈现平台，具有台阶状剖面特征。

3.4.2 理想界面模型下冲击波温度测量的样品设计

长期以来，传统的金属冲击波温度测量是建立在上述理想界面模型基础上的，并以式(3.45)对实验测量数据进行解读。分析理想界面模型的条件，除了要求金属镀膜层与透明窗口之间的结合满足无间隙的理想接触以外，还要求满足边界条件式(3.38)，即要求在实验测量时间内金属镀膜层可以看作无限厚，从而可以忽略来自镀膜样品“无穷远处”(“基板/镀膜样品”界面处)任何温度扰动对界面温度的影响。只有在透明窗口上制备出具有足够厚度的金属镀膜层，才能在实验测量时间内把“基板/镀膜样品”界面当作 $x=-\infty$ 处理，这相当于要求忽略基板与镀膜样品之间的间隙的影响(图3.5)。实际上，该间隙在入射冲击波作用下也会形成高温界面层，该高温层同样会对镀膜样品中的温度分布和“样品/窗口”界面上的热传导过程产生影响。这是理想界面模型对金属镀膜样品厚度提出的基本要求。在以往的冲击波温度测量中，镀膜样品的实际厚度一般在2μm以内，这样的镀膜样品厚度能够满足理想界面模型的要求吗？另外，靶板与镀膜样品层之间的“间隙”尺寸也与窗口和基板的加工精度相关，因此理想界面模型对靶板和窗口的加工精度及镀膜样品的质量也提出了附带要求。在后面将会看到，镀膜样品的厚度太薄，靶板和窗口加工精度，都会对冲击波温度测量结果带来严重的影响。

冲击波温度实验观测时间通常在数百纳秒至微秒(典型值为500ns)，仅仅满足第2章中关于宽厚比和追赶比要求的实验装置不一定能够满足冲击波温度测量的要求。测温实验要求使用更厚、更宽的飞片、基板和窗口，确保在整个实验观测时间内在“样品/透明窗口”界面的观测位置上不受到边侧稀疏波的影响，并满足一维应变冲击压缩的要求。

在求解式(3.36)时没有考虑相变的影响，Grover 理想界面模型得到的式(3.45)不适用于发生固-液相变(冲击熔化、卸载熔化、凝固相变)或固-固相变的情形。关于冲击测温中的固-液相变问题，将在第4章进行讨论。

3.4.3 卸载温度和冲击波温度的导出

根据式(3.45)，由界面温度 T_I 可以计算冲击波在界面反射波后的卸载温度 T_R：

$$T_R=T_I+\frac{T_I-T_W}{\alpha_{14}} \tag{3.46}$$

其中，窗口材料的冲击温度 T_W 需要用理论方法计算。在不发生卸载熔化或固-固相变时，冲击波温度 T_H 通过下式与(等熵)卸载温度 T_R 进行关联：

$$T_R = T_H \exp\left(-\int_{V_H}^{V_R} \frac{\gamma}{V} \mathrm{d}V\right) \tag{3.47}$$

或

$$T_H = T_R \exp\left(\int_{V_H}^{V_R} \frac{\gamma}{V} \mathrm{d}V\right) \tag{3.48}$$

计算 T_R 和 T_H 时，需要知道样品材料卸载后的比容 $V_R(V_R = V_1 = 1/\rho_1)$，在卸载状态下的热导率 K_1 以及比热容 c_1；窗口材料的比容 $V_4(V_4 = 1/\rho_4)$、热导率 K_4 以及比热容 c_4。

1. 窗口材料的热力学状态和物性

窗口材料的压力和比容由阻抗匹配解直接给出；比热容随冲击波压力或温度的变化由 Debye 固体比热容理论给出。在兆巴压力冲击压缩下，LiF 窗口（离子晶体）的温度 T_W 可以高达 2000 K 以上，其比热容由 Dulong-Pitet 经典比热容极限进行计算。窗口材料中的温度 T_W 的计算方法将在 3.5 节介绍。窗口材料在高压下的热导率的理论计算比较困难，没有成熟的方法。下面给出两种比较简单的近似计算方法。

汤文辉[57]利用 Leibfried-Schlomannz 在 1994 年给出的描述非金属晶体热导率的关系式

$$K = B\sqrt{n} M \frac{\overline{R}}{T}\left(\frac{\theta_{\mathrm{D}}}{\gamma}\right)^2 \tag{3.49}$$

推导出了高压下窗口材料的热导率 K 与常态热导率 K_0 之间的关系：

$$\frac{K}{K_0} = \frac{\delta}{\delta_0}\left(\frac{\theta_{\mathrm{D}}}{\theta_{\mathrm{D0}}}\right)^2\left(\frac{\gamma_0}{\gamma}\right)^2 \frac{T_0}{T} \tag{3.50}$$

式（3.49）中：B 为材料常数；n 为一个原胞中的原子数；$\overline{R}$ 为平均原子体积的立方根；M 为平均相对原子质量；θ_{D} 为德拜温度。

进一步利用 Gruneisen 系数与比容的近似关系 $\frac{\gamma}{\gamma_0} = \left(\frac{V}{V_0}\right)^n$ 及 $\gamma = -\frac{\mathrm{dln}\theta_{\mathrm{D}}}{\mathrm{dln}V}$ 将德拜温度 θ_{D} 表示为

$$\theta_{\mathrm{D}}/\theta_{\mathrm{D0}} = \exp\left\{\frac{\gamma_0}{n}[1-(V/V_0)^n]\right\} \tag{3.51}$$

$$\frac{K}{K_0} = \left(\frac{V}{V_0}\right)^{\frac{1}{3}-2n} \cdot \frac{T_0}{T} \cdot \exp\left\{\frac{2\gamma_0}{n}[1-(V/V_0)^n]\right\} \tag{3.52}$$

式中：下标“0”表示常温常压下的值。

汤文辉利用式（3.52）计算了单晶 LiF 的热导率[56]。

另一种估算窗口材料热导率 $K(p,T)$ 的方法是将温度和压力的影响分开，分别进行估算。

首先考虑温度 T 的影响。沿着零压等压路径，将非金属晶体的热导率随温度的变化表示为温度的某种经验关系[58]：

$$K(0,T) = A_1 + B_1/T \tag{3.53}$$

对 Al_2O_3 窗口：$A_1 = -2.6\mathrm{W/(m \cdot K)}$，$B_1 = 1.2\times10^4\mathrm{W/m}$；对 LiF 窗口：$A_1 = -0.2\mathrm{W/(m \cdot K)}$，$B_1 = 3.7\times10^3\mathrm{W/m}$。

当 $T=T_W$ 时,由式(3.53)得到常压、冲击高温下的窗口的热导率 $K(0,T_W)$。

然后考虑压力的影响。高温下沿着等温路径,压力对热导率的影响由 Debye-Gruneisen 近似关系[58]给出:

$$\delta K/K=7\delta\rho/\rho \tag{3.54}$$

或

$$\frac{K}{K(0,T_W)}=\left[\frac{\rho}{\rho(0,T_W)}\right]^7 \tag{3.55}$$

式中:$K=K(p,T_W)$ 为沿着等温线 $T=T_W$ 到达冲击压力 p 时的热导率;$\rho=\rho(p,T_W)$ 为沿着等温线 $T=T_W$ 到达压力 p 时的密度;$K(0,T_W)$、$\rho(0,T_W)$ 分别为窗口材料在常压、高温下的热导率和密度。

利用式(3.54)计算沿着等温路径($T\equiv T_W$)从常压($p=0$)变化到高压($p\equiv p_W$)引起的热导率变化时,需要知道沿着等温路径的密度 ρ 的变化。从常温常压出发沿着等压(零压)路径变化到 Hugoniot 温度 T_W 时的密度 $\rho(0,T_W)$,可以借助于常压体胀系数得到

$$-\mathrm{d}\ln\rho/\mathrm{d}T=A_2+B_2T \tag{3.56}$$

对 Al_2O_3 窗口:$A_2=1.6\times10^{-5}\mathrm{K}^{-1}$,$B_2=1.1\times10^{-8}\mathrm{K}^{-1}$;对 LiF 窗口:$A_2=9.8\times10^{-5}\mathrm{K}^{-1}$,$B_2=1.2\times10^{-7}\mathrm{K}^{-1}$。因此,计算窗口材料热导率的第二种方法可归纳如下。

首先,由式(3.53)计算窗口材料在常压、Hugoniot 温度 T_W 下的热导率 $K(0,T_W)$,由式(3.56)计算窗口材料在常压、Hugoniot 温度 T_W 下的密度 $\rho(0,T_W)$,结合冲击压缩下窗口材料的密度,最后利用式(3.55)计算窗口材料在 Hugoniot 状态下的热导率。

窗口材料在高温、高压下的热导数据极其缺乏。Gallagher[59]等利用一种对称夹心装置测量了蓝宝石和单晶 LiF 的热导率,其基本原理将在 3.6.6 节进行讨论。

2. 金属样品的高压热物性参数

1) 高压下的比容

在"样品/窗口"界面反射稀疏波的情况下,金属的比容可由 Riemann 积分给出:

$$u_R-u_H=\int_{V_H}^{V_R}\sqrt{-\frac{\mathrm{d}p_S}{\mathrm{d}V}}\mathrm{d}V \tag{3.57}$$

V 的近似计算公式为

$$V_R\approx V_H+\frac{(u_R-u_H)^2}{p_H-p_R} \tag{3.58}$$

式中:下标"H"表示金属在初始冲击压缩波后的状态;下标"R"表示受冲击金属材料在"样品/窗口"界面反射的稀疏波作用后的状态。

2) 比热容

金属的比热容包括晶格比热容 c_l 和电子比热容 c_e。按照 Grover 理想界面模型,冲击波扫过"样品/窗口"界面后的热传导是发生在阻抗匹配压力下的热弛豫过程,这里的比热容原则上也应是高压下的比定压热容。但是比定压热容难以计算,在实际计算中以比定容热容替代。

由于冲击温度较高,金属晶格比热容 c_l 常可取作其经典极限(单原子固体的摩尔比热容的经典极限取作 $3R$)或利用 Debye 比热容理论进行计算;当温度极高时,电子可能被激发,需要考虑电子热运动对比热容的贡献。然而对于过渡金属元素(如铁)和锕系元素,即使温度不是很高,电子比热容的贡献也可能不可忽略。电子比热容可以表达为

$$c_e=\beta T \tag{3.59}$$

当冲击压缩的温度在 5×10^4K 以下时,由 Thomas-Fermi 统计给出:

$$\beta=\beta_{0K}\left(\frac{V}{V_{0K}}\right)^{\gamma_e} \tag{3.60}$$

式中:β_{0K}为 0K 下的电子比热容系数,由金属的性质决定,即

$$\beta_{0K}=\frac{mk^2}{\hbar^2}\left(\frac{\pi V_{0K}N^{1/2}}{3}\right)^{\frac{2}{3}} \tag{3.61}$$

式中:m 为电子质量;N 为电子密度;k 为玻耳兹曼常数。

γ_e 为电子的 Gruneisen 系数,由费米电子气理论[60]可得

$$\gamma_e=V\left(\frac{\partial p_e}{\partial V_e}\right)_V=\frac{2}{3} \tag{3.62}$$

因此,电子对比内能的贡献可由 $dE_e=c_e dT=\beta T dT$ 积分得到

$$E_e=\frac{1}{2}\beta T^2=\frac{1}{2}\beta_{0K}\left(\frac{V}{V_{0K}}\right)^{\gamma_e}\cdot T^2 \tag{3.63}$$

取 $\gamma_e=2/3$,得到

$$E_e=\frac{1}{2}\beta T^2=\frac{1}{2}\beta_{0K}\left(\frac{V}{V_{0K}}\right)^{2/3}T^2 \tag{3.64}$$

在一些情况下,取 $\gamma_e=1/2$,有

$$E_e=\frac{1}{2}\beta T^2=\frac{1}{2}\beta_{0K}\left(\frac{V}{V_{0K}}\right)^{1/2}T^2$$

强冲击压缩下过渡金属和锕系元素的电子比热容的计算很复杂。

3) 热导率

现在几乎没有几十吉帕或兆巴冲击高压下的金属热导率的实验数据,只能通过理论进行估算。从量子力学可以得到典型金属的热导率 K 与电导率 σ 和温度 T 之间的一个非常简单的近似关系[61,62]:

$$K=L\sigma T \tag{3.65}$$

此即 Wiedeman-Frantz 定律。其中,L 为洛伦兹常数,$L=2.48\times10^{-8}\mathrm{W\cdot\Omega/K^2}$。因此,只要测量了金属在高压下的电导率,就能够用式(3.65)估算高压热导率。Mott[61]从量子力学导出了高压电导率 σ 与比容 V 及温度 T 之间的近似关系:

$$\sigma=M\frac{\theta^2}{T} \tag{3.66}$$

式中:$\theta=\theta(V)$ 为 Debye 温度;M 为材料常数。

式(3.66)也称为 Bloch-Gruneisen 关系。再利用 Debye 温度与比容的关系,得到同一种金属在不同压力(密度)下的电导率的表达式:

$$\frac{\sigma}{\sigma_{01}}=\left(\frac{\theta}{\theta_{01}}\right)^2\Big/\left(\frac{T}{T_{01}}\right)^2=\exp\left(-2\int_{V_{01}}^{V}\frac{\gamma}{V}\mathrm{d}V\right)\Big/\left(\frac{T}{T_{01}}\right) \tag{3.67}$$

式中:下标“01”表示各物理量在参考状态的值。

利用 $\gamma/\gamma_{01}=(V/V_{01})^n$ 近似关系将式(3.67)改写为

$$\sigma=\sigma_{01}\frac{T_{01}}{T}\cdot\exp\left[\frac{2\gamma_{01}}{n}\left(1-\frac{V^n}{V_{01}^n}\right)\right] \tag{3.68}$$

3.4.4 冲击压缩下金属热导率的实验测量

20 世纪 80 年代,美国劳伦斯·利费莫尔(LLNL)的 Keeler[63]等报道了一种测量金属的高压热导率的方法。他们采用四探头法测量了铁在高压固相区的电导率,得到了铁在 150GPa 冲击压力以下的电导率数据。后来中国工程物理研究院流体物理研究所(LSD)的毕延等[64]改进了 Keeler 的实验技术:Keeler 采用环氧树脂封装实验样品,而当冲击压力高于 50GPa 时环氧树脂的绝缘性受到破坏,封装材料漏电对实验测量的电导率数据可能带来影响。毕延的实验装置采用用蓝宝石代替环氧树脂进行封装,改进后的实验装置可将实验测量电导率的压力范围拓展到铁的冲击熔化压力区,三个实验测量数据点如图 3.13 所示。图中,纵坐标为电导率 σ,以 $10^4(\Omega\cdot\mathrm{cm})^{-1}$ 为单位,即纵轴的单位坐标刻度代表 $10^4(\Omega\cdot\mathrm{cm})^{-1}$。

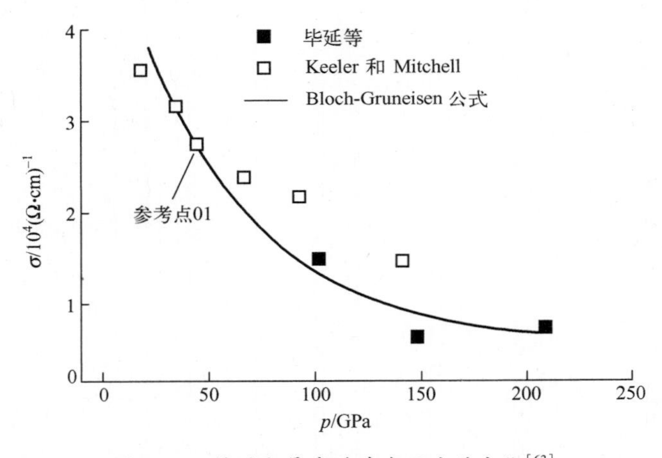

图 3.13 铁的电导率随冲击压力的变化[63]

铁的 α-ε 冲击相变起始于约 13GPa,完成相变的压力约 40GPa。根据 Keeler 的实验数据与铁的 α-ε 相变的混合相区的压力范围,毕延选取 Keeler 在 $p_R=44$GPa 时ε-Fe 的电导率为式(3.68)中铁的高压相的参考点 01(表 3.2),取 ε-Fe 的 Gruneisen 系数与压力的关系为

$$\frac{\gamma}{\gamma_{0\varepsilon}}=\left(\frac{V}{V_{0\varepsilon}}\right)^{0.7} \tag{3.69}$$

其中,ε-Fe 在零压下的 γ 及比容[47]分别为

$$\gamma_{0\varepsilon}=1.7,\quad V_{0\varepsilon}=\frac{1}{8.28}\mathrm{cm}^3/\mathrm{g}$$

表 3.2 ε-Fe 的参考点的状态参数[52]

p_{01}/GPa	V_{01}/(g/cm^3)	T_{01}/K	σ_{01}/(Ω·cm)$^{-1}$	γ_{01}	n
44.4	0.104	728	2.75×10^4	1.53	0.7

利用参考点01的比容 V_{01} 得到 $\gamma_{01}=1.53$。根据式(3.67)得到 ε-Fe 的高压电导率 σ 随压力和温度的变化为

$$\sigma=\sigma_{01}\frac{T_{01}}{T}\cdot\exp\left[\frac{2\gamma_{01}}{n}\left(1-\frac{V^n}{V_{01}^n}\right)\right]=2.75\times10^4\,\frac{728}{T}\exp\left\{\frac{2\times1.53}{0.7}\left[1-(V/V_{01})^{0.7}\right]\right\} \tag{3.70}$$

按照式(3.70)计算的 ε-Fe 的电导率随冲击压力(比容)和温度的变化如图 3.13 中的实线所示。在高压段计算结果与毕延的电导率实验测量数据(实心方块)符合较好。式(3.66)表明,Bloch-Gruneisen 公式对铁的冲击熔化区也是适用的。因此,单相区金属(铁)在冲击压缩下的高压热导率可表示为

$$K=L\sigma T=L\cdot\sigma_{01}\cdot T_{01}\cdot\exp\left[\frac{2\gamma_{01}}{n}\left(1-\frac{V^n}{V_{01}^n}\right)\right] \tag{3.71}$$

把铁的各种数据代入式(3.71),得到 ε-Fe 在高压下的热导率随比容(压力)的变化为

$$K=0.4965\cdot\exp\left[\frac{3.06}{n}\left(1-\frac{V^n}{V_{01}^n}\right)\right](\mathrm{W/(K\cdot cm)}) \tag{3.72}$$

3.5 冲击波温度的理论预估

在进行冲击波温度测量时需要对冲击波温度进行预估,以正确设置高温计和示波器的参数,确保其工作于线性区,获得高质量的测试信号;在研究冲击熔化、冲击波引发的固-固相变、材料强度等与温度密切相关的动力学问题时,正确估算冲击波温度也具有重要意义。

一般来说,冲击波后温度的计算方法与冲击波后 Hugoniot 状态所在的相区密切相关。为了突出重点以及便于分析,本节仅考虑发生固-液相变时的情况,对冲击终态分别位于固相区、固-液混合相区和液相区时的温度计算方法进行讨论。原则上,这种冲击温度计算的方法也可用于发生固-固相变的情况。

除了冲击压缩可能直接导致熔化相变以外,冲击波从“样品/窗口”界面的反射也可能导致卸载熔化。Tan 和 Ahrens[65,66]假定冲击波引发的固-液相变为平衡相变,根据初始冲击状态与卸载终态的不同,将“样品/窗口”界面上发生的冲击压缩-卸载过程分为以下 5 种典型情况(图 3.14):

过程 1:初始冲击压缩状态在固相区,冲击波在“样品/窗口”界面反射后,反射波后的状态仍保持在固相区。

过程 2:初始冲击压缩状态在固相区,冲击波在“样品/窗口”界面反射导致卸载熔化,卸载终态进入固-液混合相区,一定质量份额的金属物质发生了固-液相变。

过程 3:初始冲击压缩状态在固-液混合相区,冲击波在“样品/窗口”界面反射后的状态仍停留在固-液混合相区,但界面反射导致熔化质量分数进一步增大。

过程4：初始冲击压缩状态在固－液混合相区，冲击波在“样品/窗口”界面反射导致金属样品全部熔化（熔化质量分数等于1），反射波后状态进入液相区。

过程5：初始冲击状态在液相区，冲击波在“样品/窗口”界面反射波后状态保持在液相区。过程1和过程5属于单相区的冲击加载－卸载过程；过程2～过程4包含固－液相变过程。

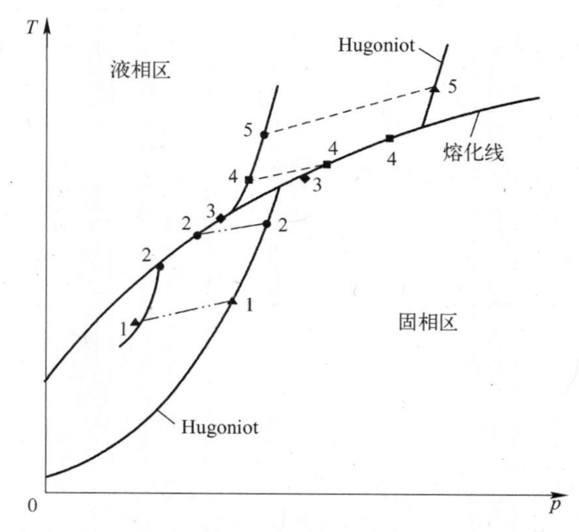

图3.14　冲击波在“样品/窗口”界面上反射可能导致的5种典型的冲击加载－卸载过程

3.5.1　单相区的冲击波温度[65,66]

在过程1和过程5不发生固－液相变，假定也不发生固－固相变，冲击波在“样品/窗口”界面的卸载过程可以作为等熵卸载过程处理。从初始冲击压缩状态p_H卸载到压力p_R时，冲击温度从T_H变化到T_R，由等熵绝热关系得到

$$T_R = T_H \exp\left(-\int_{V_H}^{V_R} \frac{\gamma}{V} \mathrm{d}V\right) \tag{3.73}$$

式中：V_R为金属样品在卸载终态的比容，由式(3.58)给出。

初始冲击波温度T_H用以下方法计算。

1. 固相区冲击波温度的计算

冲击压缩位于固相区时，可根据从始态出发的冲击绝热线和等熵线的关系估算冲击波后的温度。从S到H的等容过程(图3.15)的内能变化为

$$E_H - E_S = \int_{T_S}^{T_H} c_V \mathrm{d}T \equiv \bar{c}_V (T_H - T_S) \tag{3.74}$$

式中

$$E_S - E_0 = -\int_{V_0}^{V} p_S \mathrm{d}V$$

$$E_H - E_0 = \frac{1}{2} p_H (V_0 - V)$$

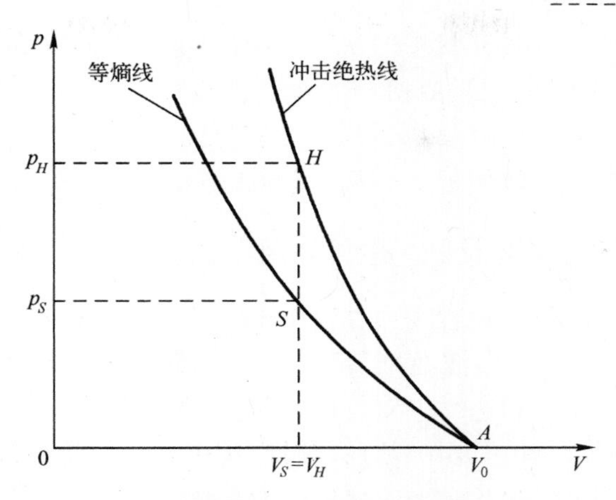

图 3.15　固相区冲击波温度的计算方法

$\bar{c}_V$ 为从 S 到 H 的等容过程中比热容的平均值,包括晶格振动和电子热运动对比热容的贡献。按 Debye 比热容理论,晶格比热容为

$$c_V = \frac{3R}{\mu} D(\theta/T) \tag{3.75}$$

其中:$D(\theta/T)$ 为德拜函数。

令 $x=\theta/T$,则

$$D(\theta/T) \equiv D(x) = \frac{3}{x}\int_0^x \frac{\xi^4 e^{\xi}}{(e^{\xi}-1)^2} d\xi \tag{3.76}$$

式(3.74)中的平均比热容可由积分中值定理计算:

$$\bar{c}_V = \frac{E_H - E_S}{T_H - T_S} = \frac{\int_{T_S}^{T_H} c_V dT}{T_H - T_S} \tag{3.77}$$

由 Gruneisen 物态方程得到

$$E_H - E_S = \frac{V}{\gamma}(p_H - p_S) \tag{3.78}$$

因此,冲击波温度可以表示为

$$T_H = T_S + \frac{V}{\gamma} \cdot \frac{p_H - p_S}{\bar{c}_V} \tag{3.79}$$

式中:T_S 为从初始冲击状态出发的等熵压缩温度,且有

$$T_S = T_0 \exp\left(-\int_{V_0}^{V_H} \frac{\gamma}{V} dV\right) \tag{3.80}$$

比容 $V_S=V_H$ 时的等熵压强 p_S 由第 2 章介绍的方法计算。对式(3.75)、式(3.77)和式(3.80)进行迭代计算可得到冲击波温度 T_H。

2. 液相区的冲击波温度

当初始冲击压缩状态位于液相区时,根据能量守恒关系,液相区的冲击波温度可表示为

$$T_H = T_S + (E_H - E_S - \Delta H_M)/\bar{c}_V \tag{3.81}$$

式中:ΔH_M 为冲击压缩 Hugoniot 状态下发生固-液相变的熔化热,假定高压下的熔化熵增 ΔS_M 与零压下的熔化熵增 ΔS_{M0} 近似相等,且有

$$\Delta H_M = T_M \Delta S_M \approx T_M \Delta S_{M0}$$

式中:T_M 为压力 P_H 时的熔化温度,T_M 的计算方法将在第 4 章进行讨论。

3.5.2 过热卸载模型及固-液混合相区的状态[65,66]

对于图 3.14 中的过程 2、过程 3 和过程 4,卸载终态位于固-液混合相区或液相区。

对于过程 2,它包含了冲击波在“样品/窗口”界面卸载引起的卸载熔化,材料位于固-液混合相区。在冲击波到达“样品/窗口”界面以前,样品材料的冲击波温度 T_H 可用 3.5.1 节的方法进行计算;冲击波在“样品/窗口”界面发生反射,样品中透射冲击波后的压力及粒子速度等由阻抗匹配法给出,窗口材料的比容由冲击绝热线给出;由于样品处于固-液混合相区,样品的比容不能用等熵卸载线进行计算,但混合相区的温度应等于阻抗匹配压力下的高压熔化温度。

对于过程 3,金属样品的初始冲击状态及其在“样品/窗口”界面反射后的状态均位于固-液混合相区。初始冲击温度等于初始冲击压力下的熔化温度而界面卸载后的温度等于“样品/窗口”界面阻抗匹配压力下的熔化温度。

对于过程 4,样品的初始冲击波状态位于固-液混合相区,冲击波从“样品/窗口”界面卸载后的阻抗匹配状态处于液相区;初始冲击温度等于初始冲击压力下的固-液混合相区的熔化温度,冲击波在界面反射后的卸载后温度等于阻抗匹配压力下液相区的温度。

材料发生冲击熔化或卸载熔化,从实验测量得到的“样品/窗口”界面温度 T_I 与卸载波后温度 T_R 之间的关系不能由 Grover 理想界面模型给出,因为 Grover 理想界面模型没有考虑相变。包含固-液相变的热传导方程问题的求解方法将在第 4 章中讨论。另外,卸载熔化导致熵增,伴随固-液相变的卸载过程不能再当作等熵卸载过程处理,卸载温度 T_R 与冲击温度 T_H 也不能通过等熵关系式式(3.73)连接起来。一旦卸载进入固-液混合相区,卸载熔化路径应当沿着 T-p 平面上的高压熔化线进行。为了计算伴随着卸载熔化过程的温度与压力和比容之间的关系,卸载熔化过程满足以下基本假设。

(1) 发生卸载熔化时,在“样品/窗口”界面两侧的压力可以用阻抗匹配解描述,即发生卸载熔化时的压力 p'_M 与用阻抗匹配法确定的压力 p_R 相等,$p'_M = p_R$。此处及下文中,带有撇号的下标 M' 表示卸载熔化,无撇号时的 M 表示冲击熔化。

(2) 金属在冲击压缩下的熔化规律可以用 Lindemann 熔化定律[4]描述,即

$$\frac{\mathrm{d}\ln T_M}{\mathrm{d}\ln V_M} = -2\gamma + \frac{2}{3} \tag{3.82}$$

Lindemann 熔化定律给出的曲线是压力-比容平面上将固相区与固-液混合相区分隔开的一条曲线,这条曲线也称为固相线,T_M 及 V_M 分别表示在某一压力下发生熔化时固相线上的温度及比容;而压力-比容平面上固-液混合相区与液相区之间的分界线简称为液相线。

(3) 在初始冲击波到达“样品/窗口”界面以前,无论是否发生冲击熔化,初始冲击状态可由材料的 Hugoniot 关系完全确定。

在上述条件下,Tan 和 Ahrens 提出了过热卸载模型[65,66],用于描述因冲击波在“样品/

窗口”界面的反射引发的熔化相变的状态。

1. 第一种情形：初始冲击压缩状态位于固相区，卸载终态位于固-液混合相区

首先讨论图 3.14 中的过程 2。过程 2 中的卸载熔化过程如图 3.16 所示。入射冲击波的初始状态由位于固相区冲击绝热线上的 H 点表示；从 H 出发的卸载线终态位于固-液混合相区的 R 点，此即从“样品/窗口”界面反射的卸载波达到的阻抗匹配状态。过热卸载是指虽然卸载温度达到或超过了该卸载压力下的熔化温度，但材料仍停留在固相区不发生固-液相变。从 H 点出发经等熵过热卸载到达假设的亚稳态，该亚稳态由图 3.16 中的 R' 点表示，R' 点的压力 p_R' 应与阻抗匹配压力 p_R 相等，$p_R'=p_R$。假设 M' 点表示等压线 $p=p_R=p_R'$ 与固相线的交点；S' 点表示从始态出发的等熵线与过 M' 的等容线的交点，即 S' 的比容与 M' 的比容相同，$V_S'=V_M'$。假设经过 Hugoniot 状态 H 点的等压线 $p=p_H$ 与 Lindemann 熔化线（固相线）交于 M 点。因此，M 点及 M' 点对应的熔化压力分别为 $p_M=p_H$ 及 $p_M'=p_R$，对应的 Lindemann 熔化线的比容分别为 V_M 及 V_M'，熔化温度分别为 T_M、T_M'，它们由 Lindemann 熔化定律和 Gruneisen 状态方程共同确定。对于 M 点，比容为 V_M 时的熔化压力与熔化温度的关系：

$$p_M(V_M)-p_S(V_M)=\frac{\gamma}{V}\bar{c}_V[T_M(V_M)-T_S(V_M)] \tag{3.83}$$

式中：$p_S(V_M)$、$T_S(V_M)$ 分别为从零压始态出发的等熵线上的 S 点（其比容为 V_M）的压力和温度（图 3.16）；$\bar{c}_V$ 为从 $T_S(V_M)$ 至 $T_M(V_M)$ 的温度区间内的比定容热的平均值。

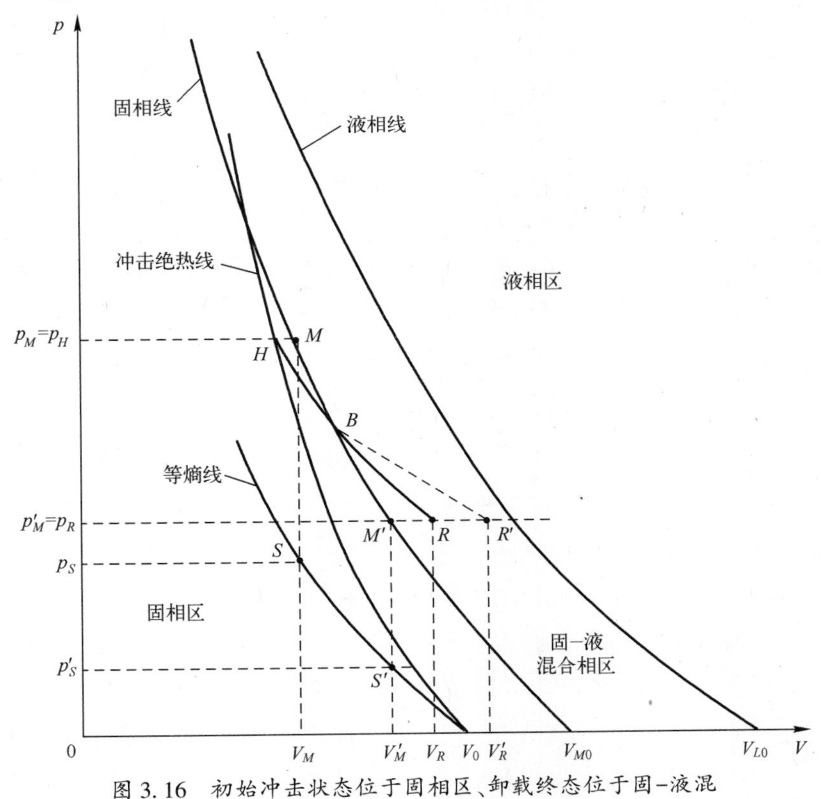

图 3.16 初始冲击状态位于固相区、卸载终态位于固-液混合相区时的过热卸载过程

以 Hugoniot 状态的比容为初始值,利用迭代计算联合求解式(3.82)及式(3.83),可以得到 M 点的比容 V_M 和它对应的熔化温度 $T_M(V_M)$。

对于实际卸载过程,由于卸载终态压力 p_R 等于阻抗匹配压力,且卸载终态位于固-液混合相区,因此温度 T_R 应等于压力 $p'_M=p_R$ 时的熔化温度 T'_M,可由等压线 $p=p_R$ 与固相线上的 M'点确定。利用类似于 M 点的计算方法,可以确定 M'点的比容 V'_M和温度 T'_M以及 R 点的温度 $T_R=T'_M$。但是,熔化破坏了卸载过程的等熵性,卸载终态 R 点的比容 V_R 不能用特征线方法或 Riemann 积分公式求出。Tan 和 Ahrens 提出以下过热卸载模型,描述发生卸载熔化时的温度与比容的关系。

(1) 过热卸载模型。假定卸载过程不发生熔化(过热卸载),卸载过程沿着等熵卸载线进行。当卸载到阻抗匹配压力 p_R 时,样品的过热卸载终态位于图 3.16 的 R'点。显然 R'点位于等压线 $p=p_R=p'_R$上,从始态至终态 R'的过程仍可以用等熵卸载线描述。利用第 2 章中的等熵关系确定 R'点的温度 T'_R和比容 V'_R。但是,实际过程的卸载终态位于 R 点,因此可以沿着假设的过热卸载过程先从 H 点到达 R'点($p'_R=p_R$),再沿着过 R'点的等压线到达 R 点。在此等压过程中释放的热量为

$$\Delta Q'=c_p(T'_R-T_R)=c_p(T'_R-T'_M) \tag{3.84}$$

式中:c_p 为比定压热容。

从 R'点到 R 点的等压过程中放出的热量 $\Delta Q'$将使一定质量的金属样品发生熔化,按照能量守恒,熔化质量分数为

$$X'_M=\frac{\Delta Q'}{\Delta H'_M} \tag{3.85}$$

式中:$\Delta H'_M$为在阻抗匹配压力 $p'_M=p_R$ 时的熔化潜热(在定压条件下使单位质量固体物质完全熔化所需的热能),可近似表示为

$$\Delta H'_M=T'_M\cdot\Delta S_{M0} \tag{3.86}$$

其中:ΔS_{M0}为常压下的熔化熵增,可从热力学手册查到。

发生完全熔化时的比容增量(混合相区的宽度)$\Delta V'_M$由 Clausius-Clapeyron 方程给出:

$$\Delta V'_M=\frac{\Delta H'_M}{T'_M\left(\frac{\mathrm{d}p}{\mathrm{d}T}\right)'_M} \tag{3.87}$$

式中:$\left(\frac{\mathrm{d}p}{\mathrm{d}T}\right)'_M$为压力 p_R 时固相线上 M'点的斜率,可以由 Lindemann 熔化定律式(3.83)计算得到。

熔化质量分数 X'_M引起的比容增量等于 $X'_M\cdot\Delta V'_M$,因此卸载终态 R 点的比容 V_R 应等于固相线上 M'点的比容 V'_M与卸载熔化引起的比容增量之和:

$$V_R=V'_M+X'_M\Delta V'_M \tag{3.88}$$

至此,确定了位于固-液混合相区的卸载终态 R 点的全部状态参量 p_R、T_R 及 V_R。

(2) 卸载熔化的始态压力及温度。改变卸载压力,则 X'_M的值也随之变化。若在某压力 p_B 时熔化质量分数很小,即

$$0<X'_M\ll 1 \tag{3.89}$$

B 点即可视为卸载熔化的起始点,也是从 H 出发的卸载线与固相线的交点(图 3.16)。从

H 点到 B 点的卸载过程发生在固相区内，可以作为等熵过程处理。因此，从位于固相区的 Hugoniot 始态 H 点到位于混合相区的卸载终态 R 点的卸载过程需要分成等熵卸载过程$\overline{HB}$及包含卸载熔化的卸载过程$\overline{BR}$两段分别计算。

2. 第二种情形：初始冲击状态和卸载终态均在固-液混合相区

对于图 3.14 中的过程 3，初始冲击压缩状态由固-液混合相区的 H 点表示（图 3.17），初始冲击压力 p_H 和比容 V_H 可由冲击绝热线本身确定，初始冲击波温度 T_H 与冲击压力下的熔化温度 T_M 相等，可由 Lindemann 熔化定律确定，因此需要确定与 $p_M=p_H$ 对应的 M 点的比容 V_M（图 3.17）。类似于第一种情形，可以由式（3.82）及式（3.83）联立求解给出固相线上 M 点的比容 V_M 和温度 T_M。

根据固相线上 M 点的比容 V_M 与冲击压缩状态 H 点的比容 V_H，可以求出 H 点的初始熔化质量分数（图 3.17）：

$$X_0=\frac{V_H-V_M}{\Delta V_M} \tag{3.90}$$

式中：ΔV_M 为压力 $p_M=p_H$ 时混合相区的宽度，由式（3.87）给出。

改变 H 点的压力，则 X_0 的值也随之发生变化：$X_0=0$ 表示冲击熔化的起始点，即图 3.17 中固相线上的 I 点；$X_0=1$ 表示冲击熔化刚好完成，位于液相线上（图 3.17 中的 L' 点），$0<X_0<1$ 表示初始冲击状态位于混合相区。

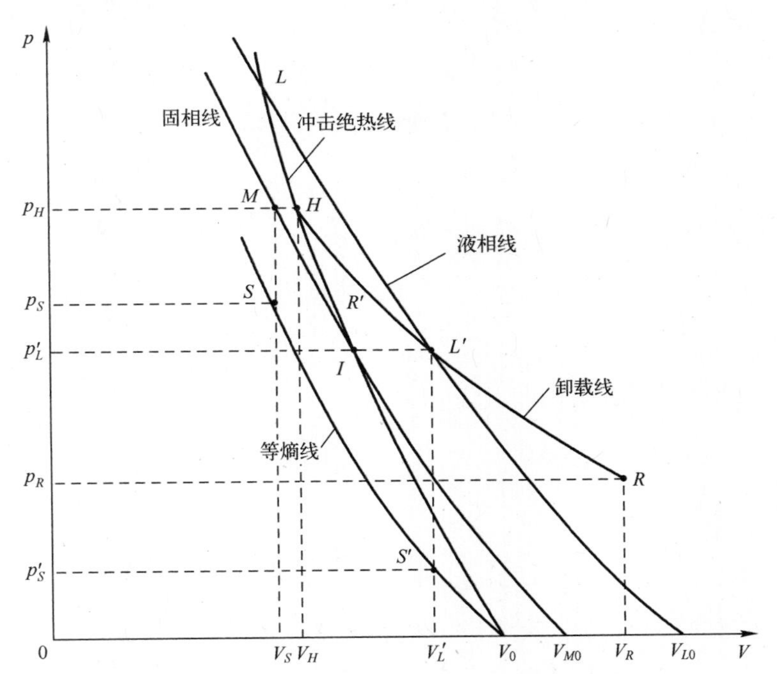

图 3.17　初始冲击状态位于固-液混合相区的卸载过程

I—冲击熔化的起始位置；L—卸载熔化的进入液相区的位置；R—卸载终了位置。

利用过热卸载模型可以由式（3.85）计算从 H 点出发的、卸载到不同终态压力 p'_R的过程中增加的熔化质量分数。考虑初始冲击熔化质量分数 X_0 以后，从初始冲击状态 H 点卸载到"样品/窗口"界面阻抗匹配压力状态 R'点的总的熔化质量分数为

$$X'_M = X_0 + c_p(T'_R - T'_M)/\Delta H'_M \tag{3.91}$$

式中：温度 T'_R 由过热卸载模型给出。

3. 第三种情形：卸载进入液相区

对于图 3.14 中的过程 4，若用式(3.90)或式(3.91)计算熔化质量分数时出现 $X'_M > 1$ 的情况，则表示卸载已从混合相区进入液相区。卸载线与液相线的交点 L' 可由过热卸载模型确定。从 L' 点到终态 R 点的过程在单相(液相)区中进行，属于等熵卸载过程。因此，卸载终态的温度 T_R 和比容 V_R 的计算要分两步进行。

(1) 计算混合相区中的卸载过程。改变卸载压力，由过热卸载模型计算从初始冲击状态卸载到不同终态压力下的熔化质量分数 X'_M，用逐次逼近法，直到熔化质量分数 $X'_M = 1$。令此时的状态由 L' 点表示(图 3.17)，得到液相线上的 L' 点的压力 p'_L、比容 V'_L 及温度 T'_L。

(2) 从 L' 点出发，按照单相区(液相区)的等熵卸载过程的计算方法(见 3.5.1 节)，计算卸载到阻抗匹配压力 p_R 时的比容 V_R 及温度 T_R。

3.5.3 利用能量原理判定初始冲击状态所在的相区

利用上述方法估算冲击波温度时，需要确定初始冲击状态所在的相区。如前所述，取固相线上的 M 点与初始冲击压缩状态 H 点的压力相等。M 点的压力 $p_M = p_H$、温度 T_M 均为比容 V_M 的函数：

$$\frac{\mathrm{d}\ln T_M}{\mathrm{d}\ln V_M} = -2\gamma + \frac{2}{3}$$

$$p_M(V_M) = p_S(V_M) + \left(\frac{\gamma}{V}\right)_M \cdot \bar{c}_V(T_M - T_S) = p_H$$

式中：p_S、T_S 分别为从零压始态出发的等熵线上比容为 V_M 时的压力和温度。

等熵线的温度 $T_S(V_M) = T_0 \exp\left(-\int_{V_0}^{V_M} \frac{\gamma}{V} \mathrm{d}V\right)$，而压力 $p_S(V_M)$ 由过零压始态的等熵线确定。由此可以求出与 H 点的冲击压力对应的 M 点的温度和压力状态。内能 $E_M(V_M)$ 由 Gruneisen 物态方程给出：

$$E_M(V_M) = E_S(V_M) + \left(\frac{V}{\gamma}\right)_M (p_M - p_S) \tag{3.92a}$$

或

$$E_M(V_M) = E_H(V_M) + \left(\frac{V}{\gamma}\right)_M (p_M - p_H) \tag{3.92b}$$

式中

$$E_S(V_M) = -\int_{V_0}^{V_M} p_S \mathrm{d}V$$

显然，发生冲击熔化时，冲击绝热状态的内能 E_H 必定大于 M 点的内能 E_M(图 3.17)。若以熔化热

$$\Delta H_M \approx T_M \cdot \frac{\Delta H_{M0}}{T_{M0}}$$

度量冲击熔化进行的程度(图3.17),则有以下性质:

(1) 当 $E_H-E_M<0$ 时,H 点位于固相区;

(2) 当 $E_H-E_M=0$ 时,H 点恰好位于固相线上,与 M 点重合,这是冲击熔化开始发生的始态;

(3) 当 $0<E_H-E_M<\Delta H_M$ 时,H 点位于固-液混合相区内;

(4) 当 $E_H-E_M=\Delta H_M$ 时,H 点恰好位于液相线上,这是冲击熔化完成的终态;

(5) 当 $E_H-E_M>\Delta H_M$ 时,H 点位于液相区内。

利用过热卸载模型计算了"Fe/Al_2O_3"和"Fe/LiF"两种实验装置的"样品/窗口"界面上的卸载状态,计算使用的材料参数列于表3.3,计算结果如表3.4所列。

表3.3 过热卸载模型计算中使用的常数

材料	ρ_0/(g/cm³)	c_0/(km/s)	λ	γ_0	T_{M0}/K	V_{M0}/(cm³/g)	ΔH/(J/g)	θ_0/K
Fe	7.85	3.955	1.58	1.90	1803	0.1340	63.7	373
Al_2O_3	3.977	8.724	0.975	1.32	2318	0.2673	256	923
LiF	2.64	5.148	1.353	1.63	1133	0.4267	250	646

表3.4 "Fe/Al_2O_3"装置和"Fe/LiF"装置的过热卸载模型近似计算结果

样品/窗口	p_H/GPa	p_R/GPa	T_H/K	X_0	X_M	V_R/(cm³/g)	T_R/K
Fe/Al_2O_3	177	144	4595	0	0	0.08910	4346
	212	168	5980	0	0.093	0.08719	5509
	250	195	6361	0.5390	0.633	0.08553	5820
	272	210	6546	0.9355	1.0	0.08404	6070
Fe/LiF	188	102	5031	0	0	0.09514	4295
	206	112	5733	0	0.206	0.09474	4685
	237	128	6244	0.304	0.645	0.09325	4950
	263	142	6474	0.778	1.0	0.09002	5380

3.6 非理想界面模型

由于铁和铁合金在地球的内核与外核界面压力下的熔化温度对于地球物理研究具有特殊意义,因此多年来国内外许多研究者对铁及铁合金的冲击熔化温度进行了大量实验研究[67]。他们使用镀膜样品、单晶蓝宝石或LiF窗口,以及多通道瞬态辐射高温计测量"镀膜样品/透明窗口"界面的瞬态热辐射能量;依据经典热辐射理论将实验测量的辐射信号转变为"样品/窗口"界面的温度;最后,按照理想界面模型,将界面温度转化为冲击波温度,得到在地球内核与外核界面或地核中心的压力-温度数据。大量的实验结果发现:利用这样的方法测得的铁在高压下的熔化温度比静高压方法的测量结果或者理论方法的计算值高得多[68,69],例如,Bass等曾报道用六通道瞬态辐射高温计测量的铁在内核与外核界面的温度比地球物理的理论计算值高出1000~2000K[68]。另外,按照理想界面模型实验测量的"样品/窗口"界面温度剖面不随时间而变[51]。但是,汤文辉等观察到了在起始位置出现小尖峰的界面温度剖面[70]。Ahrens研究小组认为,冲击波温度测量结果偏高是由于从界面温度计算冲击波温度时使用的窗口材料的热导率太大的缘故,而他们测量的单晶蓝宝石和 LiF 的高压热导率的修正值比早先的理论估算值低 2~3 个数量级[59];另一些研究者认为可能与蓝宝石和 LiF 窗口材料在高压下部分失去透明性有关[71,72]。

在这些研究中均采用了"铁镀膜样品/透明窗口"样品结构以实现理想界面模型。尽管对靶板进行了精密加工,但铁靶板与镀膜样品之间依然存在着微米尺度的间隙,实验样品装置中结构可以表述为"金属基板/微米间隙/金属镀膜样品/透明窗口"的形式(图 3.18),简称为四层介质结构。虽然镀膜样品与单晶透明窗口之间的界面可以看作理想界面,但是需要考虑金属基板(靶板)与镀膜样品之间的微米尺度间隙对辐射法测温的影响。在多数冲击测温实验中,金属镀膜层的初始厚度仅有数微米(铁膜的典型厚度1~2μm),在强冲击压缩下镀膜层的厚度为 0.5~1μm,而金属基板与镀膜样品之间的间隙的原始宽度经常达 1~2μm。当冲击波从基板越过间隙进入镀膜样品时,冲击波首先与金属基板与镀膜样品之间的间隙(简称"基板/样品"间隙或微间隙)发生作用,紧邻该间隙的一薄层基板材料将经历冲击加载-卸载-再冲击过程,冲击波能量在间隙界面沉积导致邻近间隙界面的一薄层材料成为高温界面层。该高温界面层的宽度与间隙的原始宽度大致相当。因此,在测温实验中观察到的"镀膜样品/窗口"界面上的热辐射可能包含了"基板/样品"间隙处的高温界面层的影响。也就是说,简单地采用镀膜样品并不一定能使"样品/窗口"界面上的热传导过程满足理想界面模型条件;采用镀膜样品进行冲击波温度测量获得的界面温度不一定能按照理想界面模型与初始入射冲击波温度相关联。从这一意义上说,镀膜样品方法似乎显得有些多余。为了考察"基板/镀膜样品"间隙对冲击波温度测量的影响,谭华和戴诚达提出了非理想界面模型[73,74]分析微米尺度的间隙界面对辐射法测温的影响。本节将详细分析冲击波与间隙界面(包括"基板/窗口"间隙、"基板/镀膜样品"间隙或"平板金属样品/窗口"间隙)之间的作用,借助热传导方程考察冲击波与间隙界面作用产生的高温层的影响。

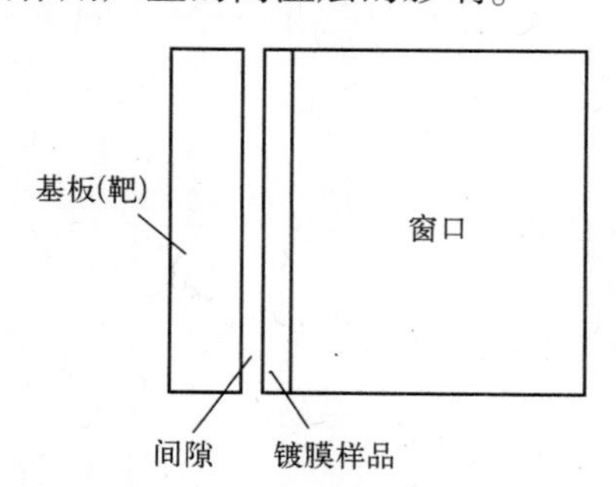

图 3.18　四层介质模型的"靶/样品"装置的结构

3.6.1　冲击波与"样品/窗口"间隙界面的相互作用[73,74]

不失一般性,设平面冲击波从左向右运动(图 3.19),当到达"金属平板样品/窗口"间隙的左侧界面时(基板或样品的自由面),立即反射左行中心稀疏波,使紧邻间隙的极薄一层样品材料卸载;与此同时,间隙处基板或样品的自由面将以速度 u_{fs} 向右运动,穿过间隙与窗口相撞,在向窗口材料传入右行冲击波的同时,向基板中反射左行冲击波。该左行冲击波相对于波前介质以超声速运动,必定能赶上早先进入样品的左行中心稀疏波,使已经受到稀疏卸载的那一薄层金属样品材料再次受到冲击压缩,该左行冲击波因而称为再冲击波。在窗口材料中的右行入射冲击波和样品中的左行再冲击波的共同作用下,样品与窗口两侧的压力和粒子速度迅速达到平衡。左行再冲击波在追赶它前方的左行中心稀疏波的过程中,冲击压力逐步减弱并最终消失。显然,再冲击波追赶稀疏波的过程决定了界面高温层的温度分布及其宽度。

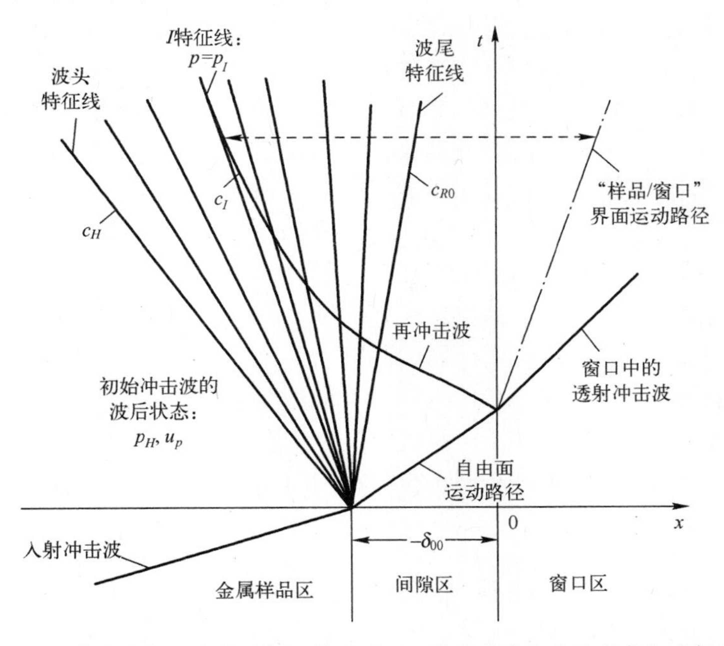

图 3.19　冲击波与间隙界面相互作用的 $x-t$ 图及再冲击波的形成与追赶过程

1. 左行稀疏波的卸载过程

样品中的原始入射冲击波的波后状态也就是从间隙界面反射的左行中心稀疏波的波前状态,左行中心稀疏波的波头特征线与入射冲击波的波后状态区直接衔接(图 3.19),而波尾特征线则与自由面卸载的零压区衔接。在左行中心稀疏波的作用下,样品中的压力将从初始冲击压力 p_H 逐渐卸载到"零压",粒子速度将从 u_p 连续增加到 u_{fs};而从样品的波尾特征线到自由面之间的区域是常压流动区。

2. 再冲击波的追赶过程

样品自由面以速度 u_{fs} 渡越间隙,与间隙另一侧的窗口材料相撞产生的再冲击波穿过自由面与左行稀疏波的波尾之间的常流区与左行中心稀疏波的波尾相遇;然后进入中心稀疏波的扇形区(或不定常流动区),依次与该区的各条特征线相遇,导致再冲击波的压力连续降低;当再冲击波的波后压力衰减到接近阻抗匹配压力 p_I 时,即当它接近图 3.19 中的 I 特征线时,它已经弱化为小扰动波(再冲击波前与波后的压力差与其波前压力相比是小量),再冲击波在不定常流动区的追赶过程基本结束。因此,当再冲击波退化为声波时其追赶过程即终止。从左行稀疏波的波头特征线到扇形区的 I 特征线之间的卸载过程与理想界面模型中冲击波的卸载过程完全相同,这部分物质经历的是冲击加载-卸载过程,没有受到再冲击波的作用;而样品中靠近间隙界面的一薄层物质,即从间隙的自由面到特征线 I 之间的那一层物质,则经历了冲击加载-卸载-再冲击加载过程,再冲击加载的熵增导致这一薄层物质的温度比样品内部未受到再冲击波作用的那一部分物质的温升显著增高。因此,冲击波与“样品/窗口”间隙界面的作用导致冲击波能量在金属样品靠近间隙界面的一薄层材料中沉积,使这一薄层样品材料的温度显著高于样品主体部分的温度。把受到再冲击作用的这一薄层材料称为高温界面层。为了深入理解这一过程的影响,有必要细致分析再冲击波的追赶过程。

1) 再冲击波在常流区中的追赶过程

设金属样品与窗口之间的间隙的原始宽度为 δ_{00}。以金属样品中的初始冲击波阵面到达间隙界面的时刻为时间零点,取与间隙相邻的窗口界面的位置为空间坐标的原点,则初始时刻与间隙相邻的样品自由面的坐标 $x=-\delta_{00}$。金属样品中的冲击波到达该界面位置后,金属界面将以速度 u_{fs} 运动,它越过界面间隙所需的时间为

$$\Delta t_{00}=\frac{\delta_{00}}{u_{fs}} \tag{3.93}$$

若样品的自由面与窗口在 A 点碰撞(图 3.20),则 A 点的坐标为

$$A(x,t)=A(0,\Delta t_{00})$$

对于图 3.19 中的常流区,设样品中的再冲击波相对常流区波前物质的速度为 D_0,该左行中心波波尾特征线相对于常流区介质的传播速度为 c_{R0}。若再冲击波在 B 点与金属样品中的左行中心稀疏波的波尾相遇(图 3.20),则冲击波从 A 点运动到 B 点所需的时间 Δt_0 可表达为

$$\Delta t_0(D_0-c_{R0})=\Delta t_{00}\cdot c_{R0}=\frac{\delta_{00}}{u_{fs}}c_{R0}$$

$$\Delta t_0=\frac{\delta_{00}}{u_{fs}}\frac{c_{R0}}{D_0-c_{R0}} \tag{3.94}$$

式中,常流区的声速 c_{R0} 可以由第 2 章等熵卸载线中讨论的方法进行计算;再冲击波速度相对于波前介质的速度 D_0 可用样品与窗口之间的阻抗匹配参数计算得到(式(1.7)及式(1.8)):

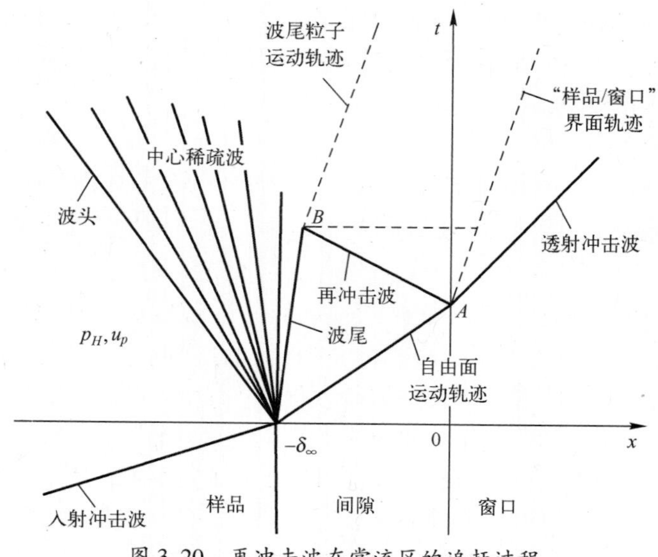

图 3.20　再冲击波在常流区的追赶过程

$$D_0 = V_{R0}\sqrt{\frac{p_{\mathrm{I}}}{V_{R0}-V_{\mathrm{I}}}} \tag{3.95}$$

式中：p_I、V_I分别为金属样品碰撞窗口的阻抗匹配压力和比容；V_{R0}为样品从初始冲击压缩状态卸载到零压时的比容，即再冲击波前方常流区样品材料的比容。

由于再冲击波的不可逆熵增，常流区中样品的温度可能远高于 3.4 节中理想界面模型下的情况。其比容 V_i 也不等于理想界面模型下的比容。

当再冲击波阵面与左行稀疏波的波尾特征线相遇时，常流区的宽度为

$$\delta_{01} = D_0 \cdot \Delta t_0 \cdot \frac{V_i}{V_{R0}} = \frac{D_0}{u_{\mathrm{fs}}} \frac{c_{R0}}{D_0 - C_{R0}} \frac{V_I}{V_{R0}} \delta_{00}$$

式中：V_I 为理想界面条件下根据阻抗匹配计算的样品材料的比容。

假定阻抗匹配条件下“样品/窗口”界面的粒子速度为 u_I，则

$$\frac{V_I}{V_{R0}} = \frac{D_0 - u_I}{D_0}$$

因此

$$\delta_{01} = \frac{c_{R0}}{u_{\mathrm{fs}}} \frac{D_0 - u_I}{D_0 - C_{R0}} \delta_{00} \tag{3.96}$$

2）再冲击波在不定常流动区（左行中心稀疏波的扇形区）中的追赶过程

再冲击波通过 B 点进入左行中心稀疏波的扇区或不定常流动区（图 3.21）。在扇区中有一条特征线 I，经过该特征线作用后的压力和粒子速度等于阻抗匹配压力 P_I和界面速度 u_I。若再冲击波在点 F 赶上特征线 I，则从卸载波的波尾特征线到特征线 I 的追赶过程中，再冲击波的波前压力从“零压”连续变化到 P_I，因此再冲击波在追赶过程中变得越来越弱，在它赶上特征线 I 以前实际上就已经减弱为弱应力波或声波。

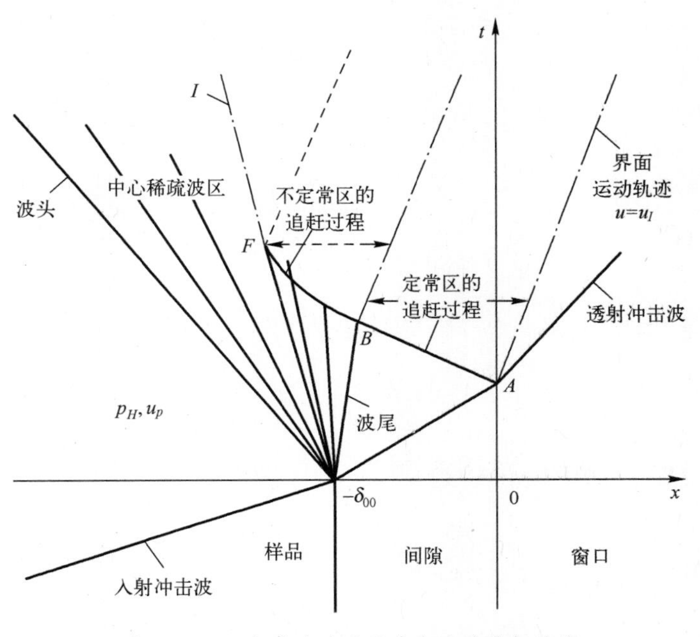

图 3.21　不定常流动区再冲击波的追赶过程

在此追赶过程中,随着再冲击波强度的减弱,波前与波后的温度差连续减小。特别是当再冲击波的波后压力下降到与 I 特征线相差不大时,它退化为弱冲击波或小扰动波;虽然此后的追赶过程经历的时间或距离也许较长,但是对温度变化的贡献很小。也就是说,与常流区的追赶过程相比,在扇区的追赶过程对高温界面层的厚度的贡献相对较小。扇区中的再冲击波后的温度将随着追赶距离增加迅速降低,高温层的厚度的增加将显著小于冲击波在不定常区经历的追赶距离,即高温界面层的厚度主要由再冲击波在常流区中的追赶过程决定。上述定性分析得到了与 Grover 和 Urtiew 的计算结果相似的结论[53]。

综上所述,虽然从 B 点至 F 点的追赶距离相当大,但是这一追赶过程对高温层的厚度的贡献很小。假定在扇区中再冲击波相对于波前粒子的平均追赶速度为 D_1,可以粗略估计从 B 点到 F 点所需的追赶时间为

$$\begin{aligned}\Delta t_1 &\approx \frac{(c_I - c_{R0}) + (u_{\text{fs}} - u_I)}{(D_1 - c_I) - (u_{\text{fs}} - u_I)} \cdot \frac{c_{R0}}{D_0 - c_{R0}} \cdot \frac{\delta_{00}}{u_{\text{fs}}} \\ &= \frac{(c_I - c_{R0}) + (u_{\text{fs}} - u_I)}{(D_1 - c_I) - (u_{\text{fs}} - u_I)} \cdot \Delta t_0\end{aligned} \tag{3.97}$$

对应的材料层的宽度(厚度)近似为

$$\begin{aligned}\delta_{02} &= D_1 \Delta t_1 \frac{V_I}{V_{R0}} \\ &= (D_1 - u_I) \frac{(c_I - c_{R0}) + (u_{\text{fs}} - u_I)}{(D_1 - c_I) - (u_{\text{fs}} - u_I)} \cdot \frac{c_{R0}}{D_0 - c_{R0}} \cdot \frac{\delta_{00}}{u_{\text{fs}}} \\ &\approx \frac{(c_I - c_{R0}) + (u_{\text{fs}} - u_I)}{(D_0 - c_I) - (u_{\text{fs}} - u_I)} \cdot \delta_{01}\end{aligned} \tag{3.98}$$

式(3.98)给出了在再冲击波追赶过程中,不定常流动区中受到再冲击波追赶过程影响的材料层的厚度的下限。

3) 高温区厚度的估算

根据以上分析,高温层的总厚度可近似用常流区高温层的厚度近似表达,其量级为

$$l = \frac{c_{R0}}{u_{\text{fs}}} \frac{D_0 - u_I}{D_0 - c_{R0}} \delta_{00} \tag{3.99}$$

式中:u_{fs} 和 c_{R0} 由样品材料的初始冲击压缩状态确定;u_I 和 D_0 由样品与窗口材料的阻抗匹配解确定。

可见,当样品和窗口材料确定以后,界面高温层的厚度 l 将随初始冲击状态的变化而变化。计算表明,在兆巴压力下,$\frac{l}{\delta_{00}} = 1 \sim 2$,即高温层的尺度 l 大致与间隙的初始尺度 δ_{00} 相当。

3.6.2 四层介质热传导模型[73,74]

由于“金属样品/窗口”界面两侧的力学平衡过程比热传导过程快得多,因此可以近似认为界面两侧的热传导过程是在力学平衡条件下发生的过程。用图 3.22 的阶梯形温度分布近似描述冲击波依次通过“金属基板/微间隙/镀膜样品/透明窗口”后,在“基板/样品/窗口”界面两侧形成的初始温度场,而辐射法测温观测到就是该四层介质温度场对

“样品/窗口”界面温度的影响。在图 3.22 中,4 区为透明窗口,3 区为镀膜样品,2 区为冲击波与“基板/镀膜样品”之间的微米间隙作用后在基板中形成的界面高温层,1 区为基板中未受到再冲击波影响的主体部分。以 $T_i(i=1,2,3,4)$ 表示初始时刻各区的温度分布;l_2 表示冲击压缩下的镀膜样品的厚度,l_1-l_2 表示高温界面层的厚度。热传导对界面温度的影响发生在 $t=0^+$ 时刻以后。第 i 区的温度分布由一维热传导方程描述:

$$\frac{\partial u_i(x,t)}{\partial t}=\kappa_i\frac{\partial^2 u_i(x,t)}{\partial x^2} \tag{3.100}$$

式中:$\kappa_i\equiv K_i/(\rho_i c_i)$为热扩散率,其中,$K_i$、$\rho_i$ 及 c_i 分别为第 i 区材料的热导率、密度及比热容。

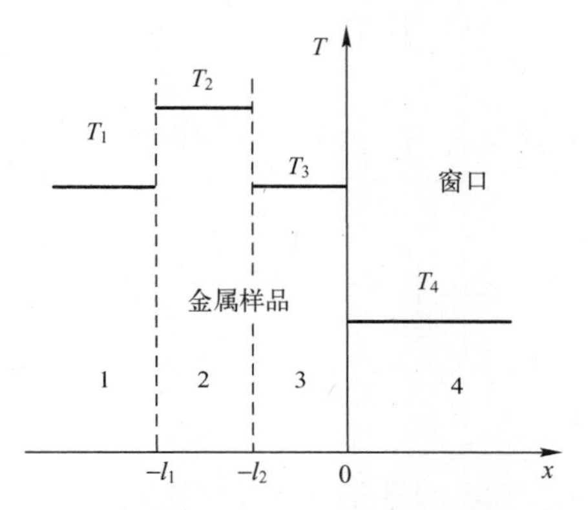

图 3.22 四层介质的热传导模型的初始温度分布

式(3.100)的初始条件:

$$u_i\big|_{t=0^+}=\begin{cases}T_1, & x<-l_1\\ T_2, & -l_1<x<-l_2\\ T_3, & -l_2<x<0\\ T_4, & x>0\end{cases} \tag{3.100a}$$

及边界条件:

$$\begin{cases}u_1=T_1, & x=-\infty\\ u_1(-l_1,t)=u_2(-l_1,t), & x=-l_1\\ -K_1\dfrac{\partial u_1}{\partial x}\Big|_{x=-l_1}=-K_2\dfrac{\partial u_2}{\partial x}\Big|_{x=-l_1} & \\ u_2(-l_2,t)=u_3(-l_2,t), & x=-l_2\\ -K_2\dfrac{\partial u_2}{\partial x}\Big|_{x=-l_2}=-K_3\dfrac{\partial u_3}{\partial x}\Big|_{x=-l_2} & \\ u_3(0,t)=u_4(0,t), & x=0\\ -K_3\dfrac{\partial u_3}{\partial x}\Big|_{x=0}=-K_4\dfrac{\partial u_4}{\partial x}\Big|_{x=0} & \\ u_4=T_4, & x=+\infty\end{cases} \tag{3.100b}$$

式(3.100)可由拉普拉斯变换求解。按照拉普拉斯变换的定义,函数 $f(t)$ 的拉普拉斯变换为

$$L[f(t)] = \int_0^{\infty} f(t)\mathrm{e}^{-Pt}\mathrm{d}t \equiv F(P)$$

$f(t)$ 的导数 $\dfrac{\mathrm{d}f(t)}{\mathrm{d}t} \equiv f'(t)$ 的拉普拉斯变换为

$$L[f'(t)] = \int_0^{\infty} f'(t)\mathrm{e}^{-Pt}\mathrm{d}t \equiv PF(P) - f(t)\big|_{t=0^+}$$

对式(3.100)做拉普拉斯变换后得到关于变量 x 的常系数微分方程为

$$\kappa\frac{\partial^2 F_i(x,P)}{\partial x^2} - PF_i(x,P) + T_i = 0 \tag{3.101}$$

显然 $F=T_i/P$ 是常系数微分方程式(3.101)的一个特解,而齐次微分方程

$$\frac{\partial^2 F_i(x,P)}{\partial x^2} - \frac{P}{\kappa}F_i(x,P) = 0$$

的通解为

$$F_i(x,P) = A_i\mathrm{e}^{q_i x} + B_i\mathrm{e}^{-q_i x}$$

式中:$q_i=\sqrt{P/\kappa_i}$。

因此,当初始温度分布满足式(3.100a)时,式(3.100)中的 $u(x,t)$ 的拉普拉斯变换的一般形式为

$$L[u_i(x,t)] \equiv F_i(x,P) = A_i\mathrm{e}^{q_i x} + B_i\mathrm{e}^{-q_i x} + \frac{T_i}{P}$$

考虑在 $x=\pm\infty$ 处 $F(x,P)$ 的收敛性,在 1 区、2 区、3 区、4 区中的温度函数分别为

$$\begin{cases} L[u_1(x,t)] = F_1(x,P) = A_1\mathrm{e}^{q_1 x} + T_1/P \\ L[u_2(x,t)] = F_2(x,P) = A_2\mathrm{e}^{q_2 x} + B_2\mathrm{e}^{-q_2 x} + T_2/P \\ L[u_3(x,t)] = F_3(x,P) = A_3\mathrm{e}^{q_3 x} + B_3\mathrm{e}^{-q_3 x} + T_3/P \\ L[u_4(x,t)] = F_4(x,P) = B_4\mathrm{e}^{-q_4 x} + T_4/P \end{cases} \tag{3.102}$$

待定系数 A_i 和 B_i 由边界条件式(3.100b)确定。一旦确定了系数 A_i 和 B_i,原函数 $u_i(x,t)$ 可以通过拉普拉斯逆变换由残数求和计算得到

$$u_i(x,t) = \frac{1}{2\pi i}\int_{\sigma-\mathrm{i}\omega}^{\sigma+\mathrm{i}\omega} F_i(P)\mathrm{e}^{Pt}\mathrm{d}t = \sum \mathrm{Res}[F_i(P)\mathrm{e}^{Pt}]$$

为了得到待测"金属样品/透明窗口"界面($x=0$)上的温度,仅需确定 4 区的温度 $u_4(x,t)$ 的拉普拉斯变换 $F_4(x,P)$ 的中的系数。对边界条件做拉普拉斯变换得到系数 B_4 应满足的方程[73,74]为

$$f_{41}B_4 + f_{42}(T_4 - T_3) + f_{43}(T_3 - T_2) + \frac{T_2 - T_1}{P} = 0 \tag{3.103}$$

式中

$$f_{41}=\frac{1}{4}(1-\alpha_{21})(1+\alpha_{32})(1-\alpha_{43})\cdot\exp[-q_2(l_1-l_2)-q_3l_2]+\frac{1}{4}(1-\alpha_{21})(1-\alpha_{32})(1+\alpha_{43})\cdot\exp[-q_2(l_1-l_2)+q_3l_2]+\frac{1}{4}(1+\alpha_{21})(1-\alpha_{32})(1-\alpha_{43})\cdot\exp[q_2(l_1-l_2)-q_3l_2]+\frac{1}{4}(1+\alpha_{21})(1+\alpha_{32})(1+\alpha_{43})\cdot\exp[q_2(l_1-l_2)+q_3l_2] \tag{3.103a}$$

$$f_{42}=\frac{1}{4}e^{-q_2(l_1-l_2)}\left[(1-\alpha_{21})(1+\alpha_{32})\cdot\frac{1}{p}e^{-q_3l_2}+(1-\alpha_{21})(1-\alpha_{32})\cdot\frac{1}{p}e^{q_3l_2}\right]+\frac{1}{4}e^{q_2(l_1-l_2)}\left[(1+\alpha_{21})(1-\alpha_{32})\cdot\frac{1}{p}e^{-q_3l_2}+(1+\alpha_{21})(1+\alpha_{32})\cdot\frac{1}{p}e^{q_3l_2}\right] \tag{3.103b}$$

$$f_{43}=\frac{1}{2}(1-\alpha_{21})\cdot\frac{1}{P}e^{-q_2l_1+q_2l_2}+\frac{1}{2}(1+\alpha_{21})\cdot\frac{1}{P}e^{q_2l_1-q_2l_2} \tag{3.103c}$$

其中,参数 α_{ij} 的定义为

$$\alpha_{ij}^2\equiv\frac{\rho_ic_iK_i}{\rho_jc_jK_j} \tag{3.104}$$

由式(3.103)可知,期望从式(3.103)求出 B_4,再从式(3.102)中 $F_4(x,P)$ 的拉普拉斯逆变换求出“镀膜样品/窗口”界面的温度剖面 $u_4(x,t)$ 的一般性解析解,将是十分困难甚至是不可能的。但是,在利用“镀膜样品/透明窗口”装置测量金属的冲击波温度时,基板与镀膜样品一般为同种材料,即图 3.22 中的 1 区、2 区和 3 区为一种材料且处于同一冲击压力下;虽然 1 区和 3 区的热力学状态完全相同,但是 2 区的温度、密度及热导率等与 1 区(或 3 区)不同;事实上,金属的热导率 K 与电导率 σ 之间的关系按照 Wiedemann-Franz 定律[61,62]可表示为

$$K=L\sigma T \tag{3.105}$$

式中:L 为洛伦兹常数,$L=2.45\times10^{-8}\,\mathrm{W\cdot\Omega/K}$。

高压下的电导率 σ 与温度 T、压力 p(或比容 V)的关系可表示为[61]

$$\sigma=M\cdot(\theta)^2/T \tag{3.106}$$

式中:M 为物性常数;Debye 温度 $\theta=\theta(V)$ 是比容的函数,且有

$$\theta(V)=\theta_0\exp\left(-\int_{V_0}^{V}\frac{\gamma}{V}\mathrm{d}V\right) \tag{3.107}$$

其中:下标“0”表示常态下的值。

利用式(3.107),假定 Gruneisen 系数 γ 满足关系 $\gamma/V=\gamma_0/V_0$,得到 2 区和 1 区(或 3 区)材料的热导率的关系为

$$\frac{K_1}{K_2}=\exp\left(-2\int_{V_1}^{V_2}\frac{\gamma}{V}\mathrm{d}V\right)\approx1-2\frac{\gamma_0}{V_0}(V_2-V_1) \tag{3.108}$$

由于高压下的体胀系数很小,上式表明温度差异对 2 区与 3 区的热导率 K_1、K_2 的影响可以忽略,在零级近似下认为 1 区和 2 区的热扩散率比值 $\kappa_1/\kappa_2\approx1$;在一级近似下,

K_2/K_1 之比值略小于 1，但 ρ_1/ρ_2 之比值略大于 1；对于金属材料可以假定比热容 c_1 及 c_2 等于高温极限值。因此，在下面的讨论中，假定以下近似关系成立：

$$\alpha_{13}=\alpha_{12}=\frac{\rho_1 c_1 K_1}{\rho_2 c_2 K_2}\approx 1 \tag{3.109a}$$

$$K_2/K_1=K_2/K_3\approx 1 \tag{3.109b}$$

$$\kappa_2/\kappa_1\approx 1 \tag{3.109c}$$

于是式(3.103)中各系数简化为

$$\begin{cases} f_{41}=(1+\alpha_{43})\exp[q_2(l_1-l_2)+q_3 l_2] \\ f_{42}=\dfrac{1}{P}\exp[q_2(l_1-l_2)+q_3 l_2] \\ f_{43}=\dfrac{1}{P}\exp[q_2(l_1-l_2)] \end{cases} \tag{3.110}$$

将式(3.110)代入式(3.103)，解得

$$B_4=\frac{T_3-T_4}{1+\alpha_{43}}\frac{1}{P}+\frac{T_2-T_3}{1+\alpha_{43}}\cdot\frac{1}{P}\mathrm{e}^{-q_3 l_2}-\frac{T_2-T_1}{1+\alpha_{43}}\frac{1}{P}\mathrm{e}^{-q_2(l_1-l_2)-q_3 l_2} \tag{3.111}$$

将式(3.111)代入 $F_4(x,p)$ 方程式(3.102)中。从 $F_4(x,p)$ 做拉普拉斯逆变换立即可获得 $u_4(x,t)$。例如，可以通过残数计算获得 $u_4(x,t)$，也可以利用数学手册查拉普拉斯变换表得到 $F_4(x,p)$ 的原函数 $u_4(x,t)$：

$$\begin{aligned} u_4=&\frac{T_3-T_4}{1+\alpha_{43}}\mathrm{erfc}\frac{x}{2\sqrt{\kappa_4 t}}+\frac{T_2-T_3}{1+\alpha_{43}}\mathrm{erfc}\left(\frac{l_2}{2\sqrt{\kappa_3 t}}+\frac{x}{2\sqrt{\kappa_4 t}}\right)+ \\ &\frac{T_1-T_2}{1+\alpha_{43}}\mathrm{erfc}\left(\frac{l_1-l_2}{2\sqrt{k_2 t}}+\frac{l_2}{2\sqrt{\kappa_3 t}}+\frac{x}{2\sqrt{\kappa_4 t}}\right)+T_4 \end{aligned} \tag{3.112}$$

在 $x=0$ 处，得到界面温度 $T_I=u_4(0,t)$：

$$\begin{aligned} T_I=&T_4+\frac{T_3-T_4}{1+\alpha_{43}}+\frac{T_2-T_3}{1+\alpha_{43}}\mathrm{erfc}\frac{l_2}{2\sqrt{\kappa_3 t}}- \\ &\frac{T_2-T_1}{1+\alpha_{43}}\mathrm{erfc}\left(\frac{l_1-l_2}{2\sqrt{\kappa_2 t}}+\frac{l_2}{2\sqrt{\kappa_3 t}}\right) \end{aligned} \tag{3.113}$$

或

$$T_I=T_4+\frac{T_1-T_4}{1+\alpha_{43}}+\frac{T_2-T_1}{1+\alpha_{43}}\mathrm{erf}\left(\frac{l_1-l_2}{2\sqrt{\kappa_2 t}}+\frac{l_2}{2\sqrt{\kappa_3 t}}\right)-\frac{T_2-T_3}{1+\alpha_{43}}\mathrm{erf}\frac{l_2}{2\sqrt{\kappa_3 t}} \tag{3.114}$$

由于 1 区与 3 区为同种材料，利用近似条件式(3.109)将式(3.114)进一步简化，得到“样品/窗口”界面温度：

$$T_I=u_G+\frac{T_2-T_3}{1+\alpha_{43}}\left(\mathrm{erf}\frac{l_1}{2\sqrt{\kappa_3 t}}-\mathrm{erf}\frac{l_2}{2\sqrt{\kappa_3 t}}\right) \tag{3.115}$$

式中：u_G 为 Grover 理想界面模型条件下的界面温度，且有

$$u_G=T_4+\frac{T_3-T_4}{1+\alpha_{43}} \tag{3.116}$$

图 3.23 给出了利用式(3.115)计算的铁在约 200GPa 压力下的界面温度随时间的变化。图中参数 δ 的定义为 $\delta=(l_2-l_1)/l_2$，表示在“样品/窗口”阻抗匹配压力下的高温层的厚度 l_2-l_1 与镀膜层的厚度 l_2 之比，计算时假定镀膜层的厚度 $l_2=1\mu m$。为了与 Grover 理想界面模型的界面温度相区别，把非理想界面条件下的“样品/窗口”界面温度称为表观界面温度，因为它包含了再冲击波与间隙界面作用的影响；温度差 $\Delta T_I=T_I-u_G$ 表示非理想界面模型给出的表观界面温度 T_I 与理想界面模型的界面温度 u_G 之差。

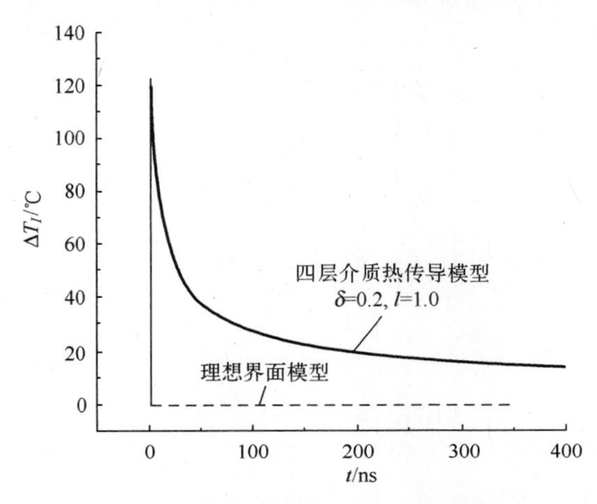

图 3.23　四层介质热传导模型预言的“样品/窗口”界面的温度剖面及其与理想界面模型温度剖面的比较

由于基板与镀膜样品之间间隙的影响，由式(3.116)给出的非理想界面模型中的“样品/窗口”界面的温度具有一个显著的尖峰，显示了冲击波能量在间隙界面的沉积；温度剖面随时间衰减显示了高温界面层的热扩散对界面温度的影响。

3.6.3 “基板/镀膜样品”间隙对冲击波温度测量的影响

1. 界面温度剖面的基本特点

在理想界面条件下，界面温度不随时间而变化，实测温度剖面为不随时间变化的平台。但是，按照四层介质热传导模型给出的界面温度式(3.115)，界面温度存在一峰值。在初始时刻界面温度等于 Grover 理想界面模型的温度 u_G：

$$\lim_{t=0^+} T_I=u_G+\lim_{t\to 0^+}\frac{T_2-T_3}{1+\alpha_{43}}\left(\operatorname{erf}\frac{l_1}{2\sqrt{\kappa_3 t}}-\operatorname{erf}\frac{l_2}{2\sqrt{\kappa_3 t}}\right)=u_G \tag{3.117a}$$

然后，界面温度迅速上升到达峰值温度 T_p；之后界面温度发生衰减；经过足够长的时间的衰减最终又松弛到 Grover 理想界面模型的温度 u_G，即

$$\lim_{t\to+\infty} T_I=u_G+\lim_{t\to\infty}\frac{T_2-T_3}{1+\alpha_{43}}\left(\operatorname{erf}\frac{l_1}{2\sqrt{\kappa_3 t}}-\operatorname{erf}\frac{l_2}{2\sqrt{\kappa_3 t}}\right)=u_G \tag{3.117b}$$

可以证明“样品/窗口”界面温度在时刻 $t=t_p$ 达到极大值 T_p：

$$T_p=u_G+\frac{T_2-T_1}{1+\alpha_{43}}\left(\operatorname{erf}\frac{l_1}{2\sqrt{\kappa_2 t_p}}-\operatorname{erf}\frac{l_2}{2\sqrt{\kappa_3 t_p}}\right) \tag{3.118}$$

而界面温度 T_I 到达极大值 T_p 的时刻 t_p 为

$$t_p=\frac{l_1^2-l_2^2}{4\kappa_3\cdot\ln(l_1/l_2)} \tag{3.119}$$

因此,式(3.118)变为

$$T_p=u_G+\frac{T_2-T_3}{1+\alpha_{43}}\left[\mathrm{erf}\sqrt{\frac{\ln(l_1/l_2)}{1-(l_2/l_1)^2}}-\mathrm{erf}\sqrt{\frac{\ln(l_1/l_2)}{(l_1/l_2)^2-1}}\right] \tag{3.120}$$

由此推知,式(3.116)给出的界面温度剖面具有如图3.23所示的基本形状。

令 δ 表示阻抗匹配压力下高温层的宽度 l_1-l_2 与镀膜层的厚度 l_2 之比,即

$$\delta=(l_1-l_2)/l_2$$

则温度尖峰出现的时刻可表示为

$$t_p=\frac{\delta(\delta+2)}{4\kappa_3\ln(1+\delta)}l_2^2 \tag{3.121}$$

因而尖峰出现的时刻 t_p 仅与厚度比 δ 有关。当 $\alpha_{21}\approx 1$, $K_1/K_2\approx 1$ 时,温度尖峰的高度为

$$\Delta T_p\equiv T_p-u_G=\frac{T_2-T_3}{1+\alpha_{43}}\left[\mathrm{erf}\sqrt{\frac{(1+\delta)^2\ln(1+\delta)}{(1+\delta)^2-1}}-\mathrm{erf}\sqrt{\frac{\ln(1+\delta)}{(1+\delta)^2-1}}\right] \tag{3.122}$$

表3.5给出了按照式(3.120)~式(3.122)计算的速度为5.4km/s的铁飞片碰撞“铁基板/镀膜铁样品/蓝宝石窗口”装置的结果。表中给出了相对厚度 δ 和镀膜层厚度 l_2 对于峰值温度 T_p、峰值温度出现的时刻 t_p 以及表观界面温度与理想界面温度之差 ΔT_p 的影响。计算时,铁和蓝宝石的高压热导率按照文献[57,63,65]的方法进行计算,得到 $\kappa_3=3.2\times10^2\mu m^2/\mu s$, $\alpha_{43}=0.1771$,铁样品的温度 $T_1=T_3=4050K$,高温界面层的温度 $T_2=5690K$,蓝宝石窗口的冲击压缩温度 $T_4=1307K$,由此得到 $u_G=3640K$。

表3.5 “基板/镀膜层”之间的间隙对界面温度的影响

δ	0.1	0.2	0.5	0.8	1.0	2.0	3.0	5.0	10.0
T_p/K	3701	3759	3906	4023	4109	4311	4448	4605	4767
T_p-u_G/K	64	122	270	385	473	674	811	968	1094
$t_p^{①}$/ns	0.43	0.47	0.60	0.74	0.84	1.4	2.1	3.8	9.77
$t_p^{②}$/ns	1.72	1.88	2.41	2.98	3.38	5.69	8.45	15.26	39.1
$t_p^{③}$/ns	3.87	4.24	5.42	6.70	7.61	12.8	19.1	34.3	88.0
$t_p^{④}$/ns	6.88	7.54	9.63	11.9	13.5	22.7	33.8	61.0	156.4

①、②、③、④分别对应于 l_2 为0.5μm、1.0μm、1.5μm、2.0μm时的计算结果

图3.24是界面峰值温度出现的时刻 t_p 与高温层的相对厚度 δ 的关系。表明,当“基板/样品”间隙的大小一定时,增大镀膜层的厚度,或者当镀膜层厚度一定时减小间隙,均有助于减小温度尖峰出现的时刻。这是显然的,因为减小间隙有助于减小高温界面层的厚度,即减少冲击波在间隙界面上的能量沉积。图3.25给出了峰值温度 $\Delta T_p\equiv T_p-u_G$ 随界面高温层的相对厚度 δ 的变化,表明减小间隙有助于减小界面温度对理想界面温度的偏离。

2. “基板/镀膜样品”间隙对实验测量的界面温度的影响

四层介质热传导模型的结果表明,使用镀膜样品时,界面温度强烈依赖于高温层的

厚度 l_1-l_2 与镀膜样品的厚度 l_2 的比值 δ。当比值 $\delta=(l_1-l_2)/l_2\to 0$ 时，$t_p\to 0$，因而 $T_I\to u_G$。因此，当间隙的尺度很小或者镀膜样品的厚度很大时，界面温度可以当作理想界面模型进行处理。

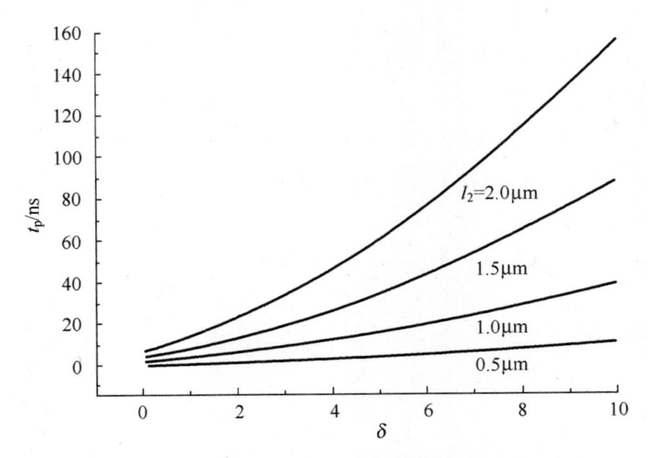

图 3.24　峰值温度出现的时刻 t_p 随高温层相对厚度 δ 的变化

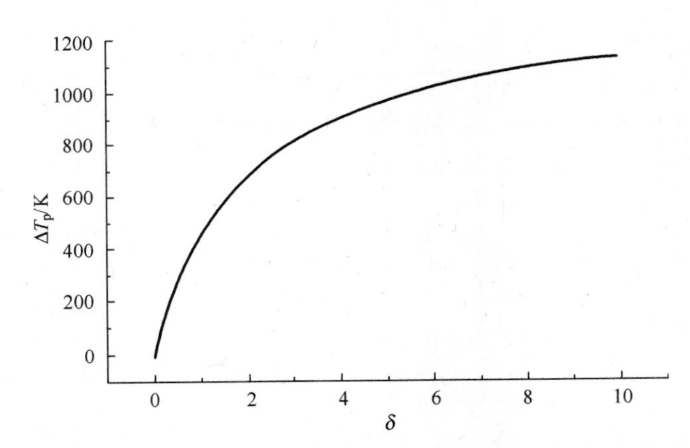

图 3.25　“样品/窗口”表观界面温度与理想界面温度之差 ΔT_p 随高温层相对厚度 δ 的变化

当 $\delta\to\infty$ 时，有

$$\lim_{\delta\to\infty}\Delta T_p=\frac{T_2-T_3}{1+\alpha_{43}} \tag{3.123}$$

上式给出了界面温度峰值的极大值。如果基板样品界面间隙很大，或者镀膜样品很薄，则峰值界面温度会比理想界面温度高出许多，导致从实验测量的界面温度处理的冲击波温度数据严重失真，因此实验的加工精度和镀膜样品的厚度应该是影响冲击波温度实验测量不确定度的极其重要的因素，控制这两个物理量是辐射法冲击测温实验能够取得具有高置信度界面温度数据的关键。

若利用无量纲参数 $\delta=(l_1-l_2)/l_2$，即用高温层相对于镀膜样品的相对厚度来表示的表观界面温度随时间的衰减，则表观界面温度剖面的一般形式可表示为

$$T_I=u_G+\frac{T_2-T_3}{1+\alpha_{43}}\left[\operatorname{erf}\frac{(\delta+1)l_2}{2\sqrt{\kappa_3 t}}-\operatorname{erf}\frac{l_2}{2\sqrt{\kappa_3 t}}\right] \quad (3.124)$$

上式表明，界面温度的衰减速率密切依赖于相对厚度 δ。仍以 5.4km/s 的铁飞片碰撞"铁基板/镀膜铁样品/蓝宝石窗口"为例，按照四层介质模型计算的表观界面温度对理想界面温度的偏差 T_I-u_G 随时间的变化如表 3.6 所列，计算时取高压下镀膜层的典型厚度 l_2 为 1.0μm 和 1.5μm。

表 3.6 表观界面温度 T_I-u_G 随时间和相对厚度的变化（蓝宝石窗口）

l_2/μm	δ \ t/ns	1	2	5	10	20	40	50	100	200	300	400
1.0	0.2	108	122	103	80	59	43	38	27	19	16	14
	0.5	210	267	243	194	146	106	96	69	49	40	35
	1.0	227	417	435	367	284	210	189	136	97	80	69
	2.0	294	514	672	636	527	404	367	269	193	159	138
1.5	0.2	50	102	122	1106	84	62	56	41	29	24	21
	0.5	77	192	269	250	203	153	139	112	72	59	52
	1.0	84	246	429	449	380	298	271	200	144	119	103
	2.0	85	257	543	665	649	548	508	386	283	235	204

根据计算结果得到的表观界面温度随时间变化曲线如图 3.26 所示。图中各曲线对应的高温层的相对厚度 δ 自上至下分别为 0.2、0.5、0.8、1.0、1.2、1.5、1.8 和 2.0。

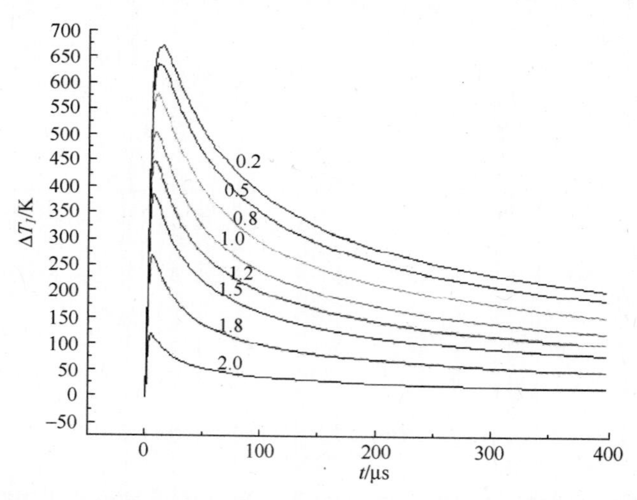

图 3.26 表观界面温度剖面 ΔT_I 随镀膜样品厚度的变化（$l_2=1.5\mu m$）

对于表 3.6 中的两种冲击压缩后的典型镀膜样品厚度，若基板中高温层的厚度不超过 1μm，则需要经过约 100ns 以后，表观界面温度与理想界面温度之差 ΔT_I 才能下降到 100K 左右。在 20 世纪 80 年代进行的关于铁的冲击波温度测量的一些实验中，测温系统的时间响应大约为 10ns 量级，在进行数据解读时往往把实验记录信号的起始时刻的幅度当作界面温度。这些实验中使用的铁膜样品的原始厚度约为 1～1.5μm，经冲击压缩后膜样品的厚度为0.8~1.0μm。如果高温界面层的厚度为1μm,则在实验观测的开始几十纳秒内,界面温度将比理想界面温度高出200~600K;如果高温界面层的厚度更大,则上述温度偏离将更大。也就是说,虽然使用了镀膜样品,并不能实现预想的理想界面模型的结果,因为"基板/样品"之间的间隙,或者说镀膜样品的有限厚度,破坏了理想界面条件;把这样的界面温度当作理想界面温度处理必然导致冲击波温度测量结果偏高。当然,如果高温层的宽度很小(如小于0.2μm),而镀膜样品的厚度较大(如经冲击压缩后的厚度 $l_2>3\mu m$ 或 $\delta<0.2$),则界面温度能够在起始时刻经历几十纳秒的热弛豫以后能够下降到非常接近理想界面模型温度的状态。

利用表3.5的 t_p 及 ΔT_p 值,可以估算测温实验装置设计对镀膜样品厚度及间隙尺度的要求。令 $\tau=t/t_p$ 表示无量纲时间,将表观界面温度表达为无量纲参数 δ 和 τ 的函数:

$$\Delta T_I=\frac{T_2-T_3}{1+\alpha_{43}}\left\{\mathrm{erf}\left[\frac{\ln(1+\delta)}{\delta(\delta+2)}\cdot\frac{(\delta+1)^2}{\tau}\right]^{1/2}-\mathrm{erf}\left[\frac{\ln(1+\delta)}{\delta(\delta+2)}\cdot\frac{1}{\tau}\right]^{1/2}\right\} \tag{3.125}$$

则以无量纲时间变量 τ 表示的界面温度剖面不再显含膜厚 l_2。

定义无量纲界面温度:

$$R_T\equiv\frac{T_I-u_G}{T_p-u_G}$$

它表示以理想界面温度 u_G 为基准时,表观界面温度与峰值温度的比值,即

$$R_T=\frac{\mathrm{erf}\left[(\delta+1)\sqrt{\frac{\ln(1+\delta)}{\delta(\delta+2)}\cdot\frac{1}{\tau}}\right]-\mathrm{erf}\sqrt{\frac{\ln(1+\delta)}{\delta(\delta+2)}\cdot\frac{1}{\tau}}}{\mathrm{erf}\left[(\delta+1)\sqrt{\frac{\ln(1+\delta)}{(1+\delta)^2-1}}\right]-\mathrm{erf}\sqrt{\frac{\ln(1+\delta)}{(1+\delta)^2-1}}} \tag{3.126}$$

利用式(3.126)计算的归一化界面温度 R_T 列于表3.7。图3.27给出了 δ 为0.1、5、10的情况下的 R_T 随 δ 和 τ 的变化。尽管 δ 的值从0.1(对应于最下面的曲线)变化到10(对应于最上面的曲线),改变了2个量级,但是 R_T 随 τ 的衰减速率基本相同。在经过约 $10t_p$($\tau=10$)以后,界面温度峰值下降50%~55%;经过 $100t_p$ 以后,界面峰值温度下降85%~90%;经过 $300t_p$ 以后,界面峰值温度下降90%以上。在多数情况下,可以将 t_p 的值控制在1~20ns(表3.5)。因此,在冲击波温度测量中,应当根据具体情况选取从界面温度剖面的合适位置读取实验测量数据,使之尽量接近理想界面模型的温度。此外,由于冲击波阵面的倾斜,或者由于实验测试系统响应的限制,在实验中有时可能观察不到温度剖面的尖峰。即使这样,由"基板/镀膜样品"间隙产生的高温层对"样品/窗口"界面温度的影响依然存在。当镀膜样品的厚度较大而间隙(因而高温层的宽度)较小时,界面温度剖面虽然可以呈现为一平台,但是,按照表3.6和图3.26的结果,这一平台依然包含了上述非理想界面效应的影响,其代表的表观界面温度可能比理想界面温度高出数百摄氏度。另外,如果镀膜样品的厚度较小而间隙(因而高温层的宽度)较大时,表观界面温度剖面可呈现为一具有明显倾角的斜坡,温度将随时间的增加缓慢地降低;此时即使读取斜面底端的数据进行温度计算,也可能会导致计算的冲击波温度严重偏高。

表 3.7　归一化界面温度随时间及相对厚度的变化

δ \ τ	0.5	1	2	5	10	15	20	50	100	200	300
0.1	0.858	1	0.908	0.667	0.496	0.412	0.360	0.231	0.164	0.116	0.095
0.5	0.863	1	0.909	0.670	0.499	0.414	0.362	0.232	0.165	0.117	0.096
1.0	0.873	1	0.912	0.675	0.504	0.419	0.366	0.235	0.167	0.118	0.097
2.0	0.893	1	0.918	0.687	0.515	0.428	0.375	0.241	0.171	0.122	0.099
5.0	0.928	1	0.931	0.697	0.525	0.437	0.383	0.247	0.175	0.125	0.102
10.0	0.953	1	0.943	0.741	0.569	0.477	0.420	0.256	0.194	0..138	0.113

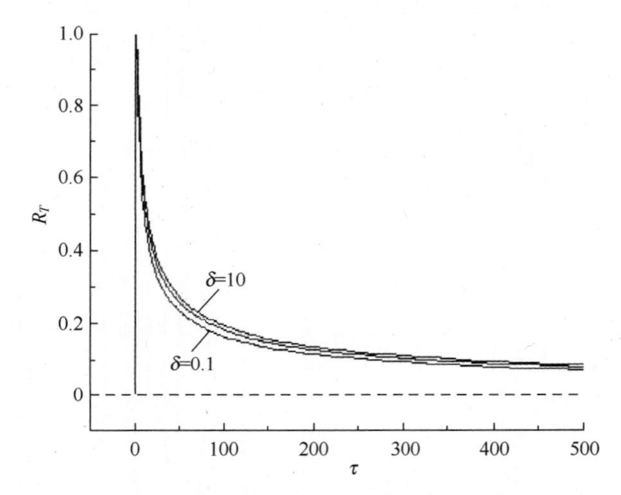

图 3.27　归一化的界面温度 R_T 随无量纲时间 τ 的变化

3.6.4　冲击波温度测量实验的基板和镀膜样品的设计原则

四层介质热传导模型表明，采用镀膜样品并不一定能实现理想界面模型要求的物理条件，“基板(靶板)/镀膜样品”之间的尺度为微米量级的间隙是造成以往的冲击波温度测量结果偏高的一个主要原因。模型计算表明，对于以往发表的铁的冲击波温度测量数据，仅仅由于非理想界面效应，界面温度的偏高的典型值为200~600K。表3.6和图3.26的结果说明，为了使表观界面温度尽量接近理想界面模型温度，未受冲击压缩的铁样品的镀膜层的初始厚度应至少达5μm以上，最好达10μm以上；而基板与镀膜样品之间的间隙至少应小于0.5μm，最好小于0.2μm。在兆巴压力下的冲击波温度辐射法测量实验中，满足这些条件以后表观界面温度与理想界面温度的偏差大约为100K。因此，使用镀膜样品进行冲击波温度测量实验时，必须对镀膜样品的厚度、镀膜样品的质量、基板的机械加工粗糙度、窗口表面的光学加工精度进行严格的控制，并对实验装置进行仔细安装。一个成功的冲击波温度测量实验不仅要求基板被加工到极高的精度(粗糙度小于0.2μm)，而且要求窗口表面也要有小于0.2μm的粗糙度，还要求镀膜样品有足够的厚度，镀膜层致密、均匀，等等。

在实际的温度测量实验中，由于加工条件的限制，或者由于待测金属材料的特殊性，往往不能同时满足上述各项要求。此时应根据四层介质热传导模型估算出表观界面温度的偏高值，对实验结果进行修正。

3.6.5　三层介质热传导模型[73-75]

1. 直接使用平板样品测量冲击波温度的方法

既然使用镀膜样品不一定能够消除“样品/窗口”界面间隙对辐射法冲击测温的影响，早先提出的采用镀膜样品实现理想界面的设想似乎有些多余。虽然绕了一大圈后又回到了“直接利用平板样品进行冲击波温度测量”的原点，但本章前面各章节的讨论对于间隙界面产生的界面高温层对辐射法测温的影响有了更深刻的理解。在四层介质热传导模型中，仅需令镀膜层的厚度变为零（$l_2 \to 0$），实验装置就由四层介质结构变为“平板样品/间隙/窗口”这样一种三层介质结构（图 3.28）。利用类似的方法对三层介质结构的热传导方程进行求解，即可获得界面温度随时间的变化。与四层结构的情况不同，在三层介质结构下，热传导方程有严格的解析解[73,75]。按照图 3.28 所示的初始条件用拉普拉斯变换求解热传导方程，得到“样品/窗口”的界面温度的精确解：

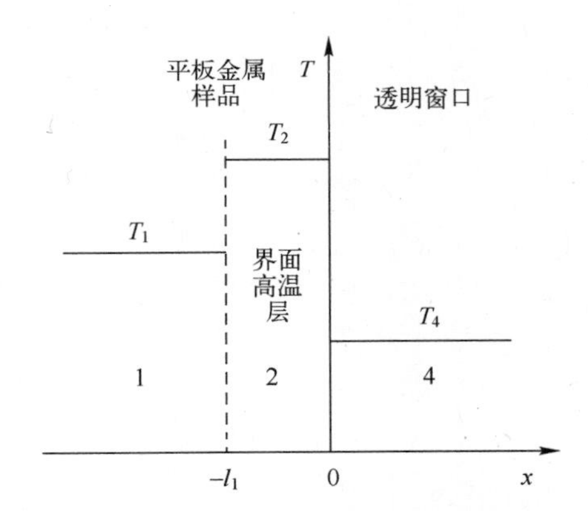

图 3.28　三层介质热传导模型的初始温度分布

$$T_I = u_G + \frac{2\alpha_{24}}{(\alpha_{24}+1)(\alpha_{24}-1)}(T_2 - T_4)\sum_{n=1}^{\infty}(\alpha)^n \operatorname{erf}\frac{nl_1}{\sqrt{\kappa_2 t}} + \frac{2\alpha_{24}}{(\alpha_{24}+1)(\alpha_{21}+1)}(T_2 - T_1)\sum_{n=0}^{\infty}(\alpha)^n \operatorname{erf}\frac{(2n+1)l_1}{2\sqrt{\kappa_2 t}} \tag{3.127}$$

式中

$$\alpha = \frac{\alpha_{21}-1}{\alpha_{21}+1}\,\frac{\alpha_{24}-1}{\alpha_{24}+1}$$

$$u_G = T_1 - \frac{T_1 - T_4}{\alpha_{14}+1}$$

与四层介质热传导模型不同，“平板样品/窗口”界面上的表观界面温度在 $t=0$ 时刻即取得极大值 $T_{I\max}$，且极大值与“样品/窗口”之间间隙的尺寸无关：

$$T_{I\max}=T_2-\frac{T_2-T_4}{\alpha_{24}+1}$$

在 $\alpha_{21}\approx 1$ 和 $K_1\approx K_2$ 的条件下，α 的高次幂很小，令

$$\Delta T_I=T_I-u_G$$

由式(3.127)得到 T_I 的零级近似($n=0$)：

$$\Delta T_I^{(0)}=T_I^{(0)}-u_G=\frac{\alpha_{14}}{\alpha_{14}+1}(T_2-T_1)\operatorname{erf}\frac{l_1}{2\sqrt{\kappa_1 t}}\tag{3.128}$$

式(3.128)与四层介质热传导模型在 $l_2\to 0$ 时的表达式完全相同。式(3.122)的一级近似($n=1$)为

$$\Delta T_I^{(1)}=\frac{\alpha_{14}}{\alpha_{14}+1}(T_2-T_1)\operatorname{erf}\frac{l_1}{2\sqrt{\kappa_1 t}}+\frac{\alpha_{14}(\alpha_{21}-1)}{(\alpha_{14}+1)^2}(T_2-T_4)\operatorname{erf}\frac{l_1}{\sqrt{\kappa_1 t}}+$$
$$\frac{\alpha_{14}(\alpha_{21}-1)(\alpha_{14}-1)}{2(\alpha_{14}+1)^2}(T_2-T_1)\operatorname{erf}\frac{3l_1}{2\sqrt{\kappa_1 t}}$$

即

$$\Delta T_I^{(1)}=\Delta T_I^{(0)}+\frac{\alpha_{14}}{\alpha_{14}+1}\left[\frac{\alpha_{21}-1}{\alpha_{14}+1}(T_2-T_4)\cdot\operatorname{erf}\frac{l_1}{\sqrt{\kappa_1 t}}+\frac{(\alpha_{21}-1)(\alpha_{14}-1)}{2(\alpha_{14}+1)}(T_2-T_1)\cdot\operatorname{erf}\frac{3l_1}{2\sqrt{\kappa_1 t}}\right]\tag{3.129}$$

以速度为 5.4 km/s 的铁飞片碰撞“块状铁样品/蓝宝石窗口”为例，计算得到初始温度，$T_1=4050\text{K}$，$T_2=5690\text{K}$，$T_4=1307\text{K}$，及高压热物性参数 $\kappa_1=3.2\times10^2\mu\text{m}^2/\mu\text{s}$，$\kappa_4=4.85\mu\text{m}^2/\mu\text{s}$，$\alpha_{41}=0.1771$，对于不同的高温层厚度 l_1，按三层介质模型的界面温度的零级近似式(3.128)及式(3.129)计算在上述条件下的表观界面温度随时间的变化，如表 3.8 和图 3.29 所示。图中各曲线对应的高温层的厚度自上而下分别为 2.0μm、1.5μm、1.0μm、0.5μm 及 0.2μm。

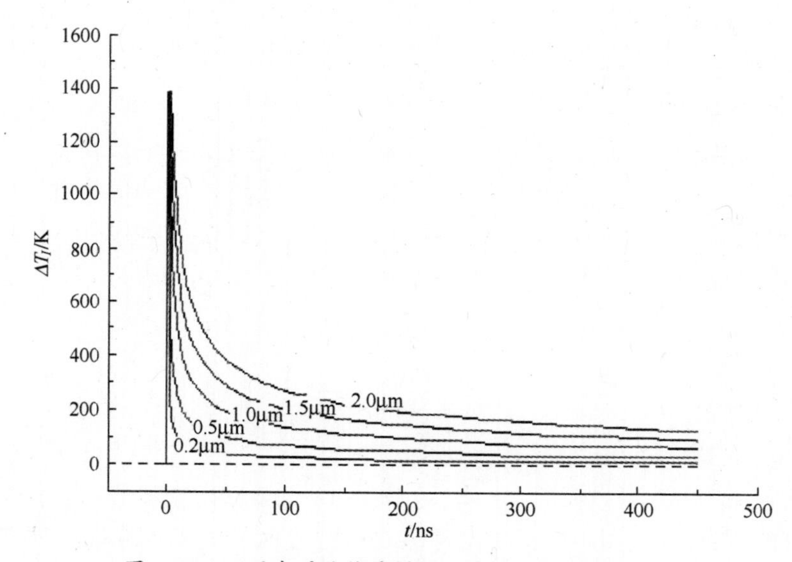

图 3.29　三层介质热传导模型的界面温度剖面的特点

表 3.8 三层介质热传导模型的界面温度随高温层厚度的变化

l_1/μm \ t/ns	0	1	2	5	10	20	50	100	200	300
0.2	1393	275	195	124	88	62	39	28	20	16
0.5	1393	652	475	306	218	155	98	69	49	40
1.0	1393	1098	868	590	428	306	195	138	98	80
1.5	1393	1308	1091	833	622	453	291	207	147	120
2.0	1393	1376	1285	1025	795	590	385	275	195	160

虽然采用平板样品时,界面温度的峰值出现在 $t=0$ 时刻,而且峰值温度的大小与高温界面层的尺度("平板样品/窗口"间隙的大小)无关,但是,温度剖面的衰减速率与该间隙的宽度密切相关,其基本规律与使用镀膜样品时大致一样。另外,当弛豫时间大于200ns 时,表观界面温度的衰减已经很缓慢。当间隙小于 0.5μm 时,在 200ns 以后表观界面温度与理想界面温度十分接近,在实际上已经难以分辨。当 $l_1=0.2$μm 时,实际观察到的界面温度剖面基本为一平台。由于仪器的有限响应以及击波阵面的倾斜,当 l_1 较大时,也有可能观测不到尖峰的存在。因此在冲击波温度测量实验中总希望有较长的观测时间,以便获得尽可能与理想界面条件相接近的温度数据。同时应当根据实验装置的具体情况按照三层介质模型将非理想界面效应造成的影响扣除。当然,如果 l_1 很大,则界面温度剖面也可以呈现为缓慢下降的斜坡甚至平台。

2. 采用平板铁陨石样品测量冲击波温度

戴诚达等进行了南丹铁陨石的冲击波温度测量[76]。依照三层介质模型设计实验装置,对平板铁陨石样品表面进行了精细的抛光,平面度约为 1μm。用单晶蓝宝石作测试窗口,蓝宝石晶体表面的粗糙度度约为 0.5μm。铁飞片以 5.69km/s 的速度碰撞铁基板,在平板铁陨石样品中产生了 189GPa 的冲击压力;冲击波经"样品/窗口"界面反射后的阻抗匹配压力为 152GPa。采用冲击波与爆轰物理实验室的瞬态辐射高温计在 450nm、550nm、600nm 和 700nm 四个波长进行冲击波温度测量,"平板铁陨石样品/蓝宝石窗口"界面的瞬态高温计输出信号的示波器记录,如图 3.30 所示。实测界面信号的基本特征与三层介质热传导模型预言的温度剖面完全一致:温度剖面中出现了幅度相当高的尖峰;尖峰信号的幅度随时间迅速衰减,意味着界面高温层的温度急速下降;在 100~150ns 的时间内基本衰减到接近平台温度。利用图 3.30 中的平台部分的数据按照理想界面模型进行计算,得到表观界面温度 $T_{app}=4679$K。利用铁的高压热导率数据,按照三层介质热传导模型扣除非理想界面效应的影响,得到理想界面条件下的界面温度 $T_I=4385$K。两者相差约 300K。

3.6.6 窗口材料高压热导率的实验测量

蓝宝石、LiF 等单晶透明材料在兆巴压力下的热导率难以进行实验测量,在需要这类材料数据时,通常是用理论方法进行计算。加州理工学院的 Gallagher 等提出了一种对这类窗口材料在冲击压缩下的热导率进行实验测量的方法[59]。她利用在两块单晶蓝宝石之间夹一层金属薄膜的"对称夹层"装置测量透明窗口材料的高压热导率(图 3.31);为了实现理想界面条件,利用薄膜生长技术将金属(铁)膜生长在单晶蓝宝石窗口上。

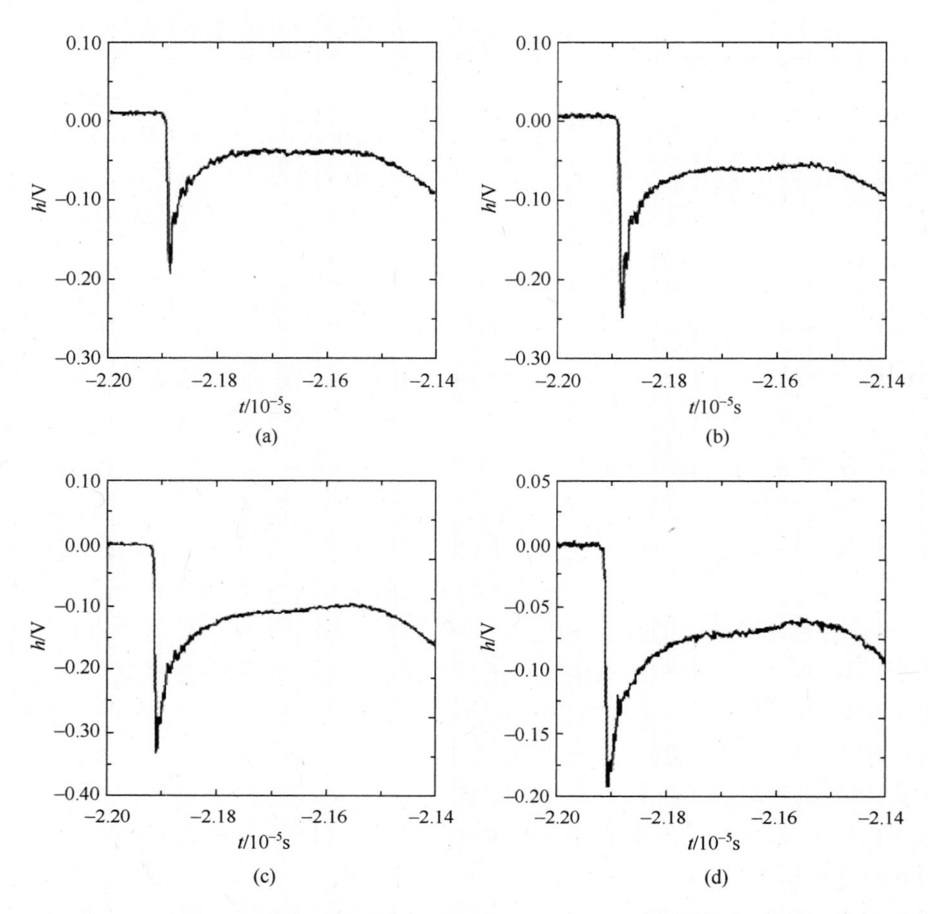

图 3.30 利用“平板铁陨石样品/蓝宝石窗口”的冲击波温度实验测量的示波器记录[76]

(a) $\lambda=400\text{nm}$;(b) $\lambda=450\text{nm}$;(c) $\lambda=600\text{nm}$;(d) $\lambda=700\text{nm}$。

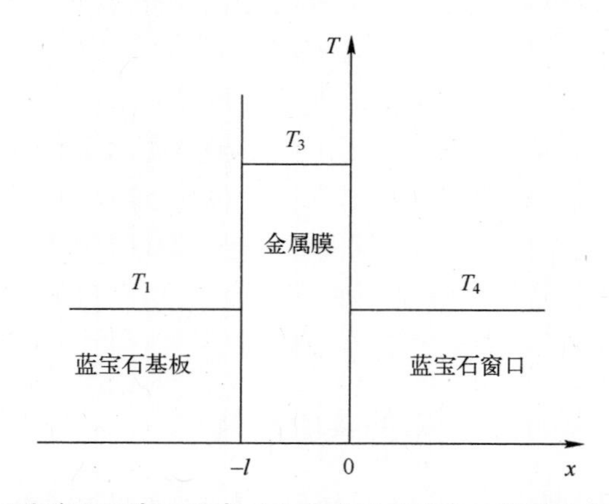

图 3.31 测量蓝宝石窗口的高压热导率的对称夹心装置的初始温度分布

如果忽略图 3.31 中左方的蓝宝石基板与膜样品之间的间隙,则可将这种实验装置的基本结构表示为“透明窗口(1 区)/金属膜样品(3 区)/透明窗口(4 区)”。利用三层介质热传导模型对该装置进行分析,并假设满足条件 $T_1=T_4$,$\alpha_{31}=\alpha_{34}$,令

$$\beta=\left(\frac{\alpha_{34}-1}{\alpha_{34}+1}\right)^2$$

由式(3.127)得到

$$T_I=T_4+\frac{2\alpha_{34}(T_3-T_4)}{(\alpha_{34}+1)(\alpha_{34}-1)}\sum_{n=1}^{\infty}(\beta)^n\text{erf}\frac{nl}{\sqrt{\kappa_2 t}}+\frac{2\alpha_{34}(T_3-T_4)}{(\alpha_{34}+1)^2}\sum_{n=0}^{\infty}(\beta)^n\text{erf}\frac{(2n+1)l}{2\sqrt{\kappa_2 t}} \tag{3.130}$$

式中:l 为冲击压缩下金属膜层的厚度。

因此,初始时刻($t=0$)的界面温度为

$$T_{I,\text{ini}}=T_3-\frac{T_3-T_4}{1+\alpha_{34}}$$

终了时刻($t=\infty$)的平衡值为

$$T_{I,\text{fin}}=T_4$$

初始时刻与终了时刻界面温度之差为

$$\Delta u_{\text{m}}\equiv T_{I,\text{ini}}-T_{I,\text{fin}}=(T_3-T_4)\frac{\alpha_{34}}{\alpha_{34}+1}>0 \tag{3.131}$$

式(3.131)表明,界面温度在初始时刻取得峰值,随着时间的推移,逐渐衰减到平台温度 T_4。温度剖面的尖峰出现在初始时刻,其变化趋势可定性地表示为图3.32中的曲线1。Gallagher认为,可以根据实测界面温度随时间的衰减特性计算窗口在冲击压缩下的热导率。显然,界面温度的衰减速率既与窗口的热导率有关,也与金属镀膜样品的厚度有关。定性而言,对于确定的某种窗口材料,镀膜层的厚度越大,界面温度的衰减越慢,温度剖面就越平坦;窗口材料的热导率越大,界面温度的下降就越快。计算表明:当膜样品的厚度大于1μm时,温度剖面的衰减速率对窗口材料的热导率就很不敏感;在Gallagher等的实验中使用的膜样品的典型厚度约0.5μm。根据实验测量得到界面温度随时间的变化历史,可以按照式(3.130)用试凑法计算出 α_{34} 的值,最终得到单晶蓝宝石或LiF的热导率数据。结果发现,Gallagher等报道的单晶蓝宝石的高压热导率数据比几十吉帕压力下的静高压数据约小2个量级。

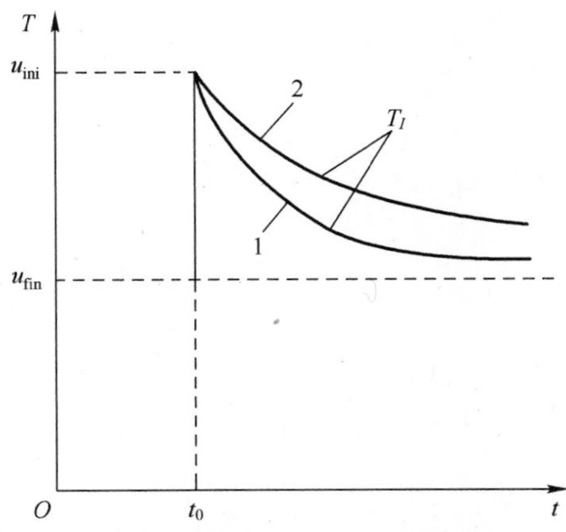

图3.32　蓝宝石基板与镀膜样品之间的界面接触状态对温度剖面的影响

1—理想界面接触;2—非理想界面接触。

虽然 Gallagher 等采用在透明窗口上直接生长单晶的方法制备薄膜样品，能够使“样品/窗口”之间的接触实现理想界面接触，但是，单晶铁薄膜只能生长在图 3.31 左侧的蓝宝石窗口上，右侧的蓝宝石基板与镀膜样品之间仍然可能存在微小的间隙，其宽度可与 Gallagher 等使用的镀膜样品的厚度相比拟。这一间隙使 Gallagher 实验装置的结构实际变为“蓝宝石基板/间隙/铁膜样品/蓝宝石窗口”这样一种四层介质模型结构，其初始温度分布如图 3.33 所示。于是有 $\alpha_{14}=1,\alpha_{12}\approx 1,T_1=T_4$。用拉普拉斯变化方法求解热传导方程式(3.100)，得到式(3.103)中 B_4 的各系数：

$$f_{41}=\frac{1}{2}(1-\alpha_{34})(1-\alpha_{43})\cdot e^{q_4(l_1-l_2)-q_3l_2}+\frac{1}{2}(1+\alpha_{34})(1+\alpha_{43})\cdot e^{q_4(l_1-l_2)+q_3l_2} \tag{3.132a}$$

$$f_{42}=\frac{1}{2}(1-\alpha_{34})\cdot\frac{1}{p}e^{q_4(l_1-l_2)-q_3l_2}+\frac{1}{2}(1+\alpha_{34})\cdot\frac{1}{p}e^{q_4(l_1-l_2)+q_3l_2} \tag{3.132b}$$

$$f_{43}=\frac{1}{P}e^{q_4(l_1-l_2)} \tag{3.132c}$$

式中：$l_2\equiv l$ 为金属膜的厚度；$l_1-l_2\equiv l_1-l$ 为高温层的厚度。

对式(3.132)做拉普拉斯逆变换，得到图 3.33 中 4 区的温度分布函数 $u_4(x,t)$：

$$\begin{aligned}u_4(x,t)=&(T_3-T_4)\frac{\alpha_{34}}{\alpha_{34}+1}\sum_{n=0}^{\infty}(\beta)^n\operatorname{erfc}\left(\frac{nl}{\sqrt{\kappa_3t}}+\frac{x}{2\sqrt{\kappa_4t}}\right)-\\&(T_3-T_4)\frac{\alpha_{34}(\alpha_{32}-1)}{(\alpha_{34}+1)(\alpha_{32}+1)}\sum_{n=0}^{\infty}(\beta)^n\operatorname{erfc}\left[\frac{(n+1)l}{\sqrt{\kappa_3t}}+\frac{x}{2\sqrt{\kappa_4t}}\right]-\\&(T_3-T_2)\frac{2\alpha_{34}}{(\alpha_{34}+1)(\alpha_{32}+1)}\sum_{n=0}^{\infty}(\beta)^n\operatorname{erfc}\left[\frac{2(n+1)l}{2\sqrt{\kappa_3t}}+\frac{x}{2\sqrt{\kappa_4t}}\right]-\\&(T_2-T_1)\frac{2\alpha_{34}}{(\alpha_{34}+1)(\alpha_{32}+1)}\sum_{n=0}^{\infty}(\beta)^n\operatorname{erfc}\left[\frac{2(n+1)l}{2\sqrt{\kappa_3t}}+\frac{l_1-l}{2\sqrt{\kappa_1t}}+\frac{x}{2\sqrt{\kappa_4t}}\right]\end{aligned} \tag{3.133}$$

式中：$\beta=\dfrac{(\alpha_{34}-1)^2}{(\alpha_{34}+1)^2}$。

令式(3.133)中的 $x=0$，得到表观界面温度 T_I^*：

$$\begin{aligned}T_I^*=&T_3-\frac{T_3-T_4}{\alpha_{34}+1}+(T_3-T_4)\frac{2\alpha_{34}}{\alpha_{34}^2-1}\sum_{n=1}^{\infty}(\beta)^n\operatorname{erfc}\frac{nl}{2\sqrt{\kappa_3t}}-\\&(T_2-T_3)\frac{2\alpha_{34}}{(\alpha_{34}+1)(\alpha_{31}+1)}\sum_{n=0}^{\infty}\beta^n\operatorname{erfc}\frac{(2n+1)l}{2\sqrt{\kappa_3t}}+\\&(T_2-T_4)\frac{2\alpha_{34}}{(\alpha_{34}+1)(\alpha_{31}+1)}\sum_{n=0}^{\infty}\beta^n\operatorname{erfc}\left[\frac{(2n+1)l}{2\sqrt{\kappa_3t}}+\frac{l_1-l}{2\sqrt{\kappa_1t}}\right]\end{aligned} \tag{3.134}$$

或

$$T_I^* = T_4 + (T_3 - T_4)\frac{\alpha_{34}}{\alpha_{34}^2 - 1}\sum_{n=1}^{\infty}\beta^n \mathrm{erf}\frac{nl}{2\sqrt{\kappa_3 t}} - (T_2 - T_3)\frac{2\alpha_{34}}{(\alpha_{34}+1)^2}\sum_{n=0}^{\infty}\beta^n \mathrm{erf}\frac{(2n+1)l}{2\sqrt{\kappa_3 t}} + (T_2 - T_4)\frac{2\alpha_{34}}{(\alpha_{34}+1)^2}\sum_{n=0}^{\infty}\beta^n \mathrm{erf}\left[\frac{(2n+1)l}{2\sqrt{\kappa_3 t}} + \frac{l_1 - l}{2\sqrt{\kappa_1 t}}\right] \tag{3.135}$$

式(3.135)与式(3.130)给出的两种情况下的界面温度并不相同,两者之差 $T_I^* - T_I$ 反映了“基板/镀膜样品”间隙对 Gallagher 实验结果的影响,即

$$T_I^* - T_I = (T_2 - T_4)\frac{2\alpha_{34}}{(\alpha_{34}+1)^2}\sum_{n=0}^{\infty}\beta^n\left\{\mathrm{erf}\left[\frac{(2n+1)l}{2\sqrt{\kappa_3 t}} + \frac{l_1 - l}{2\sqrt{\kappa_1 t}}\right] - \mathrm{erf}\frac{(2n+1)l}{2\sqrt{\kappa_3 t}}\right\} \geqslant 0 \tag{3.136}$$

注意,式(3.136)中的等号仅当 $t=0$ 或 $t=\infty$ 时才成立。这表明式(3.36)存在极大值。事实上,由于

$$\frac{\mathrm{d}(T^* - T_I)}{\mathrm{d}t} = -\frac{2\alpha_{34}(T_2 - T_4)}{\sqrt{\pi \cdot t^3}(\alpha_{34}+1)} \cdot F(t) \tag{3.137}$$

式中

$$F(t) = \sum_{n=0}^{\infty}\left[\frac{(2n+1)l + \sqrt{\kappa_2/\kappa_3}(l_1 - l)}{\sqrt{\kappa_2}}\mathrm{e}^{-\frac{[(2n+1)l + \sqrt{\kappa_2/\kappa_3}(l_1 - l)^2]}{4\kappa_2 t}} - \frac{(2n+1)l}{\sqrt{\kappa_2}}\mathrm{e}^{-\frac{(2n+1)^2 l^2}{4\kappa_2 t}}\right]$$

若在某时刻 t_m,$T_I^* - T_I$ 取极大值,则 t_m 可由下式决定:

$$\left.\frac{\mathrm{d}(T^* - T_I)}{\mathrm{d}t}\right|_{t=t_m} = 0 \tag{3.138}$$

当 $t<t_m$ 时,图 3.33 中的曲线 2 下降速率比曲线 1 缓慢。因此,尽管采用了晶体生长法消除金属膜与蓝宝石窗口之间的间隙,但蓝宝石基板与金属膜样品之间依然存在间隙,且该间隙的尺寸与膜厚可以比拟,导致实验观测到的界面温度的衰减速率变慢。Gallgher 根据实验测量的界面温度剖面的衰减速率计算蓝宝石和 LiF 的高压热导率,测量的热传导数据将偏低。

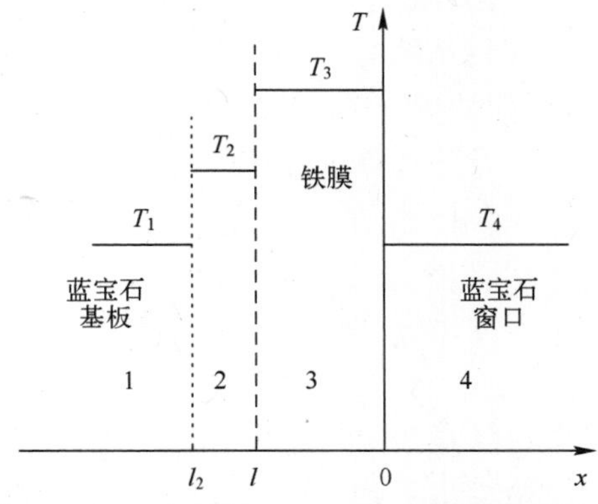

图 3.33　考虑“蓝宝石基板/金属膜”间隙后,Gallaghe 实验装置的初始温度分布

第 4 章 金属的冲击熔化

金属等固体在冲击压缩下发生固-液相变的现象称为冲击熔化。在热力学平衡下，固体在高压下的熔化温度仅仅由压力决定。由于冲击加载过程极其迅速，发生冲击固-液熔化相变时材料不一定处于热力学平衡态。为了认识冲击熔化相变的基本规律，本章在讨论冲击熔化现象时将忽略加载速率的影响。获取固体在高压下的熔化规律对建立多相物态方程具有重要意义。除了冲击压缩导致的熔化，从固相区的冲击压缩状态卸载时也会发生卸载熔化。

4.1 冲击熔化相变

在静高压实验中，固体材料的熔化是依靠外部热源不断提供热能实现的。从熔化开始到全部完成，熔化过程在等温-等压状态下进行。冲击压缩属于在极端应力-应变率加载下的绝热压缩过程，不可能依靠外部热源为被压缩物质提供热能；冲击熔化需要的能量全部来自冲击波自身，只有提高冲击波压力才能增加冲击波携带的能量，使被压缩物质获得更多热能并最终全部熔化。因此，固体物质在冲击压缩下的熔化过程从开始发生到全部完成，是在一定的冲击压力区间内实现的。这一压力区间称为冲击熔化压力区。在冲击熔化压力区，冲击熔化温度将随冲击压力而变化，熔化的质量份额也随冲击压力增加而增加。在平衡相变模型下，在 p-T 平面上，描述冲击熔化压力 p_M 与熔化温度 T_M 的曲线构成了 p-T 相图上固相区与液相区的分界线，称为高压熔化线。但是在p-V 平面上需要用两条曲线描述冲击熔化过程：一条是固相区与固-液混合相区的分界线，称为固相线；另一条是固-液混合相区与液相区的分界线，称为液相线。冲击熔化温度测量是研究固体高压熔化规律的重要手段之一。

从晶体结构的观点来看，熔化现象是固体在高温作用下原子的热振动使晶体结构从长程有序向无序转变造成的结果；从热力学的角度来看，发生熔化时固-液两相共存，在平衡相变模型下两相物质应满足力学平衡、温度平衡和相平衡条件。因此，若孤立单元系的 α 相和 β 相达到相平衡时，则 α 相和 β 相应该满足以下三个平衡条件。

（1）力学平衡条件：两相压力相等，平衡相变是一种等压变化过程，即

$$p^{\alpha}=p^{\beta} \tag{4.1}$$

（2）温度平衡条件：两相温度相等，平衡相变是一种等温变化过程，即

$$T^{\alpha}=T^{\beta} \tag{4.2}$$

如果温度未达到平衡，则热量将从高温相流向低温相，导致更多的物质发生相变。

（3）相平衡条件：相变时两相化学势相等。单元系的化学势就是以 T 和 p 为自变量的吉布斯自由能与阿伏伽德罗数 N_A 之商：

$$\mu=(H-TS)/N_A \tag{4.3a}$$

$$d\mu=(Vdp-SdT)/N_A \tag{4.3b}$$

按照热力学原理,在两相共存的混合相区,两相的化学势必须相等:

$$\mu^{\alpha}(T,p)=\mu^{\beta}(T,p) \tag{4.3c}$$

式(4.3c)给出的 $p-T$ 线就是 $p-T$ 平面上分割 α 相和 β 相的相线。

尽管在混合相区两共存相的化学势相等,但是两者化学势的偏导数可以不等。化学势的一阶偏导数不等的相变称为一级相变。固-液相变就属于一级相变。由式(4.3)得到

$$V^{\alpha}=\frac{\partial \mu^{\alpha}}{\partial p}\neq\frac{\partial \mu^{\beta}}{\partial p}=V^{\beta} \tag{4.4}$$

$$S^{\alpha}=\frac{\partial \mu^{\alpha}}{\partial T}\neq\frac{\partial \mu^{\beta}}{\partial T}=S^{\beta} \tag{4.5}$$

因此,固-液相变时比容将发生突变,而且伴随着熵增。若化学势的二阶或高阶导数不相等,则称为高阶相变。由电子结构改变导致的相变就属于高级相变。

除了固-液相变,许多固体材料在冲击压缩下晶格结构会发生改变,称为固-固相变,也称为多形相变。由于晶格结构发生改变,固-固相变属于一级相变。发生固-固相变时冲击波速度 D 与粒子速度 u 的线性关系($D-u$ 冲击绝热线)通常都会发生显著的拐折[16,77]或突变。但是,大多数金属材料发生冲击熔化时比容变化较小。受实验测量不确定度的限制,冲击熔化相变时 $D-u$ 线斜率的细微变化往往难以觉察。图 4.1 是根据铅的冲击波速度和粒子速度数据[78]进行分区线性拟合得到的曲线。铅的冲击熔化压力区约为 50~60GPa,相对于许多常用金属材料,铅发生冲击熔化时 $D-u$ 冲击绝热线斜率的变

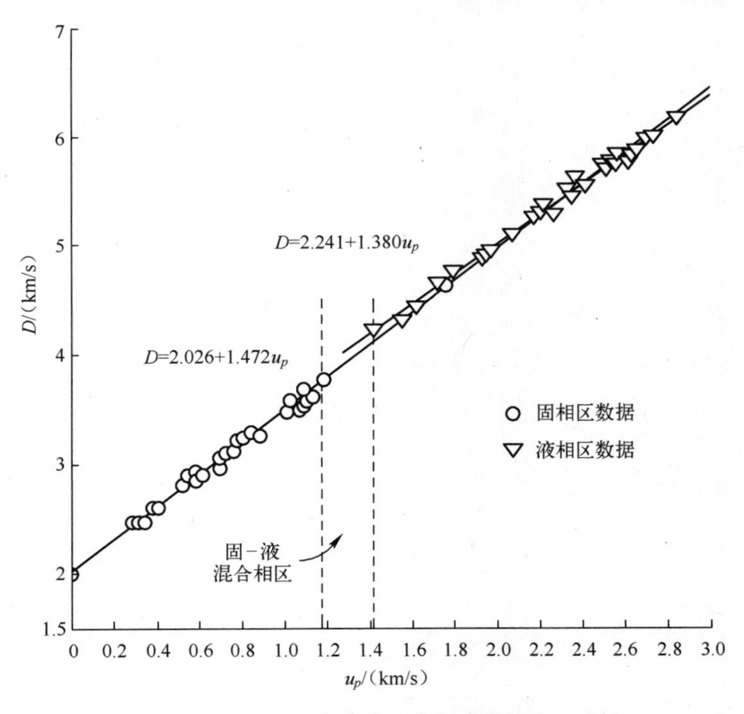

图 4.1　铅的 $D-u$ 冲击绝热线与冲击熔化压力区

化较大，但是依然很难从图 4.1 的冲击波速度和粒子速度数据直接看出它发生冲击熔化和完成冲击熔化的压力。许多金属的情况比铅更加困难。在大多数情况下，难以通过 $D-u$ 冲击绝热线测量来判定发生冲击熔化的起始压力和完成冲击熔化的压力。在理论上还不能严格阐明金属高压熔化的普遍规律，一些经验规律在实验上尚未得到充分证实是否具有普适性。鉴于 Gruneisen 物态方程不能直接给出温度，因此，即使用其他方法确定了冲击熔化压力，也不能从 Gruneisen 方程得到熔化温度。许多金属的固-液相变与固-固相变纠缠在一起，进一步增加了高压熔化实验测量和理论研究的困难；高压熔化和固-固相变理论研究需要以多相物态方程为基础。固-固相变的实验测量及两相物态方程的一些基本模型将在第 7 章进行讨论。本章仅就金属高压熔化的实验测量问题进行初步讨论，是第 3 章冲击波温度测量的延续和深入。

4.2　高压熔化的经验规律

目前，尚没有统一的理论模型能够精确描述固体在高压下的熔化温度随压力的变化规律。通过静高压实验建立了一些描述低压熔化规律的半经验-半理论的熔化方程，冲击熔化的实验研究为揭示在数兆巴高压下熔化现象及其规律性提供了可能性。

4.2.1　林德曼熔化定律

高压熔化定律描述固体的熔化温度与压力、比容等热力学状态量之间的普遍关系。林德曼（Lindemann）在 1910 年提出了一种熔化模型[4,79]，认为当固体晶格点阵上的原子围绕平衡位置做热振动的平均振幅随温度的升高增大到它与近邻原子之间的平均间距的 1/2 时，晶格崩溃导致固体熔化。习惯上称为 Lindemann 熔化定律。后来发现，固体熔化时晶格原子热振动的振幅不一定要达到间距的 1/2，只要达到原子间距的一定份额即可发生熔化。按照 Lindemann 的假设，用爱因斯坦固体模型可以导出熔化温度 T_M 与比容 V_M 之间的关系：

$$T_M \sim CM\theta_{\mathrm{E}}^2 V^{2/3} \tag{4.6}$$

式中：θ_{E} 为爱因斯坦特征温度，$\theta_{\mathrm{E}}=\dfrac{h\nu}{k}$；$C$ 为由材料性质决定的常数；M 为相对原子质量。

在实际应用中，通常用 Debye 温度 θ_{D} 取代爱因斯坦温度 θ_{E}。

对式（4.6）两边取对数并进行微分计算：

$$\frac{\mathrm{d}T_M}{T_M}=2\frac{\mathrm{d}\theta_{\mathrm{D}}}{\theta_{\mathrm{D}}}+\frac{2}{3}\frac{\mathrm{d}V}{V} \tag{4.7}$$

利用 Debye 温度与 Gruneisen 系数的关系：

$$\theta_{\mathrm{D}}=\theta(V)=\theta_0\exp\left(-\int_{V_0}^{V}\frac{\gamma}{V}\mathrm{d}V\right) \tag{4.8}$$

对式（4.7）积分得到

$$T_M=T_{M0}\left(\frac{V_M}{V_{M0}}\right)^{2/3}\exp\left(-2\int_{V_{M0}}^{V_M}\frac{\gamma}{V}\mathrm{d}V\right) \tag{4.9}$$

式中：T_{M0}、V_{M0}分别为固体在常压下发生熔化时的温度和比容。

式(4.9)就是根据 Lindemann 熔化模型得到的高压熔化方程。但是式(4.9)的普适性尚待实验证实,因为 Debye 模型并非一种普适的理论模型。而对于在冲击熔化前可能发生固-固相变的固体,利用式(4.9)计算熔化温度时需要特别小心。假定 $\gamma/\gamma_0=(V/V_0)^n$,Lindemann 熔化方程将具有更加直观的解析形式:

$$T_M=T_{M0}\left(\frac{V_M}{V_{M0}}\right)^{2/3}\exp\left[2\frac{\gamma_0}{nV_0^n}(V_{M0}^n-V_M^n)\right] \tag{4.10}$$

当 $n=1$ 时,有

$$T_M=T_{M0}\left(\frac{V_M}{V_{M0}}\right)^{2/3}\exp\left[2\frac{\gamma_0}{V_0}(V_{M0}-V_M)\right] \tag{4.11}$$

虽然 Lindemann 熔化定律尚未在实验和理论上得到充分证明,目前仍被许多研究者用来估算兆巴冲击高压下固体的熔化温度,特别是金属材料的高压熔化温度,在很多情况下它具有良好的近似性。

4.2.2　两种常用的经验熔化方程

1. Kennedy-Kraut 熔化方程

除了 Lindemann 熔化定律,国外研究者提出了一些高压熔化经验规律。肯尼迪(Kennedy)和克劳特(Kraut)[80]根据静高压实验结果提出的固体压缩性与熔化温度的经验关系就是其中之一。他们发现,在较低压力下,若压力 p_M 对应的熔化温度为 T_M,则 T_M 与压缩性的关系可以表示为

$$T_M=T_{M0}\left(1+C\frac{V_0-V}{V_0}\right) \tag{4.12}$$

式中:T_{M0}为固体在常压下的熔化温度;V_0 为常压下的比容;V 为从 V_0 由静高压等温压缩到压强为 p_M 时的比容;C 为物质常数。

按照 Bridgman 的研究,等温压缩时比容与压力的关系可以近似表示为

$$\frac{V_0-V}{V_0}\approx a_1p+a_2p^2+a_3p^3 \tag{4.13a}$$

将式(4.13a)代入式(4.12)得到

$$T_M\approx T_{M0}[1+C(a_1p+a_2p^2+a_3p^3)] \tag{4.13b}$$

常数 C 与 Gruneisen 系数 γ 的近似关系为[81]

$$C\approx 2\gamma-2/3$$

2. Simon 熔化方程

直接描述熔化压力与熔化温度的经验关系是西蒙(F. Simon)在1929年提出的,称为 Simon 熔化方程[81]:

$$p_M=A\left[\left(\frac{T_M}{T_C}\right)^B-1\right] \tag{4.14}$$

式中:A、B 为由该固体物质决定的常数;T_C 为固体三相点的温度。

Simon 方程和 Kennedy-Kraut 方程能够在较低压力下近似描述金属材料的熔化特性。由 Simon 方程也可以导出 Kennedy-Kraut 方程,得到 Kennedy-Kraut 方程的系数 C 与 Simon 方程的系数 B 的关系为

$$C=\frac{2(\gamma+2/3)}{(B-1)}$$

4.2.3 由 Clausius-Clapeyron 方程的多项式展开得到的经验熔化规律

Clausius-Clapeyron 方程是从热力学的普遍原理导出的描述 $p-T$ 平面上的相线斜率的方程。因此从 Clausius-Clapeyron 方程导出的规律不仅可以用于固-液相变,也可用于固-固相变。

根据相平衡条件及混合相区两相化学势相等的原理,由式(4.3)得到

$$V^{\alpha}\mathrm{d}p-S^{\alpha}\mathrm{d}T=V^{\beta}\mathrm{d}p-S^{\beta}\mathrm{d}T$$

$$(V^{\beta}-V^{\alpha})\mathrm{d}p=(S^{\beta}-S^{\alpha})\mathrm{d}T$$

得到 Clausius-Clapeyron 方程:

$$\left(\frac{\mathrm{d}p}{\mathrm{d}T}\right)_{\alpha\to\beta}=\frac{\Delta S}{\Delta V} \tag{4.15}$$

式中:ΔV、ΔS 分别为相变引起的比容改变与熵增,$\Delta V\equiv V^{\beta}-V^{\alpha}$,$\Delta S\equiv S^{\beta}-S^{\alpha}$;$\frac{\mathrm{d}p}{\mathrm{d}T}$为 $T-p$ 平面上相线的斜率。

当发生熔化时,Clausius-Clapeyron 方程描述 $p-T$ 相图上熔化温度与压力的关系,即发生固-液相变时固相线的斜率方程:

$$\left(\frac{\mathrm{d}p}{\mathrm{d}T}\right)_{M}=\left(\frac{\Delta H}{T\Delta V}\right)_{M} \tag{4.16}$$

式中:$\Delta H\equiv\Delta H_M=T_M\Delta S$ 为熔化热;$\Delta V\equiv\Delta V_M$ 为熔化引起的比容改变,且有 $\Delta V_M=V_L-V_S$,V_L 和 V_S 分别表示 $p-V$ 平面上的等压线 $p=p_M$ 与液相线和固相线交点的比容。大多数固体熔化时比容增加,$\Delta V_M>0$;少数固体(如冰)熔化时比容减小,$\Delta V_M<0$;还有的固体在某些特殊情况下熔化时比容变化很小,$\Delta V_M\approx0$。为避免式(4.16)出现分母为零的情况,略去下标将固-液相线斜率方程写为

$$\frac{\mathrm{d}T}{\mathrm{d}p}=\frac{T\Delta V}{\Delta H} \tag{4.16a}$$

杜宜谨[81]用泰勒级数将 Clausius-Clapeyron 方程展开为压力的多项式,并推导出了 Simon 熔化方程。杜宜谨首先将式(4.16)改写为无量纲形式:

$$\frac{\mathrm{d}T}{T}=\mathrm{d}p/\frac{\Delta H}{\Delta V} \tag{4.17}$$

就量纲而言,$\frac{\Delta H}{\Delta V}$应具有压力相同的量纲并可以表达为压力 p 的函数。在低压下,仅需将$\frac{\Delta H}{\Delta V}$做泰勒展开到压力的一次项:

$$\frac{\Delta H}{\Delta V}=a_0+a_1p \tag{4.18}$$

式中:a_0、a_1 为待定参数。

将式(4.18)代入式(4.17)得到

$$\frac{\mathrm{d}T}{T}=\frac{\mathrm{d}p}{a_0+a_1p} \tag{4.19}$$

积分式(4.19)得到

$$\left(\frac{T}{T_{M0}}\right)^{a_1}=\frac{p}{a_0/a_1}+1 \tag{4.20}$$

它与 Simon 方程式(4.15)形式完全相同：

$$p=\frac{a_0}{a_1}\left[\left(\frac{T}{T_{M0}}\right)^{a_1}-1\right] \tag{4.21}$$

因此,Simon 方程中的参考温度 T_C 不必选取三相点的温度,可以选取常压下的熔点 T_{M0},通过静高压熔化实验可以确定参数 a_0 及 a_1,这就大大简化了 Simon 方程的实际应用。

将$\frac{\Delta H}{\Delta V}$做泰勒级数展开到压力的二次项：

$$\frac{\Delta H}{\Delta V}=a_0+a_1p+a_2p^2 \tag{4.22}$$

得到

$$\frac{\mathrm{d}T}{T}=\frac{\mathrm{d}p}{a_0+a_1p+a_2p^2} \tag{4.23}$$

假定 $a_1^2-4a_0a_2>0$,查积分表[82]得到式(4.23)的解析解：

$$\ln T\,\Big|_{T_0}^{T}=\frac{1}{\sqrt{a_1^2-4a_0a_2}}\left(\ln\frac{2a_2p+a_1-\sqrt{a_1^2-4a_0a_2}}{2a_2p+a_1+\sqrt{a_1^2-4a_0a_2}}\right)\Bigg|_{p=0}^{p}$$

进一步简化后,得到以压力为变量的熔化线程：

$$\begin{aligned}\left(\frac{T}{T_0}\right)^{-\sqrt{a_1^2-4a_0a_2}}&=\frac{(a_1+\sqrt{a_1^2-4a_0a_2})p+2a_0-2\sqrt{a_1^2-4a_0a_2}\,p}{(a_1+\sqrt{a_1^2-4a_0a_2})p+2a_0}\\&=1-\frac{2\sqrt{a_1^2-4a_0a_2}\,p}{(a_1+\sqrt{a_1^2-4a_0a_2})p+2a_0}\end{aligned} \tag{4.24}$$

可将式(4.24)简写为

$$\left(\frac{T}{T_0}\right)^{n}=1-\frac{p}{k+mp} \tag{4.25}$$

其中,待定参数 k、m、n 分别定义为

$$\begin{cases}k\equiv\dfrac{a_0}{\sqrt{a_1^2-4a_0a_2}}\\ m\equiv\dfrac{1}{2}\left(1+\dfrac{a_1}{\sqrt{a_1^2-4a_0a_2}}\right)\\ n\equiv-\sqrt{a_1^2-4a_0a_2}\end{cases} \tag{4.26}$$

事实上,式(4.25)给出的熔化温度和压强的关系与 Couchman 和 Reynolds 和 Jr[83]在 1976 年提出的经验熔化方程的在形式上完全相同,但是杜宜谨[81]从 Clausius-Clapeyron 方程出发用泰勒展开得到的近似关系具有更明确的物理含义。由于$\frac{\Delta H}{\Delta V}$展开到了压力的

二次项，因此式(4.25)适用的压力范围应该比式(4.21)或 Simmon 方程更宽。从式(4.26)的三个方程解出 a_0、a_1 及 a_2：

$$\begin{cases} a_0=-kn \\ a_1=n(1-2m) \\ a_2=\dfrac{mn(1-m)}{k} \end{cases} \tag{4.27}$$

一旦从静高压实验测量了某一压力区内不同压力下的熔化温度，由式(4.25)就可确定参数 k、m、n，进而由式(4.27)确定 a_0、a_1 及 a_2，再结合式(4.22)为估算熔化熵增 ΔS 与熔化比容改变 ΔV 的关系提供了基础：

$$\Delta S=(a_0+a_1p+a_2p^2)\Delta V/T$$

利用近似关系 $\Delta S_M\approx\Delta S_{M0}$，可得到 T-p 平面上高压熔化线的近似方程：

$$T_M\approx(a_0+a_1p+a_2p^2)_M\Delta V_M/\Delta S_{M0}$$

4.2.4 利用静高压数据确定 p-T 相线的走向

将式(4.26)或式(4.27)代入式(4.22)，得到

$$\frac{\Delta H_M}{\Delta V_M}=-kn+n(1-2m)p+\frac{mn(1-m)}{k}p^2 \tag{4.28}$$

及

$$\frac{\mathrm{d}p_M}{\mathrm{d}T_M}=-kn\frac{1}{T_M}+n(1-2m)\frac{p_M}{T_M}+\frac{mn(1-m)}{k}\frac{p^2}{T_M} \tag{4.29}$$

可以通过常压和低压下的静高压熔化实验来确定参数 k、m、n。其中，参数

$$a_0=\left(\frac{\Delta H}{\Delta V}\right)_{p=0}$$

可以从常压下的熔化温度、熔化热和熔化时的比容变化得到确定，因此零压下的高温相的相线的初始斜率为

$$\left(\frac{\mathrm{d}p}{\mathrm{d}T}\right)_{p=0}=\left(\frac{\Delta H}{T\cdot\Delta V}\right)_{p=0}=\frac{a_0}{T_{M0}} \tag{4.30}$$

固体发生熔化相变时 $\Delta H_M>0$，大多数金属的液相密度小于固相密度，$\Delta V>0$，因而固相线的初始斜率大于零。但是，有些物质(如冰)熔化后其液相密度大于固相密度，$\Delta V<0$，因而固相线初始斜率小于零。后者属于反常熔化现象，金属铋和锕系元素中的某些金属具有这种反常熔化性质。

式(4.28)及式(4.29)是从普遍的热力学关系推导出的，它们也适用于描述较低压力下单元二相系发生固-固相变时相线的斜率。对于固-固相变，高压相的密度既可以比低压相高，也可以比低压相低，导致相线的斜率出现大于零或小于零的情况。金属的固-固相变经常出现相线斜率小于零的情况，铁的 α-ε 相变就是一个典型的例子。

确定相线的初始斜率具有重要应用价值。在文献中常常可以看到在低压下金属材料的 T-p 相图是用一些不同斜率的直线段近似描述的。利用静高压方法测量固-固相变的压力和温度，再结合式(4.20)或式(4.25)确定低压区的相线方程，对于建立多相物态方程有一定实用价值。有些金属在冲击熔化前发生多次固-固相变，其固-液相线将变得

非常复杂,将在4.5节对这一问题做进一步叙述。

4.3 高压熔化温度的理论预估

Lindemann熔化定律描述熔化温度 T_M 与固相线上的比容 V_M 之间的关系。而固相线是 $p-V$ 平面上将固相区与固-液混合相区分开的一条曲线(图4.2)。发生熔化时的压力 p_M 与温度 T_M 之间的关系需借助于Gruneisen方程计算。沿着固相线,熔化温度随压力的变化 $(\mathrm{d}p/\mathrm{d}T)_M$ 应满足Clausius-Clapeyron方程的要求,而 $(\mathrm{d}p/\mathrm{d}T)_M$ 就是 $p-T$ 平面上的高压熔化线的斜率。下面介绍一种以冲击绝热线 $P_H(V_H)$ 为参考线,计算与冲击波压力 p_H 对应的熔化温度 T_M 的方法[66]。

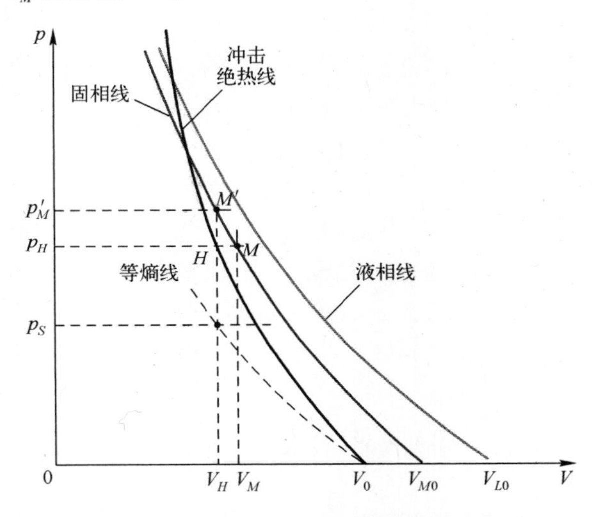

图4.2 根据冲击绝热线和Lindemann熔化定律计算固相线上的熔化压力与比容的示意图

如图4.2所示,设 H 点位于Hugoniot线上,压力为 p_H,比容为 V_H,V_H 与熔化压力 $p_M=p_H$ 时固相线上的比容 V_M 一般不相等。反过来,比容 $V_M=V_H$ 对应的固相线上的压强 p'_M 与 p_H 也不相等。为了求出压力 $p_M=p_H$ 时固相线上 M 点的比容 V_M,以 V_H 作为 V_M 的零级近似值。首先由Lindemann熔化定律计算 $V_M=V_M^{(0)}=V_H$ 时的熔化温度 $T_M^{(0)}$:

$$T_M = T_M^{(0)} = T_{M0}\exp\left(-2\int_{V_{M0}}^{V_M^{(0)}}\frac{\gamma}{V}\mathrm{d}V\right)\left(\frac{V_M^{(0)}}{V_{M0}}\right)^{2/3}$$

然后由Gruneisen物态方程计算 $V_M=V_M^{(0)}$ 时对应的熔化压力 p_M:

$$p_M(V_M)=p_S(V_M)+\left(\frac{\gamma}{V}\right)_M\cdot\bar{c}_V(T_M-T_S)$$

式中:p_S、T_S 分别为同一比容 $V_M=V_M^{(0)}$ 时从初始态出发的等熵线上的压力和温度,可以利用第2章和第3章中的方法计算。

对计算结果做如下处理。

(1) 若 $p_M(V_M)$ 与 p_H 相差很小,能够满足不确定度的要求:

$$|p_M-p_H|<\varepsilon$$

该式表明，p_M、V_M 和 T_M 同时满足 Lindemann 熔化定律和 Gruneisen 状态方程，温度 T_M 即为压力 $p_M=p_H$ 时的熔化温度。

（2）若 $p_M>p_H$，则冲击线绝热线上的状态点 (p_H,V_H) 位于固相区（图 4.2），或者压力 $p_M=p_H$ 对应的比容 V_M 应大于 V_H（图 4.2）。选取一个比 V_H 稍许大一些的比容值 $V_M^{(1)}=V_M^{(0)}+\delta V$ 作为新的猜测值，重复上述计算。利用逐次逼近法，直到满足（1）中的条件为止。

（3）若 $p_M<p_H$，则所选取的冲击绝热线上的状态点 (p_H,V_H) 位于固-液混合相区或液相区。在固相线上与熔化压力 $p_M=p_H$ 对应的比容 V_M 应当小于 V_H。选取一个比 V_H 稍许小的比容值 $V_M^{(1)}=V_M^{(0)}-\delta V$ 作为新的猜测值，利用逐次逼近法，重复上述计算，直到满足（1）中的条件为止。

在上述计算中，Gruneisen 系数 γ 和比热容 c_V 的选取十分关键。虽然在许多情况下可以用晶格比热容的经典极限作为比热容的近似值，用 $\rho\gamma=\rho_0\gamma_0$ 近似描述 Gruneisen 系数，但当温度很高时可能需要考虑电子热运动的贡献；有些金属在冲击熔化前会发生固-固相变，高压相的热力学性质（如比热容、Gruneisen 系数等）与低压相有很大差异，晶格结构的改变引起熔化性质的变化，因此，利用低压相的物性参数估算高压相的熔化温度可能会带来较大的误差。

上述计算方法是建立在平衡相变基础上的。它以冲击绝热线为参考，以 Gruneisen 状态方程和 Lindemman 熔化定律为基础。这一计算方法在热力学上是自恰的。这是在 Debye 模型框架内利用冲击绝热线测量数据确定高压熔化温度的一种比较简单的近似方法，显示了冲击绝热线的精密实验测量在高压物态方程研究中的基础性地位。

4.4　含固-液相变的热传导方程的解

当金属材料发生冲击熔化时，用辐射法测量的界面温度剖面不仅包含冲击波在“金属样品/透明窗口”界面的反射波的影响，还包含了界面两侧的巨大温差产生的热弛豫过程的影响。由于窗口材料的冲击温度通常较金属样品的冲击温度低得多，“样品/窗口”界面两侧的巨大温度梯度可能会导致已经发生冲击熔化的金属材料发生再凝固相变，也可能导致界面附近的窗口材料因热传导而熔化。在第 3 章中讨论的理想界面模型和非理想界面模型中没有反映固-液或液-固相变对“样品/窗口”界面温度的影响。包含熔化过程的界面温度 T_I 与卸载温度 T_R 的关系不能用式（3.45）或式（3.115）描述，因而不能从实测界面温度 T_I 反演出卸载温度 T_R。另外，伴随固-液相变的卸载过程不再是等熵的，因而也不能从卸载温度 T_R 推算出冲击波温度 T_H。由于“样品/窗口”界面上的热弛豫，在第 3 章中讨论的“样品/窗口”界面上发生的 5 种卸载过程中（图 3.14），除了第 2、3、4 种过程可以由于界面热传导发生再凝固相变以外，对于第 5 种过程，尽管该金属样品中的卸载过程是在液相区进行的，但如果卸载终态很靠近液相线，界面热传导也可能使金属样品发生液-固相变。考虑“样品/窗口”界面热传导的影响后，谭华和 Ahrens[65] 将“金属样品/窗口”界面上伴随压力卸载的热弛豫过程归结为 6 种典型类型，如图 4.3 所示。

在图 4.3 中，过程 1 和过程 6 分别位于单一固相区或单一液相区，属于单相区中的卸载和热弛豫过程，比较容易处理。过程 2 至过程 5 则包含了“样品/窗口”界面热传导导致的再凝固相变的影响。其中,过程 2 的初始冲击状态位于固相区,冲击波在“样品/窗口”界面的卸载导致卸载熔化相变,卸载终态位于固-液混合相区,但是“样品/窗口”界面两侧的巨大温度梯度引发了的液-固相变或再凝固相变,金属样品的卸载终态重新进入固相区。过程 3 的初始冲击状态在混合相区,卸载过程沿着固-液相线进行,熔化质量分数随卸载过程连续增大(在卸载终态时达到最大),卸载终态位于固-液混合相区,但界面热传导引发的再凝固相变使材料进入固相区。过程 4 的初始冲击状态在固-液混合相区,卸载使样品完全熔化并进入液相区;虽然卸载终态位于液相区,但界面热传导导致了再凝固相变,使材料进入固相区。过程 5 的初始冲击状态在液相区,卸载也在液相区内进行,但是界面热传导最终仍能导致金属发生液-固相变。因此,过程 2 至过程 5 四种情况下“样品/窗口”界面温度将位于固相线附近。这是本节讨论的重点。

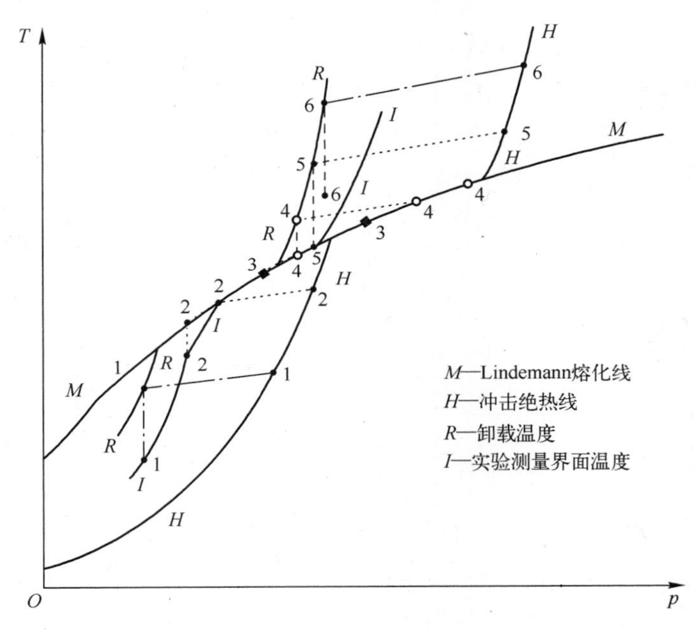

图 4.3 发生在“样品/窗口”界面上的 6 种压力卸载和热弛豫过程

除了金属样品因界面热传导导致其自身发生再凝固相变,对于高熔点金属材料,还需要考虑一种情况,即金属样品自身可能没有发生冲击熔化,窗口材料也没有发生冲击熔化,但金属样品的温度可能远远高于窗口在冲击压缩下的熔化温度,界面热传导也可能使靠近界面的一薄层窗口材料发生熔化。本节通过求解理想界面条件下的包含固-液相变的热传导方程,分别对因界面热传导导致的金属材料的液-固相变和窗口材料的固-液相变对辐射法测量的界面温度的影响进行讨论。

4.4.1 金属样品因界面热传导发生再凝固相变[65]

为简单起见,首先讨论因冲击熔化或卸载熔化处于液相区或固-液混合相区的金属样品,由于“样品/窗口”界面热传导,导致金属样品发生再凝固相变,并假定这种热传导没有引起窗口发生熔化。由于金属样品发生液-固相变,在金属样品中存在一个固-液相界面,将发生再凝固相变后的固相区与液相区或与固-液混合相区分开,如图 4.4 所示。

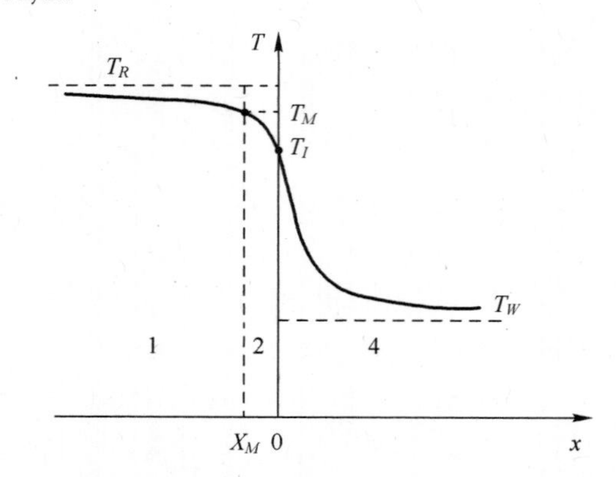

图 4.4 由界面热传导引发的金属样品的再凝固相变及相区分布

设 $x=X_M(t)$ 表示 t 时刻的液-固相界面的位置,与透明窗口紧邻的 2 区即为由于金属样品发生再凝固相变形成的固相区,1 区为金属样品中的液相区或固-液混合相区,4 区为透明窗口区(固相区)。按照上述三个区域分别写出热传导方程和边界条件。

1. 含液-固(再凝固)相变的热传导方程及边界条件[65,84]

类似于第 3 章的方法,以下标 1、2、4 分别表示图 4.4 中的三个状态区;$u_i(x,t)$ 表示第 i 区的温度,$\kappa_i=\dfrac{K_i}{\rho_i c_i}$ 为第 i 区的热扩散率,K_i、ρ_i 和 c_i 分别为第 i 区的热导率、密度和比热容。形式上各区的热传导方程可分别写为

$$\begin{cases}\dfrac{\partial^2 u_4}{\partial x^2}-\dfrac{1}{\kappa_4}\dfrac{\partial u_4}{\partial t}=0, & 0<x<+\infty \\ \dfrac{\partial^2 u_2}{\partial x^2}-\dfrac{1}{\kappa_2}\dfrac{\partial u_2}{\partial t}=0, & X_M<x<0 \\ \dfrac{\partial^2 u_1}{\partial x^2}-\dfrac{1}{\kappa_1}\dfrac{\partial u_1}{\partial t}=0, & -\infty<x<X_M\end{cases} \tag{4.31}$$

初始条件为

$$\begin{cases}u_4(x,0)=T_W, & x>0 \\ u_1(x,0)=T_R, & x<0\end{cases} \tag{4.32}$$

式中:T_W 为窗口材料的冲击波温度;T_R 为冲击波在“样品/窗口”界面反射后该反射波后金属样品的温度。

注意,在式(4.32)中没有写出 2 区的初始条件,由于在初始时刻($t=0^-$)还没有发生再凝固相变,只有在 $t>0$ 时 2 区才会出现,故初始时刻 2 区并不存在。按照界面温度连续性条件和热流连续性条件,写出式(4.31)各区的边界条件如下:

在“样品/窗口”界面($x=0$),有

$$\begin{cases}u_4\big|_{x=0}=u_2\big|_{x=0} \\ -K_2\dfrac{\partial u_2}{\partial x}\Big|_{x=0}=-K_4\dfrac{\partial u_4}{\partial x}\Big|_{x=0}\end{cases} \tag{4.33}$$

在固-液相界面($x=X_M<0$),有

$$\begin{cases} u_2 \mid_{x=X_M} = u_1 \mid_{x=X_M} = T_M \\ \left[-K_1 \dfrac{\partial u_1}{\partial x} + \left(-\chi_M \rho_2 \dfrac{dx}{dt} \Delta H_M \right) \right] \Bigg|_{x=X_M} = -K_2 \dfrac{\partial u_2}{\partial x} \Bigg|_{x=X_M} \end{cases} \tag{4.34}$$

式中：$X_M = X_M(t)$ 为任意时刻液-固相界面的位置；$(dx/dt)\mid_{x=X_M} = dX_M/dt$ 为液-固相界面的移动速度；考虑到相界面的移动方向指向负 x 轴方向，$-\rho_2 \dfrac{dX_M}{dt}\Delta H_M$ 为由于液-固相界面移动在单位时间内、单位面积相界面扫过的物质所释放出的相变热；χ_M 为受冲击金属样品在卸载终态时的熔化质量分数。

在式(4.34)中已经考虑了再凝固相变释放出来的热量。

2. 含固-液相变的热传导方程的解[65]

热传导方程式(4.31)的通解为

$$u_i(x,t) = A_i + B_i \operatorname{erf} \frac{x}{2\sqrt{\kappa_i t}} \tag{4.35}$$

将式(4.32)的初始条件代入式(4.35)，得到

$$A_4 + B_4 = T_W \tag{4.36}$$

$$A_1 - B_1 = T_R \tag{4.37}$$

由“样品/窗口”界面($x=0$)的边界条件式(4.33)，得到

$$A_4 = A_2 \tag{4.38a}$$

$$K_4 B_4 \frac{1}{\sqrt{\pi}} (\kappa_4 t)^{-1/2} \exp\left(-\frac{x^2}{4\kappa_4 t}\right) \Bigg|_{x=0^+} = K_2 B_2 \frac{1}{\sqrt{\pi}} (\kappa_2 t)^{-1/2} \exp\left(-\frac{x^2}{4\kappa_2 t}\right) \Bigg|_{x=0^-} \tag{4.38b}$$

将 $x=0$ 代入式(4.38b)，得到

$$B_2 = \alpha_{42} B_4 \tag{4.39}$$

式中

$$\alpha_{42} \equiv \left[\frac{(K\rho c)_4}{(K\rho c)_2} \right]^{1/2} \tag{4.40}$$

在液-固相界面($x=X_M$)，由边界条件式(4.34)，得到

$$A_2 + B_2 \operatorname{erf} \frac{X_M}{2\sqrt{\kappa_2 t}} \equiv T_M \tag{4.41}$$

由界面热传导引发的再凝固相变是在样品与窗口的阻抗匹配压力下发生。当界面 $x=X_M$ 两侧的金属样品发生再凝固相变时，相变温度即等于阻抗匹配压力下金属的高压熔化温度 T_M，它在再凝固相变过程中保持不变。因此，式(4.41)成立的条件为

$$\frac{X_M}{2\sqrt{\kappa_2 t}} \equiv \mu = \text{const} \tag{4.42a}$$

或

$$X_M \equiv 2\mu\sqrt{\kappa_2 t} < 0 \tag{4.42b}$$

由此得到固-液相界面 X_M 的移动速率为

$$\frac{\mathrm{d}X_M}{\mathrm{d}t}=\mu\sqrt{\kappa_2/t} \tag{4.42c}$$

式中:μ 为由“样品/窗口”界面热传导所引发的再凝固相变过程中,表征固-液相界面移动速率的一个参数。

引入参数 μ 以后,式(4.41)可写为

$$A_2+B_2\operatorname{erf}\mu=T_M \tag{4.42d}$$

同理,得到

$$A_1+B_1\operatorname{erf}[(\kappa_2/\kappa_1)^{1/2}\mu]=T_M \tag{4.43}$$

和

$$-\alpha_{12}\exp\left(-\frac{\kappa_2}{\kappa_1}\mu^2\right)B_1+\exp(-\mu^2)\cdot B_2=\frac{\sqrt{\pi}}{c_2}\chi_M\Delta H_M\mu \tag{4.44}$$

联立式(4.36)~式(4.44),解出各系数,得到图 4.4 中各区中的温度分布如下:

$$u_4(x,t)=T_W+\frac{T_M-T_W}{1-\alpha_{42}\operatorname{erf}\mu}\left(1-\operatorname{erf}\frac{x}{2\sqrt{\kappa_4 t}}\right) \tag{4.45}$$

$$u_2(x,t)=T_W+\frac{T_M-T_W}{1-\alpha_{42}\operatorname{erf}\mu}\left(1-\alpha_{42}\operatorname{erf}\frac{x}{2\sqrt{\kappa_2 t}}\right) \tag{4.46}$$

$$u_1(x,t)=T_R-\frac{T_R-T_M}{1+\operatorname{erf}[(\kappa_2/\kappa_1)^{1/2}\mu]}\left(1+\operatorname{erf}\frac{x}{2\sqrt{\kappa_1 t}}\right) \tag{4.47}$$

将 B_1、B_2 代入式(4.44),得到参数 μ 必须满足的方程式:

$$\alpha_{12}\cdot\exp\left(-\frac{\kappa_2}{\kappa_1}\mu^2\right)\frac{T_R-T_M}{1+\operatorname{erf}[(\kappa_2/\kappa_4)^{1/2}\mu]}-\exp(-\mu^2)\frac{\alpha_{42}(T_M-T_W)}{1-\alpha_{42}\operatorname{erf}\mu}$$

$$=\frac{\sqrt{\pi}}{c_2}\chi_M\cdot\Delta H_M\cdot\mu \tag{4.48}$$

式(4.48)是发生再凝固相变时液-固相界面位置 $X_M(t)$ 随时间的移动必须满足的方程,它反映了能量守恒的要求。

当 $x=0$ 时(“样品/窗口”界面),由式(4.45)或式(4.46)得到界面温度:

$$\begin{aligned}T_I&=T_W+\frac{T_M-T_W}{1-\alpha_{42}\operatorname{erf}\mu}\\&=T_M+\frac{\alpha_{42}\operatorname{erf}\mu}{1-\alpha_{42}\operatorname{erf}\mu}(T_M-T_W)\end{aligned} \tag{4.49a}$$

由于 $\alpha_{42}=1/\alpha_{24}$,式(4.49a)也可写为

$$\begin{aligned}T_I&=T_W+\frac{\alpha_{24}(T_M-T_W)}{\alpha_{24}-\operatorname{erf}\mu}\\&=T_M+\frac{\operatorname{erf}\mu}{\alpha_{24}-\operatorname{erf}\mu}(T_M-T_W)\end{aligned} \tag{4.49b}$$

式(4.49)表明,在理想界面模型下,对于界面热传导引发的再凝固相变,界面温度 T_I 不再与卸载温度 T_R 直接关联,而是与金属样品的高压熔化温度 T_M 直接关联。

3. 发生凝固相变时的“样品/窗口”界面温度与熔化温度的关系

根据式(4.49),由界面热传导引发的再凝固相变具有以下特点。

(1)“样品/窗口”界面温度 T_I 与时间无关,这是理想界面模型的特点。

(2)不能从界面温度 T_I 反演出卸载温度 T_R 和初始冲击波温度 T_H,这与第3章中分析的结论一致。

(3)界面温度 T_I 与“样品/窗口”阻抗匹配压力下的熔化温度 T_M 直接关联。通过测量界面温度 T_I 能够获得该阻抗匹配压力下的高压熔化温度 T_M。

将式(4.49b)改写为

$$T_M = T_W + (T_I - T_W)(1 - \alpha_{42}\mathrm{erf}\mu) \tag{4.50a}$$

显然,必须首先求出参数 μ,才能获得 T_M。为此,将式(4.50a)进一步改写为

$$T_M = T_W + \frac{(\alpha_{24} - \mathrm{erf}\mu)(T_I - T_W)}{\alpha_{24}} \tag{4.50b}$$

由于 α_{24} 与高压下金属的热导率、比热容、密度与窗口材料之比直接关联,对于典型“金属/透明窗口”装置,$\alpha_{24} \approx 10$,而 $|\mathrm{erf}\mu| \leqslant 1$(其典型值为0.1~0.5)。由式(4.50)得到近似关系式

$$T_M \approx T_I \tag{4.51}$$

式(4.51)表明,如果再凝固相变是由于界面热传导引发的,则界面温度将与“样品/窗口”阻抗匹配压力下的熔化温度非常接近。这就为通过界面温度测量获得高压熔化温度提供了一种近似方法。它的近似性将在下面进一步讨论。

4. 对参数 μ 的讨论

为简便起见,将参数 μ 满足的方程式(4.48)改写为

$$\frac{a_M}{1 + \mathrm{erf}[(\kappa_2/\kappa_1)^{1/2}\mu]} = \exp\left(\frac{\kappa_2}{\kappa_1}\mu^2\right)\left[\frac{1}{(1 - \alpha_{42}\mathrm{erf}\mu)\exp\mu^2} + b_M\mu\right] \tag{4.52}$$

式中

$$a_M = \frac{\alpha_{14}(T_R - T_M)}{T_M - T_W} \tag{4.52a}$$

$$b_M = \frac{\sqrt{\pi}}{\alpha_{12}} \frac{\Delta S_{M0}}{c_2} \chi_M \frac{T_M}{T_M - T_W} \tag{4.52b}$$

首先,当卸载终态位于固-液混合相区时,卸载终态的温度 $T_R = T_M$。由式(4.52a)得到 $a_M = 0$。根据式(4.48),当 $T_R = T_M$ 时,μ 有解 $\mu \equiv \mu_0$,满足方程

$$\mu_0 \exp\mu_0^2 (1 - \alpha_{42}\mathrm{erf}\mu_0) + \frac{1}{b_M} = 0 \tag{4.53}$$

下面分析式(4.53)的三种极端情况。

1) 熔化质量分数 χ_M 很小

当 $T_R = T_M$ 且 $\chi_M \approx 0$ 时,由式(4.52b)得到 $b_M \approx 0$,而由式(4.53)得到 $\mu_0 = -\infty$ 或 $\mathrm{erf}\mu_0 = -1$。将 $\mathrm{erf}\mu_0 = -1$ 代入式(4.49a)得到

$$T_I = T_W + \frac{T_M - T_W}{1 + \alpha_{42}} = T_M - \frac{T_M - T_W}{1 + \alpha_{24}} \tag{4.54}$$

将 $T_R=T_M$ 代入式(4.54)得到

$$T_I=T_W+\frac{T_R-T_W}{1+\alpha_{42}}=T_R-\frac{T_R-T_W}{1+\alpha_{24}} \tag{4.54a}$$

式(4.54a)表明,当 $T_R=T_M$ 且 $\chi_M\approx 0$ 时,界面温度与不发生冲击熔化时 Grover 理想界面模型给出的结果一致。这是一个合理的结论,因为 $\chi_M\to 0$ 时(起始冲击熔化),熔化质量分数很小,意味着已经熔化物质能够释放的相变热能量也很小,当发生再凝固相变时,熔化物质的热能很快就释放完毕,即界面热传导引发的凝固相变的相界面移动速率极快($\mu_0\to -\infty$),相变的影响可以忽略。

2) 熔化质量分数 χ_M 很大

当 $T_R=T_M$ 且 $\chi_M\approx 1$ 时,如对于"铁/蓝宝石"装置,压力约在 200GPa 时,由式(4.52b)和式(4.53)给出的 $b_M\approx 4$,$\mu_0\approx -0.25$,由式(4.49a)得到

$$\frac{T_I}{T_M}=1+\frac{\alpha_{24}\mathrm{erf}\mu_0}{1-\alpha_{24}\mathrm{erf}\mu_0}\left(1-\frac{T_W}{T_M}\right)\approx 0.95 \tag{4.55}$$

因而此时界面温度与熔化温度差异不大。换言之,此时的界面温度实际上可作为该压力下的熔化温度。因此,考虑界面热传导引发的再凝固相变以后,实验测量的界面温度将显著高于 Grover 理想界面模型的结果。

在求解热传导方程式(4.31)时,假定窗口与镀膜样品之间不存在微间隙,而且铁膜样品足够厚,在实验测量时间内不必考虑"铁基板/镀膜样品"之间可能存在的微间隙的影响。因此,这是理想界面模型条件下含液-固相变的热传导方程的解。根据上面给出的 μ_0 值,当实验测量时间为 0.5μs 时,由式(4.42b)估算的由于再凝固相变生成的固体铁膜厚度 $|X_M(t)|_{t=0.5\mu s}\approx 2.5\mu m$。这是高压下固态铁膜镀层的厚度,因此,为了满足理想界面模型,铁膜样品的原始厚度应当远远大于此值,如达到 10μm 或更大。按照第 3 章的分析,当用这种厚度的铁膜样品进行测温实验时,经过精密加工的"基板/样品"界面微间隙的影响可以忽略,完全有理由用理想界面模型进行处理。但是,实际上很难制备出如此厚度的、品质优良的铁膜样品。在许多测温实验中铁膜样品的实际厚度不到 2μm,在强冲击压缩下的实际厚度不到 1μm,不能满足上述分析中对膜层厚度的要求。由于靶板与镀膜样品之间存在微间隙,利用这种厚度的薄膜样品进行辐射法测温实验将导致实测界面温度比理想界面模型的高,而且靶板与镀膜样品之间的这一高温薄层将导致更多的物质发生熔化。

3) 当卸载进入液相区时

此时,卸载温度将高于该压力下的熔化温度,即 $T_R>T_M$,而熔化质量分数 $\chi_M\equiv 1$。卸载虽然在液相区中进行,但对于图 4.3 中的过程 5,"样品/窗口"界面热传导仍然有可能导致液-固相变发生。在此情况下,根据式(4.53)分析可知,参数 μ 应满足条件 $\mu_0<\mu<0$。计算表明[53],界面温度将高于式(4.55)的结果:

$$0.95<T_I/T_M\leqslant 1$$

可见,在这种情况下,界面温度更加接近熔化温度。另外,如果热传导不能导致液-固相变发生,但是界面温度仍可能落在液相线附近(图 4.3 中的过程 6 描述的部分情况),则界面温度 T_I 仍能够与熔化温度 T_M 非常接近。在这两种情况下可以认为依然有近似关系:

$$T_M\approx T_I \tag{4.56}$$

即式(4.51)的结果。

上述分析表明,当发生冲击熔化或卸载熔化时,在一定条件下可以把界面温度 T_I 近似作为金属样品在“样品/窗口”阻抗匹配压力下的熔化温度。考虑极端高压下热物性参数(热导率、比热容等)的匮乏和这些物性数据本身较大的实验测量不确定度,或由理论计算引入的不确定度,式(4.51)的近似性是可以接受的。它为熔化温度的实验测量带来了很大方便。从这一意义上讲,选取单晶 LiF 作窗口具有明显的优越性。不仅因为 LiF 在高压下具有优良的透明性,而且由于它的热导率低,“样品/窗口”界面温度更接近式(4.51)要求的条件。

尽管如此,依然只能得到在发生冲击熔化或卸载熔化的情况下金属材料在“样品/窗口”阻抗匹配压力下的熔化温度,由于冲击波在“样品/窗口”界面的卸载,这一阻抗匹配压力远低于金属材料的初始冲击压力;不能得到金属样品在初始冲击加载压力下的熔化温度数据。在第 7 章中将会看到,利用阻抗梯度飞片产生的冲击加载-准等熵再加载,使冲击熔化的金属材料在准等熵再加载下发生再凝固相变,能够获得更接近于初始冲击加载压力下的熔化温度数据。

5. 参数 μ 的估算

在进行实验数据处理时,仅知道实测界面温度数据 T_I,并不知道熔化温度 T_M。熔化温度需要从界面温度计算得到:

$$T_M=T_W+(T_I-T_W)(1-\alpha_{42}\mathrm{erf}\mu) \tag{4.57}$$

为此必须计算出参数 μ 才能获得 T_M。

对于图 4.3 所示的过程 2 和过程 3 所代表的情况,卸载的终态位于冲击熔化区,$T_R=T_M$。按式(4.52)参数 μ 必须满足方程

$$\mu\exp\mu^2\left[(1-\alpha_{42}\mathrm{erf}\mu)+\frac{T_W}{T_I-T_W}\right]+\frac{\alpha_{42}}{\sqrt{\pi}}\frac{c_2}{\Delta S_{M0}}\frac{1}{\chi_M}=0 \tag{4.58}$$

以式(4.53)给出的 μ_0 作为零级近似值,用 Newton-Raphson 方法[55]对式(4.58)进行迭代求解可以得到 μ 值。

对于过程 4 和过程 5 代表的情况,以及过程 6 代表的部分情况,虽然从初始冲击压缩状态经过卸载到达的状态位于液相区,但是如果这种状态很靠近液相线,那么热传导也可能使“样品/窗口”界面温度进入金属材料的固-液混合相区或者落在液相线附近。在这种情况下,样品中的液-固相界面(图 4.4)的移动速度将很慢,取

$$\begin{cases}T_M\approx T_I\\ \mu=0\end{cases} \tag{4.59}$$

状态 1 和状态 6 的卸载过程是在单相区中进行的,利用 Grover 理想界面模型得到卸载后的温度 T_R 与界面温度 T_I 的关系可近似为

$$T_R\approx T_I+\frac{T_I-T_W}{\alpha_{41}} \tag{4.60}$$

式(4.58)和式(4.59)分别给出了本模型适用的冲击加载压力的下限和上限。利用上述模型对“Fe/Al_2O_3”装置进行计算,得到发生冲击熔化的起始压力 p_H 约为 205GPa,通过界面热传导使铁发生液-固相变的冲击波压力 p_H 的上限为 300GPa;对“Fe/LiF”装置,得到

发生冲击熔化的起始压力 p_H 约为 195GPa 通过界面热传导使铁发生液-固相变的冲击波压力 p_H 的上限约为 290GPa。

4.4.2 窗口材料因界面热传导而发生熔化相变[65]

当冲击加载压力较低时,金属样品中的冲击波温度和"样品/窗口"界面温度都低于透明窗口材料在阻抗匹配压力下的熔化温度时,界面热传导不会引起窗口材料的熔化。但是,随着冲击加载压力的增加,样品和窗口材料的冲击波温度迅速增加。尤其当金属的熔化温度较高时,金属样品和窗口材料虽然没有因为冲击压缩而发生熔化,按照 Grove 理想界面模型计算的"金属样品/窗口"界面温度 T_I 可能会远远高于窗口材料在冲击压缩下的熔化温度,因而"样品/窗口"界面热传导可能会导致靠近界面的一薄层窗口材料发生熔化。即使可以忽略这一薄层材料的熔化对窗口的整体光学透明性的影响,但窗口材料的熔化将会对窗口材料中的温度分布产生影响,从而影响实验观测的界面温度。因此,即使在样品和窗口均未发生冲击熔化的情况下,理想界面模型也不一定能用于窗口因界面热传导而发生熔化的情况。

为了便于与 Grover 理想界面模型进行比较,在图 4.5 中将窗口材料标记为两个区域:4 区为窗口材料中透射冲击波后未受到界面热传导影响的固相状态区,3 区为由于界面热传导引发的熔化区,3 区和 4 区的压力相等,两者之间的界面即窗口材料中的固-液相变界面,该界面位置标记为 $x=X_W(t)$;金属样品区为单相(固相)区,仍标记为 1 区。

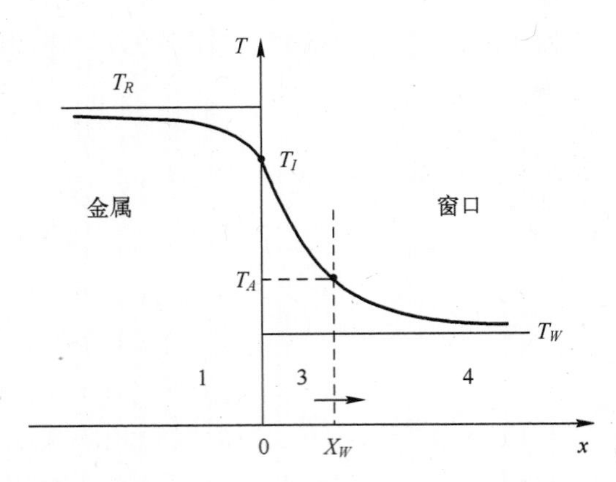

图 4.5 由界面热传导引起的窗口的固-液相变

1. 窗口发生熔化相变时的热传导方程

类似于金属样品发生再凝固相变的情况,当窗口材料因界面热传导而发生熔化相变时,窗口中的固-液相界面将离开"样品/窗口"界面沿着 x 轴的正向移动(图 4.5),在固-液相界面上的温度应等于窗口材料在阻抗匹配压力下的熔化温度 T_A,任意时刻相界面 $x=X_W(t)$ 的温度满足

$$T(x)\big|_{x=X_W}\equiv T_A \quad (X_W>0) \tag{4.61}$$

类似地,由图 4.5 写出热传导方程、初始条件和边界条件。

热传导方程:

$$
\begin{cases}
\dfrac{\partial^2 u_4}{\partial x^2}-\dfrac{1}{\kappa_4}\dfrac{\partial u_4}{\partial t}=0, & X_W<x<+\infty \\
\dfrac{\partial^2 u_3}{\partial x^2}-\dfrac{1}{\kappa_3}\dfrac{\partial u_3}{\partial t}=0, & 0<x<X_W \\
\dfrac{\partial^2 u_1}{\partial x^2}-\dfrac{1}{\kappa_1}\dfrac{\partial u_1}{\partial t}=0, & -\infty<x<0
\end{cases}
\tag{4.62}
$$

初始条件($t=0$):

$$
\begin{cases}
u_4(x,0)=T_W, & x>0 \\
u_1(x,0)=T_R, & x<0
\end{cases}
\tag{4.63}
$$

注意,在式(4.63)中没有写出3区的初始条件,因为在初始时刻($t=0^-$)3区并不存在。

按照界面温度及热流连续性条件,写出边界条件如下:

在“样品/窗口”界面上($x=0$),有

$$
\begin{cases}
u_1\big|_{x=0}=u_3\big|_{x=0} \\
-K_1\dfrac{\partial u_1}{\partial x}\bigg|_{x=0}=-K_3\dfrac{\partial u_3}{\partial x}\bigg|_{x=0}
\end{cases}
\tag{4.64}
$$

在固-液相界面上($x=X_W$),有

$$
\begin{cases}
u_4\big|_{x=X_W}=u_3\big|_{x=X_W}=T_A \\
-K_3\dfrac{\partial u_3}{\partial x}\bigg|_{x=X_W}=-K_4\dfrac{\partial u_4}{\partial x}\bigg|_{x=X_W}+\rho_4\dfrac{\mathrm{d}X}{\mathrm{d}t}\cdot\Delta H_A\bigg|_{x=X_W}
\end{cases}
\tag{4.65}
$$

式中:ΔH_A为窗口材料的熔化潜热;$\mathrm{d}X_W/\mathrm{d}t$为固-液相界面的移动速度;考虑到相界面的移动方向沿着x轴的正向,$\rho_4\dfrac{\mathrm{d}X_W}{\mathrm{d}t}$为单位时间内、单位面积的相界面扫过的窗口材料的物质,即4区的窗口材料因热传导而熔化的质量,$\rho_4\dfrac{\mathrm{d}X_W}{\mathrm{d}t}\cdot\Delta H_A$为该部分窗口材料发生熔化相变需要消耗的热能;$-K_3\dfrac{\partial u_3}{\partial x}\bigg|_{x=X_W}$为从3区流进“固-液”相界面的热量;$-K_4\dfrac{\partial u_4}{\partial x}\bigg|_{x=X_W}$为流出该相界面的热量。对于由界面热传导引起的窗口的固-液相变,总是把熔化质量分数取1。

在式(4.65)中,已经考虑了窗口材料发生固-液熔化相变吸收的相变热。

2. 窗口发生熔化相变时的热传导方程的解

式(4.62)的通解为

$$
u_i(x,t)=A_i+B_i\operatorname{erf}\frac{x}{2\sqrt{\kappa_i t}}\quad(i=1,2,3)
\tag{4.66}
$$

利用初始条件和边界条件确定系数A_i及B_i。由初始条件式(4.63)得到

$$A_4+B_4=T_W \tag{4.67}$$

$$A_1-B_1=T_R \tag{4.68}$$

由边界条件式(4.64)得到

$$A_3=A_1 \tag{4.69}$$

$$K_3B_3\frac{1}{\sqrt{\pi}}(\kappa_3 t)^{-1/2}\exp\left(-\frac{x^2}{4\kappa_3 t}\right)\bigg|_{x=0^+}=K_1B_1\frac{1}{\sqrt{\pi}}(\kappa_1 t)^{-1/2}\exp\left(-\frac{x^2}{4\kappa_1 t}\right)\bigg|_{x=0^-} \tag{4.70}$$

由于 $K/\sqrt{\kappa}\equiv\sqrt{K\rho c}$，则由式(4.70)得到

$$\alpha_{31}B_3=B_1 \tag{4.71}$$

式中：$\alpha_{31}\equiv\left[\frac{(K\rho c)_3}{(K\rho c)_1}\right]^{1/2}$。

由边界条件式(4.65)第一式，对于3区，有

$$A_3+B_3\mathrm{erf}\frac{X_W}{2\sqrt{\kappa_3 t}}\equiv T_A \tag{4.72}$$

类似于金属样品的再凝固相变的情形，式(4.72)成立的条件为

$$\frac{X_W}{2\sqrt{\kappa_3 t}}\equiv\lambda=\mathrm{const} \tag{4.73a}$$

$$X_W\equiv 2\lambda\sqrt{\kappa_3 t}>0 \tag{4.73b}$$

$$\frac{\mathrm{d}X_W}{\mathrm{d}t}=\lambda\ (\kappa_3/t)^{1/2} \tag{4.73c}$$

因此，λ 为表征窗口发生熔化时液-固相界面移动速率的参数。利用 λ 将式(4.72)改写为

$$A_3+B_3\mathrm{erf}\lambda=T_A \tag{4.74}$$

利用

$$\frac{X_W}{2\sqrt{\kappa_4 t}}=\sqrt{\frac{\kappa_3}{\kappa_4}}\frac{X_W}{2\sqrt{\kappa_3 t}}=\sqrt{\frac{\kappa_3}{\kappa_4}}\lambda$$

由边界条件式(4.65)的第一式得到

$$A_4+B_4\mathrm{erf}[(\kappa_3/\kappa_4)^{1/2}\lambda]=T_A \tag{4.75}$$

由边界条件式(4.65)第二式得到

$$-K_3\frac{B_3}{\sqrt{\pi}}\left(\frac{1}{\kappa_3 t}\right)^{1/2}\exp(-\lambda^2)=-K_4\frac{B_4}{\sqrt{\pi}}\left(\frac{1}{\kappa_4 t}\right)^{1/2}\exp\left(-\frac{\kappa_3}{\kappa_4}\lambda^2\right)+\rho_4\lambda\ (\kappa_4/t)^{1/2}\cdot\Delta H_A$$

或

$$-\alpha_{34}\cdot\exp(-\lambda^2)B_3+\exp\left(-\frac{\kappa_3}{\kappa_4}\lambda^2\right)B_4=\frac{\sqrt{\pi}}{c_4}\cdot\lambda\cdot\Delta H_A \tag{4.76}$$

式(4.76)即参数 λ 应满足的方程式，反映了能量守恒的要求。联立式(4.67)~式(4.69)和式(4.71)，以及式(4.74)~式(4.76)共计7个方程，可解出 A_i 与 B_i 共6个系数以及参数 λ：

$$\begin{cases}A_4=T_W+\dfrac{T_A-T_W}{1-\operatorname{erf}[(\kappa_3/\kappa_4)^{1/2}\lambda]}\\B_4=-\dfrac{T_A-T_W}{1-\operatorname{erf}[(\kappa_3/\kappa_4)^{1/2}\lambda]}\\A_3=T_R-\dfrac{T_R-T_A}{1+\alpha_{13}\operatorname{erf}\lambda}=T_A+\dfrac{\alpha_{13}(T_R-T_A)}{1+\alpha_{13}\operatorname{erf}\lambda}\operatorname{erf}\lambda\\B_3=-\dfrac{\alpha_{13}(T_R-T_A)}{1+\alpha_{13}\operatorname{erf}\lambda}\\A_1=T_R-\dfrac{T_R-T_A}{1+\alpha_{13}\operatorname{erf}\lambda}\\B_1=-\dfrac{T_R-T_A}{1+\alpha_{13}\operatorname{erf}\lambda}\end{cases}\tag{4.77}$$

因此,得到窗口中各区的温度分布为

$$u_4=T_W+\frac{T_A-T_W}{1-\operatorname{erf}[(\kappa_3/\kappa_4)^{1/2}\lambda]}\left[1-\operatorname{erf}\frac{x}{2(\kappa_4t)^{1/2}}\right]\tag{4.78}$$

$$\begin{aligned}u_3&=T_R-\frac{T_R-T_A}{1+\alpha_{13}\operatorname{erf}\lambda}\left[1+\alpha_{13}\operatorname{erf}\frac{x}{2(\kappa_3t)^{1/2}}\right]\\&=T_A+\frac{\alpha_{13}(T_R-T_A)}{1+\alpha_{13}\operatorname{erf}\lambda}\left[\operatorname{erf}\lambda-\operatorname{erf}\frac{x}{2(\kappa_3t)^{1/2}}\right]\end{aligned}\tag{4.79}$$

$$u_1=T_R-\frac{T_R-T_A}{1+\alpha_{13}\operatorname{erf}\lambda}\left[1+\operatorname{erf}\frac{x}{2(\kappa_1t)^{1/2}}\right]\tag{4.80}$$

由式(4.79)或式(4.80)得到界面($x=0$)温度,即

$$\begin{aligned}T_I&=T_R-\frac{T_R-T_A}{1+\alpha_{13}\operatorname{erf}\lambda}\\&=T_A+\frac{\alpha_{13}\operatorname{erf}\lambda}{1+\alpha_{13}\operatorname{erf}\lambda}(T_R-T_A)\end{aligned}\tag{4.81}$$

窗口中的固-液相界面的位置及其移动速度由式(4.73a)或式(4.73c)决定;参数λ($\lambda>0$)表征窗口中的固-液相界面的移动速率,它是"样品/窗口"界面热流导致窗口熔化速率的反映,应满足式(4.76)的要求。将式(4.76)改写为

$$\alpha_{34}\exp(-\lambda^2)\frac{\alpha_{13}(T_R-T_A)}{1+\alpha_{13}\operatorname{erf}\lambda}-e^{(-\kappa_3/\kappa_4)\lambda^2}\frac{T_A-T_W}{1-\operatorname{erf}[(\kappa_3/\kappa_4)^{1/2}\lambda_1]}=\frac{\sqrt{\pi}}{c_4}\lambda\Delta H_A\tag{4.82a}$$

即

$$\frac{\alpha_{13}(T_R-T_A)}{1+\alpha_{13}\operatorname{erf}\lambda}e^{-\lambda^2}-\frac{\alpha_{43}(T_A-T_W)}{1-\operatorname{erf}[(\kappa_3/\kappa_4)^{1/2}\lambda]}e^{-(\kappa_3/\kappa_4)\lambda^2}=\frac{\sqrt{\pi}}{c_3}\Delta H_A\lambda\tag{4.82b}$$

简写为

$$\frac{a_A}{1-\operatorname{erf}[(\kappa_3/\kappa_4)^{1/2}\lambda]}=\exp\left(\frac{\kappa_3}{\kappa_4}\lambda^2\right)\cdot\left[\frac{1}{(1+\alpha_{13}\operatorname{erf}\lambda)e^{\lambda^2}}-b_A\lambda\right]\tag{4.83}$$

其中

$$a_A \equiv \frac{T_A - T_W}{\alpha_{14}(T_R - T_A)} \geqslant 0 \tag{4.84a}$$

$$b_A \equiv \frac{\sqrt{\pi}}{\alpha_{13}} \frac{\Delta S_{0A}}{c_3} \frac{T_A}{T_R - T_A} \tag{4.84b}$$

式中：T_W、T_A 分别为窗口材料的冲击波温度和阻抗匹配压力下的熔化温度；ΔS_{0A} 为窗口材料在零压下的熔化熵增。

式(4.82)中假定窗口材料在高压下的熔化热可以近似表达为

$$\Delta H_A = T_A \cdot \Delta S_{0A} \tag{4.85}$$

即高压熔化的熵增近似等于“零压”熔化熵增，$\Delta S_A \approx \Delta S_{0A}$。

3. 对参数 λ 的讨论

窗口材料的熔化源于界面热传导，因此要求界面温度 T_I（因而卸载温度 T_R）必须高于窗口材料在阻抗匹配压力下的冲击熔化温度 T_A，即在以下讨论中应满足条件 $T_R > T_I > T_A$。窗口材料熔化速率取决于从金属样品进入窗口材料的热流强度，因而与金属样品和窗口之间的温度梯度密切相关。也就是说，界面温度梯度决定熔化参数 λ 的大小。以下对 λ 的两种极端情况进行讨论：

1）窗口材料中的熔化界面移动速率极慢（$\lambda \approx 0$）

当 λ 极小时，根据式(4.73)得到 $\frac{\mathrm{d}X_W}{\mathrm{d}t} \approx 0$，熔化界面 X_W 的移动速度将很慢。由式(4.81)进一步得到($T_I \approx T_A$)。表明，当“样品/窗口”界面温度稍高于窗口材料的熔化温度时，窗口的熔化将非常缓慢，在实验测量时间内熔化的窗口材料层的厚度极小，此时可以不考虑极薄一层熔化的窗口材料对透明性的影响。而要使 $\lambda \approx 0$，窗口材料的冲击波温度 T_W 必须比它在阻抗匹配压力下的冲击熔化温度 T_A 低得很多（$T_W \ll T_A$），熔化材料层的厚度将会非常薄。因为要使窗口材料通过热传导发生熔化，必须有足够强的热流首先将窗口材料的温度升高到该压力下的熔化温度，同时需要提供足够的熔化热能。

另外，根据式(4.81)，若金属样品的卸载温度 T_R 稍稍高于窗口材料的熔化温度 T_A 但两者又相当接近时，则同样得到 $T_I \approx T_A$。因此与 $\lambda \approx 0$ 相匹配的条件为

$$T_W \ll T_A, \quad T_R \approx T_A \text{ 或 } T_I \approx T_A \tag{4.86}$$

在这种情形下，实验测量的“样品/窗口”的界面温度将与阻抗压力下窗口材料的熔化温度非常接近，从而使实测界面温度 T_I 有可能显著高于根据 Grover 理想界面模型的计算结果 T_G：

$$T_I \gg T_G$$

虽然，金属样品未发生熔化，窗口材料在冲击加载下也未发生熔化，而且即使消除了样品与窗口之间的微间隙界面的影响，理想界面模型依然不适用。在辐射法测温实验中有时会得到一些奇异温度数据，实测的界面温度远高于理想界面模型的结果，就可能与窗口材料发生的极缓慢熔化有关。

当 $\lambda \approx 0$ 时，由式(4.83)得到

$$a_A \approx 1 \tag{4.87}$$

2）窗口材料中的熔化界面的移动速率极快($\lambda \to +\infty$)

冲击波压力足够高，此时界面温度已经远远高于窗口材料的熔化温度，即 $T_I \gg T_A$。同时满足条件：窗口材料中的冲击波温度 T_W 虽然低于阻抗匹配压力下熔化温度 T_A($T_W < T_A$)，但已经相当接近其冲击熔化温度($T_W/T_A \approx 1$)。从热力学角度看，由于界面温度梯度很大，界面热传导的热流非常强，由于 $T_W/T_A \approx 1$，只要有不大的热量通过“金属样品/窗口”界面流入窗口中，窗口材料就会迅速熔化，导致 $\lambda \to +\infty$。可见与 $\lambda \to +\infty$ 相匹配的条件为

$$T_I \gg T_A, \quad T_W/T_A \approx 1$$

由式(4.84a)可知，当满足 $T_I \gg T_A$ 及 $T_W/T_A \approx 1$ 时，有

$$a_A \approx 0 \tag{4.88}$$

若以 λ_0 表示 $a_A = 0$ 时对应的 λ 值，λ_0 由式(4.83)给出，即

$$\lambda_0 e^{\lambda_0^2}(1+\alpha_{13}\mathrm{erf}\lambda_0) - \frac{1}{b_A} = 0 \tag{4.89}$$

综上所述，当窗口材料由于界面热传导而发生熔化时，考虑金属和窗口中的温度关系及物性参数，可知式(4.84a)将满足

$$a_A \leqslant 1 \tag{4.90}$$

λ 满足

$$0 \leqslant \lambda \leqslant \lambda_0 \tag{4.91}$$

及

$$0 < \lambda(1+\alpha_{13}\mathrm{erf}\lambda)e^{\lambda^2} < \frac{1}{b_A} \tag{4.92}$$

式中：λ_0 由式(4.89)确定。

文献[65]给出了“Fe/Al_2O_3”实验装置，当 $p_R \approx 190$GPa 时，假定 $\alpha_{13} = \alpha_{14} \approx 4$ 时的计算结果，由式(4.90)给出 $\lambda_0 \approx 0.45$；由于 $\lambda \leqslant \lambda_0$，从式(4.73)计算得到 $t = 0.1\mu s$ 时窗口熔化层的厚度约为 1.5μm，$t = 0.5\mu s$ 时这一厚度变为约 3μm。如果取 $\alpha_{13} = 10$，则 λ_0 及 λ 将进一步减小。虽然窗口材料的熔化层的厚度仅为微米量级，但不一定能够忽略这一熔化层对窗口光学透明性的影响，以及窗口熔化后发射的光辐射能对实验测量的“样品/窗口”界面辐射能的贡献。

上述关于界面热传导引发的窗口熔化对其光学性质的影响，对冲击测温的影响的理论分析，尚未见文献有报道和实验研究。

4. 窗口的熔化对冲击波温度测量的影响

虽然金属样品和窗口均没有因冲击压缩而发生熔化，但是由于界面温度 T_I 或卸载温度 T_R 高于窗口材料在阻抗匹配压力下的熔化温度 T_A，“样品/窗口”界面上的热传导使靠近界面层的一薄层窗口材料发生了熔化。由于根据理论计算和分析，金属样品及窗口在此时均没有发生冲击熔化，往往诱使研究者用 Grover 理想界面模型解读冲击波温度实验测量的结果。根据式(4.81)，这种情况下界面温度 T_I 不再与窗口的冲击波温度 T_W 相关联，而是直接与窗口的高压熔化温度 T_A 相关联：

$$T_I=T_A+\frac{\alpha_{42}\mathrm{erf}\lambda}{1+\alpha_{42}\mathrm{erf}\lambda}(T_R-T_A)$$

显然,式(4.81)给出的界面温度显著高于 Grover 理想界面模型给出的结果。这也许能够回答在某些情况下的测温实验测量数据既不符合用理想界面模型的结果,又不符合根据金属的冲击熔化温度估算的结果,也难以用非理想界面模型进行解释这种现象。

根据式(4.81),由于金属材料没有发生冲击熔化,可以从界面温度 T_I 求出金属样品的卸载温度:

$$T_R=T_A+(T_I-T_A)(1+\alpha_{13}\mathrm{erf}\lambda) \tag{4.93}$$

进一步用等熵卸载模型得到金属样品的冲击波温度 T_H。在计算时 T_R 需要首先求出 λ:

$$\frac{\alpha_{43}\dfrac{T_A-T_W}{T_I-T_W}}{1-\mathrm{erf}[(\kappa_3/\kappa_4)^{1/2}\lambda]}=\exp\left(\frac{\kappa_3}{\kappa_4}\lambda^2\right)\left[\frac{1}{\mathrm{erf}\lambda\cdot \mathrm{e}^{\lambda^2}}-\sqrt{\pi}\frac{S_{0A}}{c_3}\frac{T_A}{T_I-T_A}\lambda\right] \tag{4.94}$$

假定窗口材料中的固-液相界面 $x=X_W$ 两侧的材料满足 $\alpha_{43}\approx1$,则式(4.94)可以进一步简化为

$$\exp\lambda^2(1-\mathrm{erf}\lambda)\left(\frac{1}{\mathrm{erf}\lambda\cdot \mathrm{e}^{\lambda^2}}-\sqrt{\pi}\frac{S_{0A}}{c_3}\frac{T_A}{T_I-T_A}\lambda\right)=\frac{T_A-T_W}{T_I-T_W} \tag{4.95}$$

为了考察窗口材料因热传导熔化对金属冲击波温度测量的影响,在下面的讨论中假定这种熔化不会改变窗口的透明性,至少未发生熔化的这部分窗口介质能够继续保持透明(否则,就不能用作窗口)。把式(4.81)给出的界面温度与不考虑窗口热传导熔化时的 Grover 理想界面模型的界面温度 T_G(见第3章)进行比较:

$$T_G=T_W+\frac{\alpha_{14}(T_R-T_W)}{1+\alpha_{14}} \tag{4.96}$$

由于已经假定 $\alpha_{13}\approx\alpha_{14}$,两种界面温度之差为

$$T_I-T_G=\frac{1}{1+\alpha_{14}\mathrm{erf}\lambda}\left[(T_A-T_W)-(T_R-T_W)\frac{\alpha_{14}(1-\mathrm{erf}\lambda)}{1+\alpha_{14}}\right] \tag{4.97}$$

考虑到 λ 随着冲击加载压力的增加而增大,因此,对式(4.97)作如下讨论。

(1) 当 λ 很小时,$\mathrm{erf}\lambda\approx0$,得到

$$(T_I-T_G)\big|_{\mathrm{erf}\lambda\to0}=(T_A-T_W)-\frac{\alpha_{14}(T_R-T_A)}{1+\alpha_{14}} \tag{4.98}$$

根据前面的讨论,当 λ 很小时,$T_R\approx T_A$,故(T_I-T_G)主要由式(4.98)中的第一项决定。若此时窗口的冲击波温度远远低于它的高压熔化温度($T_W\ll T_A$),实测界面温度 T_I 将显著偏离 Grover 理想界面模型的结果 T_G,即界面温度将显著高于理想界面模型的结果,这一推论值得注意。

(2) 当 λ 很大时,$\mathrm{erf}\lambda\approx1$,由式(4.97)得到

$$(T_I-T_G)\big|_{\mathrm{erf}\lambda\to1}=\frac{T_A-T_W}{1+\alpha_{14}} \tag{4.99}$$

根据前面的分析,满足条件 erf$\lambda\approx1$ 时的 T_A 与 T_W 相差很小,因此界面温度 T_I 与 T_G 的差异较小,T_I将趋于 Grover 理想界面模型的结果。

总而言之,当窗口因界面热传导发生熔化时,实验测量的界面温度将高于 Grover 理想界面温度模型的结果。在低压下这种偏离较大,随着冲击加载压力的增加,它与 Grover 模型的偏离逐步减小;当窗口中的冲击波温度接近它在该压力下的熔化温度时,界面温度与 Grover 理想界面模型的结果趋于一致。

上述讨论表明,如果冲击压缩既没有使金属样品发生冲击熔化,也没有使窗口材料发生冲击熔化,但是由于"样品/窗口"界面温度足够高,界面热传导导致窗口材料熔化而金属样品自身仍保持固相状态,其结果将导致辐射法冲击波温度测量的数据的解读变得困难和复杂。在以往辐射法冲击波温度测量中,还没有关于界面热传导引起窗口熔化对金属冲击波温度测量影响的实验和理论研究的报道。

4.4.3　界面热传导引发的金属样品再凝固相变和窗口材料的熔化相变同时发生[65]

在这种情况下,样品和窗口中存在三个界面,即透明窗口($x>0$)中的熔化界面 X_W、金属样品($x<0$)中的再凝固界面 X_M 以及"样品/窗口"之间的材料界面($x=0$)。它们将金属样品和窗口材料分成四个不同的区域,如图 4.6 所示。

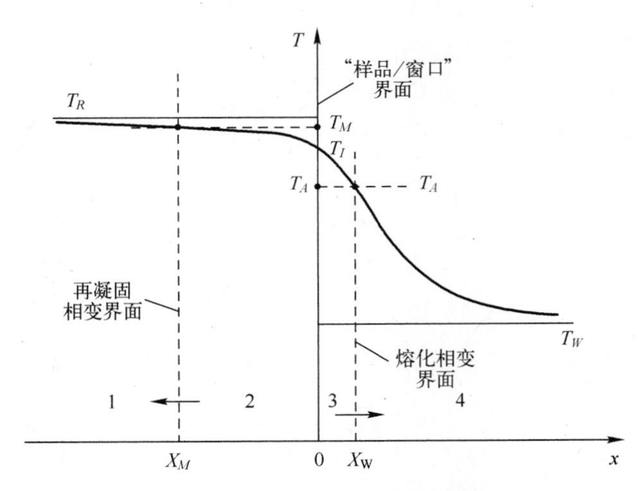

图 4.6　界面热传导引发的金属样品的再凝固相变和窗口的熔化相变同时发生时的四个相区分布

1. 温度分布

用类似于 4.4.1 节和 4.4.2 节中的方法求解热传导方程,结合图 4.6 所示边界和初始条件,不难得到各区的温度分布如下。

(1) 窗口材料的固相区($x\geqslant X_W$):

$$T_4=T_W+\frac{T_A-T_W}{1-\mathrm{erf}[(\kappa_4/\kappa_3)^{1/2}\lambda]}\left[1-\mathrm{erf}\frac{x}{2(\kappa_4 t)^{1/2}}\right]\tag{4.100}$$

(2) 窗口材料的液相区($0\leqslant x\leqslant X_W$):

$$T_3=T_A+\frac{\alpha_{23}(T_M-T_A)}{\alpha_{23}\mathrm{erf}\lambda-\mathrm{erf}\mu}\left[\mathrm{erf}\lambda-\mathrm{erf}\frac{x}{2(\kappa_3 t)^{1/2}}\right] \tag{4.101}$$

（3）金属样品的固相区（$X_M\leqslant x\leqslant 0$）：

$$T_2=T_M+\frac{T_M-T_A}{\alpha_{23}\mathrm{erf}\lambda-\mathrm{erf}\mu}\left[\mathrm{erf}\mu-\mathrm{erf}\frac{x}{2(\kappa_2 t)^{1/2}}\right] \tag{4.102}$$

（4）金属样品的液相区（$x\leqslant X_M$）：

$$T_l=T_R-\frac{T_R-T_M}{1+\mathrm{erf}[(\kappa_2/\kappa_1)^{1/2}\mu]}\left[1+\mathrm{erf}\frac{x}{2(\kappa_1 t)^{1/2}}\right] \tag{4.103}$$

2. “样品/窗口”界面温度的确定

在“样品/窗口”界面（$x=0$），温度 T_I 可表示为

$$T_I=T_A+\frac{\alpha_{23}\mathrm{erf}\lambda}{\alpha_{23}\mathrm{erf}\lambda-\mathrm{erf}\mu}(T_M-T_A) \tag{4.104}$$

或

$$T_I=T_M+\frac{\alpha_{23}\mathrm{erf}\mu}{\alpha_{23}\mathrm{erf}\lambda-\mathrm{erf}\mu}(T_M-T_A) \tag{4.105}$$

式（4.100）或式（4.103）表明，界面温度 T_I 与时间无关，因此在实验观察到的界面温度信号剖面具有平台特征。但是，界面温度 T_I 不直接与卸载温度 T_R 或窗口中的冲击波温度 T_W 关联，而是直接与金属和窗口的熔化温度关联。式（4.100）~式（4.103）中 λ 和 μ 与窗口的熔化特性及金属材料的再凝固相变特性相关：

$$X_W=2\lambda(\kappa_3 t)^{1/2}$$

$$X_M=2\mu(\kappa_2 t)^{1/2}$$

按照定义，$X_W>0$，$X_M<0$。在样品和窗口同时发生固-液相变时，λ 和 μ 相互关联，需要通过下式确定：

$$\begin{cases}\dfrac{\alpha_{23}(T_M-T_A)}{\alpha_{23}\mathrm{erf}\lambda-\mathrm{erf}\mu}\mathrm{e}^{-\lambda^2}-\dfrac{\alpha_{43}(T_A-T_W)}{1-\mathrm{erf}[(\kappa_3/\kappa_4)^{1/2}\lambda]}\mathrm{e}^{-(\kappa_3/\kappa_4)\lambda^2}=\dfrac{\Delta H_A}{c_3}\sqrt{\pi}\lambda\\ -\dfrac{T_M-T_A}{\alpha_{23}\mathrm{erf}\lambda-\mathrm{erf}\mu}\mathrm{e}^{-\mu^2}+\dfrac{T_R-T_M}{1+\mathrm{erf}[(\kappa_2/\kappa_1)^{1/2}\mu]}\mathrm{e}^{-(\kappa_2/\kappa_1)\mu^2}=\dfrac{\Delta H_M}{c_2}\sqrt{\pi}\chi_M\mu\end{cases} \tag{4.106}$$

为了求解 λ 和 μ，将式（4.106）改写为

$$\begin{cases}\dfrac{A_W}{1-\mathrm{erf}[(\kappa_3/\kappa_4)^{1/2}\lambda]}=\mathrm{e}^{(\kappa_3/\kappa_4)\lambda^2}\left[\dfrac{1}{(\alpha_{23}\mathrm{erf}\lambda-\mathrm{erf}\mu)\mathrm{e}^{\lambda^2}}-B_W\lambda\right]\\ \dfrac{A_M}{1+\mathrm{erf}[(\kappa_2/\kappa_1)^{1/2}\mu]}=\mathrm{e}^{(\kappa_2/\kappa_1)\mu^2}\left[\dfrac{1}{(\alpha_{23}\mathrm{erf}\lambda-\mathrm{erf}\mu)\mathrm{e}^{\mu^2}}+B_M\mu\right]\end{cases} \tag{4.107}$$

其中

$$A_W\equiv\frac{T_A-T_W}{\alpha_{24}(T_M-T_A)} \tag{4.108a}$$

$$B_W\equiv\frac{\sqrt{\pi}\Delta H_A}{\alpha_{23}c_2(T_M-T_A)} \tag{4.108b}$$

$$A_M=\frac{T_R-T_M}{T_M-T_A} \tag{4.108c}$$

$$B_M\equiv\frac{\sqrt{\pi}\chi_M\Delta H_M}{c_2(T_M-T_A)} \tag{4.108d}$$

从式(4.106)得到的 λ 和 μ 满足

$$0<\lambda\leqslant\lambda_1 \tag{4.109}$$

$$\mu_1\leqslant\mu<0 \tag{4.110}$$

λ_1 和 μ_1 由以下方程确定:

$$\lambda_1 e^{\lambda_1^2}\mathrm{erf}\lambda_1=\frac{1}{B_W} \tag{4.111}$$

$$\mu_1 e^{\mu_1^2}\mathrm{erf}\mu_1=\frac{1}{B_M} \tag{4.112}$$

利用式(4.111)和式(4.112)给出的 λ_1 和 μ_1 作为起始计算值,用迭代法求解式(4.107)得到 λ 和 μ,最后由式(4.105)给出界面温度 T_I。表4.1列出了一些计算结果,模型计算中使用的材料参数列于表4.2。对于"Fe/Al_2O_3"装置,当 $p_R=220$GPa 时,式(4.111)和式(4.112)给出 $\lambda_1\approx0.55$ 及 $\mu_1\approx-0.52$。由式(4.107)得到 $\lambda\approx0.28$ 和 $\mu\approx-0.11$。由式(4.105)得到

$$T_I/T_M=1+\frac{\alpha_{23}\mathrm{erf}\mu}{\alpha_{23}\mathrm{erf}\lambda-\mathrm{erf}\mu}(1-T_A/T_M)\approx0.98 \tag{4.113}$$

如上所述,如果用 λ_1 和 μ_1 代替 λ 和 μ,得到

$$T_I/T_M=1+\frac{\alpha_{23}\mathrm{erf}\mu_1}{\alpha_{23}\mathrm{erf}\lambda_1-\mathrm{erf}\mu_1}(1-T_A/T_M)\approx0.95 \tag{4.114}$$

表4.1　样品和窗口同时发生固-液相变时的计算结果[65]

p_H/GPa	T_H/K	p_R/GPa	T_R/K	χ_M	T_I/K	λ	μ	窗口
200	5493	109	4631	0.0534	3877	0.1073	1.229	LiF
237	6244	186	5719	0.4038	5317	0.1990	0.4718	Ai_2O_3
		128	4950	0.6446	4484	0.2652	0.4371	LiF
263	6474	204	5920	0.8657	5700	0.2427	0.2474	Al_2O_3
		142	5380	1.0	4874	0.3642	0.2364	LiF
270	6529	209	5969	0.9838	5777	0.2572	0.2166	Al_2O_3

表4.2　样品和窗口同时发生固-液相变时使用的计算参数[65]

材料	ρ_0/(g/cm^3)	C_0/(km/s)	λ	γ_0	T_{M0}/K	V_{M0}/(cm^3/g)	ΔH_0/(cal/g)	θ/K
Fe	7.85	3.955	1.58	1.90	1803	0.1340	63.7	373
Al_2O_3	3.977	8.724	0.975	1.32	2318	0.2673	256	923
LiF	2.64	5.148	1.353	1.63	1133	0.4267	250	646
注:1cal=4.187J								

在实验测量冲击波温度时,需要从实测的"样品/窗口"界面温度 T_I 推算出金属样品与窗口阻抗匹配压力下熔化温度 T_M,即

$$T_M=T_I-(T_I-T_A)\frac{\mathrm{erf}\mu}{\alpha_{23}\mathrm{erf}\lambda} \tag{4.115}$$

在利用式(4.115)进行计算时需要首先确定 λ 和 μ。λ 由式(4.106)计算,为此需要利用式(4.105)将式(4.106)中的未知量 T_M 消去。由式(4.104)得到

$$T_M-T_A=\frac{\alpha_{23}\mathrm{erf}\lambda-\mathrm{erf}\mu}{\alpha_{23}\mathrm{erf}\lambda}(T_I-T_A) \tag{4.116a}$$

或

$$\frac{\alpha_{23}(T_M-T_A)}{\alpha_{23}\mathrm{erf}\lambda-\mathrm{erf}\mu}=(T_I-T_A)/\mathrm{erf}\lambda \tag{4.116b}$$

将式(4.116b)代入式(4.106)中的第一式,得到参数 λ 满足的方程:

$$\frac{T_I-T_A}{\mathrm{erf}\lambda}\mathrm{e}^{-\lambda^2}-\frac{\alpha_{43}(T_A-T_W)}{1-\mathrm{erf}[(\kappa_3/\kappa_4)^{1/2}\lambda]}\mathrm{e}^{-(\kappa_3/\kappa_4)\lambda^2}=\frac{\Delta H_A}{c_3}\sqrt{\pi}\lambda \tag{4.117}$$

由式(4.117)可以解出 λ,其中窗口材料的冲击波温度 T_W 和冲击熔化温度 T_A 需要由理论计算给出。

类似地,在利用式(4.106)求解 μ 时,也需要用式(4.116a)将未知量 T_M 消去,得到

$$-\frac{T_I-T_A}{\alpha_{23}\mathrm{erf}\lambda}\mathrm{e}^{-\mu^2}+\frac{T_R-T_M}{1+\mathrm{erf}[(\kappa_2/\kappa_1)^{1/2}\mu]}\mathrm{e}^{-(\kappa_2/\kappa_1)\mu^2}=\frac{\Delta H_M}{c_2}\sqrt{\pi}\chi_M\mu \tag{4.118}$$

需要分别不同情况对式(4.118)求解,得到 μ 值:

(1) 当卸载终态位于固-液混合相区时($T_R=T_M$),由式(4.118)得到 μ 的方程:

$$\frac{T_I-T_A}{\alpha_{23}\mathrm{erf}\lambda}\mathrm{e}^{-\mu^2}+\frac{\Delta H_M}{c_2}\sqrt{\pi}\cdot\chi_M\cdot\mu=0 \tag{4.119}$$

(2) 当卸载终态在液相区时($T_R>T_M$),若界面热传导仍能导致金属样品发生凝固相变,按照式(4.116a)或利用下式消去 T_M:

$$T_R-T_M=T_R-T_I+(T_I-T_A)\frac{\mathrm{erf}\mu}{\alpha_{32}\mathrm{erf}\lambda} \tag{4.120}$$

由式(4.118)得到 μ 的方程:

$$\left\{\frac{\alpha_{23}\mathrm{erf}\lambda}{1+\mathrm{erf}[(\kappa_2/\kappa_1)^{1/2}\mu]}\frac{T_R-T_I}{T_I-T_A}+\frac{\mathrm{erf}\mu}{1+\mathrm{erf}[(\kappa_2/\kappa_1)^{1/2}\mu]}\right\}\mathrm{e}^{-(\kappa_2/\kappa_1)\mu^2}-\mathrm{e}^{-\mu^2}=\frac{\chi_M\sqrt{\pi}\alpha_{23}\cdot\mathrm{erf}\lambda}{c_2}\frac{\Delta H_M}{T_I-T_A}\mu \tag{4.121}$$

其中,T_A、T_R 由理论计算给出。

在上述几种情况下,T_I 与 T_M 十分接近,而且两者的接近程度随着压力的升高而变好。因而,从实验测量的角度,可以把界面温度作为阻抗匹配压力下的熔化温度。

下面讨论本模型适用的冲击压力的上限,或适用的卸载温度的最高值 $T_{R\max}$。假定此时 $T_I=T_M$,则按照式(4.105)得到

$$\lim_{T_R\to T_{R\max}}\mu=0$$

表明在此极限条件下,虽然界面热传导仍能够导致凝固相变发生,但是金属样品中的液-固相界面的移动速率已经趋于零。将此条件代入式(4.106),得到

$$-\frac{T_I - T_A}{\alpha_{23}\operatorname{erf}\lambda} + T_{R\max} - T_I = 0$$

或

$$T_{R\max} = T_I + \frac{T_I - T_A}{\alpha_{23}\operatorname{erf}\lambda} \tag{4.122}$$

式(4.122)给出了本模型适用的上限。当卸载温度高于 $T_{R\max}$ 时,或者当初始冲击波压力高于与 $T_{R\max}$ 所对应的冲击波压力值时,再凝固相变将不可能发生。对于"Fe/Al_2O_3"装置,铁样品中的初始冲击压力约为305GPa。

4.4.4 金属材料辐射法冲击波温度测量的基本结果

综上所述,在理想界面条件下使用瞬态辐射高温计测量金属冲击波温度的实验时,透明窗口的阻抗通常低于待测金属材料;当金属样品发生冲击熔化或卸载熔化时,卸载过程的等熵性被破坏,界面温度不再与金属样品的卸载温度直接关联;或者当窗口材料由于热传导而发生熔化时,界面温度不再与窗口材料的冲击波温度关联。在上述情况下,Grover 理想界面模型均不再适用。

理想界面条件下含固-液相变的热传导方程的解表明,由于发生固-液相变,实验观测的"样品/窗口"界面温度不再与样品或窗口的 Hugoniot 温度相关联,而是与金属的熔化温度关联。由于冲击熔化或卸载熔化的发生,或者两者同时发生,使实验测量的界面温度的数据分析和物理含义变得复杂而且困难。

在较低压力下,例如,对于铁当压力低于140GPa时,无论是使用单晶 LiF 窗口或 Al_2O_3 窗口,金属样品的冲击熔化或"样品/窗口"界面的卸载熔化都不会发生,可以将实测界面温度与金属样品的卸载温度直接关联,或者与它的初始冲击压缩波后的 Hugoniot 温度直接关联。但是这种关联不一定满足 Grover 理想界面模型的结果,尤其是当实验测量的界面温度高于该压力下窗口材料的熔化温度时,情况变得尤其复杂。

当冲击压力相当高,以至于初始冲击压缩状态位于液相区时,且"样品/窗口"界面卸载温度足够高,使得界面热传导不会导致金属样品发生再凝固相变,同时窗口能够继续保持透明,则这一条件下测量的界面温度也可以直接与 Hugoniot 线上的温度关联;但是,同样需要注意窗口材料是否由于界面热传导而发生熔化相变对界面温度的影响。

按照包含固-液相变的理想界面模型的分析结果,在高阻抗金属与低阻抗窗口组合的实验测量装置中,测量的界面温度应当按照以下6种情况进行处理。

(1) 冲击压缩和卸载后,金属样品和窗口的状态均在固相区,则可以通过 Grover 理想界面模型或者非理想界面热传导模型,得到金属在固相区的冲击波温度。

(2) 金属样品在初始冲击压缩后位于固相区。但是"样品/窗口"界面上的卸载使金属样品发生卸载熔化而进入固-液混合相区,由于界面上的热传导使"样品/窗口"界面附近金属样品中的热量快速传入窗口,导致金属发生再凝固相变。此时,由实测界面温度可以得到金属的熔化温度。

(3) 金属受冲击压缩发生部分熔化,卸载后仍停留在固-液混合相区,由于金属与窗口之间的热传导使金属发生再凝固相变,也能够得到金属的在该阻抗匹配压力下的熔化温度。

(4) 金属的初始冲击状态位于固-液混合相区,卸载使金属完全熔化并使卸载终态进入液相区。但是金属与样品之间的热传导使紧邻窗口的金属样品重新凝固,导致再凝固相变,则可以从界面温度导出阻抗匹配压力下的高压熔化温度。

(5) 金属的冲击状态在液相区且卸载终态也在液相区,但是“样品/窗口”界面上的热传导使紧邻窗口的一薄层金属发生再凝固相变,也能够从界面温度导出高压下的熔化温度。

(6) 金属的冲击状态和卸载终态均位于液相区,金属的卸载温度足够高,使得金属与窗口之间的热传导不会导致金属发生再凝固相变,而且窗口能够保持透明。此时可以用理想界面模型得到金属在液相区的冲击波温度。但热传导可能使窗口发生熔化,在使用理想界面模型时需要考虑窗口材料熔化的影响,因而不一定与 Grover 理想界面模型的结果相同。

在本节的讨论中,没有考虑非理想界面效应对熔化的影响。可以认为,冲击波与微米或亚微米尺度的“样品/窗口”间隙界面作用形成的高温界面层携带的“额外”热能,与高压下的熔化潜热相比仍然是一个小量;在发生冲击熔化时,使金属熔化的能量主要来自冲击压缩,高温界面层携带的那部分 “额外”热能对熔化质量分数的贡献很小,可以忽略不计;而且界面间隙引起的高温尖峰反而会因冲击熔化而被削平,因为根据式(4.113)或式(4.114),T_I 将略低于 T_M,而当微米尺度的界面间隙在冲击压缩下闭合时,界面高温层的额外能量可以使界面温度得到某种补偿,使之更加接近于熔化温度。

因此,在发生冲击熔化或卸载熔化时,如果能够证明“样品/窗口”的阻抗匹配压力下的状态位于固-液混合相区,就完全有理由把辐射法测量的界面温度作为该阻抗匹配压力下的熔化温度。式(4.51)是一个合理的近似,这一近似对于在冲击熔化前会发生固-固相变的金属尤其重要,上述模型可以避免因缺乏高压相的热物理参数难以对这类材料的测温数据进行解读的困难。

4.5 金属材料冲击熔化温度的实验测量

由于“样品/窗口”界面热传导引起金属材料的再凝固相变,或者窗口材料的熔化,使金属的冲击熔化温度测量在理论模型上比单相区的冲击波温度测量要复杂得多。一方面借助于冲击绝热线数据、Gruneisen 物态方程和 Lindemann 熔化定律,能够利用热力学方法估算高压下的冲击熔化温度,估算金属经受冲击压缩、再经历“样品/窗口”界面反射波的卸载作用以后所到达的相区,由此分析实验测量的界面温度的物理含义;另一方面,4.3 节的分析表明,当发生冲击或卸载熔化时,只要能够证明“样品/窗口”在阻抗匹配压力下状态位于固-液混合相区,界面温度与“样品/窗口”阻抗匹配压力下的熔化温度将非常接近。这一模型避免了由于缺乏高温-高压热物性参数带来的困难,尤其能够避免在冲击熔化前发生多形相变情况下由于缺乏新相的物性参数带来的困难,给冲击熔化温度实验测量带来了极大方便。因此,在实验测量冲击熔化温度时,既需要测量“金属样品/透明窗口”的界面温度,又需要判定待测材料在阻抗匹配压力下是否发生了固-液相变,分析“样品/窗口”界面热传导引发的窗口材料熔化对界面温度的影响。

4.5.1 基于声速测量数据判定金属冲击熔化压力区间的方法

1. 冲击熔化固-液混合相区的纵波声速向体波声速过渡

从力学上看,固体和液体最直观的区别之一是前者能够抵抗剪切加载作用而后者不能,因而固体介质中的应力波能够以纵波和横波两种形式传播,液体介质中不存在横波仅能以纵波形式传播。在(等效)流体静水压力学条件下,固体中小扰动的传播速度称为流体力学声速或体波声速,因此流体(液体和气体)介质中的纵波声速就是体波声速。

金属材料发生冲击熔化后处于流体状态。熔化前固体中的应力波具有弹-塑双性波结构的性质,熔化后仅存在单一的体波。声速测量实验是判定冲击熔化相变的有效手段。关于纵波、横波和体波声速之间的相互关系将在第5章中详细讨论。

图4.7给出了早期实验测量的铝在冲击压缩下的纵波声速和体波声速随冲击压力变化趋势[85]。图4.7中,上方曲线为纵波声速随冲击压力的变化,下方曲线为对应于纵波声速的等效体波声速随加载压力的变化。研究表明,铝的冲击熔化发生在约125GPa,在约160GPa附近完成冲击熔化,125~160GPa为铝发生冲击熔化的固-液混合相区。铝的纵波声速从125GPa开始减小,到160GPa时纵波声速与体波声速相等(横波声速消失)。Asay给出的铝发生冲击熔化过程中的声速演化行为具有普遍意义。

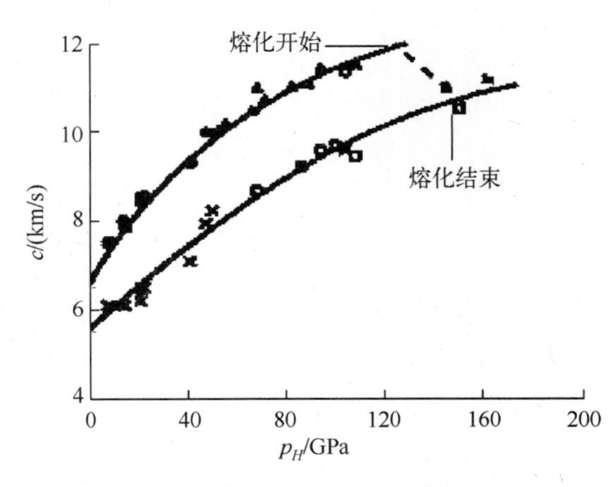

图4.7 铝的声速实验测量结果

目前,兆巴高压下的声速测量主要有以辐射高温计为基础的光分析法和以激光速度干涉测量为基础的“样品/透明窗口”界面速度剖面测量法两类。这两种技术本质上都是通过测量冲击波后方的追赶稀疏波速度获得纵波声速随卸载压力的变化,前者利用了追赶稀疏波赶上冲击波阵面或到达“样品/窗口”界面引起光辐射能下降的原理获得声速,后者则建立在追赶稀疏波引起金属“样品/透明窗口”界面粒子速度下降的基础上。关于声速测量的原理和方法将在第5章详细介绍。

谭叶等[86]采用多台阶样品技术(第5章)测量了铋在11~70GPa冲击压力范围内的

$D-u$ 冲击绝热线及沿着冲击绝热线的声速(图 4.8)。冲击绝热线数据显示,$D-u$ 冲击绝热线在粒子速度 $u \approx 0.9$km/s 或压力 $p \approx 27$GPa 处出现明显拐折。声速数据表明,在 18~27GPa 冲击压力范围内,铋的纵波声速向体波声速过渡,在 22~27GPa 时过渡到体波声速,表明铋的冲击熔化压力约为 18~27GPa。

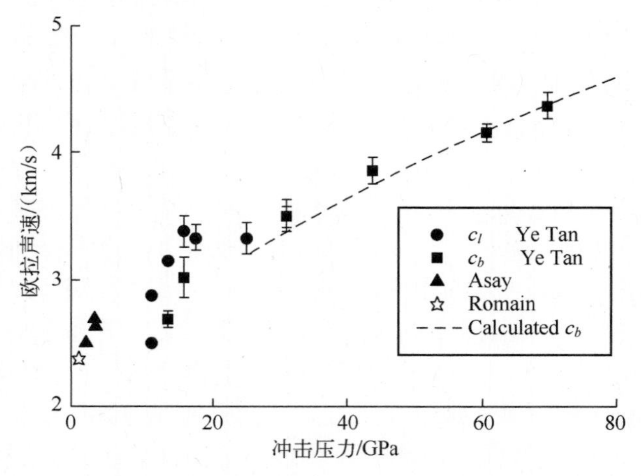

图 4.8 沿着铋的 Hugoniot 的声速,显示纵波声速(圆圈)随冲击压力增加向体波声速(方块)的演化[86]

2. 从冲击加载-卸载实验获得的弹-塑性波剖面特征

冲击熔化使纵波声速向体波声速的演化反映了固-液混合相区金属材料强度变化的特性。这种变化也反映在受冲击材料卸载时的波剖面的弹-塑性双波结构上。发生冲击熔化后,横波消失,弹-塑性双波结构退化为单一纵波(体波)结构。图 4.9 给出了 Asay 等[87,88]利用二级轻气炮和三级炮(见第 7 章)的对称碰撞实验测量的 2024 铝合金的卸载波粒子速度剖面结构随加载压力的变化。他们用激光速度干涉技术测量铝样品受到追赶稀疏波卸载时"样品/窗口"界面粒子速度剖面的结构。当加载压力较低时(图 4.9 中用二级轻气炮进行的 A5 实验)弹-塑性双波结构特征很明显,表明受冲击 2024 铝合金处于固相区。随着加载压力的增加弹-塑性特征越来越不明显(见图中标注为 A_1 和 A_3 的剖面)。在飞片速度 9.95 km/s 的三级炮冲击波实验中,卸载波剖面中的弹-塑性双波结

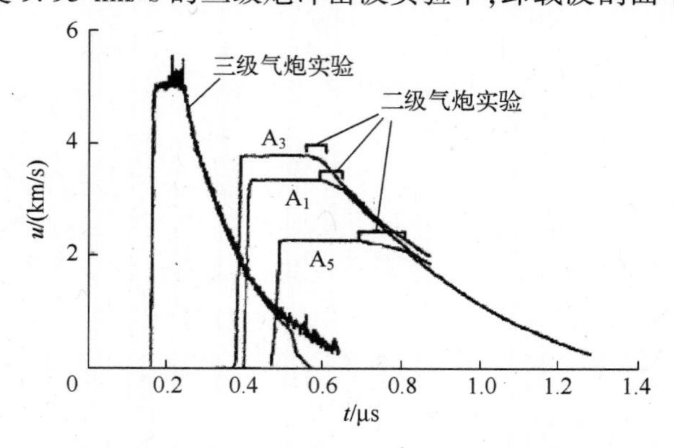

图 4.9 "铝合金样品/LiF 窗口"界面粒子速度剖面随冲击加载压力的变化

构特征完全消失,表明在该冲击压力下铝已经完全进入液相区。

3. 金属材料的剪切模量随加载压力的变化

固体材料的强度特性用剪切模量 G 和屈服强度 Y 表示(第 6 章)。发生冲击熔化前材料处于固相区,在一维应变平面冲击压缩下固体材料中的剪应力随加载应力和应变率的增大而增大[87];发生冲击熔化时,材料进入固-液混合相区,抵抗剪切加载的能力显著下降;完全冲击熔化后,材料处于流体状态,在理论上剪应力等于零。冲击加载下金属材料的剪切模量变化的趋势与剪应力相似。因此可以通过测量材料的剪应力和剪切模量随冲击压力的变化判别冲击熔化的发生。第 6 章将详细讨论相关测量原理和方法。

俞宇颖等测量了 LY12 铝合金沿着冲击绝热线的剪切模量[89],如图 4.10 所示。固相区的剪切模量随冲击加载压力单调增大,这一变化趋势在发生冲击熔化时发生改变。在冲击压力为 125~160GPa 的固-液混合相区内 LY12 铝合金的剪切模量随冲击压力增加迅速下降。在完全熔化时(160GPa)剪切模量下降为零。

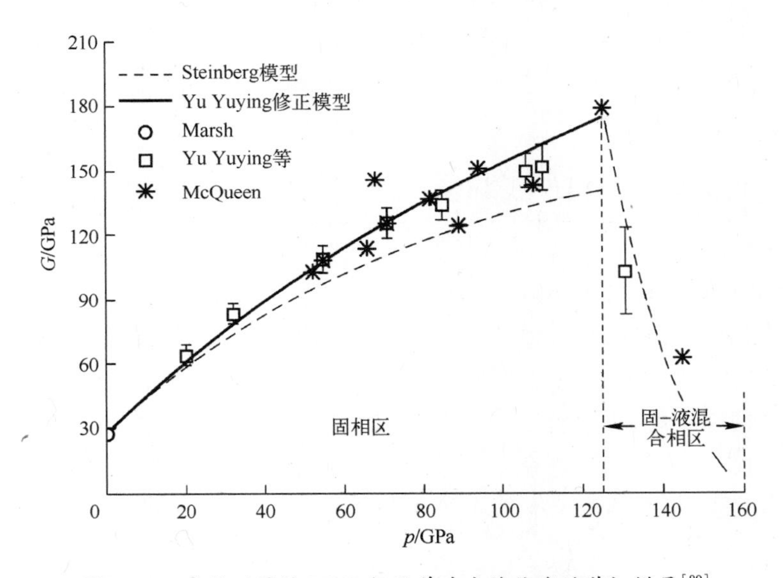

图 4.10 实验测量的 LY12 铝沿着冲击绝热线的剪切模量[89]

4. 从泊松(Poisson)比确定冲击熔化压力区间[90]

泊松比定义为自由边界单轴应力加载条件下横向应变与纵向应变之比[1],用 ν 表示。但是在单轴应变加载下横向应变等于零,不能简单运用横向应变与纵向应变来计算单轴应变加载下的泊松比,可以通过泊松比与声速的关系,由准弹性卸载或准弹性再加载实验测量的纵波声速和横波声速定义泊松比。在实验上如何通过声速测量确定泊松比随冲击压力的变化规律,将在第 6 章进行讨论。在此仅指出:对于铝等在冲击熔化前不发生固-固相变的延性金属材料,固相区的泊松比基本保持为常数(对于铝,$\nu \approx 0.33$);一旦发生冲击熔化,泊松比随冲击压力迅速增加;在完全冲击熔化时泊松比增加到最大值 0.5。图 4.11 给出了根据俞宇颖等测量的 LY12 铝合金的声速计算的泊松比随冲击压力的变化规律[90]。泊松比测量为实验判定冲击熔化压力区间提供了一种新方法。

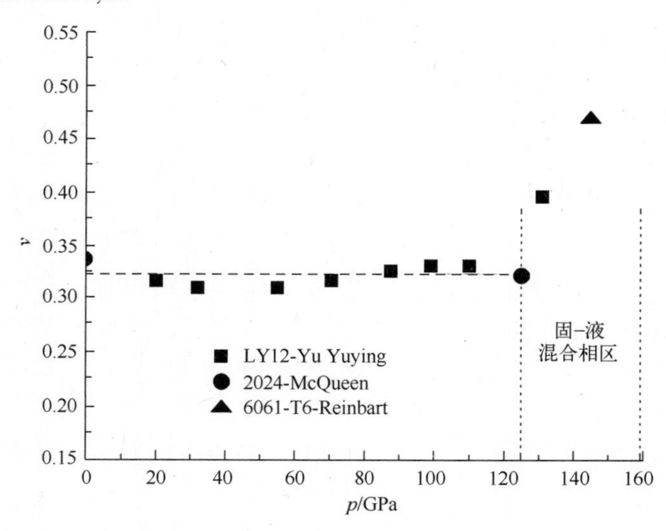

图 4.11　铝合金的泊松比随加载压力的变化

注：■为根据 Yu Yuying 的声速实验数据计算的结果，●和▲分别是根据文献[91]和文献[92]的声速数据计算的结果。

4.5.2　直接从界面温度获取金属材料的高压熔化温度的 TDA 模型及其应用

1. 金属冲击熔化温度测量的 TDA 模型

在以往众多文献报道的辐射法冲击波温度测量中，从实验测量的“样品/窗口”界面温度 T_I 反演金属样品的冲击波温度 T_H 分两步进行：第一步，根据理想界面模型从 T_I 反演出冲击波在“样品/窗口”界面上在阻抗匹配压力下的温度反射后的温度 T_R；第二步，把初始冲击波在“样品/窗口”界面的反射当作等熵过程处理，按照等熵卸载过程的温度变化规律从 T_R 反演出初始冲击压缩下的温度 T_H。在早期的冲击温度测量中，无论是第一步或第二步处理过程中均忽略相变的影响。

在第一步计算中，界面上的热弛豫计算需要金属和窗口在高温-高压下的热物性数据，包括热导率、比热容、熔化热、Gruneisen 系数等。除了铁，目前还没有看到其他金属材料在兆巴压力下的热传导实验数据；一旦发生固-固或固-液相变，还必须知道相变后高压相的热物性参数。即使用理论方法估算这类热物性数据也会带来相当大的不确定度。这些问题成为制约冲击波温度实验测量的主要困难之一。

传统的冲击波温度测量需要使用镀膜样品以消除界面间隙的影响。实践表明，要在蓝宝石或 LiF 晶体表面镀上一层结构致密、厚度约 10μm，表面光洁平整的高质量金属膜并非易事。许多单质金属的热胀系数与窗口材料存在很大差别，结果，用溅射法制备的镀膜样品在冷却后极易发生脱落，尤其难以制备出膜厚较大的样品。而且不少合金、矿物也无法进行镀膜。这些技术问题使采用镀膜样品的辐射法测温方法在实际运用中遇到极大困难。

但是，根据第 3 章中关于非理想界面热传导模型的分析和本章关于界面热传导引发的固-液相变的讨论，使用镀膜样品并非必要。使用精密加工的平板金属样品替代镀膜样品进行测温实验,能够将界面高温层的影响控制在很小的范围内,近似实现理想界面条件。在发生高压熔化时,界面温度 T_I 不再与冲击波温度 T_H 相关联,而与在"样品/窗口"阻抗匹配压力下的熔化温度 T_M 非常接近。此时的界面温度 T_I 比熔化温度 T_M 稍低,按照式(4.49)两者的偏差为

$$T_M-T_I=-\frac{\mathrm{erf}\mu}{\alpha_{24}}(T_I-T_W) \tag{4.123}$$

式中:μ 反映了金属样品中的固-液相界面的移动速率,熔化质量分数越大,μ 值就越小,T_I 就越与 T_M 接近。

在兆巴压力冲击压缩下,对于亚微米尺度的间隙用式(4.123)估算的铁样品的熔化温度比界面温度低 200~400K。

在不发生冲击熔化或再凝固相变的情况下,按照四层介质热传导模型,固相区的金属样品的表观界面温度比理想界面温度略高,两者之差随界面热弛豫过程而减小;在兆巴压力下,对于约 1μm 的间隙,上述温度差估计在 200~600K 范围内。因此,在冲击熔化温度测量中采用精密加工的平板样品代替镀膜样品后,界面间隙效应产生的温升将在一定程度上补偿式(4.123)中的温度差;考虑到界面高温层的存在将导致更多的金属熔化(质量分数略增大),而熔化质量分数的增大将进一步减小 T_I 与 T_M 之间的偏差。

谭华、戴诚达和 Ahrens 基于间隙界面热传导模型和含固-液相变的界面热传导模型的研究结果,提出了测量金属的冲击波温度和熔化温度[65,73]的方法。该模型简称为 TDA 模型,其主要内容概括如下。

(1) 使用经过精密加工的平板金属样品测量冲击波温度或冲击熔化温度,不一定需要使用镀膜样品;使用精密加工的平板金属样品进行冲击波温度测量,样品与窗口之间的间隙力求控制在 0.5μm 以下。

(2) 当金属样品中的初始冲击压缩及其在"样品/窗口"界面上的反射和界面热传导不会引起任何相变时,能够从实测的"样品/窗口"界面温度反演得到初始冲击温度,但是需要对非理想(间隙)界面效应进行修正。如果能够将界面间隙控制在 0.5μm 以下,间隙效应将被抑制,实测界面温度将与理想界面模型的结果非常接近。

(3) 当发生冲击熔化或/和卸载熔化时,从"样品/窗口"界面温度不再能反演得到金属样品在初始冲击压力下的温度。

(4) 如果发生冲击熔化或卸载熔化且样品与窗口在阻抗匹配压力下的温度恰好位于金属样品的固-液混合相区,那么实验测量的界面温度将与该阻抗匹配压力下金属的熔化温度非常接近。

根据上述模型,以二级轻气炮为冲击加载手段,进行了铁陨石、纯铁和无氧铜的高压熔化温度的辐射法实验测量,以验证上述模型的适用性。

2. 无氧铜的冲击熔化温度实验测量

铜在冲击熔化前尚未发现有固-固相变。Hayes 等[93]利用声速测量方法确定了铜的冲击熔化压力范围为 232~265GPa。至今未见有铜在兆巴压力下的热物性数据,也没有铜在兆巴高压下的冲击熔化温度实验测量数据报道。为了检验 TDA 模型的适用性,张凌云[94]等利用"平板无氧铜样品/单晶 LiF 窗口"装置测量铜的冲击熔化温度。从"铜样品/LiF 窗口"界面得到的辐射高温计信号的典型的实验测量信号,如图 4.12 所示,冲击

压力为 261GPa,界面间隙小于 1μm。实验信号初始时刻出现的尖峰及随后的衰减与三层介质热传导模型预言的界面温度剖面特征相符。按照非理想界面热传导模型理论,在读取实验测量数据时,应尽可能选取在示波器实验记录上时间较后位置上的进行数据读取,把它作为计算表观界面温度的输入数据,以尽可能减小表观界面温度与理想界面模型之间的偏差。根据对实验装置结构和信号的分析,读取实验数据的位置如图 4.12 中箭头所示。直接把铜样品与 LiF 窗口的界面温度作为两者在阻抗匹配压力下的熔化温度,得到无氧铜在 133GPa、116GPa、138GPa 三个压力点的熔化温度分别为(4755±233)K、(4578±254)K 和(4981±276)K,如图 4.13 中的实心方块所示。实验测量结果与 Belonoshko 等[95]根据分子动力学(MD)方法和 Hayes 等[93]根据无氧铜的声速测量数据的计算的结果,以及用热力学方法(见 4.3 节)计算的 Lindemann 熔化温度,均符合得很好。需要指出,在图 4.13 中的 Lindemann 熔化线的计算中没有考虑电子比热容的贡献。

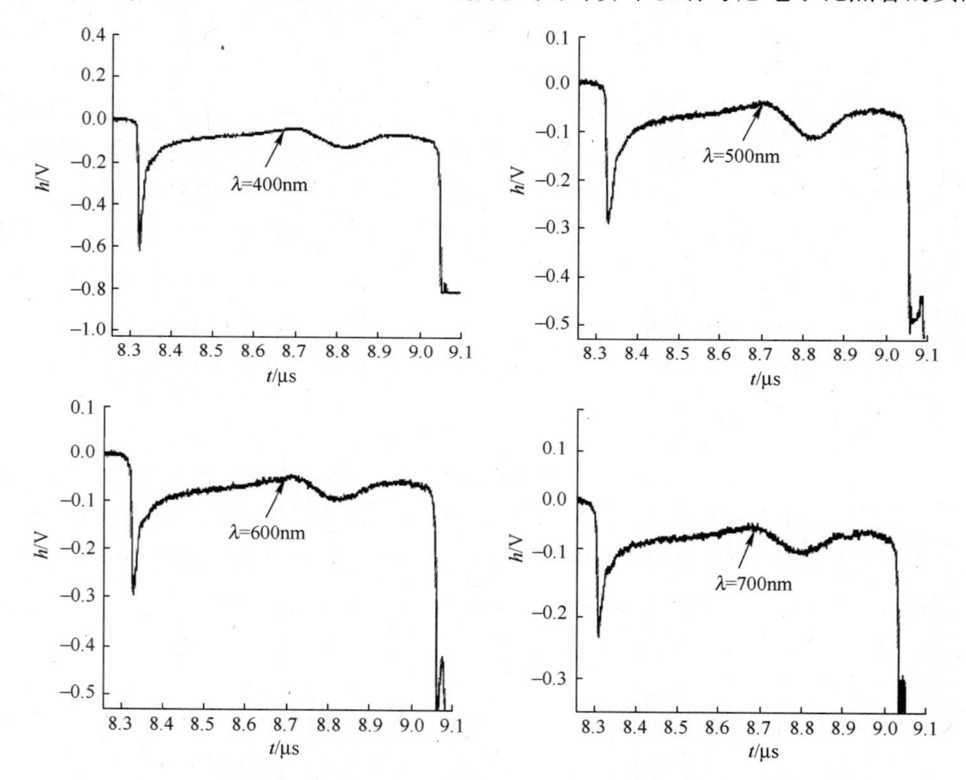

图 4.12 无氧铜冲击波温度测量的典型实验信号[92](辐射高温计测量通道的波长分别为 400nm,500nm,600nm 和 700nm)

3. 铁和铁陨石高压熔化温度实验测量

自 20 世纪 80 年代以来,国内外的研究者们对铁的高压熔化温度进行了持之不懈的研究。由于铁的冲击相变以及电子结构的复杂性,20 多年的研究未能就铁的高压熔化温度得到一致的认识,不同实验测量方法和理论计算方法得到的铁的高压熔化温度数据差异很大,不仅静高压与动高压测量结果之间的差异可达 1000~2000K,不同研究者发表的静高压熔化温度数据之间或动高压熔化温度数据之间的差异也很大,普遍认为动高压测量的结果偏高而静高压的熔化温度数据偏低。Nguyen 和 Holmes 根据铁的高压声速测量

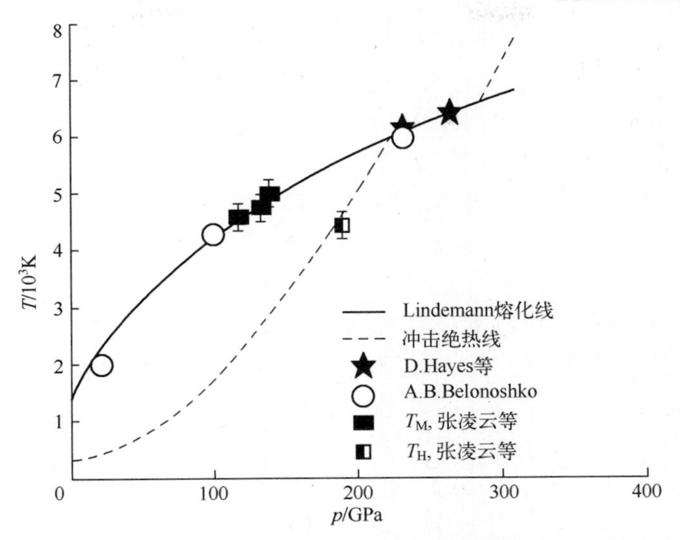

图 4.13　无氧铜的冲击熔化温度实验测量结果[94]与理论模型的比较

结果,结合对 Brown 和 McQueen 早先报道的声速测量数据[96]的重新分析,得到铁的冲击熔化压力区间为 225~265GPa[97]。根据前面提出的 TDA 模型,许灿华[98]和谭华等[99]利用"块状铁样品/透明窗口"装置测量了铁的冲击熔化温度,典型的实验信号如图 4.14 所示。瞬态辐射高温计的 7 个通道的中心波长依次为 400nm、450nm、500nm、550nm、600nm、700nm 和 800 nm;纵轴为瞬态辐射高温计的输出信号幅度 h,测试通道 1~4(图 4.14(a))对应的灵敏度均为 100mV/div,通道 5 和通道 6(图 4.14(b))为 50mV/div,通道 7 为 5mV/div;横轴为时间,扫描速度均为 100ns/div。精密加工的铁样品与窗口间隙的尺寸小于 1μm,温度剖面显示了三层介质热传导模型的典型特征。图 4.13 中铁的初始冲击波压力为 235GPa,"铁样品/LiF 窗口"阻抗匹配压力 128GPa。箭头表示读取数据的位置,得到阻抗匹配压力下"铁样品/LiF 窗口"表观界面温度为(3858±419)K。此外,还利用 LiF 窗口测量了铁样品从 247GPa 初始冲击压力卸载到 134GPa 时的表观界面温度((4032±364)K),以及利用蓝宝石窗口测量铁样品从 175GPa 卸载到 142GPa 的表观界面温度((4128±440)K)。

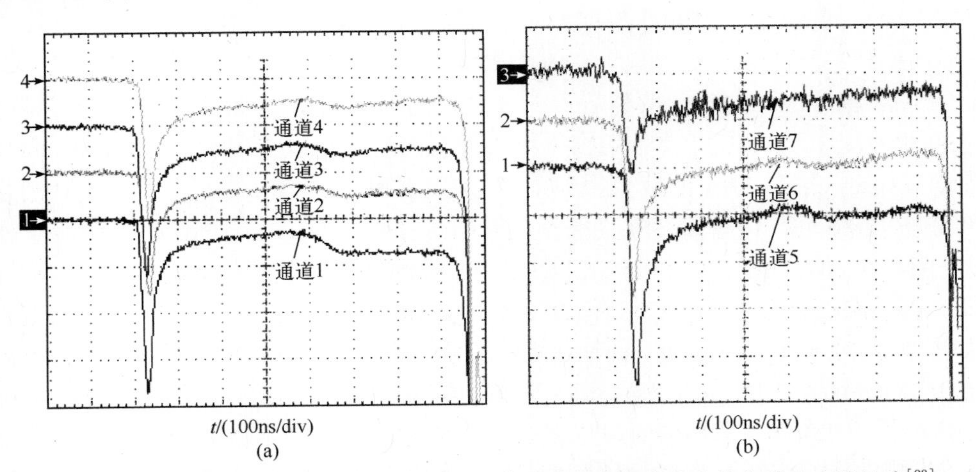

图 4.14　利用"平板铁样品/单晶 LiF 窗口"装置进行冲击波温度的典型示波器记录[98]

将上述实验测量结果与文献[100]发表的包含电子比热容贡献的理论模型的计算结果进行了比较,如图4.15所示。以往发表的铁的冲击波温度研究结果大都没有考虑铁的电子比热容的贡献,而且在理论计算时都是用常压α-Fe的热物性数据计算它在高压下的熔化温度。由于铁在13GPa冲击压力时发生α-ε相变,而对于ε-Fe的高压热物理性质知之甚少;相变可能导致ε-Fe比热容的贡献与α-Fe有很大不同。因此以α-Fe的高压热物性数据计算ε-Fe的Lindemann熔化线,将会导致计算结果有较大的误差。Anderson[100]计算了ε-Fe的电子比热容c_{Ve}及ε-Fe的Gruneisen系数γ_e。他给出了考虑了电子比热容贡献后的ε-Fe在55~412GPa压力范围内的理论熔化温度(图4.15)。许灿华和谭华直接把实验测量的"铁样品/LiF窗口"的界面温度作为在铁阻抗匹配压力下的熔化温度,实验数据点落在Anderson给出的理论熔化线的附近。这是一个很合理的结果。结合Nguyen和Holmes根据声速实验计算的熔化温度数据[97],将实验测量结果外推到内地核界面(ICB)压力(330GPa)下,得到铁在ICB压力下的熔化温度为(6250±670)K,与戴诚达利用铁陨石测量的温度数据一致[101];比Yoo等根据冲击波温度测量结果计算的ICB压力下的熔化温度[102]至少低1000K。

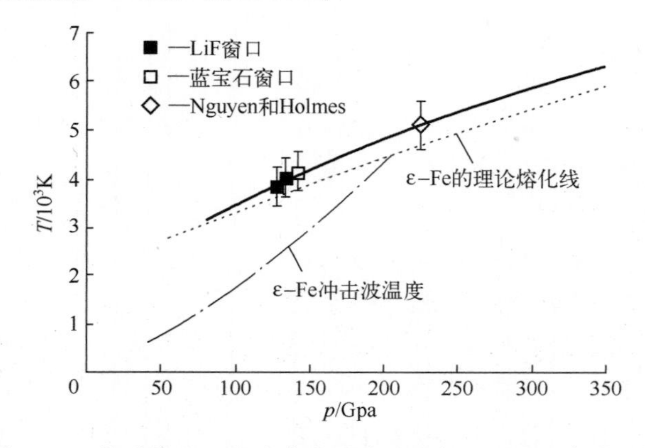

图4.15 铁的熔化温度的实验测量结果与理论熔化线的比较

地核及内核与外核界面的温度在地球物理学中具有特殊意义。戴诚达等在研究南丹铁陨石的物理性质时,测量了南丹铁陨石的高压熔化温度[76]。由于无法将南丹铁陨石制成镀膜样品,更没有南丹铁陨石的高压热物性数据,无法按照传统的镀膜样品技术和理想界面模型进行冲击波温度测量。他使用"平板铁陨石样品/单晶LiF窗口"及"平板铁陨石样品/单晶Al_2O_3窗口"两种装置进行冲击温度实验测量。铁陨石样品经过精密加工,表面粗糙度小于1μm;单晶透明窗口的表面粗糙度小于0.5μm,"样品/窗口"间隙估计稍大于1μm。按照TDA模型,当"铁陨石样品/透明窗口"卸载状态位于固-液混合相区,可以把"样品/窗口"界面温度直接作为铁陨石在阻抗匹配压力下的熔化温度。他测量了铁陨石在167~299GPa冲击压力范围内6个压力点的冲击温度。得到铁陨石与窗口在119GPa、136GPa、152GPa、179GPa、208GPa、227GPa阻抗匹配压力下6个压力点的温度,如图4.16所示。图4.16中:曲线a表示按照第3章提出的热力学模型计算得到的铁陨石的高压熔化线;曲线b为文献[102]发表的铁熔化线的理论计算结果;曲线c为静高压实验结果[103];曲线d和曲线e为根据第3章提出的冲击波温度的理论计算方法及过热卸载模型计算的铁陨石的冲击波温度随加载压力的变化;ICB表示在内核与外核界面压力(330GPa)处的相关文献发表的各种实验数据和理论结果;SL 表示 Brown[96]从声速实验测量给出的铁的冲击熔化压力。

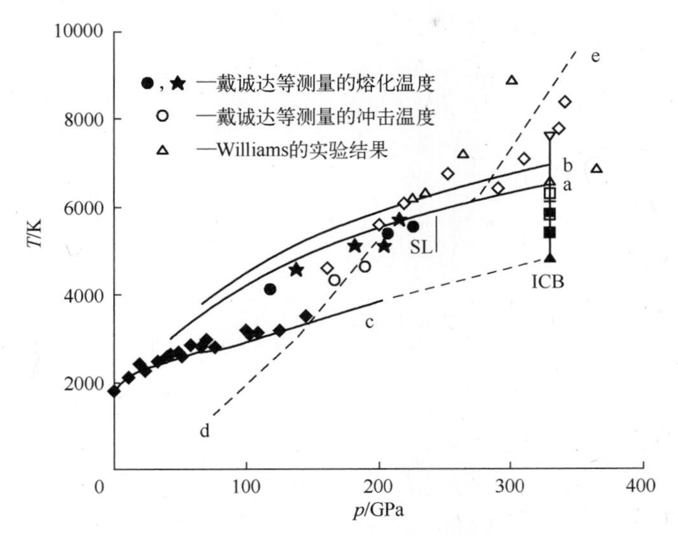

图 4.16 实验测量的铁陨石及铁的高压熔化温度[100]

戴诚达用考虑电子比热容贡献后的 Lindemann 熔化定律将铁陨石的冲击温度实验数据推算到 ICB 界面压力(330GPa),得到该界面压力下铁陨石的熔化温度为(6300 ±450)K,比 Bass 等[58]的结果低 1000K 以上。若再考虑地核轻元素的贡献,戴诚达得出 ICB 温度为(5850±300)K。

李俊等[104]对预加热到约 773K 的钼在 247~307GPa 的 5 个压力点的冲击温度进行了测量,实验采用 LiF 窗口,相应的阻抗匹配压力为 102~171GPa,阻抗匹配状态位于冲击熔化固-液混合相区;实测“样品/窗口”界面温度为 7200~7800K,将界面温度按上述模型直接作为熔化温度处理,这些温度数据点落在 Lindemann 熔化方程计算的固-液相线上,进一步证实了 TDA 模型的适用性。有关细节请读者参阅文献[104]。

上述关于无氧铜、铁和铁陨石以及金属钼的冲击熔化温度的实验结果表明,建立在包含固-液相变界面热传导模型和非理想界面热传导模型基础上的 TDA 模型提出的金属高压熔化温度的实验测量方法具有良好的适用性。虽然把界面温度当作该压力下的熔化温度会引入一定的不确定度,但是式(4.56)引入的不确定度是可以接受的;在缺乏高压热物性数据以及在冲击熔化前发生固-固相变的金属材料的情况下,TDA 模型使辐射法高压熔化温度的实验测量成为可能,为实验装置设计和数据分析方法提供了指导。

4.5.3 固体高压熔化线的基本走向

习惯上,总是把金属或其他固体的高压熔化线画成图 4.16 所示的向上凸起的形状:熔化温度随压力增加而升高,但熔化温度随压力增加趋势逐渐变缓。实际上,单元系的固-液相线的斜率由 Clausius-Clapeyron 方程决定:

$$\frac{\mathrm{d}T}{\mathrm{d}p}=\frac{T\Delta V}{\Delta H}=\frac{\Delta V_M}{\Delta S} \tag{4.124}$$

熔化时,固体结构由长程有序向短程有序或无序的转变意味着熵增($\Delta S>0$),熔化相变必定属于吸热相变过程($\Delta H>0$)。实验发现,熔化熵增随压力变化较缓慢,假定熔化熵增近似取常数,根据式(4.124)对高压熔化线的走向作进一步讨论,

1. 固-液相线斜率为正,熔化温度随压力增加而升高

按照 Clausius-Clapeyron 方程,若$(\mathrm{d}T/\mathrm{d}p)_M>0$,则由式(4.124)可知,$\Delta V>0$。大多数金属和非金属固体发生固-液相变时比容增大,而且随着压力增加,熔化温度的上升趋势逐渐趋缓,即

$$\frac{\mathrm{d}^2T}{\mathrm{d}p^2}=\frac{\mathrm{d}}{\mathrm{d}p}\left(\frac{\Delta V_M}{\Delta S}\right)<0 \tag{4.125a}$$

因此,式(4.125a)隐含了固相线与液相线之间的宽度 ΔV_M 随着压力的增加而减小,$\frac{\mathrm{d}\Delta V_M}{\mathrm{d}p}<0$。

在高压下,冰具有非常复杂的相变。图 4.17 给出了冰在 100GPa 压力以下的相图[105]。冰的高压相冰Ⅴ相和冰Ⅵ相熔化时固-液相线的斜率随压力升高而增大,即熔化线的斜率随压力的变化趋势与式(4.125a)表示的情况相反:

$$\frac{\mathrm{d}^2T}{\mathrm{d}p^2}=\frac{\mathrm{d}}{\mathrm{d}p}\left(\frac{\Delta V_M}{\Delta S}\right)>0 \tag{4.125b}$$

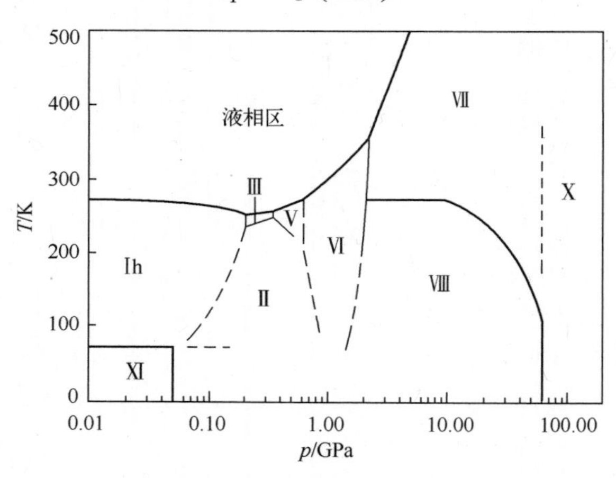

图 4.17 冰的高压相图和熔化线的走向[105]

这意味着,它的高压熔化线出现了$\frac{\mathrm{d}}{\mathrm{d}p}\left(\frac{\Delta V_M}{\Delta S}\right)>0$ 的情形,即 ΔV_M 随着压力的升高而变大。但是这种趋势不能一直延续下去。随着压力的升高,冰Ⅶ相的出现使高压熔化线的斜率重新恢复到式(4.125)表达的条件。据文献[106]报道,金属钚在低压下的熔化有与冰Ⅴ相和冰Ⅵ相类似的情形。

2. 固-液线斜率为负,熔化温度随压力增加而降低

$(\mathrm{d}T/\mathrm{d}p)_M<0$ 意味着 $\Delta V_M<0$,即固相时的比容大于液相比容,或固相时的密度小于液相密度。在图 4.17 中,冰的 Ih 相的固-液相线就是这种情形的典型代表。日常生活中冰比水轻,在 0℃时,冰的密度大约是水的 80%。但冰 Ih 相的熔化温度随压力增加而降低

的趋势不可能一直延伸下去,随着冰Ⅲ相的出现,熔化线的斜率发生新的转折。具有这种反常熔化性质的金属材料的典型代表有铋(Bi)(图 4.18)和锕系元素的钚(图 4.19)[107]。铋的常压熔点为 271.3 °C,常压下熔化时比容约收缩 3.32% [108]或减小 0.84 cm^3/mol;铋随压力的升高表现出极其复杂的多形相变特征。纯钚在常压下熔化时比容收缩约 0.85% [106],常压下随温度升高钚同样表现出极其复杂的固-固相变性质。

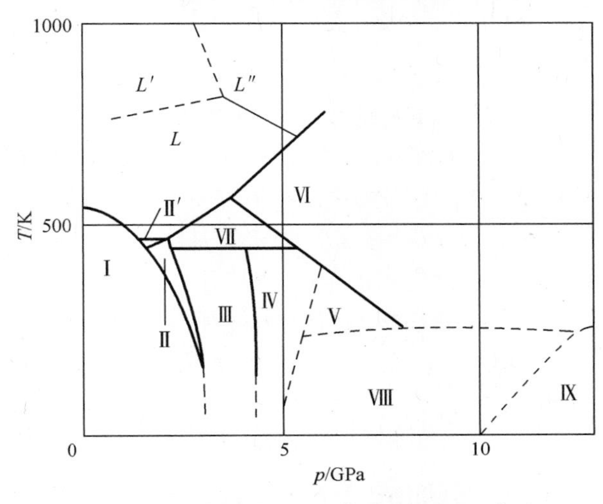

图 4.18 铋的高压相图和反常熔化特性[107]

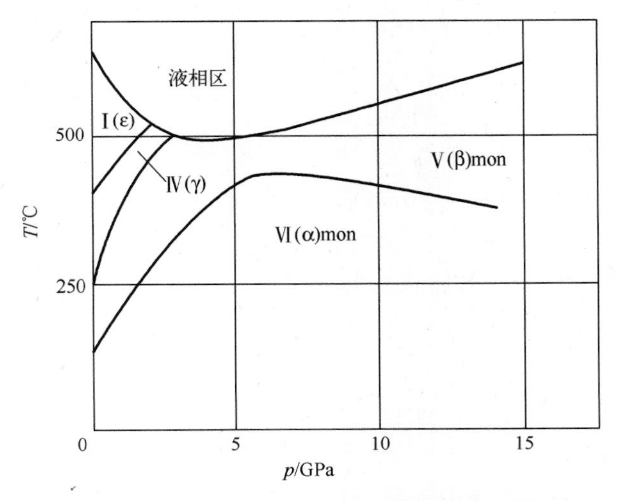

图 4.19 纯钚的低压相图和反常熔化特性[107]

3. 固-液线斜率近似等于零,熔化温度几乎不随压力改变

熔化线的 $dT/dp \approx 0$ 意味着随压力升高熔化温度变化极其缓慢。冰Ⅲ相的熔化线基本属于这种情形。铋的熔化线(图 4.18)在约 2GPa 压力附近也表现类似特性。由于固-液相变时比容变化很小($\Delta V_M \approx 0$)导致熔化线的斜率 $dT/dp \approx 0$。当然这种情况也不能一直延续下去。随着冰Ⅴ相的出现(图 4.17),熔化温度再次随压力增加而升高。

第5章　金属材料在极端应力-应变率加载下的声速

受冲击材料的 Hugoniot 状态不可能永久保持不变。当受到外力载荷扰动时,材料中的冲击加载状态将随之发生改变。一个有限的应力扰动总可被分解为许多小应力扰动的叠加,通过研究受冲击材料在小应力扰动作用下的应力-应变状态的变化规律,获得它对有限应力扰动的响应特性,是实验研究的基本方法之一。声速和粒子速度的同时测量是研究材料对任意应力扰动的响应的基础,也是研究极端应力-应变率斜波加载下材料的本构关系的基础。声速测量在本构关系研究中的作用正如冲击波速度测量在高压物态方程研究中的地位一样,代表实验冲击波物理研究中的一项非常基础的研究能力。

5.1　单轴应变加载下的应力-应变状态与声速

在平面飞片正碰撞实验中,虽然冲击压缩在样品中产生的应变是一维的,但平面冲击压缩下的应力是三维的,除非发生了冲击熔化使材料的 Hugoniot 状态进入液相区。这是因为固体材料具有抵抗剪切载荷的能力:在冲击加载方向(轴向)的正应力 σ_x 并不等于垂直于 x 方向的横向应力 σ_y 和 σ_z;对于各向同性固体材料,横向应力 $\sigma_y=\sigma_z$。在单轴应变加载下剪应力(或切应力)τ 与方向有关,其中有一个方向上的剪应力是最大的,称为最大分解剪应力 τ_{max},该方向大致与冲击波的传播方向成45°角。为简单起见,在以下讨论中用 τ_{max} 表征单轴应变冲击加载下的剪应力,即 $\tau\equiv\tau_{max}$,尽管在其他方向上的剪应力并不等于 τ_{max}。按照固体弹-塑性力学[1],单轴应变加载下的最大剪应力 τ_{max} 与正应力 σ_x 和横向应力 σ_y 的关系为

$$\tau\equiv\tau_{max}=(\sigma_x-\sigma_y)/2 \tag{5.1}$$

压强是从热力学引入的概念,因为处于热力学平衡状态的理想流体在各个方向受到的作用力相等,压强因而也称为流体静水压强,用 p 表示。在固体弹-塑性力学中,定义固体材料中某一点(x,y,z)单位面积上的平均应力为

$$\overline{\sigma}\equiv(\sigma_x+\sigma_y+\sigma_z)/3 \tag{5.2a}$$

式中:$\overline{\sigma}$为固体的等效流体静水压强,即

$$p\equiv\overline{\sigma}=(\sigma_x+\sigma_y+\sigma_z)/3 \tag{5.2b}$$

因而对于各向同性介质,$\sigma_y\equiv\sigma_z$,冲击压缩 Hugoniot 状态下的轴向应力 σ_x 可以用等效压强与最大剪应力表示为

$$\sigma_x=\frac{\sigma_x+2\sigma_y}{3}+\frac{2(\sigma_x-\sigma_y)}{3}=\overline{\sigma}+\frac{4}{3}\tau=p+\frac{4}{3}\tau \tag{5.3}$$

式(5.3)表达的轴向应力与平均应力和剪应力的关系,对于平面斜波加载下的各向同性固体也成立。在平面应力波加载下,若波后应力状态受到小应力扰动的作用,该应力扰动 $\delta\sigma_x$ 借助式(5.3)可表达为

$$\delta\sigma_x=\delta p+\frac{4\delta\tau}{3}$$

得到 $\delta\sigma_x$ 与它产生的相应密度扰动 $\delta\rho$ 之间的关系为

$$\left(\frac{\partial \sigma_x}{\partial \rho}\right)_S=\left(\frac{\partial p}{\partial \rho}\right)_S+\frac{4}{3}\left(\frac{\partial \tau}{\partial \rho}\right)_S \tag{5.4}$$

根据轴向应变的定义

$$\varepsilon_x\equiv-\frac{\mathrm{d}V}{V}=\frac{\mathrm{d}\rho}{\rho}$$

以及

$$\frac{\partial \sigma_x}{\partial \rho}=\frac{1}{\rho}\frac{\partial \sigma_x}{\partial \varepsilon_x}$$

式(5.4)可表示为

$$\frac{1}{\rho}\frac{\partial \sigma_x}{\partial \varepsilon}=\frac{1}{\rho}\frac{\partial p}{\partial \varepsilon}+\frac{4}{3}\left(\frac{1}{\rho}\frac{\partial \tau}{\partial \varepsilon_x}\right) \tag{5.5}$$

在纯剪应力的作用下,固体仅发生形变而比容不发生变化。固体形状的改变用剪应变 γ 描述。根据固体的弹-塑性理论,在单轴应变加载下各向同性固体的最大剪应变 γ_{m} 与 ε_x 相等[1]:

$$\varepsilon_x=\gamma_{\mathrm{m}} \tag{5.6}$$

利用剪切模量的定义

$$G\equiv\frac{\partial \tau}{\partial \gamma_{\mathrm{m}}}=\rho c_t^2 \tag{5.7}$$

即

$$G=\frac{\partial \tau}{\partial \varepsilon_x}=\rho c_t^2 \tag{5.8}$$

式中:c_t 为横波声速,且有

$$c_t^2=\frac{1}{\rho}\frac{\partial \tau}{\partial \varepsilon_x} \tag{5.9}$$

根据声速的定义,单轴应变加载下纵向应力扰动的传播速度称为纵波声速。纵波声速表示无限大介质中沿着正应力 σ_x 方向的小扰动的传播速度, 即

$$c_l^2\equiv\frac{\partial \sigma_x}{\partial \rho}=\frac{1}{\rho}\frac{\partial \sigma_x}{\partial \varepsilon_x} \tag{5.10}$$

而体波声速或流体力学声速为

$$c_b^2\equiv\frac{\partial p}{\partial \rho}=\frac{1}{\rho}\frac{\partial p}{\partial \varepsilon_x} \tag{5.11}$$

将式(5.10)和式(5.11)代入式(5.5),得到

$$c_l^2=c_b^2+\frac{4}{3}c_t^2 \tag{5.12}$$

就平面冲击压缩而言,纵波的传播方向与平面冲击波后粒子速度的运动方向一致。纵波可以在固体、液体或气体中传播。横波的传播方向与冲击波的运动方向垂直。横波必须在具有抵抗剪切加载能力的固体材料中传播,不能在液体和气体中传播。c_b 表示在流体静水压加载状态下的小扰动波的传播速度,因此也称为流体力学声速。它与体积模量 K 的关系为

$$K=\rho c_b^2 \tag{5.13}$$

即

$$K=-\mathrm{d}p\Big/\left(\frac{\mathrm{d}V}{V}\right)$$

由此可见,体积模量表示在流体静水压加载下材料的压缩性,不是固体独有的属性。当 $G=0$ 时,$c_t=0$,纵波声速与体波声速相等,因而体波声速也就是固体在流体静水压加载下的纵波声速。

沿着冲击绝热线的声速测量在冲击动力学研究中有重要的意义。例如,通过测量体波声速 c_b,原则上能够对 Gruneisen 系数 γ 做出限定:

$$c_b^2=\frac{1}{2}V_H^2\left(\frac{\gamma}{V}\right)_H p_H-V_H^2\frac{\mathrm{d}p_H}{\mathrm{d}V}\left[1-\frac{1}{2}\left(\frac{\gamma}{V}\right)_H(V_0-V_H)\right] \tag{5.14}$$

式中:下标 H 表示 Hugoniot 状态;$p_H\equiv\sigma_x$ 表示 Hugoniot 压力。

通过高压声速测量,能够得到各种弹性模量随冲击压力的变化;声速测量还是确定冲击压缩引发的固-固或固-液相变的重要手段。

声速测量对于研究极端应力-应变率加载下的本构关系具有重要意义,是测量冲击压缩和高应变率准等熵斜波加载下固体材料屈服强度的基本手段。第 6 章将要介绍的 SCG 本构关系,就是描写材料的屈服强度及剪切模量与冲击加载的应力、应变和温度的一种经验关系。这种本构关系的适用性需要通过声速测量进行验证。第 6 章将要讨论的测量材料在兆巴冲击压缩下的屈服强度 Y 的 AC 方法[87,109,110],其本质就是分别测量材料在 Hugoniot 状态受到再加载时的声速,以及从 Hugoniot 状态卸载时的声速,再结合屈服强度的定义,计算材料强度特性的一种方法。

高压声速测量在地球物理研究中有重要意义。在研究地球深部结构中,通过测量地震波的速度了解地球内部的物质组成和高温、高压状态。外地核为液态和内地核为固态的认识,就是在分析了地震波速度的奇异变化而获得的。地球物理学家发现,地球内部在半径约 2900km 处纵波速度从 13.7km/s 突然下降到 8.0km/s,而且横波不能通过该层面,然后在半径 5149km 处纵波速度再次增加,表明地球深层从半径 2900~5149km 处于高温、高压流体状态。

在材料的高压力学性质研究中,泊松比 ν 是表征材料应变特性的一个重要参数。按照弹-塑性力学的一般性关系以及纵波声速和横波声速的关系,得到沿着冲击绝热线的泊松比的一般表达式[90,111]:

$$\nu=\frac{1}{2}\frac{(c_l/c_t)^2-2}{(c_l/c_t)^2-1}=\frac{1}{2}\left[1-\frac{1}{(c_l/c_t)^2-1}\right] \tag{5.15}$$

式(5.5)对平面冲击加载下的固相区及固-液混合相区均成立[90]。对于液体,$c_t=0$,

ν 的最大值为$\frac{1}{2}$。这一结果可以用于研究材料的固-液相变的压力范围,也可以检验实验测量的纵波和横波声速数据的合理性。

5.2　极端加载状态下声速测量的基本原理

为了测量在冲击波后 Hugoniot 状态下的声速,需要在 Hugoniot 状态下引入小应力扰动,通过观测小扰动的运动路径(x-t 图)获得声速,人为地引入小扰动在实践上有一定困难。但是,飞片击靶后,实验样品中的冲击压缩状态必定会受到从飞片和实验样品的自由边界传入的卸载应力波的作用。由第 2 章可知,这种稀疏扰动来自三个方面:①从样品的边侧自由面传入的稀疏波,它与飞片击靶后进入样品的冲击波同时发生,伴随着冲击波的传播从样品自由边侧向中心传播;②飞片击靶后从飞片的后界面反射右行追赶稀疏波,它最终能赶上样品中的冲击波阵面并使其卸载;③冲击波到达自由面时,从样品的自由面反射的左行中心稀疏波。这三种稀疏扰动中,前两种稀疏扰动的传播速度在实验上较容易观测;从样品自由面反射的稀疏扰动的传播方向与入射冲击波的相反,难以用于声速的实验测量。

早期的高压声速测量首先由俄罗斯科学家 Al′tshuler 等进行[112,113]。他们根据边侧稀疏扰动对试样中的平面冲击波阵面的平面范围的影响(图 5.1),或者飞片后界面的追赶稀疏波对冲击波速度的影响(图 5.2),测量了铝、铜、铅、铁等金属材料在约 100GPa 冲击压力以下的纵波声速。在前一类实验中(图 5.1),在金属样品上贴有一块有机玻璃窗口,用高速扫描相机记录冲击波从金属样品进入有机玻璃窗口的波形。由于边侧稀疏作用,样品边侧部位的冲击波阵面将发生弯曲,中心部位未受影响的冲击波阵面继续保持平面状态。冲击波形弯曲的范围与边侧稀疏波的速度有关。纵波声速 c_l 与边侧稀疏角 α、冲击波速度 D 和粒子速度 u 的关系为

$$c_l=\sqrt{(D\cdot\tan\alpha)^2+(D-u)^2} \tag{5.16}$$

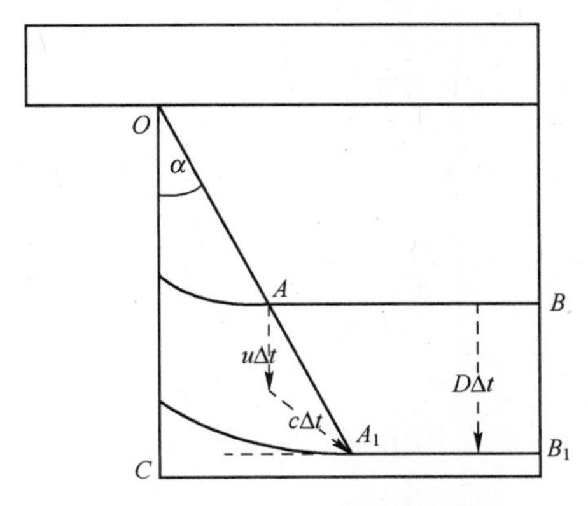

图 5.1　利用边侧稀疏波测量声速的原理

利用图 5.1 所示几何关系,根据实测的冲击波阵面弯曲范围计算 α 角,显然精确测定角 α 比较困难。

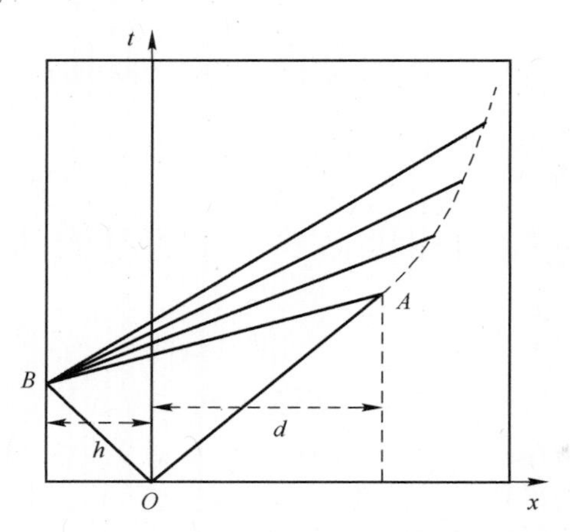

图 5.2　利用追赶稀疏波测量声速的原理

来自飞片后界面的中心稀疏波的波头相对于波后粒子运动以声速传播，相对于冲击波阵面以超声速传播。当追赶稀疏波到达特定的观测位置时，该点的压力、温度和粒子速度等立即发生改变。通过适当的实验设计观测到追赶稀疏波到达该观测位置时引起的压力、温度或粒子速度的变化即可获得追赶稀疏波的速度。基于这一思想，Al′tshuler等利用电探针测量不同厚度样品中的冲击波速度随样品厚度的变化（图 5.2），根据冲击波速度随样品厚度的变化，计算出追赶稀疏波波头赶上冲击波阵面的位置，得到 Hugoniot 状态下的纵波声速。这种方法实际上相当于测量追赶比，但是要采用 Al′tshuler 的实验设计测定追赶稀疏波赶上冲击波阵面的精确位置并非易事。显然，图 5.1 和图 5.2 所示的两种方法的测量精度都不高，而且只能得到纵波声速，不能得到体波声速和横波声速。

5.2.1　光分析法

1. 光分析法的基本原理

美国 LANL 的 McQueen 等[92]、Brown[114]、Nguyen 等[115]发展和改进了 Al′tshuler 等提出的测量追赶稀疏波速度的方法。他们提出了用“光分析器”发光强度的变化，代替多台阶样品中冲击波速度的变化，来测量强冲击压缩下的追赶稀疏波速度。该方法称为光分析法。光分析法利用追赶稀疏波赶上冲击波阵面时不仅会使冲击波速度下降，而且能使冲击波温度下降的原理。通过观测光分析器中的冲击波阵面发射的光辐射能量（光强）的迅速下降，判定稀疏波赶上冲击波阵面的位置和时间。光分析法比 Al’tshuler 等依靠测量多台阶样品中冲击波速度的变化判定稀疏波赶上冲击波阵面的位置和时间更加灵敏和精确，其原理如图 5.3 所示。

为了能够观察受冲击金属样品冲击波阵面的发光，需要在样品前方安置窗口或光分析器。利用辐射高温计观测从“样品/窗口”界面的发光或者窗口材料中的冲击波阵面的发光。McQueen 采用在常压下透明、冲击压缩下会像黑体一样强烈发光的无色三溴甲烷（$CHBr_3$）液体作为观测窗口或光分析器，观测冲击波阵面在三溴甲烷中的发光强度随时间的变化，获得追赶稀疏波赶上冲击波阵面的信息。

为了在拉氏坐标系中分析冲击波和追赶稀疏波的运动过程，假定飞片击靶后样品中的冲击波在图 5.3(a) 的位置 A 进入三溴甲烷光分析器，受冲击三溴甲烷立即强烈发光，

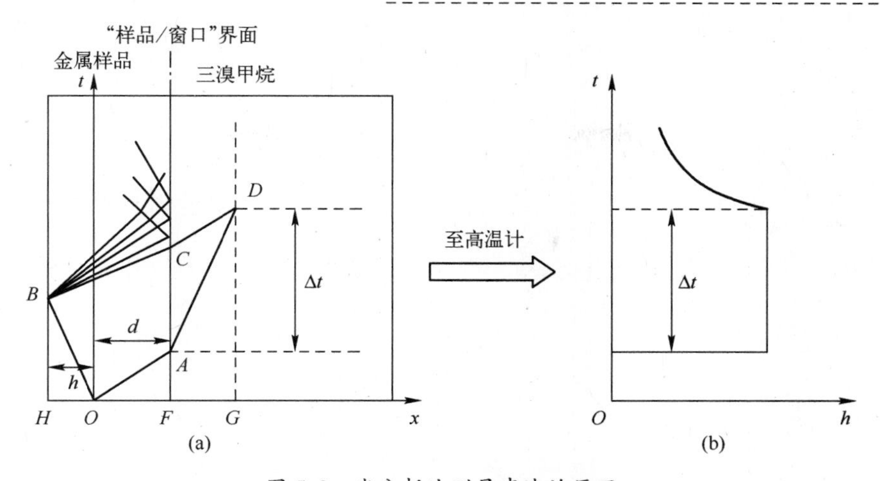

图 5.3　光分析法测量声速的原理

(a) 拉氏坐标系中的波系传播;(b)“样品/窗口”界面的的光辐射信号。

由瞬态辐射高温计记录三溴甲烷中冲击波阵面的光辐射信号随时间的变化,如图 5.3(b)所示。在冲击波在三溴甲烷中稳定传播过程中,三溴甲烷的发光强度保持不变。另外,飞片中向后运动的反射冲击波到达飞片后界面位置 B 时,立刻反射右行稀疏波,此即来自飞片后界面的追赶稀疏波。如果飞片与样品(基板)为同种材料,追赶稀疏波在“飞片/样品”界面上不发生反射。该追赶稀疏波将径直穿过“飞片/样品”界面在 C 点进入三溴甲烷。由于三溴甲烷的黑体发光特性,在追赶稀疏波赶上冲击波阵面以前,辐射高温计的信号强度 h 保持不变。假设追赶稀疏波在 D 点赶上三溴甲烷中传播的冲击波阵面,三溴甲烷的发光强度立即迅速下降。因此,示波器记录的光辐射平台信号的宽度 Δt 包含了追赶稀疏波在三溴甲烷中对冲击波阵面的追赶过程及其传播速度的信息。

首先分析图 5.3(a)中 A 点与 C 点之间的时间差,即入射冲击波进入光分析器的时间与后界面的追赶稀疏波到达“样品/三溴甲烷窗口”界面的时间之差:

$$\Delta t_{AC}=\frac{h}{D}+\frac{d+h}{a}-\frac{d}{D} \tag{5.17}$$

式中:h、d 分别为飞片和样品的厚度;D 为冲击波速度;a 为样品的拉氏声速。

对于固定的飞片厚度 h,当飞片速度一定时,时间差 Δt_{AC} 与样品厚度 d 呈线性关系:

$$\Delta t_{AC}=\left(\frac{1}{D}+\frac{1}{a}\right)h-\left(\frac{1}{D}-\frac{1}{a}\right)d \tag{5.18}$$

由于三溴甲烷中冲击波阵面黑体辐射的屏蔽作用,不能观察到追赶稀疏波到达 C 点时引起的光辐射信号的变化,因此 Δt_{AC} 与图 5.3(b)中实验测量的光辐射信号的平台宽度 Δt 不一定相等。由于 Δt_{AC} 随样品厚度的增加而减小,当 $\Delta t_{AC}=0$ 时,样品中的冲击波与后界面的追赶稀疏波同时到达“样品/三溴甲烷窗口”界面,因而信号的平台宽度 $\Delta t=0$。此时样品的厚度与飞片厚度的比等于追赶比 R,即

$$R=d/h\,\big|_{\Delta t=0} \tag{5.19}$$

将式(5.19)代入式(5.18)得到

$$\left(\frac{1}{D}+\frac{1}{a}\right)\frac{d}{R}-\left(\frac{1}{D}-\frac{1}{a}\right)d=0 \tag{5.20}$$

由此可知，拉氏声速 a 与冲击波速度 D、追赶比 R 之间的关系为

$$a=D\frac{R+1}{R-1} \tag{5.21}$$

式(5.21)在推导时，没有考虑冲击波压缩造成样品厚度减小对追赶稀疏波传播时间的影响，即式(5.21)是在拉氏坐标下观测的声速 a。考虑飞片和实验样品在冲击压缩下厚度 d 将变为$\frac{\rho_0}{\rho}d$，将$\frac{\rho_0}{\rho}d$ 代入式(5.18)，并以实验室坐标系中的热力学声速或欧拉声速 c 取代式中的拉氏声速，得到

$$c=D\left(\frac{R+1}{R-1}\right)\frac{\rho_0}{\rho} \tag{5.22}$$

比较式(5.21)与式(5.22)，得到在第 1 章中给出的拉氏声速与欧拉声速之间的关系：

$$\rho_0 a\equiv\rho c \tag{5.23}$$

因此，在实际测量中，只要能够确定追赶比，即可由式(5.21)得到拉氏声速。然后根据待测样品的冲击绝热线由式(5.22)计算欧拉声速。

光分析法测量声速的原理表明，精密的时间差 Δt_{AC} 的实验测量是获得精密声速数据的关键。首先要求所选择的光分析器窗口材料在冲击压缩下能够稳定地发射足够强的光辐射，同时要求辐射高温计具有纳秒或亚纳秒时间响应能力。

2. 追赶比的实验测量

在光分析法实验中，由于黑体窗口(溴仿)的屏蔽作用，只能记录到冲击波进入窗口的时间和追赶稀疏波在窗口中赶上冲击波阵面的时间，即图 5.3 中 A 点与 D 点之间的时间差 Δt_{AD}。显然总追赶时间 Δt_{AD} 随样品厚度 d 变化。比较图 5.4 中厚度为 d' 和 d 的两块样品中的稀疏波的追赶过程，由图示几何相似关系可知三角形 $\triangle A'C'D'$ 与 $\triangle ACD$ 相似，若 δ' 和 δ 分别为追赶稀疏波经过两块不同厚度的样品 d' 和 d 赶上三溴甲烷中的冲击波阵面时在三溴甲烷中分别走过的距离，按照几何相似得到

$$\frac{\delta'}{\Delta t'_{A'C'}}=\frac{\delta}{\Delta t_{AC}}=k$$

式中：k 为比例常数。

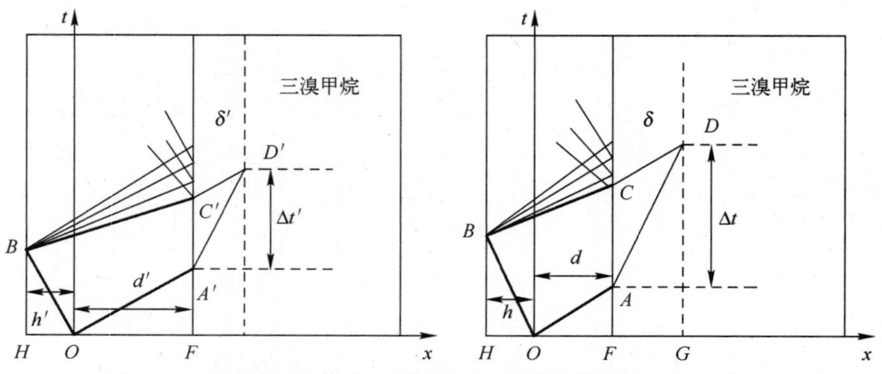

图 5.4　稀疏波追赶冲击波的时间 Δt 随样品厚度 d 和 d' 的变化

由于在三溴甲烷中走过的距离 δ 与时间 Δt_{AC} 成正比，则总追赶时间为

$$\begin{aligned}\Delta t_{AD}&=\left(\frac{h}{D}+\frac{d+h}{a}+\frac{\delta}{a_1}\right)-\left(\frac{d}{D}+\frac{\delta}{D_1}\right)\\&=\Delta t_{AC}-\left(\frac{1}{D_1}-\frac{1}{a_1}\right)\delta=\left[1-\left(\frac{1}{D_1}-\frac{1}{a_1}\right)k\right]\Delta t_{AC}\end{aligned}\tag{5.24}$$

式中：D、D_1 分别为试样和三溴甲烷中的冲击波速度；a、a_1 分别为受冲击试样和三溴甲烷的拉氏声速。

式(5.24)结合式(5.18)，总追赶时间 Δt_{AD} 也与样品厚 d 呈线性关系，可将总追赶时间 Δt 随样品厚度 x 的变化写成线性关系式

$$\Delta t=b-kx\tag{5.25}$$

由于追赶时间 $\Delta t_{AC}=0$ 等价于 $\Delta t_{AD}=0$，因此追赶比 R 也等于 $\Delta t_{AD}=0$ 时的样品厚度与飞片厚度之比。为了得到比较精确的实验值 R，McQueen[92]等首先在同一发实验中采用多台阶样品，将不同样品厚度得到的时间差 Δt 对样品的厚度 d 作图并进行线性拟合（图5.5），将拟合直线外推到 $\Delta t=0$，确定样品的最大厚度 d_{max}；然后根据 d_{max} 和飞片的厚度 h 计算追赶比 R；最后利用实测冲击波速度由式（5.21）或式（5.22）计算声速。为了提高 R 值的置信水平，需要使用尽量多的样品进行实验。

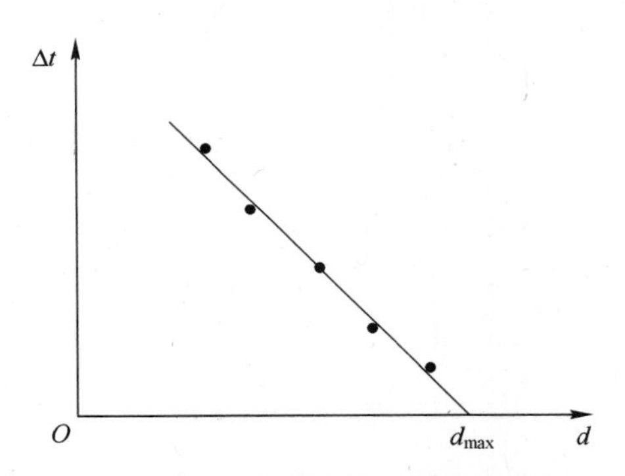

图5.5　利用多台阶样品精确测定 R

为了使图5.3(b)中的光信号的拐折点尽量清晰，光分析法中使用的光分析器应该有尽量高的光吸收系数，以尽量屏蔽冲击阵面后方的追赶稀疏波在没有赶上冲击波阵面之前对冲击阵面发射光信号的影响。除了三溴甲烷液体，也可以使用重玻璃、熔石英等在冲击压缩下会强烈发光的固体材料作光分析窗口。熔石英在约20GPa冲击压力以下可作为透明窗口，但是在更高冲击压力下即可以像黑体一样强烈发光[114]。

在上述讨论中，忽略了初始入射冲击波在“金属样品/光分析窗口”界面上的反射波对来自飞片后界面的追赶稀疏波的影响。窗口材料的阻抗通常比金属样品低，入射冲击波在“样品/窗口”界面反射左行稀疏波，它必定在样品中与追赶稀疏波相作用，导致追赶稀疏波速变小。但是，追赶稀疏波的波头特征线不会受到该反射波的影响，因此用光分析法得到的纵波声速在理论上是精密的。

3. 光分析法中的纵波声速和体波声速

按照固体材料的弹-塑性理论,受冲击压缩固体材料的稀疏卸载包含弹性卸载和塑性卸载两个阶段。在弹性卸载阶段,卸载波以弹性纵波声速传播;当卸载产生的剪应力使材料发生反向屈服或进入材料的下屈服面时,材料进入塑性屈服状态。在塑性状态,卸载波以塑性纵波声速传播。在第 6 章将证明,发生弹-塑性屈服时的塑性纵波声速等于体波声速。

从光分析法得到的典型的光辐射信号剖面如图 5.6 所示。A 点对应于冲击波从样品进入溴仿窗口的时刻,溴仿受冲击压缩强烈发光,AD 段表示冲击波在溴仿中的传播过程。从 D 点开始光辐射信号迅速下降。根据多台阶样品实验测量的 AD 段的时间宽度 Δt_{AD},按照图 5.5 所示的方法得到追赶比 R,进而计算纵波的波头特征线的速度即弹性纵波声速。图 5.6 中,在 D 点与第二个拐折点 E 之间的 DE 段对应于样品中弹性波的卸载过程;第二个拐折点 E 表征样品的反向塑性屈服(卸载屈服),EF 段为塑性卸载段。当然,在有些光分析实验中由于信号噪声过大可能观测不到弹-塑性屈服拐折点 E。根据多台阶样品实验测量的时间差 Δt_{AD} 随样品厚度的变化,可以确定卸载波的波头特征线的速度或纵波声速。从 D 点到 E 点光辐射信号强度连续降低,表明弹性卸载过程中的压力连续降低,弹性卸载波速连续变化到塑性波速。这与经典弹-塑性卸载模型不符。按照经典弹-塑性理论,弹性波与塑性波发生分离,将形成图 5.6 中虚线所示的剖面结构。

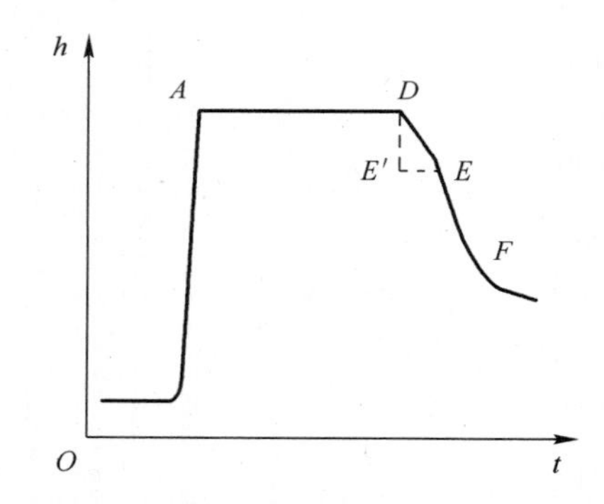

图 5.6　弹-塑性卸载波对辐射法测量信号剖面的影响

注:虚线表示理想弹-塑性卸载产生的台阶型剖面。

如果根据从 A 点与 E 点的时间差 Δt_{AE} 计算塑性声速,这样得到的是初始冲击波经过弹性卸载以后在稍低应力下的塑性声速。因此,从光分析法测量得到的纵波声速是样品在初始冲击压力下的弹性卸载波速度,但 E 点的塑性声速是样品在稍低压力下的声速,该塑性声速对应的卸载压力难以从光分析实验直接确定。这是光分析法技术的不足。

图 5.7 给出了 Brown 等[114]用光分析法测量钽(Ta)的声速的实验结果和理论计算结果的比较。他们使用重玻璃作光分析器。他们的结果表明,在冲击波压力约 295GPa 时,纵波声速随冲击压力增大的趋势发生急速改变,而冲击压力高于 295GPa 的声速测量数据与根据钽的冲击绝热线计算的体波声速数据一致,可以认为钽发生冲击熔化的压力约 295GPa。Brown 等在计算体波声速时,将 Gruneisen 系数 γ 随比容的变化取作 $\rho\gamma =$

$\rho_0\gamma_0$,钽的零压热力学 γ 取作 $\gamma_0=1.80$,考虑了电子比热容的影响。图 5.7 中的虚线表示纵波声速的理论计算结果,他们在计算中假定泊松比 ν 与压力 p 呈线性关系,即

$$\nu=0.35+2.4\times10^{-5}p(\mathrm{GPa}) \tag{5.26}$$

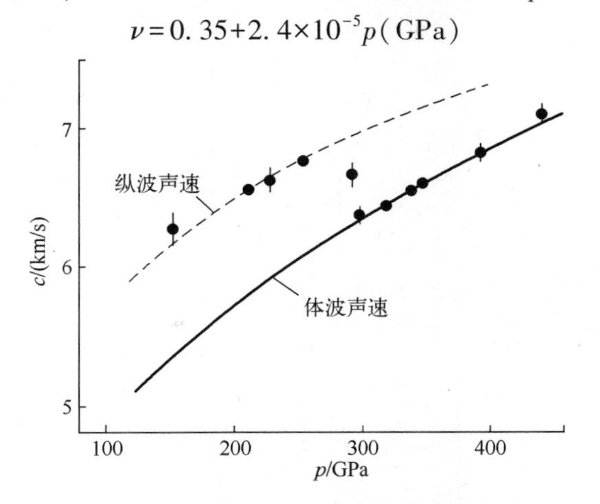

图 5.7　用光分析法测量的钽的声速 c 随冲击压力 p 的变化

然后利用泊松比与声速的关系式(5.15)计算纵波声速。式(5.26)中与压力 p 相关的系数 2.4×10^{-5} 与常数项 0.35 相比很小,因而压力变化对泊松比的贡献很小,也可以认为在冲击压缩的固相区的泊松比当作常数,$\nu\approx0.35$。

4. 关于光分析器(窗口材料)

用作光分析器的窗口材料在常压下必须是透明的,在冲击压缩下会像黑体一样强烈发光,因此需要知道窗口材料在冲击压缩下的光辐射特性。为了减小入射波在“样品/窗口”界面上的反射,窗口材料的阻抗应与待测样品尽量接近。常用的窗口材料有单晶石英、熔石英[116]、溴仿($CHBr_3$)、高密度玻璃等。石英在强冲击压缩下能强烈发光。溴仿在标准状态下的密度为 $2.89\mathrm{g/cm^3}$,这是密度最大的透明液体。碘仿(CHI_3)的化学结构与溴仿相近,密度为 $4.01\mathrm{g/cm^3}$,熔点为119℃,也可用作测量高阻抗材料的光分析器。使用液体作光分析器的优点是窗口与样品之间的接触不存在间隙(理想界面)。冲击波或追赶稀疏波从样品进入光分析器时,不会因窗口材料自身的弹-塑性而干扰样品中的卸载波。

由于溴仿的发光强度对压力变化十分敏感,McQueen 的光分析法的测量精度比 Al'tshuler的方法要高,而且可用于兆巴压力以上的测量,这是它的优点。但是,当冲击波从金属样品进入溴仿(或其他窗口材料)时,由于“样品/窗口”阻抗失配产生的反射波对追赶稀疏波的影响,以及追赶稀疏波自身在“样品/溴仿”界面上的反射对后继追赶波的影响,会给声速测量带来相应的不确定度。实验发现,由于噪声等因素的影响,经常不能观察到图 5.6 中标志体波声速的弹-塑性拐折点 E。此外,溴仿是一种液体强氧化剂,受冲击压缩下形成的气体具有强烈刺激性气味。寻找合适的窗口材料作光分析器是光分析法实验需要考虑的一项内容。光分析法要求在单发实验中至少需要 3 块样品才能确定图 5.5 中的直线关系,为提高测量精度通常需要 5~7 块样品,对于价格昂贵的样品材料,采用光分析法测量声速导致实验费用增加;采用液体光分析器的多样品实验装置的装配难度也无疑是对实验技术的挑战之一。

5. 非对称碰撞的光分析法

在5.2.1节讨论的光分析法中，飞片与待测样品属于同种材料。当飞片与样品为不同种材料时，由图5.8可知，样品中的冲击波与飞片后界面的追赶稀疏波到达“样品/窗口”界面的时间差为

$$\Delta t_{AC}=\left(\frac{1}{D_1}+\frac{1}{a_1}\right)h-\left(\frac{1}{D}-\frac{1}{a}\right)d \tag{5.27}$$

式中：D_1、a_1 分别为飞片中的冲击波速度和拉氏纵波声速；D、a 为待测样品中的冲击波速度和拉氏声速。

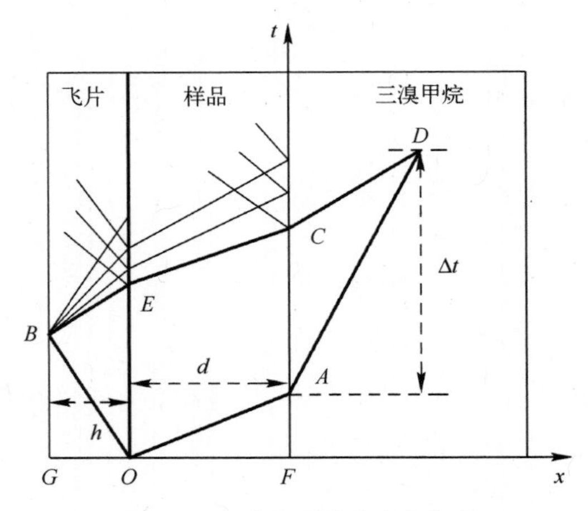

图5.8　非对称碰撞的光分析法

式(5.27)忽略了“飞片/样品”界面反波对追赶稀疏波的影响。当 $\Delta t_{AC}=0$ 时，样品中的冲击波与后界面的追赶稀疏波同时到达“样品/窗口”界面，此时的样品厚度 d 由 R 决定，$R=d/h$，由式(5.27)得到

$$\frac{1}{a}=\frac{1}{D}-\frac{1}{R}\left(\frac{1}{D_1}+\frac{1}{a_1}\right) \tag{5.28}$$

上述推导在计算稀疏波的追赶时间时，同样没有考虑冲击压缩造成的样品和飞片尺寸改变的影响。因此，样品的热力学纵波声速(欧拉纵波声速)可表示为

$$\frac{1}{c}\frac{\rho_0}{\rho}=\frac{1}{D}-\frac{1}{R}\left(\frac{1}{D_1}+\frac{1}{a_1}\frac{\rho_{01}}{\rho_1}\right) \tag{5.29}$$

在进行非对称碰撞的声速实验测量时，除需要知道样品的冲击绝热线，还需要预先知道飞片材料的冲击绝热线和声速。

5.2.2　透明窗口的光分析法

三溴甲烷在冲击压缩下能够强烈发光，因此是一种黑体光分析器窗口。如果希望能够同时测量声速和冲击波温度，可以考虑使用单晶透明光分析器窗口进行测量。利用单晶透明窗口作光分析器，同时测量声速和冲击波温度时，其主要困难是样品与单晶窗口之间的间隙发光会对光分析法实验的光辐射信号产生严重干扰。采用在单晶窗口上镀

膜的方法可以解决“样品/窗口”界面上的间隙发光对光分析法的干扰；或者通过精密加工，例如，用金刚石刀具加工可使表面粗糙度小于0.1μm，基本消除界面间隙的影响，实现对声速和冲击波温度的同时测量。在采用镀膜方法的情况下，实验装置的结构可以表述为“平板金属样品/间隙/金属镀膜层/单晶透明窗口”。在这一模型中，如果仅仅为了测量声速，金属镀膜层材料可以与待测样品不同。这是与冲击波温度测量的四层介质热传导模型的不同之处。如图5.9所示，1区(基板)和2区(高温层)的材料相同，假定其高压物性近似相等，即 $\alpha_{21}=1$ 及 $\kappa_1=\kappa_2$ 近似成立，但是3区(镀膜层)与1区材料不同。求解四层介质的热传导方程(见第3章)，可以得到与式(3.103)类似的方程，其中与 B_4 相关的三个系数分别为

$$f_{41}=\frac{1}{2}(1-\alpha_{31})(1-\alpha_{43})\mathrm{e}^{q_1(l_1-l_2)-q_3l_2}+\frac{1}{2}(1+\alpha_{31})(1+\alpha_{43})\mathrm{e}^{q_1(l_1-l_2)+q_3l_2} \tag{5.30a}$$

$$f_{42}=\frac{(1-\alpha_{31})}{2}\frac{1}{P}\mathrm{e}^{q_1(l_1-l_2)-q_3l_2}+\frac{(1+\alpha_{31})}{2}\frac{1}{P}\mathrm{e}^{q_1(l_1-l_2)+q_3l_2} \tag{5.30b}$$

$$f_{43}=\frac{1}{P}\mathrm{e}^{q_1(l_1-l_2)} \tag{5.30c}$$

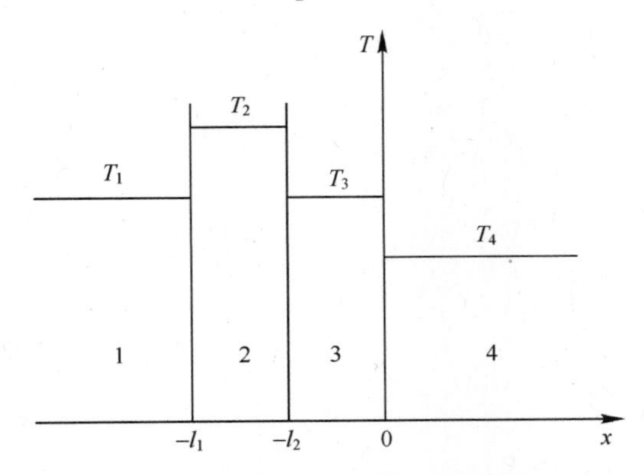

图5.9　透明窗口光分析法初始温度分布

由此得到 B_4 的表达式为

$$\begin{aligned}B_4=&\frac{\alpha_{34}}{\alpha_{34}+1}(T_3-T_4)\frac{1}{P}\sum_{n=0}^{\infty}(\beta^n\cdot\mathrm{e}^{-2nq_3l_2})-\\&\frac{\alpha_{34}(\alpha_{31}-1)}{(\alpha_{34}+1)(\alpha_{31}+1)}(T_3-T_4)\frac{1}{P}\sum_{n=0}^{\infty}[\beta^n\mathrm{e}^{-2(n+1)q_3l_2}]+\\&\frac{2\alpha_{34}}{(\alpha_{34}+1)(\alpha_{31}+1)}(T_2-T_3)\frac{1}{P}\sum_{n=0}^{\infty}[\beta^n\mathrm{e}^{-(2n+1)q_3l_2}]+\\&\frac{2\alpha_{34}}{(\alpha_{34}+1)(\alpha_{31}+1)}(T_1-T_2)\frac{1}{P}\sum_{n=0}^{\infty}[\beta^n\mathrm{e}^{-(2n+1)q_3l_2-q_1(l_1-l_2)}]\end{aligned} \tag{5.31}$$

式中

$$\beta=\frac{(\alpha_{31}-1)(\alpha_{34}-1)}{(\alpha_{31}+1)(\alpha_{34}+1)}<1$$

利用拉普拉斯逆变换得到4区的温度分布为

$$\begin{aligned}
u_4(x,t) = &(T_3 - T_4)\frac{\alpha_{34}}{\alpha_{34}+1}\sum_{n=0}^{\infty}(\beta)^n \mathrm{erfc}\left(\frac{nl_2}{\sqrt{\kappa_3 t}} + \frac{x}{2\sqrt{\kappa_4 t}}\right) - \\
&(T_3 - T_4)\frac{\alpha_{34}(\alpha_{32}-1)}{(\alpha_{34}+1)(\alpha_{32}+1)}\sum_{n=0}^{\infty}(\beta)^n \mathrm{erfc}\left[\frac{(n+1)l_2}{\sqrt{\kappa_3 t}} + \frac{x}{2\sqrt{\kappa_4 t}}\right] - \\
&(T_3 - T_2)\frac{2\alpha_{34}}{(\alpha_{34}+1)(\alpha_{32}+1)}\sum_{n=0}^{\infty}(\beta)^n \mathrm{erfc}\left[\frac{2(n+1)l_2}{2\sqrt{\kappa_3 t}} + \frac{x}{2\sqrt{\kappa_4 t}}\right] - \\
&(T_2 - T_1)\frac{2\alpha_{34}}{(\alpha_{34}+1)(\alpha_{32}+1)}\sum_{n=0}^{\infty}(\beta)^n \mathrm{erfc}\left[\frac{2(n+1)l_2}{2\sqrt{\kappa_3 t}} + \frac{l_1 - l_2}{2\sqrt{\kappa_1 t}} + \frac{x}{2\sqrt{\kappa_4 t}}\right]
\end{aligned} \tag{5.32}$$

在“镀膜层/透明窗口”界面上($x=0$),界面温度为

$$\begin{aligned}
T_I = &T_3 - \frac{T_3 - T_4}{\alpha_{34}+1} + (T_3 - T_4)\frac{2\alpha_{34}}{\alpha_{34}^2 - 1}\sum_{n=1}^{\infty}\beta^n \mathrm{erfc}\frac{nl_2}{2\sqrt{\kappa_3 t}} - \\
&(T_2 - T_3)\frac{2\alpha_{34}}{(\alpha_{34}+1)(\alpha_{31}+1)}\sum_{n=0}^{\infty}\beta^n \mathrm{erfc}\frac{(2n+1)l_2}{2\sqrt{\kappa_3 t}} + \\
&(T_2 - T_1)\frac{2\alpha_{34}}{(\alpha_{34}+1)(\alpha_{31}+1)}\sum_{n=0}^{\infty}\beta^n \mathrm{erfc}\left[\frac{(2n+1)l_2}{2\sqrt{\kappa_3 t}} + \frac{l_1 - l_2}{2\sqrt{\kappa_1 t}}\right]
\end{aligned} \tag{5.33}$$

在初始时刻,有

$$T_I\big|_{t=0} = T_3 - \frac{T_3 - T_4}{\alpha_{34}+1}$$

式(5.33)等价于

$$\begin{aligned}
T_I = &T_1 - \frac{T_1 - T_4}{\alpha_{14}+1} + (T_3 - T_4)\frac{2\alpha_{34}}{\alpha_{34}^2 - 1}\sum_{n=1}^{\infty}\beta^n \mathrm{erf}\frac{nl_2}{2\sqrt{\kappa_3 t}} - \\
&(T_2 - T_3)\frac{2\alpha_{34}}{(\alpha_{34}+1)(\alpha_{31}+1)}\sum_{n=0}^{\infty}\beta^n \mathrm{erf}\frac{(2n+1)l_2}{2\sqrt{\kappa_3 t}} + \\
&(T_2 - T_1)\frac{2\alpha_{34}}{(\alpha_{34}+1)(\alpha_{31}+1)}\sum_{n=0}^{\infty}\beta^n \mathrm{erf}\left[\frac{(2n+1)l_2}{2\sqrt{\kappa_3 t}} + \frac{l_1 - l_2}{2\sqrt{\kappa_1 t}}\right]
\end{aligned} \tag{5.34}$$

由此得到终态平衡温度为

$$T_I\big|_{t=\infty} = T_1 - \frac{T_1 - T_4}{\alpha_{14}+1}$$

显然,当 $\alpha_{31}=1$(1 区与 3 区的材料相同),式(5.34)变为与第 3 章的四层介质热传导模型相同的近似解;当 $l_1-l_2=0$ 时,式(5.34)又变为三层介质热传导模型的结果;由此可见,间隙的影响主要由式(5.34)的最后一项反映出来。根据上述分析,提出在利用透明

窗口进行光分析法进行高压声速测量时选取镀膜层金属材料的原则：首先，选用一种容易镀膜的材料，使窗口上镀膜层的厚度 l_2 能够达约 10μm 或更厚。但是镀膜材料不必一定与待测样品材料相同。这样，l_1-l_2 将比 l_2 小 1 个量级以上；其次，镀膜层材料的高压热扩散率最好比待测样品的小，$\kappa_3<\kappa_1$。满足这些要求后，式(5.34)中最后一项的值基本由 $\frac{(2n+1)l_2}{2\sqrt{\kappa_3 t}}$ 决定，或者说与间隙的存在无关。在四层介质热传导模型中已经证明了当镀膜层的厚度很大时，界面温度剖面基本呈现为平台，从而达到消除待测样品与镀膜层之间的间隙对光分析法测量的干扰。

在零级近似下，式(5.34)可简化为

$$T_I=T_1-\frac{T_1-T_4}{\alpha_{14}+1}-(T_2-T_3)\frac{2\alpha_{34}}{(\alpha_{34}+1)(\alpha_{31}+1)}\mathrm{erf}\frac{l_2}{2\sqrt{\kappa_3 t}}+ \\ (T_2-T_1)\frac{2\alpha_{34}}{(\alpha_{34}+1)(\alpha_{31}+1)}\mathrm{erf}\left(\frac{l_2}{2\sqrt{\kappa_3 t}}+\frac{l_1-l_2}{2\sqrt{\kappa_1 t}}\right) \tag{5.35}$$

国内外研究者利用单晶蓝宝石[117,118]和 LiF[119]窗口对光分析法实验测量进行了研究。图 5.10(a)是戴诚达等的平板钽[120]样品的光分析法的典型实验记录。为了消除间隙的影响，他在蓝宝石窗口上镀了约 4μm 厚度的钽镀层，由图 5.10 可见，尖峰已完全消除。在另一发实验中(图 5.10(b))，LiF 窗口未镀膜，平板状钽样品与单晶 LiF 窗口直接接触。尽管钽样品被加工到小于 1μm 的粗糙度，LiF 窗口也达到约 0.5 μm 的粗糙度，但是出现了明显的尖峰，这是意料中的结果。从"样品/窗口"界面信号幅度可以直接确定界面温度。

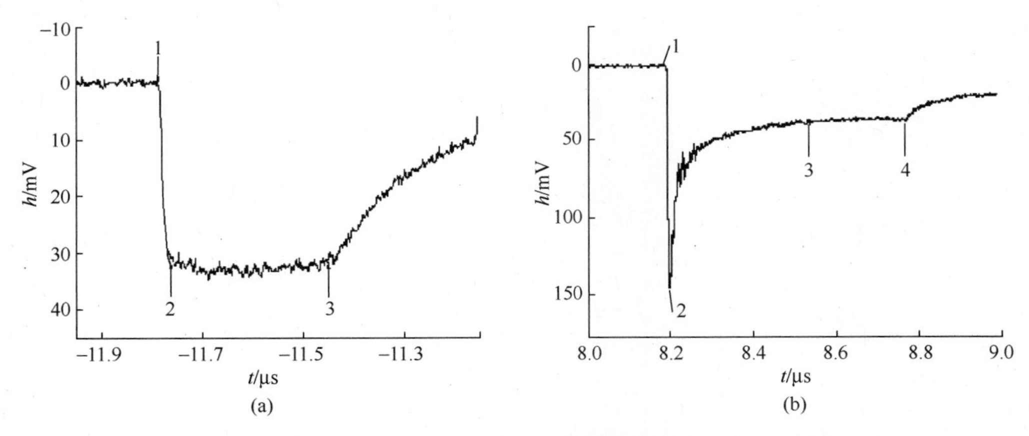

图 5.10　使用块状钽样品和透明窗口测量声速的实验记录

(a) 镀膜蓝宝石窗口，$\lambda=800$nm；(b) 未镀膜 LiF 窗口，$\lambda=700$nm。

戴诚达[117]等采用蓝宝石或单晶 LiF 作窗口在二级轻气炮上测量了钒的声速，在蓝宝石窗口上镀有约 4μm 厚的钒膜。采用双台阶钒样品，每块样品上布置三个光纤探头，以提高追赶比测量的可信度。

实验设计综合考虑了飞片、样品、基板和窗口尺寸，确保在测量时间内追赶稀疏波先于边侧稀疏波到达"样品/窗口"界面。典型的"钒/蓝宝石窗口"界面的光辐照亮度-时间剖面记录如图 5.11 所示,显示了波长 650nm 测量的光辐射信号幅度 h 随时间 t 的变化。从图 5.11 可见,采用足够厚的窗口镀膜确实可以有效地抑制“样品(基板)/金属膜高温层”对“金属膜/窗口”界面热辐射的干扰,并可以清楚地判读冲击波和追赶稀疏波到达“金属膜/窗口”界面的时刻。Δt 即为冲击波与追赶稀疏波到达“钒膜/蓝宝石窗口”界面的时间差。图 5.12 给出了戴诚达等测量的钒的声速随压力的变化。从图中可以发现在约 225GPa 处声速随压力增加迅速降低,纵波声速迅速向体波声速转变。图 5.12 中的实线是计算得到的沿着钒的冲击绝热线的体波声速。按照文献[65,101]提出的热力学方法,计算得到钒发生冲击熔化的起始压力约 220GPa,与根据声速实验数据确定的钒的冲击熔化压力一致。

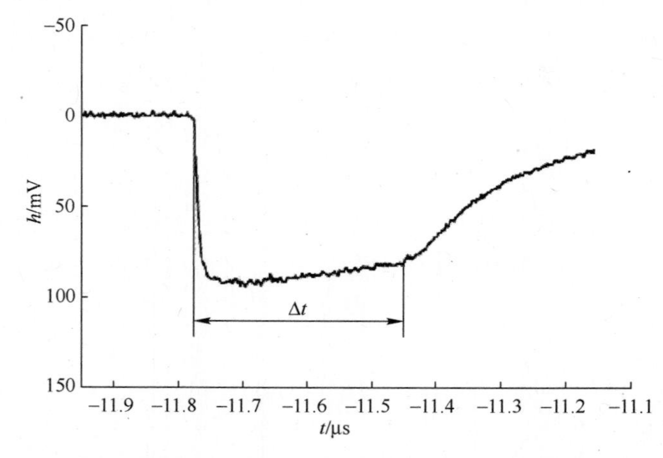

图 5.11 “镀膜钒样品/单晶蓝宝石”界面的典型光辐照亮度历史(高温计波长 $\lambda=650$nm)

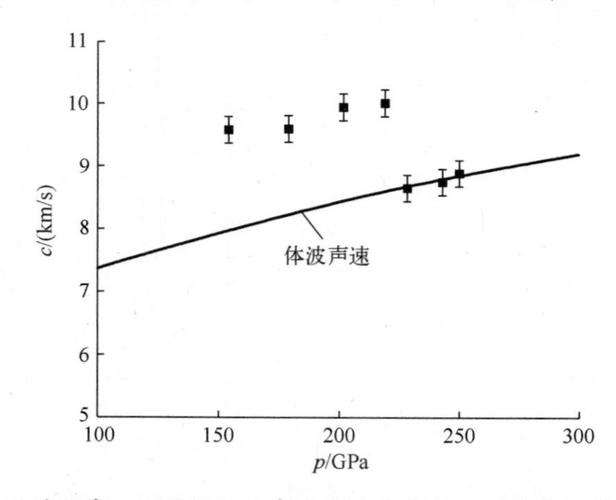

图 5.12 用透明窗口测量的钒的声速随压力的变化(■为实验测量数据点)

总之,无论是黑体窗口还是透明窗口,光分析法实验利用光辐射信号的平台宽度随多台阶样品厚度的变化规律确定追赶比 R,进而计算沿着冲击绝热线的纵波声速,光分析法不能同时得到纵波声速和体波声速。在透明窗口的光分析法实验中,当“样品/窗口”界面的光辐射信号具有平台剖面特征时,界面粒子速度剖面也保持不变。如果能够以“样品/窗口”界面粒子速度剖面平台取代界面温度剖面平台,同样可以通过多台阶样品实验测量确定 R 进而得到纵波声速。

激光速度干涉(DISAR 和 VISAR)测量技术的发明为开展粒子速度剖面的精密测量提供了可能性。在数十吉帕压力冲击加载下,波后粒子通过微米尺度间隙的渡越时间约为亚纳秒量级,因此间隙界面对粒子速度平台剖面的干扰微乎其微,可以忽略不计。这是利用透明窗口的粒子速度剖面平台区的宽度来确定 R 获得声速的最大优点,尽管就声速测量原理而言它与 MaQueen 提出的黑体窗口光分析法完全相同。

5.3 同时测量沿着 Hugoniot 的声速和粒子速度的方法

光分析法实验测量虽然能够得到沿着 Hugoniot 线的纵波声速,但是难以得到体波(或横波)声速。本节将提出一种能够精确测量从 Hugoniot 状态卸载时的纵波和体波声速、沿着卸载路径任意位置上的声速,以及将声速与它对应粒子速度、压力、比容(或应变)等状态量相互关联的实验技术。

5.3.1 从粒子速度剖面获得声速的基本原理

在光分析法实验中,将黑体窗口辐射的光强变化历史与窗口中的追赶稀疏波引起的压力卸载和温度下降关联起来,得到了追赶稀疏波的速度。在透明窗口的光分析法测量中,当追赶稀疏波到达“样品/窗口”界面时,界面粒子速度也会发生突变。根据特征线理论,将界面粒子速度的变化历史与卸载波的传播历史关联起来,就能建立声速与粒子速度之间的内在联系。这就是同时测量声速和粒子速度、进而计算应力波的应力-应变和卸载路径的基本思路。

为了获得粒子速度的变化历史或粒子速度剖面,需要对“样品/窗口”界面粒子速度进行连续测量。20 世纪 90 年代美国加州理工学院的 Duffy 等利用激光速度干涉仪(VISAR)进行了冲击压缩下氧化镁的声速实测量[121];国内谭华等对利用 VISAR 进行声速测量的基本原理进行了详细剖析[122],俞宇颖等成功地将这一技术拓展运用于冲击压缩状态下的卸载路径测量[123]。

利用激光速度干涉技术测量“样品/窗口”界面的粒子速度进而获得声速的原理如图 5.13所示。设样品中的冲击波在 $t=t_0$ 时刻到达“样品/窗口”界面(图 5.13(a)的 A 点),界面以速度 $u_I=u_A$ 运动,VISAR 信号起跳(图 5.13(b));当来自后飞片界面的追赶稀疏波的波头特征线在 $t=t_1$ 时刻到达“样品/窗口”界面时(图 5.13(a)的 C 点),界面粒子速度下降,形成图 5.13(b)速度剖面的第一个拐折点 C,C 点对应的界面速度 $u_C=u_I|_{t=t_1}$。跟随于弹性卸载波后方的塑性卸载波在 $t=t_2$ 时刻到达“样品/窗口”界面(图 5.13(a)的E 点),在粒子速度剖面上形成图 5.13(b)的第二个拐点 E,对应的速度 $u_E=u_I(t)|_{t=t_2}$。于是 A 点与 C 点之间的时间差为

$$\Delta t_{AC}=t_1-t_0=\left(\frac{1}{D}+\frac{1}{a_1}\right)h-\left(\frac{1}{D}-\frac{1}{a_1}\right)d \tag{5.36}$$

得到 C 点的与粒子速度 u_C 对应拉格朗日弹性纵波声速为

$$a_l=\frac{h+d}{D(t_1-t_0)-(h-d)}D \tag{5.37}$$

考虑到冲击压缩的影响后,在实验室坐标系中观察到对应于 C 点的弹性纵波声速

(欧拉声速)为

$$c_l=\frac{\rho_0}{\rho}a_l=\frac{\rho_0}{\rho}\frac{h+d}{D(t_1-t_0)-(h-d)}D \tag{5.38}$$

式中:ρ 为 Hugoniot 状态下的密度;c_l 对应于 C 点即 Hugoniot 状态下的纵波声速。

假设可以忽略样品中的冲击波在"样品/窗口"界面的反射波(如图 5.13(a)中从 A 点出发的虚线所示)对追赶波传播速度的影响,得到 E 点的塑性波声速或体波声速(欧拉声速)为

$$c_b=\frac{\rho_0}{\rho}\frac{h+d}{D(t_2-t_0)-(h-d)}D \tag{5.39}$$

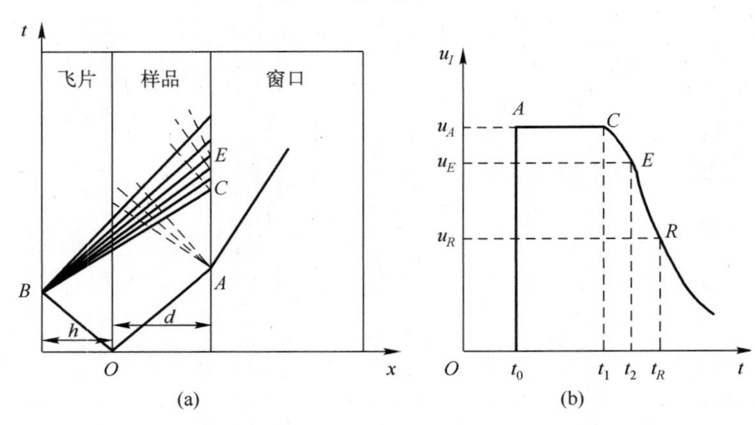

图 5.13 使用加窗 VISAR 同时测量追赶稀疏波速度和粒子速度的原理

(a) 拉氏坐标系下 x-t 图上的波系追赶过程;(b) 界面粒子速度剖面。

虽然 C 点的状态尚未受到追赶稀疏波的影响,但体波是在经过前驱纵波卸载后的状态下传播的,与体波声速 c_b 对应的压力 p' 比 C 点的冲击波压力 p_H 要低一些。需要指出,式(5.39)中 c_b 对应的压力 p' 也不能用 t_2 时刻的界面速度 u_E 和第 2 章中介绍的平面冲击加载的阻抗匹配法计算,因为 u_E 是体波与"样品/窗口"界面作用以后的界面速度,它对应的应力波状态并不在冲击绝热线上。必须用连续应力波的阻抗匹配法(又称增量阻抗匹配法)计算 E 点对应的压力 p' 及密度 ρ',因而需要对式(5.39)进行修正:

$$c_b=\frac{\rho_0}{\rho'}\frac{h+d}{D(t_2-t_0)-(h-d)}D$$

式中:ρ' 为样品在追赶稀疏波的作用下从 Hugoniot 压力 p_H 卸载到压力 p' 时的密度。

将上述方法推广,若沿着卸载路径速度剖面上任意时刻 t_R 对应的界面速度为 u_R,则 R 点对应的拉氏声速为

$$a_R=\frac{h+d}{D(t_R-t_0)-(h-d)}D \tag{5.40a}$$

欧拉声速为

$$c_R=\frac{\rho_0}{\rho_R}\frac{h+d}{D(t_R-t_0)-(h-d)}D \tag{5.40b}$$

式中:ρ_R 为样品在追赶波稀疏的作用下从 p_H 卸载到 p_R 时的密度。

上述讨论表明,为了从粒子速度剖面获得声速,要求对粒子速度历史进行高时间分辨精密测量。这正是激光速度干涉技术的优点。

5.3.2 实验方法的改进

在根据式(5.36)中的时间差 Δt_{AC} 计算追赶稀疏波的传播速度时,忽略了从“样品/窗口”界面发出的两类反射波对追赶稀疏波传播速度的影响:第一类反射波是入射冲击波从图 5.13(a)的“样品/窗口”界面上的 A 点发出的中心稀疏波列;第二类反射波是追赶稀疏波在“样品/窗口”界面上的 C 点发出的反射波列。然而,这两个反射波列对追赶稀疏波传播速度的影响程度有显著差别。

1. 两类界面反射波对声速测量的影响

多数金属材料的波阻抗显著高于窗口材料的波阻抗。由于阻抗失配,入射冲击波在“样品/窗口”界面反射产生的第一类反射波的波前、波后的压力差较大;当该反射波与来自飞片后界面的追赶稀疏波列相遇时,将导致后者的传播波速显著下降。这两个波列相遇后,从相遇位置到“样品/窗口”界面之间依然有一段较长的距离,追赶稀疏波中的每个子波在这段较长的传播路径上的运动速度都要受到第一类反射波的影响,将对 A 点和 C 点或 A 点与 E 点之间的时间差即实验观测的传播时间 Δt_{AC} 或 Δt_{AE} 造成严重影响。第一类反射波对传播时间的影响必须考虑。

相比之下,第二类反射波对 Δt_{AC} 的影响范围非常有限。根据图 5.13(a),第二类反射波是由追赶稀疏波在“样品/窗口”界面上反射造成的。当追赶稀疏波与“样品/窗口”界面相遇时,波头特征线不会受到第二类反射波的影响,它后方的各特征线已非常接近该界面。实验最感兴趣的过程是追赶稀疏波的弹-塑性卸载过程,即从 A 点至 C 点的过程及 C 点后方与之相当靠近的一个区域内的过程。对金属材料而言,弹-塑性卸载区的宽度通常数吉帕,数吉帕的弹-塑性卸载应力分布所对应的样品中的空间尺度很薄;虽然数吉帕的弹-塑性卸载应力引起的波速改变不可忽略,但是它在薄薄一层样品中引起的传播时间变化极小。也就是说,在图 5.13(a)中,考虑了 C 点附近区域的特征线的弯曲后的传播时间,与不考虑该特征线弯曲时的传播时间相比,两者的变化很小。这一变化与总的传播时间 Δt_{AC} 相比可以忽略不计。因此,就传播时间测量而言,第二类反射波的影响可以忽略不计。

上述分析表明,即使金属样品与窗口之间的阻抗差异不可忽略,忽略第二类反射波对传播时间的影响也不会引入显著的实验测量不确定度。解决第一类反射波对 Δt_{AC} 的影响才是实验装置设计的关键。

2. 反向碰撞法

为了解决第一类反射波的影响,可以采用类似于 2.5.3 节中介绍的裸碰法实验技术。

Duffy 等在测量氧化镁的声速时采用的逆向碰撞或反向碰撞法[121]实验装置如图 5.14(a)所示。在反向碰撞实验中(图 5.14(a)),用待测样品材料制造的飞片安装在二级轻气炮的弹丸上,以样品直接碰撞蓝宝石或 LiF 窗口。理论上,反向碰撞法能够避免在正向碰撞法实验中入射冲击波在“样品/窗口”界面上产生的第一类反射波对追赶稀疏波的干扰(图 5.14(b))。为了减少样品直接碰撞窗口时可能产生的杂光对激光速度干涉测量的干扰,Duffy 在单晶窗口前方加了一片阻抗与窗口非常接近的铝金属衬垫作为缓冲层。铝的阻抗与单晶 LiF 非常接近(比 LiF 稍高)。当氧化镁飞片(待测材料)碰撞

(铝)缓冲器薄片时,碰撞时刻产生的杂光被缓冲器阻挡;当缓冲片中的入射冲击波进入LiF窗口时,在"缓冲片/窗口"界面(C点)产生的反射波极弱,可以忽略不计,相当于缓冲片中的冲击波"无阻碍"地直接进入窗口,等价于样品对窗口的直接"裸碰",也就消除了正碰时冲击波在"样品/窗口"界面产生的第一类反射波的影响。当然,反碰实验中追赶稀疏波依然会在样品与缓冲材料的界面上产生发射,但正如前面讨论的,这种反射波属于第二类反射波,对传播时间Δt_{AC}的影响非常有限。

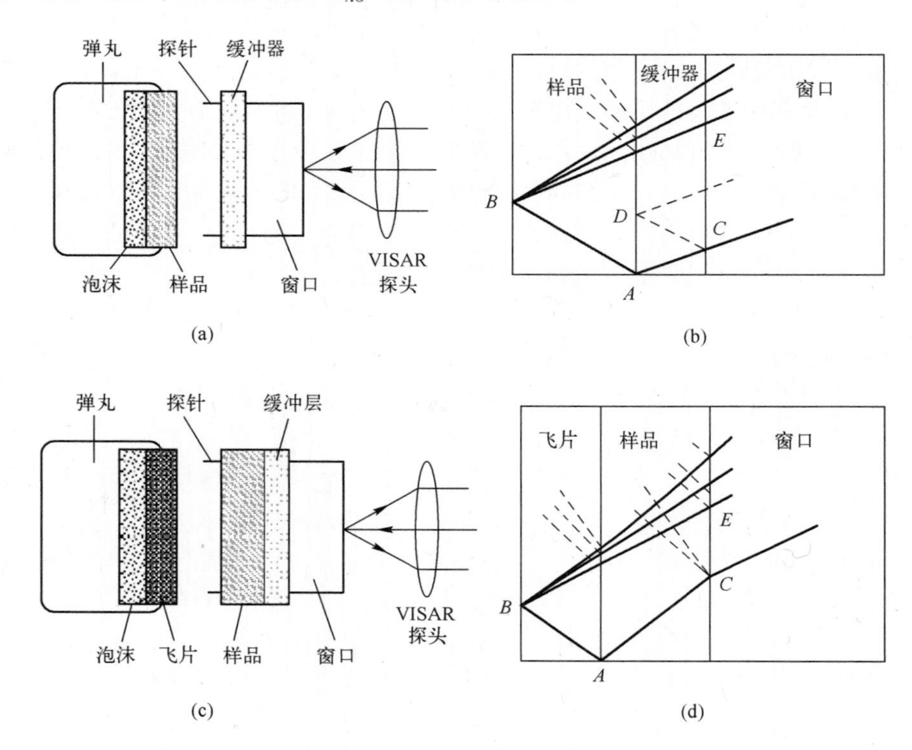

图5.14 反向碰撞法与正向碰撞法的比较

(a)、(b) 反向碰撞实验装置及波系作用;(c)、(d) 正向碰撞实验装置及波系作用。

图5.14(c)、(d)给出了正向碰撞法实验装置以及波系作用。在反向碰撞法实验装置中,从A点传入样品中的冲击波到达样品的后界面(图5.14的B点)时立即反射中心稀疏波,该追赶稀疏波在到达"样品/窗口"界面(E点)之前不会受到在正向碰撞实验中必然会产生的界面反射波的干扰。此外,反向碰撞实验中的时间差Δt_{CE}比正向碰撞法的更长一些,有利于减小实验测量的不确定度。

在反向碰撞实验中,缓冲层的结构是取得高质量实验信号的关键之一。胡建波等[124]提出的在窗口上先镀膜再粘贴数微米厚度铝箔的方法比Duffy的方法更有效,也比单纯使用镀膜或单纯粘贴铝箔更有效,已经在LSD的许多研究中得到了普遍应用。

Duffy用反向碰撞法和正向碰撞法分别测量了多晶MgO在10~27GPa冲击波压力范围的声速[121],两种方法的粒子速度剖面如图5.15所示。在反向碰撞法中,MgO样品直接与LiF窗口碰撞,界面速度剖面的上升前沿很陡,接着是一个较平坦的平台。当追赶稀疏波的波头到达"MgO样品/LiF窗口"界面时,界面速度的拐折点比较清晰;当塑性卸载波到达该界面时速度剖面形成的第二个拐折点也清晰可辨。速度剖面呈现出表征弹-塑性卸载的典型的S形拐折:第一个拐折点与追赶稀疏纵波头特征线对应,第二个拐折点对应于塑性卸载波的波头特征线。在正向碰撞法的速度剖面上,标注HEL的位置对应于Hugoniot弹性极限,这是表征冲击加载上升沿的弹-塑性转变的典型特征。但是在反向碰撞法中,不能观测到HEL特征。因为反向碰撞法中观测的粒子速度剖面是飞片与窗口碰撞瞬间的粒子速度剖面;在碰撞瞬间,弹性波与塑性波尚未得到充分分离,导致弹-塑性加载过程不能得到展示;而正向碰撞法中的速度剖面是冲击波经历在基板(样品)中的传播以后的粒子速度变化历史,剖面中不同速度的子波经历在基板中的有限时间传播后不再挤压在极小的空间内,能够显示出加载波剖面结构的细节。在正向碰撞法中,追赶稀疏波到达“样品/窗口”界面时界面粒子速度的拐折不如反向碰撞法清晰,正向碰撞法实验中弹性波卸载波与塑性卸载波到达“样品/窗口”界面时刻的判读也比较困难。

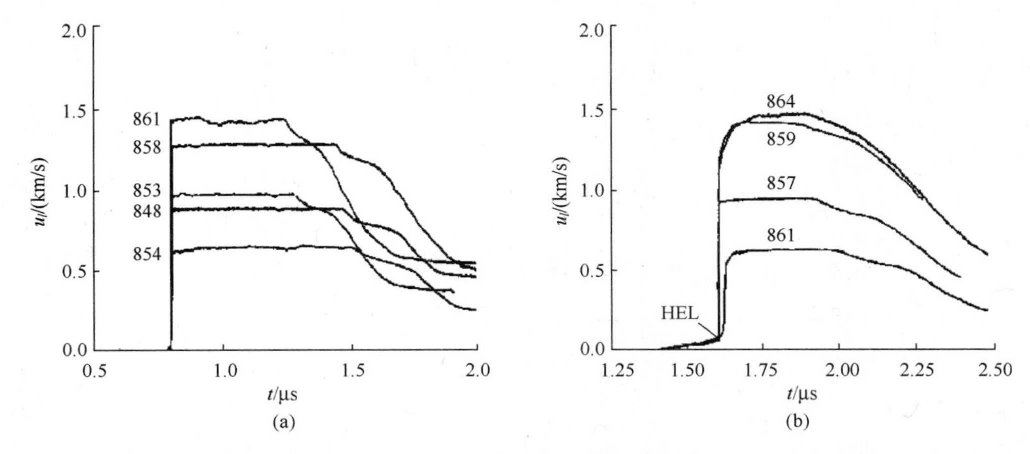

图5.15　分别用反向碰撞法与正向碰撞法测量的多晶MgO的粒子速度剖面的比较
(a)反向碰撞法;(b)正向碰撞法。

与使用多样品进行高压声速测量的光分析法相比,利用反向碰撞法能同时测量声速和粒子速度随时间的变化,而且仅需要使用一块样品;因此,反向碰撞实验不仅能够得到Hugoniot状态下的纵波声速,还能得到沿着整个卸载路径的声速变化及其对应的粒子速度。虽然在反向碰撞实验中得到的界面粒子速度不是追赶稀疏波后的原位粒子速度,但是追赶波与“样品/窗口”界面作用本质上是特征线在界面上的反射问题,利用连续应力波在两种物质的界面上的反射原理[122,125]能够建立反射波前、波后力学量之间的联系(见5.3.3节)。与冲击波在低阻抗材料界面上总是反射中心稀疏波不同,追赶稀疏在“样品/窗口”界面的反射波通常不再是中心波。由于同时测量了声速和界面速度剖面,根据特征线理论,依然能够建立卸载过程中的应力与应变、粒子速度、声速等的关系,获得从冲击压缩状态卸载时的卸载路径。

3. 与界面粒子速度剖面测量的相关的其他问题

利用多普勒激光速度干涉技术测量“样品/透明窗口”的界面速度剖面是实现声速与粒子速度同时测量的关键技术。为了获得高置信度的数据,要求激光速度干涉仪具有极高的时间分辨率[126]。目前,VISAR测量系统能够达到纳秒量级的时间分辨率,DISAR[26]测量系统用能够达到约50 ps的分辨率。在“加窗”测量技术中,窗口材料的冲击阻抗应尽量与待测样品材料相匹配,窗口材料在所研究的压力范围内保持透明。单晶 LiF 是目前最好的 VISAR 窗口,广泛应用于从低压到极高压力的各种动高压实验测量中。在 20GPa 压力以下,有机玻璃和熔石英也有良好的透明性。由于入射激光和反射激光(信号光)都要经过窗口的自由面,冲击压缩导致窗口折射率的改变会引起附加多普勒频移,导致实验测量的干涉条纹总数发生变化,从干涉条纹总数计算界面粒子速度时必须对窗口(折射率)变化的影响进行修正。对于蓝宝石,冲击压缩下折射率引入的界面速度的修正值可高达 75%。

为了防止入射激光与从样品运动界面反射的携带了多普勒信号的激光在窗口的前、后界面上相互干扰,需要将窗口加工成楔形,使窗口的前后两个面之间保持小的夹角。

冲击波阵面的倾斜和弯曲直接影响冲击波和追赶稀疏波在样品中传播的时间。在气炮实验中对飞片的平面性和姿态控制已经有比较成熟的技术,在高弹速时二级轻气炮飞片击靶的倾斜角可以控制在 1°以内。在一级轻气炮上,这一倾角可以控制在 0.1°以内。可以利用光探针、电探针等对飞片击靶波形监测,对波形倾斜和弯曲造成的影响进行修正。利用亚纳秒时间测量技术可以使飞片击靶的时间间隔测量精度达到亚纳秒量级,获得高精度的击靶速度数据。

5.3.3 纵波在“样品/窗口”界面上反射的特征线近似解[122]

应力连续变化的平面应力波在两种不同材料界面上的反射完全不同于平面冲击波的反射。虽然连续应力波中的每个子波在两种材料界面反射后的瞬间也满足力学平衡和界面连续性条件,即界面两侧的压力及粒子速度相等,但反射波的波后状态又成为紧随于其后的入射子波的波前状态。为了描写每一个子波在界面反射后的状态,需要用一系列连续变化的状态描写整个波列与界面作用引起的状态的连续变化过程,这比平面冲击波的反射复杂得多。

1. 基本假设

入射波在“金属样品/透明窗口”界面上的反射过程如图 5.16 所示。设 I 表示 x-t 图上入射右行纵波中的任意子波的传播路径或特征线,沿着特征线 I 的应力和粒子速度分别为 σ_I 和 u_I;该子波与“样品/窗口”界面作用射后,样品中的反射波(左行波)的特征线用 R 表示,进入窗口的透射波(右行波)特征线用 W 表示。经过特征线 W 作用后窗口中的瞬时应力和粒子速度分别为 σ_W 和 u_W;根据力学平衡和界面连续性条件,反射波特征线 R 后方样品中的应力和粒子速度等于窗口中透射波特征线 W 后方的应力和粒子速度,因此 σ_W 和 u_W 也是样品中反射波后的状态。

把入射应力波看成由一系列子波组成的连续应力波,每条特征线代表一个子波阵面的传播图像。为简单起见,假定每一条入射波子波的特征线均可以一直延伸到“样品/窗口”界面,入射波特征线的状态也可以不受影响地一直保持到它与界面发生作用之前。这相当于假定样品与窗口之间的阻抗差异很小;或者在反向碰撞条件下不存在第一类反射波的影响而第二类反射波的影响可以忽略不计(见 5.3.2 节)。这样,图 5.16 中入射波特征线 I 的波后状态也就是反射波特征线 R 的波前状态。

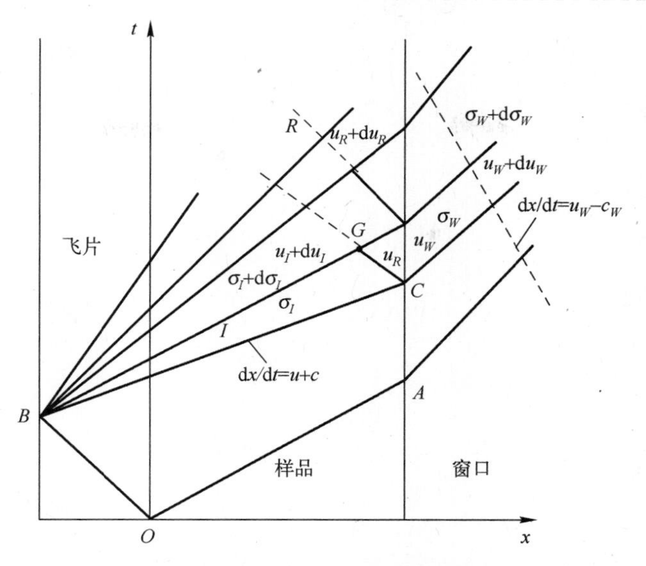

图 5.16　纵波在“样品/窗口”界面反射的特征线分析

2. 界面反射的增量阻抗匹配法

假定入射子波在界面上反射前后的应力和粒子速度分别为 σ_I 和 σ_W 及 u_I 和 u_W，因此由界面反射引起的样品材料的应力和粒子速度的改变分别为 $\sigma_R=\sigma_W-\sigma_I$ 和 $u_R=u_W-u_I$。但是，由于样品和窗口的阻抗失配引起的反射波的状态改变 σ_R 和 u_R 并不一定是微分小量。按照力学平衡和界面连续性条件，对于任意特征线 I 得到

$$\sigma_I+\sigma_R=\sigma_W \tag{5.41}$$

$$u_I+u_R=u_W \tag{5.42}$$

对于紧跟在 I 特征线后的序号为 $I+1$ 的特征线，入射波、透射波和反射波后的应力和粒子速度的相应增量为微分小量，得到

$$(\sigma_I+\mathrm{d}\sigma_I)+(\sigma_R+\mathrm{d}\sigma_R)=\sigma_W+\mathrm{d}\sigma_W \tag{5.43}$$

$$(u_I+\mathrm{d}u_I)+(u_R+\mathrm{d}u_R)=u_W+\mathrm{d}u_W \tag{5.44}$$

或

$$\mathrm{d}\sigma_I+\mathrm{d}\sigma_R=\mathrm{d}\sigma_W \tag{5.45}$$

$$\mathrm{d}u_I+\mathrm{d}u_R=\mathrm{d}u_W \tag{5.46}$$

式(5.45)和式 (5.46)可以从式(5.41)和式(5.42)直接微分得到，但两者的物理含义不同。因为式(5.45)和式(5.46)中的增量不是沿着入射波、反射波或透射波特征线的增量，而是穿过这些特征线的增量。按照特征线理论(见第 1 章)，穿过右行入射波 I 和右行透射波 W 时的应力和粒子速度增量分别满足

$$\mathrm{d}u_I-\frac{\mathrm{d}\sigma_I}{(\rho c)_I}=0 \tag{5.47}$$

$$\mathrm{d}u_W-\frac{\mathrm{d}\sigma_W}{(\rho c)_W}=0 \tag{5.48}$$

而穿过左行反射波 R 的粒子速度和应力满足

$$\mathrm{d}u_R+\frac{\mathrm{d}\sigma_R}{(\rho c)_I}=0 \tag{5.49}$$

利用式(5.45)将式(5.49)改写为

$$\mathrm{d}u_R+\frac{\mathrm{d}\sigma_W-\mathrm{d}\sigma_I}{(\rho c)_I}=0 \tag{5.50}$$

将式(5.47)~式(5.50)代入式(5.46),得到

$$\mathrm{d}u_I+\frac{\mathrm{d}\sigma_I-\mathrm{d}\sigma_W}{(\rho c)_I}=\mathrm{d}u_W \tag{5.51}$$

即

$$\mathrm{d}u_I=\frac{1}{2}\left[\mathrm{d}u_W+\frac{\mathrm{d}\sigma_W}{(\rho c)_I}\right] \tag{5.52}$$

改写式(5.51)得到

$$\frac{\mathrm{d}\sigma_I}{(\rho c)_I}+\frac{\mathrm{d}\sigma_I-\mathrm{d}\sigma_W}{(\rho c)_I}=\mathrm{d}u_W$$

即

$$\mathrm{d}\sigma_I=\frac{1}{2}\left[\mathrm{d}\sigma_W+(\rho c)_I\mathrm{d}u_W\right] \tag{5.53}$$

式(5.52)和式(5.53)是从特征线方程得到的连续应力波在界面反射的阻抗匹配近似解。它给出了入射波的原位应力状态 σ_I 及原位粒子速度 u_I 与它在“样品/窗口”界面发生反射后的状态(界面应力 σ_W 与粒子速度 u_W)之间的近似关系。这是在不考虑第一类反射波并忽略第二类发射波的影响的条件下得到的结果,对反向碰撞实验测量结果具有较好的近似性。这一方法也称为增量阻抗匹配法[127]。

由于“Al/LiF 窗口”界面的反射波很弱,无论是在正向碰撞还是在反向碰撞条件下均能够满足“每一条入射波特征线均可以一直延伸到“样品/窗口”界面”这一条件,即可忽略入射波与界面反射波的相互作用。根据 Asay 的实验测量结果,即使像“钽/LiF 窗口”界面这类材料阻抗差异较大的情况,用式(5.53)和式(5.54)计算的原位粒子速度剖面与用反向积分法(见第 7 章)计算的结果的差异也很小[127],这与 5.3.2 节关于两类反射波对声速测量的影响的讨论中得到的结论一致。

利用增量阻抗匹配法,从反向碰撞实验测量的界面粒子速度剖面和声速剖面可以较好地还原出入射应力波的原位状态。从实验测量直接得到的声速是拉氏声速 a_l,则

$$(\rho c)_I=(\rho_0 a_l)_I \tag{5.54}$$

将式(5.54)代入式(5.52)和式(5.53)得到

$$\mathrm{d}u_I=\frac{1}{2}\left[\mathrm{d}u_W+\frac{\mathrm{d}\sigma_W}{(\rho_0 a_l)_I}\right] \tag{5.55}$$

$$\mathrm{d}\sigma_I=\frac{1}{2}\left[\mathrm{d}\sigma_W+(\rho_0 a_l)_I\mathrm{d}u_W\right] \tag{5.56}$$

式中:$a_l=a_l(t)$ 为实测样品的拉氏声速剖面;$u_W=u_W(t)$ 为实测的“样品/窗口”界面速度剖面。

当使用蓝宝石窗口时,蓝宝石窗口中纵波的应力 $\sigma_W(t)$ 与粒子速度 $u_W(t)$ 的关

系[125]为

$$\sigma_W=\rho_0(11.23+1.01\times u_W)u_W \tag{5.57a}$$

或

$$\mathrm{d}\sigma_W=\rho_0(11.23+2\times 1.01u_W)\mathrm{d}u_W \tag{5.57b}$$

进一步得到蓝宝石窗口的拉氏纵波声速与粒子速度的关系为

$$a_l=11.23+2\times 1.01u_W=a_0+2a_1u_W \tag{5.57c}$$

因此,式(5.57c)所示的窗口材料的拉氏声速随粒子速度的变化可以通过实验测量得到。当 $u_W=0$ 时,式(5.57c)中的常数项 a_0 应等于零压下的纵波声速,而系数 a_1 则与蓝宝石的 $D-u$ 冲击绝热线的斜率 λ 值(表4.4)非常接近。

5.3.4　卸载路径的计算方法

综上所述,沿着卸载路径的比容、声速及界面粒子速度计算方法如下。由于

$$(c^2)_I=\left(-V^2\frac{\mathrm{d}\sigma}{\mathrm{d}V}\right)_I=\left(-V^2\frac{\rho c\mathrm{d}u}{\mathrm{d}V}\right)_I$$

$$(c^2)_I=\left(-V\frac{c\mathrm{d}u}{\mathrm{d}V}\right)_I$$

即

$$\mathrm{d}u_I=-\left(\frac{c\mathrm{d}V}{V}\right)_I=-(\rho c\mathrm{d}V)_I$$

得到

$$\mathrm{d}V_I=-\frac{\mathrm{d}u_I}{(\rho c)_I}=-\frac{\mathrm{d}u_I}{(\rho_0 a_l)_I} \tag{5.58}$$

式(5.58)给出了入射波原位加载状态的比容 V_I 与对应的实测拉氏纵波声速 a_l 的关系。从初始冲击压缩状态 H 积分,得到连续应力波的原位状态的比容:

$$V_I-V_H=V_0\int_{u_I}^{u_I}\frac{\mathrm{d}u}{a_l} \tag{5.59}$$

式中:u_p 为初始冲击状态的粒子速度;V_H 为初始冲击压缩下的比容;实测拉氏声速 a_l 为粒子速度 u 的函数,$a_l\equiv a_l(u)$。

按照工程应变的定义为

$$e\equiv\frac{V_0-V_I}{V_0}=1-\frac{V_H}{V_0}+\int_{u_p}^{u_I}\frac{\mathrm{d}u}{a_l(u)} \tag{5.60}$$

利用实验测量的拉氏声速剖面 $a_l(t)$、界面速度 $u_W(t)$ 剖面,窗口材料在连续应力波加载下的应力历史 $\sigma_W(t)$,由式(5.55)、式(5.56)得到样品中追赶卸载波的原位应力剖面 $\sigma_I(t)$、原位粒子速度剖面 $u_I(t)$;再由式(5.58)和式(5.60)计算沿着卸载路径的比容 $V_I(t)$ 和应变 $e(t)$,获得卸载路径,即从冲击压缩 Hugoniot 状态卸载时,卸载过程中原位应力–应变的变化历史。上述方法也适用于再加载路径的计算,即以冲击压缩 Hugoniot 状态为始态进行(准等熵)斜波加载过程中的原位应力–应变的变化历史。

在实际计算中,以图5.16的 A 点的状态为计算始点,使用递推法按增量阻抗匹配法逐步算出再加载波或追赶稀疏波中各特征线上的值。利用下式可得到实验室坐标系中

观察到的沿着卸载路径的欧拉声速：

$$c(t)=\frac{V(t)}{V_0}a_l(t) \tag{5.61}$$

式中：比容 $V(t)$ 由式(5.59)给出。

5.3.5 窗口材料中的应力与粒子速度的近似关系

追赶稀疏波从金属样品进入窗口材料后，窗口材料的应力随粒子速度的变化(窗口的卸载路径)可以用对称碰撞实验进行测量。

在图5.17中，从样品进入窗口的应力波(压缩波或稀疏波)均是右行简单波，穿过右行波特征线(或沿着左行波特征线)，波前、波后应力的变化可以表示为

$$\mathrm{d}\sigma_W=(\rho c)_W\mathrm{d}u_W$$

利用拉氏纵波声速与欧拉声速的关系，上式可以改写为

$$\mathrm{d}\sigma_W=(\rho_0 a_l)_W\mathrm{d}u_W \tag{5.62}$$

在图5.17中，沿着从窗口材料的 Hugoniot 线上 A 点出发的卸载路径，有

$$\sigma_W-\sigma_A=\int_A^W(\rho_0 a_l)_W\mathrm{d}u_W \tag{5.63a}$$

积分下限 A 表示窗口的初始冲击波压缩的状态，积分上限 W 表示窗口从状态 A 点经过右行稀疏波卸载后到达的任意状态。因此，为了求出卸载路径，需要测量窗口中的声速随卸载应力 σ_W 的变化。由于窗口材料本身是透明的，利用对称碰撞法测量窗口的声速相对比较容易。

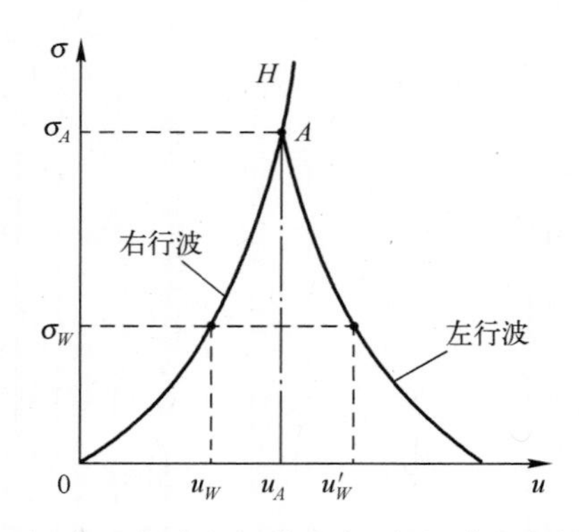

图5.17 低冲击压力下，经过 A 点的右行稀疏波、左行稀疏波与冲击绝热线的近似关系

当加载应力较低时，在应力-比容平面上的冲击绝热线 $\sigma_H(V)$ 与等熵线 $\sigma_S(V)$ 几乎重合，可以用窗口材料的冲击绝热线近似描写等熵线。在应力-粒子速度平面上(图5.17)，由于追赶稀疏波是右行波，低加载应力下的右行波的卸载路径 $\sigma_S(u)$ 近似与 $p-u$ 冲击绝热线重合，即有近似关系式

$$\sigma_W-\sigma_A=\rho_{0W}(c_{0W}+\lambda_W u_W)u_W-[\rho_{0W}(c_{0W}+\lambda_W u_W)u_W]_A \tag{5.63b}$$

对式(5.63)微分，则连续应力波中两个应力相差 $\mathrm{d}\sigma_W$ 的右行子波关系为

$$\mathrm{d}\sigma_W=\rho_{0W}(c_{0W}+2\lambda_W u_W)\mathrm{d}u_W \tag{5.64}$$

比较式(5.62)与式(5.64)，得到窗口材料中右行波的拉氏纵波声速与粒子速度的近似

关系为

$$(a_l)_W = c_{0W} + 2\lambda_W u_W \tag{5.65}$$

式中：当 $u_W \to 0$ 时，$(a_l)_W \to a_0$。

由于追赶稀疏波的波头以纵波声速传播，因此 a_0 应该近似等于常压下的纵波声速 c_{l0}。

窗口材料的拉氏纵波声速与粒子速度之间的一般关系可表示为

$$(a_l)_W = a_0 + a_1 u_W \tag{5.66a}$$

式中：$a_l \approx 2\lambda_W$，这正是式(5.57c)表达的关系。

对于追赶稀疏波中的体波，a_0 近似等于常压下的体波声速(c_{b0})：

$$(c_b)_W = c_0 + c_1 u_W \tag{5.66b}$$

式中：参数 a_0、a_1 及 c_0、c_1 应通过实验测量确定。

当初始冲击加载压力不太高时，沿着窗口材料的右行波卸载路径的应力 σ_W 和粒子速度 u_W 的关系可以表示为

$$\sigma_W = A_0 u_W + A_1 u_W^2 \tag{5.67}$$

类似地，对于窗口中的左行波，如冲击波从窗口的自由面反射的左行稀疏波，拉氏纵波声速与粒子速度之间的近似关系可以表示为

$$(a_l)_W = a_{0W} + 2\lambda_W (u_{fs} - u_W) \tag{5.68}$$

5.4　冲击加载下 LY12 铝合金声速的实验测量

俞宇颖等[123]在冲击波物理与爆轰物理重点实验室的二级轻气炮上用反向碰撞法测量了国产 LY12 铝合金(其成分与 2024 铝合金基本相同)的声速。实验压力范围为 20～131GPa，涵盖了 LY12 铝合金的固相区和固-液混合相区。根据实验测量结果，获得了沿着 LY12 铝合金的 Hugoniot 线的声速变化规律；根据从实验测量的从 Hugoniot 状态卸载时沿着卸载路径的声速随粒子速度的变化，计算了从 Hugoniot 状态卸载时的应力-应变关系，给出了 LY12 铝合金的卸载路径，显示了材料在冲击加载下的强度对卸载路径的影响。

5.4.1　LY12 铝合金反向碰撞法实验的粒子速度剖面及准弹性

反向碰撞法测量铝在冲击压缩下的声速的加窗 VISAR 实验装置，如图 5.18 所示。LiF 窗口的前端面与后端面之间有几度的小倾角；测试激光束几乎沿着 LiF 窗口的 c 轴入射到 LY12 铝飞片与窗口的碰撞面，携带了“样品/窗口”界面运动信息的反射激光经 VISAR 探头进入激光速度干涉仪或位移干涉仪，产生的拍频干涉条纹被示波器记录，经数据解读获得界面运动速度。激光速度干涉测试技术将在第 8 章中进行讨论。在反向碰撞实验装置中，LiF 窗口的碰撞面预先镀有厚 2～3μm 的铝膜，再以极薄的环氧粘贴一层厚为 8～16μm 的铝箔(或其他金属膜)，以阻挡碰撞瞬间可能产生的杂散光的影响。

图 5.19(a)是从 LY12 铝合金的反向碰撞法实验得到的界面粒子速度测量的典型 VISAR 干涉条纹记录。铝飞片的击靶速度为 3.13km/s，与 LiF 窗口碰撞后铝样品中的冲

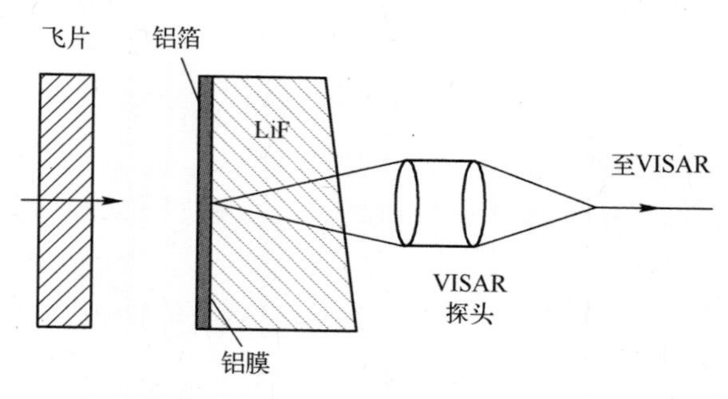

图 5.18 反向碰撞法测量铝在冲击压缩下的声速及加窗 VISAR 实验装置

击压力约为 32GPa；VISAR 的条纹常数为 234m/s。图 5.19(b)是从图 5.19(a)的干涉条纹计算得到的"LY12 铝合金/LiF 窗口"界面粒子速度剖面。*A* 点为飞片击靶后界面粒子速度起跳时刻，*C* 点为铝飞片后界面的追赶稀疏波到达"样品/窗口"界面的时刻，因此 *C* 点与 *A* 点之间的时间差 Δt_{AC} 包含了飞片中的反向冲击波运动速度及追赶稀疏波运动速度的综合信息。从 *C* 点开始的卸载过程可分为两个阶段：从 *C* 点开始的弹性卸载段和 *E* 点开始的塑性卸载段。*E* 点为弹-塑性转变点，*R* 表示塑性卸载段。在弹性卸载段，*CE* 直线表明弹性卸载段的粒子速度在卸载过程中连续减小，即弹性卸载波速随时间连续减小直到发生塑性转变为止。从冲击压缩状态卸载时弹性卸载波与塑性波没有发生分离，弹性波连续过渡到塑性波，这种现象与经典弹-塑性理论不符。按照经典弹-塑性理论，在发生弹-塑性转变过程中弹性波与塑性波将发生分离，在粒子速度剖面上形成台阶形状双波结构，就像在冲击加载实验中经常能观察到在粒子速度剖面前沿有一个弹性前驱波平台，在它后面紧跟着急速上升的塑性波速度剖面那样。为了与经典弹-塑性双波结构区分，在图 5.19(b)的卸载剖面出现的这种弹-塑性转变称为准弹性-塑性转变或准弹性现象[128,129]。在第 7 章中将会看到，对冲击压缩状态进行再加载时也会出现类似的准弹性现象。

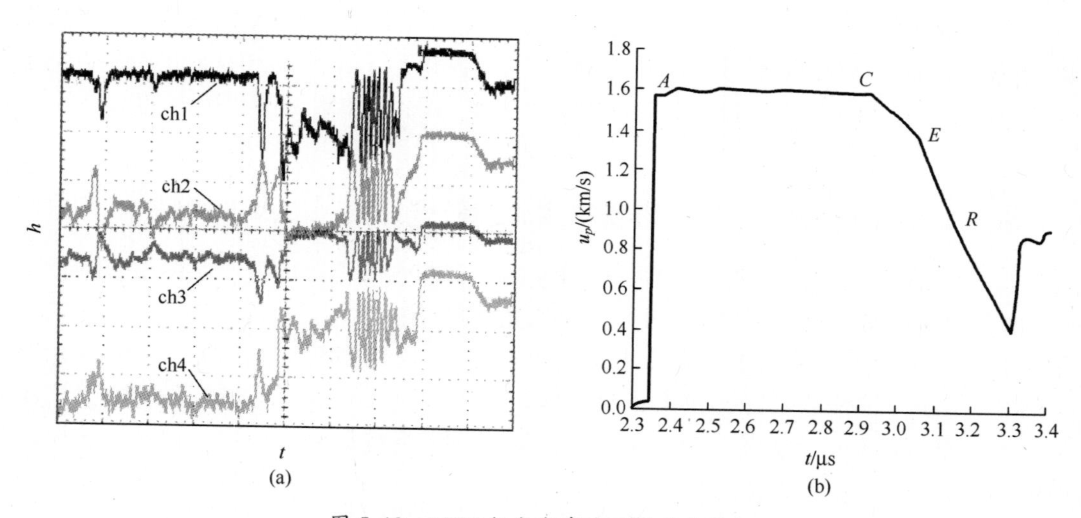

图 5.19 LY12 铝合金声速测量实验结果
(a) VISAR 测量的 4 路拍频干涉条纹的示波器记录；
(b) 从 VISAR 干涉条纹计算的"样品/窗口"界面的典型粒子速度剖面。

5.4.2　LY12 铝合金沿着冲击绝热线和卸载路径的声速

根据图 5.19 的实测粒子速度剖面，由式(5.40a)可以计算沿着卸载路径 CER 的欧拉声速，根据增量阻抗匹配法，由式(5.56)、式(5.62)可以从界面粒子速度反演计算原位粒子速度和原位应力，进而得到拉氏声速 a 随卸载波后粒子速度 u 的变化，计算结果如图 5.20 所示。图中 C 点、E 点、R 点的含义与图 5.19 对应，C 点代表冲击加载 Hugoniot 状态，CE 段显示了准弹性卸载段的声速随粒子速度的变化；E 点为弹-塑性转变点，ER 为塑性卸载段的声速变化。在第 6 章中将证明，塑性声速就是沿着卸载路径的体波声速 c_b。

LY12 铝合金在 32GPa 冲击压力下的塑性卸载段的声速随粒子速度的变化表明，塑性卸载段的声速与粒子速度近似呈线性关系，因此，虽然直接从实验测量仅能得到 C 点的弹性纵波速度和 E 点的体波声速，但是将图 5.20 中 ER 段的声速从 E 点做线性外推到 C 点所对应的 Hugoniot 状态，就能得到与 32GPa 冲击压力下 Hugoniot 状态的粒子速度 u_p 对应的体波声速。

图 5.21 显示了在 20~131GPa 冲击压力下总计 6 发反向碰撞实验得到的沿着卸载路径的欧拉声速随卸载波原位粒子速度的变化[128]。尽管冲击压力的变化区间很大，但沿着不同冲击压力的卸载路径发生准弹性-塑性转变后的塑性声度均落在一条共同的直线上。这表明，LY12 铝合金的塑性声速与粒子速度之间存在良好的线性关系，有理由用线性外推方法得到与准弹性卸载段的纵波速度对应的体波声速。例如，在图 5.21 中，从 LY3 实验直接测量的是从 54.7GPa 卸载时的弹性纵波声速，但是从比它压力高的 LY4 实验测量的塑性声速数据恰好覆盖了 LY3 实验的塑性声速空白区，并与 LY3 实验的塑性声速的延长线重合。因此，可以用 LY4 实验测量的体波声速数据补充 LY3 实验弹性段体波声速数据的空缺部分。俞宇颖等[128]用上述方法得到了 20~131GPa 冲击压力下 6 发实验的体波声速，见表 5.1。

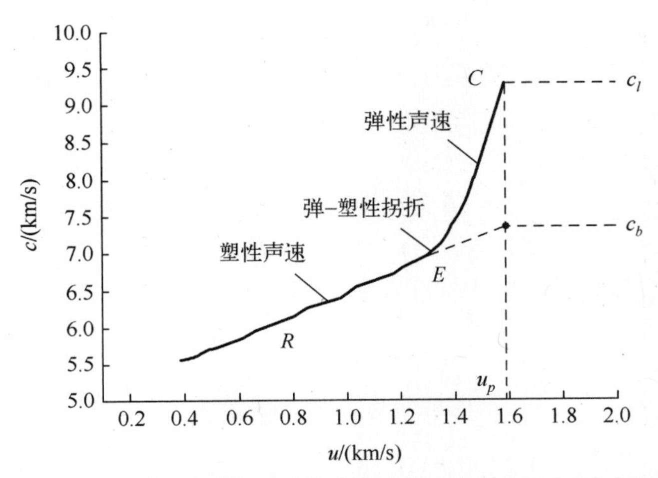

图 5.20　LY12 铝合金沿着卸载路径的欧拉声速随粒子速度的变化(冲击压力为 32GPa)

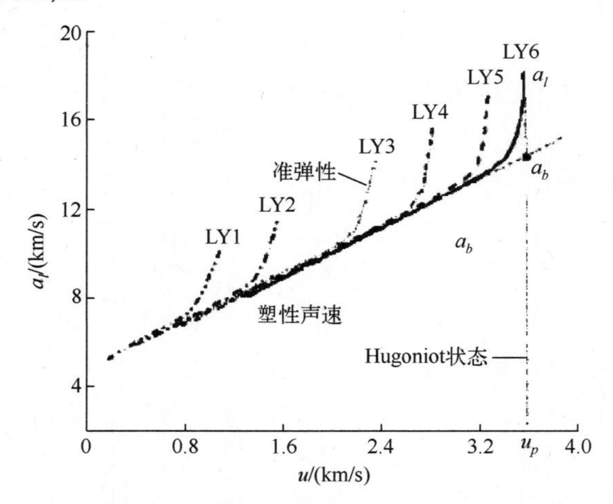

图 5.21 LY12 铝合金沿着冲击绝热线和准弹性卸载路径的拉氏纵波声速随粒子速度的变化

表 5.1 LY12 铝合金沿着冲击绝热线的体波声速

实验编号	p_H/GPa	c_l/(km/s)	c_b/(km/s)
LY1	20.3	8.48	6.80
LY2	32.1	9.24	7.35
LY3	54.7	10.19	8.14
LY4	70.6	10.73	8.60
LY5	87.1	11.06	8.95
LY6	99.0	11.59	9.43

LY12 铝合金的测量结果与相关文献发表的 2024 铝合金等材料的声速数据的比较如图 5.22 所示。在图 5.22 中,空心方块符号表示 McQueen 用光分析法(以溴仿作窗口)测量的 2024 铝合金的声速数据[90]。空心圆圈形和半实心圆圈符号表示俞宇颖等用激光速度干涉技术和反向碰撞法测量的 LY12 铝合金的纵波和体波声速数据。零压下 Broberg 的声速数据[130]是根据静压测量的体积模量和剪切模量计算的。图中的虚线是 Crockett 给出的描写 2024 铝合金在固相区($p<125$GPa)的纵波声速随冲击压力变化的曲线[131]:

$$c_l = 6.36+0.363p^{2/3}-0.026p \ (\text{km/s}) \tag{5.69}$$

式中:p 为 Hugoniot 压力(GPa)。

俞宇颖等测量的 LY12 铝合金的纵波声速数据恰好落在 Crockett 给出的描写纵波声速随 Hugoniot 压力变化曲线上。图 5.22 中的实线是按照 LY12 铝合金的 Gruneisen 物态方程计算的沿着 Hugoniot 线的体波声速随冲击加载压力的变化,并不是对实验测声速数据进行数据拟合的结果。沿着 Hugoniot 的体波声速随冲击压力的变化已经在第 2 章中给出:

$$c_b^2 = \left[1-\frac{1}{2}\left(\frac{1}{\rho_0}-\frac{1}{\rho}\right)(\rho\gamma)\right]\frac{\mathrm{d}p}{\mathrm{d}\rho}+\frac{1}{2}(\gamma/\rho)p \tag{5.70}$$

式中:$p \equiv p_H, \rho \equiv \rho_H$ 均是 Hugoniot 状态量。

对于 LY12 铝合金,Gruneisen 系数随密度变化的关系取作 $\rho\gamma=\rho_0\gamma_0$,已经在很宽的冲击压力区内得到了验证。俞宇颖等实验测量的LY12铝合金的体波声速也恰好落在式(5.70)描述的曲线上,与从Hugoniot数据[117]和假定的$\rho\gamma=\rho_0\gamma_0$Gruneisen方程计算的流体力学声速数据十分符合,进一步验证了对于LY12铝合金$\rho\gamma=\rho_0\gamma_0$具有良好的适用性。

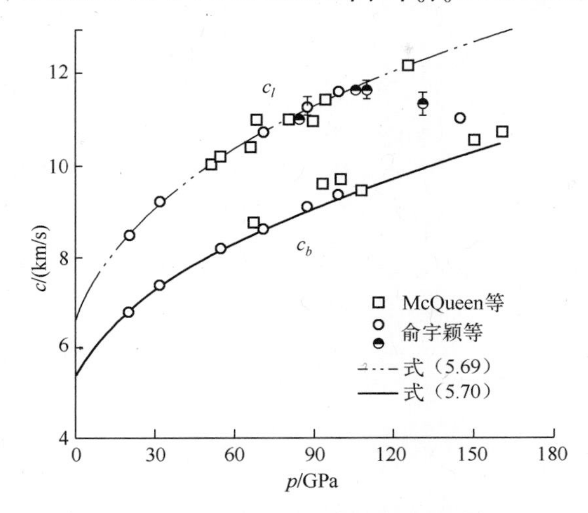

图5.22 LY12铝合金沿着Hugoniot线的纵波和体波声速及其与McQueen的光分析法测量的声速数据的比较

在图5.22中,虽然McQueen用光分析法得到的纵波声速数据点颇多,而且许多纵波声速数据点与式(5.69)描述的曲线符合较好,但与纵波声速对应的体波声速数据点较少,表明他的许多光分析法实验没有能够得到体波声速,而且体波声速数据与式(5.70)流体模型的计算结果偏离较大,这是由光分析法测量体波声速的局限性造成的。

5.4.3 LY12铝合金的卸载路径

按照5.3.4节中给出的计算卸载路径的方法,根据实测的LY12铝合金沿着卸载路径的声速随粒子速度的变化(图5.21),俞宇颖等计算了LY12铝合金的卸载路径[123],典型的计算结果如图5.23所示。图中显示了在20.3GPa、32.1GPa、54.7GPa和70.6GPa冲击压力下的卸载路径。在第1章中已经指出,在流体近似模型下应力-应变平面上与Hugoniot有公共交点的等熵压缩线位于冲击绝热线的下方,与Hugoniot有公共交点的等熵卸载线则位于Hugoniot线的上方。但是图5.23中的等熵卸载线随应变的变化表现出了不同的规律:初始阶段的卸载线位于Hugoniot线的下方,然后卸载线的斜率逐渐减小,最终回到Hugoniot线的上方。这种"异常"变化与冲击压缩下LY12铝合金的准弹性特性有关。按照式(5.58)沿着准弹性卸载路径的比容变化$(\mathrm{d}V)_l$可表示为

$$(\mathrm{d}V)_l=-\frac{\mathrm{d}u}{(\rho c)|_l}=-\frac{\mathrm{d}u}{\rho_0 a_l}$$

在流体近似模型下,按照体波声速计算的比容变化$(\mathrm{d}V)_b$可表示为

$$(\mathrm{d}V)_b=-\frac{\mathrm{d}u}{(\rho c)|_b}=-\frac{\mathrm{d}u}{\rho_0 a_b}$$

利用工程应变的定义$e=(V_0-V)/V_0$,根据纵波声速和体波声速计算的工程应变$(\mathrm{d}e)_l$及$(\mathrm{d}e)_b$分别为

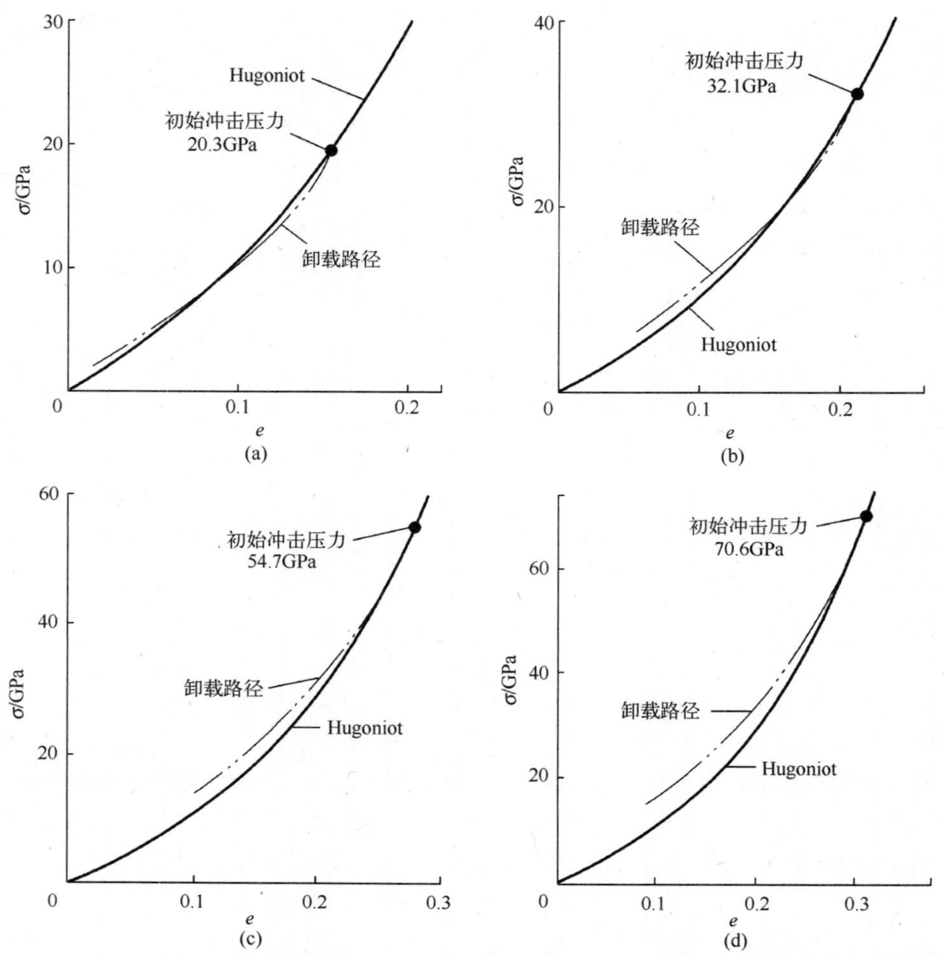

图 5.23 20.3GPa、32.1GPa、54.7GPa 和 70.6GPa 冲击压力下 LY12 铝的卸载路径的计算结果[123]

$$(\mathrm{d}e)_l=\left(-\frac{\mathrm{d}V}{V_0}\right)_l=\frac{\mathrm{d}u}{a_l} \tag{5.71a}$$

$$(\mathrm{d}e)_b=\left(-\frac{\mathrm{d}V}{V_0}\right)_b=\frac{\mathrm{d}u}{a_b} \tag{5.71b}$$

结合特征线方程 $\mathrm{d}\sigma=\rho_0 a\mathrm{d}u$，得到应力-工程应变平面上的等熵卸载线的斜率为

$$\mathrm{d}\sigma/\mathrm{d}e=\rho_0 a^2$$

因此，在准弹性卸载模型下等熵卸载线的斜率为 $(\mathrm{d}\sigma/\mathrm{d}e)_l=\rho_0 a_l^2$。在流体近似模型下等熵卸载线的斜率为 $(\mathrm{d}\sigma/\mathrm{d}e)_b=\rho_0 a_b^2$。由于准弹性卸载段纵波声速大于体波声速，准弹性区卸载线的斜率大于流体模型的结果：

$$(\mathrm{d}\sigma/\mathrm{d}e)_l>(\mathrm{d}\sigma/\mathrm{d}e)_b \tag{5.72}$$

因此，考虑材料的强度效应以后，相同应力变化 $\delta\sigma$ 引起的工程应变的改变 $(\delta e)_l$ 比不考虑强度效应的流体模型引起的应变的变化小，$(\delta e)_l<(\delta e)_b$。这表明，流体近似模型不仅不能准确描述弹-塑性卸载波剖面的特征，也不能正确给出从 Hugoniot 状态卸载时卸载路径的变化规律。随着卸载进入塑性区，弹性纵波声速逐步过渡到流体力学声速，卸载线将重新回到冲击绝热线的上方。

5.5　利用多台阶样品测量拉氏声速的实验技术

在二级轻气炮上利用LY12铝合金样品作飞片碰撞LiF窗口的反向碰撞实验中，铝合金样品能够达到的最高冲击压力约110GPa，更高压力下的实验需要利用高阻抗材料（如钽）作飞片碰撞铝合金样品才能实现。虽然俞宇颖等用钽飞片碰撞粘贴于单晶LiF窗口上的厚约10μm的LY12铝箔得到了在LY12铝合金在131GPa冲击压力（参见图5.22）下的声速[132]，但这种方法一方面需要很高时间分辨力的速度剖面测量技术，而对于应力波幅度随时间连续增加的准等熵斜波加载实验则不能应用。

根据声速是小扰动应力波的传播速度的定义，如果能够设法"盯住"某个小扰动应力波观察其不同时刻的走时历史（传播距离随时间的变化），就能够得到它的传播速度。这意味着，需要对应力波到达不同厚度的"样品/窗口"界面位置上的粒子速度剖面进行拉格朗日测量，确定各个小扰动波到达不同界面位置的时间，以获得其运动轨迹，即x-t走时曲线。

为此，首先需要对小扰动应力波进行标识，以便对不同界面上测量的粒子速度剖面上特定小扰动波出现的时刻进行识别，以确定它到从一个界面位置运动到达另一个界面位置的时间间隔。可以用多种方法对小扰动应力波进行标识。对于在定常流场中传播的简单波波列，根据特征线理论，它们的传播路径是一系列直线；对于其中某一个确定的小扰动波，其沿着特征线的粒子速度保持不变。因此可以用粒子速度对简单波列中的小扰动波进行标识。也就是说，通过对不同位置上的粒子速度剖面的拉氏测量，能够识别出所"标识"的某个小扰动波到达不同位置的时刻，进而计算传播速度。

图5.24显示了用多个不同厚度的台阶样品进行拉氏声速测量的基本原理。其中，图5.24(a)为实验装置的基本结构，各VISAR探头分别针对某一确定的"样品/窗口"界面观测界面物质的运动历史（拉氏测量）；图5.24(b)和(c)分别表示从冲击压缩-准等熵卸载实验和冲击压缩-准等熵再加载实验得到的两类"样品/窗口"界面速度剖面。图5.24(b)中不同厚度的"台阶样品/窗口"界面上粒子速度剖面显示了追赶稀疏波随传播距离的演化。图5.24(c)显示了连续压缩应力波（如斜波）作用下的不同界面位置上的粒子速度剖面，显示了准等熵压缩波随传播距离的演化。图中还显示了以粒子速度u_i表征的任意小扰动应力波到达四个"样品/窗口"界面位置1、2、3、4的时间t_1、t_2、t_3和t_4与样品厚度的关系。

在图5.24中，追赶稀疏波或准等熵压缩波列中的各个子波在"样品/窗口"界面产生的反射波必定对后继入射子波产生干扰。如果假定经历不同传播距离后，在"样品/窗口"界面上入射波和反射波的相互作用图像是自相似的，则可以近似假定不同厚度的样品在界面的上反射波对后继入射波的影响能够互相抵消。针对同一界面粒子速度到达不同界面位置的时间t对样品厚度h作图，得到与界面粒子速度u_I对应的子波的拉氏声速a：

$$a=\frac{\Delta h}{\Delta t} \tag{5.73}$$

这就建立了拉氏声速a与界面粒子速度u_I之间的对应关系。应力扰动在样品中的运动轨迹如图5.25所示，它实质上是许多小扰动传播的x-t图。小扰动波到达各台阶"样品/

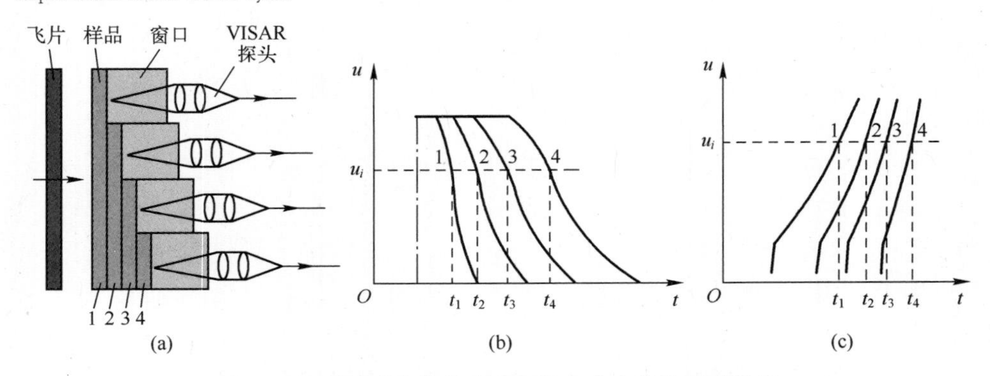

图 5.24 利用多台阶样品进行拉氏声速实验测量原理

(a) 实验装置;(b) 从冲击压缩-卸载实验得到的粒子速度剖面;

(c) 从冲击压缩-准等熵再加载实验得到的粒子速度剖面。

窗口"界面位置的时刻由图中的圆圈表示。同一条拟合线直线上的各个圆圈标识的小扰动波均对应于相同的粒子速度,纵轴表示该小扰动波在不同台阶样品中的传播时刻,这条直线的斜率即式(5.73)表示拉氏声速。

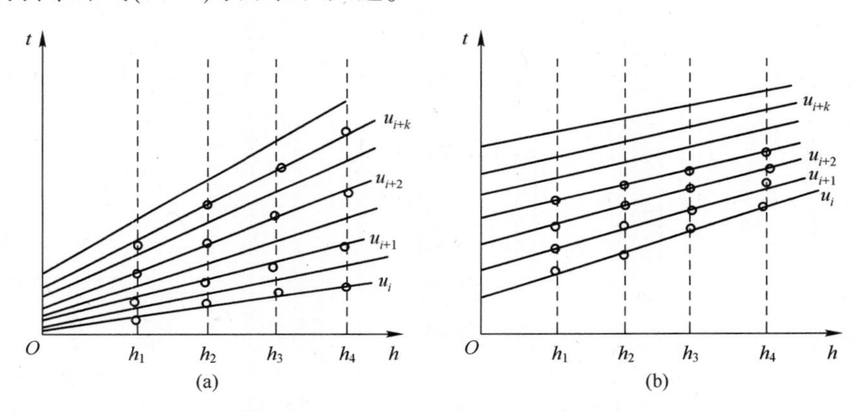

图 5.25 利用"多台阶样品/窗口"界面的粒子速度剖面确定声速的方法

(a) 追赶稀疏波;(b) 准等熵压缩波。

谭叶[133]、习锋[134]和张修路[135]以 LiF 为透明窗口分别测量了铋在 11~70GPa、钽在 18~142GPa 和钼在 38~160GPa 冲击压力下的声速。在声速测量实验中既采用了多台阶样品的正碰撞实验测量技术,也采用了单台阶样品的反向碰撞测量技术。用激光位移干涉仪测量"样品/窗口"界面的粒子速度剖面。但在获取声速数据时,采用了类似于光分析法的数据解读方法,即根据样品粒子速度剖面平台区的时间宽度 Δt(图 5.26)随样品厚度 h 的变化进行线性拟合,获得 $\Delta t=0$ 对应样品厚度 $h_{\max}$,计算追赶比 R,进而获得沿着 Hugoniot 状态下的纵波声速。因此他们的多台阶样品的声速测量本质上仍然属于 5.2.3 节中讨论的透明窗口的光分析法。界面粒子速度剖面测量的时间分辨力能够达到亚纳秒甚至数十皮秒,Δt 的不确定度比 McQueen 的光分析法要小得多,得到的纵波声速数据比光分析法有更高的置信度。就 Hugoniot 状态下的纵波声速测量而言,采用了多个台阶样品的正碰法测量的不确定度当然比仅采用单个样品的反碰法测量会更小些,但是由于多台阶样品的声速测量采用正碰法,正如 5.3.2 节中指出的那样,正碰法中的第一类界面反射波对追赶稀疏波的传播产生强烈干扰，因而这种技术仅能用于 Hugoniot 状态下的纵波声速测量，而从反向碰撞实验的卸载剖面测量能够同时得到沿着卸载路径的纵波和体波声速测量。在图 5.26 中卸载剖面上的不规则起伏可能与入射冲击波在“样品/窗口”界面上的反射波对追赶稀疏波的干扰有关，而在反向碰撞实验中能够避免这种干扰的影响。铋在 60.6GPa 冲击压缩下已经处于液相区（图 5.26（a）），卸载剖面上的弹-塑性卸载特征已经消失；但钽在 142.7GPa 冲击加载下依然处于固相区（图 5.26（b）），准弹性-塑性卸载特征非常明显。

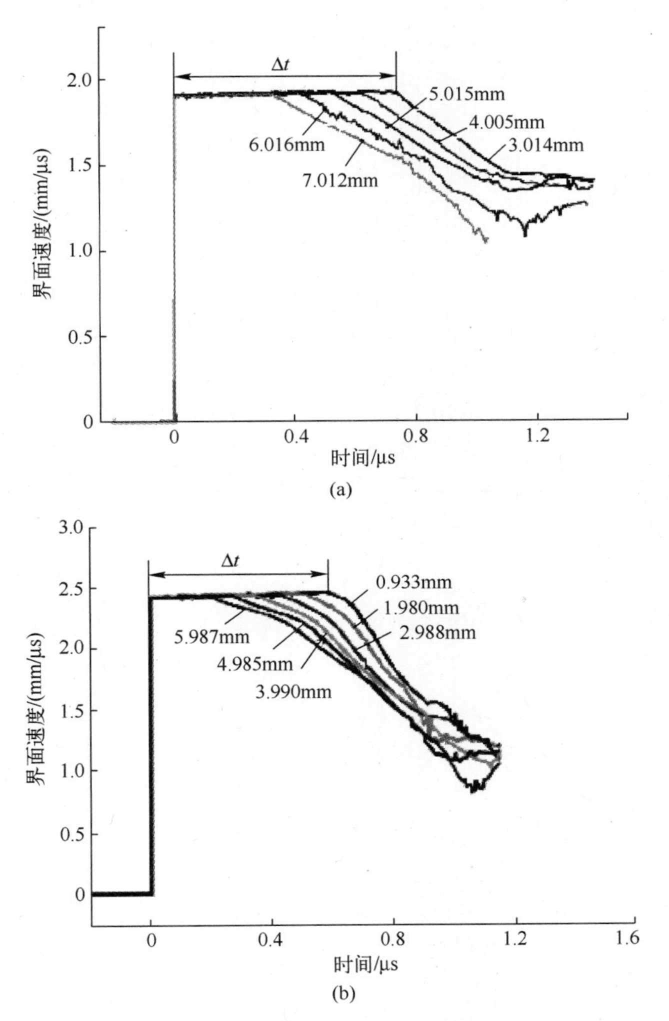

图 5.26　从多台阶样品的粒子速度剖面获取 Hugoniot 状态下纵波声速
（a）铋的粒子速度剖面[133]（冲击波速度 4.08km/，纵波声速 4.152km/s）；
（b）钽的粒子速度剖面[134]（冲击波速度 5.347km/s，纵波声速 8.585km/s）。

第6章 极端应力-应变率加载下金属材料的强度与本构关系

固体具有确定的形状,要使金属等固体材料变形必须施加很大的外力。在日常生活中,把固体抵抗外力作用、保持一定形状的能力称为固体材料的强度。在实际应用中,固体材料的强度有多种含义:例如,准静态单轴拉伸应力作下的断裂强度;在高应变率动态平面应力波拉伸下的层裂强度;冲击压缩下发生弹-塑性屈服时的 Hugoniot 弹性极限等。而体积模量、剪切模量等各种力学模量也是对固体材料强度的一种表征,但是从力学角度对固体材料强度有严格的定义。

固体材料受到的外力作用可分解为流体静水压作用和剪切作用两类。能够承受极高流体静水压加载并非固体独有的性质,密闭容器(如汽车千斤顶)中的流体、冲击熔化后的金属等也能承受很高的流体静水压强作用,但只有固体能够抵抗剪应力作用。本章将要讨论的固体材料强度特指其抵抗剪切加载的能力。固体的流体静水压强与比容、温度等热力学状态量之间的关系由物态方程描述,而固体材料的剪切强度与应力、应变、应变率、温度等物理量之间的关系由本构关系描述。为了理解本构关系的含义,首先在连续介质模型框架内对固体材料中的应力、应变、应变率等力学状态量进行讨论。

6.1 单轴应变加载下固体材料强度的表征

平板碰撞是进行动高压加载最简单的方法,它产生的单轴应变力学状态相对比较简单。为了了解单轴应变加载下本构关系的含义和实验研究方法,首先对固体材料在平面应力波作用下的应力、应变、应变率、偏应力、偏应变、剪(切)应力、平均应力以及固体材料强度等基本问题进行讨论。

6.1.1 单轴应变加载下的主轴应力、偏应力及平均应力

按照固体力学,应力载荷可以分解为垂直于该面元的法向应力(或正应力),以及平行于该面元的切向应力(或剪应力)。固体内部任意体积元受到的应力作用由应力张量描述。从应力张量理论可知,作用于任意体积元的应力张量中必定存在三个相互垂直的特殊方向,在分别垂直于这三个特殊方向的面元内只存在正应力而不存在剪应力[1]。这三个特殊的应力方向称为主轴应力方向或主应力方向,分别与这三个主应力方向垂直的三个平面称为主平面。

在单轴应变加载下,平面应力波的传播方向就是其中的一个主应力方向,另外两个主应力方向与其垂直。为简单起见,在以下讨论中把平面应力波传播的方向记为 x 方向,沿着 x 方向的主应力记为 σ_x 或简写为 σ,称为单轴应变加载或平面冲击加载的轴向

应力;垂直于 x 方向的另外两个主应力方向分别记为 y 方向和 z 方向,相应的主应力记为 σ_y 和 σ_z,称为单轴应变加载的横向应力。对于流体介质,流体中正应力大小处处相等(帕斯卡定律);当不计黏性时流体介质中的剪应力等于零,任意一点的应力大小均等于流体静水压强 p,即 $p\equiv\sigma_x=\sigma_y=\sigma_z$。但是,由于固体存在强度,单轴应变加载下固体中的应力与方向有关;轴向应力 σ_x 并不等于横向应力 σ_y 或 σ_z。对于各向同性固体材料,横向应力 $\sigma_y=\sigma_z$,但 $\sigma_x\neq\sigma_y$,$\sigma_x\neq\sigma_z$。

在与三个主轴应力 σ_x、σ_y 和 σ_z 方向垂直的主平面内,剪应力等于零。为简单起见,把除此以外的其他方向称为非主轴方向。在与非主轴方向垂直的平面内,剪应力不等于零。非主轴方向有无穷多个,其中存在一个特别的非主轴方向,该非主轴方向与三个主轴方向大致成45°角;在垂直于该特别方向的非主轴平面内,剪应力达到最大值,该剪应力称为最大分解剪应力,记为 $\tau_{\max}$ 或简写为 τ;根据固体力学,各向同性固体材料中的最大分解剪应力 τ 与三个主轴应力的关系为

$$\tau=(\sigma_x-\sigma_y)/2=(\sigma_x-\sigma_z)/2 \tag{6.1}$$

三个主轴应力的平均值称为平均应力,记为$\overline{\sigma}$,即

$$\overline{\sigma}\equiv(\sigma_x+\sigma_y+\sigma_z)/3 \tag{6.2a}$$

平均应力实际上是应力张量第一不变量的一种表达。该应力张量不变量与坐标轴的取向无关[1],在应力张量理论中把它称为应力的球形分量,它等价于固体材料的流体静水压强 p,即

$$p\equiv\overline{\sigma}=(\sigma_x+\sigma_y+\sigma_z)/3 \tag{6.2b}$$

主轴应力 σ 与平均应力$\overline{\sigma}$的差称为偏应力,用 s 表示,即

$$s\equiv\sigma-\overline{\sigma} \tag{6.3}$$

偏应力与方向有关。沿着主轴 x 方向的偏应力为

$$s_x\equiv\sigma_x-\overline{\sigma}\equiv\frac{2}{3}(\sigma_x-\sigma_y)\equiv\frac{4}{3}\tau \tag{6.4}$$

即

$$\sigma_x\equiv\overline{\sigma}+s_x=p+s_x=p+\frac{4}{3}\tau \tag{6.5}$$

偏应力表示主轴应力对平均应力的偏离,或者对流体静水压的偏离。按照式(6.4),x 方向的轴向偏应力 s_x 在量值上等于材料的最大分解剪应力 τ 的4/3,因此可以通过测量偏应力得到单轴应变加载下的最大分解剪应力。类似地,可得到各向同性材料在 y 方向和 z 方向的横向偏应力分量为

$$\begin{aligned}s_y&\equiv\sigma_y-\overline{\sigma}=-(\sigma_x-\sigma_y)/3\\&=-s_x/2=-2\tau/3=s_z\end{aligned} \tag{6.6a}$$

由此可见,横向偏应力与轴向偏应力的符号相反,且大小等于轴向偏应力的1/2。利用横向偏应力得到

$$\sigma_y\equiv p+s_y=p+s_z\equiv\sigma_z \tag{6.6b}$$

引入偏应力以后,可以把平面应力加载作用看作球应力分量(流体静水压)与偏应力分量(剪切应力)的共同作用,即

$$\sigma \equiv \bar{\sigma}+s \tag{6.7}$$

当偏应力等于零时,平均应力与三个主轴应力相等,这相当于流体静水压加载的情况。正是在这一意义上,平均应力定义为固体的等效压强,用 p 表示, 即

$$p \equiv \bar{\sigma}=\sigma_x-s=\sigma_x-\frac{4}{3}\tau \tag{6.8}$$

在这一意义上,固体材料压强的定义是流体静水压强定义的推广。式(6.8)奠定了平面应力波加载下平均应力与偏应力在固体物态方程及本构关系研究中的意义和地位:在固体的物态方程研究中的等效压强等价于热力学中的流体静水压强,用固体三个主轴应力的平均值表征;在用平面冲击压缩方法研究固体的物态方程时,把实验测量的Hugoniot 压力当作固体在冲击压缩下的压强是有一定条件的,即假定偏应力可以忽略不计,这正是流体近似模型的含义。

在单轴应变实验中,轴向应力 σ_x 能够精确测量,横向应力往往难以直接测量,特别是在高应力强动载加载下。如果能够设法测量剪切应力,那么就能计算平均应力和横向应力。

无论是对于固体还是对于流体,在单轴应变加载下(宏观)应变仅发生在应力波传播方向上,即满足

$$\begin{cases}\varepsilon_x \neq 0\\ \varepsilon_y=\varepsilon_z=0\end{cases} \tag{6.9}$$

类似地,定义单轴应变加载下的平均应变为

$$\bar{\varepsilon} \equiv (\varepsilon_x+\varepsilon_y+\varepsilon_z)/3=\varepsilon_x/3 \tag{6.10}$$

平均应变实际上是应变张量的第一不变量的一种表达[1]。定义偏应变为

$$e_s \equiv \varepsilon-\bar{\varepsilon} \tag{6.11}$$

偏应变也与方向有关。在 x 方向的偏应变为

$$e_x \equiv \varepsilon_x-\bar{\varepsilon}=\frac{2}{3}\varepsilon_x \tag{6.12a}$$

各向同性介质在平面冲击加载下的横向偏应变为

$$e_y=e_z \equiv \varepsilon_y-\bar{\varepsilon}=\varepsilon_z-\bar{\varepsilon}=-\varepsilon_x/3 \tag{6.12b}$$

横向偏应变的符号与轴向偏应变相反且其大小也等于轴向偏应变的1/2。在单轴应变加载下的横向应变虽然等于零,但是横向偏应变并不等于零。由于单轴应变实验中的轴向应变 ε_x 是能够精密测量的,因此轴向偏应变 e_s 及横向偏应变也能精密测量。式(6.9)、式(6.12a)、式(6.12b)描述了单轴应变加载下应变的特点。

6.1.2　单轴应变加载下固体材料的剪切模量

体积模量 K 和剪切模量 G 常用来描写固体的弹性响应。体积模量表示材料对平均应力或流体静水压的响应,可表示为

$$K=-V\frac{\mathrm{d}p}{\mathrm{d}V} \equiv -V\frac{\mathrm{d}\bar{\sigma}}{\mathrm{d}V} \equiv \frac{\mathrm{d}\bar{\sigma}}{\mathrm{d}\varepsilon} \tag{6.13}$$

式中:轴向应变 $\mathrm{d}\varepsilon=-\mathrm{d}V/V$。

固体发生冲击熔化后依然有很高的体积模量,但失去了抗剪能力。因此,体积模量

不能用于描述固体材料的强度属性。

剪切模量表示材料对剪切加载的响应,是固体材料特有的属性。由于偏应力 s 在量值上与材料受到的最大分解剪应力 τ 存在确定的比例关系,因此可以通过偏应力研究固体对剪应力加载的响应特性。线弹性材料的剪切模量 G 定义为剪应力 τ 与剪应变 γ 之比,即

$$G \equiv \frac{\tau}{\gamma}$$

其微分形式可表示为

$$G \equiv \frac{\partial \tau}{\partial \gamma}$$

在固体弹-塑性力学中,用与主轴方向一致的两正交线段的夹角改变来度量剪应力 τ 作用下的剪应变 γ。按照文献[1],各向同性固体的最大剪应变 γ 等于轴向应变 ε_x,由式(6.12a)得到剪应变与轴向偏应变的关系:

$$\gamma = \varepsilon_x = \frac{3}{2} e_s$$

由式(6.4)及式(6.7)得到

$$\tau = (\sigma_x - \sigma_y)/2 = \frac{3}{4} s$$

即

$$G \equiv \frac{\partial \tau}{\partial \gamma} = \frac{\partial \tau}{\partial \varepsilon_x} = \frac{1}{2} \frac{\partial s}{\partial e_s} = \frac{3}{4} \frac{\partial s}{\partial \varepsilon_x} \tag{6.14}$$

在单轴应变加载下,当固体承受的最大分解剪应力 τ 超出固体能够承受的极限剪应力时,固体材料从弹性变形状态进入塑性变形状态,或者说材料发生了弹-塑性屈服。这个极限剪应力称为弹-塑性屈服的临界剪应力,用 τ_C 表示。因此,固体材料发生弹-塑性屈服是由于固体受到的剪切应力超出了临界剪应力的结果。

6.1.3　单轴应变加载下的应变及应变率

1. 工程应变及瞬时应变

在平面冲击加载的突跃应力作用下,固体材料的比容(密度)和形状发生突跃变化;在平面斜波加载的连续应力波作用下,比容或形状发生连续变化。力学上用体应变描述比容(密度)的相对改变;用剪应变描述形状的相对改变。在实验研究中,常用工程应变 e 描述平面冲击加载下终态比容 V 对初始比容 V_0 的相对改变。工程应变的定义为

$$e = -\frac{V - V_0}{V_0} = 1 - \frac{V}{V_0} \tag{6.15}$$

在连续应力波加载下,比容随时间做连续变化,任意时刻瞬时比容的相对改变可表达为

$$\mathrm{d}\varepsilon = -\frac{\mathrm{d}V}{V} = \frac{\mathrm{d}\rho}{\rho} \tag{6.16}$$

习惯上把 ε 称为真应变。假定初始应变 $\varepsilon_0 = 0$,由式(6.16)积分得到

$$\varepsilon=\ln(V_0/V) \tag{6.16a}$$

在低应力加载下，比容变化 $\delta V/V_0=(V_0-V)/V_0$ 是一个小量，将式(6.16a)做泰勒展开得到低应力加载下的近似关系 $\ln(V_0/V)\approx\delta V/V_0$，即在低应力加载下真应变与工程应变近似相等。

在一般情况下，真应变 ε 与工程应变 e 的关系可表达为

$$\mathrm{d}e=-\frac{\mathrm{d}V}{V_0}=\frac{V}{V_0}\mathrm{d}\varepsilon=\frac{\rho_0}{\rho}\mathrm{d}\varepsilon \tag{6.17}$$

利用真应变可以将欧拉声速表示为

$$c^2=V\frac{\partial\sigma}{\partial\varepsilon} \tag{6.18}$$

利用工程应变 e 将拉氏声速表示为

$$a^2=V_0\frac{\partial\sigma}{\partial e} \tag{6.19}$$

2. 应变率

应变对时间的导数称为应变率。固体材料的强度及其他动力学响应特性与应变率密切相关。冲击压缩使材料从始态比容 V_0 压缩到 Hugoniot 状态下的比容 V_H。初始状态的工程应变 $e_0=0$，Hugoniot 状态下的工程的应变 $e_H=1-\frac{V_H}{V_0}$。若粒子速度剖面前沿的上升时间为 δt（冲击波阵面的宽度），得到冲击加载的工程应变的应变率为

$$\dot{e}=\frac{\delta e}{\delta t}=\frac{e_H}{\delta t} \tag{6.20}$$

兆巴应力冲击加载下粒子速度剖面的上升时间为纳秒量级甚至亚纳秒或飞秒量级，在数兆巴压力冲击压缩 Hugoniot 状态下的典型密度为初始密度的 2.5~3 倍，由得到强冲击压缩的应变率约为

$$\dot{e}\approx5\times10^9/\mathrm{s} \tag{6.20a}$$

根据冲击波剖面前沿的上升时间计算的应变率实际是平均应变率，冲击加载的瞬时应变率甚至比式(6.20a)的结果更高。在连续应力加载下比容、应变 ε 将做连续变化，定义瞬时应变率为

$$\dot{\varepsilon}=\frac{\mathrm{d}\varepsilon}{\mathrm{d}t} \tag{6.21}$$

根据特征线理论，应力 σ 与粒子速度 u、欧拉声速 c 及密度 ρ 的关系为

$$\mathrm{d}\sigma=\rho c\mathrm{d}u \tag{6.22}$$

不难得到连续应力波加载下的瞬时应变与应力、声速及密度的关系，即

$$\mathrm{d}\varepsilon=\frac{\mathrm{d}\sigma}{\rho c^2} \tag{6.23}$$

因此，瞬时应变率为

$$\dot{\varepsilon}=\frac{\mathrm{d}\varepsilon}{\mathrm{d}t}=\frac{\dot{u}}{c} \tag{6.24a}$$

或

$$\dot{e}=\frac{\mathrm{d}e}{\mathrm{d}t}=\frac{\dot{u}}{a} \tag{6.24b}$$

式中：$\dot{u}\equiv \mathrm{d}u/\mathrm{d}t$ 为粒子的瞬时加速度。

由此可见，应变率与加速度相关，匀速流场中的应变率等于零。通过声速测量及粒子速度剖面（的斜率）测量能够确定应变率。

3. 冲击波阵面上的剪应力与 Hugoniot 状态下的剪应力

显然，在冲击波阵面后方的 Hugoniot 平衡态下的体应变率$\dot{\varepsilon}$和剪应变率$\dot{\gamma}$应等于零。因此极端应变率冲击加载是指在冲击波阵面上的极端高应变率。式（6.20a）给出的平均应变率就是冲击波阵面上的平均应变率。当材料经受兆巴高压的冲击加载时，在纳秒量级的时间内材料的体应变和剪切应变均从初始状态经历冲击波阵面上的极端应变率跃迁过程，最终到达冲击波后的高应变、零应变率平衡状态；在此过程中体应变和剪应变率同样经历了的急速增加和（或者）下降。

从冲击波阵面的极端应变率状态到波后 Hugoniot 状态，体应变率$\dot{\varepsilon}$显然发生了急速下降。在平面冲击波波的守恒方程中，动量守恒方程中的轴向应力和轴向应变均是针对 Hugoniot 状态的量进行计算的，未涉及冲击波阵面上的过程，三大守恒方程并未涉及 Hugoniot 状态下的剪应力问题。但是，从冲击波阵面到波后 Hugoniot 状态，剪应变率的迅速下降必将导致剪应力的迅速下降，即剪应力发生松弛。而固体材料的强度是用剪应力来度量的，这意味着冲击阵面上材料承受的剪应力与 Hugoniot 状态下的剪应可能存在较大差异，也就是说，实验测量的 Hugoniot 状态下的材料强度并能不代表材料在极端高应变率冲击加载下的强度。

4. 极端应变率与加速度流场中的动力学问题

由式（6.24a）得到应力波阵面后物质粒子的加速度与应变率之间的关系：

$$\dot{u}=c\dot{\varepsilon} \tag{6.25}$$

对于兆巴冲击压力下的极端高应变率加载，声速 c 的典型值约为 10km/s，若应变率$\dot{\varepsilon}$高达$10^{6}\sim10^{9}$/s，则粒子的加速度$\dot{u}$的典型值可达$10^{10}\sim10^{13}\mathrm{m/s^2}$。该加速度为重力加速度的$10^{9}\sim10^{12}$倍。有必要关注极端应力-应变率加载下在极高加速度流场中可能发生的某些特殊动力学现象，如瑞利-泰勒（Rayleigh-Taylor，R-T）界面不稳定性[136,137]现象，极端应变率下的材料的强度特性、位错运动、相变动力学问题等。

6.2　单轴应变加载下的本构关系

式（6.7）将固体受到的应力分解为球应力分量（平均应力或流体静水压强）与偏应力分量的叠加，因此外力载荷作用下固体的物理状态需要用两类方程进行描述：第一类方程描述固体在流体静水压加载下的应力（或压强）与比容、温度、比内能等热力学状态量的关系，称为物态方程，物态方程描写物质对流体静水压或平均应力的响应；第二类方程描述固体在偏应力作用下的弹-塑性屈服或强度特性，称为本构关系或本构方程，本构关系描写固体对偏应力作用的响应，包括偏应力与（偏）应变、应变率等力学量以及与压强、温度等热力学量之间的关系。单纯的物态方程或本构关系仅仅反映固体在某一类外力载荷作用下的响应，两者的结合才能完整地描述固体对动态应力载荷的响应特性。物态方程描述的热力学状态仅仅与始态和终态相关,与从始态到终态经历的路径无关;而本构关系描述的强度特性与应变率相关,因而与从始态到终态经历的动力学过程或路径相关,这是两者之间的主要区别之一。这也意味着,描写单轴应力条件下固体材料的强度的本构关系原则上不能用于描述单轴应变加载下固体材料的强度特性,两者经历的力学路径非常不同。

Duvall 等[138]认为,广义本构关系包括描述材料热力学状态的物态方程、描述屈服应力和屈服后塑性流动规律的方程以及计算剪应力的方程等。因此,本构关系的实验研究是建立包含材料强度与动力学过程特点之间的关系的一套力学方程组。为了充分突出本构关系与物态方程的区别,本书不采用 Duvall 广义本构关系的定义,仅把描述动态应力载荷下固体材料的强度与应力、应变、应变率、温度等关系的力学方程或力学方程组称为本构关系。

在长期的物态方程研究中,已经建立了一套针对平面冲击压缩的标准实验方法和数据解读方法,建立了具有牢固物理基础的以 p、V、E 为变量的 Gruneisen 物态方程。但是,目前还没有建立测量单轴应变加载下固体材料本构关系的、普适有效的实验方法,以及从实验测量数据解读固体材料强度的标准方法;也没有能够在理论上建立起类似于 Gruneisen 物态方程那样的以物理为框架的具有普适意义的本构关系。目前,提出的各种本构关系多属于半经验性的力学方程,至多是一类半经验、半理论的力学方程。

能够进行精密测量并对应力-应变状态做出定量描述的动力学实验可分为单轴应力加载和单轴应变加载两类。针对单轴应力加载下的本构关系研究,发展了以分离式霍布金森压杆(SHPB)为代表的一系列实验技术[139];通过长期、大量的研究,提出了单轴应力加载下描述(偏)应力-(偏)应变关系的各种本构关系。在霍布金森杆等单轴应力实验中,要求杆处于一维应力状态(横向应力等于零)。这是一种近似假定,因为它忽略了杆的横向运动(应变是三维的)。单轴应力假定导致加载杆中的应力过程必须限制在低应力和中、低应变率状态;应力过高的加载将导致加载杆发生塑性应变;应变率过高的动力学加载将使加载杆中的应力出现非一维应力状态。然而在平板飞片碰撞实验中,单轴应变状态(平面一维应变状态)在有限时间和空间内是严格成立的。因为在飞片碰撞样品后,样品后界面的追赶稀疏波和边侧稀疏波到达平板样品的被观测区域以前,样品中观察区内的应力-应变状态没有受到这些稀疏扰动的影响,完全与半无限大介质中的应力-应变状态相当。因此,平板飞片碰撞实验中样品材料的单轴应变状态在物理上是严格成立的。

6.2.1 平面冲击加载下的弹-塑性屈服

在速度足够低的平板碰撞实验中,靶板中的应力波是单一的弹性冲击波,靶材料处于弹性变形状态,在应力-比容平面上的 p_H-V 关系如图 6.1 中的直线 OA 所示。当冲击波增强到材料的弹性极限时(图 6.1 中的 A 点),材料发生弹-塑性转变,A 点的冲击波压力称为 Hugoniot 弹性极限,记为 σ_{HEL}。从偏应力的角度看,当冲击压力达到 Hugoniot 弹性极限时,最大分解剪应力 τ 等于临界剪应力,$\tau=\tau_C$。一旦冲击压力高于 Hugoniot 弹性极限($p_H>\sigma_{HEL}$),材料将发生弹-塑性屈服并进入塑性变形状态,原来的单一冲击波将分裂为波速较快的弹性前驱波和速度相对较慢的塑性冲击波。

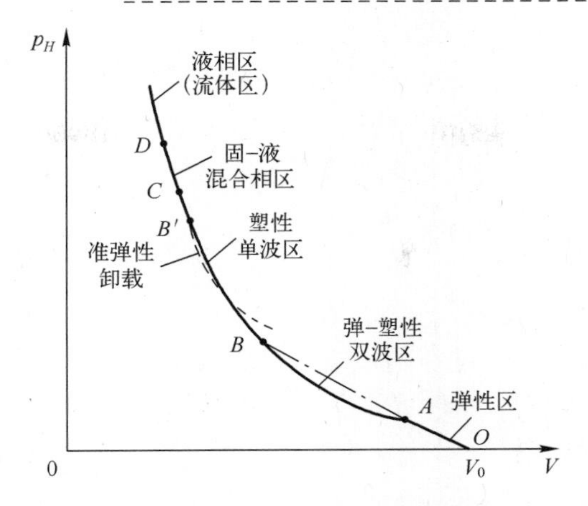

图 6.1　p-V 平面上平面冲击压缩下应力波特性随冲击压力的变化

在冲击压力超出 A 点的某一压力范围内，如图 6.1 中从 A 点至 B 点的范围内，将在靶材料中同时传播弹性前驱波和塑性冲击波两个应力波。习惯上，把图 6.1 中 AB 曲线段表示的 Hugoniot 压力区称为弹-塑性双波区。在弹-塑性双波区，冲击加载的 Hugoniot 状态是指弹-塑性双波结构中塑性波后的状态。实验上通过测量粒子速度剖面能够观测到弹-塑性双波结构的存在。在理想弹塑性模型下，弹性前驱波的速度保持不变，但塑性波速度将随冲击压力的增加而增大。当冲击压力增大到图 6.1 中的 B 点时，塑性波速已增大到与弹性前驱波速相等，两者重合形成单一的塑性冲击波。理论上 B 点的位置由 OA 直线的延长线与冲击绝热线的交点确定。当 $p_H>p_B$ 时，材料的冲击状态为冲击压缩的塑性单波区，如图 6.1 的 BC 曲线段所示。只要不发生固-固相变，塑性区的冲击波阵面不会发生分裂。随着冲击应力的进一步增大，冲击波后温度迅速升高，材料发生冲击熔化并进入固-液混合相区，如图 6.1 的 CD 曲线段所示，通常情况下难以观测到固-液相变的双波结构剖面；声速测量结果表明，在 CD 曲线段材料的横波声速并不立即下降到零，表明固-液混合相区依然存在某种强度效应。最后，当冲击压力高于 D 点时，材料发生完全冲击熔化进入液相区。至此，材料的 Hugoniot 状态才进入到真正的流体状态：横波消失，剪应力等于零，三个主轴应力完全相等，但应变仍然是单轴的。

因此，冲击加载过程中固体材料的偏应力状态可以分为两个阶段：偏应力随偏应变呈线性变化的弹性变形阶段，以及发生弹-塑性屈服后偏应力随偏应变呈非线性变化的塑性变形段。

对于从冲击压缩状态的卸载过程，只要没有进入液相区，卸载波剖面就会出现准弹性-塑性卸载特征。例如，在图 6.1 中的塑性区的 B′点卸载时，由于存在强度效应，B′点的卸载路径将如图中的点虚线所示，由于准弹性卸载时应力-应变曲线比流体模型卸载线更陡（见第 5 章），准弹性卸载路径将首先进入 Hugoniot 线的下方，然后逐渐回到 Hugoniot 线的上方。准弹性加载曲线的变化趋势与准弹性卸载线的变化刚好相反。

6.2.2　极端应力-应变率加载下本构方程的一般形式

无论是低压冲击加载下发生在 Hugoniot 弹性极限的弹-塑性屈服，还是从高压冲击压缩状态卸载时的准弹性-塑性屈服，都与材料在冲击加载状态下能够承受的剪应力

$\tau=\sigma_x-\sigma_y$ 或偏应力 $s=\sigma-\bar{\sigma}$有关。由于 6.1.2 节中表述的轴向应力与偏应力的关系式及轴向应变与偏应变的关系式不仅对(线)弹性加载段成立,也对从 Hugoniot 状态卸载时准弹性卸载段成立,可将针对从零压初始状态出发的弹性应变过程定义的剪切模量(式(6.14))拓展至准弹性应变过程,把两种条件下的剪切模量统称为等效剪切模量或有效剪切模量,并用符号 G_e 统一表示为

$$G_e=\frac{1}{2}\frac{\partial s}{\partial e_s} \tag{6.26}$$

式中:G_e 为(准)弹性区的偏应力-偏应变曲线的斜率的力学表征。

当剪应力或偏应力达到材料能够承受的极限值时,发生弹-塑性屈服。根据数学极值条件,函数取极值时其导数或偏导数等于零,因此发生弹-塑性屈服时式(6.26)应当满足极值条件:

$$\left(\frac{\partial s}{\partial e_s}\right)_{\text{yield}}=0 \tag{6.27a}$$

即

$$(G_e)_{\text{yield}}=0 \tag{6.27b}$$

式(6.27a)或式(6.27b)是根据弹-塑性屈服的定义和有效剪切模量的定义提出的屈服判据,将其称为弹-塑性屈服的剪切模量判据。剪切模量等于零意味着横波声速等于零,即

$$(c_t)_{\text{yield}}=0 \tag{6.27c}$$

或者根据式(5.12),可得

$$(c_l)_{\text{yield}}=(c_b)_{\text{yield}} \tag{6.27d}$$

由此可知,发生弹-塑性屈服时的纵波声速等于体波声速。这也是在第 5 章中把粒子速度剖面上发生准弹性-塑性转变时的声速当作体波声速的原因。

上述剪切模量判据与通常的 von Mises 屈服条件[1]是等价的。在难以确定屈服强度的具体值但是能够知道剪切模量的变化规律或声速的变化规律的情况下,由式(6.27)可确定材料的屈服条件或判定其是否发生弹-塑性屈服。

式(6.26)仅考虑了弹性区的应力-应变关系对剪切模量的影响,忽略了应变率、温度、材料微细观结构、加工历史、杂质等因素的影响。包含这些因素的剪切模量方程可表示为

$$G_e=g(\sigma,\varepsilon,\dot{\varepsilon},T,\cdots) \tag{6.28}$$

在理想弹-塑性模型中,弹塑性屈服时及屈服后的偏应力的极大值等于常数且不随应变的变化而改变,因而理想弹-塑性模型下发生屈服时的偏应力对偏应变的导数(剪切模量)应该等于零。但是,式(6.27)仅要求偏应力达到极大值并没有要求偏应力的极大值保持为常数,这个极大值可以保持常数,也可以随加载应力、应变和应变率的改变而发生变化。式(6.27)是偏应力达到极大值的数学表达式,屈服强度等于常数仅是式(6.27)包含的一种特殊情况,不是它表达的全部情况。偏应力与加载路径(如应变率)有关,且随加载路径变化而改变。因此,理想弹-塑性模型描述的屈服条件仅是式(6.27)的一种特例而已。

发生弹-塑性屈服以后,固体材料的力学状态显然不应该再用弹性模量描述。在固

体力学中,以屈服强度 Y 描述固体材料发生弹-塑性转变时及屈服后的强度特性。固体屈服强度的定义通常采用 von Mises 屈服准则的形式,即屈服强度 Y 等于屈服时的临界剪应力 τ_C 的2倍:

$$Y=2\tau_C \tag{6.29}$$

因而,单轴应变加载下各向同性介质的屈服强度可以表示为

$$Y=2\tau_C=|\sigma_x-\sigma_y|_{\text{yield}} \tag{6.30}$$

取绝对值以确保无论在压缩屈服时或拉伸屈服时 Y 总取正值。同样,考虑了应变率、温度等因素的影响后 Y 的一般形式可以表示为

$$Y=y(\sigma,\varepsilon,\dot{\varepsilon},T,\cdots) \tag{6.31}$$

这是描述固体强度特性的第二个方程,称为屈服强度方程。

式(6.28)和式(6.31)构成了描述固体强度特性的两个基本方程,加上弹-塑性屈服条件式(6.27)或式(6.29),组成了描述固体本构关系的一组基本方程。

6.2.3　双屈服面法

一般而言,金属材料在单轴应变加载下的偏应力不仅是加载应力、应变、应变率、温度等变量的函数,而且与材料的冶金学历史(影响材料的晶粒度、微量杂质含量和位错密度等)有关,可以把偏应力看作这些变量的函数。在物态方程研究中把材料经历的各种不同热力学过程,如平面冲击压缩、斜波压缩、等熵压缩和卸载、等温压缩以及由以上热力学过程组合而成的复杂过程到达的所有压力、比容、温度、内能状态的集合称为状态曲面。该曲面由物态方程描述。每一种热力学过程经历的状态都能在物态方程曲面上勾画出一条代表该过程特点的曲线,冲击绝热线是冲击压缩终态在物态方程曲面上勾画出的一条特殊曲线。同样,也可以把固体材料经历不同的动力学加载或卸载过程,如冲击加载、斜波加载和卸载、单轴应力加载和卸载、球面和柱面冲击加载以及由以上动力学过程组合而成的复杂加载-卸载等过程中发生弹-塑性屈服时的偏应力、偏应变、应变率、应力、应变、温度等集合而成的多维曲面称为屈服面。把上述某种加载或卸载过程中发生屈服时的偏应力状态的变化勾画出的轨迹看作屈服面上的一条曲线。因此,本构关系是在材料经受某种动力学作用并发生弹-塑性屈服时的偏应力状态在屈服面上勾画出的一条特定曲线。

在平面冲击加载下,热力学系统只有一个自由度,而且偏应力(或剪应力)与屈服强度的关系是完全确定的,因此平面冲击加载下仅需用一个变量。例如,轴向应变 ε_x 可以描述偏应力 s_x 在冲击加载过程中的变化。这相当于将屈服面上的本构关系曲线投影到 $s_x-\varepsilon_x$ 平面上,如图6.2所示。图中纵轴表示轴向偏应力(或屈服强度),横轴表示轴向应变。在文献[30],把在加载屈服时轴向偏应力随应变的变化曲线称为上屈服面,把在卸载屈服时轴向偏应力随应变变化的曲线称为下屈服面。显然,沿着图6.2的横轴,偏应力 $s\equiv0$,因此也可以把横轴看作流体静水压条件下的偏应力线。

对于金属等各向同性固体材料,通常假定上屈服面和下屈服面关于流体静水压线对称。因此上、下屈服面的对称轴与流体静水压线重合。加载(或压缩)屈服时固体材料的偏应力状态位于上屈服面上,将上屈服面上的偏应力标记为 s_{x+},按照式(6.4)得到上屈服面上的偏应力为

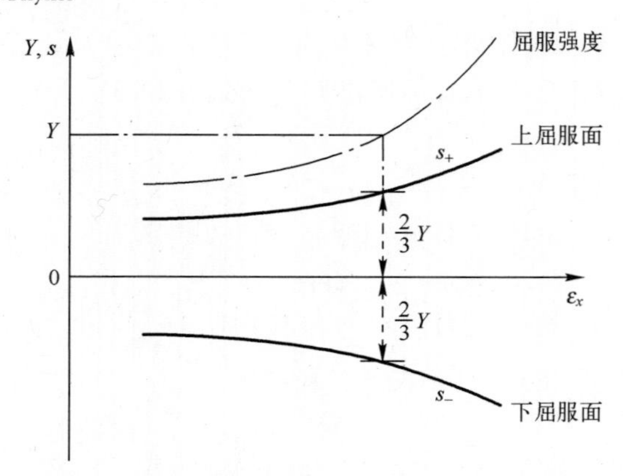

图 6.2　单轴应变加载下的偏应力、屈服强度随轴向应变的变化

$$s_{x+}=\frac{2}{3}(\sigma_x-\sigma_y)=\frac{2}{3}Y>0 \tag{6.32a}$$

发生卸载屈服时的偏应力状态位于下屈服面上，将下屈服面上的偏应力表示为

$$s_{x-}=\frac{2}{3}(\sigma_x-\sigma_y)=-\frac{2}{3}Y<0 \tag{6.32b}$$

对应于同一轴向应变状态时，上、下屈服面上的轴向偏应力之差恰好等于 $4Y/3$，即

$$\Delta s\equiv s_{x+}-s_{x-}=\frac{4}{3}Y \tag{6.33a}$$

因此，如果能够确定上、下屈服面的位置，就能根据对应于同一轴向应变的上、下屈服面上的轴向偏应力之差计算屈服强度 Y。

在平面冲击加载下，将屈服面上对应于加载屈服和卸载屈服时的轴向应力 σ_x 与轴向应变 ε_x 关系曲线 $\sigma_x-\varepsilon_x$ 分别投影到应力-应变平面上，将得到发生屈服时表征上、下屈服面的轴向应力随应变变化的两条曲线，如图 6.3 中的点划线所示。在单轴应变加载下，发生卸载屈服时的轴向应力依然大于零，这是单轴应变下的卸载屈服与单轴应力下的卸载屈服的一个重要区别，后者发生卸载屈服时的轴向应力小于零。在图 6.3 中，给出了上、下屈服面与 Hugoniot 线及流体静水压线之间的关系。另外，由于上屈服面上的轴向应力 $\sigma_{x+}=\bar{\sigma}+s_{x+}$，下屈服面的轴向应力 $\sigma_{x-}=\bar{\sigma}+s_{x-}$，因而上、下屈服面之间的轴向应力之差也恰好等于 $4Y/3$，即

$$\Delta\sigma\equiv\sigma_{x+}-\sigma_{x-}=s_{x+}-s_{x-}=\frac{4}{3}Y \tag{6.33b}$$

因此，在轴向应力-应变平面上，可以用上、下屈服面之间的距离（轴向应力差）计算屈服强度。

发生屈服时上屈服面上的剪应力 $\tau_+=\tau_C$，下屈服面上的剪应力 $\tau_-=-\tau_C$，上、下屈服面之间的剪应力差为

$$\Delta\tau\equiv\tau_+-\tau_-=2\tau_C=Y \tag{6.33c}$$

恰好等于强度 Y。

式(6.33a)、式(6.33b)与式(6.33c)给出了计算屈服强度的三种方法，为屈服强度的实验测量奠定了基础，即只要能够确定上、下屈服面的位置，就可以根据上、下屈服面

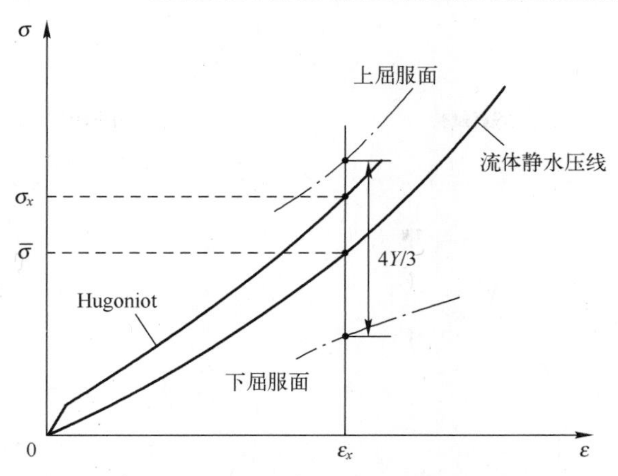

图 6.3　单轴应变加载下屈服面的位置，轴向应力、平均应力（流体静水压）和屈服强度之间的关系

之间的距离（偏应力之差、轴向应之力差或剪应力之差）确定屈服强度；反之，测量了屈服强度，也就能确定流体静水压或横向应力。这一方法称为双屈服面法[140]。

在弹性-理想塑性模型下，屈服强度 Y 等于常数，不随应变、应变率等变量的变化而变化，因此上、下屈服面与流体静水压线之间的距离不随加载状态而变化，即屈服面平行于流体静水压线。实际上，仅有极少数金属在低应力和低应变率加载下屈服强度近似保持常数。多数固体材料的屈服强度随应变、应变率的增大而增大，导致图 6.2 和图 6.3 中的屈服面与流体静水压线之间的距离随应变而变化，这一现象称为应变硬化或加工硬化。

6.2.4　硬化的影响

实际材料的屈服强度大都随冲击加载应力（应变）和应变率的增加而增大，于是提出了加工硬化或应变硬化的概念。导致硬化的微观机制非常复杂，尤其与支配位错运动的各种机制有关，目前尚未形成统一的解释。研究单轴应变加载下的位错运动对强度的影响是冲击动力学和材料力学共同关注的前沿课题。在早期研究中从力学角度曾经提出过硬化的两种基本模型。

第一种模型为各向同性硬化模型，模型认为各向同性材料在冲击加载下发生塑性变形后，材料的力学性质依然保持各向同性。虽然屈服面不再与流体静水压线平行，但上、下屈服面的对称轴仍与流体静水压线重合，因而式（6.33）表示的关系仍然成立，即上、下屈服面之间的距离等于 $4Y/3$。

第二种模型为"随动硬化"模型，模型认为在塑性应变增大的方向材料发生硬化，在塑性应变减小的方向发生软化，从而导致屈服面在应力-应变平面内发生移动。此时上、下屈服面虽然具有对称轴，但该对称轴不再像图 6.3 那样与流体静水压线重合，即上、下屈服面的对称轴相对于与流体静水压线发生了移动。

现分析随动硬化模型中上、下屈服面上的应力关系。对于各向同性介质的单轴应变，设上、下屈服面的对称轴在轴向应力 σ_x 方向相对于流体静水压线 $\overline{\sigma}$ 的偏离为 α_x（图 6.4），则在上屈服面上的轴向应力为

$$\sigma_{x+}-(\alpha_x+\bar{\sigma})=\frac{2}{3}Y \tag{6.34a}$$

在下屈服面上的轴向应力为

$$\sigma_{x-}-(\bar{\sigma}+\alpha_x)=-\frac{2}{3}Y \tag{6.34b}$$

虽然由于硬化屈服强度不再保持常数，但上、下屈服面上的轴向应力之差(上、下屈服面之间的距离)依然等于$\frac{4}{3}Y$，即

$$\sigma_{x+}-\sigma_{x-}=\frac{4}{3}Y \tag{6.35}$$

仍然满足式(6.3)表示的关系。利用这一条件，即使屈服面发生了移动，只要知道了上、下屈服面之间的距离，依然能够确定屈服强度 Y。

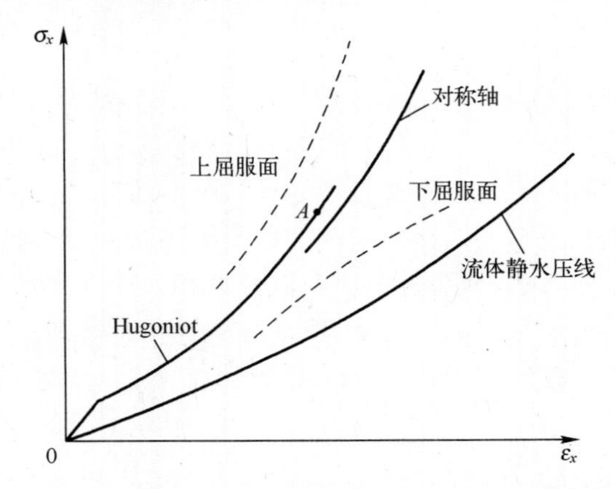

图 6.4　轴向应力与应变平面上，由随动硬化模型给出的屈服面与冲击绝热线和流体静水压线之间的关系

现在讨论随动硬化模型中对称轴在横向应力方向相对于流体静水压线的移动。在理想弹塑性模型中，轴向偏应力为

$$s_x=\sigma_x-\bar{\sigma}=2Y/3$$

横向偏应力为

$$s_y=\sigma_y-\bar{\sigma}=-Y/3$$

即

$$s_y/s_x=-1/2$$

而轴向偏应变为

$$e_x=\varepsilon_x-\varepsilon_x/3=2\varepsilon_x/3$$

横向偏应变为

$$e_y=\varepsilon_y-\bar{\varepsilon}=-\varepsilon_x/3$$

即

$$e_y/e_x=-1/2$$

为此取随动硬化模型中上、下屈服面的对称轴在 y 方向的平移量 α_y 等于在 x 方向的

平移量 α_x 的 1/2,即 $\alpha_y=-\alpha_x/2$,仿照式可写为

$$\sigma_{y+}-(\overline{\sigma}-\alpha_x/2)=-\frac{1}{3}Y \tag{6.36a}$$

$$\sigma_{y-}-(\overline{\sigma}-\alpha_x/2)=\frac{1}{3}Y \tag{6.36b}$$

由式(6.34)及式(6.36)得到随动硬化模型的平均应力为

$$\overline{\sigma}'=(\sigma_{x+}+2\sigma_{y+})/3=\overline{\sigma} \tag{6.37}$$

即随动硬化模型中的平均应力并未因上、下屈服面对称轴的移动发生改变。但是按照式(6.34a)及式(6.36a),得到随动硬化模型中的剪应力为

$$\tau'_{\mathrm{C}}\equiv(\sigma_{x+}-\sigma_{y+})/2=Y/2+\frac{3}{4}\alpha_x \tag{6.38}$$

式中:τ'_{C} 与理想弹塑性模型和各向同性硬化模型中的剪应力 $\tau_{\mathrm{C}}=Y/2$ 不相等。$\tau'_{\mathrm{C}}>\tau_{\mathrm{C}}$ 表明,为使材料变形并发生屈服,需要施加更大的的剪应力,即材料变硬,或因应变发生了硬化。

需要指出,在上述两种硬化模型的讨论中均未涉及应变率的影响。

6.3 平面冲击加载下屈服强度的实验测量

6.3.1 单轴应变加载下的 SCG 本构关系简介

1980 年,Steinberg,Cochran 和 Guinan 提出了一种与应变率无关的本构模型,称为 SCG 本构关系[141]或 Steinberg 本构关系。它是目前应用最广泛的高压本构关系之一。Steinberg 等将剪切模量方程和屈服强度方程表达为

$$G=G_0\left[1+\frac{G'_p}{G_0}\cdot\frac{p}{\eta^{1/3}}+\frac{G'_T}{G_0}(T-300)\right] \tag{6.39}$$

$$Y=Y_0(1+\beta\varepsilon)^n\left[1+\frac{Y'_p}{Y_0}\cdot\frac{p}{\eta^{1/3}}+\frac{Y'_T}{Y_0}(T-300)\right] \tag{6.40}$$

式中:p 和 T 分别为冲击压力和温度;η 为压缩度,$\eta=V_0/V$,其中 V 为比热容;β、n 为考虑加工硬化效应而引入的参量,由实验确定;$(1+\beta\varepsilon)^n$ 为加工硬化函数;G_0 和 Y_0 表示常压下的剪切模量和屈服强度;G'_p、G'_T、Y'_p、Y'_T 分别为 G 和 Y 对压力 p 和温度 T 的一阶导数。

从数学形式上看,SCG 本构模型不过是剪切模量 G 和屈服强度 Y 关于压力和温度的某种形式的泰勒展开,也是一种半经验-半理论的力学方程。按照 Steinberg 的说明,SCG 本构模型适用于高应变率($\dot{\varepsilon}\geqslant10^5$/s)和高压力($p\geqslant$10GPa)加载,有些研究者称其为高压本构,而把描述单轴应力加载下的本构关系称为低压本构,虽然以压力的高低来区分本构关系并不确当。

由于 Y'_T 很难从实验上进行测量,也难以用理论方法进行估算,Steinberg 等提出了一种估算 Y'_T 的经验方法:用剪切模量 G 的相应偏导数取代屈服强度 Y 的偏导数。低压实验表明有以下近似关系成立:

$$Y/G\approx\mathrm{const}\approx Y_0/G_0 \tag{6.41}$$

Steinberg 等假定冲击高压下上述金属关系以也成立,即

$$Y'_p/Y_0 \approx G'_p/G_0 \tag{6.42a}$$

$$Y'_T/Y_0 \approx G'_T/G_0 \tag{6.42b}$$

式(6.41)虽然出现在许多文献中和计算程序中,但在高压下的适用性尚有待实验验证。利用上述近似关系描述的屈服强度的方程式为

$$Y = Y_0\ (1+\beta\varepsilon)^n\left[1+\frac{G'_p}{G_0}\cdot\frac{p}{\eta^{1/3}}+\frac{G'_T}{G_0}(T-300)\right] \tag{6.43a}$$

或

$$Y/Y_0 = (1+\beta\varepsilon)^n[G(p,T)/G_0] \tag{6.43b}$$

在实际应用中,常把式(6.39)和式(6.40)中的 Y、G 及其对冲击压力和温度的导数当作热力学状态的函数,不仅用于描述冲击加载下的强度,也用于描述沿着卸载路径的强度。然而在实际应用中发现,尤其在计算卸载路径时,计算结果与实验结果存在显著差异。

Steinberg 等建议用常压下的剪切模量对压力的偏导数值表示在高压下的偏导数值。对于 2024 铝合金给出的参数值[141]为

$$G_0 = 27.6\text{GPa},\quad \frac{G'_p}{G_0}=\frac{G'_p}{G_0}\bigg|_{p=0,T=300\text{K}} = 0.065\text{GPa}^{-1}$$

$$\frac{G'_T}{G_0}=\frac{G'_T}{G_0}\bigg|_{p=0,T=300\text{K}} = -0.62\text{K}^{-1}$$

式(6.39)和式(6.40)的一个显著的缺陷是它没有包含应变率的影响。1989 年和 1993 年,Steinberg 等对式(6.39)进行了修正,提出了可以用于应变率$10^{-4}\sim10^6$/s 的本构方程[142,143]:

$$Y=[Y_T(\dot{\varepsilon}_p,T)+Y_A\cdot f(\varepsilon_p)]G(p,T)/G_0 \tag{6.44}$$

$$G(p,T)=G_0[1+A\cdot p\eta^{-1/3}-B\cdot(T-300)] \tag{6.45}$$

式中:ε_p 和 $\dot{\varepsilon}_p=\mathrm{d}\varepsilon_p/\mathrm{d}t$ 分别为塑性应变和塑性应变率;$Y_T(\dot{\varepsilon}_p,T)$ 为屈服强度中的热分量的贡献;$Y_A\cdot f(\varepsilon_p)$ 为非热分量的贡献;$f(\varepsilon_p)=(1+\beta\varepsilon_p)^n$ 为加工硬化函数;$A=\mathrm{dln}G/\mathrm{d}p|_{p=0,T=300\text{K}}$,$B=\mathrm{dln}G/\mathrm{d}T|_{p=0,T=300\text{K}}$,可以由静高压超声实验测量得到。

Steinberg 利用 Hoge 和 Mukherjee 等从位错理论的研究结果,将塑性应变率表示为

$$\dot{\varepsilon}_p=\left\{\frac{1}{C_1}\exp\left[\frac{2U_K}{kT}\left(1-\frac{Y'_T}{Y'_p}\right)^2\right]+\frac{C_2}{Y'_T}\right\}^{-1} \tag{6.46}$$

其中各参数的含义参见文献[143]。

6.3.2 Hugoniot 状态下屈服强度的实验测量

1. AC 方法的原理及基本假定

1980 年,Asay 和 Chhabildas[125]提出了一种基于双屈服面法测量材料在高达数十吉帕至兆巴冲击压力下的剪应力和屈服强度的方法,称为 AC 方法。AC 方法的基本设想是通过确定上、下屈服面的位置获得屈服强度,其基本原理如图 6.5 所示。如前所述,由于剪应力松弛,受冲击压缩固体材料的 Hugoniot 状态不一定在屈服面上,为了确定在

Hugoniot 状态下屈服面的位置，AC 方法假定可以通过对初始冲击加载的 Hugoniot 状态（图 6.5 中的 A 点）进行再加载，使材料从 A 点的预冲击状态经由再加载波发生弹-塑性屈服到达上屈服面（图 6.5 中的B_1B_2曲线）；或者从初始 Hugoniot 状态卸载，经由卸载波发生卸载屈服到达下屈服面（图 6.5 中的C_1C_2曲线）。在图 6.5 中，ABB_1表示从预冲击状态出发的再加载路径，B 点为再加载路径上发生准弹-塑性屈服的状态点，AB表示再加载过程中的准弹性加载段，BB_1表示再加载的塑性加载段；ACC_1表示从预冲击状态出发的卸载路径，C 点为卸载路径上的准弹性-塑性屈服点，AC表示卸载过程的准弹性卸载段，CC_1表示塑性卸载段。将上屈服面B_1B和下屈服面C_1C分别延伸到与预冲击 Hugoniot 状态（A 点）的应变 ε_A 对应的位置，即可以得到与预冲击状态对应的上、下屈服面上的屈服应力 σ_I 和 σ_L。按照式（6.33b）计算预冲击状态的屈服强度：

$$Y=\frac{3}{4}(\sigma_I-\sigma_L)$$

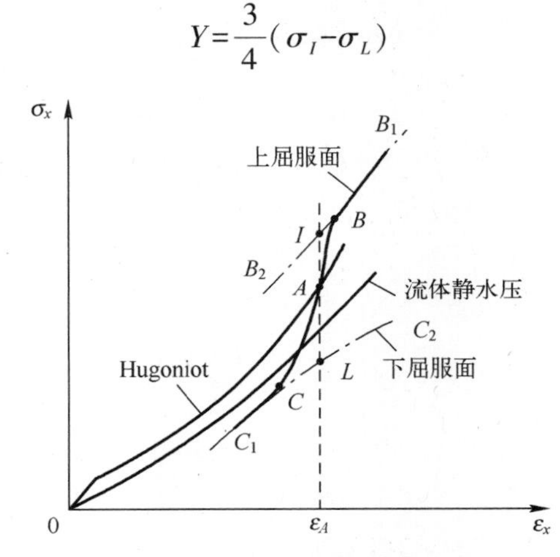

图 6.5　AC 方法原理（从 Hugoniot 状态 A 经过再加载到达上屈服面 B_1B_2，经过卸载到达下屈服面 C_1C_2）

AC 方法的基本假定如下。

（1）预冲击加载的 Hugoniot 状态不一定在屈服面上。在早期文献中 Asay 和 Chhabildas 没有说明为什么 Hugoniot 状态不一定在屈服面上。因为当冲击压力超过 Hugoniot 弹性极限时的确发生了弹-塑性屈服，冲击加载时粒子速度剖面上的弹-塑性双波结构就是冲击压缩下材料进入塑性状态的明证。AC 方法认为 Hugoniot 状态不一定在屈服面上似乎是个悖论，其原因将在第 7 章中做进一步讨论。简单来说，是由于材料从冲击波阵面的极端应变率到冲击波后的 Hugoniot 平衡状态的过程中，应变率急速下降导致剪应力松弛，使 Hugoniot 状态偏离了冲击加载的屈服面。

既然预冲击 Hugoniot 状态不在屈服面上，就可以认为它处于某种类弹性或准弹性状态，对该状态进行再加载能使之发生弹-塑性转变。图 6.6 给出了胡建波[124,144]等在 LY12 铝合金的再加载实验中观测到的粒子速度波剖面，显示了对 Hugoniot 状态进行再加载的准弹性-塑性转变特征。

（2）处于预冲击状态的固体材料存在屈服面，上、下屈服面以流体静水压线为对称，且可以通过对 Hugoniot 状态进行再加载路径或卸载时出现的弹-塑性转变点确定进入上、下屈服面的位置。

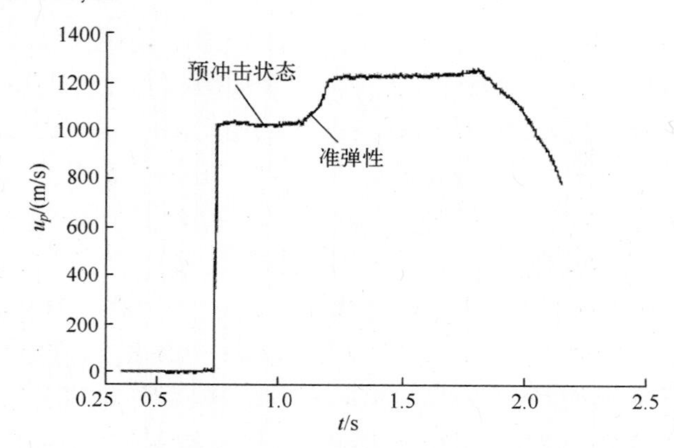

图 6.6　实测 LY12 铝合金在冲击加载-再加载下的粒子速度剖面(显示了准弹性-塑性屈服特征)

注:LY12 铝飞片速度为 2.049km/s,对称碰撞的预冲击压力为 19.05GPa。

固体材料在预冲击 Hugoniot 状态下具有确定的剪应力 τ_0,它与经由再加载或卸载作用发生屈服时的临界剪应力的 τ_C 并不相等。把发生准弹性-塑性转变时的屈服强度定义为 Hugoniot 状态的屈服强度 Y_C,即

$$Y_C \equiv 2\tau_C \tag{6.47a}$$

它可由上、下屈服面上的正应力 σ_{x+} 与 σ_{x-} 之差得到

$$\sigma_{x+}-\sigma_{x-}=\frac{4}{3}Y_C \tag{6.47b}$$

2005 年,Huang 和 Asay 提出了一种物理机制,试图对预冲击压缩下材料的 Hugoniot 状态不一定在屈服面上的物理机制进行解释[145]。他们认为,真实材料是由大小、方向不同的晶粒组成的多晶体,材料中存在杂质和微观缺陷。在这些因素的共同影响下,冲击波与多晶颗粒作用时导致能量的非均匀沉积。从晶粒尺度上看,材料中的应力、密度和温度并不均匀。在某些区域材料的剪应力会发生松弛,使这些区域的剪应力小于冲击加载阵面的屈服应力,即剪应力状态位于屈服面与流体静水压之间。而在另一些区域材料处于屈服状态并位于屈服面上。当材料受到再加载作用时,不在屈服面上的这部分材料就会表现出类似于弹-塑性屈服的特征,并在再加载波作用下进入屈服面。因此,在 AC 方法中的表现出的准弹性过程实际上包含了同时发生弹性变形和塑性变形的综合作用,与经典的弹-塑性理论存在显著区别。

(3) 当待测材料各向同性时,材料在高应变率下的硬化为各向同性硬化。因此,在预冲击 Hugoniot 状态材料中的剪应力为

$$\tau_0=(\sigma_x-\sigma_y)/2 \tag{6.48}$$

式中:σ_x、σ_y 分别为预冲击加载 Hugoniot 状态的轴向应力和横向应力。

(4) 预冲击状态对屈服面的偏离很小,驱动受冲击材料使之进入屈服面的再加载波或卸载波的应力幅度也很小,假定从预冲击状态的再加载或卸载过程是一种应变率无关的准等熵过程,即 AC 方法获得的屈服强度 Y_C 与再加载波的应变率无关。

2. AC 方法的实验装置设计

为了实现冲击加载-再加载或冲击加载-卸载过程并使材料分别进入上、下屈服面,Asay 和 Chhabildas 将两种不同阻抗的金属材料粘接在一起制成双层平板飞片,以双层组

合飞片碰撞待测样品材料,能够在材料样品中产生具有冲击加载-再加载或冲击加载-卸载剖面结构的应力波;通过测量"样品/窗口"界面的粒子速度变化,获得待测样品的声速随粒子速度变化;按照小扰动波传播的特征线理论,反演得到样品中的原位应力-应变-粒子速度关系。因此,Asay 和 Chhabildas 提出的加载-再加载和加载-卸载方法实验隐含了再加载波或卸载波是准等熵波的假定,可以通过 5.4 节的方法从多台阶样品的粒子速度剖面获得再加载波或卸载波的声速。

AC 方法需要同时测量沿着加载-再加载和加载-卸载路径的声速和粒子速度的变化。Asay 和 Chhabildas 采用双台阶或多台阶样品进行实验,实验装置的基本结构如图 6.7 所示。双层组合飞片中的前飞片材料通常与待测样品材料相同,后飞片由阻抗与前飞片稍许不同的材料制作。对于加载-再加载过程,后飞片的阻抗比前飞片稍高些。当组合飞片碰撞样品时对样品产生预冲击加载,将样品加载到图 6.5 中 A 点所示的预冲击状态;在组合飞片碰撞待测样品的同时在前飞片中产生一左行冲击波,该左行冲击波到达"前飞片/后飞片"界面时立即反射右行压缩波;该右行压缩波穿过前飞片进入样品,使处于预冲击状态的样品材料受到再加载。对于加载-卸载过程,后飞片的阻抗比前飞片稍低。在组合飞片击靶时刻从"前飞片/样品"界面反射的左行冲击波将在"前飞片/后飞片"界面上反射右行稀疏波;该稀疏波将使预冲击样品受到卸载。

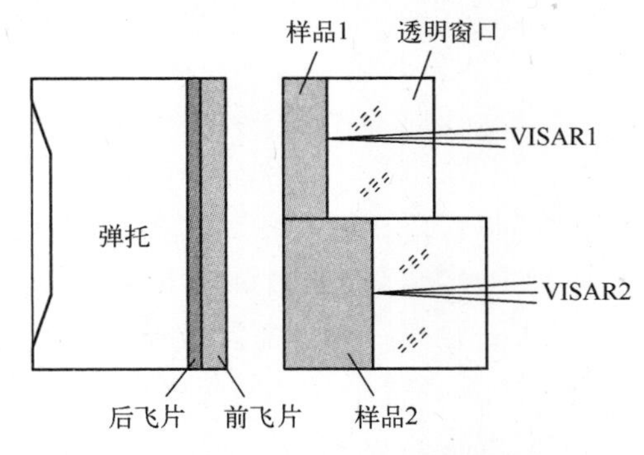

图 6.7 AC 方法的实验装置示意图

在 AC 方法的实验设计中,要求从预冲击状态发出的再加载波可以当作简单波或准等熵波处理。因此要求前、后飞片材料的阻抗不能差别太大,以免再加载波演变为冲击波。胡建波在 LY12 铝合金的冲击加载-再加载实验中选用阻抗比 LY12 铝合金稍高的国产 TC4 钛合金作后飞片。对于加载-卸载实验,后飞片材料的选择余地很大,仅要求后飞片的阻抗比前飞片低即可,因为除非在特殊条件下卸载总是产生中心稀疏波。采用单飞片碰撞样品就能在飞片后界面上产生追赶稀疏波,控制单飞片厚度可适当调节卸载速率。

AC 方法要求进入不同厚度的台阶样品中的加载波列在物理上是完全等价的。实验装置(图 6.7)的几何尺寸设计必须满足以下基本要求。

(1) 待测样品不能太厚,以免击靶产生的预冲击波在到达"待测样品/窗口"界面以前就已被冲击波后方的再加载波或卸载波赶上;待测样品也不能太薄,以免预冲击波在"待测样品/窗口"界面的反射波在前飞片中过早与再加载波或卸载波相遇,导致进入不同台阶样品中的再加载波各不相同。

(2) 在冲击加载-再加载实验中，组合飞片中后飞片的厚度不能太薄，以免再加载波在到达"样品/窗口"界面以前就被追赶稀疏波赶上。后飞片的厚度应确保能够在不同厚度的"台阶样品/窗口"界面观察到的再加载波均具有完整的结构，即在再加载波的上升前沿上有一个速度平台，且不同样品厚度的速度平台的幅值相等。对于采用单飞片的冲击加载-卸载实验，飞片也不能太厚，以免卸载波的应变率与再加载波的应变率相差太大。

条件(1)是对台阶样品的最大厚度和最小厚度的限制，也包含了关于待测样品厚度与前飞片厚度之间的匹配；条件(2)有点类似于第2章关于追赶比的要求。满足条件(1)和(2)的样品设计能够确保从不同厚度的"台阶样品/窗口"界面观察到的冲击加载-再加载波粒子速度剖面信号具有如图6.6所示的典型结构，即实验测量的各台阶样品的粒子速度剖面上(图6.8)存在一个粒子速度幅值相等的预冲击波平台，幅值相等的预冲击平台表明各台阶样品中的预冲击压缩状态是等同的；同时要求在各预冲击平台区的后面都紧跟着一个具有完整波剖面结构的再加载波，再加载波的上升沿的斜率可以随台阶样品的厚度而有所不同，但上升沿后方的速度平台的幅度不随台阶样品改变。具有完整的上升前沿和幅值相等的速度平台的再加载波剖面表明，各台阶样品经历的再加载过程是等同的，因而其传播过程在物理上是相似的。若再加载波在传播过程中赶上了其前方的预冲击波，则预冲击波平台的幅值将升高；若再加载波被来自组合飞片的后界面的追赶稀疏波赶上，则再加载波的平台幅值将下降或消失。在"冲击加载-卸载"实验中测量的粒子速度剖面也应有类似于图6.8所示的结构，仅需使再加载波剖面变成准弹性卸载波剖面，如图6.8(b)所示。

(3) 各台阶样品的宽厚度比设计应确保在实验观测时间内边侧稀疏既不会影响预冲击波，也不会影响"前飞片/后飞片"界面上发出的再加载波或卸载波。因此，厚度最大的样品直径就是台阶样品的最大直径。一方面需要根据气炮发射管的口径或飞片的直径确定实验样品的数量；另一方面各台阶样品之间应该有足够的厚度差，使应力波在不同厚度样品之间的传播时间能够被测量仪器精密诊断和分辨。

AC方法的实验装置设计比较复杂，需要借助于计算机方法确定飞片、样品和窗口的几何尺寸。

LiF或蓝宝石晶体常用作AC方法的透明窗口。从物理上选用窗口的原则与第5章声速测量的要求一样，应尽可能减弱预冲击波在"样品/窗口"界面的反射波对再加载波或卸载波的影响，同时满足激光速度干涉测量对窗口光学性质的要求。从几何设计上则要求窗口足够厚，保证实验测量时间内，在再加载波或卸载波到达"样品/窗口"界面以前，先期进入窗口中的初始冲击波不会到达窗口的自由面，以免导致窗口的破坏。

3. 再加载波或卸载波的自相似传播

满足上述设计要求的双飞片击靶后，样品中的波系作用及"双台阶样品/窗口"界面的粒子速度剖面如图6.8所示。图6.8(a)为双飞片击靶后的波系传播的$x-t$图。预冲击波OA在A点到达"样品/窗口"界面，反射冲击波OB在B点到达"前飞片/后飞片"界面，从"前飞片/后飞片"界面反射形成再加载波或卸载波。样品中的预冲击压力和粒子速度以及"样品/窗口"界面的初始粒子速度可以由阻抗匹配法计算。

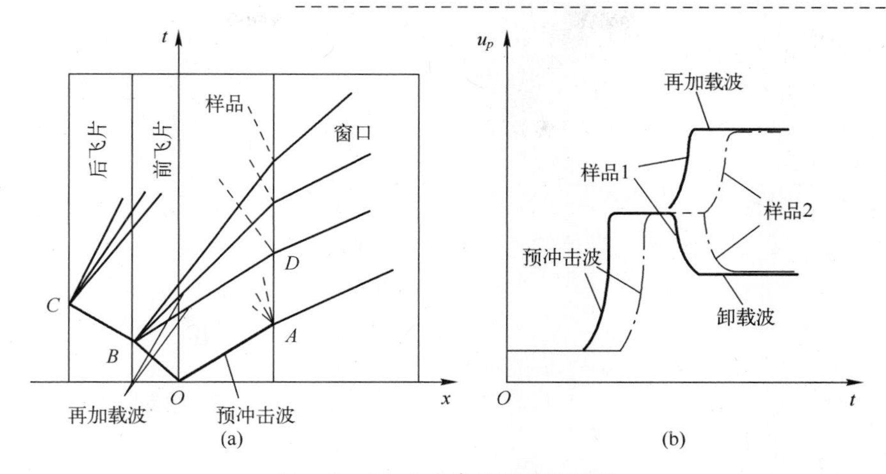

图 6.8　AC 方法实验测量原理图

(a)双层飞片击靶后的波系作用;(b)在双台阶样品实验中,从加载-再加载实验与加载-卸载实验分别得到的"样品/窗口"界面粒子速度剖面。

从"前飞片/后飞片"界面 B 点反射的再加载波或卸载波在 D 点到达"样品/窗口"界面。在加载-再加载情况下,再加载波使"样品/窗口"界面粒子速度再次上升;在加载-卸载情况下,卸载波使"样品/窗口"界面粒子速度下降,如图 6.8(b)所示。如果把再加载波(或卸载波)在样品中的运动当作一种自相似运动,则台阶样品的薄样品中的再加载波(或卸载波)剖面也就是厚样品在该厚度位置上的输入波形。换言之,无论是加载-再加载测量,还是加载-卸载测量,从不同厚度样品得到的两幅粒子速度剖面都表示同一应力波在样品中经过一定传播距离(等于两台阶样品厚度之差)后的图像,根据两幅粒子速度剖面,可反演得到样品中的原位拉氏声速粒子速度、应力和应变。

由于在同一发实验中至少需要使用两块厚度不同的样品,在 AC 方法中难以使用反向碰撞法;而在正向碰撞法中由于"样品/窗口"界面的阻抗失配,在图 6.8(a)中 A 点的反射波将严重干扰来自 B 点的再加载波或卸载波。在自相似传播假定下,采用多样品设计能够在一定程度上减弱 A 点的反射波对追赶波速度测量数据的影响,但对粒子速度剖面的影响难以消除(见 5.3.2 节),也使从界面粒子速度反演解读原位粒子速度变得复杂和困难。

6.3.3　实验数据处理方法

由于前飞片和后飞片阻抗差异很小,对预冲击状态进行再加载的应力波可以看作准等熵波,可用特征线方法分析处理从波剖面实验测量中观察到的准弹性-塑性转变;至于卸载波,总是把它当作准等熵波处理。根据实验测量的粒子速度与声速可以计算再加载和卸载路径,确定上、下屈服面的位置;再利用上、下屈服面之间的距离确定屈服强度。这些假定构成了 AC 方法测量材料强度的基础。

1. 临界剪应力与拉氏声速的关系

由图 6.5 中上、下屈服面之间的距离,得到屈服强度 Y,即

$$Y=2\tau_C=\frac{3}{4}(\sigma_I-\sigma_L) \tag{6.49}$$

根据各向同性介质平面冲击压缩下的正应力 σ_x 与流体静水压强 p 和剪应力 τ 的关系,即

$$\sigma_x = p + \frac{4}{3}\tau$$

结合纵波声速、体波声速和横波声速的关系,以及工程应变 $e = 1 - V/V_0$,可以得到从预冲击状态出发沿着再加载或卸载路径的剪应力 τ 随工程应变 e 的变化,即

$$\frac{d\tau}{de} = \frac{3}{4}\frac{\rho^2}{\rho_0}(c_l^2 - c_b^2) = \frac{\rho^2}{\rho_0}c_t^2 \tag{6.50}$$

式中:c_l、c_b 分别为欧拉纵波声速及体波声速。

从实验测量直接得到的是拉氏纵波声速 a_l 和体波声速 a_b,利用欧拉声速与拉氏声速的关系 $\rho_0 a = \rho c$,得到

$$\frac{d\tau}{de} = \frac{3}{4}\rho_0(a_l^2 - a_b^2) = \rho_0 a_t^2 \tag{6.51}$$

从预冲击状态(图 6.5 中的 A 点)出发,分别沿着再加载路径AB或卸载路径AC积分得到

$$\int_{\tau_0}^{\tau_C} d\tau = \frac{3}{4}\rho_0 \int_{e_0}^{e_B} (a_l^2 - a_b^2)\,de \tag{6.52}$$

$$\int_{\tau_0}^{-\tau_C} d\tau = \frac{3}{4}\rho_0 \int_{e_0}^{e_C} (a_l^2 - a_b^2)\,de \tag{6.53}$$

即

$$\tau_C - \tau_0 = \frac{3}{4}\rho_0 \int_{e_0}^{e_B} (a_l^2 - a_b^2)\,de \tag{6.54}$$

$$\tau_C + \tau_0 = -\frac{3}{4}\rho_0 \int_{e_0}^{e_C} (a_l^2 - a_b^2)\,de \tag{6.55}$$

式中:e_B、e_C 分别为图 6.5 中的上屈服面 B 点和下屈服面 C 点的工程应变。

联立式(6.54)及式(6.55),从实测的拉氏纵波声速 $a_l(e)$ 和体波声速 $a_b(e)$,计算预冲击状态的剪应力 τ_0 和屈服面上的临界剪应力 τ_C。

2. AC 方法实验测量的数据解读步骤

1) 粒子速度剖面计算

从 VISAR 测量的 t 时刻干涉条纹总数 $N(t)$ 计算"样品/窗口"界面粒子速度剖面:

$$u_W(t - \tau/2) = \frac{\lambda N(t)}{2\tau(1+\alpha)(1+\delta)} \tag{6.56}$$

式中:λ 为激光波长;τ 为 VISAR 系统左、右两干涉臂的延迟时间;α 为在冲击加载下窗口材料的折射率修正因子;δ 为 etalon 标准具材料的色散修正因子。

式(6.56)的含义将在第 8 章中讨论。图 6.9(a)给出了在冲击加载-再加载实验中用 VISAR 仪器测量的"93W 合金样品/蓝宝石窗口"界面的拍频干涉信号[140]。实验中以铜和 93 钨合金分别作为前飞片和后飞片粘接成双飞片,飞片击靶速度为 0.6km/s。在图 6.9(b)给出的粒子速度剖面上可以清楚地看到预冲击平台和弹性再加载波及在加载波平台区,尽管再加载波的粒子速度平台不太稳定,这可能与当时的 VISAR 仪器的和测量技术水平有关。

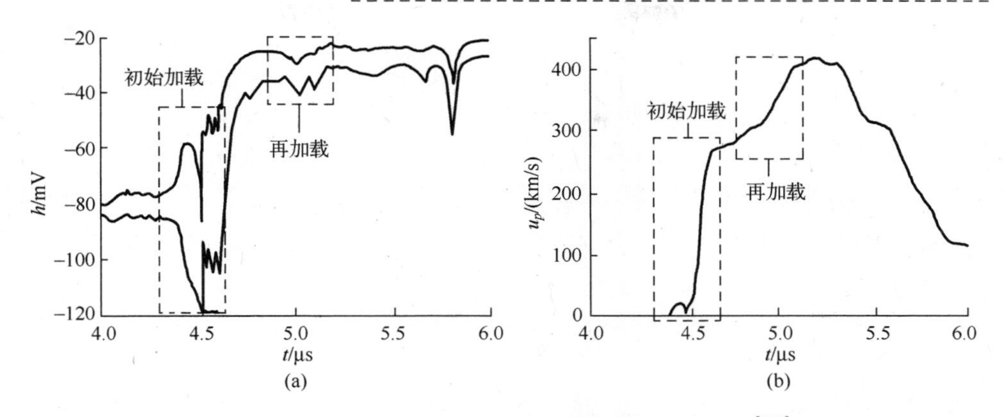

图 6.9　93W 合金的冲击加载-再加载实验测量结果[140]

(a) VISAR 测量的干涉条纹的实验记录;(b) 从 VISAR 信号得到的"样品/窗口"界面粒子速度剖面。

2) 拉氏声速剖面

从"双台阶样品/窗口"界面速度剖面 $u_W(t)$ 计算拉氏声速剖面 $a_l(t)$:

$$a_l(u_W)=a_l(t)=\frac{h_2-h_1}{\Delta t} \tag{6.57}$$

式中:h_2、h_1 分别为两个 93W 台阶样品的厚度;Δt 为再加载波或卸载波通过台阶距离 h_2-h_1 所需的时间。

Δt 的定义:若时刻 t 薄样品的界面速度为 u_W,则时刻 $t+\Delta t$ 时厚样品的界面速度等于 u_W。因此 Δt 是界面粒子速度剖面的函数。根据两个不同厚度样品的界面粒子速度剖面 $u_W(t)$,求得对应于同一粒子速度的时间差 Δt,使拉氏声速 $a_l(t)$ 与界面速度 $u_W(t)$ 直接关联起来。

必须再次指出,在计算声速时忽略了预冲击波在"样品/窗口"界面的反射波对后继再加载波或卸载波的影响。这等价于把再加载波或卸载波当作理想简单波,或者认为从不同厚度的"台阶样品/窗口"测量的速度剖面计算时间差 Δt 时,反射波的影响能够相互抵消,其对再加载波或卸载波传播的时间差的影响可以忽略不计。在"样品/窗口"界面阻抗严重失配的情况下,这样做可能会引入较大的实验测量不确定度。在同一发实验中用两块厚度不同的样品进行反向碰撞实验在技术上是不可行的。一种替代方法是以厚度不同的两发单样品反向碰撞实验代替双台阶样品实验,以减弱"样品/窗口"界面的反射波的影响。实际上,为了使两发反向碰撞实验的预冲击压力相等,需要使加载和卸载实验的弹速控制到完全相同,这也绝非易事。但只要两发实验的弹速非常接近,通过内插进行数据处理也是可接受的。

3) 加载波或卸载波后的原位粒子速度及原位应力

再加载波或卸载波在到达"样品/窗口"界面以前未受到界面反射波作用,波后粒子的粒子速度称为原位粒子速度。用第 5 章介绍方法可以从实测的界面粒子速度剖面 $u_W(t)$ 和拉氏声速 a_l 计算原位粒子速度 u_I 及原位应力 σ_I:

$$\mathrm{d}u_I=\frac{1}{2}\left(\mathrm{d}u_W+\frac{\mathrm{d}\sigma_W}{\rho_0 a_l}\right) \tag{6.58}$$

$$d\sigma_I = \frac{1}{2}(d\sigma_W + \rho_0 a_l du_W) \tag{6.59}$$

进行积分计算时，式(6.58)和式(6.59)中的积分初值即待测样品的预冲击状态。如果 VISAR 测量发生丢失干涉条纹的现象(见第 8 章)，则需要通过阻抗匹配计算确定积分初值(预冲击状态)；或者用 DISAR 仪进行测量，能够避免干涉条纹丢失问题。

4）拉氏声速与应变的关系

由纵波声速的定义及工程应变的定义得到

$$de = \frac{d\sigma_I}{\rho_0 a_l^2} \tag{6.60}$$

图 6.10 给出了实验测量的 93W 的拉氏声速随工程应变的变化[140]。图中：0 点表示预冲击状态；1 点表示从预冲击状态的卸载线与下屈服面的交点；2 点表示再加载线与上屈服面的交点。01曲线表示卸载过程的拉氏纵波声速随卸载路径(工程应变)的变化，02 曲线表示再加载过程的拉氏纵波声速随再加载路径(工程应变)的变化。将下屈服面的体波声速作线性外推，延长到与预冲击状态 0 及再加载状态 2 对应的应变状态，分别得到相应的拉氏体波声速 a_{b0} 及 a_{b2}。

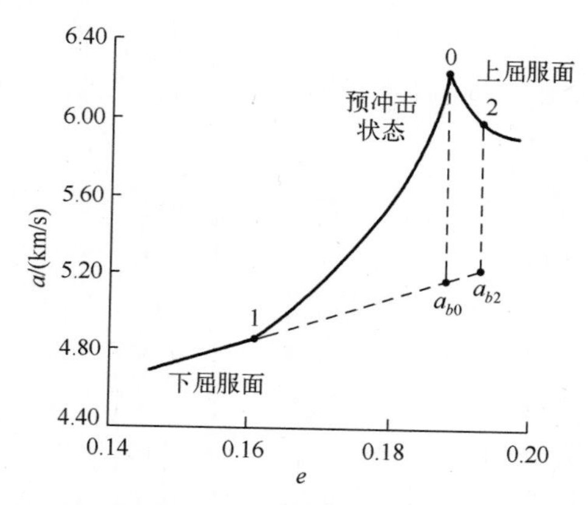

图 6.10　实测 93W 合金再加载和卸载过程中的拉氏声速随工程应变的变化[140]

5）体波声速

如图 6.10 所示，沿着卸载路径实验测量的纵波声速和体波声速是分段给出的，在准弹性卸载段只能得到纵波声速。在图 6.10 中，从预冲击状态 0 到下屈服面的卸载过程01段和到上屈服面的再加载过程02段中体波声速不能从实验测量的粒子速度剖面直接得到，对应的体波声速需要利用塑性卸载段的体波声速线性外推得到。

为此，需要把 93W 合金发生弹-塑性屈服后声速可当作体波声速。在本章讨论屈服条件时已经指出，由于卸载屈服时剪切模量等于零，卸载屈服时的声速应等于体波声速。LY12 铝合金的声速测量实验和 93W 合金的实验发现，塑性卸载段的体波声速基本与工程应变呈线性关系，在进行数据处理时有理由把下屈服面的体波声速作线性外推到图 6.10 中的 0 点和 2 点对应的应变状态，分别获得在预冲击加载状态点 1 的体波声速 a_{b0}和在再加载路径的准弹性-塑性转变点 2 的体波声速 a_{b2}。Asay 的实验和张江跃的实验均表明，2 点并不落在下屈服面的体波声速的延长线上。Asay 没有对此做出解释。这可能与再加载引起的硬化效应有关:由于再加载硬化,沿着在加载路径发生准弹性-塑性屈服的平均应力-应变关系($\bar{\sigma}-e$ 关系)与沿着卸载路径发生准弹性-塑性屈服的平均应力-应变关系不再重合,即再加载和卸载过程的两条流体静水压线不再重合,可能导致图 6.10 中 2 点偏离下屈服面的延长线。

6.3.4 屈服面上的临界应力和预冲击压缩下的应力状态

至此,得到了计算积分式(6.54)和式(6.55)所必需的全部条件,将它们归纳如下:

$$\tau_C - \tau_0 = \frac{3}{4}\rho_0 \int_0^2 (a_l^2 - a_b^2)\,\mathrm{d}e \tag{6.61}$$

$$\tau_C + \tau_0 = -\frac{3}{4}\rho_0 \int_0^1 (a_l^2 - a_b^2)\,\mathrm{d}e \tag{6.62}$$

预冲击状态下的剪应力为

$$\tau_0 = -\frac{3}{8}\rho_0 \left[\int_0^2 (a_l^2 - a_b^2)\,\mathrm{d}e + \int_0^1 (a_l^2 - a_b^2)\,\mathrm{d}e\right] \tag{6.63}$$

屈服面上的临界剪应力为

$$\tau_C = \frac{3}{8}\rho_0 \left[\int_0^2 (a_l^2 - a_b^2)\,\mathrm{d}e - \int_0^1 (a_l^2 - a_b^2)\,\mathrm{d}e\right] \tag{6.64}$$

预冲击状态下的屈服强度为

$$Y = 2\tau_C \tag{6.65}$$

设 A 点的预冲击压力 $\sigma_A \equiv \sigma_0$,则预冲击状态的等效流体静水压力为

$$p = \sigma_0 - \frac{4}{3}\tau_0 \tag{6.66}$$

预冲击状态下的横向应力为

$$\sigma_y \equiv \sigma_z = \sigma_0 - 2\tau_0 \tag{6.67}$$

预冲击状态下的偏应力为

$$s_0 \equiv \sigma_0 - p = 4\tau_0/3 \tag{6.68}$$

预冲击状态下的全部力学状态得到确定。

6.3.5 冲击加载下 LY12 铝合金的屈服强度实验测量

俞宇颖和胡建波利用 AC 方法测量了 LY12 铝合金在冲击加载下的屈服强度[144]。在加载-再加载实验中的前飞片与样品材料 LY12 铝合金相同,后飞片采用 TC4 合金。通过两发击靶速度近似相等但样品厚度不同的独立实验测量的粒子速度剖面,获得再加载段的声速。LiF 窗口与 LY12 铝合金的阻抗非常接近,这样的实验实际上等价于反碰实验,基本消除了预冲击波在“样品/窗口”界面反射的影响。利用 LY12 铝合金飞片击靶时的左行冲击波在飞片后界面反射产生的追赶稀疏波实现从预冲击状态的卸载。典型的再加载实验粒子速度剖面如图 6.11 所示,典型的准弹性再加载和卸载段的拉氏声速-粒子速度关系如图 6.12 所示。通过数据处理综合加载-卸载和加载-再加载的实验结果得到 LY12 铝合金在 20GPa 的屈服强度 $Y=0.6$GPa,剪应力 $\tau_0=0.14$GPa[144]。Huang[145] 和 Asay[146] 等对类似的铝合金的研究结果与胡建波等的研究结果,如图 6.13 所示。

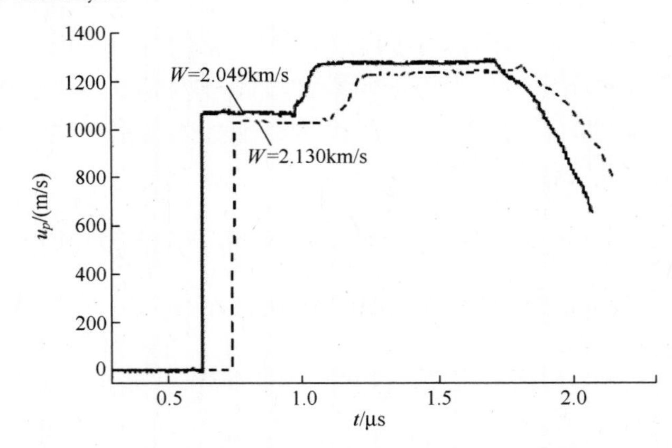

图 6.11 利用 TC4/LY12 铝合金双层组合飞片碰撞两块不同厚度的 LY12 铝合金样品的加载-再加载粒子速度剖面

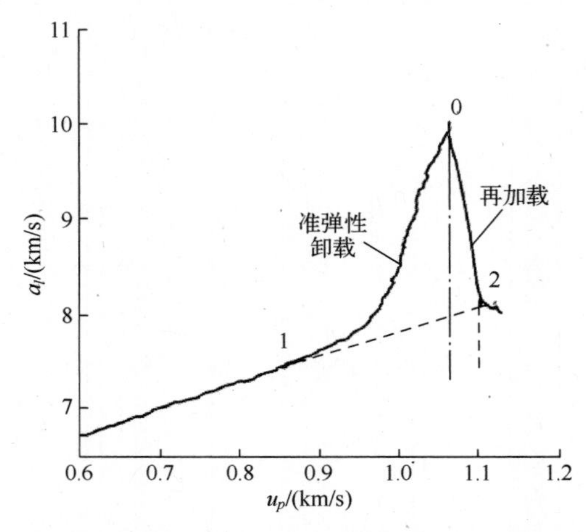

图 6.12 LY12 铝合金从 20GPa 预冲击状态的再加载和卸载实验的拉氏声速随粒子速度的变化($p_H = 20$GPa)

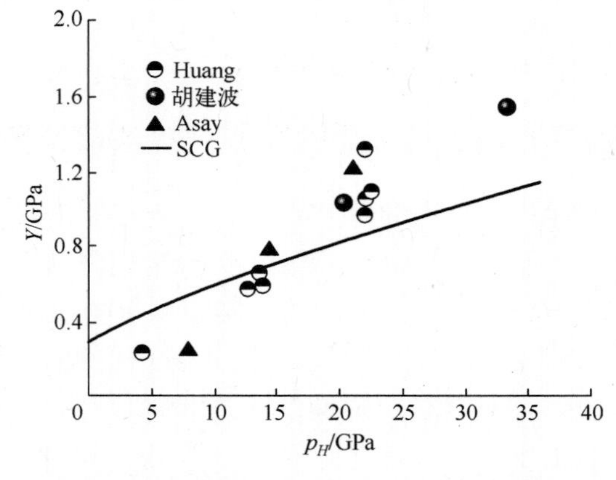

图 6.13 不同研究者测量的铝合金的屈服强度数据

6.3.6 冲击加载-再加载实验技术的改进

直至 2005 年, Huang 和 Asay 等公开发表的用双层组合飞片通过加载-再加载实验测量 LY12 强度的最高冲击压力仅为 22GPa[145]。在进行 AC 方法的冲击加载-再加载实验时,尤其当飞片速度较高时,双层组合飞片常会发生分离[147],导致再加载实验失败。为克服这一困难,胡建波等[124,144]采用平面焊接方法加强组合飞片之间的结合力,成功地将 TC4/LY12 铝合金组合飞片加速到 3. 2km/s,在对称碰撞实验中测得了 34GPa 冲击压力下 LY12 铝合金的冲击加载-再加载粒子速度剖面,以及在该粒子速度剖面上在冲击加载-再加载过程中出现的准弹性-塑性屈服特征。Furnish 等[148]采用爆炸焊接技术制作了 Ta/2169 钢组合飞片,该飞片成功地加速到 2. 06km/s,获得了 2169 钢在 48GPa 冲击压力下的冲击加载-再加载粒子速度剖面,但是即使采用了爆炸焊接技术,在更高速度时仍然出现了组合飞片分离的现象。虽然平面焊接技术和爆炸焊接技术在一定程度上提升了冲击加载-再加载实验能力,但未能从根本上解决组合飞片在高速再加载驱动过程中容易发生分离的困难,而且焊接技术比较复杂,特别是爆炸焊接产生的高温、高压作用可能改变待测材料的初始晶粒结构和相结构,对测量的强度数据造成影响。

为了解决上述困难,俞宇颖提出了一种简单而实用的方法[149]。根据气炮和化爆实验中观测到的平板飞片会发生抛物形、弓形或马鞍形等复杂变形[150,151]的事实,认为飞片在驱动加速过程中受到的复杂剪应力作用是导致前飞片与后飞片分离的重要原因。以往把前飞片与后飞片分离的主要原因归结为驱动过程中的拉伸应力,因此企图通过各种强力粘接技术来阻止飞片发生分离。实际上,驱动过程中前、后飞片发生的不规则变形是由复杂剪切应力造成的,剪切变形是导致了两者分离的主要因素。在双飞片实验中,后飞片是承受剪切作用的主要载体,采用较高抗剪强度的材料对后飞片进行加固支撑,有利于减少组合飞片的弯曲变形,避免前飞片与后飞片的分离。

俞宇颖用两种方法对加载-再加载实验的后飞片进行抗剪加固:一是用高强度材料制作后飞片,或者增加后飞片的厚度以增大其抗剪和抗变形能力,再用环氧树脂将它与待测样品制造的前飞片直接粘接;二是在双层组合飞片的后方再粘接一片高强度材料进行抗剪加固,制成具有三层结构的加固型组合飞片。利用上述两种加固技术对铝、锡和锆基金属玻璃($Zr_{51}Ti_5Ni_{10}Cu_{25}Al$)进行冲击加载-再加载实验,验证该方法的有效性。三种材料的冲击加载-再加载实验取得了完全成功。获得包含加载-再加载实验波剖面参见文献[149]。采用支撑材料的实验装置参数及测量见表 6. 1。

表 6. 1　采用支撑材料的冲击加载-再加载实验参数及测量结果[149]

实验序号	样品材料	样品尺寸/mm	支撑材料	支撑材料尺寸/mm	飞片速度/(km/s)	冲击压力/GPa	剪应力/GPa
1	LY12 铝合金	ϕ28×1. 445	TC4	ϕ28×3. 01	3. 67	38. 3	0. 73
2	LY12 铝合金	ϕ28×1. 465	Ta/TC4	ϕ28×3. 05/ϕ28×2. 09	4. 39	48. 5	0. 77
3	锡	ϕ28×2. 013	45 钢	ϕ28×4. 50	2. 49	28. 7	0. 07
4	锡	ϕ28×2. 015	45 钢	ϕ28×4. 50	3. 08	38. 1	0. 16
5	锆基金属玻璃	ϕ28×3. 135	45 钢	ϕ28×4. 50	3. 00	39. 1	0. 53

俞宇颖在 LY12 铝合金的再加载实验中采用了两种支撑材料:对于飞片速度为 3. 67km/s 的实验(序号 1),直接采用具有较大剪切强度的、较大厚度的 TC4 合金作为支撑材料,TC4 合金支撑材料同时是产生再加载波的高阻抗后飞片材料;对于飞片速度(冲

击压力)更高的实验(序号 2),在 TC4 合金飞片的后方再加了一片厚度为 2.09mm 的钽(Ta)支撑片,成功获得了 TC4/LY12 铝合金组合飞片在 4.39km/s 的弹速下的包含准弹性-塑性转变特征的再加载粒子速度剖面,冲击压力达到 48.5GPa,远远高出 Huang 和 Asay 的结果。使用支撑结构避免了平面焊接或爆炸焊接方法对待测样品的初始物理性质带来的影响。在锡和锆基金属玻璃的冲击加载-再加载实验中,俞宇颖以厚度为 4.5mm 的 45 钢作为支撑材料,待测样品飞片的击靶速度达到了 3km/s,也成功地获得了冲击加载-再加载波剖面,没有出现组合飞片的分离,相关实验测量的粒子速度剖面参见文献[149]。

此外,俞宇颖还利用两发弹速基本相同、样品厚度不同的反向碰撞加载-再加载实验的粒子速度剖面计算了再加载过程中的声速。根据式(6.54)计算了冲击加载-再加载实验中从初始 Hugoniot 状态再加载到上屈服面的过程中的剪应力变化,即

$$\tau_C - \tau_0 = \frac{3}{4}\rho_0 \int_0^2 (a_l^2 - a_b^2)\,\mathrm{d}e$$

计算结果列于表 6.1 的最后一列。

长期以来,由于前、后飞片分离导致高压下的冲击加载-再加载实验遇到很大困难,但冲击加载-卸载实验较易实行。有些研究者提出通过冲击-卸载实验由式(6.55)计算的$(\tau_C+\tau_0)$:

$$\tau_C + \tau_0 = -\frac{3}{4}\rho_0 \int_0^1 (a_l^2 - a_b^2)\,\mathrm{d}e$$

并计算金属材料屈服强度。为此假定初始 Hugoniot 状态位于上屈服面上,或者离上屈服面非常近,即假定 $\tau_C-\tau_0\approx 0$。由 $Y=2\tau_C=(\tau_C+\tau_0)+(\tau_C-\tau_0)\approx(\tau_C+\tau_0)$,从卸载实验测量的粒子速度剖面可近似计算屈服强度。俞宇颖[149]讨论了 LY12 铝合金、锡和锆基金属玻璃的$(\tau_C+\tau_0)$并根据 $Y\approx\tau_C+\tau_0$ 计算的屈服强度,与同时考虑加载-卸载实验和加载-再加载实验后利用表 6.1 中的$(\tau_C-\tau_0)$数据,并根据 $Y=(\tau_C+\tau_0)+(\tau_C-\tau_0)$ 重新计算的屈服强度。实验发现,根据冲击加载-再加载实验的$(\tau_C-\tau_0)$数据和冲击加载-卸载实验的$(\tau_C+\tau_0)$数据计算的屈服强度比单纯用冲击加载-卸载实验计算的强度高出 20%~50%,且这一差异不能归结为实验测量不确定度。可见,加载-再加载实验在双屈服面法测量屈服强度中扮演着极其重要的角色。

6.4 平面冲击压缩下剪切模量的实验测量

SCG 本构方程给出的剪切模量随冲击加载压力和温度的变化为

$$G = G_0\left[1+\frac{G_p'}{G_0}\cdot\frac{p}{\eta^{1/3}}+\frac{G_T'}{G_0}(T-300)\right]$$

该剪切模量方程实际上隐含了塑性冲击波后的 Hugoniot 状态不在屈服面上假定,因为剪切模量是固体材料在弹性加载下的剪应力-剪应变特性的表征,而屈服面上的剪切模量应等于零。

按照式(6.14)把弹性力学中的剪切模量定义拓展到准弹性条件下,结合准弹性条件下偏应力的关系 $s=\sigma-p$,得到

$$G\equiv\frac{1}{2}\frac{\partial s}{\partial e_s}=\frac{3}{4}\frac{\partial s}{\partial \varepsilon_x}=\frac{3}{4}\frac{\partial(\sigma-p)}{\partial \varepsilon_x}$$

俞宇颖等将准弹性条件下的剪切模量称为有效剪切模量[152]，用 G_e 表示。根据纵波声速和体波声速的定义以及与横波声速的关系，得到准弹性条件下的有效剪切模量与声速的关系为

$$G_e\equiv\frac{3}{4}\rho(c_l^2-c_b^2)=\rho c_t^2 \tag{6.69}$$

利用实验测量的准弹性再加载或卸载过程中的拉氏纵波声速和体波声速，将有效剪切模量表达为

$$G_e=\frac{3}{4}\frac{\rho_0^2}{\rho}(a_l^2-a_b^2) \tag{6.70}$$

借助于沿着的准弹性再加载或卸载路径的声速测量，能够获得有效剪切模量。

6.4.1 LY12 铝合金沿着冲击绝热线的剪切模量的实验测量

LY12 铝合金是一种国产商用铝合金，其化学组分(质量分数)：$w(\mathrm{Al})=95.15\%\sim96.95\%$，$w(\mathrm{Cu})=3.8\%\sim4.9\%$，$w(\mathrm{Mg})=1.2\%\sim1.8\%$，$w(\mathrm{Mn})=0.3\%\sim0.9\%$，$w(\mathrm{Ti})\leqslant0.5\%$，$w(\mathrm{Zn})\leqslant0.3\%$，$w(\mathrm{Fe})\leqslant0.5\%$，$w(\mathrm{Si})\leqslant0.5\%$，$w(\mathrm{Ni})\leqslant0.5\%$。LY12 铝合金的 Hugoniot 参数已经过冲击波物理与爆轰物理重点实验室精密测量，测量发现与美国的 2024 铝合金的 Hugoniot 参数完全一样。2024 铝合金初始密度 $\rho_0=2.785\mathrm{g/cm^3}$，$D-u$ 冲击绝热线中的参数为 $c_0=5.37\mathrm{km/s}$，$\lambda=1.29$，Gruneisen 系数 $\gamma_0=2.00$[153]。

LY12 铝合金的声速测量在冲击波物理与爆轰物理重点实验室的二级轻气炮上进行。在 20～100GPa 冲击压缩下进行了 6 发对称碰撞实验，声速测量结果已经列于表 5.1。利用钽飞片进行了两发非对称碰撞实验，得到了冲击压力为 110.0GPa 和 131.0GPa 的声速；利用非对称碰撞实验确定声速的方法参见文献[89]。8 发实验测量的声速测量结果见表 6.2。声速随压力的变化规律如图 5.22 所示。

表 6.2 实测 LY12 铝合金沿着冲击绝热线的声速及剪切模量与 Steinberg 模型的比较

序列号	p/GPa	实验测量结果			Steinberg 模型		式(6.71)
		c_l/(km/s)	c_b/(km/s)	G/GPa	η	G/GPa	G/GPa
LY-LY1	20.3	8.48	6.80	63.8	1.19	58.8	60.8
LY-LY2	32.1	9.24	7.35	83.2	1.26	73.8	78.2
LY-LY3	54.7	10.19	8.14	108.8	1.38	97.4	107.6
LY-LY4	70.6	10.73	8.60	125.2	1.45	110.6	125.7
LY-LY5	87.1	11.06	8.95	133.6	1.50	120.2	139.7
LY-LY6	99.0	11.59	9.43	149.7	1.58	132.2	159.2
Ta-LY7	110.0	11.67	9.52	151.6	1.59	134.1	162.6
Ta-LY8	131.0	11.34	9.94	103.0	1.65	—	—

根据式(6.69)和表 6.2 中列出的 Hugoniot 状态下的欧拉纵波和体波声速数据，计算了从 20～131GPa 压力区内 8 个冲击压力点 Hugoniot 状态下的剪切模量，如表 6.2 和图 6.14 所示，图中的“□”表示俞宇颖等从声速测量的数据[89]计算的剪切模量；“ * ”表

示根据 McQueen 发表的用光分析法测量 LY12 铝合金的欧拉纵波声速[92]并结合沿着 Hugoniot 的体波声速公式计算的剪切模量。图 6.14 表明,根据俞宇颖测量的 LY12 铝合金的声速数据及 McQueen 测量的 2024 铝合金的纵波声速计算的剪切模量具有良好的一致性。在冲击熔化以前,LY12 铝合金在固相区剪切模量随压力的增加单调增大;发生冲击熔化后,在固-液混合相区的剪切模量随冲击压力增加迅速减小,但并未立即消失,这与静高压下金属材料发生熔化时剪切模量立即减小为零的情况非常不同。

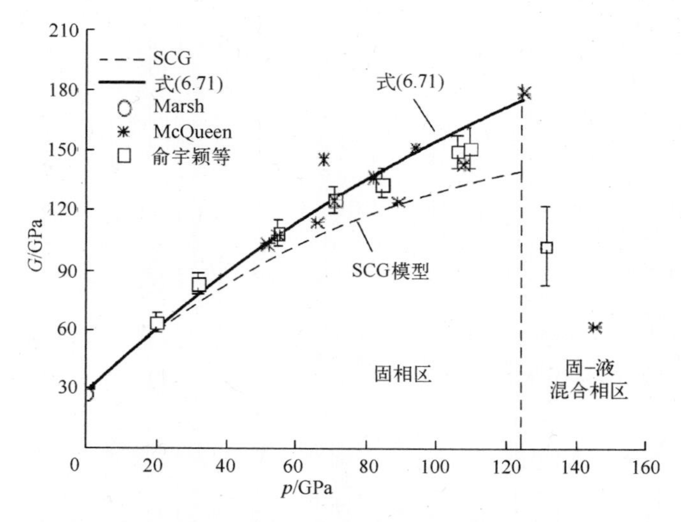

图 6.14 实验测量的沿着冲击绝热线的剪切模量数据与 SCG 模型的比较

6.4.2 对 Steinberg 本构关系中的剪切模量方程的讨论及修正

根据 SCG 本构关系的剪切模量方程

$$G_{\mathrm{SCG}} = G_0\left[1+\frac{G_p'}{G_0}\cdot\frac{p}{\eta^{1/3}}+\frac{G_T'}{G_0}(T-T_0)\right]$$

可以计算沿着冲击绝热线的剪切模量。Steinberg 给出的 2024 铝合金的剪切模量方程的相关参数[141]:$G_0=27.6\mathrm{GPa}$,$G_p'/G_0=0.065\mathrm{GPa}^{-1}$,$G_T'/G_0=-0.62\times10^3\mathrm{K}^{-1}$。利用这些参数以及 McQueen 等给出的 2024 铝合金的温度数据[24]计算的 LY12 铝合金在冲击熔化压力 125GPa 以下的剪切模量,如图 6.14 中的虚线所示,列于表 6.2。在 20~125GPa 压力区,用 Steinberg 模型计算的剪切模量系统地低于根据实测声速数据计算的剪切模量。当冲击压力较低,20~30GPa 时,SCG 模型的计算结果与从声速测量得到结果之间的差异很小;当压力较高,如高于 40GPa 时,两者之间的偏离随冲击压力显著增大,在 100GPa 压力时两者的差异约达 13%。

在提出 SCG 模型的剪切模量方程时,因子 $p/\eta^{1/3}$ 表示剪切模量与冲击压力的相关性。理论上,当密度趋于无穷时($\rho\to\infty$)压力也趋于无穷大。按照 Thomas-Fermi 理论,当密度趋于无穷大时 $G\propto\rho^{4/3}$ 而 $p\propto\rho^{5/3}$,因此得到 $G\propto p/\rho^{1/3}$[154]。在第 2 章中已经指出,即使冲击压力趋于无穷大,密度的增加也非常有限。按照 Hugoniot 关系,冲击加载下的压缩度 η 与冲击波速度 D 与粒子速度 u 的关系为

$$\eta=\frac{V_0}{V}=\frac{D}{D-u}=\frac{D/u}{D/u-1}$$

当冲击压力趋于无穷大时,压缩度的极限值由 $D-u$ 冲击绝热线的斜率确定。根据 Trunin[16] 关于极端高压下 $D-u$ 冲击绝热线数据,大多数金属材料的 Hugoniot 的斜率的极限值 $s=\lim_{P\to\infty}\frac{\mathrm{d}D}{\mathrm{d}u}=1.2\sim1.3$,在极限冲击压力下压缩度 V_0/V 的极限值为 4.3~6.0。据文献[16]报道,铝合金在(3.20 ±0.5)TPa 极端冲击压力下的压缩度仅为 3.2 ±1.9。按 LY12 铝合金的线性 $D-u$ 冲击绝热线的斜率 $s=1.29$ [78],铝合金在 20~131GPa 范围内的压缩度仅为 1.19~1.64;根据 Reinhart[91] 报道的 6061-T6 铝合金在 161GPa 冲击压力下的 Hugoniot 数据计算的压缩度 $V_0/V\approx1.73$,在 161GPa 冲击压力下铝合金已经发生完全冲击熔化位于液相区。可见在冲击压缩的固相区,LY12 铝合金等金属材料达到的压缩度十分有限,并非如 Steinberg 模型中认为的当冲击压力大于 10GPa 时就可把冲击压缩的剪切模量当作 Thomas-Fermi 理论描述的极限情况,以因子 $p/\eta^{1/3}$ 表示剪切模量与冲击压力的相关性,是不恰当的。

根据上述分析,俞宇颖建议将沿着固相区的冲击绝热线的剪切模量 G_H 与冲击压力 p_H 的关系为

$$\begin{aligned}G_H&=G_0\left[1+\frac{G_p'}{G_0}\cdot p_H+\frac{G_T'}{G_0}(T_H-T_0)\right]\\&=G_0+G_p'\cdot p_H+G_T'(T_H-T_0)\end{aligned}\tag{6.71}$$

式(6.71)中剪切模量随冲击压力和温度均做线性变化,相当于剪切模量对压力和温度的一级泰勒近似展开。根据式(6.71)计算的 LY12 铝合金的剪切模量随冲击压力的变化如图 6.14 中的实线所示,它与实测声速数据计算的剪切模量符合得很好,显示 LY12 铝合金在固相区的剪切模量随冲击压力和温度单调增大,直至发生冲击熔化。按照式(6.71)计算的 8 发冲击压力下的剪切模量列于表 6.2 中。

6.4.3　LY12 铝合金沿着准弹性卸载路径的剪切模量及其变化规律

当卸载进入准弹性区时,根据沿着准弹性卸载路径的实测声速随粒子速度的变化(图 5.21),按式(6.69)计算沿着准弹性卸载路径的有效剪切模量 G_e 随卸载压力的变化如图 6.15 所示。在准弹性卸载区有效剪切模量 G_e 随卸载压力连续减小;在发生反向屈服的准弹性-塑性转变点,有效剪切模量 $G_e=0$。

如果抛开具体物理机制,仅就图 6.15 显示的有效剪切模量随卸载压力变化的现象学而论,俞宇颖等[128]认为可以用一种两阶段变化模型描述 LY12 铝合金的有效剪切模量随卸载压力的变化规律。该模型认为:在准弹性卸载的第一阶段,有效剪切模量 G_e 随准弹性卸载压力 p 的减小迅速下降,且与卸载压力近似呈线性关系;在准弹性卸载的第二阶段,G_e 随卸载压力变化缓慢。虽然在第二阶段卸载压力的减少不比第一阶段的小,但第二阶段中 G_e 的减少远比在第一阶段的小,第二阶段中 G_e 的变化量在整个卸载过程中所占的份额很小。

根据图 6.15 中的结果,第一阶段和第二阶段的交汇处的 G_e 值均已下降到其初始值的 10%以下。因此准弹性卸载的第二阶段剪切模量的贡献可以忽略不计(仅实验序号

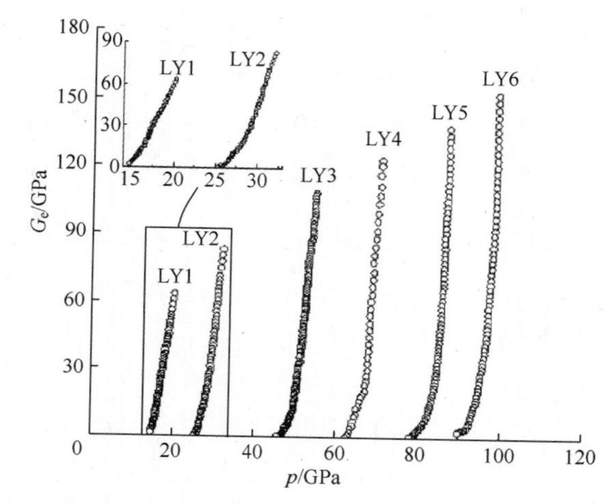

图 6.15　受冲击 LY12 铝合金在准弹性卸载区的有效剪切模量 G_e 随卸载压力 p 的变化[128]

LY4 铝合金是一个例外，其第一阶段和第二阶段交汇处的 $G_e \approx 23$GPa，约为初始值的 20%）。

根据上述分析，可以近似忽略第二阶段对剪切模量的贡献，以线性关系近似描述在准弹性卸载过程中 LY12 铝合金的有效剪切模量随卸载压力的变化。根据图 6.15 中 LY12 铝合金的 G_e-p 曲线计算线性变化区有效剪切模量变化曲线的斜率：

$$G'_{ep} \equiv \left(\frac{\partial G_e}{\partial p}\right)_Q \tag{6.72}$$

式中：下标 Q 表示计算沿着准弹性卸载路径进行。

LY12 铝合金的 6 发冲击加载-卸载实验的 G'_{ep} 随冲击加载压力 p_H 的变化如图 6.16 中的实心三角形所示，对 G'_{ep} 做线性拟合，得到它与 p_H 的线性关系：

$$G'_{ep}\big|_{\text{LY12}} = 7.45 + 0.241 p_H \tag{6.73}$$

如图 6.16 中的直线所示。

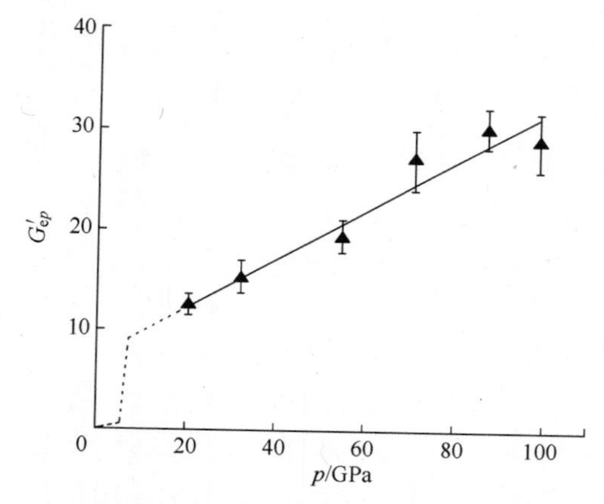

图 6.16　LY12 铝合金斜率 G'_{ep} 随初始冲击加载应力的变化

注：实线是对实验测量数据的线性拟合；虚折线是对低压区大致变化趋势的猜想。

将式(6.73)的结果与文献发表的铝合金的准静态剪切模量数据作一比较。Steinberg 等[141]和 Cochran 等[155]也曾提出过一种两阶段模型描述单轴应力和准静态加载条件下

6061-T6 铝合金的有效剪切模量随卸载应力的变化。但是他们的结果与本节得到的单轴应变下的结果大相径庭:在单轴应力和准静态加载条件下,有效剪切模量在卸载过程的第一阶段一直保持常数,直到卸载到达零压为止,因此在单轴应力条件下第一阶段的 $G'_{ep}=0$;在第二阶段,剪切模量随卸载应力逐渐减小,当卸载进行到反向屈服时有效剪切模量减小为零。这表明,在单轴应力实验中并没有出现在冲击加载单轴应变实验中观察到的有效剪切模量在第一阶段的剧烈变化行为,只出现了有效剪切模量在第二阶段的缓慢变化行为以及发生反向屈服时剪切模量变为零的结果。需要特别指出,单轴应变加载和单轴应力加载下发生准弹性-塑性屈服时有效剪切模量模量等于零($G_e=0$)的结果与式(6.27)阐述的弹-塑性屈服条件完全一致。

Cochran 等的结果不仅得到了准静态实验结果的支持,也得到了较低压力下平板碰撞实验的支持[155]。另外,若将从 LY12 铝合金的一维应变实验结果给出的式(6.73)外推到零压(极低压力冲击加载),将得到 $G'_{ep}=7.45$。因而自然而然地期待在 20GPa 至零压之间应该存在一个 G'_{ep} 迅速下降的低压区:在这个低压力加载区,G'_{ep} 的行为将由式(6.73)表达的单轴应变下的行为向 Cochran 等描述的单轴应力(低应力区)下的行为演化。G'_{ep} 在这个低应力区内的变化趋势如图 6.16 中虚折线所示。

为了探讨准弹性行为的物理机制,Huang 和 Asay[145,146,156,157]研究了几种铝合金的冶金学性质对准弹性行为的影响,包括合金中晶粒大小和分布、杂质状态以及金属单晶体的取向等因素的影响。他们认为,在冲击波阵面上形成的亚颗粒尺度结构可能是造成冲击加载后材料出现准弹性变形行为的主要机制。为此,可以推测在图 6.16 中用虚折线表示的低压冲击区内,铝合金材料的细观结构在低压冲击加载下可能在亚颗粒尺度上发生了某种改变,导致这一应力区域内斜率 G'_{ep} 迅速下降。利用软回收实验研究在这一应力区受冲击铝的发生的亚颗粒尺度结构变化,对于发现造成材料准弹性卸载行为的确切物理机制是有意义的。

由于卸载的初始状态是冲击加载-卸载实验的预冲击 Hugoniot 状态,在卸载始态的有效剪切模量应等于初始冲击加载压力 p_H 下的剪切模量 G_H,如表 6.2 所列。在忽略第二阶段的影响后,图 6.16 中的有效剪切模量随卸载应力的变化可以用线性函数表示为

$$G_e(\sigma)=G_H-G'_{ep}(p_H-\sigma) \tag{6.74}$$

式中:p_H 为冲击加载 Hugoniot 状态压力;σ 为沿着准弹性卸载路径的应力。

对于 LY12 铝合金,G'_{ep}随 p_H 的变化由式(6.73)给出。显然,式(6.74)表达的描述沿着准弹性卸载路径的本构方程形式与传统的 Steinberg 模型完全不同。为了进一步探索通过卸载波剖面测量获得有效剪切模量的方法和形如式(6.73)及式(6.74)所描述沿着准弹性卸载路径的有效剪切模量是否具有普遍意义,需要进一步对其他金属的准弹性卸载行为做广泛研究。俞宇颖对无氧铜在冲击加载-卸载下的波剖面测量的研究结果表明,其剪切模量也随冲击加载和准弹性卸载压力的变化也可用式(6.74)表达。根据无氧铜的 3 发实验,俞宇颖得到无氧铜的有效剪切模量变化曲线的斜率为

$$G'_{ep}\big|_{\mathrm{OXFC}}=12.97+0.057p_H$$

但这并不能说明其他金属材料沿着准弹性卸载路径的剪切模量方程也具有与式(6.74)相同的形式,因为只有当斜率 G'_{ep}随卸载压力的变化可表达为式(6.73)那样的线性关系时,形如式(6.74)的剪切了方程才能成立。

6.4.4 沿着冲击绝热线和准弹性卸载路径的剪切模量方程的近似表达式

由于准弹性卸载的应力变化幅度通常仅有数吉帕,在较高冲击压力下可将准弹性区的有效剪切模量 G_e 在初始冲击加载状态(p_H,T_H)附近做一阶泰勒展开,得到近似关系:

$$G_e = G_H + \left.\frac{\partial G_e}{\partial \sigma}\right|_H (\sigma - p_H) + \left.\frac{\partial G_e}{\partial T}\right|_H (T - T_H) \tag{6.75}$$

假定材料的物态方程满足 $\rho\gamma = \mathrm{const}$,则式(6.75)中的等熵卸载温度 T 随比容 V 变化可以表示为

$$T = T_H \exp\left(-\int_{V_H}^{V} \frac{\gamma}{V} \mathrm{d}V \right) = T_H \exp\left(-\gamma_0 \frac{\Delta V}{V_0} \right) \tag{6.76}$$

式中:ΔV 为准弹性卸载段的比容改变,$\Delta V = V - V_H$。

准弹性卸载区的压力变化很小,因而准弹性卸载区的比容改变也很小,$\Delta V/V_0 \approx 0$,则有

$$(T_H - T)/T_H = 1 - \exp\left(-\gamma_0 \frac{\Delta V}{V_0} \right) \approx 0$$

即准弹性卸载引起的温度改变与冲击温度相比是一个小量,式(6.75)等号右边最后一项的值与第一项相比可略而不计,可得到形如式(6.74)的近似表达式。类似地,G'_{ep} 的泰勒级数展开的一级近似也仅需保留与应力相关的项,在上述条件下将能得到形如式(6.74)的表达式。

如果将准弹性区的有效剪切模量 G_e 对初始冲击加载状态(p_H,T_H)作一阶泰勒级数展开,无论是沿着冲击绝热线的剪切模量方程,还是沿着准弹性卸载路径的剪切模量方程,都与终态和始态的应力差及温度差呈线性关系,可以把它统一写为

$$\begin{aligned} G &= G_0 + \left.\frac{\partial G}{\partial p}\right|_0 (\sigma - p_0) + \left.\frac{\partial G}{\partial T}\right|_0 (T - T_0) \\ &\equiv G_0 + G'_p|_0 (\sigma - p_0) + G'_T|_0 (T - T_0) \end{aligned} \tag{6.77}$$

的形式。式(6.77)本质上是剪切模量对于加载应力及温度的一阶泰勒级数展开式,其中的下标“0”表示准弹性加载或卸载的初始状态(不是零压状态)。

对于以预冲击压缩状态为始态的准弹性卸载过程,$p_0 = p_H$,$G_0 = G_H$,$T_0 = T_H$,当冲击终态改变时,它们均不是固定不变的状态。根据受冲击 LY12 铝合金和无氧铜的准弹性卸载剪切模量的测量结果,由于准弹性卸载区的应力变化范围很窄,温度变化极小可以忽略不计,沿着准弹性卸载路径的剪切模量可以仅仅表达为应力的函数,即

$$G = G_H + G'_p|_H (\sigma - p_H) \tag{6.78}$$

这两种金属的 $G'_p|_H$ 与卸载始态的冲击压力近似呈线性关系,可表示为

$$G'_p|_H = a - b(\sigma - p_H) \tag{6.79}$$

式中:系数 a、b 需要通过实验测量确定。

对于以常压、室温为始态的冲击加载过程的 $p_0 = 0$,$T_0 \approx 298\mathrm{K}$,$G_0$ 等于常压下的剪切模量。由于主 Hugoniot 曲线是从同一始态出发经过不同冲击压缩达到的终态的集合,不同冲击压缩终态具有相同的始态,式(6.78)中的始态 $G'_p|_0$ 及 $G'_T|_0$ 值固定不变,沿着冲击绝热线的剪切模量方程将具有下面的形式,即

$$G_H = G_0 + G'_p|_0 \cdot p_H + G'_T|_0 \cdot (T_H - T_0)$$

从这一意义上来说，SCG 模型中的因子 $\eta^{-1/3}$ 似乎有些多余。

Steinberg 等详细测量了多种金属材料的 $G'_p|_0$ 或 $G'_T|_0$ 值。在计算时，屈服强度 Y 仍然可以采用 SCG 模型的基本形式，即

$$Y(p,T) = Y_0[1+\beta(\varepsilon+\varepsilon_i)]^n \frac{G_H}{G_0} \tag{6.80}$$

式中，G_H 应由式(6.71)给出。Steinberg 等[142]给出铝合金的参数：$Y_0 = 0.29\text{GPa}$，$\beta = 125$，$n = 0.1$。

6.5　卸载波剖面的数值模拟和预测

应用 6.4 节中提出的沿着冲击绝热线的剪切模量方程式(6.72)及 LY12 铝合金沿着准弹性卸载路径的有效剪切模量方程：

$$G_H = G_0 + G'_p \cdot p_H + G'_T(T_H - T_0) \tag{6.71}$$

$$G'_{ep} = 7.45 + 0.241 p_H \tag{6.73}$$

$$G_e(\sigma) = G_H - G'_{ep}(p_H - \sigma) \tag{6.74}$$

俞宇颖对 LY12 铝合金和国外发表的 2024 铝合金及 6061T6 铝合金的卸载粒子速度剖面进行了计算[128,132]，以检验沿着准弹性卸载路径的剪切模量方程式(6.72)~式(6.74)的有效性。在计算中假定铝合金的 Grüneisen 系数满足

$$\rho\gamma = \gamma_0\rho_0$$

加载过程和卸载过程的偏应力由式(6.81)及式(6.82)分别描述。

对于加载过程，有

$$\begin{cases} \dot{s} = 2G_H\dot{e}, & S \leqslant \dfrac{2}{3}Y \\ s = \dfrac{2}{3}Y, & S > \dfrac{2}{3}Y \end{cases} \tag{6.81}$$

对于卸载载过程，有

$$\begin{cases} \dot{s} = \dfrac{4}{3}G_e\dot{e}, & G_e \geqslant 0 \\ s = -\dfrac{2}{3}Y, & G_e < 0 \end{cases} \tag{6.82}$$

屈服强度 Y 保持 SCG 模型的形式，由下式给出：

$$Y(p,T) = Y_0[1+\beta(\varepsilon+\varepsilon_i)]^n \frac{G_H}{G_0}$$

表 6.3 中列出了数值模拟计算中相关文献发表的实验装置的尺寸、冲击压力、实测的 Hugoniot 状态的声速及根据式(6.72)计算的剪切模量等参数。其中声速数据来自表 6.2，d 和 h 分别为飞片及样品的厚度，W 为飞片击靶时刻的速度。根据式(6.73)计算 6 发 LY12 铝合金对称碰撞实验的 G'_{ep} 分别为 12.4、15.2、20.6、24.6、28.4 及 31.3。俞宇颖按照式(6.81)及式(6.82)编制计算程序，得到的粒子速度剖面如图 6.17 所示。为显

示不同冲击压力下的冲击加载-卸载波剖面的细节,图中对不同实验的时间轴做了适当平移,使不同实验的波剖面相互分开。计算结果(实线)与实验测量数据(圆圈)符合得很好,清楚地再现了卸载过程的准弹性-塑性转变的细节。

表 6.3　LY12 铝合金的对称碰撞实验装置尺寸、声速及剪切模量

实验号	h/mm	d/mm	W/(km/s)	p_H/GPa	c_l/(km/s)	c_b/(km/s)	G_H/GPa
LY1	2.959	1.517	2.16	20.3	8.48	6.80	63.8
LY2	2.978	1.515	3.13	32.1	9.24	7.35	83.2
LY3	2.952	1.480	4.69	54.7	10.19	8.14	108.8
LY4	2.936	1.485	5.64	70.6	10.73	8.60	125.2
LY5	3.179	1.504	6.53	87.1	11.06	8.95	137.1
LY6	3.140	1.493	7.13	99.0	11.59	9.43	152.2

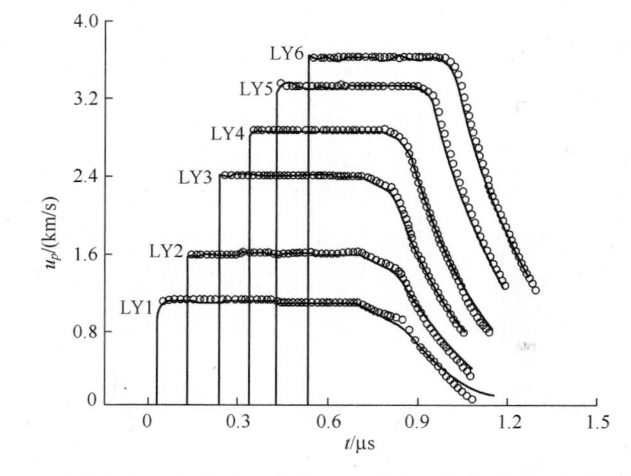

图 6.17　LY12 铝合金的实测波剖面(实线)与计算结果(圆圈)的比较

利用式(6.73)和式(6.74)对文献[145,146,158]报道的 5 发 6061-T6 铝合金材料的平板碰撞实验的粒子速度剖面进行了计算预测。Asay 等和 Huang 等发表的 5 发实验的飞片和击靶样品的尺寸及冲击加载参数列于表 6.4 中。其中,h、d 分别为 6061-T6 铝合金飞片和样品的厚度,W 为飞片击靶速度,p_H 为冲击加载压力。Asay 等和 Huang 等没有发表 Hugoniot 状态下剪切模量 G_H 的数据,根据式(6.71)计算得的 6061-T6 铝合金在预冲击 Hugoniot 状态的剪切模量列于表 6.4;由于缺乏国外铝合金材料的 G'_{ep} 参数,计算时假定 6061-T6 铝合金的 G'_{ep} 的参数与相同冲击压力时 LY12 铝合金的 G'_{ep} 参数相同由式(6.73)计算得到。6061-T6 铝合金的状态方程参数[153]:$\rho_0=2.704\text{g/cm}^3$,$c_0=5.35\text{km/s}$,$\lambda=1.34$,$\gamma_0=2.00$。PMMA 的状态方程参数[39]:$\rho_0=1.18\text{g/cm}^3$,$c_0=2.58\text{km/s}$,$\lambda=1.53$,$\gamma_0=1.00$。计算得到 6061-T6 铝合金的卸载波剖面(圆圈)与文献发表的实验测量波剖面(实线)的比较,如图 6.18 所示。总体上看,计算预测的结果与实验测量剖面符合得很好,尤其是重现了 6061-T6 铝合金的准弹性卸载的特征。说明从 LY12 铝合金得到的描述 G'_{ep} 的方程及描述有效剪切模量随冲击加载压力变化的方程具有较好的普适性,至少对于铝合金是如此。但是对于冲击加载应力很低的序号为 RL20-4 的实验,计算模拟与实验测量的卸载波剖面之间在准弹性-塑性卸载转变点附近出现较明显差异,这可能由

于描述剪切模量的式(6.74)忽略了剪切模量在卸载过程的第二阶段而造成的。当压力很低,如低于10GPa时,第二阶段也许是很重要的。为便于查阅,将计算使用的相关材料参数列于表6.5中。

表6.4　6061-T6铝合金的平板碰撞实验装置及相关冲击加载状态参数

实验号	飞片/靶/窗口	h/mm	d/mm	W/(km/s)	p_H/GPa	G_H/GPa	G'_{ep}
A5	6061-T6/Al/LiF	3.987	2.074	4.411	49.5	90	19.4
AL-5	6061-T6/6061-T6/LiF	2.614	10.053	2.224	20.6	58	12.4
AL-6	6061-T6/6061-T6/PMMA	2.517	6.330	2.214	20.5	58	12.4
RL20-3	6061-T6/6061-T6/LiF	2.299	5.219	2.36	22.1	60	12.8
RL20-4	6061-T6/6061-T6/LiF	2.337	5.927	1.56	13.4	49	10.7

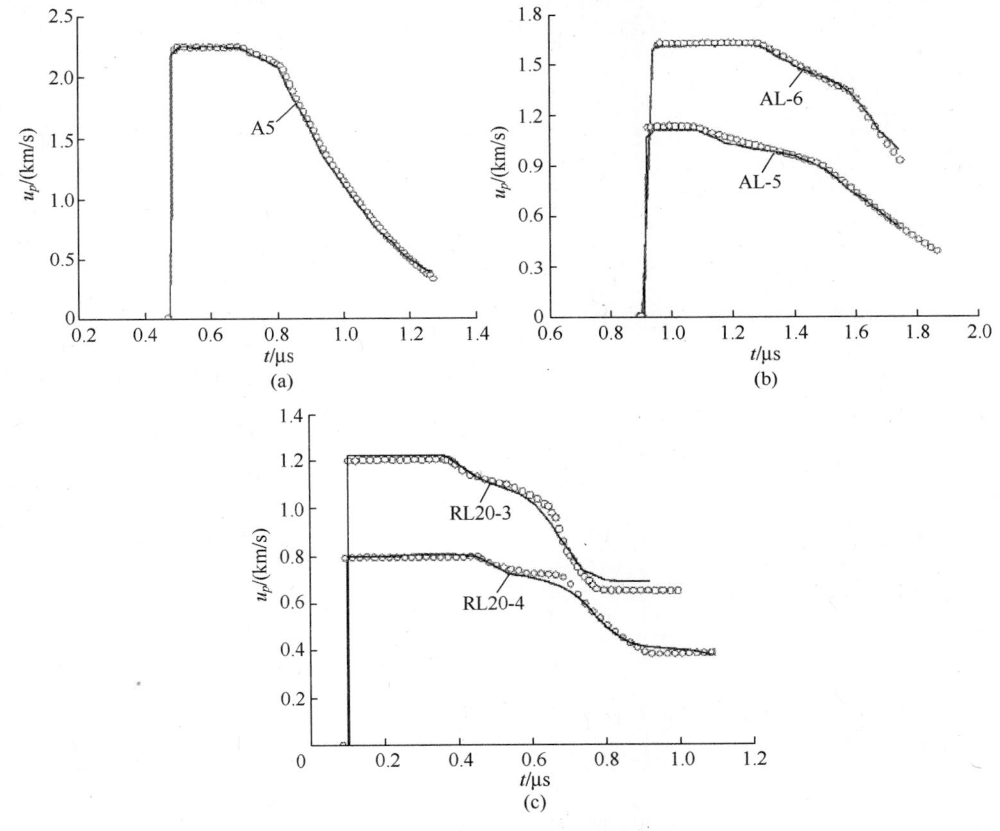

图6.18　利用实验测量的LY12铝合金的同一套参数按照式(6.74)计算的6061-T6铝合金的波剖面(圆圈)与文献发表的实验测量结果(实线)的比较

(a) A5;(b) AL5与AL6;(c) RL20-3与RL20-4。

表6.5　相关材料的状态方程参数

材　　料	ρ_0/(g/cm³)	c_0/(km/s)	λ	γ_0	参考文献
PMMA	1.18	2.58	1.53	1.0	[39]
LiF	2.64	5.15	1.35	1.6	[39]
6061 Al	2.704	5.35	1.34	2.00	[146]
LY12 Al/2024-T351 Al	2.785	5.37	1.29	2.00	[39]

6.6 单轴应变加载下的泊松比

6.6.1 线弹性变形下的泊松比

泊松比定义为单轴应力加载弹性变形条件下的横向应变 ε_y 与纵向应变 ε_x 之比[1]。取压缩应变为正,拉伸应变为负(图 6.19),为使泊松比取正值,泊松比可表达为

$$\nu=-\varepsilon_y/\varepsilon_x>0 \tag{6.83}$$

在泊松比的直观定义中,单轴应力加载下细杆的边侧(横向)处于自由应力状态,纵向应变和横向应变均是由纵向应力 σ_x 引起的。利用自由边侧条件下纵向弹性压缩模量即(杨氏)弹性模量 E 的定义,可将材料的横向应变表示为

$$\varepsilon_y=-\nu\varepsilon_x=-\nu\sigma_x/E \tag{6.84}$$

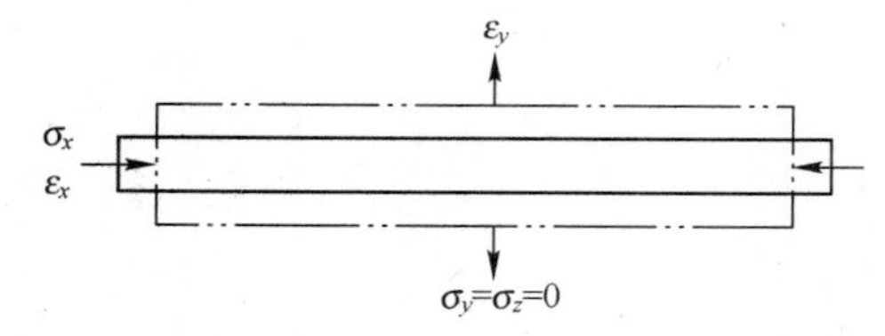

图 6.19 单轴应力作用下的纵向应力、应变,侧向应力、应变以及泊松比的定义

但是,单轴应变加载下材料处于三轴应力作用下且横向应变等于零。显然不能直接根据式(6.83)计算单轴应变下的泊松比。在线弹性变形条件下,假定施加于横向(y 方向)的应力为 σ_y,则它将在 x 方向产生的附加纵向弹性应变可表达为

$$\varepsilon_x'=-\nu\varepsilon_y=-\nu\frac{\sigma_y}{E} \tag{6.85a}$$

类似地,对于 z 方向的横向应力 σ_z,它在 x 方向产生附加应变为

$$\varepsilon_x''=-\nu\varepsilon_z=-\nu\frac{\sigma_z}{E} \tag{6.85b}$$

因此,在三轴应力加载的线弹性变形条件下,x 轴方向的总弹性应变等于上述应变的代数叠加,即

$$\varepsilon_x=\frac{1}{E}[\sigma_x-\nu(\sigma_y+\sigma_z)] \tag{6.86a}$$

同理,对 y 方向和 z 方向的线弹性变形,有

$$\varepsilon_y=\frac{1}{E}[\sigma_y-\nu(\sigma_z+\sigma_x)] \tag{6.86b}$$

$$\varepsilon_z=\frac{1}{E}[\sigma_z-\nu(\sigma_x+\sigma_y)] \tag{6.86c}$$

对于各向同性材料,如果适当调节 σ_y 和 σ_z,使三轴应力作用下的横向应变等于零,即 $\varepsilon_y=\varepsilon_z=0$,则式(6.86a)~式(6.86c)成为描述在单轴应变线弹性变形下的应力、应变与泊松比之间关系式。利用 $\sigma_y=\sigma_z$,$\varepsilon_y=\varepsilon_z=0$,由式(6.86a)得到

$$\sigma_y = \frac{\nu}{1-\nu}\sigma_x \tag{6.87}$$

式(6.87)给出了单轴应变线弹性变形下的纵向应力与横向应力及泊松比的关系。因而只要能够同时测量泊松比和纵向应力 σ_x，就可以知道横向应力 σ_y，为研究单轴应变条件下线弹性材料的横向应力提供了一种方法。

6.6.2　单轴应变加载下的泊松比与声速

根据第5章给出的单轴应变加载下的纵波声速 c_l 与体波声速 c_b 和横波声速 c_t 的普遍性关系

$$c_l^2 = c_b^2 + \frac{4}{3}c_t^2$$

以及体积模量、剪切模量与弹性模量和泊松比的一般性关系[1]

$$K = \frac{E}{3(1-2\nu)} \tag{6.88}$$

$$G = \frac{E}{2(1+\nu)} \tag{6.89}$$

得到

$$\nu = \frac{3K-2G}{2(3K+G)} \tag{6.90}$$

再结合体积模量及剪切模量与声速的关系，立即得到泊松比与声速的关系

$$\nu = \frac{1}{2}\frac{(c_l/c_t)^2-2}{(c_l/c_t)^2-1} = \frac{1}{2}\left[1-\frac{1}{(c_l/c_t)^2-1}\right] \tag{6.91a}$$

或

$$\nu = \frac{3c_b^2-c_l^2}{3c_b^2+c_l^2} = \frac{3(c_b/c_l)^2-1}{3(c_b/c_l)^2+1} \tag{6.91b}$$

因此，只要能够测量精确声速，就能确定泊松比。

当固体材料在冲击加载下发生完全熔化处于液相状态时，材料中的应力处于流体静水压加载状态，横向应力与纵向应力相等，$\tau=0$，因而 $G=0$ 或 $c_t=0$，由式(6.90)得到 $\nu=\frac{1}{2}$，这就是泊松比极限值。

当材料处于弹-塑性转变屈服状态时，材料的应力-应变状态位于屈服面上，剪应力达到极值，$\tau=\tau_{\max}$，因而也有 $G=0$，及 $c_t=0$。但弹-塑性屈服时的剪切应力状态与冲击熔化不同，弹塑性屈服时 $\tau=\tau_{\max}\neq 0$，横向应力和纵向应力并不相等，但是 $c_b=c_l$，按照式(6.91)，此时也有 $\nu=\frac{1}{2}$。

俞宇颖等的声速测量实验结果表明，只要材料不处于完全冲击熔化状态，从冲击压缩状态卸载或受到再加载时金属材料都会表现出准弹-塑性转变特征。沿着准弹性卸载路径或再加载路径，剪切模量和体积模量并不保持常数[128]，线弹性变形假定在准弹性区不再成立。因此，准弹性变形下的应力-应变关系及变形特性不能用线弹性关系描述，

式(6.87)在准弹性区不再成立。但式(6.88)及式(6.89)是根据一般弹性力学关系推导出来的,在准弹性条件下依然成立,因此能够通过声速测量计算材料在准弹性状态下的剪切模量和泊松比。

在第5章中已经指出,从一维应变反向碰撞实验或多台阶样品实验测量到的声速是拉氏声速,将式(6.91)用拉氏声速表示为

$$\nu=\frac{1}{2}\cdot\frac{(a_l/a_t)^2-2}{(a_l/a_t)^2-1} \tag{6.92a}$$

或

$$\nu=\frac{3a_b^2-a_l^2}{3a_b^2+a_l^2} \tag{6.92b}$$

总之,声速测量为确定准弹性区的泊松比提供了一种的重要方法。由于Hugoniot状态是卸载路径的起始点,因此式(6.91)、式(6.92)也可用于计算沿着冲击绝热线的泊松比。

6.6.3 Hugoniot 弹性极限下的泊松比及屈服强度

Hugoniot 弹性极限定义为材料在平面冲击加载下发生弹-塑性屈服时的轴向应力,记为 σ_{HEL}。根据式(6.87),Hugoniot 弹性极限时的横向应力为

$$\sigma_y\big|_{\mathrm{HEL}}=\frac{v}{1-\nu}\sigma_{\mathrm{HEL}} \tag{6.93}$$

根据屈服强度的定义得到Hugoniot弹性极限与屈服强度的关系为

$$Y_{\mathrm{HEL}}=(\sigma_x-\sigma_y)\big|_{\mathrm{HEL}}=\sigma_{\mathrm{HEL}}-\frac{v}{1-\nu}\sigma_{\mathrm{HEL}}$$

即

$$Y_{\mathrm{HEL}}=\frac{1-2v}{1-\nu}\sigma_{\mathrm{HEL}} \tag{6.94}$$

式(6.94)很容易利用Hugoniot弹性极限的定义从弹性模量推出。若假定上、下屈服面以流体静水压线对称,并利用剪切模量的定义,则得到屈服强度 Y 与 σ_{HEL} 及流体静水压强 p 之间的关系为

$$\frac{2}{3}Y=\sigma_{\mathrm{HEL}}-p=\sigma_{\mathrm{HEL}}-K\cdot\varepsilon_{\mathrm{HEL}} \tag{6.95}$$

式中:K 为杨氏模量,则有

$$\sigma_{\mathrm{HEL}}=K\cdot\varepsilon_{\mathrm{HEL}}+\frac{2}{3}Y \tag{6.96}$$

另外,根据弹性理论得到

$$\sigma_{\mathrm{HEL}}=\left(K+\frac{4}{3}G\right)\varepsilon_{\mathrm{HEL}} \tag{6.97}$$

从式(6.96)和式(6.97)中消去 $\varepsilon_{\mathrm{HEL}}$,得到

$$Y_{\mathrm{HEL}}=\frac{6}{3K/G+4}\sigma_{\mathrm{HEL}} \tag{6.98}$$

结合式(6.88)及式(6.89)得到

$$Y_{HEL}=\frac{1-2\nu}{1-\nu}\sigma_{HEL} \tag{6.99}$$

文献[91]给出了2024铝合金的实测 $\sigma_{HEL}=0.6$GPa 及实测 $Y_{HEL}=0.29$GPa。按照2024铝合金的 $\nu=0.33$ 的理论值用式(6.94)计算得到2024铝合金在Hugoniot弹性极限时的屈服强度为0.30GPa,与实验测量结果十分接近。

6.6.4 LY12铝合金沿着Hugoniot的泊松比的实验测量

数十至数百吉帕强冲击波的前沿可达亚纳秒甚至皮秒量级,应变率高达 10^9/s 甚至更高,冲击加载的极端应力-应变率过程发生在冲击波阵面上;冲击波加载的终态即Hugoniot状态是热力学平衡态,其应变率近于零。从冲击波阵面到波后Hugoniot状态,应变率发生了急剧改变。应变率的急速改变导致剪应力的松弛[159],这是导致Hugoniot状态偏离冲击压缩的屈服面的主要原因。而发生应力松弛的物理机理应当从位错动力学的角度进行认识和解释,即塑性应变和应变率与驱动位错运动的剪切应力密切相关。由此看来,用横向应力计测量的Hugoniot状态下的横向应力并不代表材料在冲击压缩极端高应变率下发生弹-塑性屈服时刻的横向应力,或者说利用锰铜计测得的横向应力是Hugoniot状态下的横向应力,并不一定与冲击阵面上极端应变率下的相等;根据锰铜计的测量结果计算纵向应力与横向应力之差,并不一定代表在冲击波极端应变率加载下的屈服强度。

表6.6给出了俞宇颖等测量的国产商用LY12铝合金在20~131GPa压力范围内8个Hugoniot压力点下的纵波声速及体波声速,以及根据声速按照式(6.92)计算的LY12铝合金的泊松比,同时列出了根据有关文献发表的声速数据计算的2024铝合金和6061-T6铝合金在冲击熔化固-液混合相区的泊松比。泊松比 ν 随冲击加载压力 p_H 的变化如图6.20所示。在冲击加载的固相区,根据声速计算的LY12铝合金的泊松比在0.31~0.34之间变化,ν 的平均值约为0.32。

表6.6　三种铝合金沿着冲击绝热线的泊松比

实验编号	p_H/GPa	c_l/(km/s)	c_b/(km/s)	ν
2024-Al[153]	0	6.36	5.21	0.336
6061-T6 Al[91]	0	6.40	5.26	0.339
LY-LY 1	20.3	8.48	6.80	0.317
LY-LY 2	32.1	9.24	7.35	0.310
LY-LY 3	54.7	10.19	8.14	0.314
LY-LY 4	70.6	10.73	8.60	0.317
LY-LY 5	87.1	11.06	8.95	0.325
LY-LY 6	99.0	11.59	9.43	0.330
Ta-LY 7	110.0	11.67	9.52	0.332
Ta-LY 8	131.0	11.34	9.94	0.395
2024 Al[92]	125.0	12.20	9.81	0.320
6061-T6 Al[91]	145.0	17.94①	17.26①	0.470

①拉氏声速

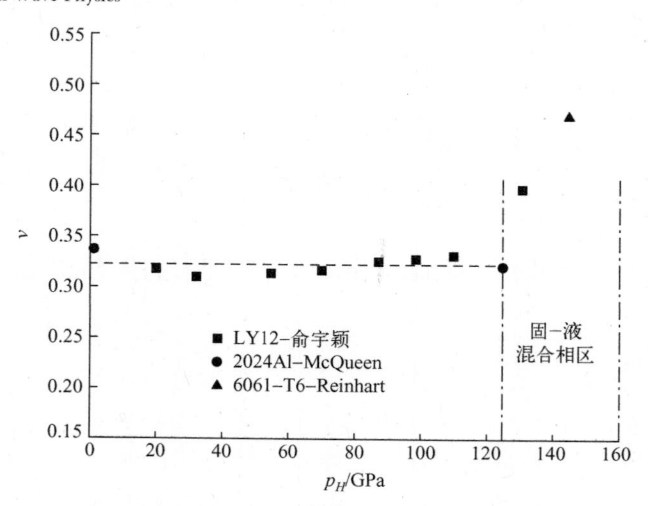

图 6.20　三种铝合金的泊松比 ν 随冲击加载压力 p_H 的变化

Reinhart 等测量了 6061–T6 铝合金的声速，报道了根据声速计算的泊松比[91]。他们发现 6061–T6 铝合金在 43～115GPa 冲击压力范围内的泊松比也基本保持常数（$\nu\approx0.33$），与本节的结果非常接近。

Brown 和 Shaner 用光分析法测量了钽在 150～400GPa 压力区的声速[114]。在钽发生冲击熔化（约 300GPa）以前的固相区，假定泊松比与冲击压力的关系为

$$\nu=0.35+24\times10^{-6}p$$

式中，p 的单位为 GPa。根据泊松比计算得到的纵波声速随压力的变化完全与他们的实验测量结果一致。考虑到光分析法本身的不确定度以及泊松比的压力相关项的系数很小，实际也可认为固相区的泊松比近似常数（$\nu\approx0.35$）。

据文献相关报道，铝合金在冲击压力达到 125GPa 时开始发生冲击熔化。表 6.6 的泊松比数据随压力的变化趋势表明，发生冲击熔化后，固–液混合相区 LY12 铝合金和 6061–T6 铝合金的泊松比均随冲击熔化压力迅速增加。虽然已经发生冲击熔化进入固–液混合相区，但 LY12 铝在 131GPa 冲击加载下的粒子速度波剖面仍可观察到明显的准弹–塑性卸载特征。这表明，只要冲击熔化没有完成，在固–液混合相区金属材料依然表现出固体材料独有的抵抗剪切应力能力或强度特性。根据实测声速计算的 LY12 铝合金在 131GPa 冲击压力下的纵泊松比 $\nu\approx0.4$。部分冲击熔化使 LY12 铝合金的泊松比迅速增加，泊松比的增大意味着横波声速下降，即剪切模量减小，材料抵抗剪切加载能力下降。有趣的是，Reinhart 等在研究 6061–T6 铝合金的强度特性时也发现了类似的结果[91]。他们根据 6061–T6 铝合金在 145GPa 的拉氏纵波和体波声速计算得到泊松比为 0.47（表 6.2），而 6061–T6 铝合金发生完全冲击熔化时压力约为 160GPa，此时根据声速计算的泊松比达到其极限值 $\nu=0.5$。因此，泊松比为确定冲击熔化的压力区间提供了一种比较直观的方法。

总之，声速的测量是研究冲击压缩下的泊松比的基础，而沿着固相区的冲击绝热线的泊松比基本保持常数，这一结果为利用泊松比及实验测量的纵波声速计算横波声速提供了极大的方便。通过声速测量获得泊松比的变化规律，有可能对对固相区的 Gruneisen

系数做出某种限定。

6.7　层裂初步

在平板飞片的碰撞实验中,受碰撞样品材料中向前运动的右行冲击波到达自由面(或样品前界面),或者飞片中向后运动的左行冲击波到达飞片的自由面(或飞片后界面)时,将分别产生与冲击波运动方向相反的两个中心稀疏波(图6.21)。在实验室中的观测者看来,从样品自由面反射的左行中心稀疏波使样品中的粒子向前做加速运动,该中心稀疏波施加在样品粒子上的附加作用力指向前方;从飞片后界面反射的右行中心稀疏波使样品中的粒子做减速运动,它施加在样品粒子上的附加作用力指向后方。当来自前、后界面的这两列反射波相遇时,原来处于冲击压应力 σ_x 作用下的材料将受到附加的拉伸作用。若此附加拉伸作用力达到一定程度,则会使原来处于纯压应力作用下的材料转而受到净拉伸应力作用。当该拉伸作用力超过一定极限值时,材料内部会出现层状裂缝而被拉断。被拉断的材料往往以薄片的形式向前飞散。在冲击波物理中,把这种在高应变率加载作用下,因受运动方向相反的两个稀疏波的拉伸作用而使材料瞬间形成层状裂片的现象称为层裂,以区分材料在一维拉伸应力作用下发生的断裂现象。发生层裂时的拉伸应力值称为材料的层裂强度。

层裂是材料中两个运动方向相反的稀疏波相遇时发生的一种现象。层裂现象涉及的材料动力学问题非常复杂。材料的加工历史,细观结构和初始缺陷,加载速率(应变率)及应力历史、材料的温度等多种因素交织在一起,影响材料层裂的发生和发展,决定层裂过程的特性。鉴于层裂在许多工程问题中有重要的应用,长期以来受到理论和工程应用的广泛关注。但是,对层裂现象的研究至今仍基本停留在宏观现象学的阶段。从细观层次上观察,层裂是在拉伸应力作用下材料内部的微孔洞成核生长、融合聚集的结果。从材料的原子、分子和细观结构层次对层裂的发展演化过程进行研究还处于起步阶段。正确描述层裂的特性,预言层裂现象发展过程,需要材料科学家、冶金学家、物理学家和数学家的共同努力。

从实验上测量层裂的方法有多种,如早期的锰铜压力计方法[160-162]、电容器方法[163]等。目前,较为普遍的是自由面速度剖面测量方法,本节将从自由面速度剖面的特征入手讨论层裂现象。本节的讨论仍建立在连续介质模型基础上,重点讨论材料同时受到两个传播方向相反的稀疏波共同作用时材料中应力状态的变化,以及层裂的发生与自由面速度剖面之间的关系,这是从基本力学图像入手研究层裂的一种方法。本节没有考虑脉冲载荷的速率(应变率)、载荷作用的形状和持续时间等因素对层裂的影响。另外,伴随着拉伸应力的作用,在材料中发生的损伤成核、生长和发展演化,最终导致材料失效,是从材料的细观结构入手研究在动载作用下材料失效和破坏过程的另一种方法,有兴趣的读者参见文献[164]。

除了拉伸破坏,在压应力作用下的剪切破坏也是导致材料失效破坏的一种重要形式,但本节不进行讨论。

6.7.1 自由面速度剖面的一般特征

为简单起见,首先讨论对称碰撞的情况。图 6.21 给出了飞片击靶后样品材料中的波系作用情况。设冲击波沿着 x 轴向右运动,波后物质以速度 u_p 向右运动。由于冲击波后的样品处于高压状态,当样品中的冲击波到达样品的自由面时,为了使自由面保持“零压”边界条件,必须向样品中反射向左运动的左行中心稀疏波。该稀疏波后的应力等于零而物质运动速度等于自由面速度 u_{fs},$u_{fs}>u_p$ 意味着左行稀疏波使物质粒子向右做加速运动。另外,飞片中的冲击波相对于碰撞界面向左运动,它到达飞片后界面(飞片的自由面)时,也必须反射右行中心稀疏波,同时使后界面减速,即该右行稀疏波施加于物质粒子的作用力指向左方。当来自飞片后界面的稀疏波与来自自由面的稀疏波交会并相互穿越以后,它们共同作用的波后区将处于负压或拉伸应力状态。当从飞片后界面发出的右行稀疏波穿过双波区到达样品的自由面时,为使自由面保持零压状态,它在自由面必须反射左行压缩波(图 6.21(a))(在 2.5.5 节中曾指出当稀疏波从高阻抗介质(金属样品)进入低阻抗介质(空气)时,将从界面反射压缩波),导致自由面速度下降。类似地,来自样品自由面的左行稀疏波到达飞片的后界面时将反射右行压缩波。当这两个压缩波交汇并相互穿越再次分别到达样品和飞片的自由面时,又分别反射两个稀疏波,使样品自由面速度再次上升。由于从样品和飞片自由面的反射波不断重复稀疏波-压缩波-稀疏波-压缩波…的循环过程,自由面速度将表现出上升-下降-上升-下降…的振荡形态,如图 6.21(b)所示。需要指出,这些稀疏波和压缩波均属于准等熵波,随着上述反射过程的进行,应力波强度不断减弱,自由面速度的振荡幅度也逐渐减小;伴随着反射过程的进行材料中的能量分布渐趋均匀。在对称碰撞、不发生层裂且飞片和靶(样品)不发生分离的情况下,两者的最终共同速度由动量守恒给出:

$$\underset{t\to\infty}{u_{fs}}=\frac{h_1}{h_1+h_2}W_0 \tag{6.100}$$

式中:W_0 为飞片击靶速度;h_1、h_2 分别为飞片和靶(样品)的厚度。

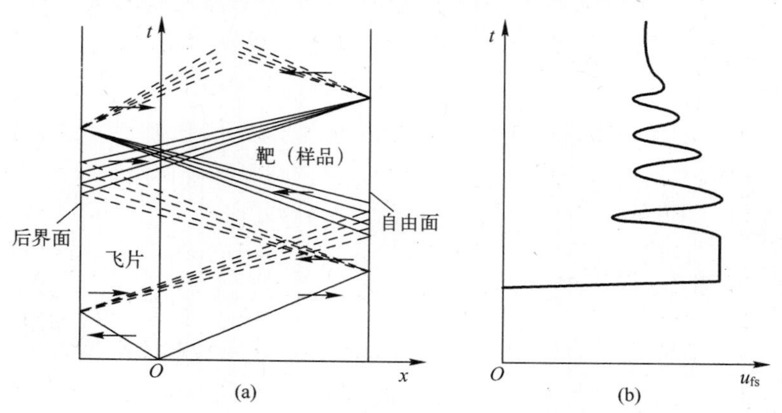

图 6.21 冲击波在前、后界面的反射

(a)冲击波在自由面和后界面的反射、传播及相互作用;(b)自由面速度振荡的形成。

由此可见,在平板碰撞实验中,由于压缩波和稀疏波在样品自由面的交替反射,只要适当设计实验装置的几何尺寸或追赶比,就能观测到自由面速度发生振荡的现象。

6.7.2　两个相向运动稀疏波交会区的应力分布

对于飞片和靶样品材料相同时的对称碰撞,冲击波从样品自由面和飞片后界面反射产生的相向运动的两个稀疏波的传播、交会及相互作用区的 $x-t$ 图,如图 6.22 所示。A 区为样品的初始状态区,该区应力为零,粒子速度也等于零;C 区为飞片击靶后传入样品中的右行冲击波 OL 和传入飞片中的左行冲击波 OR 的共同波后状态区,该区的状态即冲击波后的 Hugoniot 状态区;B 区为从自由面反射的左行稀疏波的波后状态区,该区的应力等于零,粒子速度等于自由面速度 u_{fs};D 区为飞片中的冲击波的波前区,该区应力为零,粒子速度等于飞片的击靶速度 W;E 区为从飞片后界面反射的右行稀疏波的波后状态区,该区的应力等于零,粒子速度等于 $W-u_{fs}$;G 区为两稀疏波的交汇作用区或复杂流动区,该区各点的应力状态各不相同,可正可负,且随时间而变化;J 区为穿过 G 区的右行稀疏波与 B 区作用后的状态区,由于 B 区为零压,因而 J 区处于拉伸应力或负应力状态,称为负压区;F 区为左行稀疏波和右行稀疏波共同作用的波后的状态区,该区达到最大拉伸应力或最大负压状态。也可以把 F 区看作 B 区经过右行稀疏波作用后到达的终态,或者看作 E 区经过左行稀疏波作用后到达的终态。

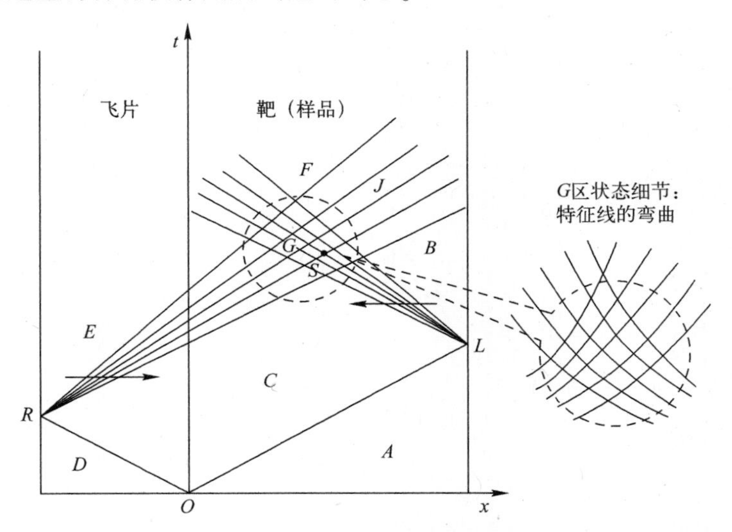

图 6.22　飞片击靶后的波系作用及应力状态区及双波区作用中特征线的弯曲

如果把飞片与样品中传播的稀疏波和压缩波看作等熵波或准等熵波,则它们在交汇相遇前属于简单波;在 $x-t$ 图上,简单波的特征线为直线,但两列中心稀疏波在交会区的特征线将发生弯曲,形成复杂流动区(图 6.22)。类似于从同一始态出发经不同冲击加载到达的各冲击终态可用 $p-u$ 曲线表示,从同一始态出发经简单波连续作用经历的一系列状态可用 $\sigma-u$ 图上的曲线表示。图 6.23 示意性地给出了从冲击压缩状态 C 卸载到状态 B 和 E 的过程。沿着曲线CB从 C 到 B 的一系列状态点($a_1,a_2,a_3,\cdots,a_i,\cdots$)表示 $x-t$ 图(图 6.22)上穿过左行稀疏波的各特征线从 C 区卸载到 B 区的状态变化过程,图 6.23 中的 B 点就是经左行中心稀疏波列卸载到达的终态 $\sigma_B=0,u_B=u_{fs}$。类似地,从飞片后界面反射的右行中心稀疏波使粒子速度减小,从 C 区卸载到 E 区的过程可以用图 6.23 的曲线CE表示,在曲线CE上的一系列状态点($b_1,b_2,b_3,\cdots,b_i,\cdots$)表示 $x-t$ 图上穿过右行稀疏

波的各特征线从 C 区卸载到 E 区的状态变化过程,在等熵卸载近似下,$u_{\mathrm{fs}}=W$,因而 $u_E=0,\sigma_E=0$。按照特征线理论,冲击波在自由面反射引起的粒子速度变化等于 B 点的粒子速度 u_{fs} 与 C 点粒子速度 u_p 之差,即

$$u_{\mathrm{fs}}-u_p=-\int_{\sigma_H}^{0}\frac{\mathrm{d}\sigma}{\rho c}=\int_{0}^{\sigma_H}\frac{\mathrm{d}\sigma}{\rho_0 a} \tag{6.101}$$

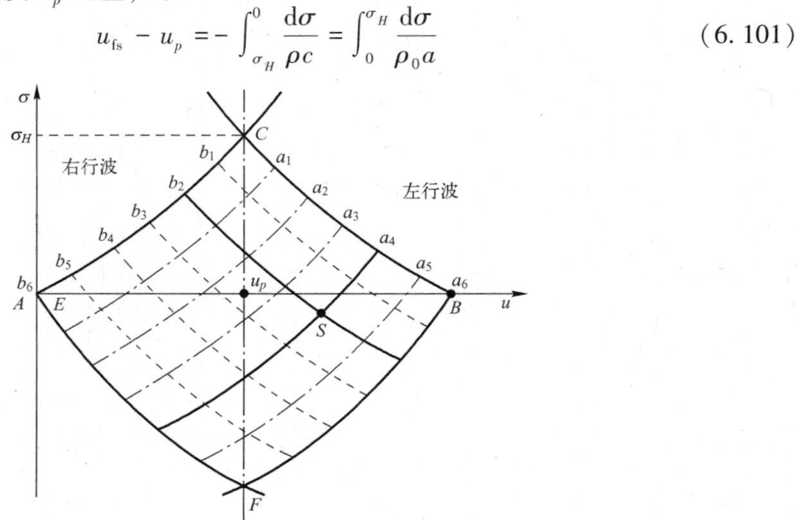

图 6.23　用 $\sigma-u$ 图表示的两列相向运动的中心稀疏波的交会作用区中的应力和粒子速度状态分布

如果把稀疏波的卸载过程当作等熵(或准等熵)过程处理,则可以把图 6.22 中的复杂流动区中的状态近似看作两列等熵波依次作用、叠加形成的状态。例如,图 6.22 复杂流动区中的任意点 S 的状态是从状态 C 经左行稀疏波特征线和右行稀疏波特征线共同作用后达到的状态;在 $\sigma-u$ 图(图 6.23)上,可以把 S 点的状态看作是从状态 C 出发首先沿着右行稀疏波 CA 到达状态点 b_2,再从状态 b_2 出发经过从 CB 上发出的左行稀疏波特征线 a_1、a_2、a_3、a_4 等的作用到达终态 S;也可以先沿着左行稀疏波到达状态 a_4,再从 a_4 出发经过从 CA 发出的右行稀疏波特征线 b_1、b_2 作用到达终态。也就是说,S 点既位于过点 b_2 的等熵卸载线上,也位于过点 a_4 的等熵卸载线上,因而位于过 b_2 和 a_4 的特征线的交点上。因此,在 $x-t$ 图上的复杂流动区(图 6.22 的 G 区)中的状态对应于 $\sigma-u$ 图上的四边形 $ACBF$ 所围的区域。其中,A 点为初始入射冲击波的波前状态,粒子速度 $u=0$;C 点代表初始冲击波的波后状态,应力 $\sigma=\sigma_H$,粒子速度 $u=u_p$,由冲击绝热线确定;B 点为左行稀疏波从样品自由面反射后的波后状态,应力 $\sigma=0$,粒子速度等于自由面速度 $u=u_{\mathrm{fs}}$;E 点为从飞片后界面反射的右行稀疏波的波后状态,$\sigma=0,u=0$;F 点为两稀疏波共同作用后的波后常流区,处于最大拉伸应力状态。曲线 BF 表示从 B 区到 F 区的卸载过程,因此它表示穿过双波交会区的右行稀疏波使样品从 B 区的零压状态卸载到负压的过程。同理,图 6.23 中曲线 EF 表示从 E 区的零压状态到 F 区的负压状态的卸载过程。如果飞片与靶板的材料相同,在不发生层裂的情况下,根据对称性,F 区的粒子速度 $u=u_p$。

现进一步分析图 6.23 中从状态 C 点到 S 点的卸载过程。沿着路径 Ca_4S 得到 S 点的应力 σ_S 与 C 点的应力 σ_H 之差为

$$\begin{aligned}\sigma_S-\sigma_H&\equiv(\sigma_S-\sigma_{a_4})+(\sigma_{a_4}-\sigma_H)\\&=(\sigma_{a_4}-\sigma_H)+\int_{a_4}^{S}(\rho c)\,\mathrm{d}u\end{aligned} \tag{6.102}$$

即

$$\begin{aligned}\sigma_S &= \sigma_{a_4} + \int_{a_4}^{S} (\rho c)\,\mathrm{d}u \\ &= \sigma_{a_4} + \rho_0 \bar{a}_1 (u_S - u_{a_4})\end{aligned} \tag{6.102a}$$

式中:$\bar{a}_l$ 为从状态 a_4 到状态 S 的卸载过程中拉氏声速的平均值。

类似地,沿着图 6.23 中路径Cb_2S,S 点的应力与 C 点的冲击加载应力之差为

$$\begin{aligned}\sigma_S - \sigma_H &\equiv (\sigma_S - \sigma_{b_2}) + (\sigma_{b_2} - \sigma_H) \\ &= (\sigma_{b_2} - \sigma_H) - \int_{b_2}^{S} (\rho c)\,\mathrm{d}u\end{aligned} \tag{6.103}$$

即

$$\sigma_S = \sigma_{b_2} - \int_{b_2}^{S} (\rho c)\,\mathrm{d}u \tag{6.103a}$$

6.7.3 发生层裂时自由面速度的回跳与层裂强度的近似计算

按照 6.7.2 节的分析, σ-u 图上的四边形 $ACBF$ 所围的区域中任意一点 S 的应力状态由式(6.102)或式(6.103)表示,该应力在某些情况下可以变为纯拉伸应力。当该拉伸应力超过材料在单轴应变加载下的断裂强度时,材料即被拉断形成薄片,发生层裂现象。

假定样品的初始厚度为 h,发生层裂的时-空位置位于图 6.24 中的 S 点($x=x_S$,$t=t_S$)。发生层裂后,S 点与自由面之间的那部分材料将从样品上分离成为层裂片飞出。由于在发生层裂以前($t<t_S$)位于 S 点下方的右行稀疏波特征线在发生层裂时已经进入层裂片中,发生层裂后它们依然能够到达自由面;而这部分特征线到达自由面时,将反射左行压缩波使自由面速度下降。把右行稀疏波中恰好经过 S 点的那条特征线标记为RSM,从

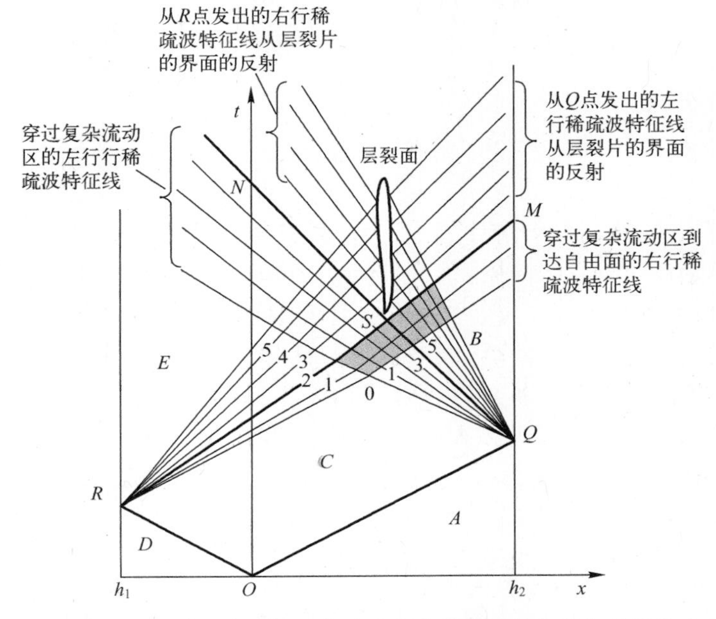

图 6.24 右行稀疏波和左行稀疏波的相互作用及发生层裂时特征线与层裂面和自由面的作用

R 点发出的所有早于RSM的特征线均能进入层裂片中。在图 6.24 中,阴影区表示能够进入层裂片的那部分右行稀疏波特征线与入射冲击波从自自由面反射的左行稀疏波的相互作用区。按照前面的分析,在 $\sigma-u$ 图上,这一相互作用区的状态将位于图 6.25 中四边形 Cb_2MB 所围的区域中。在图 6.25 中,状态 B 表示初始冲击波在样品自由面反射的左行稀疏波的终态, $\sigma_B=0$,粒子速度 $u_B=u_{fs}$。穿过层裂片的那部分右行稀疏波将使状态 B 继续卸载,进入负压(拉伸应力)区。曲线BM表示从状态 B 继续卸载到状态 M 的过程,是材料在拉伸应力作用下所经历的卸载路径。

因此,穿过层裂片的所有右行稀疏波特征线与左行稀疏波的波尾特征线相交后的状态应位于图 6.25 中的BM曲线上。当这部分右行稀疏波特征线到达样品的自由面时(图 6.24),将立即反射左行压缩波。因此,BM线上各点的状态也就是从自由面反射的左行压缩波特征线的波前状态。

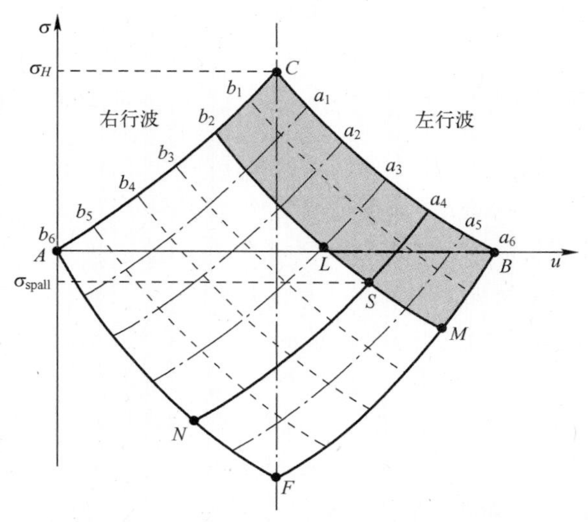

图 6.25 进入层裂片的右行稀疏波与自由面的作用及自由面速度的回跳

由于从样品自由面反射的左行压缩波的波后状态必须满足自由面边界条件(应力等于零),这些左行压缩波的终态必定位于零压等压线直线($\sigma=0$)与从BM线出发的左行压缩波特征线的交点上,即位于图 6.25 中零压等压线的直线段BL上。这意味着,发生层裂时将观测到界面粒子速度从 B 点向 L 点的连续变化过程,这一速度变化过程称为自由面速度回跳。从最大拉伸应力点 M 出发的、经过状态点 S 的左行压缩波特征线与零压等压线的交点 L 处的粒子速度就是发生层裂时自由面速度回跳的最低值。

设 B 点的速度即自由面速度 $u_B=u_{fs}$,L 点的速度 $u_L=u_{fsmin}$,由图 6.25 可知, $AB=u_{fs}$, $AL=u_{fsmin}$,自由面速度的回跳 Δu_{fs}等于BL的长度:

$$\Delta u_{fs}=BL=u_{fs}-u_{fsmin} \tag{6.104}$$

假定过 b_2 点的等熵压缩线Ab_2与过 b_2 的等熵卸载线b_2L近似成镜像对称,则 b_2 点粒子速度近似为

$$u_{b_2}=\frac{u_L}{2}=\frac{u_{fsmin}}{2}=\frac{1}{2}(u_{fs}-\Delta u_{fs})\approx u_p-\frac{1}{2}\Delta u_{fs} \tag{6.105}$$

同理,得到 S 点的粒子速度为

$$u_S=u_{a_4}-\frac{1}{2}(u_{fs}-u_{fsmin})=u_{a_4}-\frac{1}{2}\Delta u_{fs} \tag{6.106}$$

即

$$u_S-u_{a_4}=-\frac{1}{2}\Delta u_{fs} \tag{6.106a}$$

将式(6.106a)代入式(6.102a),得到

$$\sigma_S=\sigma_{a_4}-\frac{1}{2}\rho_0\bar{a}_l\Delta u_{fs} \tag{6.107}$$

式中:$\bar{a}_l$ 为沿着路径 $a_4\to S$ 的拉氏纵波声速的平均值。

总之,发生层裂后,在层裂处将形成新的自由面。从飞片后界面 R 点(图 6.24)发出的右行稀疏波中,能够穿过层裂点 S 的最后一条特征线在图 6.24 的 $x-t$ 图中由特征线 RSM 表示。在 $\sigma-u$ 图上(图 6.24)这条特征线由从等熵卸载线 AC 线上的 b_2 点出发的特征线表示,记作 b_2SM,也就是说从状态 C 卸载时从 AC 线的 b_2 点下方($t>t_S$)发出的所有特征线将不能穿过层裂界面到达样品的自由面,只有从右行稀疏波的波头 A 点到 b_2 点之间的特征线能够到达样品的自由面。一旦这部分右行稀疏特征线到达样品自由面,将立即反射左行压缩波,导致自由面速度从 B 点($u_B=u_{fs}$)下降到 L 点($u_L=u_{fsmin}$)。因此,自由面速度的下降始于右行稀疏波的波头特征线而止于特征线 b_2。

类似地,在图 6.24 中从样品自由面 Q 点发出的左行稀疏波中,能够穿过层裂面进入到飞片中的最后一条特征线用特征线 QSN 表示,在它后方($t>t_S$)的左行稀疏波特征线也不能穿过层裂面进入飞片。在图 6.25 所示的 $\sigma-u$ 图上,这条特征线用 a_4SN 表示,也就是说,从等熵卸载线 CB 发出的左行稀疏波特征线中,a_4 点上方的左行波特征线将在层裂形成的新自由面上发生反射,形成新的右行压缩波。由此可见,发生层裂后,层裂片中的两簇稀疏波将在层裂片自身的两个自由面上反射,导致自由面速度振荡。由于层裂片的厚度比飞片与原始样品的总厚度小得多,振荡周期也将明显小于图 6.21(a)中飞片击靶后,飞片与样品形成的共同体的前、后界面上反射的两列稀疏波与自由面作用所产生的自由面速度的振荡周期。由此,可以判断实验观测到的粒子速度振荡是否由于层裂而引起。

由式(6.107)可知,计算层裂强度需要知道图 6.25 中 a_4 点的应力 σ_{a_4}。在层裂实验中,飞片的厚度 h_1 通常比样品的厚度 h_2 要小许多,因而发生层裂时刻,从图 6.22 中的 L 点发出的右行稀疏波展开的宽度远比从 Q 点发出的左行波展开的宽度大得多。假定图 6.25 中 S 点的位置非常接近左行波的波尾特征线,即靠近 B 点,则有

$$\sigma_{a_4}\approx\sigma_B=0$$

从而 S 点近似与 M 点重合,得到

$$\sigma_{spall}\approx-\frac{1}{2}\rho_0\bar{a}_l\Delta u_{fs} \tag{6.108}$$

此即经常使用的计算层裂强度的近似公式。可见用式(6.108)计算的层裂强度是一种非常粗糙的近似。首先,它假定发生层裂时图 6.24 中 S 点的位置非常靠近从 Q 点出发的左行稀疏波的波尾特征线。因此用式(6.108)计算的是图 6.25 中 M 点的应力,而发生层裂时实际的应力状态是 S 点的应力状态。其次,在式(6.108)中的拉氏声速的平均值 $\bar{a}_l$ 应是从 B 点卸载到 M 点的过程中的拉氏声速的平均值。由于从 B 点卸载到 M 点的过程

中材料处于负压(拉伸应力)状态,因此需要知道负压下的声速随卸载压力的变化。但在实际计算中,往往用零压声速 c_l 作为 $\bar{a}_l$ 的近似值计算层裂强度。

6.7.4 层裂强度与负压区的卸载路径

以上讨论表明,在层裂实验测量中,自由面速度剖面的回跳是穿过层裂片的那部分右行稀疏波特征线在样品自由面上反射的结果,因而从自由面速度剖面确定层裂强度等价于确定样品从零压状态卸载到负压状态的过程中沿着该拉伸应力区的卸载路径,层裂强度测量实质上是负压(拉伸应力)区的卸载路径测量。

如图 6.26(b)所示的自由面速度剖面,水平段QK代表入射冲击波在自由面反射后的自由面速度,它反映了图 6.26(a)中的零压常流区(B 区)介质的流动性质;曲线段KIM表示由层裂引起的自由面速度的回跳过程。由于进入层裂片的那部分右行稀疏波在到达自由面之前必须首先穿过从自由面反射的左行稀疏波以后,才能以简单波的形式在层裂片中传播,当前者穿过后者的波尾特征线以后,前者将使层裂片从零压连续向负压卸载,图 6.26(a)中的 N 区就是该卸载过程在样品中产生的负压区。

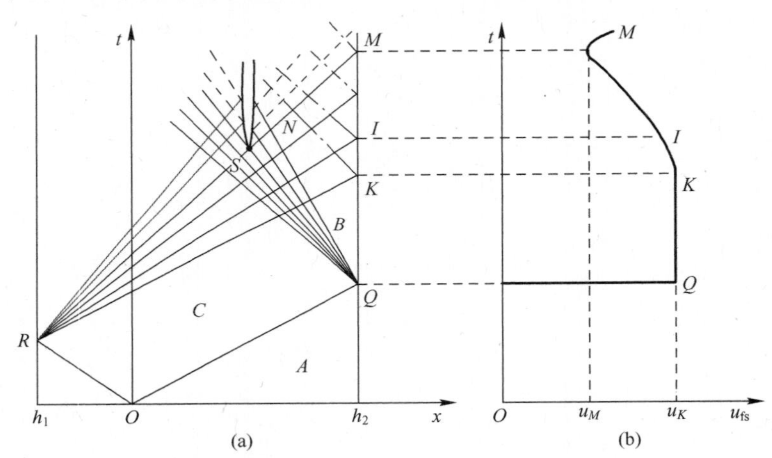

图 6.26 从零压状态卸载到负压区的卸载路径、自由面速度回跳以及层裂
(a) 波系作用及层裂的形成;(b) 自由面速度的回跳及对应的特征点位置。

N 区中的特征线携带了材料从零压状态卸载到负压状态的信息。其中通过层裂点 S 的那条特征线RSM就携带了发生层裂时刻的拉伸应力状态的信息。但是,当这些特征线在层裂片的自由面反射以后,实验观测到的回跳速度剖面信息已不是它们的原位信息。依据第 5 章中关于等熵波在“样品/窗口”界面反射的阻抗匹配原理,为了得到特征线在自由面反射以前应力状态,需要同时测量自由面粒子速度和卸载过程中的声速,然后利用阻抗匹配原理反演出原始的应力、密度、粒子速度等信息。如果把真空作为一种特殊的窗口,将自由面的粒子速度和应力($u_W = u_{fs}, \sigma_W = 0$)当作“样品/窗口”界面的应力状态,利用第 5 章中给出的增量阻抗匹配法公式粗估原位应力:

$$du_I = \frac{1}{2} du_{fs} \tag{6.109}$$

$$d\sigma_I = \frac{1}{2} \rho_0 a_l du_{fs} \tag{6.110}$$

$$dV_l = -\frac{du_{fs}}{\rho_0 a_l} \tag{6.111}$$

式中:拉氏声速 a_l 为从零压到负压的卸载过程中的声速,它是自由面速度的函数。

沿着图6.26的自由面速度剖面中的*KIM*曲线对上式积分,得到沿着特征线*KIM*的应力、比容、粒子速度等参量。对应于 M 点的原位应力为

$$\sigma_M = \frac{1}{2}\rho_0 \int_{u_K}^{u_M} a_l du = -\frac{1}{2}\rho_0 \bar{a}_l \Delta u_{fs} \tag{6.112}$$

式中:$\Delta u_{fs} = u_K - u_M$;$\bar{a}_l$ 为负压区的拉氏声速的平均值。

图6.26及式(6.112)表明,上述近似给出的 σ_M 与从图6.26的 $\sigma-u$ 图上的卸载过程分析得到的式(6.108)相同,但是该应力并不等于发生层裂时在 S 点的原位拉伸应力 σ_S,只有当 S 点位于从自由面反射的左行中心稀疏波的波尾特征线上时两者才相等。

上述分析表明,原则上不能单纯依靠自由面速度剖面计算出材料的层裂强度,因为不知道从零压卸载到负压区的拉伸应力下的拉氏声速或它的平均值。遗憾的是,至今还没有测量负压区的声速或卸载路径的有效方法。另外,即使知道了从零压卸载到负压的过程中声速随自由面速度的变化,按照式(6.112)计算的应力也不过是在 M 点的应力而已,它并不等于发生层裂时的 S 点的拉伸应力。这再一次表明,利用零压声速代替负压区的声速并借助于式(6.112)计算的层裂强度实在是一种非常粗糙的近似,也说明了自由面速度剖面方法在层裂研究中的局限性。

2003年,俄罗斯化学物理所的 Bezruchko 和 Kanel 等提出了一种测量受冲击金属材料的负压声速的近似方法[165],称为 BK 方法。他们用足够厚的、阻抗较高的钼飞片碰撞较薄的、阻抗较低的锌基板,在锌基板中产生低应力的冲击波。利用冲击波从锌基板自由面反射的左行稀疏波在"钼/锌"界面(碰撞界面)上再次反射,产生右行稀疏波,在"钼/锌"界面附近形成两列运动方向相反的稀疏波。由于这两列相向运动的稀疏波的交会作用,会在靠近"钼/锌"界面的锌样品中形成拉伸应力区。在此过程中,"钼/锌"界面上的应力状态会从压应力逐渐向拉伸应力状态转变,最终导致钼飞片与锌基板分离。一旦两者分离,立即锌基板的碰撞界面上相锌基板中反射一个压缩波,根据该界面上反射波性质的改变,在适当的近似下,能够从实验测量的锌基板的自由面速度剖面确定锌基板中最大拉伸应力的时间-空间位置,进而利用特征线理论得到在最大拉伸应力下的负压声速。

BK 方法是一种建立在拉伸应力区的特征线理论基础上的近似方法。胡建波等[166]对 BK 方法的原理和负压声速的实验测量方法进行了详细分析和讨论,并对冲击 LY12 铝合金在拉伸应力区的负压声速进行了初步测量,感兴趣的读者可参阅相关文献。

在有些情况下,由于样品自由面的微质量喷射,用 VISAR 仪直接测量自由面速度有困难,需要在待测样品材料上粘贴一块低阻抗窗口,通过测量"样品/窗口"界面速度历史或应力历史研究层裂现象。与从自由面反射中心稀疏波不同,当冲击波从"样品/窗口"界面上反射中心稀疏波时,该稀疏波后的应力等于样品与窗口之间的阻抗匹配应力 σ_I;从"样品/窗口"界面反射的左行中心稀疏波形成的扇区相对较窄,因此更有理由认为在 $x-t$ 图上(图6.26)发生层裂的 S 点位于或非常靠近左行稀疏波的波尾特征线上,按照同样的思路,对式(6.110)进行积分计算,得到自由面速度回跳点对应的应力 σ_M 或层裂

强度：

$$\sigma_M-\sigma_I=-\frac{1}{2}\rho_0\bar{a}_l\Delta u_{\mathrm{fs}} \tag{6.113}$$

或

$$\sigma_M=\sigma_I-\frac{1}{2}\rho_0\bar{a}_l\Delta u_{\mathrm{fs}} \tag{6.113a}$$

6.7.5 层裂片的近似厚度

在对称碰撞条件下，样品中的入射冲击波速度为 D，飞片和样品的厚度分别为 h_1 及 h_2（图 6.24）。若发生层裂时层裂片的厚度为 δ，假定沿着过 S 点的那条右行波特征线和左行波特征线的拉氏声速的平均值分别为 $\tilde{a}_{11}$ 及 $\tilde{a}_{12}$，由波传播的时间关联性得到

$$\frac{h_1}{D}+\frac{h_1+h_2-\delta}{\tilde{a}_{11}}=\frac{h_2}{D}+\frac{\delta}{\tilde{a}_{12}} \tag{6.114}$$

因此，层裂片的厚度为

$$\delta=(h_2+h_1)\frac{\tilde{a}_{12}}{\tilde{a}_{11}+\tilde{a}_{12}}\left(1-\frac{h_2-h_1}{h_2+h_1}\frac{\tilde{a}_{11}}{D}\right) \tag{6.115}$$

若 $\tilde{a}_{11}\approx\tilde{a}_{12}=\tilde{a}_1$，则层裂片厚度近似为

$$\delta=\frac{h_2+h_1}{2}\left(1-\frac{h_2-h_1}{h_2+h_1}\frac{\tilde{a}_1}{D}\right) \tag{6.116}$$

假定 $\tilde{a}_{11}\approx\tilde{a}_{12}\approx D$，且 $h_2=2h_1$，则层裂片的厚度近似为

$$\delta\approx h_2/2=h_1 \tag{6.117}$$

即在层裂实验中，将飞片厚度设计为样品材料的 1/2 时，层裂片的厚度近似为样品厚度的 1/2。

第7章 极端应变率斜波加载技术及相变动力学初步

等熵过程被定义为一种绝热、可逆的热力学过程。当讨论固体材料在极端应力-应变率加载下的等熵压缩或等熵卸载过程时,隐含假定了在该过程中固体没有发生塑性应变,因为塑性应变必定伴随着不可逆熵增;也隐含假定固体受到的应力作用是纯流体静水压作用,即固体中不存在偏应力,因为在非流体静水压加载下的偏应力作用终将导致固体发生弹-塑性屈服或塑性应变。因而固体的等熵压缩或等熵卸载实际上等价于假定固体是在流体静水压作用下发生的绝热、可逆变化过程。

但是,理想的等熵过程实际上并不存在。通常把准静态绝热过程近似当作等熵过程,而准静态与绝热是互相矛盾的:前者要求应变率越低越好,最好趋于零,以避免快速应力作用在材料中可能产生的非均匀能量沉积;后者要求过程尽量迅速,最好趋于无限快,以避免材料与外界可能发生的热交换。实际过程只能在两者之间取折中:如果一个动力学过程的熵增所对应的能量耗散与它获得的压缩能相比是一个高阶小量,则可近似把它看作等熵或准等熵的。这是可以把准静态绝热过程当作等熵或准等熵过程看待的一种直观解释。

准等熵过程中应力随时间的变化必须是连续的,因为应力的跃变即冲击压缩会引起显著的熵增;为了满足绝热性要求,在避免应力波演变为冲击波和发生显著的能量非均匀沉积,或者产生其他与应变率相关的能量耗散的前提下,准等熵加载的应变率应尽可能高些,以避免系统与外界可能发生的热交换。过去把这类应力和应变率做连续、单调变化的应力波称为斜波。在本书中,准等熵波或斜波具有相同的含义,前者往往强调热力学含义而后者则侧重于描述应力波剖面的几何形状;由于连续应力作用的加载历史可能非常复杂,其应变率可以时高时低,时增时减,本章讨论的斜波或准等熵波特指应力和应变率单调变化的连续应力波。斜波或准等熵波的应力和应变率可以各自分别独立调节,而冲击加载的应力、应变、应变率、温度等相互耦合,不可独立调节。

实验研究固体材料在外力载荷作用下的响应特性目前主要有三种方法:以金刚石压砧(DAC)为代表的静高压加载;以分离式霍布金森压杆技术为代表的单轴应力加载;以均质匀速平板的高速碰撞技术为代表的平面冲击压缩或单轴应变加载。但是,这三种方法均不能满足高应力-高应变率准等熵压缩研究的要求:静高压加载的应力较高但应变率极低(几乎为零),且加载过程与环境存在热交换,它给出的应力-应变关系通常当作等温压缩数据,而且是流体静水压加载下的等温压缩物性数据;霍布金森压杆加载实验中的应力可近似看作单轴的但应变是三轴的,其单轴应力很低通常在1GPa以下,应变率通常在$10^2 \sim 10^3$/s量级(在某些特殊条件下可以达10^4/s量级)。由于被加载材料在入射杆和反射杆的低应力连续加载作用下其温升可以忽略不计,从霍布金森杆实验获得的动力学数据可以近似当作低应力-低应变率准等熵数据处理。平面冲击压缩是应力做突跃变化的不可逆绝热加载,应变仅发生在冲击加载方向但应力是三轴的。强冲击压缩的应变率可高达10^9/s 以上 。

实验测量的静高压等温线、冲击绝热线以及理论等熵压缩线是位于(p、V、T)状态曲面上的三条互相独立的曲线(图 7.1)。从相同的初始状态出发的静高压等温线、冲击绝热线以及理论等熵压缩线等都是唯一的,在静高压等温线、冲击绝热线、理论等熵线之间存在一些用上述三种加载手段都无法到达的空白状态区域。但是从同一初始态出发的准等熵线可以有无数条,它们是介于静高压等温线、冲击绝热线、理论等熵线之间的一些曲线。每一条曲线代表具有不同应力-应变-应变率的力学加载路径。由于斜波加载的应力和应变率可以分别进行独立调节,利用斜波加载并结合冲击压缩能够到达介于静高压和冲击压缩之间的任意状态位置,为链接静高压和冲击压缩状态构建一座桥梁[167,168];借助于斜波加载或准等熵压缩能够到达单独依靠静高压、冲击压缩或霍布金森杆加载无法达到的物理、力学和化学状态,使物质进入依靠上述三种手段无法到达的新的能量状态;为发现新材料,研究极端应力-应变率下的弹-塑性屈服、失效破坏、相变及材料的组织结构演化等提供新的手段。极端应力-应变率斜波加载为力学和材料科学研究开拓了全新的领域[169]。

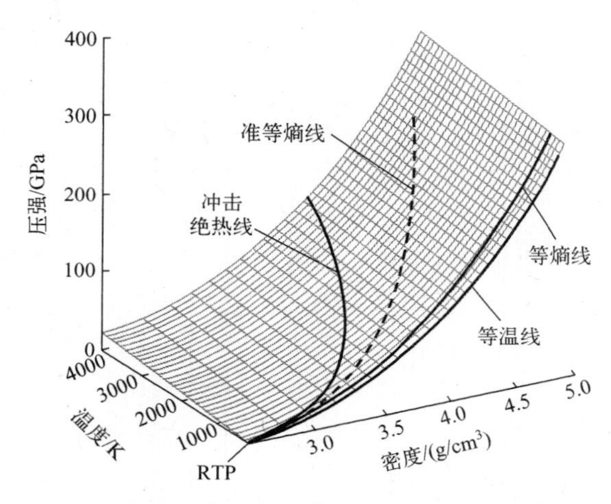

图 7.1 从同一初始状态出发的冲击绝热线、静高压等温压缩线、准等熵压缩线和理论等熵压缩线之间的关系

准等熵压缩实验研究的主要内容包括:在实验室条件下产生剖面连续光滑、具有吉帕峰值应力和极高应变率的斜波加载方法;精密测量斜波加载路径的诊断技术;斜波加载实验的数据解读方法。斜波加载实验的数据解读方法能够从实验测量的"样品/窗口"界面粒子速度剖面获取原位粒子速度-应力-应变的变化历史,揭示材料的响应特性与斜波加载的应变率及经历的加载路径之间的关系。

在早期的斜波加载实验研究中,利用某些特殊材料在低应力加载下的独特应力-应变关系产生斜波加载。这类材料称为斜波发生器。在应力-应变平面上,大多数固体的应力-应变曲线的斜率随加载应力增加而增大,应力-应变曲线具有向下方凸起或凹面向上的形式。因此,多数物质在斜波加载下的声速将随应力的增加而增大。但是有少数材料在一定的应力-应变范围内其应力-应变曲线是向上方凸起或向下凹的,应力-应变曲线的斜率随加载应力的增加反而减小,因此声速随应力的增加反而减小。前者在受到飞片碰撞时形成冲击波;后者在受到飞片碰撞时会形成一系列波速依次变慢的发散压缩波(而且是中心压缩波)。这些发散的压缩波的应力虽然渐次增加,但是由于波速随应力增加而减小,因此不能在传播过程中形成冲击波。熔融石英常用作较低压力下的斜波发生器。通过调节熔融石英的厚度可以调节斜波的加载速率。在 4GPa 以下,熔石英弹性区冲击应力可以表达为粒子速度的多项式[39]:

$$\sigma=13.17u-7.361u^2+9.947u^3-4.163u^4$$

式中:应力 σ 和粒子速度 u 的单位分别为 GPa 和 mm/μs。

刘高旻[170]利用熔石英斜波发生器研究 PZT 陶瓷的铁电-反铁电相变,Asay[171]利用它研究了金属铋在低应力下的固-固相变。某些高温玻璃陶瓷在较低应力下的应力-应变曲线具有类似于熔石英的特性。Asay 和 Chhabildas 曾利用一种商用高温陶瓷(主要组分为 $LiAlSi_3O_8$,密度为 2.494g/cm^3,约 95% 结晶体是β-锂辉石)作为 20GPa 压力以下的斜波发生器[172],对 6061-T6 铝合金进行斜波加载实验研究。

近 20 年来,发展了能够在实验室条件下产生数兆巴峰值应力并具有$10^5\sim10^8$/s 峰值应变率的三种斜波加载技术,即磁驱动斜波加载技术、激光等离子体活塞驱动技术以及阻抗梯度飞片驱动技术,它们属于单轴应变下的斜波加载技术。

除了单轴应变斜波加载,有必要开展非单轴应变斜波加载的相关研究。球面和柱面冲击波压缩属于非单轴应变加载,它们产生的极端应力-应变状态在惯性约束聚变(ICF)等工程物理研究中受到特别关注。在本章的最后,将对球面冲击波压缩下的守恒方程、球面冲击加载状态与斜波加载的关系及其特点进行简要的讨论。结果发现,球面冲击波不能当作单纯的冲击压缩看待,球面冲击压缩在材料中产生的应力-应变状态不仅与冲击压缩有关,而且与紧随于冲击阵面后的斜波加载密切相关。

7.1　磁驱动斜波加载技术

磁驱动斜波加载技术利用脉冲大电流放电产生的瞬态感应磁场与放电电流之间的相互作用产生强大的洛伦兹力,该应力作用传入样品材料使之受到斜波(准等熵)压缩。磁驱动斜波加载技术原理如图 7.2 所示,当短路开关接通时,瞬时脉冲电流与感应磁场相互作用,产生的洛伦兹力 σ 与电流密度 $J(t)$ 的平方成正比:

$$\sigma(t)=\frac{1}{2}k\mu_0J(t)^2 \tag{7.1}$$

式中:μ_0 为电极材料的磁导率;k 为与放电装置结构有关的几何因子。

通过调节放电电流密度及变化速率可控制应力 σ 的加载历史、峰值应力和峰值应变率。美国 SNL 建立了 Veloce 磁驱动装置(图 7.2)、Z 机器(Z-machine)和土星装置(Saturn)[173-175]等数种具有不同加载能力的磁驱动斜波加载装置,用于不同应力幅度和应变率的斜波加载实验。在斜波实验中,采用激光速度干涉仪(线 VISAR)测量不同厚度的"台阶样品/窗口"界面上的粒子速度剖面,结合拉格朗日分析法[175]和反向积分计算[176]获得样品的原位粒子速度 $u(t)$ 和拉格朗日声速 $a(t)$;由原位粒子速度剖面和声速计算斜波加载的原位应力 $\sigma(t)$,$\mathrm{d}\sigma=\rho_0a\mathrm{d}u$,比容 $V(t)$,$\mathrm{d}V=-(\mathrm{d}u/\rho_0a)$,工程应变 $e(t)$,$e=1-(V/V_0)$或

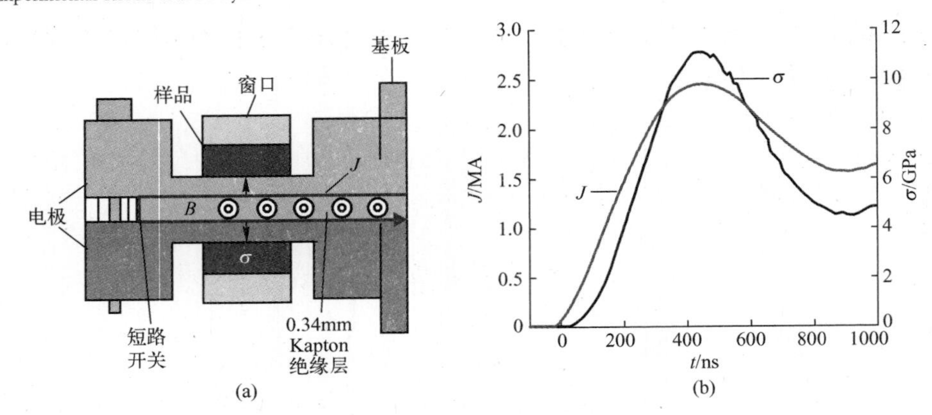

图 7.2　磁驱动斜波加载技术原理

(a) Veloce 磁驱动装置原理图;(b) 短路开关接通后,通过调节脉冲电流 J 的变化历史控制斜波加载应力 σ 随时间的变化。

真应变 $\varepsilon(t)$,$\mathrm{d}\varepsilon=-\mathrm{d}V/V$,真应变率 $\dot{\varepsilon}$,$\dot{\varepsilon}=\mathrm{d}\varepsilon/\mathrm{d}t=\dot{u}/c$ 或工程应变率 $\dot{e}$,$\dot{e}=\mathrm{d}e/\mathrm{d}t=\dot{u}/a$。磁驱动法能够产生初始应力幅度极低、终态应力很高、粒子速度剖面光滑连续、品质优良的斜波加载;可以实现高达 $10^6\sim10^7$/s 的应变率,这些是它的特点。已经报道了用 Z 加速器将 6061-T6 铝合金加载到 185GPa 和 240GPa[177,178]的准等熵压缩实验测量结果,峰值应变率为 10^6/s 量级。但是,目前报道的用磁驱动法研究固体在斜波加载下的强度的实验测量大都是在数十吉帕峰值应力下的结果。文献[179,180]报道了用磁驱动装置测量了钽、铝等材料在 20GPa 以下、$10^5\sim10^6$/s 高应变率下的粒子速度剖面;采用流体静水压比较法将实验测量的铝的准等熵应力与 Sesame 3700 数据库中给出的铝的物态方程的流体静水压数据(理论等熵线)比较[181],得到铝在准等熵加载下的屈服强度。由于该方法给出的强度数据依赖于物态方程的置信度,因而并不是一种可以普遍使用的方法;相比较而言,在低冲击压力下根据物态方程计算的流体静水压数据比高压冲击压缩下有更高的置信度,流体静水压比较法不适用于高压加载下的强度计算。

为了建立不依赖于物态方程的强度测量方法,需要发展斜波加载下的双屈服面法技术,即通过斜波加载-卸载实验确定上、下屈服面的位置,并据此计算屈服强度。但是在磁驱动斜波加载技术中,应力剖面受脉冲驱动电流的控制;驱动电流达到峰值后迅速下降必定会导致在斜波的峰值后紧跟着连续的卸载应力波,难以在某一时间间隔内保持峰值不变,即在粒子速度剖面上不能观测到平台应力区。这意味着,峰值应力的幅度将随传播距离(样品的厚度)的增大而连续下降[180]。在图 7.3 所示的磁驱动加载-卸载实验中,钽的多台阶样品的粒子速度剖面随样品厚度的变化显示了磁驱动斜波加载的峰值应力随样品厚度变化的特征,或者说厚样品的加载-卸载粒子速度剖面上出现了某种缺失。不同厚度样品经历的斜波加载-卸载历程不再等价,其结果是导致根据多台阶样品的表观粒子速度剖面计算的表观声速偏大,给实验测量的声速数据带来系统性偏差。为此,Asay 等提出了一种经验修正方法,企图对实测的加载-卸载粒子速度剖面的缺失部分进行补偿[182,183]。Asay[180]和 Brown[182,183]等分别对退火多晶钽和溅射多晶钽进行了 10^5/s 峰值应变率和 60~250GPa 峰值应力的斜波加载-卸载实验,并计算了峰值应力下流动应力;用蒙特卡罗方法估算了实验测量的不确定度。发现在实验加载应力范围内钽的流动应力约为 5GPa,然而流动应力的不确定度达到 9%~17%。Asay 等提出的对磁驱动加载-卸载实验进行经验修正方法的适用性有待进一步验证。

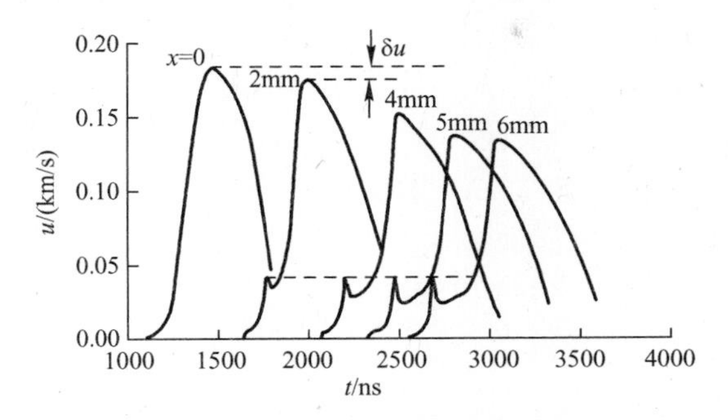

图 7.3 用 Veloce 装置测量的退火钽多台阶样品的斜波加载-卸载实验的粒子速度剖面随钽样品厚度的变化[180]

注:δu 表示峰值粒子速度随传播距离的衰减。

7.2 激光烧蚀等离子体活塞驱动斜波加载技术

利用激光辐照产生的高速等离子体喷射体碰撞固体材料产生(准等熵)斜波加载的方法及相关实验测量技术见文献[137,184],其基本原理如图 7.4 所示。烧蚀膜吸收强激光辐照的能量,在 CH 薄膜材料(相当于能量储存库)中产生自左向右运动的冲击波。CH 薄膜的另一端面为自由面并与真空微间隙相邻。当 CH 材料中的冲击波到达该真空间隙的自由面时突然卸载,形成高速等离子体,通过真空微间隙持续喷射到密度较高的待测试样材料(图 7.4 中的铋金属箔)表面,在金属样品中产生应力幅度做连续变化的准等熵波或斜波。分析表明,等离子体喷射产生的斜波的应变率和峰值应力与等离子体粒子速度及密度的空间分布、CH 材料的初始密度等因素有关。因此,驱动激光的强度、脉

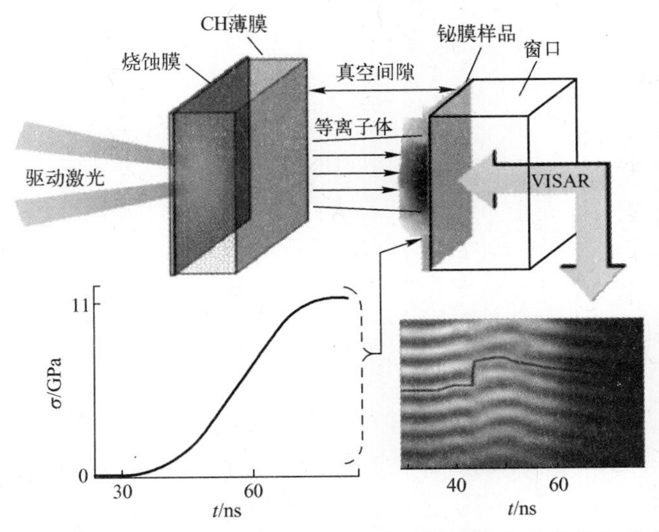

图 7.4 利用激光烧蚀等离子活塞驱动在铋样品中产生的斜波剖面及线 VISAR 测量的干涉条纹示意图

宽及辐照时间、烧蚀膜和 CH 材料选取、真空间隙厚度等参数设计是激光等离子体活塞驱动斜波加载技术的关键之一。通过控制驱动激光的能量和辐照时间、CH 材料的种类和厚度及真空微间隙的宽度等,可对斜波的应变率和峰值应力的幅度进行控制[31]。激光辐照能量空间分布的均匀性直接影响金属膜样品中斜波应力空间分布的均匀性。在图 7.4 中,为了防止激光烧蚀产生的 X 射线对样品预加热,在实验样品表面预镀了一层环氧有机薄膜。CH 材料含有 12%的溴,以增大其吸收 X 射线[185]的能力。“铋样品/窗口”界面粒子速度剖面由线 VISAR 测量。通过拉格朗日分析和反向积分法计算得到铋样品的原位粒子速度-应力-应变(或比容)-应变率等。

1. R-T 界面不稳定性研究

已经报道了利用 Omega 激光、Nova 激光等大型激光装置产生极高应力-应变率斜波加载的几种实验研究结果。这些研究包括测量铝、钽、钒等材料[31,136,137]在 10^6 ~ 10^8/s 高应变率和数十吉帕至数百吉帕峰值应力斜波加载下的屈服强度;讨论了屈服强度对固-气界面的 R-T 界面不稳定性[31,136]的影响。测量 R-T 界面不稳定性的实验装置的基本结构如图 7.5 所示。在研究极端应变率下铝的屈服强度与 R-T 界面不稳定性的关系的实验中[169],以 300J 能量、3.7ns 脉宽的 Nova 激光照射 CH 材料并形成等离子体活塞,使其碰撞直径数百微米、厚度数十微米的铝箔样品,在铝样品中产生了 20~50GPa 峰值应力、10^6 ~ 10^7/s 峰值应变率的斜波。为了进行 R-T 界面不稳定性实验测量,在铝膜样品上预先刻制了振幅 0.6μm、波长 35.6μm 的正弦波刻纹,并在该刻纹表面预镀一层约 5μm 厚度的环氧树脂膜。在等离子体喷射体的连续碰撞下,环氧薄膜迅即变成气体并向右方(图 7.5)做高加速运动;做高加速运动的环氧气体受到固体铝膜的阻滞,在固-气界面上产生 R-T 扰动。随着斜波加载应力的增大,铝箔的厚度(扰动幅度)随 R-T 扰动幅度的增长而变化。

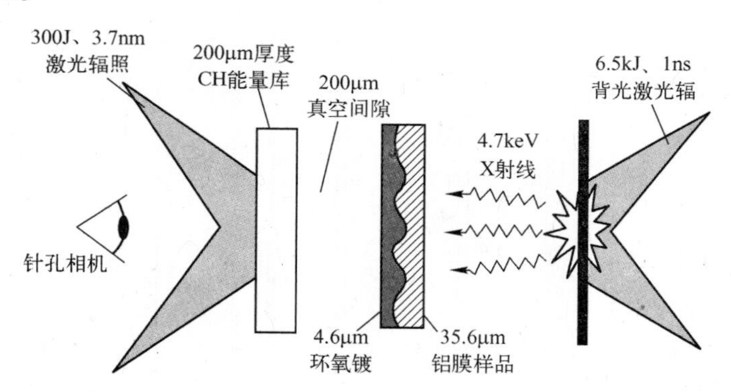

图 7.5 R-T 界面不稳定性与强度测量实验装置原理图[136]

注:在等离子体活塞产生的超高应变率斜波驱动下,扰动迅速增长,用另一路激光辐照钛膜产生 4.7keV 的 X 射线进行针孔照相,记录扰动的增长。根据扰动增长计算屈服强度。

首先,用针孔相机记录扰动幅度或铝膜的厚度随时间的变化;然后,根据背光 X 射线底片黑密度的空间分布反演不同位置上的扰动增长幅度;最后,根据 R-T 扰动增长与屈服强度和应变率的理论关系计算铝在斜波加载下的屈服强度[31,136]。

这种实验比较复杂,需要使用高功率脉冲激光装置、背光 X 射线技术、高分辨率的 X 射线针孔照相技术和标定技术;需要精密的样品加工、实验准直和样品装配技术,并需要建立可信的专业计算程序，才能从实验测量记录解读出材料的强度数据。

2. 获取屈服强度的两种方法

Remington 等介绍了从等离子体活塞驱动产生的准等熵压缩实验测量确定材料屈服强度的两种基本方法[31]。

第一种方法利用自由面速度剖面的振荡来确定材料的屈服强度。在这种方法中，除了不使用窗口以及试样没有预制刻纹以外，实验装置和测量方法与图 7.4 基本相同。

Remington 用脉宽 4~11ns、能量 0.5~2kJ 的 Omega 矩形脉冲激光辐照 CH 材料产生的等离子体活塞，驱动厚度 10~30μm 的铝膜样品。使用线 VISAR 测量铝样品的自由面速度。由于铝样品很薄而等离子体喷射产生的准等熵波列较宽，当入射波列的波头到达铝样品的自由面并从自由面反射时，入射波列的波尾部分尚未进入样品。因此，自由面上的反射波将与该入射波列的波尾部分相互作用；发生相互作用后形成的斜波到达自由面时将导致自由面速度剖面出现振荡，如图 7.6 所示。而材料强度会抹平这种振荡。通过人为调节试样材料的屈服强度，可使计算得到的自由面速度剖面的振荡与实测剖面的振荡一致，以此确定材料的屈服强度。结果发现，厚度为 29μm 的 6061-T6 铝样品在峰值应力 50GPa、应变率 $5\times10^6\sim5\times10^7$/s 的斜波驱动下，当屈服强度人为调节到根据 Steinberg-Gunan 经典模型（SG 模型）计算的强度的 8 倍时，计算的自由面速度的振荡状况将与实验测量结果非常接近。这表明，SG 模型不适用于 $10^6\sim10^7$/s 的高应变率斜波加载下的屈服强度估算。

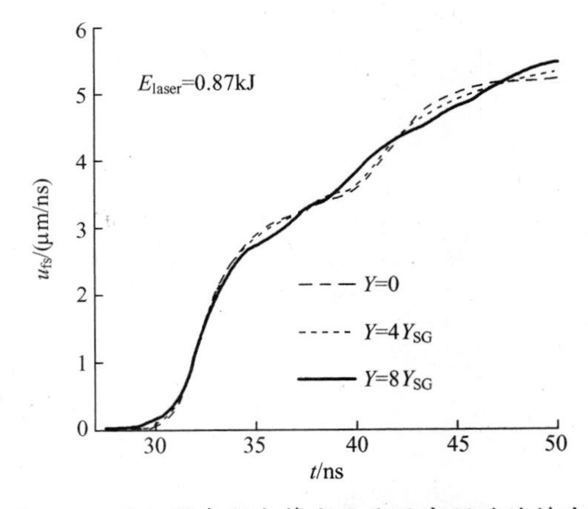

图 7.6　实测的厚度为 29μm 的铝膜在激光等离子体活塞驱动的斜波加载下的自由面速度剖面的振荡（实线）与假定强度为零时的理论计算结果（长虚线）的比较

注：短虚线表示假定强度为 4 倍 SG 模型的结果，当强度增大到 8 倍 Y_{SG} 时，计算结果与实验结果一致[31]。

第二种方法利用固-气界面的 R-T 不稳定性来估算极端应变率下的屈服强度[31]。在图 7.5 中，R-T 扰动导致铝箔样品的厚度随时间和空间位置变化。样品厚度的变化由针孔 X 射线底片的黑密度进行表征。根据实测 X 射线底片不同位置的黑密度，可以处理出任意时刻 t 的 R-T 扰动幅度 δh，进而得到扰动幅度 δh 与初始时刻的幅度 δh_0 之比。定义两者之比为扰动增长因子，以 GF 表示：

$$GF=\delta h/\delta h_0 \tag{7.2}$$

根据实验测量的增长因子 GF 数据，可以从 R-T 界面不稳定性理论获得屈服强度。

根据 R-T 界面不稳定性理论,扰动增长因子 GF 可表达为

$$GF=e^{\gamma t} \tag{7.3}$$

式中:γ 为界面扰动增长速率。

对于固体,γ 由 R-T 扰动增长方程给出:

$$\gamma^2+2k^2\nu_{eff}\gamma+k\times\tanh(kh)\times(kG/\rho-Aa)=0 \tag{7.4}$$

式中:h 为样品介质层的厚度;G 为剪切模量;$k=2\pi/\lambda$ 为扰动波数,λ 为 R-T 扰动的波长;a 为粒子加速度;A 为 Atwood 数,其定义为

$$A=(\rho_h-\rho_l)/(\rho_h+\rho_l) \tag{7.5}$$

其中:ρ_h、ρ_l 分别为界面两侧的重介质(固体)和轻介质(气体)的密度。

ν_{eff}为晶格等效黏度,它与屈服强度 Y、固体的密度 ρ 以及应变率 $\dot{\varepsilon}=d\varepsilon/dt$ 的关系为

$$\nu_{eff}=Y/(\sqrt{6}\rho\dot{\varepsilon}) \tag{7.6}$$

$\tanh(x)$为双曲正切函数,其定义为

$$\tanh(x)\equiv\frac{\sinh(x)}{\cosh(x)}=\frac{(e^x-e^{-x})/2}{(e^x+e^{-x})/2}=\frac{e^x-e^{-x}}{e^x+e^{-x}}$$

上述 R-T 扰动增长方程的解为

$$\gamma=\nu_{eff}k^2\{[1-C/(\nu_{eff}^2k^3)]^{1/2}-1\} \tag{7.7}$$

式中:$C=\tanh(kh)\times(kG/\rho-Ag)$。

只要从实验测量得到任意时刻扰动增长因子 GF 及应变率 $\dot{\varepsilon}$,则由式(7.3)、式(7.4)和式(7.6)可以计算得到屈服强度 Y。

对于理想流体($\nu_{eff}=0,G=0$),在极限情况下当 $h\gg\lambda$ 时,$kh=2\pi h/\lambda\to\infty$,$\tanh_{x\to\infty}(x)=1$,则式(7.4)退化为

$$\gamma^2=kAa$$

因此,流体介质中 R-T 扰动的增长主要取决于粒子的加速度 $a=du/dt=\dot{u}$ 或应变率 $\dot{\varepsilon}$。根据第 6 章中的分析,斜波加载的粒子加速度与应变率存在关系:

$$\dot{u}=\dot{\varepsilon}c$$

例如,在10^2GPa 压力下,金属材料的典型声速约10^1km/s,当斜波加载的应变率达到10^7/s 时,估算的加速度 $\dot{u}\approx10^{11}m/s^2$,即达到重力加速度的$10^{10}$倍以上。反之,当应力-应变率较低时,对于$10^1$GPa 和$10^3$/s 应变率的斜波加载,包括霍布金森杆,声速约为$10^0$km/s,因而加速度将下降 5 个量级,导致 γ 或扰动增长因子迅速变小,因此低应变率下的 R-T 扰动很小且难以被实验观测。

图 7.7 给出了在 Omega 激光器上进行的 6061-T6 铝合金在约 20GPa 峰值应力和10^6/s 峰值应变率斜波加载下,5 个不同时刻的 R-T 扰动增长因子的实验测量结果(黑色圆点表示实验数据)以及与根据 Steinberg-Gunan 强度模型(SG 模型)给出的屈服强度计算的 R-T 扰动增长因子 GF 比较[186]。其中,点虚线表示流体模型的计算结果,虚线表示利用 SG 模型计算的 R-T 扰动增长。实线表示根据不同硬化模型进行修正的结果。在上述极端应力-应变率条件下,流体模型给出的扰动增长速率极快,SG 模型则显著低估了材料强度或高估了增长因子。当将屈服强度提高到 SG 模型的 1.7~2.1 倍时,得到的计算结果与实验结果符合较好。

文献[31]报道了在 Nova 激光装置上通过 R-T 界面不稳定性测量的 6061-T6 铝合

金在峰值应力约 160GPa、应变率约 5×10^7/s 斜波加载下的屈服强度，得到的屈服强度高达 5GPa，几乎与理想单晶铝的屈服强度相等。铝发生冲击熔化的起始压力为 120～125GPa，完全冲击熔化的压力约为 160GPa，上述结果表明在 160GPa 斜波加载下铝依然处于固体状态且能够承受很高的剪切应力加载。这项实验技术为通过强度测量确定材料所处的相区提供了一种有效方法，也表明金属材料在高应力-高应变率斜波加载下的力学性质与冲击加载下的性质存在巨大差别。在此，引用 Remington 的一段话说明超高应变率斜波加载下的强度测量的科学意义："当 $d\varepsilon/dt>10^5$/s 时，各种本构模型给出的材料的响应的不确定性差异很大。需要用高应变率下的实验数据来确定究竟哪一种模型是适用的。即使强度测量的精度水平为 30%～50%，对于确定在 $\dot{\varepsilon}>10^5$/s 应变率下究竟哪一种物理机制在起作用也非常有用。"

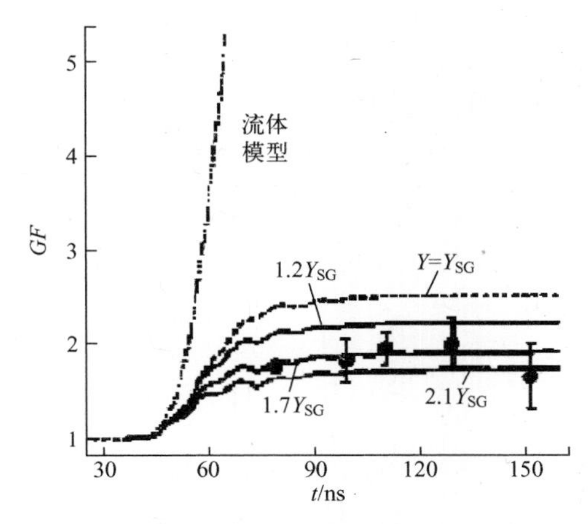

图 7.7　实测 6061-T6 铝合金在 20GPa 峰值应力和 10^6/s 应变率斜波加载下五个不同时刻的扰动增长因子 GF(黑色圆点)与根据 SG 模型计算的扰动增长因子的比较[186]

总之，磁驱动和激光驱动等离子体活塞技术目前已经能够产生高达10^7～10^8/s 峰值应变率和10^2GPa 峰值应力的斜波。在这种高应变率-高应力斜波的加载下，物质加速度极高，材料表现出与冲击加载和低加速度载荷作用下非常不同的响应特性。发展极端应变率斜波加载实验和测量技术，为开展连续应力极高加速度下的许多物理和力学现象研究提供了可能性，如 R-T 界面不稳定性问题，极端应变率下固体材料的强度、固体的变形机制及位错动力学研究，以及相变动力学研究等。

7.3　利用阻抗梯度飞片的斜波加载技术

利用阻抗梯度飞片产生斜波(准等熵)加载是基于这样一种思考：斜波是由一系列应力和应变率单调增大(或减小)的小扰动波组成的应力波，而平板碰撞产生的弱冲击压缩是一种小扰动应力波或准等熵波。将一系列弱冲击扰动叠加在一起能形成准等熵压缩波(图 7.8)。根据特征线理论，小扰动波产生的应力增量正比于材料的力学阻抗 z：

$$d\sigma=\rho c du=z du \tag{7.8}$$

式中：$z=\rho c$ 也称为波阻抗。

就材料的压缩性而言,阻抗越大,材料就越难被压缩,在力学上就感觉它越"硬",尽管这样比喻不太严谨。因此,只要用阻抗随飞片厚度单调递增或递减的功能梯度材料制成飞片,用它碰撞试样材料,就能产生一系列应力幅度连续递增或递减的斜波(图7.9)或准等熵波。与气炮实验中置于弹丸前端的单一密度或单一阻抗的均质金属飞片相比,阻抗随厚度做梯度变化的飞片从力学上看就如一块冲击压缩性连续变化的衬垫(pillow)材料,故在早期的文献中将其称为"pillow 飞片"。阻抗的变化意味着密度的变化,而声速又与密度相关,因而也把阻抗梯度飞片称为密度梯度飞片(Graded Density Impactor, GDI)[187,188]。

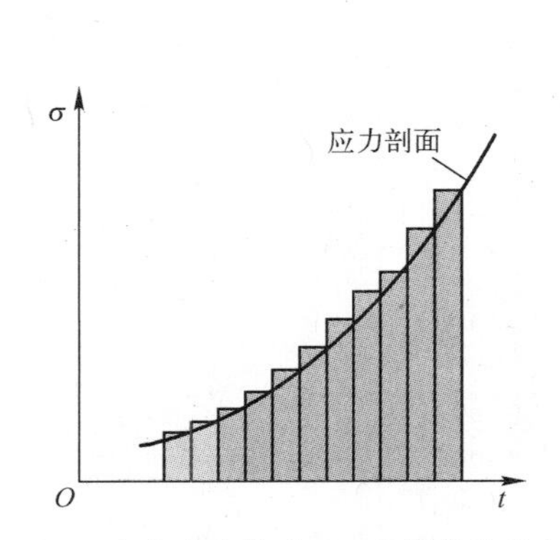

图 7.8 一个大应力扰动可以分解成许多小应力扰动的叠加

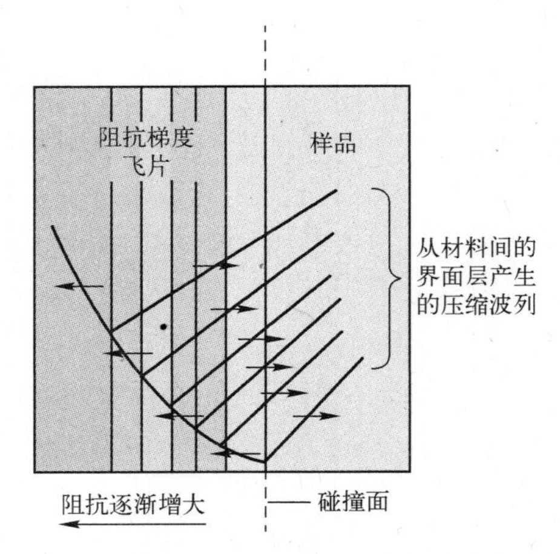

图 7.9 阻抗梯度飞片产生斜波加载的原理

常用的阻抗梯度飞片大致可分为两类:第一类是将数种不同密度的均质平板材料叠合粘接在一起,构成阻抗随厚度做阶跃式变化的梯度飞片,本书把它形象地称为叠层型阻抗梯度飞片。叠层型阻抗梯度飞片击靶后产生的是一系列应力幅度呈阶跃变化的弱冲击扰动,因而被当作一种无冲击驱动技术。第二类阻抗梯度飞片利用密度随厚度做准连续变化的功能梯度材料制造,击靶后产生一系列应力幅度做准连续变化的小扰动波,本书将其称为准连续型梯度飞片(Functional Graded Impactor,FGI)飞片。利用 FGI 飞片能够产生应力剖面非常光滑、峰值应力达到兆巴量级的斜波。

7.3.1 叠层型阻抗梯度飞片技术

阻抗梯度飞片技术是 20 世纪 80 年代首先由美国 SNL 发展起来的[187],近年来 LLNL 的研究者[189]进一步发展了这种技术。图 7.10 给出了 SNL 使用过的一种叠层型阻抗梯度飞片的结构以及用它碰撞 AD-955 陶瓷样品材料产生的阶梯状粒子速度剖面[190]。在图 7.10(b)中,波剖面初始段的阶梯形结构与该梯度飞片的前三层材料(TPX、PMMA、Mg)击靶后产生的应力波相关;后续波剖面较光滑,反映了各材料层之间的复杂波系作用及累积效应。为了避免准等熵波过早发展成冲击波,要求梯度飞片的阻抗随厚度按二次或高次曲线变化,这是物理上对梯度飞片中各组分材料层的选取及其厚度的限定。组分材料层厚度的精密设计需要借助于计算机。但是,由于多数材料的声速随密度而增大,因此,若将各组分材料按密度增大沿飞片厚度方向作线性排列,则阻抗分布也将随飞片厚度近似做二次或高次曲线变化。当梯度飞片以低阻抗端面碰撞击靶样品时，根据应力波在两种不同阻抗材料界面的反射规律，进入击靶样品的应力波将逐渐增强，形成准等熵压缩波；反之，若以高阻抗端面碰撞靶样品，进入样品的应力波将逐渐减弱，形成准等熵卸载波。受可供选用的商用材料种类和机械加工能力的限制，能够用于制造梯度飞片的材料种类十分有限，且各材料层的厚度不可能太薄（毫米或亚毫米量级）；考虑一维应变加载对飞片几何尺寸的限制，以及气炮发射能力的限制，GDI 飞片的总厚度和总质量也不可能太大。实际使用的叠层型阻抗梯度飞片通常为 6~8 层，一旦其几何尺寸和材料种类确定以后，各材料层之间具有固定的阻抗差异，产生的准等熵波剖面必然有图 7.10(b) 显示的阶梯状结构。注意到在加载波剖面第三个台阶后方的波剖面基本呈现光滑连续的结构，这是由于铝、钛、铜材料层的厚度差异较小（0.1~0.2mm），以及各材料层之间的波系反射和相互作用导致波剖面光滑化的结果。如果能够将单层材料的厚度继续减小到 50~100μm，同时减小相邻材料层之间的阻抗差异，则产生的斜波剖面将变得非常光滑。这就产生了用阻抗随厚度做（准）连续变化的功能梯度材料，制造（准）连续型阻抗梯度飞片的设计和技术。

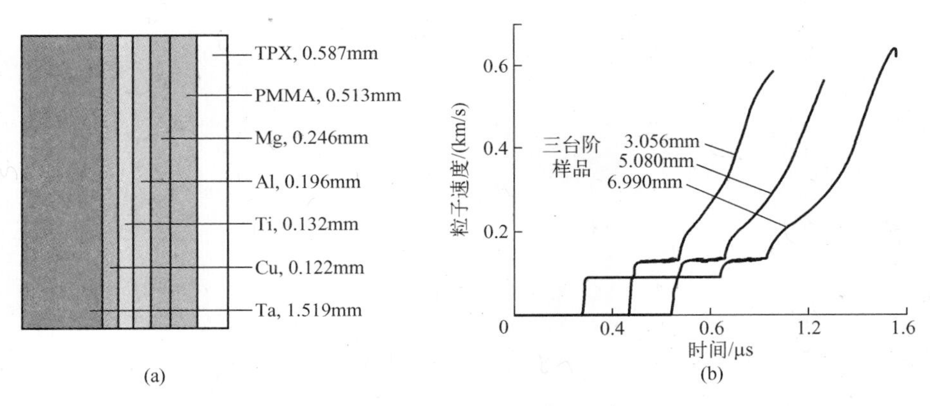

图 7.10　SNL 的阻抗梯度飞片

(a) 叠层型阻抗梯度飞片结构；(b) 碰撞 AD-955 陶瓷产生的典型准等熵压缩波的粒子速度剖面[18]。

7.3.2　准连续型阻抗梯度飞片技术

LLNL 的研究者经过长期研究，于 20 世纪 90 年代提出了薄带铸造法[189,191]，用于制备波阻抗随厚度做准连续变化的功能梯度材料。该方法的要点：将两种或数种金属粉末以某种比例均匀混合，再按照物理设计压制成某种厚度的薄片；调整混合物组份比例，制造出具有不同阻抗和不同厚度的一系列薄片材料。他们制造的最薄单层材料的厚度低于 100μm。最后，将不同阻抗、不同厚度的薄片按物理设计的阻抗分布曲线叠合在一起，经整体高温烧结除去有机杂质，即制成具有特定阻抗梯度分布的准连续型阻抗梯度飞片。理论上，金属粉末可以按照任意比例混合，实现对阻抗准连续变化的调控。LLNL 制造的以镁-铜粉末为基底的准连续型阻抗梯度飞片，如图 7.11 所示[189]。图 7.11(a) 显示了由 19 层薄片材料构成的 FGI 梯度飞片的阻抗分布曲线；图 7.11(b) 显示了经整体烧结后该梯度飞片纵截面的扫描电镜照片；图 7.11(c) 为两种不同结构的镁-铜型梯度飞片碰撞铝靶后用 VISAR 测量的自由面速度变化历史。由图 7.11(c) 可见，当梯度飞片的层数从 7 层增加到 19 层时，自由面速度剖面的光滑性和连续性得到了较大改善。

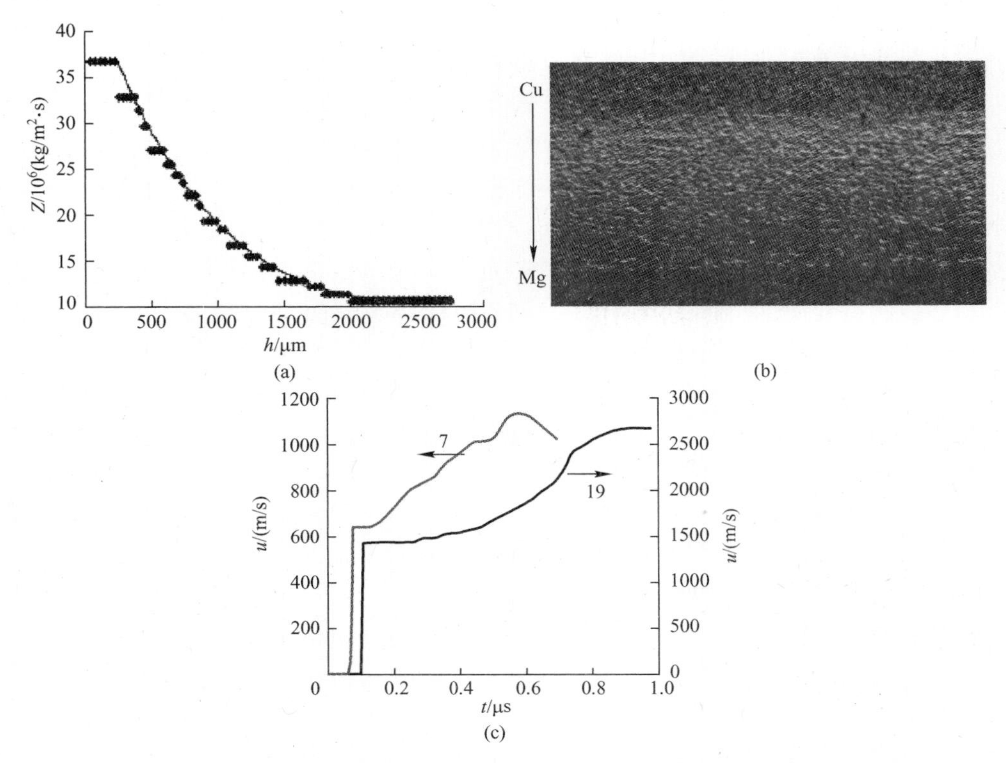

图 7.11　以镁(Mg)-铜(Cu)粉末为基底的准连续型梯度飞片

(a) 用薄带铸造法制造的 19 层镁-铜型阻抗梯度飞片的结构；(b) 梯度飞片剖面的扫描电镜照片；(c) 以相同速度(1.93km/s)分别以 19 层和 7 层结构的梯度飞片碰撞铝基板的粒子速度剖面的比较。

只要准连续型梯度飞片中各组份层的单层厚度能够降低到 100μm 以下，通过控制相邻层的阻抗差异，用薄带铸造法技术制造的 FGI 梯度飞片击靶产生的斜波粒子速度剖面的连续性和光滑程度几乎可与磁驱动相比拟。LLNL 展示了用薄带铸造法制造的由 100 层薄片组成的梯度飞片的结构及其产生的斜波波形[192]，显示了在梯度飞片制造技术方面的持续努力及达到的先进水平。

由于梯度飞片的阻抗变化曲线已知且受控，理论上它击靶后产生的斜波加载的路径也是已知且受控的。在图 7.11 中，自由面粒子速度剖面上出现的初始冲击跃变平台，显示了梯度飞片产生的斜波加载的特点，也是它的优点。该初始速度平台的幅值和持续时间分别由梯度飞片前端面(碰撞面)材料层的阻抗、厚度和击靶速度等共同决定，能够方便地预测和控制。采用密度低达 0.1g/cm^3 的超低密度材料制造的 FGM[193]，可极大地降低速度剖面上的初始跳跃幅度。

准连续型阻抗梯度飞片斜波加载的特点。通过对阻抗分布曲线恰当的设计，(准)连续型阻抗梯度飞片击靶后能够产生冲击加载-准等熵再加载-卸载等复杂的加载-卸载波形，使材料进入 off-Hugoniot 状态或经历一些特定的状态变化过程。这类复杂加载过程在材料压缩科学中具有重要的科学意义和应用价值。例如，可以通过冲击波使金属材料先发生冲击熔化,再对材料进行准等熵斜波压缩,使材料在准等熵加载下发生再凝固相变,获取较高冲击压力下的熔化温度数据。这种方法能够克服在冲击测温实验中由于“金属样品/LiF 窗口”界面的卸载,导致测温实验观测到的熔化温度数据对应的“压力”远低于样品中的初始冲击压力状态、难以获得较高冲击压力下的熔化温度的缺点。此外,也可以利用梯度飞片达到的复杂加载状态研究在 off-Hugoniot 状态下的固-固相变;还可用于双屈服面法的加载-再加载实验和加载-卸载实验进行强度测量等。

梯度飞片斜波加载的第二个优点是斜波剖面上的应力-应变状态在峰值应力下能够保持稳定不变。对于有些实验测量,如温度测量、双屈服面法实验测量以及多台阶样品声速测量等,使材料稳定地保持在斜波加载的某一力学状态下是非常重要的。

国内对阻抗梯度飞片的研究工作主要集中在冲击波物理与爆轰物理重点实验室和武汉理工大学材料复合新技术国家重点实验室。冲击波物理与爆轰物理重点实验室谭华课题组与武汉理工大学材料复合新技术国家重点实验室的张联盟课题组合作,从 20 世纪 90 年代中期开始研究阻抗梯度飞片技术,经历 20 余年的不懈努力,建立了梯度飞片的计算机设计方法,编制了粒子速度剖面预测和计算程序[194,195]。利用研制的梯度飞片在 LSD 的二级轻气炮上开展了大量梯度飞片超高速发射、准等熵压缩和经历复杂加载-卸载路径的实验研究。武汉理工大学在研制梯度飞片制备技术的过程中,发展了连续沉降[196]、精密焊接[197]、薄带流延[198]、低温致密化[199]等多种功能梯度材料制备技术;建立了气相结合、超薄过渡、分段裁剪、整体链接等技术手段;制备出了高品质的阻抗梯度飞片,在较宽的波阻抗变化范围内实现了材料波阻抗分布的任意变化。武汉理工大学研制的 25 层镁-铜型准连续型梯度飞片能够产生光滑的粒子速度剖面;研制成功的叠层型阻抗梯度飞片用于冲击波物理与爆轰物理重点实验室的三级炮超高速驱动,能够将铝、钽、铂、金等金属飞片加速到接近或超 10km/s 的超高速度,用于太帕超高压区冲击绝热线的精密测量。有关物理设计和实验技术将在后续章节中进行介绍。

7.3.3　利用阻抗梯度飞片产生路径可控的复杂应力波剖面

用 FGM 材料制备的准连续型阻抗梯度材料的阻抗随厚度的变化可以精确控制,意味着用它击靶后产生的斜波加载的动力学过程的应变率和加载路径能够被精确控制,能够通过控制阻抗分布对加载剖面进行任意剪裁;将不同剖面的斜波加载与冲击加载结合,就能够方便地产生冲击加载-准等熵卸载-再冲击加载-准等熵再加载等复杂的加载-卸载过程[200],为突破冲击加载和静高压加载的局限性,实现图 7.1 中介于冲击加载和静高压加载之间的任意状态的复杂加载提供了可能性。这项能力极大地拓展了冲击波物理的研究领域,也为 21 世纪材料科学的研究和发展展示了新方向[167]。

图 7.12 显示了 LLNL 利用功能梯度飞片在铜样品中产生的极其复杂的加载-卸载力学过程[200],这是他们展示的实验测量结果之一。在这些加载剖面中,材料在经历了初始冲击加载以后,接着经历了准等熵卸载-冲击加载-准等熵再加载等一系列动力学过程。图中的 $A \to B$ 为冲击加载,$B \to C$ 为准等熵卸载,$C \to D$ 为冲击加载,$D \to E$ 为准等熵再加载;其中的小插图为温度-压力平面上对应的加载-卸载-再加载过程。上述实验结果显示了在同一发实验中通过控制梯度飞片中的阻抗变化实现不同应变率的准等熵加载或卸载的能力,在加载的某个阶段将应力状态保持住的能力,以及在加载或卸载过程中使

样品中的应力状态做任意改变的能力。因此,利用梯度飞片可以实现对加载剖面的任意剪裁,实现复杂的动力学加载-卸载。这些特点是其他驱动方法难以实现的。

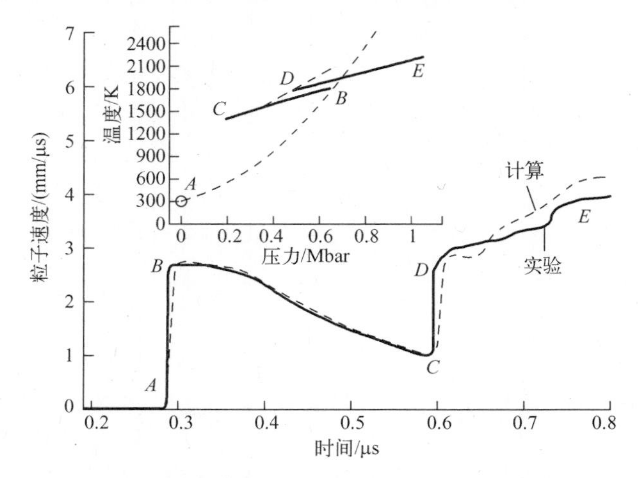

图 7.12 利用(准)连续型阻抗梯度飞片产生的包含加载-卸载-再加载等复杂动力学路径的实测粒子速度剖面与理论计算设计的比较

注:实线表示实测"铜/LiF 窗口"界面的粒子速度剖面;虚线为理论计算结果。

7.4 三级炮超高速驱动技术

在二级轻气炮驱动弹丸的过程中,被活塞压缩的轻质工作气体在破膜时刻的压强达到数千大气压,温度达到数千开。处于二级轻气炮发射管入口端的质量为 20~30g 的塑料弹丸和粘贴于弹丸前端的飞片在高压气体的持续驱动下沿着数米长的发射管做加速运动;经历数毫秒的连续加速驱动后,当它到达二级轻气炮发射管的出口端时的速度可以达到 6~7km/s。虽然,二级轻气炮弹速的理论极限值可以达到 8km/s 甚至更高一些,但实现这种高加速度意味着要减小弹丸和飞片的总质量。实践表明,当弹速约达 8km/s 时,弹丸和飞片两者的质量之和仅为数克量级。扣除塑料弹丸自身的质量,余下的金属飞片的质量为数十至百毫克量级。但是,在物态方程研究中需要将具有足够空间尺度(因而足够大的质量)的高阻抗重金属材料飞片加速到高速,才能在样品中产生高压力,并能为冲击波速度和粒子速度的精密测量提供足够大的时间和空间。因此,用于物态方程研究的飞片质量应达数克量级。在超高速发射实验中,具有克量级质量的飞片称为大质量飞片。由于这一原因,二级轻气炮在冲击绝热线和其他动高压物性测量中实际的弹速通常不会超过 7.0km/s。

为了进行太帕超高压区的冲击绝热线的测量,获得具有较高置信度的 Hugoniot 数据,需要将高阻抗金属飞片驱动到 10km/s 或更高的速度。但是,能否通过冲击驱动使被驱动材料达到 10km/s 以上的高速呢?冲击驱动的一个重要特征是伴随着高温升,冲击波有很大一部分能量转变为被驱动物体的热耗散能。对于典型的金属材料,当被驱动物体的速度到 10km/s 时,其动能将约达 50kJ/g;按照冲击压缩的能量分配原理,被驱动物体的比内能也约达 50kJ/g。常压下典型金属的熔化热和汽化热之和约为 10kJ/g。换言之,如果企图通过冲击驱动方法使金属飞片达到 10km/s 的高速，被驱动材料在达到该高速以前可能已经发生熔化甚至汽化。

为了尽可能使高速平板携带的动能通过碰撞传递给被驱动飞片，首先，必须尽量降低被驱动材料的温升，因而被驱动材料受到的应力作用最好是无冲击或准等熵的；其次，实验室中的高速驱动过程难以维持很长的时间，也难以在很长的空间内进行，驱动过程应具有足够高的加速度。叠层型阻抗梯度飞片产生的斜波加载具备了这些基本品质，是实现动能高效传递的一种有效途径。

20 世纪 90 年代初，Chhabildas 等[201]报道了高速发射器（High Velocity Launcher, HVL）驱动技术，也称为三级炮（图 7.13）技术，能够将克量级质量的锌、铝等中低密度金属平板飞片完整地驱动到 10km/s 左右的高速，曾用于金属锌的冲击汽化研究[202]和超高压物态方程研究[203]。在 HVL 的超高速驱动中，Chhabildas 等以二级轻气炮为高速发射器，将安装于二级轻气炮弹丸前端的叠层型阻抗梯度飞片发射到约 6.7km/s 的高速，使它碰撞放置于二级轻气炮发射管出口端前方的质量约 0.6g 的 TC4 合金（Ti6-Al-4V，一种钛合金）飞片，最终将该 TC4 合金次级飞片加速到 10.40km/s 的超高速度；超高速 TC4 合金次级飞片的飞行姿态优良，击靶倾角在 0.5°以内，波形弯曲 5～10ns；通过对称碰撞实验在 TC4 合金中产生了约250GPa 的冲击高压。在上述实验中的 TC4 合金次级飞片的直径与梯度飞片的直径基本相等。1997 年，Chhabildas 又报道了利用发射管直径 28mm 的二级轻气炮将梯度飞片驱动到约 5.8km/s 的速度，使之碰撞直径 6mm、厚度 0.6mm 的 TC4 合金次级飞片，最终将该次级飞片驱动到了 15.8km/s 的超高速度[18]。在这两类三级炮装置中，梯度飞片与次级飞片之间的能量传递过程不同。为显示两者的差异，将前者称为非会聚型三级炮，后者称为会聚型三级炮。

7.4.1　非会聚型三级炮超高速驱动技术

只要在普通二级轻气炮发射管的出口端增加了一级超高速发射管，就构成了三级炮，其结构如图 7.13 所示。在进行超高速发射时，叠层型阻抗梯度飞片（pillow 飞片）被二级轻气炮加速到 5～6km/s 的初始速度，碰撞放置于第三级发射管入口端的、直径基本相同的次级飞片。阻抗梯度飞片的动能通过无冲击驱动传递给次级飞片，使其平稳地加速到 10km/s 以上的超高速度[195]。

叠层型阻抗梯度飞片称为三级炮的一级飞片。一级飞片对次级飞片的无冲击驱动是在第三级发射管中实现的。理论上，只要传播路径足够长（或驱动时间足够长），一级飞片击靶后产生的准等熵压缩波将不可避免地演化为冲击波。为了避免一级飞片击靶后产生的高应变率准等熵压缩波在驱动过程中局部或全部演化为冲击波，要求梯度飞片的阻抗随厚度的变化满足以下基本条件。

（1）对于大多数材料，波速-粒子速度大致呈线性关系，驱动应力与粒子速度或波速近似呈二次曲线关系。在 p-u 平面上，样品中的准等熵压缩波的应力随传播距离的分布应该是下凸的（凹面向上）。考虑到低压下的声速与冲击波速度的关系，梯度飞片的阻抗随厚度的变化也必须是下凸（凹面向上）的。因此从碰撞面开始梯度飞片的阻抗 Z 随飞片厚度 x 的变化应呈现二次或高于二次曲线的形式，才能在样品中产生较好的准等熵压缩波，即要求

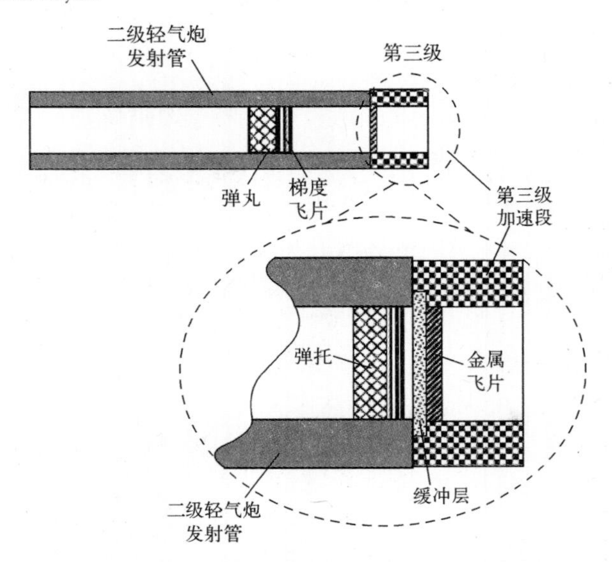

图 7.13　三级炮超高速驱动的基本结构及叠层型阻抗梯度飞片对次级金属飞片的无冲击驱动示意图

$$Z=Z_0+ax^m,\quad m\geqslant 2$$

理论计算分析和实验研究表明,上式中的指数 m 取 2~3 较好。$m=1$ 的线性形式易导致压缩波迅速发展为冲击波。

(2) 为了降低加载剖面上的初始冲击跳跃,获得较好的准等熵驱动效果,要求梯度飞片后界面(高阻抗层)的阻抗与前界面(低阻抗层)的阻抗的比值越大越好。对于三级炮超高速发射,该比值至少应达到 1 个量级(大于 10)。

(3) 为了尽量减小梯度飞片碰撞次级飞片产生的初始冲击熵增,梯度飞片低阻抗层材料的阻抗应尽可能低,低阻抗层通常用低密度均质塑料制作,如 TPX 或有机玻璃等。

(4) 梯度飞片低阻端的材料总会有一定的阻抗,击靶后的斜波必定有一个低幅度的冲击前沿,这是梯度飞片击靶产生的波剖面的基本特征;当后继压缩波赶上该初始冲击前沿后,将形成不断增强的冲击波。因此,梯度飞片前端面的低阻抗材料层应具有适当的厚度,使梯度飞片击靶后产生的准等熵压缩波始终保持一个适当宽度的平坦的低压区,以延缓后续准等熵波赶上前驱低压冲击波的追赶过程。

(5) 高速梯度飞片碰撞次级飞片后,当反射的应力波到达梯度飞片的高阻端材料层的后界面时(图 7.9),立即从后界面反射右行追赶稀疏波。该追赶稀疏波将导致准等熵压缩波的峰值应力随传播距离不断下降。为了延缓该稀疏波对准等熵压缩波的追赶,需要将高阻抗材料层的厚度适当增大,使准等熵波峰值应力的幅度在预定的驱动时间内基本保持稳定,不会受到该追赶稀疏波的影响。

满足上述要求的阻抗梯度飞片击靶后能够产生一个波剖面基本稳定的准等熵驱动波。

表 7.1 给出了 Chhabildas 等用于三级炮超高速发射的叠层型阻抗梯度飞片(一级飞片)的材料组成及各材料层的厚度尺寸。他们使用的 TC4 合金次级飞片的厚度为 0.5~1mm,次级飞片达到的终速与一级飞片击靶速度之比(称为次级飞片的速度增益)达

1.5~1.6。三级炮的一级飞片的直径与次级飞片相同,次级飞片在第三级发射管中受到的驱动作用可以近似当作一维流场下的应力作用过程,忽略能量会聚作用,这种三级炮称为非会聚型三级炮。

表7.1　Chhabildas等的叠层型阻抗梯度飞片及超高速发射实验与计算结果的比较[195]

TPX/Mg/Al/Ti/Cu/Ta 梯度飞片的厚度/mm	一级飞片速度/(km/s)	VISAR测量/(km/s)	X射线测量/(km/s)	CTH计算结果/(km/s)
1.021/0.609/0.483/0.376/0.312/1.089	6.33	9.80	无	9.71
0.842/0.479/0.404/0.323/0.254/0.744	6.74	10.23	10.50	10.49
0.807/0.445/0.414/0.315/0.264/0.757	7.22	11.05	11.05	11.13
0.513/0.310/0.480/0.226/0.152/0.528	7.32	11.15	11.24	11.25

在pillow飞片的击靶时刻,TPX低密度材料层的缓冲作用能极大地降低高速梯度飞片在次级飞片中产生的初始冲击压力。在5~6km/s的高弹速碰撞下,次级飞片中的初始冲击压力仍可达到数十吉帕,导致TPX塑料在冲击压缩下迅速汽化。从这一意义上说,梯度飞片的作用类似于二级轻气炮中的活塞,而低密度TPX缓冲层的作用就好比二级轻气炮泵管中的高压轻质(氢、氦等)工作气体;在梯度飞片的压缩下,TPX如同一个积蓄了大量压缩能的高压气体,它为次级飞片的加速源源不断提供驱动能量;第三级发射管的作用与二级轻气炮中发射管的作用非常相似,它为次级飞片的加速运动提供必要的空间。当然第三级发射管中的加速过程比二级轻气炮发射管中的加速过程要快得多。第三级发射管的结构参数设计是三级炮设计的一项关键参数,直接影响次级飞片的速度和飞行姿态。第三级发射管通常用钢或93钨合金制造,后者的阻抗高且应力波速较低,有利于避免第三级发射管管壁中的应力波产生的侧向挤压对次级飞片的运动姿态和速度造成的不利影响。

7.4.2　冲击波物理与爆轰物理重点实验室的三级炮超高速驱动技术

1. 用于超高速驱动的叠层型阻抗梯度飞片

冲击波物理与爆轰物理重点实验室和武汉理工大学材料复合新技术国家实验室经过多年的合作研究,发展建立了一套较完备的阻抗梯度飞片的计算机设计[204]方法和制造技术[205,206]。曾经使用过的一种叠层型梯度飞片的材料组成和结构为:93W(0.9mm)/Cu(0.3mm)/TC4(0.4mm)/Al(0.5mm)/MB2(0.6mm)/TPX (1.0mm)(括号内的数字表示材料层的厚度),研制成功的非会聚型三级炮超高速发射平台具有非常优良的加载能力;同步发展了叠层型阻抗梯度飞片制备技术和质量评估技术,三级炮超高速发射的精密物理诊断技术、次级飞片超高速驱动过程的计算机模拟、超高速度预测和实验测量数据解读程序;开展了一系列超高速发射实验。图7.14显示了冲击波物理与爆轰物理重点实验室三级炮使用的一种叠层型阻抗梯度飞片的照片,它的C超声扫描图像,以及安装了该叠层型阻抗梯度飞片的三级轻气炮弹丸的照片。

2. 对钽次级飞片和铂次级飞片的超高速驱动

冲击波物理与爆轰物理重点实验室的三级炮不仅能够对TC4合金、LY12铝合金等低密度次级飞片进行超高速驱动,而且能够将钽(Ta)和铂(Pt)等大质量高密度金属飞片驱动到10km/s以上的超高速度。

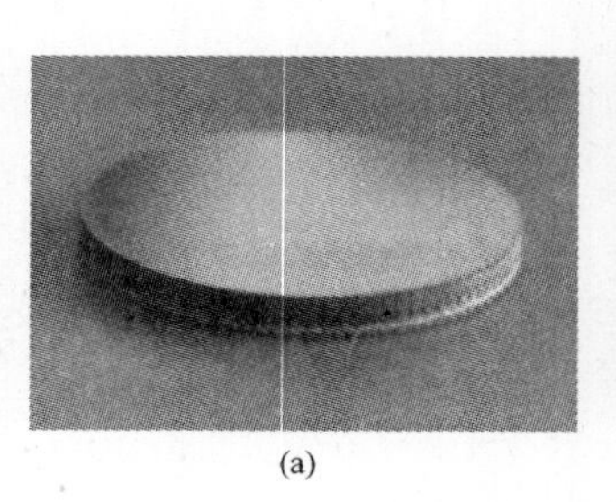
(a)
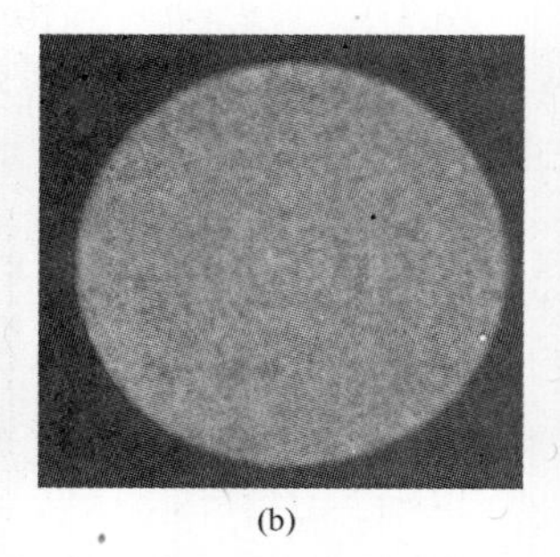
(b)

(c)

图 7.14 用于气炮实验的叠层型梯度飞片
(a) 研制的叠层性阻抗梯度飞片;(b) 梯度飞片的C超声照片;(c) 安装了梯度飞片的三级炮弹丸。

在钽飞片的超高速驱动实验中(图 7.15(a)),实测一级飞片的速度为 6.998km/s;钽次级飞片的直径 18mm、厚度 0.5mm(质量约 2.1g)。在同一发实验中,分别以激光光束遮断(OBB)技术和激光位移干涉(DISAR 和 DPS)技术实时测量一级飞片的碰撞速度和钽飞片的加速历史。图中,次级飞片的加速历史的第一个台阶是一级飞片击靶后由 TPX 缓冲材料层产生的,随后的多个速度台阶显示了一级飞片与次级飞片之间的复杂波系作用,显示了 pillow 飞片产生的无冲击驱动与普通金属飞片高速碰撞产生的冲击驱动的本质区别。钽飞片的终速非常平稳,达到 10.06km/s(速度增益达到 1.44),其速度剖面没有出现振荡,表明钽飞片在第三级发射管的高加速度驱动过程中没有发生层裂;非常平稳的终态速度确保次级飞片击靶后能够在样品中产生稳定的平面冲击波。钽次级飞片的优良飞行姿态与平稳的超高速度表明,次级飞片在非会聚型三级炮发射管中受到的是一个稳态的一维流场驱动作用。

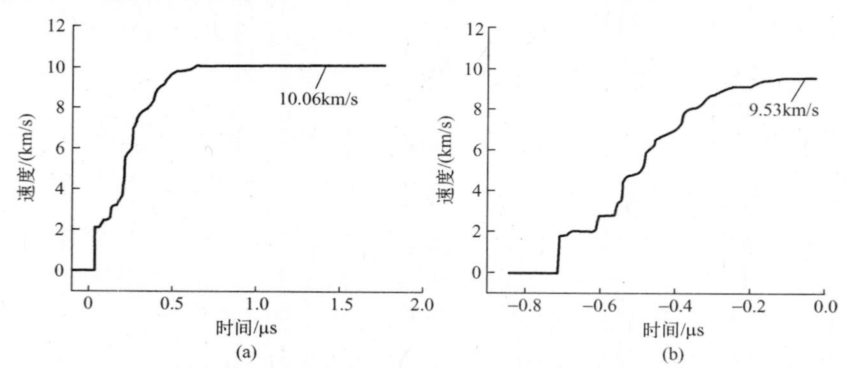

图 7.15 钽飞片和铂飞片的速度剖面分别显示了在三级炮驱动过程的加速历史
(a) 钽飞片的速度变化历史;(b) 铂飞片的速度变化历史。

三级炮驱动过程中,次级飞片的温升主要来自粒子速度剖面上的第一个冲击台阶(图 7.15)。理论计算表明,当一级飞片以 7~7.5km/s 速度碰靶时,钽靶第一个台阶的冲击压力可达 80~100GPa,王青松等计算的钽靶温升为 500~700K[207]。多数金属材料的线胀系数 α 约为10^{-6}量级,因而该温升对初始密度影响极小,对冲击绝热线测量带来的不确定度估计约为 0.1%。Chhabildas 在三级炮的超高速驱动中曾经利用红外高温计测量了高速 TC4 合金二级飞片的温度,仅为 650~850K(或温升 350~550K)[203],该温升与王青松等的计算结果一致。因此,次级飞片在无冲击驱动过程的温升对冲击绝热线的影响很小,远低于实验测量自身的不确定度,该温升对冲击绝热线测量的影响可以忽略不计。

三级炮驱动铂飞片的速度变化历史如图7.15(b)所示,其基本特征与钽飞片的相同。铂飞片直径18mm、厚度0.5mm(质量约2.7g),pillow飞片的实测速度为6.859km/s,实测铂飞片终态速度为9.53km/s,速度增益1.37,稍低于钽,表明三级炮的速度增益随二级飞片密度(阻抗)的增大会略有降低。

王青松等报道了利用LSD的非会聚型三级炮将直径25mm、厚度1mm的铝飞片(质量约1.33g)平稳地驱动到了11.2km/s的超高速,速度增益达到1.63[208]。需要指出,将亚毫米量级厚度的数克质量的高密度金属飞片(如钽、铂等)加速到10km/s的超高速度比加速TC4合金和铝合金等低密度飞片要困难得多。高密度金属次级飞片在驱动过程中容易发生层裂。驱动过程中若发生层裂,在速度剖面的终态速度平台上会出现标志层裂特征的显著的速度振荡。

7.4.3　太帕超高压区钽和铂冲击绝热线的精密测量

冲击波物理与爆轰物理重点实验室和武汉理工大学研制的非会聚型三级炮发射的超高速飞片的优良品质确保它可用于对称碰撞条件下冲击绝热线的绝对法测量,用于建立高阻抗标准材料在太帕超高压区的冲击绝热线[207]。根据在平靶实验测量的次级飞片的击靶波形[208],该三级炮驱动的超高速飞片击靶后产生的冲击波具有足够大的平面范围,在直径约10mm的平面范围内其波形差仅为数纳秒量级。根据对次级飞片的中心位置和直径4mm、8mm、12mm、16mm位置上速度历史的DISAR测量结果,在直径12mm范围内次级飞片各点的终态速度差异极小,仅在直径16mm位置上终态速度略有下降,但与中心位置的最大偏差也不过1.4%[209]。因此,在直径10mm的击靶冲击波范围内能够布置足够多的光、电探头进行精密测量。次级飞片具有亚毫米量级的厚度,实验观测的时长可以达到数百纳秒。这些优良品质对获取太帕超高压区的高置信度的Hugoniot数据非常重要。

利用所研制的三级炮测量了500~1000GPa压力范围内钽(Ta,$\rho_0=16.67\text{g/cm}^3$)和铂(Pt,$\rho_0=21.44\text{g/cm}^3$)的$D-u$冲击绝热线数据。采用对称碰撞技术同时测量飞片速度和击靶后样品中的冲击波速度,结果如图7.16所示。王翔等根据实验测量数据得到钽的$D-u$冲击绝热线的线性拟合关系为

$$D_{\text{Ta}}=3.266+1.318u$$

如果考虑钽飞片的温升为500~700K[201],经温升修正后钽的$D-u$关系为

$$D_{\text{Ta}}=3.247+1.327u$$

两种$D-u$关系计算的冲击波速度的差异小于0.3%,两者在实验测量不确定度的范围内不可区分。铂的$D-u$冲击绝热线为

$$D_{\text{Pt}}=3.585+1.563u$$

图7.16(a)和(b)分别给出了钽和铂的三级炮实验测量的$D-u$冲击绝热线数据与二级轻气炮数据和国外地下核爆数据的比较。显示了用三级炮测量的$D-u$数据与用其他方法测量的数据之间有良好的衔接性。在现有的太帕压力数据范围内,钽和铂的$D-u$数据依然保持了良好的线性关系。

但是,铁的冲击绝热线显示出不同的特性,在480GPa以下,用二级轻气炮和化爆加载技术测量的铁的$D-u$数据满足线性关系(图7.16(c)):

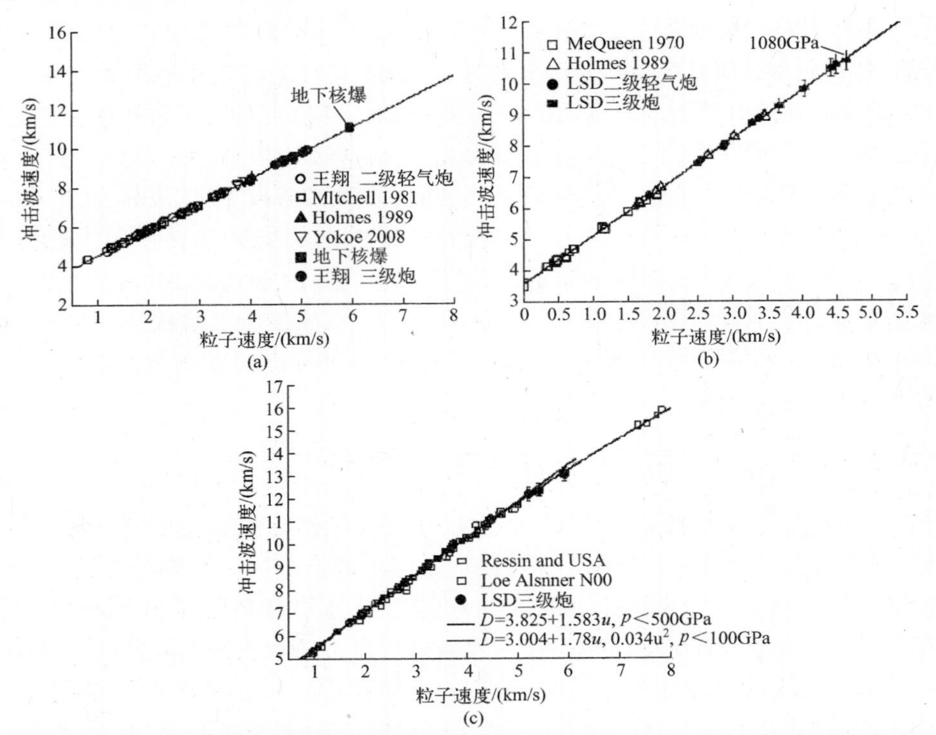

图 7.16 从三级炮的对称碰撞实验测量得到的钽、铂和铁的 $D-u$ 数据与二级轻气炮及地下核爆等方法测量的数据的比较

(a) 钽;(b) 铂;(c) 铁。

注:在 1TPa 压力以下钽和铂的 $D-u$ 关系呈现直线关系,但铁的 $D-u$ 拟合线在 400GPa 以上发生弯曲,斜率变小。弯曲区的 $D-u$ 数据与俄罗斯及美国从地下核爆及化爆球面会聚冲击压缩得到的数据一致。

$$D_{\mathrm{Fe}}=3.929+1.583u \quad (p<500\mathrm{GPa})$$

但是,在 500~1000GPa 之间的 Hugoniot 数据长期处于空白。美国用地下核爆和俄罗斯用化爆球面会聚冲击压缩得到的铁在 0.9~1.0TPa 的冲击绝热数据显著偏离这条直线(图 7.16(c))关系。利用三级炮测量的铁在 300~600GPa 压力范围的冲击绝热数据表明,在 500GPa 以下用三级炮测量的铁的 $D-u$ 数据与二级轻气炮的一致,冲击波速度与粒子速度满足上述线性关系;但是在 500GPa 以上,特别是接近 600GPa 时,铁的 Hugoniot 数据显著偏离这条直线拟合关系。当冲击压力高于 500GPa 时,铁的三级炮 $D-u$ 数据与俄罗斯的化爆球面冲击压缩数据满足如下二次曲线拟合关系:

$$D=3.664+1.79u-0.034u^2 \quad (p>500\mathrm{GPa})$$

根据该二次拟合关系,当粒子速度达到 $u=8\mathrm{km/s}$ 时,对应的铁的冲击波速度达到 $D=15.788\mathrm{km/s}$,冲击压力约达 991GPa,此时 $D-u$ 线斜率为

$$\mathrm{d}D/\mathrm{d}u=1.79-2\times0.034\times8=1.246$$

已经非常接近于 Trunin 给出的极端高压下参数 λ 的极限值。

7.4.4 会聚型三级炮超高速驱动技术

在钽和铂的太帕超高压物态方程实验测量中,用于三级炮的 pillow 飞片的直径与次级飞片的直径相同,梯度飞片与次级飞片之间的应力作用和能量传输是一维的。即使能

够将初级飞片驱动到8.0km/s的高速,如果按三级炮实验中的次级飞片的速度增益1.4~1.6计算,非会聚型三级炮的最高发射速度为11~12km/s。在航天器的空间碎片防护、陨石-地球碰撞等研究中,需要将克量级的弹丸发射到15km/s甚至更高速度。

Chhabildas提出了一种具有能量会聚作用的三级炮超高速驱动技术。在图7.13中,将第三级发射管的直径减小,当pillow飞片与次级飞片碰撞时两者之间将形成能量的会聚流动,使次级飞片达到更高速度。这种三级炮被称为会聚型三级炮,其基本结构如图7.17所示。会聚型三级炮中梯度飞片与次级飞片之间的应力作用仍基本保留了无冲击驱动的特点。

在会聚型三级炮中,第三级发射管需要用高阻抗材料(如钨合金)制作。由于pillow飞片的直径比次级飞片大,当高速运动的一级飞片碰撞位于第三级发射管端部的次级飞片时,梯度飞片的中心部分直接与次级飞片碰撞,但是其外围部分将与第三级发射管(钨管)的端部碰撞,钨管具有很高的阻抗,使外围的冲击压力比中心部位高得多,形成向钨管中心部位的能量会聚流动。93钨合金的波阻抗高但波速低,有利于防止第三级发射管内壁膨胀对次级飞片可能产生的侧向挤压。在能量会聚流的作用下,次级飞片能够获得比非会聚结构更多的能量,达到更高的速度。Chhabildas使用发射管直径为28mm的二级轻气炮,将直径19mm的叠层型梯度飞片(表7.2)驱动到约6km/s的速度,碰撞直径约6mm、厚度约0.6mm、质量约0.068g的TC4合金次级飞片,最高速度达15.8km/s[201],速度增益高达2.5,远远高于非会聚型三级炮的最高速度增益约1.6。LSD研制的会聚型三级炮能够将直径10mm、厚度1mm、质量约0.34g的TC4合金次级飞片发射到超过15km/s的速度[208]。

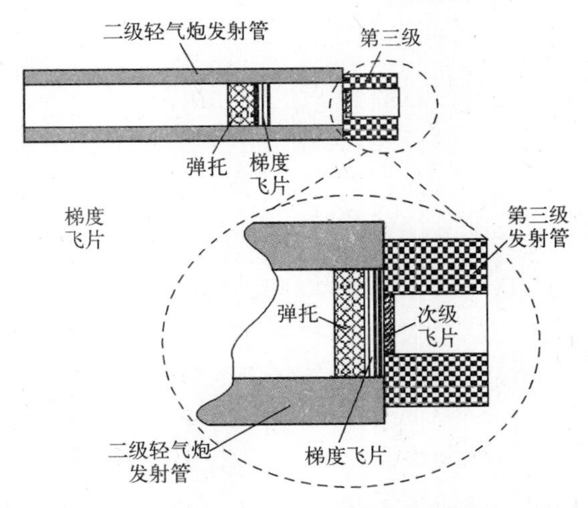

图7.17　会聚型三级炮的基本结构及超高速发射原理

会聚型三级炮第三级发射管的会聚作用与二级轻气炮高压段的工作原理有一定的相似之处。在三级炮中,低密度TPX塑料层在受到高速碰撞时迅速分解形成高压、高密度气体,如同二级轻气炮的高压段中的高压工作气体(氢气或氦气);pillow飞片则相当于二级轻气炮的活塞,它携带的动能通过TPX材料等传递给次级飞片,如同二级轻气炮活塞的动能通过轻质工作气体传递给二级轻气炮的弹丸一样。因此,三级炮发射管的会聚部起到了二级轻气炮中连接泵管与发射管的高压段的能量会聚作用;而低密度TPX塑料在高速碰撞后生成的高压气体吸收pillow飞片的动能,使次级飞片在第三级发射管中加速到超高速度。

表 7.2 给出了 Chhabildas 的会聚型三级炮的叠层型阻抗梯度飞片的结构及驱动二级飞片(TC4 合金)的实验结果。会聚型三级炮虽然能达到更高的速度,但是次级飞片不同径向位置上的速度差异很大且随时间(随飞行距离)变化,次级飞片的形状随运动位置快速变化,飞片变形严重,甚至发生剪切破坏。理论分析和实验测量表明,次级飞片的速度和形状对会聚比(一级飞片直径与次级飞片直径之比)、第三级发射管的长度等因素非常敏感。为了减小变形及剪切破坏,Chhabildas 在次级飞片上采用了保护环设计[18]。LSD 的会聚型三级炮在早期的超高速驱动实验中,将表 7.2 中的钽材料置换为厚度约为 2mm 的 93 钨合金,在发射管直径约 32mm 的二级轻气炮上对直径 6~10mm、厚度 2mm 的 LY12 铝合金次级飞片进行了超高速发射。用电磁粒子速度计测量次级飞片的速度,获得的最高速度超过 18km/s,速度增益接近于 3。图 7.18(a)是用 DISAR 测量的 LSD 的会聚型三级炮实验驱动 TC4 合金次级飞片速度历史[208],图(b)为 LSD 早期实验中 LY12 铝合金次级飞片的飞行姿态随飞行距离的变化[209],显示了会聚型三级炮驱动的次级飞片的超高速运动的特点。会聚型三级炮驱动的次级飞片速度剖面和飞行姿态的这些特点与它后方的二维流场的不稳定性密切相关。

表 7.2 一种叠层梯度飞片(Ta/Cu/Ti/Al/Mg/TPX)的结构及超高速驱动二级飞片的实验结果[18]

Ta/Cu/Ti/Al/Mg/TPX 组份材料厚度/mm	d_1/mm	d_2/mm	h_2/mm	m_2/g	W_1/(km/s)	a_1	W_2/(km/s)
0.93/0.32/0.41/0.53/0.61/1.14	18.75	TC4/9.994	1.001	0.377	6.75	0.53	13.4
0.93/0.33/0.40/0.50/0.61/1.13	19.08	TC4/5.992	0.994	0.115	6.75	0.31	14.4
1.00/0.31/0.40/0.50/0.59/1.14	12.70	TC4/9.995	0.982	0.399	7.00	0.78	11.5
0.93/0.31/0.39/0.49/0.59/1.11	19.07	TC4/5.960	0.560	0.068	6.75	0.31	15.8
1.00/0.31/0.42/0.50/0.60/1.00	27	Al/9.99	1.003	0.208	6.00	0.37	13.8

注:d_1—梯度飞片直径;d_2—二级飞片材料与直径;a_1—二级飞片与一级飞片直径比,即会聚比;h_2—二级飞片厚度;m_2—二级飞片质量;W_1——级飞片速度;W_2—二级飞片实测速度

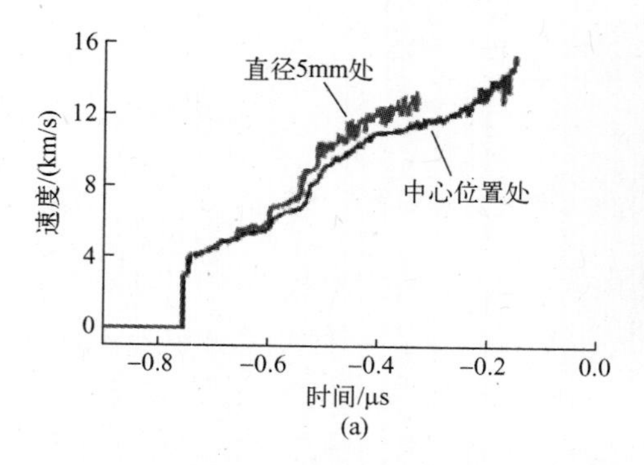

(a)

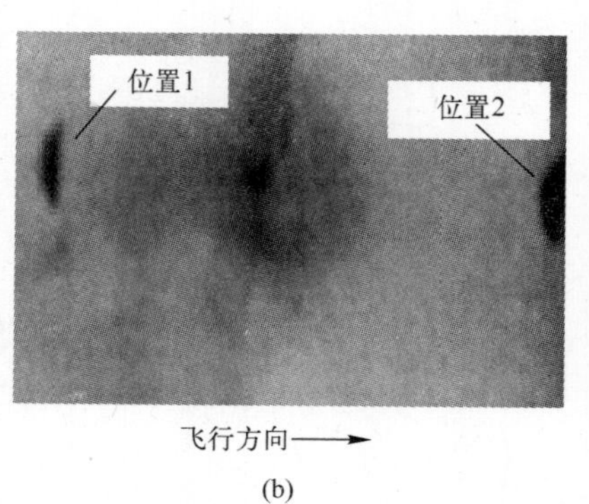

(b)

图 7.18 LSD 的会聚型三级炮驱动飞片的速度历史及飞行姿态
(a) 实测 TC4 合金次级飞片两个不同位置上的自由面速度的变化历史[202];
(b) 次级飞片姿态随飞行距离变化的 X 射线照片。

7.4.5　三级炮超高速驱动的计算机模拟和数值计算

在叠层型阻抗梯度飞片碰撞次级飞片的超高速驱动过程中涉及的流体动力学问题非常复杂，单纯依靠实验测量确定叠层型梯度飞片和三级炮装置的各种参数不仅非常困难，而且需要进行大量的实验测量并花费很长时间。柏劲松等[194,195]经过多年的持续努力，独立研制了一种多介质、多界面、具有3阶精度的拉格让日型二维流体力学计算程序MFPPM（Mult-fluid Parabolic Piecewise Method），用于设计三级炮第三级发射管的参数；确定pillow飞片的阻抗分布、次级飞片前端面低密度缓冲层的厚度；在给定弹丸的碰撞速度后，计算次级飞片的加速历史、不同半径位置上的速度分布、次级飞片达到的终态速度及飞行姿态等。这些计算结果为三级炮设计及实验研究提供指导，减少了实验的盲目性。该程序预测的次级飞片的速度变化还能够为三级炮实验测量的速度剖面提供佐证。图7.19给出了非会聚型三级炮驱动铝、钽和铂飞片的速度历史与MFPPM计算程序计算结果的比较[209]，理论计算与实验测量结果符合很好。

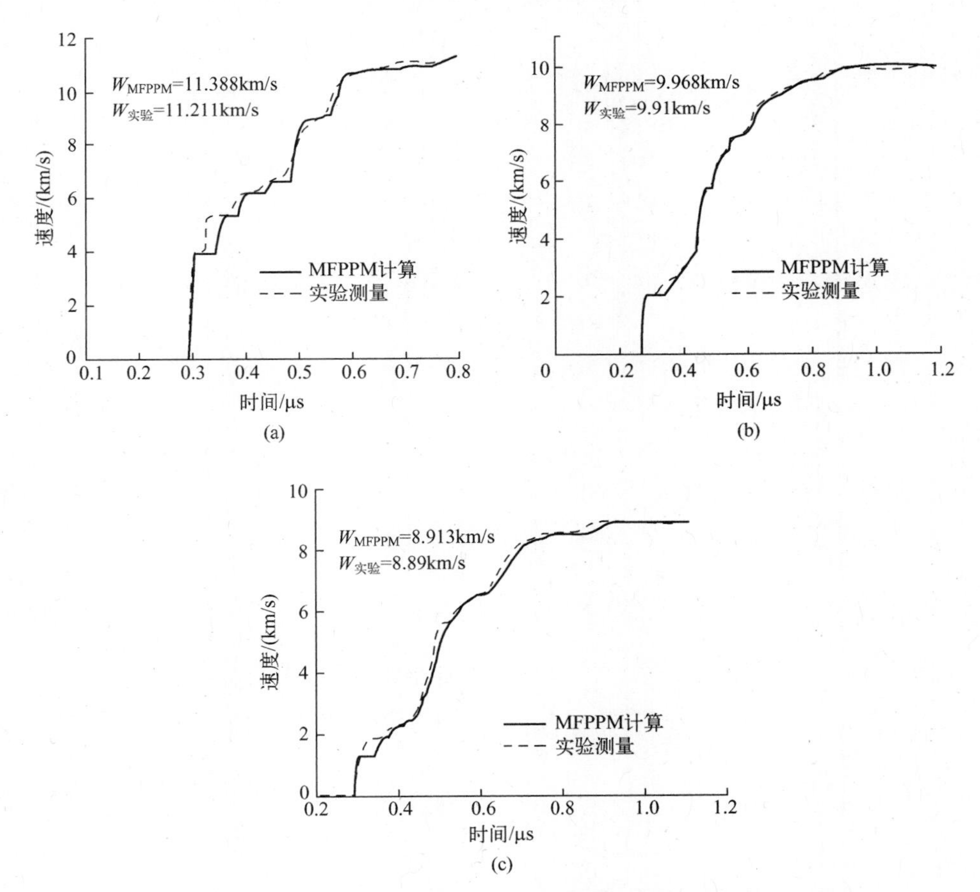

图7.19　MFPPM计算程序计算的铝、钽和铂次级飞片的速度变化与非会聚型三级炮发射的次级飞片的实测速度的比较
(a) 铝；(b) 钽；(c) 铂。

在一维平面情况下，MFPPM计算程序的多介质流动控制方程为

$$\begin{cases}\dfrac{\partial \rho}{\partial t}+\dfrac{\partial (\rho u)}{\partial x}=0\\ \dfrac{\partial (\rho u)}{\partial t}+\dfrac{\partial (\rho u^2+p)}{\partial x}=0\\ \dfrac{\partial (\rho E)}{\partial t}+\dfrac{\partial [(\rho E+p)u]}{\partial x}=0\\ \dfrac{\partial Y^{(i)}}{\partial t}+u\dfrac{\partial Y^{(i)}}{\partial x}=0,\quad i=1,2,\cdots,N-1\end{cases}$$

式中：p、ρ、u 分别为密度，粒子速度及压力；E 为单位质量的总能；N 为阻抗梯度飞片中的介质种类数量；$Y^{(i)}$ 为第 i 种介质的体积分数。

超高速碰撞效应涉及物质熔化、汽化和等离子状态等宽区物态方程问题，柏劲松[209]等在 LS(Level Set)算法的基础上独立研制了另一种描述物质界面或相界面运动的欧拉型计算程序，称为 LSFC 程序。该程序能够描述结晶面、燃烧阵面、非理想爆轰波阵面和不同流体界面等多种具有拓扑性质变化的界面运动。LSFC 程序能够用于多种形式的多相物态方程计算，处理含不同本构模型和强度模型的流体动力学数值计算；既可用于爆炸与冲击动力学领域的爆轰驱动与加载效应、侵彻等瞬态动力学过程数值模拟，又可用于极高速碰撞过程的空间碎片与结构防护数值模拟研究等诸多领域。关于 LSFC 程序的积分形式的控制方程及对时间步长的差分方程形式参见文献[209]。

柏劲松等利用 MFPPM 和 LFSC 程序对三级炮中次级飞片加速过程的细节进行了二维数值计算，包括对叠层型阻抗梯度飞片（一级飞片）中出现的复杂流场、各层材料界面的大变形等问题的计算模拟，考核了该程序对复杂界面和混合网格的处理能力。用这两种程序对直径 25mm 的钽次级飞片的中心位置处，以及距离中心 2mm、4mm、6mm 和 8mm 等直径位置上的自由面速度剖面进行了计算，并与三级炮实测结果进行比较，如图 7.20 所示，显示了 MFPPM 程序和 LFSC 程序的卓越能力。

图 7.20 表明，在钽次级飞片 ϕ12mm 以内的 4 个直径位置上，两种程序计算的自由面速度数据基本一致，仅在 ϕ16mm 处两者计算的自由面速度才略有差异；在这 5 个位置上计算的速度剖面细节也与实验测量细节相符。这进一步证实了三级炮发射的钽飞片在 ϕ12mm 以内具有优良的平面性，且在距离中心不同直径位置上的自由面速度一致；仅在

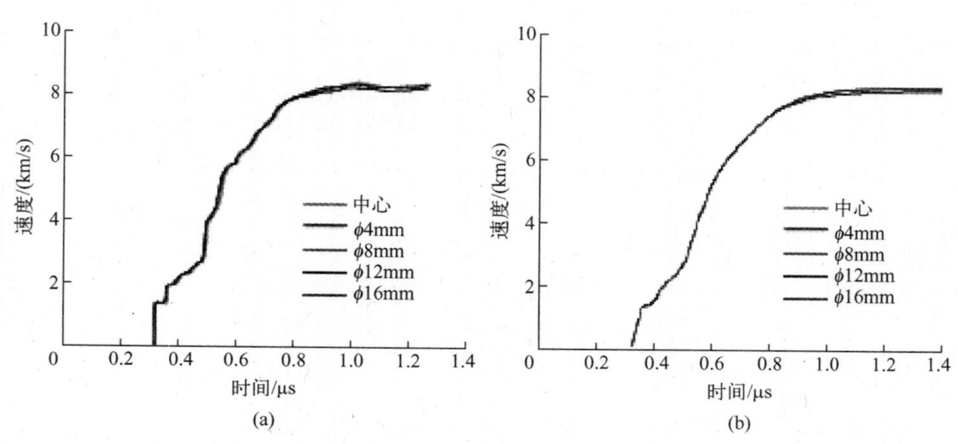

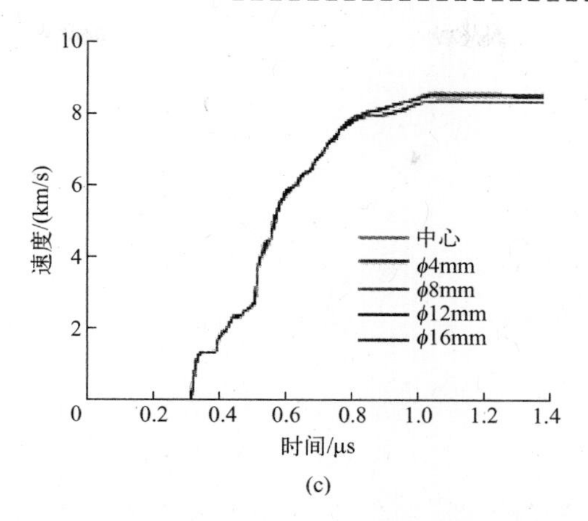

图7.20 钽次级飞片5个不同半径位置上的自由面速度剖面的实验测量结果与LSFC方法及MFPPM方法的计算结果的比较[209]
(a) 实验测量;(b) LSFC计算;(c) MFPPM计算。

ϕ16mm处自由面速度才比中心部位略有下降;同时证明冲击波物理与爆轰物理重点实验室研制的三级炮具有卓越的超高速发射能力,发射的超高速二级飞片具有优良的性质。这两种计算程序和冲击波物理与爆轰物理重点实验室研制的三级炮一起,共同构成了开展吉帕超高压区冲击绝热线的精密测量和其他物性研究的强大平台。

7.5 准连续型阻抗梯度飞片的基本结构与实验设计

早期的低应力斜波加载主要依靠熔石英斜波发生器,利用(准)连续型阻抗梯度功能材料产生品质优良的斜波加载是近年来发展起来的方法。利用(准)连续型阻抗梯度飞片能够产生$10^5 \sim 10^6$/s峰值应变率和兆巴峰值应力的准等熵斜波,以及冲击加载-准等熵再加载-卸载-再加载之类的复杂波剖面,用于固-固相变和固-液相变和强度测量等研究。目前,已经发展了多种制备(准)连续型阻抗梯度功能材料的方法[196-199];在较宽的阻抗变化范围内实现了材料阻抗梯度分布的任意变化。

7.5.1 功能梯度材料的声阻抗

材料的波阻抗又称为声阻抗,属于力学阻抗。原则上,将任意两种或数种金属粉末按不同比例均匀混合,经高压-高温烧结制成密实的烧结体,就能得到具有某种密度或声阻抗的金属混合材料。改变金属混合物各组分的配比,精确控制混合物烧结体的密度,可制备出具有各种密度和阻抗功能的梯度材料。

首先讨论金属混合物的阻抗与各组元材料阻抗的关系。假定混合体中各组元金属粉末之间不发生化学反应(理想混合物),定义混合物中某组元的质量m_i与混合物总质量m之比为该组元的质量分数x_i,得到第i组元的质量分数为

$$x_i = m_i/m = m_i/\sum_i m_i$$

显然$\sum_i x_i = 1$,则密实理想混合物的比容V_{m0}及密度ρ_{m0}分别为

$$V_{m0} = \sum_i (x_i V_{0i}) = \sum_i (x_i/\rho_{0i}) \tag{7.9}$$

和

$$\rho_{m0} = 1/V_{m0} = \frac{1}{\sum_i (x_i/\rho_{0i})} = \frac{1}{\sum_i (x_i V_{0i})} \tag{7.10}$$

式中:ρ_{0i}及 V_{0i}分别为第 i 组分金属材料在常压下的密度及比容 $V_{0i}=1/\rho_{0i}$。

若密实金属混合物的体弹性模量为 E_{m0},根据定义可得

$$E_{m0} = -V_{m0}\left(\frac{\partial \sigma}{\partial V}\right)\bigg|_0$$

式中:下标"0"表示在常温、常压下取值。

1. 理想混合物的弹性模量

根据定义,第 i 组元的体弹性模量为

$$E_{0i} = -V_{0i}\left(\frac{\partial \sigma}{\partial V_i}\right)\bigg|_0$$

得到

$$\frac{1}{E_{m0}} = -\frac{1}{V_{m0}}\left(\frac{\partial V}{\partial \sigma}\right)\bigg|_0 = -\frac{1}{V_{m0}}\sum_i \left(x_i V_{0i}\frac{\partial V_i}{\partial \sigma}/V_{0i}\right)\bigg|_0 \tag{7.11}$$

定义 f_i 为第 i 组分的体积在混合物总体积中的份额或体积分数,得到第 i 组分的体积分数为

$$f_i = \frac{x_i V_{0i}}{\sum_i x_i V_{0i}} = \frac{x_i V_{0i}}{V_{m0}} = \frac{x_i \rho_{m0}}{\rho_{0i}} \tag{7.12}$$

将式(7.12)代入式(7.11)得到

$$\frac{1}{E_{m0}} = \sum_i f_i \left(\frac{\partial V_i}{\partial \sigma}\right)_0 \Big/ V_{0i} = \sum_i \frac{f_i}{E_{0i}} \tag{7.13}$$

式(7.13)给出了理想金属混合物在常压下的弹性模量与各组元的常压弹性模量之间的关系。

对于双组分混合物,由式(7.9)、式(7.12)得到其比容及体积分数分别为

$$V_{m0} = \frac{x_1}{\rho_{01}} + \frac{1-x_1}{\rho_{02}}$$

$$f_1 = \frac{x_1/\rho_{01}}{V_{m0}} = \rho_{m0}\frac{x_1}{\rho_{01}}, \quad f_2 = \rho_{m0}\frac{(1-x_1)}{\rho_{02}}$$

下标"1"表示第一种组分的物理量。将两式代入式(7.13),得到双组元混合物的弹性模量:

$$\frac{1}{E_{m0}} = \frac{f_1}{E_{01}} + \frac{1-f_1}{E_{02}} \tag{7.14}$$

或

$$E_{m0} = \frac{E_{01}E_{02}}{E_{02}f_1 + E_{01}(1-f_1)} \tag{7.14a}$$

2. 理想混合物的波阻抗

根据体弹性模量与声速的关系,可得到理想混合物的声速 c_{m0}:

$$E_{m0}=\rho_{m0}c_{m0}^2$$

由于第 i 组分的声速 c_{0i} 可以表达为

$$E_{0i}=\rho_{0i}c_{0i}^2$$

则式(7.13)可进一步化为

$$\frac{1}{E_{m0}}=\sum_i \frac{f_i}{E_{0i}}=\sum_i \frac{\rho_{m0}x_i}{\rho_{0i}}\frac{1}{\rho_{0i}c_{0i}^2} \tag{7.15}$$

或

$$\frac{1}{E_{m0}}=\rho_{m0}\sum_i \frac{x_i}{z_i^2} \tag{7.16}$$

式中：$z_i\equiv\rho_{0i}c_{0i}$ 为第 i 组分的声阻抗。

进一步得到金属混合物的声阻抗 $z\equiv\rho_{m0}c_{m0}$ 与组元材料的声阻抗之间的关系为

$$\frac{1}{z^2}=\sum_i \frac{x_i}{z_i^2} \tag{7.17}$$

对于双组分金属，由式(7.17)得到

$$\frac{1}{z^2}=\frac{x_1}{z_1^2}+\frac{1-x_1}{z_2^2} \tag{7.18}$$

或

$$z=\frac{z_1z_2}{\sqrt{x_1z_2^2+(1-x_1)z_1^2}} \tag{7.18a}$$

3. 准连续型阻抗梯度飞片

根据式(7.17)可设计出具有不同阻抗的功能梯度材料。将不同阻抗、不同厚度的“薄片”按照波阻抗随厚度以2次幂曲线增大的方式“装配”在一起，再经加压高温烧制，就制成了波阻抗随厚度按预定物理设计做准连续变化的梯度飞片。各层的厚度越薄，相邻层之间的阻抗差异越小，层数越多，产生的斜波剖面就越光滑。图7.21给出了由武汉理工大学材料复合新技术国家实验室早期用镁和铜的微粉按照上述方法制造的准连续型阻抗梯度飞片的扫描电镜照片，以及用它直接碰撞LiF窗口的粒子速度剖面。为了提高

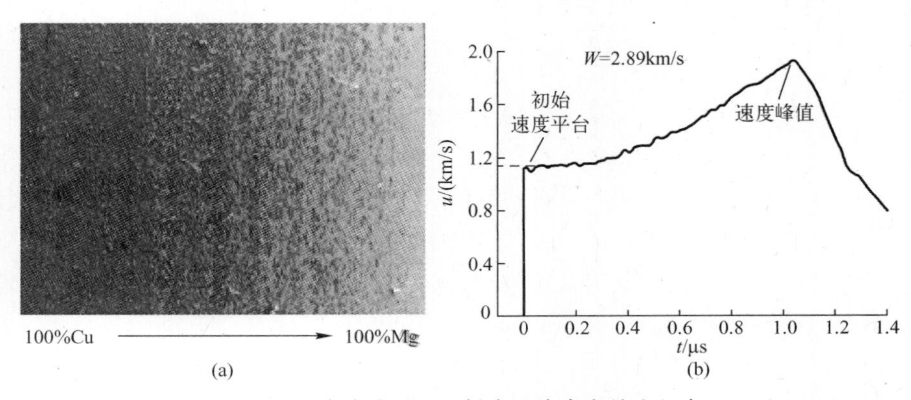

图7.21　准连续型阻抗梯度飞片产生斜波加载

(a) 武汉理工大学制造的25层Mg-Cu系准连续型阻抗梯度飞片断面的扫描电镜照片；
(b) 梯度飞片以速度2.89km/s直接碰撞单晶LiF窗口的实测界面粒子速度剖面。

实验测量的信噪比,在 LiF 窗口的碰撞端面贴有一层厚度数微米的铝箔。粒子速度剖面用 DISAR 测量。初始速度跳跃是由低阻抗端面的材料层(镁)高速碰撞 LiF 窗口时产生的;在初始速度跳跃后有一个平台速度区,其后紧随着一个速度连续增大的凸形剖面,显示了从镁到铜的波阻抗连续递增产生的准等熵加载过程;其后速度迅速下降,没有形成速度峰值平台区,说明这种梯度飞片的高阻抗端材料层(铜)太薄。只要适当加大高阻抗材料层的厚度,就能够出现速度峰值平台区。

7.5.2 多台阶样品斜波加载的实验设计

1. 准连续型阻抗梯度飞片及其产生的斜波剖面的基本结构

如同在平面冲击波压缩实验中需要通过同时测量冲击波速度和粒子速度获得材料对冲击加载的响应特性一样,在斜波加载实验中也需要同时测量波速和粒子速度剖面获得材料对斜波加载的响应。不同的是斜波加载实验中经过某一观察界面的各子波速度和波后粒子速度均随时间迅速改变,而平面冲击实验中波速和粒子速度不随时间改变。因此,斜波加载实验需要使用多个不同厚度的台阶样品对波速和粒子速度的变化历史进行测量。斜波加载实验装置设计的基本原则是:在任意一台阶样品中传播的斜波必须与在其他台阶样品中的斜波是完全等价的。因此有如下两点要求。

(1) 阻抗梯度飞片击靶后,任意时刻从“飞片/样品击靶”界面输入各个台阶样品中的斜波必须完全等同。由于进入不同台阶样品中的斜波是由同一梯度飞片上的不同位置与之碰撞后产生的。这就要求梯度飞片击靶时能够在不同空间位置上产生相同的斜波加载波,因而对所制备的阻抗梯度飞片的品质或梯度飞片的制备技术提出了很高的要求。

(2) 从不同厚度的台阶样品的“样品/窗口”界面上观测到的粒子速度剖面,代表斜波波列中的相应子波经历不同的传播距离(或传播时间)后的图像,应具有相同的物理含义。这对台阶样品的几何尺寸与梯度飞片结构的相互匹配提出了严格的要求。

同时满足上述两项物理要求的实验测量结果描述的是同一斜波波列在不同时刻(或经历不同传播时间后)的演化图像,因而它们相互关联并具有确定的物理意义。

准连续型阻抗梯度飞片的基本结构可分为三个区域(图 7.22(a)):1 区由低阻抗均质材料制成,厚度为 d_1;2 区是波阻抗随厚度做高次(通常为 2 次)曲线变化的梯度材料层,总厚度 d_2,其低阻端的阻抗常常与 1 区相同,高阻端的阻抗与 3 区相同;3 区由高阻抗的均质材料制成,厚度为 d_3。图 7.22(b)为梯度飞片与样品碰撞后的典型 $x-t$ 图。其中,OO'界面为碰撞面。OD 表示击靶后样品中的初始冲击波走时,它与“样品/窗口”界面 WW'相交于 D 点,界面 WW'是进行实验观测(拉氏测量)的界面。D 点的状态由对比法实验确定。碰撞时刻从界面 OO'向 1 区中反射的左行冲击波与阻抗梯度材料的低阻端在 AA'界面相交于 A 点;该冲击波穿过 AA'界面进入 2 区,在 2 区中传播的应力波阵面的走时由 AB 表示,其幅度随阻抗分布曲线不断增大;该左行波在 B 点与高阻抗材料界面 BB'相交。2 区中各材料层的阻抗做准连续变化,在左行冲击波作用下将反射一系列幅度连续增大的右行波或准等熵压缩波;这些右行压缩波在穿过各材料层时也要发生反射(在图 7.22(b)中未画出),它们最终穿过 AA'界面进入 1 区,形成的右行简单波列对样品进行斜波加载。因此,AA'界面也是梯度飞片产生的斜波加载的入射界面。但是 AA'界面的斜波波列首先要在1区中传播,穿过OO'界面后才能进入待测试样品。设其波头特征线和波尾特征线与"样品/窗口"界面分别相交于E点和F点。E点时刻t_E与D点时刻t_D之间形成了斜波加载的粒子速度剖面的平台区,但从E点至F点之间的粒子速度不断增大。由于3区的阻抗与2区高阻端材料的阻抗相等,左行波AB从BB'界面反射的应力波BC为冲击波,其幅度即等于斜波的峰值应力;3区材料层的有限厚度避免了该峰值应力被迅即卸载,使斜波的峰值应力在一定的时间内保持稳定不变。当左行冲击波BC达到梯度飞片的后界面CC'时,从CC'界面上反射的右行追赶稀疏波依次进入3区、2区和1区,最终进入样品,使样品的应力发生卸载。若G点是该追赶稀疏波与"样品/窗口"界面的交点,则G点与F点之间的时间差就是斜波峰值应力平台区的宽度。因此,从"样品/窗口"界面观测到的斜波粒子速度剖面(图7.22(c))包括三部分。

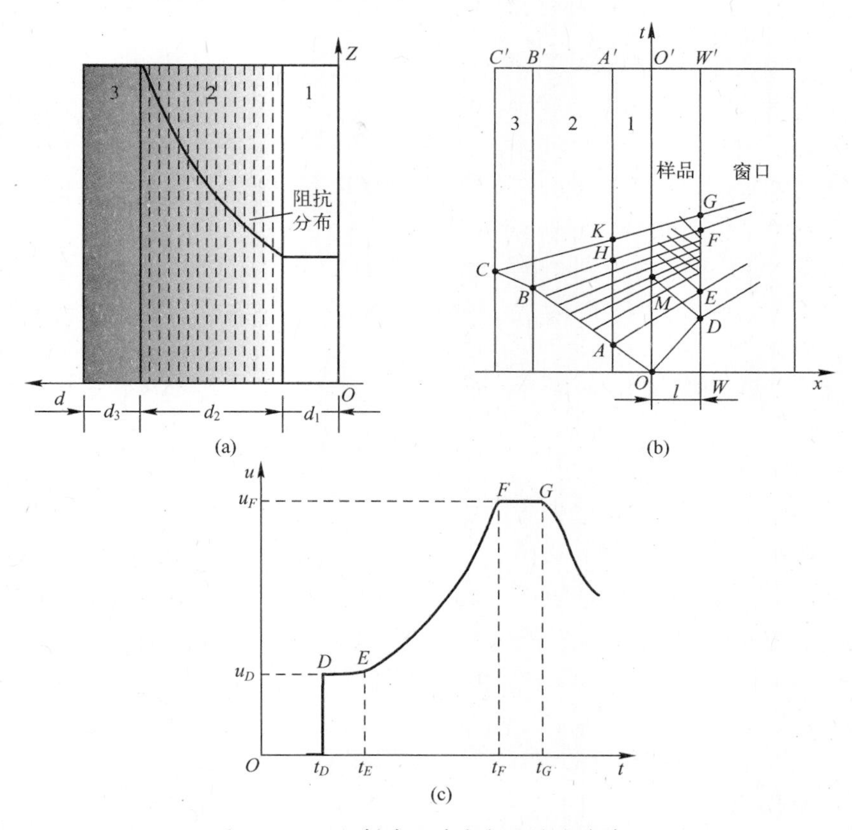

图7.22　阻抗梯度飞片击靶后的波系作用

(a)准连续型阻抗梯度飞片的基本结构及阻抗Z随厚度d的变化的三个区域;(b)飞片击靶后产生的波系反射及波系运动轨迹的x-t图;(c)"样品/窗口"界面观测的粒子速度剖面,DE及FG分别为初始速度平台及斜波加载的峰值速度平台。

(1)幅度稳定的低应力冲击波DE段。平坦的DE段的存在表明斜波的波头在到达观测界面以前没有被后方的斜波赶上,因此虽然不同厚度台阶样品粒子速度剖面中的DE段时间宽度不同,但初始应力幅度相等。如果发现前驱冲击粒子速度平台消失,则梯度飞片中1区材料层的厚度或待测样品的厚度需要适当调整。

(2)粒子速度连续增大的EF段。该区是斜波加载的主体部分。由于斜波波列中各子波的追赶作用，EF 剖面将随样品厚度的增大而变陡。

（3）最大粒子速度保持恒定的 FG 段。平坦的 FG 段的存在表明样品中斜波的峰值应力没有受到飞片后界面的追赶稀疏波的影响。如果某样品的 FG 段消失或峰值应力幅度下降，则需要增大高阻抗材料层的厚度或减小实验样品的厚度。

满足（1）~（3）要求的实测粒子速度剖面表明，进入各台阶样品的斜波波列是等价的，它在不同厚度样品中产生的动力学过程在物理上具有可比性。

总之，一个成功的斜波加载粒子剖面应该满足：①DE 段的信号幅度 u_D 保持平坦，不随台阶样品厚度变化。②EF 段保持光滑、连续，同一块样品 EF 段的粒子速度剖面的斜率随时间单调增大（加速度随时间增加而增大）；不同台阶样品的粒子速度剖面随样品厚度的增加而变陡，没有发展成冲击波。③FG 段的信号幅度 u_F 保持平坦，且不随台阶样品厚度变化。为了满足这些物理要求，需要对阻抗梯度飞片与台阶样品进行精心的设计，使梯度飞片结构与样品厚度相互匹配。

2. 斜波加载实验设计的基本原则

为简单起见，假定梯度飞片 1 区的材料与待测样品材料相同或阻抗相等，因而斜波从 1 区进入样品时在界面 OO' 上不发生反射。待测样品及梯度飞片的几何结构必须满足以下条件：

1）台阶样品的最大厚度

确保在最大样品厚度 l_{max} 时，从碰撞面 OO'（图 7.22（b））产生的反射冲击波到达 1 区与 2 区的界面 AA' 时，从该界面产生的斜波的波头特征线 AE 在到达观测界面 WW' 以前不会赶上样品中的入射冲击波阵面 OD，以确保在速度剖面上存在一个初始平台应力区。当样品厚度太大时，AE 将在样品内部赶上入射冲击波阵面 OD，导致速度剖面的初始跳跃幅度 u_D 随台阶样品厚度的增加（图 7.22）而增大，并致使声速计算发生困难。在早期的研究中曾出现过此类现象。

上述情形与用平板飞片碰撞法进行冲击压缩实验中样品厚度与飞片的厚度之比存在上限值 R（追赶比）类似。在讨论 R 时考虑从飞片后界面发出的追赶稀疏波对冲击波的追赶，而在阻抗梯度飞片的情况下考虑来自 AA' 界面上的准等熵压缩波对前驱冲击波的追赶。这两种应力波的波头特征线均以当地声速传播，因此可以用计算 R 的方法确定准等熵加载下的最大样品厚度 l_{max}：

$$l_{max} \leqslant Rd_1 \tag{7.19}$$

适当调节 1 区材料层的厚度可以实现与待测样品最大厚度的匹配。

2）样品的最小厚度

确保在最小样品厚度 l_{min} 时，进入台阶样品中的斜波没有受到从观测界面 WW' 上发出的反射波的干扰。在图 7.22（b）中，要求入射冲击波 OD 到达 WW' 界面时，从该界面发出的反射波 DM 到达斜波入射界面 OO' 的时刻，晚于从 BB' 界面发出的斜波波列的波尾特征线 BHF 到达 OO' 界面的时刻，即在全部斜波波列进入待测试材料以前，从 WW' 界面发出的反射波的波头特征线不会进入 1 区；否则，将导致进入厚样品中的斜波与进入薄样品中的斜波不等价。

估算最小样品厚度 l_{min} 需要知道梯度飞片中各薄层材料和样品材料的声速。取梯度飞片的击靶时刻为初始时刻，设沿着图 7.22（b）的波尾子波 BHF 的平均拉氏声速为 $\bar{c}_{rear}$，沿着 DM 的平均拉氏声速为 $\bar{c}_{head}$，则

$$t_B+\frac{(d_2+d_1)}{\bar{c}_{\text{rear}}}<\frac{l_{\min}}{\bar{c}_{\text{head}}}+t_D \tag{7.20}$$

式中：t_D、t_B 分别为入射冲击波 OD 到达观测界面 WW' 和左行冲击波 OAB 到达界面 BB' 的时刻。

梯度飞片产生的初始冲击波 OD 通常较弱，尤其在低速碰撞下。如果样品与窗口的阻抗非常接近（如 LY12 铝合金与单晶 LiF 窗口），可以忽略极弱的反射波 DM 的影响。但是随着后续斜波加载应力的增大，需要考虑界面 WW' 上的反射波对最小样品厚度 $l_{\min}$ 的影响。

3）梯度飞片高阻抗端材料层的最小厚度

只要传播距离足够长，从梯度飞片后界面 CC' 发出的稀疏波 CKG 一定能赶上波尾特征线 BHF。一旦阻抗梯度飞片 1 区的材料层厚度和 2 区的阻抗分布确定以后，高阻抗层 3 区的最小厚度 $d_{3\min}$ 必须满足要求：在波尾特征线 BHF 到达观测界面 WW' 以前追赶稀疏波头 CKG 不会赶上斜波的波尾特征线 BHF，确保从不同厚度样品得到的粒子速度剖面具有峰值应力相等的平台区。追赶稀疏波过早赶上波尾特征线 BHF 将导致速度剖面的峰值平台区消失，峰值应力下降。速度剖面具有峰值应力相等的平台区对于用双屈服面法测量斜波加载下材料的强度尤其重要。在图 7.21 中的粒子速度剖面没有出现平台区，与该梯度飞片的高阻抗材料层（铜）的厚度太薄有关。在气炮加载能力许可的条件下，可以将 3 区的最小厚度 $d_{3\min}$ 适当取大些。当然，厚度 $d_{3\min}$ 过大可能会超出气炮的发射能力，尤其在高弹速情况下。

4）梯度飞片和样品的最小宽度

与平面冲击加载一样，需要考虑边侧稀疏波的影响。由于斜波加载的应力上升时间较长，对样品的宽厚比有更苛刻的要求，需要确保在峰值应力波到达观测界面 WW' 以前边侧稀疏波不会影响观测位置处的应力状态。假定样品的最小宽度为 $w_{\min}$，则

$$t_B+\frac{d_1+d_2}{\bar{c}_{\text{rear}}}<\frac{w_{\min}}{\bar{c}_{\text{side}}} \tag{7.21}$$

式中：$\bar{c}_{\text{side}}$ 为沿着观测界面 WW' 的样品材料的边侧稀疏波的平均速度。

式（7.21）对于确保峰值应力平台区的幅度同样非常重要。

7.5.3 一种准连续型阻抗梯度飞片及其产生的加载波形

根据上述设计原则，冲击波物理与爆轰物理重点实验室和武汉理工大学材料复合新技术国家实验室共同研制了一种 Al-Cu 型 FGM 梯度飞片。该飞片用铝、铜微粉制备，由 10 层薄片烧结而成，其组分和结构如表 7.3 所列。经加压-高温烧结后各材料层的致密度达到 99.42%，各材料层之间的平行度优于 0.050mm，飞片直径约为 26mm，质量约为 5.33g。

表 7.3 LSD 用于冲击加载-准等熵再加载实验的一种铝-铜型准连续型阻抗梯度飞片结构

序号	设计厚度/mm	设计质量/g	设计的原料配比（质量分数）/%		计算的厚度/mm	实际称量质量/g	实际称量原料配比（质量分数）/%	
			Al	Cu			Al	Cu
1	0.50	0.7199	100.00	0.00	0.5026	0.7234	100	0

（续）

序号	设计厚度/mm	设计质量/g	设计的原料配比(质量分数)/%		计算的厚度/mm	实际称量质量/g	实际称量原料配比(质量分数)/%	
			Al	Cu			Al	Cu
2	0.15	0.2233	95.27	4.73	0.1491	0.2219	95.27	4.73
3	0.15	0.2454	82.79	17.21	0.1489	0.2435	82.79	17.21
4	0.15	0.2821	66.32	33.68	0.1503	0.2826	66.32	33.68
5	0.15	0.3336	49.36	50.64	0.1514	0.3365	49.36	50.64
6	0.15	0.3997	33.97	66.03	0.1461	0.3881	33.97	66.03
7	0.15	0.4805	20.91	79.09	0.1483	0.475	20.91	79.09
8	0.15	0.5761	10.20	89.80	0.1496	0.5742	10.2	89.8
9	0.15	0.6863	1.55	98.45	0.1527	0.6985	1.55	98.45
10	0.30	1.4214	0.00	100.00	0.3059	1.4487	0	100

利用该 Al-Cu 型梯度飞片进行了冲击加载-准等熵再加载-卸载实验，实验装置及双台阶 LY12 铝合金样品的粒子速度剖面如图 7.23 所示。图 7.23(a)中的组合飞片包括产生准等熵斜波的 FGM 梯度飞片、聚碳酸酯衬垫以及钽板，后者用于支撑聚碳酸酯衬垫，防止其在气炮发射过程中发生分离(见 6.3.6 节)。

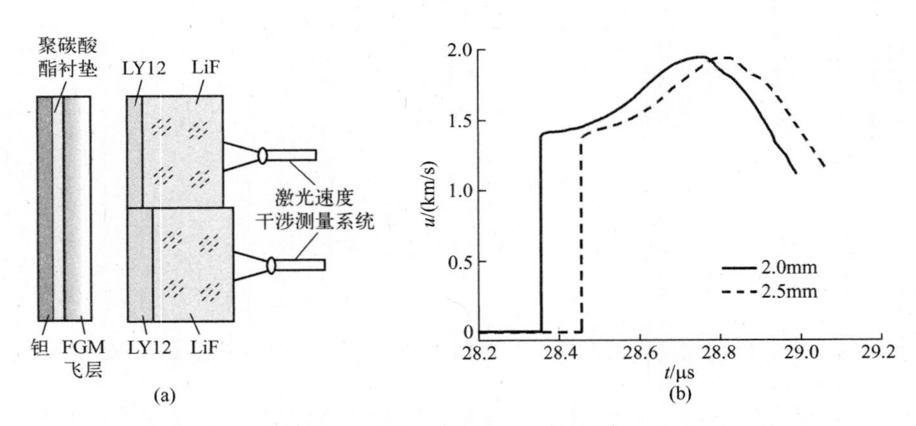

图 7.23 利用准连续型阻抗梯度飞片进行的加载-卸载实验
(a) 实验装置基本结构；(b) LY12 铝合金双台阶样品的加载-卸载实验的实测粒子速度剖面(应变率约为 10^6/s)。

FGM 飞片击靶速度为 2.77km/s，图 7.23(b)中的粒子速度剖面清楚显示了飞片击靶后在两块台阶样品中产生的冲击加载-准等熵再加载-准等熵卸载粒子速度剖面。两台阶样品的初始冲击加载幅度相等且冲击阵面后均有一平台区；准等熵压缩波粒子速度剖面连续、光滑，凹面向上，显示该 FGM 飞片能产生高品质的斜波加载；两块不同厚度的 LY12 铝合金样品的峰值粒子速度幅度相等，两者均存在平台应力区；在卸载段可见明显的准弹-塑性卸载特征。粒子速度剖面的上述特征表明该 FGM 梯度飞片可用于对材料经历的加载-卸载特殊过程的动力学性质测量。

7.6 原位粒子速度历史计算的反向积分原理

进行准连续型梯度飞片斜波加载的多台阶样品实验装置如图5.24所示。原则上,利用增量阻抗匹配法(见5.5.3节)可以从实测的"样品/窗口"界面粒子速度剖面计算出进入各台阶样品的斜波的原位声速和原位粒子速度。增量阻抗匹配法有两个基本假定:①经历不同厚度(距离)的传播后,在不同样品的观测界面上的入射波与反射波的作用可以相互抵消,因而根据两相邻台阶样品的厚度差,以及两者对应的子波扰动经过该厚度差的传播时间间隔,能够计算对应的拉氏声速,从而获得与该子应力扰动或粒子速度对应的拉氏声速;②准等熵波的特征线是一条直线(简单波),且可以一直延伸到"样品/窗口"界面。

对于低应力准等熵波(峰值应力小于20GPa),或者"样品/窗口"的阻抗相差很小时,由于反射波很弱,上述两点假定能够近似成立。但是对于峰值应力较高的斜波加载,斜波剖面随着传播距离增加迅速变陡,由于观测界面的反射波与入射波的相互作用,导致入射波特征线在"样品/窗口"界面附近发生显著弯曲。用增量阻抗匹配法计算的原位声速和粒子速度可能会引入系统性的不确定度。为此Hayes提出了反向积分法[176]:根据运动方程和测量的"样品/窗口"界面粒子速度剖面,从实验观测界面向样品内部进行反向数值计算,一步一步反推出样品内部的粒子速度和波速的演化,直至到达样品中不受界面反射波干涉的区域,得到图7.22(b)中OO'界面上的初始加载剖面,获得斜波加载下的原位应力和原位粒子速度剖面。以下是对反向积分法的基本含义、假定的剖析和认知。

7.6.1 反向积分法的基本原理

拉氏坐标系中的运动方程和质量守恒方程如下:

$$\frac{\partial \sigma(h,t)}{\partial h}=-\rho_0\frac{\partial u(h,t)}{\partial t} \tag{7.22a}$$

$$\frac{\partial u(h,t)}{\partial h}=\rho_0\frac{\partial V(h,t)}{\partial t}=-\frac{\partial e}{\partial t} \tag{7.22b}$$

式中:e为工程应变,$e=1-V/V_0$。

式(7.22)的基本特点:在等号的左方是关于拉氏坐标的偏微分,而右方是关于时间的偏微分。从物理的角度看,式(7.22a)等号右边为实验测量的、坐标为h的拉氏粒子的运动速度随时间的变化即它的加速度,如厚度$h=h_1$的台阶样品在"样品/窗口"界面处的粒子速度$u(h_1,t)$的关于时间的变化速率或它的加速度;而式(7.22a)等号左边表示坐标为h的拉氏粒子受到的应力关于拉氏坐标h的变化率或该处的应力梯度,如在"样品/窗口"界面位置上的应力$\sigma(h_1,t)$关于拉氏坐标h_1的梯度。因此,对于某个固定的拉氏粒子,它在某一时刻t受到的应力作用的空间梯度可以用在实验室坐标系中测量的同一时刻的加速度描述。这一点并不难理解,因为正是斜波加载的应力梯度驱动了粒子的加速运动。这就为计算拉氏粒子受到的应力作用提供了一种方法:通过观测确定的拉氏粒子的速度历史计算该拉氏粒子的应力梯度历史。若将位于"样品/窗口"界面位置上(拉氏坐标h_1)的拉氏粒子的速度剖面$u(h_1,t)$按照时间间隔δt分割成许多小段,就能得到该拉氏位置上对应于不同时间间隔的应力梯度,即该界面位置上的应力梯度随时间的变化。对该拉氏粒子在不同时间间隔 δt 内的应力梯度求和或积分，就得到它在实验观测时间内它所受到的应力作用历史。

将式(7.22a)等号右边按照时间间隔 $\mathrm{d}t$ 写成差分形式：

$$\frac{\partial u(h,t)}{\partial t}=\left[\frac{u(h,t+\mathrm{d}t)-u(h,t)}{\mathrm{d}t}+\frac{u(h,t)-u(h,t-\mathrm{d}t)}{\mathrm{d}t}\right]/2$$

$$=\frac{u(h,t+\mathrm{d}t)-u(h,t-\mathrm{d}t)}{2\mathrm{d}t}$$

式中：将 $\partial u/\partial t$ 的差分形式用 $t+\mathrm{d}t$ 与 t 以及 t 与 $t-\mathrm{d}t$ 的差分的平均值表示。

同样，将该拉氏粒子 h 在 t 时刻的应力梯度的差分形式表示为

$$\frac{\partial \sigma}{\partial h}=\frac{\sigma(h,t)-\sigma(h-\mathrm{d}h,t)}{\mathrm{d}h}$$

对于某些位置，如观测界面处 $h=h_1$，拉氏坐标 $h_1+\mathrm{d}h$ 没有物理意义，它实际上相当于用拉氏坐标 h 与 $h-\mathrm{d}h/2$ 以及 $h-\mathrm{d}h/2$ 与 $h-\mathrm{d}h$ 之间的应力梯度的平均值表示拉氏粒子 $h-\mathrm{d}h/2$ 的应力梯度。因此式(7.22a)的差分形式可表示为

$$\sigma(h-\mathrm{d}h,t)=\sigma(h,t)+\rho_0[u(h,t+\mathrm{d}t)-u(h,t-\mathrm{d}t)]\frac{\mathrm{d}h}{2\mathrm{d}t} \tag{7.23a}$$

式(7.23a)表明，只要知道了拉氏粒子的速度剖面和该粒子的应力变化历史，如“样品/窗口”观测界面 $h=h_1$ 处的粒子速度剖面 $u(h_1,t)$ 和应力变化历史 $\sigma(h_1,t)$（后者可通过阻抗匹配原理确定），就可以通过式(7.23a)得到拉氏位置 $h_1-\mathrm{d}h$ 的应力变化历史 $\sigma(h_1-\mathrm{d}h,t)$，依此类推，逐步获得样品内部各个位置上的应力剖面。

类似地，式(7.22b)表示斜波加载下任意时刻 t 的粒子速度随拉氏坐标的变化（或速度梯度）可以用实验室坐标系中观测到的该拉氏粒子的比容对时间的变化率（或应变率）来描述。例如，将位于“样品/窗口”界面位置（拉氏坐标 h_1）的拉氏粒子的比容变化 $V(h_1,t)$ 按照时间间隔 δt 分割成许多小段，就能得到该拉氏位置上对应于不同时间间隔的速度，即速度随空间的变化。因此，得到速度梯度：

$$\frac{u(h,t)-u(h-\mathrm{d}h,t)}{\mathrm{d}h}=\rho_0\frac{V(h,t+\mathrm{d}t)-V(h,t-\mathrm{d}t)}{2\mathrm{d}t}$$

$$=-\frac{e(h,t+\mathrm{d}t)-e(h,t-\mathrm{d}t)}{2\mathrm{d}t}$$

同样，上式等号右边表示拉氏坐标 $h-\mathrm{d}h/2$ 处速度的空间梯度，因此

$$u(h-\mathrm{d}h,t)=u(h,t)-\rho_0[V(h,t+\mathrm{d}t)-V(h,t-\mathrm{d}t)]\frac{\mathrm{d}h}{2\mathrm{d}t} \tag{7.23b}$$

但是式(7.23b)中的比容或应变率随时间的变化难以直接进行实验测量，为此需假定预先已知斜波加载下比容或应变率与应力的关系，即需要预先已知材料的本构关系：

$$V=F(\sigma)$$

上述本构关系作为对式(7.22)的一个补充，将它与式(7.23a)计算的应力变化历史结合就可以计算比容随时间的变化，再根据界面处（拉氏坐标 h_1）测量的粒子速度获得拉氏坐标 $h_1-\mathrm{d}h$ 的粒子速度剖面，这样也就将界面上的粒子速度历史反向推演到样品中 $h_1-\mathrm{d}h$ 处。

对于“样品/窗口”界面，除了实测的粒子速度剖面，还需要假定窗口材料的应力-粒子速度关系也是已知的，即 $\sigma_W=\sigma(u_W)$ 是已知的单值函数，因而根据阻抗匹配原理就能知道观测界面上样品材料的应力 $\sigma(h_1,t)$。

根据上述分析，进行反向积分计算的基本方程组为

$$\frac{\partial\sigma(h,t)}{\partial h}=-\rho_0\frac{\partial u(h,t)}{\partial t} \tag{7.22a}$$

$$\frac{\partial u(h,t)}{\partial h}=\rho_0\frac{\partial V(h,t)}{\partial t}=-\frac{\partial e}{\partial t} \tag{7.22b}$$

$$V=F(\sigma) \tag{7.22c}$$

通过对式(7.22)进行时间离散(将它按时间间隔 dt 分割)，利用差分方程

$$\begin{cases}\sigma(h-\mathrm{d}h,t)=\sigma(h,t)+\rho_0[u(h,t+\mathrm{d}t)-u(h,t-\mathrm{d}t)]\dfrac{\mathrm{d}h}{2\mathrm{d}t}\\ u(h-\mathrm{d}h,t)=u(h,t)-\rho_0[V(h,t+\mathrm{d}t)-V(h,t-\mathrm{d}t)]\dfrac{\mathrm{d}h}{2\mathrm{d}t}\end{cases}$$

从实测的拉氏位置 (h,t) 的粒子速度变化历史和比容变化历史计算得到拉氏位置 $[(h-\mathrm{d}h),t]$ 上的相应物理量。为了进行这样的计算，需要预先知道：①样品材料的比容与应力的关系即本构关系 $V=F(\sigma)$；②实验测量的“样品/窗口”界面的粒子速度剖面 $u(h_1,t)$；③窗口材料的应力-粒子速度关系 $\sigma_W=\sigma(u_W)$，以根据阻抗匹配原理计算样品在界面上的应力剖面；④以“样品/窗口”界面的力学状态作为差分计算的起始值，一步一步反向推演样品内部任意位置上的应力、粒子速度等状态。

从多台阶样品的斜波加载实验能够得到多个界面粒子速度剖面。对每个粒子速度剖面均可以用上述方法独立进行反向积分计算，得到独立的原位应力加载历史，如果使用的应力-比容关系 $V=F(\sigma)$(因而拉氏声速)是正确的，则从不同样品界面粒子速度剖面计算的原位应力历史和粒子速度剖面应该相互符合，因为这些样品受到的斜波加载历史是完全相同的；如果计算结果不一致，说明式 7.22(c)给出的应力-应变关系 $V=F(\sigma)$ 需要调整。经验表明，虽然一开始从不同台阶的样品粒子速度剖面计算出的应力往往不同，但经过几轮调整后，能够得到相互一致的加载历史。可见选取恰当的本构关系 $V=F(\sigma)$ 对于反向积分计算非常重要。

7.6.2　斜波加载下比容与应力的近似关系

下面介绍两种估算样品材料在斜波加载下的比容-应力关系的经验方法。

第一种方法借助于体积模量的定义。通常，等熵体积模量 K_S 随比容的变化由 Murnaghan(穆那汉)方程描述[176]：

$$K_S=K_{S0}(V_0/V)^n \tag{7.24}$$

式中：K_{S0} 为等熵体积模量的常压值；参数 $n=K'_S=\left(\dfrac{\partial K_S}{\partial p}\right)_0$，原则上 n 与应变率有关。

根据等熵体积模量的定义，$K_S=-V\left(\dfrac{\partial p}{\partial V}\right)_S$，积分得到等熵压力与比容的关系为

$$p=\frac{K_{S0}}{n}\left[\left(\frac{V_0}{V}\right)^n-1\right] \tag{7.25a}$$

$$\left(\frac{V_0}{V}\right)^n=1+\frac{n}{K_{S0}}p \tag{7.25b}$$

或

$$V/V_0=\left(1+\frac{n}{K_{S0}}p\right)^{-1/n} \tag{7.26}$$

另外,利用声速 c 与体积模量的关系得到

$$c^2=-V^2\left(\frac{\partial\sigma}{\partial V}\right)_S=VK_S=VK_{S0}\left(\frac{V_0}{V}\right)^n \tag{7.27a}$$

拉氏声速可表达为

$$a^2=V_0\left(\frac{V_0}{V}\right)K_S=V_0K_{S0}\left(\frac{V_0}{V}\right)^{n+1} \tag{7.27b}$$

上式(7.27b)也可以进一步表达为压力的函数。文献[176]建议用压力的4次幂级数表达声速随压力的变化。

第二种方法用多台阶样品实验测量的拉氏声速估算比容随压力的变化。通常情况下给出的不是形如式(7.22c)那样的把比容表达为压力的函数关系,而是把压力表达为比容的函数关系,$\sigma=G(V)$。令$\frac{\mathrm{d}\sigma}{\mathrm{d}V}\equiv G'$,结合拉氏声速的定义,得到

$$G'=\frac{\mathrm{d}\sigma}{\mathrm{d}V}=-\rho_0^2a^2(h,t) \tag{7.28}$$

根据多台阶样品的实验测量结果,可以确定观测界面位置 $h=h_1$ 上的拉氏声速与界面粒子速度、拉氏声速与阻抗匹配压力之间的、以多项式级数形式表示的拟合关系。若将式(7.28)写为差分形式,即

$$G'=\frac{\sigma(h,t)-\sigma(h-\mathrm{d}h,t)}{V(h,t)-V(h-\mathrm{d}h,t)}=\rho_0^2a^2(h,t) \tag{7.29}$$

则根据多台阶样品测量的粒子速度剖面 $u(h_1,t)$ 可以估算"样品/窗口"界面上的拉氏声速 $a=a(h_1,t)$,由式(7.28)能够计算 $G'(h,t)$值。因此拉氏位置 $h-\mathrm{d}h$ 的比容可表示为

$$V(h-\mathrm{d}h,t)=V(h,t)-[\sigma(h,t)-\sigma(h-\mathrm{d}h,t)]/G' \tag{7.30}$$

但是,也可以把式(7.29)中的 G'看作样品中介于 $h-\mathrm{d}h$ 与 h 之间的某个中间位置 $h-\delta$ 处的值,即

$$h-\mathrm{d}h<h-\delta<h+\mathrm{d}h$$

设拉氏坐标 $h-\delta$ 的拉氏粒子的比容为 V_δ,$V_\delta\equiv V(h-\delta,t)$。选取拉氏坐标 $h-\delta$,使它满足

$$V(h,t)-V(h-\delta,t)=V(h-\delta,t)-V(h-\mathrm{d}h,t)$$

即

$$V(h-\delta,t)=\frac{V(h,t)+V(h-\mathrm{d}h,t)}{2}\equiv V_\delta$$

记 $G'_\delta\equiv G'(V_\delta)\equiv G'(h-\delta,t)$,则

$$G'_\delta=\left[\frac{\sigma(h,t)-\sigma(h-\delta,t)}{V(h,t)-V(h-\delta,t)}+\frac{\sigma(h-\delta,t)-\sigma(h-\mathrm{d}h,t)}{V(h-\delta,t)-V(h-\mathrm{d}h,t)}\right]/2$$

$$\equiv \frac{\sigma(h,t)-\sigma(h-\delta,t)+\sigma(h-\delta,t)-\sigma(h-\mathrm{d}h,t)}{V(h,t)-V(h-\delta,t)}/2 \tag{7.31}$$

$$=\frac{\sigma(h,t)-\sigma(h-\mathrm{d}h,t)}{V(h,t)-V_\delta}/2$$

或

$$V_\delta = V(h,t)-[\sigma(h,t)-\sigma(h-\mathrm{d}h,t)]/2G'_\delta \tag{7.32}$$

在计算 V_δ 时,式(7.32)中的 G'_δ 由式(7.28)近似给出,即

$$G'_\delta = -\rho_0^2 a^2$$

此外,还需要知道式(7.32)中"样品/窗口"观测界面位置 $h=h_1$ 的比容 $V(h,t)$。在任意时刻样品的比容 $V(t)\equiv V(h_1,t)$ 可以用第5章关于卸载路径中的方法进行计算,$\mathrm{d}V=\mathrm{d}u/(\rho_0 a)$。写成差分形式:

$$V(h_1,t+\mathrm{d}t)-V(h_1,t)=\frac{u(h_1,t+\mathrm{d}t)-u(h_1,t)}{\rho_0\ \overline{a}} \tag{7.33}$$

式中:$\overline{a}$为 t 至 $t+\mathrm{d}t$ 时刻内拉氏声速的平均值,$\overline{a}=[a(h_1,t+\mathrm{d}t)+a(h_1,t)]/2$。

从"样品/窗口"界面粒子速度的起跳时刻 $t=t_1$ 开始计算,初始时刻 $V(h_1,t_1)=V_0=1/\rho_0$,按照时间步长 $\mathrm{d}t$ 逐步递推计算,得到界面上任意时刻的比容 $V(h_1,t)$。再根据式(7.32)并结合 $V_\delta=[V(h,t)+V(h-\mathrm{d}h,t)]/2$,得到拉氏坐标为 $h_1-\mathrm{d}h$ 处的比容为

$$V(h_1-\mathrm{d}h,t)=V(h_1,t)-[\sigma(h_1,t)-\sigma(h_1-\mathrm{d}h,t)]/G'(V_\delta) \tag{7.34}$$

最后,以拉氏位置 $h_1-\mathrm{d}h$ 的粒子速度剖面、应力剖面和比容剖面为起始值,计算 $h_1-2\mathrm{d}h$ 位置上的相应值,依次递推直至斜波加载的初始界面。

图7.24[176]显示了早期在Z机器(一种磁驱动斜波加载装置)上进行的铜样品的斜波加载实验的自由面速度记录,以及利用反向积分计算得到的在 $h=0$ 位置上斜波加载的原位应力历史。两块铜样品的厚度分别为0.491mm和0.808mm。用VISAR测量的自由

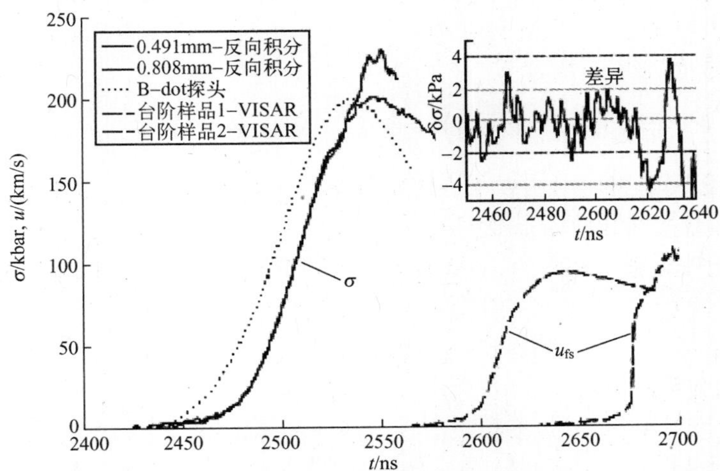

图7.24 从Z实验得到的双台阶铜样品在斜波加载下的自由面速度 u_{js} 的双VISAR记录[176]

注:对自由面速度记录做空间反向积分至 $h=0$(初始加载面)处。调节计算中使用的应力-应变关系直至两块台阶样品在 $h=0$ 处的加载历史相同。两者的符合程度约为1%。这样推算出的应力-应变关系与铜的已知响应一致。右上角的小插图显示了在2450~2540ns时间间隔内从自由面速度计算的两台阶样品加载面位置上的应力剖面之间的差异。

面速度剖面位于图 7.24 的右下角位置，VISAR 测量的时间分辨率好于 1ns，速度测量不确定度为 0.5%。自由面速度的纵坐标的刻度已经放大了 100 倍，即实际的自由面速度数据应将纵坐标上的读数缩小为原来的 1/100。加载应力历史位于图的左方，斜波加载应力范围为 0~200kbar；比容与应力的关系采用 Murnaghan 方程形式。在刚开始的计算中，从两块铜样品计算的在 $h=0$ 位置上的加载应力剖面并不相同，调整式(7.24)中的 K_{S0} 和 $K'_{S0}\equiv n$，直到两者相等。两块铜样品的应力历史相符程度约为 1%，如图中的小插图所示。最终得到 $K_{S0}=1.4816$，$K'_{S0}=4.1911$。可见，多台阶样品测量数据不仅能用于计算材料的应力加载历史，而且能确定应力-应变关系。

7.6.3 弹-塑性材料的反向积分法

在上述反向积分计算中忽略了剪应力或强度的影响，这种方法原则上不能用于弹-塑性材料。在斜波加载下，弹-塑性材料双波结构中速度较快的弹性前驱波在“样品/窗口”界面上的反射波会对后继塑性波产生干扰，实测界面速度剖面中就包含了这种影响。另外，实测的轴向应力包含了剪应力的贡献。在利用物态方程 $V=F(p)$ 计算比容或应变时需要扣除剪应力或强度的影响。单轴应变加载下，线弹性区的横向应力 σ_y 与纵向应力 σ_x 的关系已经由式(6.87)给出，即

$$\tau=(\sigma_x-\sigma_y)/2=\frac{1-2\nu}{2(1-\nu)}\sigma_x \tag{7.35}$$

式中：ν 为泊松比。

按照 von Mises 屈服条件，在(准)弹性区 τ 必须满足

$$|\tau|\leqslant Y/2 \tag{7.36}$$

等号仅当发生弹-塑性屈服时成立。这里的 Y 应该是斜波加载下的屈服强度，$Y\equiv Y_{\mathrm{REL}}$，Y_{REL} 可以根据斜波加载下的弹性极限 σ_{REL} 由式(7.35)计算得到，假定泊松比 ν 已知。σ_{REL} 原则上不一定与冲击加载下的 Hugoniot 弹性极限 σ_{HEL} 相等。假定在式(7.23a)的计算中，任意拉氏位置 h 在时刻 t 和 $t+\mathrm{d}t$ 的应力分别为 $\sigma(h,t)$ 及 $\sigma(h,t+\mathrm{d}t)$，则由式(7.35)可得到相应的剪应力为

$$\tau(h,t+\mathrm{d}t)-\tau(h,t)=\frac{1-2\nu}{2(1-\nu)}[\sigma(h,t+\mathrm{d}t)-\sigma(h,t)] \tag{7.37}$$

式(7.37)中的泊松比可以采用以下方法近似估算：对于线弹性区，泊松比 ν 可取常压下的值；在冲击卸载的准弹性区，ν 值接近于 0.33。

发生弹-塑性屈服后的应力-应变状态应位于上、下屈服面上，屈服后的剪应力，即流应力为

$$|\tau|=Y/2 \tag{7.38}$$

式中：Y 由本构关系给出。

在 $\sigma-\varepsilon$ 平面上 Y 等于上、下屈服面之间距离的 3/4。根据轴向应力与剪应力的关系得到流体静水压强为

$$p=\sigma-4\tau/3 \tag{7.39}$$

考虑强度的影响后，在计算比容或应变时式(7.22c)的函数形式为

$$V(h,t)=F(p)=F\left[\sigma(h,t)-\frac{4}{3}\tau(h,t)\right] \tag{7.40}$$

7.7　冲击波引发的多形相变的实验研究及相变动力学初步

众所周知,固体具有14种典型的晶格结构。随着温度和压力的变化,固体会从一种晶格结构向另一种结构跃迁,这种现象称为固-固相变或多形相变。在常压下,许多元素会随温度升高发生常压-高温相变,出现多种晶格结构[41,107]。在冲击压缩或斜波加载下,材料的温度和压力同时发生改变,热驱动和剪应力驱动是引发动载下的固体相变的两种主要机制。在冲击加载产生的高压、高温的耦合作用下,金属材料在不太高的冲击压力下会发生熔化(固-液相变);但斜波加载的温升远低于冲击加载,并且加载压力和温升可以各自独立控制,这一特性为研究固体在极端高压-高应变率斜波加载下的固-固相变提供了可能性。与静高压准静态加载下的平衡相变过程不同,极端高压-高应变率斜波加载下固体的非平衡相变现象非常普遍,开展非平衡相变研究对理解极端条件下的相变机理和描述相变动力学过程尤为重要。本节将针对一级相变进行讨论。

7.7.1　冲击相变的双波结构与平衡相变模型

自Bancroft等1956年发现铁在常温、常压下冲击到约13GPa时出现稳定的三波结构现象以来,以铁为代表的金属材料的冲击相变问题受到了长期的关注。三波结构是铁在冲击压缩下发生多形相变的第一个证据,它包括了铁在冲击加载下的弹-塑性转变和在塑性区的固-固相变两种动力学过程。后来,一些研究者在室温下对铁进行静高压相变实验,用X射线衍射测量证明了在静高压加载下铁从室温、常压下的bcc结构(α相)转变为hcp结构(ε相),这就是著名的铁α-ε相变实验。1974年,Barker和Hollenbach[210]用发射管直径89mm的一级气炮对纯度为99%的Armco铁进行了冲击压缩下铁的α-ε相变的系统研究,得到的铁相变的三波结构,如图7.25所示。Barker把三波结构中的第一个弹性冲击波称为E波,发生弹-塑性转变后在塑性区的第一个冲击波称为P1波,使铁发生固-固相变并加载到冲击终态的冲击波称为P2波。但是图7.25中的PIR(Phase Interface Reflection)波的成因与存在自由面反射有关,不属于发生相变的固有特征,将在后面讨论。Barker对相变波剖面各部分结构的上述标记被后来的研究者沿用至今。

发生固-固相变的波剖面结构的原位图像如图7.26所示,此即发生相变时E波、P1波和P2波尚未在观测界面发生反射时的波剖面图像。为简化讨论,图中忽略了幅度很低的E波的图像。图7.26(a)是(一级)相变导致$p-V$(压力-比容)平面上的冲击绝热线发生拐折的示意图。在实际测量中,发生相变时的$p-V$图上不会出现如此明显的拐折,但$p-\rho$(压力-密度)图上的拐折则会明显许多。图7.26(b)是发生相变时的原位粒子速度剖面的图像,发生固-固相变时粒子速度剖面的拐折往往非常明显。

平衡相变是指P1波和P2波后的冲击压缩状态不随冲击波的传播时间(因而也不随传播距离)变化的一种相变。在平板碰撞实验中,当碰撞产生的驱动冲击波压力σ_{Dr}低于相变的起始压力p_1时(图7.26中1点的冲击压力),在受冲击材料中传播的是单一冲击

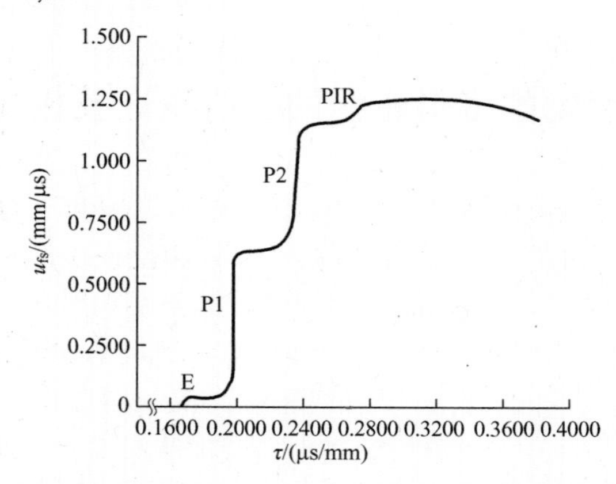

图 7.25 Armco 铁发生 α-ε 相变的实测自由面速度剖面[210]

E—弹性波;P1—塑性(冲击)波;P2—相变(冲击)波。

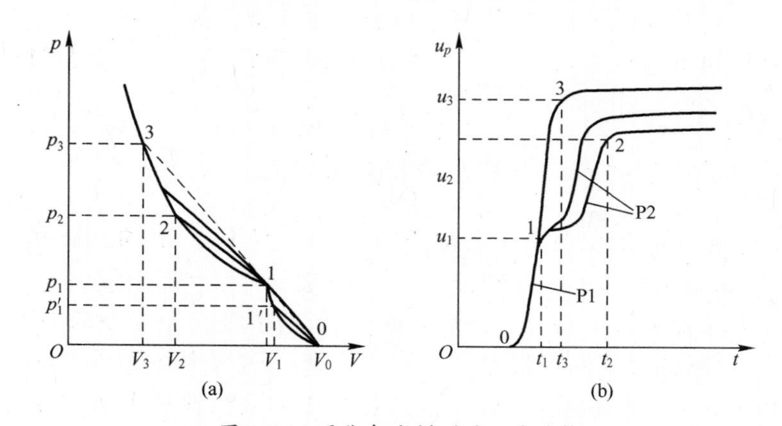

图 7.26 平衡相变模型的双波结构

(a) p-V 平面上双波结构的形成;(b) 原位粒子速度剖面的双波结构的特征。

波;当材料的冲击压力超过起始压力 p_1 时相变迅即发生,驱动冲击波阵面立刻分裂,形成双波结构。根据 p-V 冲击绝热线上的瑞利线(01 线)的斜率,得到 P1 波的速度 D_1、波后粒子速度 u_1 与压力 p_1 及比容 V_1 的关系:

$$(D_1-u'_0)^2=(V'_0)^2\frac{p_1-p'_0}{V'_0-V_1} \tag{7.41}$$

$$u_1^2=p_1(V'_0-V_1) \tag{7.42}$$

式中:p'_0、V'_0 和 u'_0 分别为 P1 波的波前压力、比容和粒子速度,通常近似做“零压”处理。但是如果 E 波的影响不能忽略,则 p'_0、V'_0 和 u'_0 就是 E 波产生的弹-塑性屈服状态或 Hugoniot 弹性极限状态,即 $p'_0\equiv\sigma_{\text{HEL}}$,$u'_0\equiv u_{\text{HEL}}=\sigma_{\text{HEL}}/(\rho_0 a)$,$V'_0=V_0(1-u'_0/a)$,其中 a 为弹性前驱波(弹性冲击波)的拉氏纵波速度。结合质量守恒方程,得到 P1 波相对于波后粒子的传播速度:

$$(D_1-u_1)^2=V_1^2\frac{p_1-p_0}{V_0-V_1} \tag{7.43}$$

P2 波将材料从 1 点的低压相状态冲击到 2 点的包含低压相和高压相的两相共存状态;它也是驱动冲击加载的 Hugoniot 终态。P2 波携带了相变的信息。在平衡相变模型下,2 点状态不随时间改变。P2 波的速度 D_2、波后粒子速度 u_2 与冲击压缩的终态压力 p_2、比容 V_2 的关系由瑞利线 12 给出:

$$(D_2-u_1)^2=V_1^2\frac{p_2-p_1}{V_1-V_2} \tag{7.44}$$

$$(u_2-u_1)^2=(p_2-p_1)(V_1-V_2) \tag{7.45}$$

双波结构的存在表明,P2 波的速度低于在它前方的 P1 波,根据式(7.43)和式(7.45)得到

$$\frac{p_1-p_0}{V_0-V_1}>\frac{p_2-p_1}{V_1-V_2} \tag{7.46}$$

式(7.46)是发生相变形成稳定的双波结构的条件:瑞利线 01 比瑞利 12 线更陡,因而 P2 波的终态(2 点)必定位于过相变起始点的瑞利(01 线)的延长线的下方。

平衡相变描述的动力学过程可概括如下:

当从材料表面输入幅度为 σ_{Dr} 的阶跃冲击应力作用时,若 σ_{Dr} 高于材料发生相变的阈值应力 p_1,则阶跃应力波阵面立即分裂,形成两个冲击波:第一个波(P1 波)使材料加载到相变的阈值压力,但是 P1 波的波后材料仍保持在初始低压相;从驱动冲击压力 σ_{Dr} 到相变阈值压力 p_1 的演化是在瞬间完成的,即忽略从 σ_{Dr} 到 p_1 的应力松弛过程; 且 p_1 不随驱动冲击应力 σ_{Dr} 的增大而变化。第二个冲击波(P2 波)使材料发生相变。单就相结构转变而言,从一种相结构到另一种相结构的跃变几乎是在瞬间完成的,因此相变发生在 P2 波的冲击波阵面上。从相变阈值压力 p_1 冲击到 Hugoniot 终态压力 p_2 的冲击压缩过程决定了 P2 波阵面的上升前沿,因而 P2 波阵面的上升前沿由材料的动力学响应特性决定;由于 P1 波后状态不随时间变化,P2 波的上升前沿由材料的响应特性决定,与 P1 波无关。在平衡相变模型下波剖面的形状不随传播时间或样品厚度而变化。

当驱动冲击加载压力增大到图 7.26 中的 p_3 时,即当 3 点恰好位于 01 线的延长线上时,P2 波的速度与 P1 波相等,双波结构消失。从压力 p_1 到 p_3 的区间就是冲击相变的混合相区。混合相区中高压相的(摩尔)质量分数 α 是相变进行程度的一种衡量。在平衡相变模型下,质量分数 α_{eq} 仅与终态的压力(或比容)及温度相关,与相变波的传播时间或实验样品厚度无关:

$$\alpha\equiv\alpha_{eq}=F(p,T) \tag{7.47}$$

当加载终态压力高于 p_3 时,冲击压缩终态位于瑞利线 01 延长线的上方,不存在双波结构,冲击相变完成。虽然已经发生了相变,但仅从波剖面结构无法判定是否发生过冲击相变。

平衡相变模型描述的是经过简化的、理想化的相变过程的图像,实际的相变过程和图像要复杂得多。目前尚难以进行金属固-固相变的原位测量,正在发展的同步辐射原位测量技术是通过高能瞬态脉冲 X 射线衍射,观测固体在冲击压缩下微观晶格结构的实时变化,有望直接观测到相变的动力学过程的原位物理图像,但这需要使用第四代同步辐射光源。从实测粒子速度剖面获得相变图像和信息需要通过界面(自由面或“样品/窗口”界面)进行观测,这样观测到的图像是已经经历了一定传播时间,并且在观测界面发生反射以后的粒子速度剖面历史或应力变化历史;或者,是经历了时间弛豫并受到界面干扰后的图像。

7.7.2 两步相变动力学模型

1. 两步相变动力学模型的基本假定

冲击相变所需能量来自冲击波压缩,相变的发生和发展演化与冲击驱动力的大小密切相关。作为一种动力学过程,从初始的低压相结构到最终的高压相结构的演化同时伴随着冲击加载从冲击驱动应力 σ_{Dr} 到 P1 波的压力 p_1、再到 P2 波的压力 p_2 的演化过程,而动力学过程的演化总需要一定时间。因此,实验观测到的粒子速度剖面应与相变波在样品中经历的传播时间(实验样品的厚度)相关。虽然可以认为冲击加载下材料处于局域平衡状态,但局域平衡状态可以随时间发生移动,因此非平衡相变是普遍现象。

早在 20 世纪 60 年代中期,Duvall 等就提出了一种描述具有双波结构的非平衡相变动力学模型,然而他们的论文直到 10 年后才公开发表[211]。根据热力学原理,具有相同化学组分但相结构不同的材料在高温、高压下的稳定性取决于其自由能 $G(p,T)$:

$$G(p,T)=E-TS+pV$$

或

$$\mathrm{d}G=-p\mathrm{d}V-S\mathrm{d}T$$

当相空间中同一种金属的两种相结构的自由能曲面相切或相交时将引发相变,材料将从自由能较高的结构向自由能较低的结构转变。在铁的冲击相变中,状态曲面上低压相(α-Fe)的瑞利线与高压相(ε-Fe)的自由能曲面的交点位置就是发生冲击相变的起始位置。在平衡相变模型下,一旦冲击加载状态进入该交点位置,相变立即发生并瞬间完成。但非平衡相变模型认为并非如此。

Duvall 等[211]提出的非平衡相变模型认为,相变动力学过程分为两步进行,该模型也称为两步相变模型:

第一步,驱动冲击波将材料(如 α-Fe)冲击加载到低压相的亚稳态;

第二步,材料经第二个冲击波(P2 波)发生相变(如 α-ε 相变),到达 Hugoniot 终态。

在第一步中,尽管驱动冲击压力 σ_{Dr} 已经高于相变起始压力 p_1,但在冲击加载后的某短暂时间内材料依然保持在低压相的亚稳态结构。由于该亚稳态是由低压相的冲击加载产生的,它应位于低压相的冲击绝热线的延长线上。从该亚稳态松弛到平衡相变的起始压力 p_1 需要经历一定时间,也就是说从驱动冲击压力 σ_{Dr} 到平衡相变的起始压力 p_1 状态需要经历一定时间的应力衰减过程。因此两步相变模型中 P1 波的幅度将随时间发生变化,直到最终到达平衡压力状态 p_1。有研究发现,对于磁驱动的高应变率斜波加载引发的铁的 α-ε 相变,实验观察到从 α-Fe 的亚稳态松弛到 α-Fe 的平衡态的特征时间约为数十纳秒[212]。从亚稳态到平衡态的松弛过程由特征松弛时间 τ 描述。

两步相变模型中从亚稳态的驱动冲击应力 σ_{Dr} 到相变起始压力 p_1 的松弛过程,如图 7.27所示。其中,在初始时刻 t_0 从样品的冲击加载面输入的幅度为 σ_{Dr} 的初始阶跃应力剖面如图 7.27(a)所示。不同时刻加载面运动到达的空间位置在图 7.27(b)中以横轴上的“0”表示。由于输入界面的加载应力幅度保持不变,因此不同时刻在输入界面上的应力始终保持与驱动应力相等。加载界面上的输入应力作用源源不断为 P1 波提供能量,但 P1 波的应力幅度将随传播距离按指数规律衰减。P1 波在样品中的传播和衰减过程决定了 P1 波阵面与加载面之间的应力分布;在图 7.27(b)中,以实线表示该应力的空间分布。按照两步相变模型,P1 波后材料在一定时间内仍处于低压相;设想对 P1 波阵面后方的某一拉氏粒子进行观察,其状态不可能一直保持在它受到 P1 波作用瞬时的(亚稳态)Hugoniot 状态;一旦 P1 波冲击阵面通过该拉氏粒子以后,该拉氏粒子将立即进入 off-Hugoniot 状态;这相当于在 P1 波后紧跟着一个斜波卸载波,使材料从驱动冲击波的亚稳态压力 σ_{Dr}持续向平衡相变模型的压力 p_1 演化。P1 波阵面后方的实线显示了波后 off-Hugoniot 状态的应力分布,更确切地说,应该是亚稳态冲击波后的 off-Hugoniot 应力状态的欧拉空间分布。随着 P1 波的衰减,越靠近 P1 波阵面处的应力越低。只要时间足够长,P1 波阵面的应力最终将衰减到平衡相变模型的起始压力 p_1。但是,就某一次具体实验测量而言,实测状态很可能是正在衰减着的 P1 波的状态,因而它与具体的实验样品的厚度有关,而并非恰好是平衡相变模型的起始压力状态 p_1。

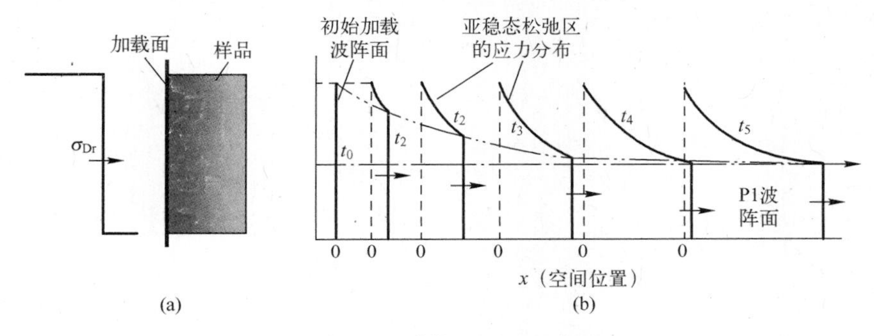

图 7.27　两步相变模型示意图

(a) 从样品加载界面输入的幅度为 σ_{Dr} 的阶跃状的初始冲击波;

(b) 在样品中传播的亚稳态冲击阵面的松弛过程(示意性地给出了 t_0 初始时刻的波阵面以及其后五个不同时刻的 P1 波阵面幅度随时间的指数衰减过程,以及波后的应力分布。经历足够长的时间后,P1 波衰减到平衡相变模型的起始相变压力 p_1)。

在第二步过程中,材料发生相结构转变并到达冲击加载的 Hugoniot 终态,该相转变过程形成 P2 波,或者说经过 P2 波的作用,材料完成冲击相变并到达 Hugoniot 终态。在平衡相变模型中,P2 波的波前状态不随时间变化。但是在两步相变模型中,假定亚稳态冲击波的应力幅度随传播距离(样品厚度)按指数规律衰减,导致 P1 波的波后状态不断变化,即 P2 波的波前状态也将随驱动冲击波在样品中的传播距离(样品厚度)不断变化。如果亚稳态松弛时间为 τ,则使材料从亚稳态的低压相状态转变到高压相终态并形成稳定的波剖面结构所需的时间至少等于 τ(不小于 τ)。一方面,随着 P1 波在样品中的传播和亚稳态松弛的进行,P1 波波后的压力不断下降,连接 P1 波波后状态与 P2 波波后状态(驱动冲击波的终态)的瑞利线的斜率将逐渐变陡,即 P2 波剖面的前沿将随样品厚度变陡,因此,P2 波剖面前沿的上升时间是亚稳态的松弛时间 τ 的某种反映。另一方面,P2 波的速度比 P1 波慢,若对样品内部某一拉氏粒子进行观测,将能发现两个不同幅度的冲击波依次通过该拉氏观测位置,即观察到双波结构;而当两波阵面分离达到某一较长距离时,P1 波已经完成松弛过程并到达其极限(终态)压力 p_1,而 P2 波通过该距离所耗费的时间显然将大于亚稳态松弛时间 τ,观测者也就不再能感受到亚稳态松弛过程的存在。因此,在实验观察中只要样品足够厚(传播时间时间足够长),P1 波和 P2 波都将变成定态波;P2 波剖面前沿变陡的过程也将终止,实验观测结果与平衡相变模型完全一样。由此可见,两步相变模型中的亚稳态松弛时间 τ 是描述非平衡相变动力学的关键参数,它影响 P2 波剖面的上升前沿,也关系到实验样品厚度设计和相变起始压力数据的解读。

2. $p-V-T$ 空间中的两步相变动力学模型

图 7.28 是上述相变过程在(p,V,T)空间中的示意性描述。图中,1′点表示驱动冲击波产生的低压相亚稳态的瞬时位置,它位于压力-比容平面上低压相的 Hgoniot 的延长线上(11′虚线)。1′点的初始压力 σ'_{P1} 可以由平板的碰撞速度和已知的低压相冲击绝热线通过阻抗匹配法进行估算。1 点是低压相的瑞利线与高压相的自由能曲面的交点,它是低压相亚稳态松弛的终点,因此是平衡冲击相变的起始压力。

对于低压相从 1′点到 1 点的松弛过程的描述,可以简单地假定 1′点是沿着低压相的 Hugoniot 线松弛到 1 点的,因为亚稳态是由 P1 波产生的低压初始相的状态。2 点是冲击相变的 Hugoniot 终态,它处于混合相区。根据双波结构理论,它应位于低压相的过 1 点的瑞利线的下方。连接 1′点状态与 2 点状态的应力波就是 P2 波,是两步相变动力学的第二步描述的过程;当 1′点松弛到达 1 点的位置时,连接 P1 波和 P2 波的瑞利线的斜率达到最大,P2 波剖面的前沿也达到最陡。

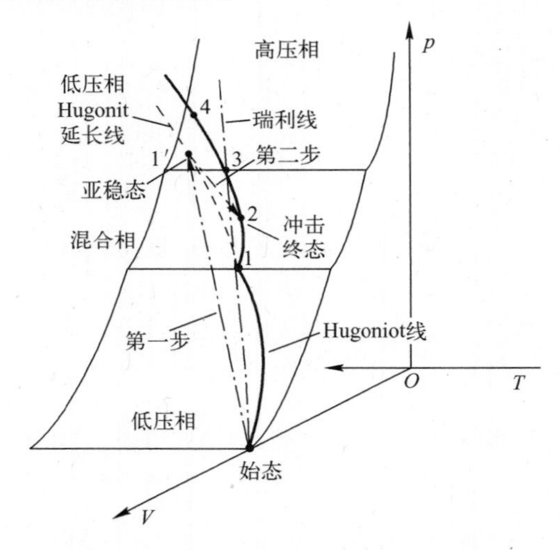

图 7.28 (p,V,T)空间中两步相变模型示意图

注:第一步,驱动冲击波将材料加载到位于低压相 Hugoniot 的延长线上的亚稳态点 1′,1′点经历足够长时间的松弛最终将达到平衡相变压力状态点 1;第二步,相变波将材料从亚稳态冲击到终态点 2(2 点是两相共存态)。

由此可见,无论是通过测量粒子速度还是通过测量冲击压力来研究相变,都需要关注样品厚度的影响。在激光驱动实验中使用极薄的样品,相变波的松弛过程将受到极薄样品厚度的显著限制,导致使用较厚样品的平板碰撞实验测量的粒子速度剖面可能与激光驱动实验的粒子速度剖面有较大的差别。

7.7.3 混合相区的热力学近似及双波结构的描述

为了用热力学方法对两步相变模型进行描述,Duvall 对混合相区做如下近似假定[211]。

(1) 忽略剪应力的影响。

(2) 混合相区中两共存相均匀混合,两者的压力 p、温度 T 及粒子速度 u 相等。

(3) 忽略界面能的影响。事实上共存区内两相物质粒子相互均匀混合,不同粒子界面之间的界面能也许不能忽略。但是考虑界面能的影响将使问题变得极其复杂，而如果存在界面能，则两相的压力和温度不可能严格相等。忽略界面能的影响使假定(2)与假定(3)满足相容性的要求；事实上当压力足够高时界面能与内能相比非常小，可以忽略不计。

以压力 p 和温度 T 表示混合相区的状态，由理想混合物模型得到混合相物质的比内能 E、比容 V 与低压相(1 相)和高压相(2 相)组元的比内能及比容的关系，满足

$$E(p,T)=(1-\alpha)E_1(p,T)+\alpha E_2(p,T) \tag{7.48}$$

$$V(p,T)=(1-\alpha)V_1(p,T)+\alpha V_2(p,T) \tag{7.49}$$

式中

$$\alpha=\alpha(p,T,t)$$

表示 t 时刻高压相(2 相)的质量分数，以下标“1”和“2”分别表示低压相及高压相组元的热力学状态量，它们都是混合相区压力 p 和温度 T 的函数：

$$V_1=V_1(p,T) \tag{7.50}$$

$$E_1=E_1(p,T) \tag{7.51}$$

$$V_2=V_2(p,T) \tag{7.52}$$

$$E_2=E_2(p,T) \tag{7.53}$$

注意，这里的下标“1”和“2”的含义与平衡相变模型中(见 7.7.1 节)中下标的含义完全不同。

对式(7.48)及式(7.49)微分，得到

$$\left[(1-\alpha)\left(\frac{\partial E_1}{\partial p}\right)_T+\alpha\left(\frac{\partial E_2}{\partial p}\right)_T\right]\mathrm{d}p+\left[(1-\alpha)\left(\frac{\partial E_1}{\partial T}\right)_p+\alpha\left(\frac{\partial E_2}{\partial T}\right)_p\right]\mathrm{d}T=\mathrm{d}E-(E_2-E_1)\mathrm{d}\alpha$$

$$\left[(1-\alpha)\left(\frac{\partial V_1}{\partial p}\right)_T+\alpha\left(\frac{\partial V_2}{\partial p}\right)_T\right]\mathrm{d}p+\left[(1-\alpha)\left(\frac{\partial V_1}{\partial T}\right)_p+\alpha\left(\frac{\partial V_2}{\partial T}\right)_p\right]\mathrm{d}T=\mathrm{d}V-(V_2-V_1)\mathrm{d}\alpha$$

形式上可以将他们简写为

$$b_{11}\mathrm{d}p+b_{12}\mathrm{d}T=\mathrm{d}E-(E_2-E_1)\mathrm{d}\alpha \tag{7.54}$$

$$b_{21}\mathrm{d}p+b_{22}\mathrm{d}T=\mathrm{d}V-(V_2-V_1)\mathrm{d}\alpha \tag{7.55}$$

式中

$$b_{11}=(1-\alpha)\left(\frac{\partial E_1}{\partial p}\right)_T+\alpha\left(\frac{\partial E_2}{\partial p}\right)_T,\quad b_{12}=(1-\alpha)\left(\frac{\partial E_1}{\partial T}\right)_p+\alpha\left(\frac{\partial E_2}{\partial T}\right)_p$$

$$b_{21}=(1-\alpha)\left(\frac{\partial V_1}{\partial p}\right)_T+\alpha\left(\frac{\partial V_2}{\partial p}\right)_T,\quad b_{22}=(1-\alpha)\left(\frac{\partial V_1}{\partial T}\right)_p+\alpha\left(\frac{\partial V_2}{\partial T}\right)_p$$

它们都是 α、p、T 的函数。

式(7.50)~式(7.55)的 6 个方程中共包含混合相区材料状态的 9 个未知量，即 E、V、p、T 及 E_1、E_2、V_1、V_2 和 α。为了求解，需要补充 3 个方程。首先补充内能方程，低压冲击下熵增很小，假定可忽略熵增，将内能方程近似表达为

$$\mathrm{d}E=-p\mathrm{d}V \tag{7.56}$$

式(7.50)~式(7.56)共 7 个方程，原则上能够以其中任意两个未知量来表达其余 7 个参量。令

$$c_1=-p\mathrm{d}V-(E_2-E_1)\mathrm{d}\alpha,\quad c_2=\mathrm{d}V-(V_2-V_1)\mathrm{d}\alpha$$

则式(7.54)及式(7.55)可写为

$$b_{11}\mathrm{d}p+b_{12}\mathrm{d}T=c_1 \tag{7.54a}$$

$$b_{21}\mathrm{d}p+b_{22}\mathrm{d}T=c_2 \tag{7.55a}$$

得到 $\mathrm{d}p$ 和 $\mathrm{d}T$ 的形式解

$$\mathrm{d}p=\Delta_1/\Delta,\quad \mathrm{d}T=\Delta_2/\Delta$$

式中

$$\Delta=b_{11}b_{22}-b_{12}b_{21}$$

$$\Delta_1=c_1b_{22}-c_2b_{12}=-(b_{22}p-b_{12})\mathrm{d}V-[b_{22}(E_2-E_1)-b_{12}(V_2-V_1)]\mathrm{d}\alpha$$

$$\Delta_2=c_2b_{11}-c_1b_{21}=(b_{11}+b_{21}p)\mathrm{d}V-[b_{11}(V_2-V_1)-b_{21}(E_2-E_1)]\mathrm{d}\alpha$$

因此,能够将压力 p 及温度 T 表达为 p、T、V 及 α 的函数形式:

$$\mathrm{d}p=a_{11}\mathrm{d}V+a_{12}\mathrm{d}\alpha \tag{7.57}$$

$$\mathrm{d}T=a_{21}\mathrm{d}V+a_{22}\mathrm{d}\alpha \tag{7.58}$$

式中:a_{ij} 为 p、T 及 α 的函数。

最后需要补充的方程是描述平衡相变的方程,即 Clapeyron-Clausius 方程,它是 $p-T$ 图上分隔两相的相线的斜率:

$$\left.\frac{\mathrm{d}p}{\mathrm{d}T}\right|_{\text{phase line}}=\frac{\Delta H}{T\Delta V}=f(p,T) \tag{7.59}$$

式中:ΔH 为相变潜热;ΔV 为相变引起的比容改变,$\Delta V=V_2-V_1$。

假定相线的斜率 $f(p,T)$ 已知,由式(7.57)和式(7.58)得到

$$\left.\frac{\mathrm{d}p}{\mathrm{d}T}\right|_{\text{phase line}}=\frac{a_{11}\mathrm{d}V+a_{12}\mathrm{d}\alpha}{a_{21}\mathrm{d}V+a_{22}\mathrm{d}\alpha}=f(p,T) \tag{7.60}$$

从式(7.60)得到高压相的质量分数 α 随时间的变化,即相变速率方程:

$$\mathrm{d}\alpha/\mathrm{d}t=\frac{a_{21}\cdot f-a_{11}}{a_{12}-a_{22}\cdot f}\mathrm{d}V/\mathrm{d}t \tag{7.61}$$

将式(7.61)代入式(7.57)得到两相共存区的压力随时间的变化(P2 冲击波的上升前沿)方程:

$$\mathrm{d}p/\mathrm{d}t=\frac{a_{12}a_{21}-a_{11}a_{22}}{a_{12}-a_{22}f}f(p,T)\mathrm{d}V/\mathrm{d}t \tag{7.62}$$

以及 P2 冲击波的温度随时间的变化方程:

$$\mathrm{d}T/\mathrm{d}t=\frac{\mathrm{d}p/\mathrm{d}t}{f(p,T)} \tag{7.63}$$

显然,式(7.61)~式(7.63)计算 P2 波后的状态和质量分数首先需要已知低压相和高压相的物态方程(两相物态方程,式(7.50)及式(7.52))及相线方程(式(7.59))。

最后,混合相区中高压相的质量分数由式(7.61)描述。只要样品足够厚,质量分数 α 最终将趋于平衡相变模型的质量分数 α_{eq}。一种估算相变速率 $\mathrm{d}\alpha/\mathrm{d}t$ 的简单方法是测量第一个应力波(P1 波)的幅度随样品厚度的衰减历史[211]。将实验测量结果与计算的衰减曲线比较,获得对相变速率的估算。

7.7.4 低压相亚稳态松弛的近似描述

为了得到低压相亚稳态松弛的比较直观图像,Duvall[211]对上述模型再做大幅简化和假定。

（1）P1 波可看作连续应力波并以声速传播。

（2）相变引起的比容变化近似为常数，$\Delta V=\text{const}$。

（3）低压相的比容 V_1 仅与压力有关，与温度无关。假定 $V_1(p,T)\equiv V_1(p)$，且 $\mathrm{d}V_1/\mathrm{d}p=\text{const}$，即 $p-V_1$ 线近似为直线。

（4）低压相和高压相的比定压热容相等，$c_{p1}=c_{p2}$。

（5）质量分数 α 随时间的变化，即相变速率可以近似表达为

$$\mathrm{d}\alpha/\mathrm{d}t=-(\alpha-\alpha_{\mathrm{eq}})/\tau \tag{7.64}$$

式中：τ 为亚稳态松弛时间，取作常数；α_{eq} 为平衡相变下高压相的质量分数。

上述假定给出的相变动力学近似图像是：①在低应力加载下，P1 冲击波加载可近似为高应变率斜波加载，因而以声速传播。②假定 $\Delta V\equiv V_2-V_1=\text{const}$ 以及 $\mathrm{d}V_1/\mathrm{d}p=\text{const}$，相当于假定 $p-V$ 图上混合相区的两条边界线为直线且相互平行。由于 $\mathrm{d}p/\mathrm{d}T=\Delta S/\Delta V$，相变时熵增 $\Delta S\approx\text{const}$，它隐含假定了 $p-T$ 相线也近似为直线，而这应该是在许多文献中往往将 $p-T$ 相线用直线近似表示所隐含的近似假定。③由式（7.64）积分得到

$$\alpha/\alpha_{\mathrm{eq}}=1-\exp(-t/\tau)\quad(0\leqslant t\leqslant\tau) \tag{7.64a}$$

即质量分数将随时间增大，但相变速率随时间以指数形式迅速减小。对式（7.64a）微分，可得

$$\mathrm{d}\alpha/\mathrm{d}t=(\alpha_{\mathrm{eq}}/\tau)\mathrm{e}^{-t/\tau} \tag{7.64b}$$

在上述假定下，Duvall 得到第一个波的应力幅度 σ_{P1} 随传播距离 x 或传播时间 t 衰减的近似解析表达式[210,211]，即

$$\begin{aligned}\sigma_{\mathrm{P1}}&=\sigma_{\mathrm{P1}\infty}+(\sigma_{\mathrm{Dr}}-\sigma_{\mathrm{P1}\infty})\exp(-t/2\tau)\\&=\sigma_{\mathrm{P1}\infty}+(\sigma_{\mathrm{Dr}}-\sigma_{\mathrm{P1}\infty})\exp[-h/(2D_1\tau)]\end{aligned} \tag{7.65}$$

式中：$\sigma_{\mathrm{P1}\infty}$ 为经过足够长时间传播后 P1 波的最终压力，即平衡相变模型中冲击相变的起始压力；σ_{Dr} 为根据低压相的冲击绝热线计算的平板碰撞产生的击靶压力或驱动冲击波压力，即 σ_{Dr} 为平板碰撞时刻低压相亚稳态的冲击压力；h 为样品厚度；D_1 为 P1 波的（平均）速度。

式（7.65）表明，当样品厚度相同时，根据式（7.65）实验观测到的 P1 波的 σ_{P1} 与驱动压力 σ_{Dr} 近似呈线性关系；当驱动压力相同时，σ_{P1} 随样品厚度或传播时间呈指数衰减，且 $\lim\limits_{t\to\infty}\sigma_{\mathrm{P1}}=\sigma_{\mathrm{P1}\infty}$，即只有对于足够厚度的样品，实验测量的 σ_{P1} 才与样品厚度无关。若样品太薄（$h\to0$），则 $\underset{\lim h\to0}{\sigma_{\mathrm{P1}}}=\sigma_{\mathrm{Dr}}$，这意味着使用太薄的样品将不能观测到双波结构。

7.7.5 Barker 和 Asay 关于两步相变模型实验结果

为了对式（7.63）和式（7.65）的近似性进行评估，Barker[210] 在 10～40GPa 冲击压力范围内用三种厚度的铁样品进行了 20 发冲击相变实验，得到三种厚度铁冲击相变的 σ_{P1} 随驱动压力 σ_{Dr} 的松弛变化数据，如图 7.29 所示。Barke 指出，这些实验的弹速测量精度达到 0.2%；VISAR 测量的自由面速度的精度好于 0.3%，对于同一种厚度的样品，假定在不同驱动压力下式（7.65）中的 P1 波的（平均）速度 D_1 近似相等。图中的方块、圆圈和菱形分别代表实验测量的厚度 3.11mm、6.35mm 和 16～19mm 三类样品在不同驱动压力

下的σ_{P1}数据。根据图 7.29 的结果可以认为:当样品厚度相同时,σ_{P1}随驱动压力近似呈线性增大;当加载压力σ_{Dr}相同时,σ_{P1}随样品厚度增大迅速减小,而当样品厚度达到 16~19mm 时σ_{P1}基本保持不变,表明此时σ_{P1}已经趋于平衡相变下的极限值;图中的三条直线是按式(7.64)计算的拟合结果,拟合时取$\sigma_{P1\infty}=12.97\text{GPa}$,$\tau=0.18\mu\text{s}$。

Barker 指出[210],图 7.29 中显示的数据并非用自由面速度测量的原始数据直接计算的结果,而是对自由面速度数据进行多种修正后的计算结果。这些修正包括:不同驱动压力对弹性波幅度的影响,弹性前驱波在自由面的反射对 P1 波速度、对 P1 波后粒子速度的影响以及对 2 倍粒子速度近似的影响;不同样品厚度对弹性前驱波粒子速度的影响等。Barker 给出铁的$\alpha-\varepsilon$冲击相变压力$\sigma_{P1\infty}=12.97\text{GPa}$,松弛时间$\tau=0.18\mu\text{s}$。

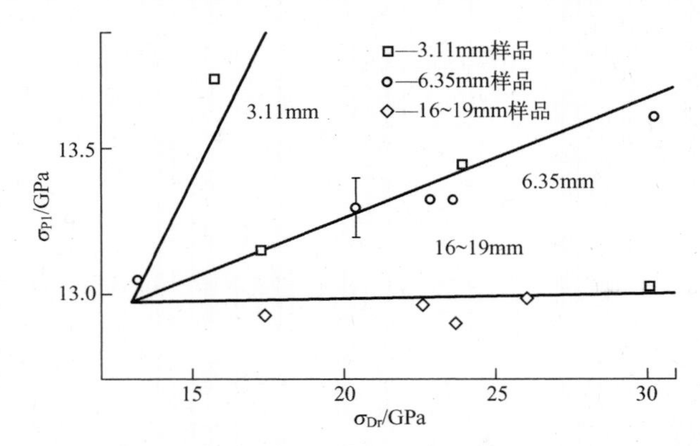

图 7.29 Barker 的冲击相变实验测量的三种铁样品厚度的 P1 波的相变应力σ_{P1}随冲击加载应力σ_{Dr}的变化[210]

注:直线为根据 Duvall[211] 的非平衡相变模型拟合的结果,拟合时取$\sigma_{P1}=12.97\text{GPa}$,$\tau=0.18\mu\text{s}$。误差棒代表所有数据的不确定度。

虽然取$\tau=0.18\mu\text{s}$似乎对图 7.29 的数据拟合比较适用,但采用 0.18μs 的松弛时间并不能由 Duvall 模型正确预测 P2 波的上升前沿。初步分析表明,根据实测的 P2 波上升前沿估算的松弛时间比 0.18μs 要小得多。进一步研究分析发现,该松弛时间短达 0.06μs。这些相互矛盾的结果表明,采用统一的松弛时间参数不一定能对铁的相变做出具有普适意义的描述。

Asay 等[212]在 SNL 的 Z 机器上进行了磁驱动斜波加载下 Armco 铁(纯度 99.8%,密度 7.85g/cm^3)的$\alpha-\varepsilon$相变研究。磁驱斜波加载的峰值压力为 30GPa,持续时间为 100ns。两块样品的厚度分别为 0.506mm、0.793mm,样品的平行度和平面度好于 0.5μm。将 VISAR 测量的自由面速度剖面分别与平衡相变模型、不发生相变(相变时间τ大于实验观测时间)模型以及率相关相变动力学模型计算的波剖面进行比较,结果如图 7.30所示。自由面速度剖面上的弹性前驱波清晰可辨;上升的粒子速度剖面在约 13GPa 压力处发生明显拐折,证明在斜波加载下发生了$\alpha-\varepsilon$相变。在上述三种模型计算的粒子速度剖面中,唯有考虑了相变动力学模型的计算结果与实验测量相符。在相变动力学模型的计算中 Asay 没有将相变速率取作常数。在厚度约为 800μm 的铁样品内观察到当斜波加载压力超过 13GPa 时出现$\alpha-\varepsilon$相变,相变的起始位置发生在样品内部大约 400μm 处。在相变起始时刻($t=122\text{ns}$,图 7.29),速率$\mathrm{d}\alpha/\mathrm{d}t=0$;其后,相变速率随时间线性增大;在峰值应力处相变速率(t=160ns)达到最大,最大相变速率为50/μs。因此平均速率为25/μs,对应的相变时间 τ 为 1/25μs 或 40ns。Asay 认为,这一结果与 Barker 报道的相变经历的相变时间长度[210](0.06~0.18μs)定性地一致。

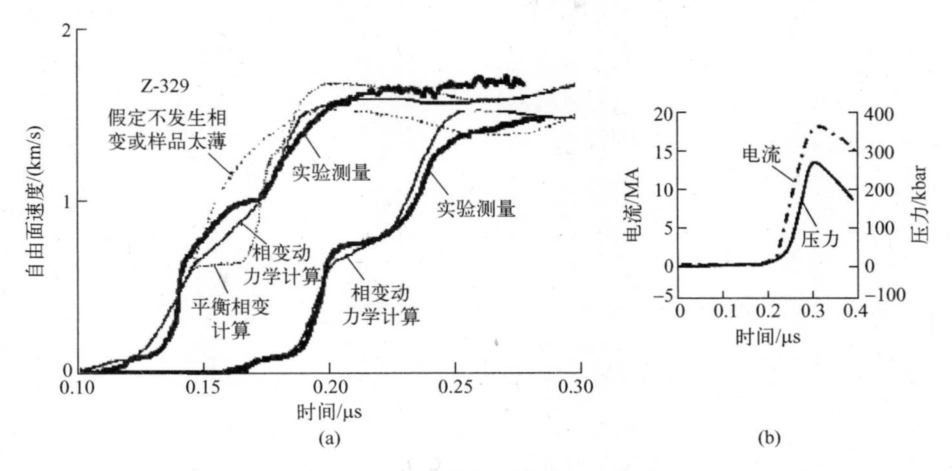

图 7.30 斜波加载下铁的 α-ε 相变

(a) 实验测量的粒子速度剖面(粗实线)与三种计算模拟结果的比较[212],平衡相变计算出的双波结构及假定不发生相变的计算结果均与实验结果不相符,相变动力学的计算结果(细实线)与实验测量比较一致;(b) 驱动电流(点虚线)及斜波加载压力(实线)随时间的变化。

根据 Asay 观测到的相变速率随时间线性增大的描述,在斜波加载下相变速率在斜波峰值应力处达到最大。利用 Asay 给出的相变平均应变率、从平均应变率得到的相变弛豫时间 τ 的近似值以及它给出的实验边界条件,不难得到斜波加载下铁的 α-ε 相变速率方程,即

$$d\alpha/dt=(2\alpha_{pk}/\tau^2)t \tag{7.66}$$

式中:α_{pk} 为峰值应力下的质量分数。

进而得到高压相质量分数随时间的变化为

$$\alpha=\alpha_{eg}(t/\tau)^2 \tag{7.67}$$

磁驱动斜波加载的应变率高达 $10^6\sim10^7$/s。就应变率而言,Barker 的低速平板碰撞冲击加载的应变率不会高于 10^5/s。但是,Asay 观测到斜波加载下铁的相变速率随时间呈线性增大(见式(7.66)),该变化趋势与 Duvall 近似模型中假定的冲击加载下的相变速率随时间减小的变化趋势(见式(7.64))不同,两者恰好相反。

Asay 的实验同样证明了:在斜波加载下铁的 α-ε 相变实验中,若样品太厚(厚度为厘米量级)时,斜波从加载面到自由面的传播时间将长达数微秒,非平衡相变的亚稳态松弛过程早已结束,采用太厚的样品进行实验将不能观察到非平衡相变的演化过程,只能观察到平衡相变的双波结构;反之,若样品太薄,由于材料中相变动力学过程的弛豫时间比应力波在样品中的传播时间还长,材料仍处于初始亚稳态相,尤其是在磁驱动的斜波加载的情况下,其峰值压力后方紧随着卸载波(图 7.30(b)),因而也不能观测到 α-ε 相变的发生。例如在 Asay 的实验中,峰值应力为 30GPa 的斜波的上升前沿仅 300ns,如果样品的厚度小于 400μm,尽管该斜波传播到 400μm 处的时间 122ns 已经大于斜波的上升时间 ,但仍不能观察到 α-ε 相变的双波结构。因此,只有使用厚度适当的样品进行实

验，才能观测到非平衡相变演化的信息。

7.7.6 发生固–固相变时冲击绝热线的对比法测量

若P1波的速度高于E波（弹性前驱波）的速度，则待测试样品中只存在单一冲击波。此时，发生固–固相变时样品中的P1波和P2波的传播情况及其在自由面（或“样品/窗口”界面）的反射如图7.31(a)所示。虽然能够准确测量到P1波的速度，但是P2波由于受到P1波从自由面反射的P1R波的影响如图7.31(b)所示，通过对比法实验不能准确测量到P2波的速度。即使能够测量自由面速度之类测试界面的运动速度历史，但是也只能得到P1波反射以后的界面速度u_{1R}，以及P2波穿过P1R波以后的透射波P2′R波从观测界面反射后的界面速度u'_{2R}，不能依靠粒子速度剖面上的第二个起跳位置得到P2波的原位波速u_2。因此，在对比法实验测量中（图7.31(b)）能够准确测量的物理量是标准材料的冲击波速度D_A和待测试材料的P1波的速度D_1。能够与标准材料中的入射冲击波状态(p_A,u_A)直接关联的是P2波从“基板/样品”界面反射后的压力p_2和粒子速度u_2（图7.31(a)），而不是P1波后的状态p_1及u_1。因此，发生冲击相变时需要根据阻抗匹配原理通过对比法从p-u图计算P2波后的粒子速度u_2。在完成冲击相变以前，只要待测试样的厚度适当，D_1将保持不变；但是u_2将随驱动冲击波压力的增大而增大。结果，在待测样品的D-u冲击绝热线上将会出现一个与冲击相变的两相共存区对应于的“平台区”：在该平台区D_1保持不变但u_2将不断增大，造成D-u线拐折。在图2.5中给出了发生固–固相变时D-u冲击绝热线的共同特征。

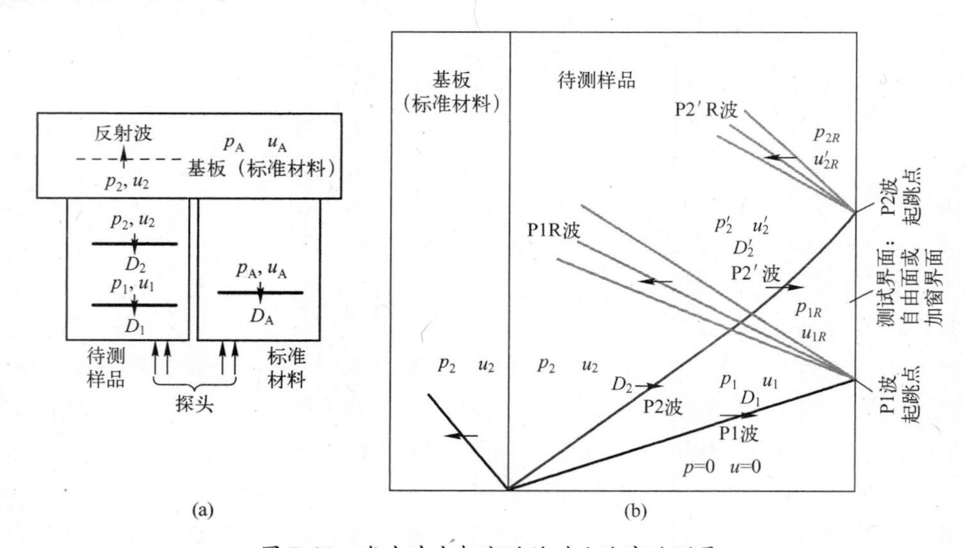

图7.31 发生冲击相变时的对比法实验测量

(a) 在对比法实验测量时标准材料中的冲击波速度及Hugoniot状态与待测材料之间的关系；
(b) P1波和P2波的传播及其从测试界面的反射对对比法实验测量的影响。

由此可知，在对比法的阻抗匹配计算中忽略了发生相变时冲击波的双波结构特征，相当于把从P1波阵面到P2波后的整个区域当作一个“黑匣子”：P1波是“黑匣子”的前界面，P2波是“黑匣子”的后界面。对比法实验的阻抗匹配计算忽略了冲击波的内部结构，冲击绝热线给出的Hugoniot状态也忽略了冲击波的内部结构，通过冲击波波阵面的运动速度与冲击波后的粒子速度描述冲击压缩终态的热力学状态量之间的关系，这一点与推导冲击波守恒方程时忽略冲击波内部的结构的做法是一致的。

图 7.32 是锆(Zr)发生冲击相变时的 $D-u$ 冲击绝热线[158]，两个平台区标志着锆经历了两次冲击相变，分别对应于从常压下的 α 相(hcp)结构转变为 ω 相(hex)结构以及从 ω 相转变为 β 相(bcc)结构。图中圆圈为俄罗斯科学家 Al′tshuler 的实验测量数据，实心方块为 LANL 科学家的实验数据。实线为 LANL 利用多相物态方程计算得到的 $D-u$ 冲击绝热线，与已知冲击波实验数据符合很好；虚线为假定相变为平衡相变时的冲击绝热线，显示了 α-Zr 的亚稳态冲击绝热线走向。

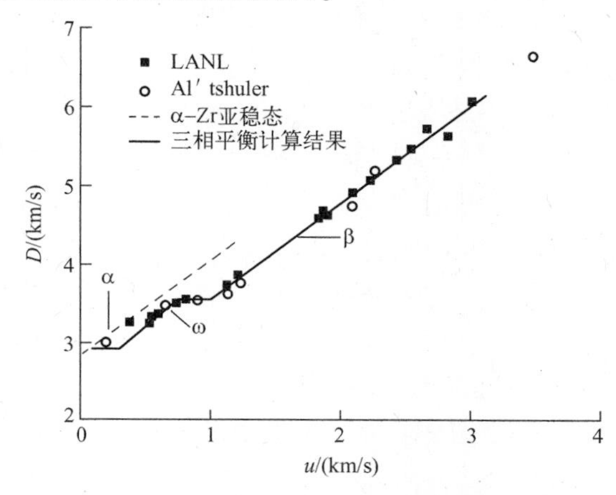

图 7.32　Zr 的冲击相变及多项物态方程计算的 $D-u$ 冲击绝热线[213]

(α 相—hcp 结构，ω 相—hex 结构，β 相—bcc 结构)

与冲击压缩技术一样，静高压加载技术在多形相变研究中得到了广泛应用。静高压实验给出的是准静态流体静水压条件下的平衡相变的热力学状态。从静高压实验测量得到在压力约 2GPa 时锆发生了 α-ω 相变，但是在冲击加载下在 2GPa 时不能观察 α-ω 相变，认为锆在 2GPa 时 α-ω 相变速率比较缓慢，因而在高应变率冲击加载下只能观测到 α-Zr 的亚稳态，如图 7.32 中的虚线所示。在冲击压缩下观察到锆发生 α-ω 相变的压力增加到约 10GPa，反映了相变的速率效应的影响。准等熵加载的应变率可控，介于准静态静高压加载和冲击压缩极端高应变率之间，是研究相变动力学的重要手段。

除高压加载能够引发相变，从高压状态卸载时也可发生逆相变。为了利用卸载剖面观察逆相变过程，必须避免由于飞片材料自身的弹-塑性卸载引起的双波结构对样品材料卸载时的相变波剖面的干扰。大多数材料从冲击压缩状态下卸载时都会发生弹-塑性卸载，尤其当压力较低时。c-切割单晶蓝宝石的 Hugoniot 弹性极限约高达 15GPa。以蓝宝石作飞片，在 15GPa 以下，冲击加载产生单一的弹性冲击波，可以避免弹-塑性双波的干扰；在弹性区卸载时，从蓝宝石飞片后界面仅形成单一的弹性卸载波，当该卸载波到达“蓝宝石/样品”界面时立即在样品中产生中心稀疏波，可以避免飞片材料自身的的弹-塑性卸载波对样品的干扰。类似地，在 4GPa 以下用熔石英作斜波发生器进行准等熵加载-卸载实验时，熔石英飞片击靶后在熔石英飞片中仅存在单纯的斜波(左行波)；卸载时从熔石英飞片的后界面产生的中心稀疏波很快演化为稀疏冲击波，当它到达“熔石英/待测样品”界面时将以中心稀疏波的形式对样品进行卸载，就像熔石英飞片根本不存在似的。

利用熔石英飞片斜波发生器进行 4GPa 以下的冲击相变-卸载逆相变能够有效避免飞片材料自身的弹-塑性的干扰。

7.8 δ-钚合金在低压冲击压缩下的渐变型冲击相变

1975 年,Minao Kamegai 在应用物理杂志(J. Applied Physics)[215]发表了以熔融石英飞片碰撞 δ-钚(Pu)合金样品使之发生固-固相变的研究结果,他研究的 δ-钚样品实际是一种添加了少量金属镓(Ga)的 δ-钚镓合金。Minao Kamegai 利用锰铜压力计测量 δ-钚镓合金在冲击加载和卸载时的应力剖面,获得了 δ-钚镓合金的冲击相变动力学信息。这是应用熔石英斜波发生器研究在低压冲击加载下金属固-固相变和卸载逆相变的一个典型例子。Minao Kamegai 认为,δ-钚镓合金在低压冲击压缩下的相变属于渐变型冲击相变,不能简单地用两步相变模型解释。他还提出了以自由能模型为基础的构建两相物态方程的一种方法,用以解释他观测到的相变现象。

在元素周期表的所有元素中,钚的固-固相变属于最复杂的相变现象之一[41]。表 7.4是纯钚在常压熔化前随温度升高发生相变生成的 6 种同素异构体的一些基本性质。由表可见,能够在常温、常压下稳定存在的是具有单斜结构的 α-钚,它的密度在钚的 6 种相结构中是最高的;而具有面心立方结构的 δ-钚是 6 种高温、常压结构中密度最低的。根据有关报道,纯 α-钚是一种类似于铸铁的脆性金属,而纯 δ-钚具有类似于纯铝的韧性和机械加工性能,常压下仅能在 310~452℃的高温下稳定存在。Minao Kamegai 指出,掺加少量镓等金属元素形成的钚镓合金能够以 δ-相的 fcc 结构形态在常温、常压下稳定存在[215]。据此可推测,Minao Kamegai 报道的 δ-钚的相变实际上是掺杂少量镓形成的δ-钚镓合金的相变,但他没有说明掺杂的镓的具体含量。

表 7.4 纯钚在常压下的同素异构体

相　态	相 结 构	相变温度/℃	密度/(g/cm^3)
α	单斜	<115	19.8
β	体心单斜	115~200	17.7
γ	面心斜方	200~310	17.1
δ	面心立方	310~452	15.9
δ′	体心四方	452~480	16.0
ε	体心立方	480~641	16.5

本节将根据 Minao Kamegai 在文献[215]中报道的实验结果,首先对这种渐变型相变现象进行分析,然后对他提出的构建两相物态方程的基本思想进行讨论和剖析。

7.8.1 δ-钚合金的低压冲击相变实验及分析

Minao Kamegai[215]用厚度 6.01mm、速度 0.26mm/μs 的熔融石英飞片碰撞 δ-钚镓合金,用夹在厚度分别为 1.5mm、5.04mm 两块 δ-钚镓合金中间的极薄(厚度为 0.0254mm)

的锰铜计测量熔石英飞片击靶后钚样品中的原位应力历史。实验装置如图 7.33 左上角的小插图所示。

低速熔石英飞片击靶后，在钚样品中传入低压右行冲击波，与此同时向熔石英飞片中反射左行斜波；锰铜计测量的 δ-钚镓合金的冲击加载-卸载应力数据点勾画出的应力波剖面在图 7.33 中以点虚线表示。加载-卸载过程持续了约 4μs，最高峰值应力稍低于 2GPa。在冲击加载和卸载应力剖面上出现的台阶状结构表明，在加载和卸载过程中都有两个速度不同的应力波依次通过锰铜计。

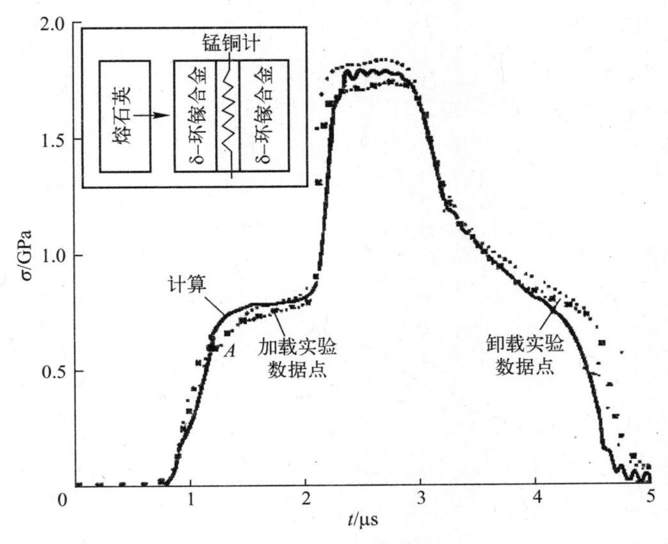

图 7.33　用锰铜计测量的 δ-钚镓合金低压相变的冲击加载-卸载应力剖面（点虚线）与渐变型相变动力学模型的计算结果（实线）的比较[215]

注：小插图为实验装置示意图。

作为斜波发生器，熔石英飞片击靶后在 δ-钚镓合金中产生的是冲击波，而在熔石英飞片中的反射波则是斜波而不是具有弹-塑性波双波结构的冲击波，排除了飞片材料自身的弹-塑性对 δ-钚镓合金中的应力剖面的影响；卸载时，来自熔石英飞片后界面的卸载波在熔石英中迅速形成稀疏冲击波。当稀疏冲击波到达“熔石英/钚样品”碰撞界面时，将以中心稀疏波的形式在 δ-钚镓样品中传播，就好像熔石英飞片根本不存在似的。这也排除了卸载时飞片自身的弹-塑性对 δ-钚镓合金的卸载波剖面结构的影响。因此，在加载和卸载应力剖面上出现的台阶形拐折是 δ-钚镓合金自身发生冲击相变和卸载逆相变的标志。从图 7.33 的应力剖面来看，加载剖面上在 $0.8\mu s<t<1\mu s$ 的时间区间内、应力约 0.1GPa 附近实验数据点呈现的拐折应该是 δ-钚镓合金在冲击压缩下发生弹-塑性屈服的标致。

根据图 7.33 的结果，加载应力波剖面上 A 点的相变压力 $p_A \approx 0.6$GPa。Minao Kamegai[215]在分析了图 7.33 中 δ-钚镓合金的相变剖面以后指出，δ-钚镓合金相变双波结构与两步相变模型的双波结构不同：在 A 点以下 δ-钚镓合金相变就已经发生，应力剖面（点虚线）逐渐上升显示了相变速率随加载应力逐渐增加；加载应力到达 A 点时形成显著双波结构，相变迅速完成。他认为，δ-钚镓合金的相变属于渐变型相变。

为了详细观察δ-钚镓合金相变时的应力剖面特征，Minao Kamegai 用δ-钚镓合金飞片反向碰撞 x-切石英应力计，测量“钚飞片/石英计”界面上的应力剖面。该实验装置和典型测量结果如图7.34所示。δ-钚飞片的厚度为3mm，碰撞速度为0.2mm/μs。x-切割石英计的厚度为6.4mm，石英计的响应时间为0.5ns。如果δ-钚镓合金中的相变属于两步相变模型，则根据7.7.2节的分析，在“钚飞片/石英计”碰撞界面上的应力将首先迅速上升到δ-钚镓合金的低压相冲击绝热线延长线上的某个亚稳态（压力点 σ_{Dr}），然后随着碰撞产生的左行冲击波（P1波）在钚样品中的传播，该界面应力将逐渐衰减，最后衰减到平衡相变模型的相变起始压力 p_1。图7.34中的虚线为 Minao Kamegai 按照两步相变模型计算的“钚飞片/石英计”碰撞界面上的应力剖面；实线为用石英计实测的应力剖面；在实测应力剖面上没有出现两步相变模型所预测的应力衰减过程。

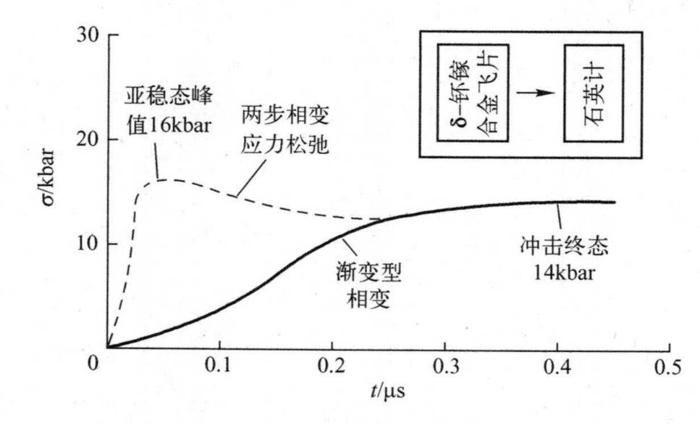

图7.34 用δ-钚镓合金飞片反碰石英计的实验测量结果[215]

注：石英计测得的碰撞界面上的应力历史如实线所示，应力剖面平缓上升；用两步相变模型计算的碰撞界面上的应力历史如虚线所示，在大约0.04μs处加载应力达到峰值16kbar。

需要指出，在 Minao Kamegai 实验中，碰撞界面上不可能观测到相变的双波结构，只能观测到图7.34所示的从亚稳态峰值应力连续地向冲击相变的终态应力的松弛历史。这一点其实并不难理解：在相变实验中之所以能够探测到双波结构，是因为相变形成了以不同速度运动的P1波和P2波；经过一定时间传播后，两者处于显著不同的空间位置，波后应力也显著不同；当它们依次通过某一拉氏观测位置时（放置探测器的某一界面观测位置），探测器将记录到P1波和P2波先后通过拉氏位置的应力突变历史，形成了台阶状波剖面结构。显然，如果传播距离很小（样品太薄），或两者的速度差（相变引起的应力变化或密度变化）太小，探测器将无法分辨出双波结构。在图7.34的情况下，用石英计记录的碰撞界面上的应力历史相当于样品厚度为零的极限情况，在该界面上亚稳态应力松弛和材料相变过程是交叠在一起的，不会出现P1波和P2波经过一定传播距离后的分时图像，无法从时间历史上对这两种变化过程进行区分。因此，在碰撞界面上石英计记录的亚稳态应力松弛历史是从碰撞时刻的峰值应力到冲击相变 Hugoniot 终态的应力历史，即图7.34中的虚线，不会出现图7.33那样用安置在样品内部的、远离碰撞面的锰铜计测量的双波结构。

按照 Minao Kamegai 的两步相变模型的计算结果，“钚样品/石英计”碰撞界面上δ-钚镓合金的亚稳态峰值应力 $\sigma_{Dr}=1.6\text{GPa}$，然后逐渐向平衡相变的冲击终态松弛。实际测量的碰撞界面上的应力松弛过程如图7.34中的实线所示，没有出现两步相变模型预测的应力迅速上升到亚稳态尖峰、再从峰值逐步衰减的过程。实测碰撞界面上的应力(实线)连续上升、剖面平缓光滑,从常压连续变化到冲击相变的终态压力约为1.4GPa,表明该相变过程是逐渐进行的。石英计极快的时间响应(0.5ns)确保测量的应力剖面不会受到量计有限响应时间的影响。结合图7.33的锰铜计测量的应力剖面,Minao Kamega 提出了渐变型相变模型,解释δ-钚镓合金的冲击相变过程。Minao Kamegai 还在较宽的应力范围内用锰铜计对δ-钚镓合金的相变进行了多次实验测量,得到的加载-卸载应力剖面始终与图7.33一致。

7.8.2　δ-钚合金的渐变型相变动力学模型

具有fcc结构的纯δ-钚在常压时只能在310~452℃的高温下存在(表7.4),必须添加少量杂质(镓等金属)形成δ-钚镓合金后才能在室温、常压下稳定存在。因此,可以把常态下的δ-钚镓合金中的钚看作处于亚稳态的δ-钚,而掺入的镓等杂质金属原子好比是"钉扎"在δ-钚的fcc晶格结构中的钉子,它们阻碍了δ-相结构在常温、常压下的相转变。但当掺杂的δ-钚受到低应力冲击作用时,冲击压缩导致相结构失稳,使δ-钚合金突破这些"钉扎"点的阻碍发生相变。杂质原子所在的位置很可能成为相变的成核位置。因此,经掺杂的δ-钚的亚稳相状态在相变中的作用与α-铁在冲击加载下形成的亚稳态应力-应变状态(位于α-铁冲击绝热线的延长线)在相变中所起的作用不同:前者导致在*A*点(图7.33)压力以下相变就能够开始发生,但不会形成双波结构,而且由相结构失稳形成的高压相与初始低压相的自由能并不相等,因此*A*点以下δ-钚的相变并不处于热力学平衡状态。当加载应力达到相变压力点*A*时,两种相结构的自由能相等。因此,当加载应力高于*A*点时,高压相的自由能比具有fcc结构的δ-钚更低,冲击波迅速分裂形成双波结构,相变迅速完成。此时,Hugoniot终态处于热力学平衡态。

虽然Minao Kamegai在文献[215]中指出δ-钚在静高压加载下将转变为α-钚结构,但他没有说明δ-钚镓合金在经历渐变型冲击相变后的晶格结构属于何种类型。Minao Kamegai指出,δ-钚是一种高度可压缩固体,其体积模量达到280kbar,在冲击相变中的密度变化高达14%。由于δ-钚是所有相结构中密度最小的结构,高压相密度变大意味着冲击相变时瑞利线的斜率变得更小,因而P2相变波的速度变小。*A*点位置处相变冲击波速度迅速变小导致图7.33中实验测量的相变应力的平台区较宽,而平台区后应力剖面的陡峭上升应是相变迅速完成的标志。

渐变性相变模型和两步相变模型均属于非平衡相变。两步相变模型中非平衡相变的实质是驱动冲击波产生的亚稳态峰值应力的松弛,但应力松弛本身并没有导致相结构的改变,在应力松弛过程中材料依然处于初始相;从冲击亚稳态到Hugoniot终态的第二个冲击波才是最终导致相变的应力波;第二个冲击波后状态位于混合相区且处于相平衡态;亚稳态的应力松弛时间τ是度量相变快慢的重要参量。但是,在渐变型相变模型中,材料从一开始就处于亚稳相;亚稳相结构受冲击加载失稳使相变在*A*点以下就已经发生,但此时不会形成双波结构,混合相处于非平衡态;当加载压力达到并超过*A*点时,驱动冲击波分裂形成双波结构,相变迅即完成,此时所形成的混合相处于热力学平衡态。因此,从波剖面上看两者的主要区别在于相变起始压力*A*点以下的过程不同;达到相变压力*A*点以后,两种相变模型都存在双波结构剖面。

根据上述分析,结合图 7.34 的实验结果,Minao Kamegai 提出了一种描述 δ-钚镓合金的渐变型非平衡相变模型的方法。他将 A 点压力以下(图 7.33)高压相的摩尔质量分数 α 随时间 t 的变化速率表达为指数函数形式:

$$\frac{\mathrm{d}\alpha}{\mathrm{d}t}=a_0\exp[a_1(G_1-G_2)] \quad (p<p_A) \tag{7.68}$$

式中:下标"1"和"2"分别表示初始低压相和发生冲击相变后的高压相;G 为吉布斯自由能;a_0、a_1 为大于零的常数。

如果把相变看成某种化学反应,则式(7.68)类似于阿伦尼乌斯(Arrhenius)化学反应速率方程的某种变形,G_1-G_2 相当于发生化学反应(相变)需要克服的势能。

在 A 点压力以上,δ-钚的相变与两步相变模型类似,相变速率与两相自由能之差成正比:

$$\frac{\mathrm{d}\alpha}{\mathrm{d}t}=(G_1-G_2)/\phi_0 \quad (p>p_A) \tag{7.69}$$

式中:ϕ_0 为待定参数。

式(7.69)隐含假定了相变速率随时间线性增加。根据卸载时逆相变的应力变化,将逆相变的速率表达为

$$\frac{\mathrm{d}\alpha}{\mathrm{d}t}=b_0\exp[\mathrm{b}_1(G_2-G_1)] \tag{7.70}$$

图 7.33 中给出的虚线是 Minao Kamegai 根据渐变型相变模型计算的应力剖面。该计算同样需要低压相和高压相物态方程的知识。计算中需要用到熵、温度等热力学量,具体的计算方法参见文献[215]。

7.9 从冲击绝热线构建两相物态方程的一种方法

Minao Kamegai[215] 从混合相区两相物质自由能相等的热力学原理出发,假定两相物质均匀混合,混合相区两相的温度和压力相等,且两相粒子界面上不存在表面能,提出了利用实测的混合相区的 Hugoniot 数据将高压相与低压相进行解耦、构建两相物态方程的方法。构建两相物态方程是理论物态方程研究的前沿,如何构建两相物态方程已经超出了本书讨论的范围。以下是对 Minao Kamegai 方法的基本假定的讨论和剖析。

7.9.1 两相物态方程的一种基本形式

以混合相区的温度 T 和流体静水压强 p 为自变量,Minao Kamegai 将相 1 和相 2 的物态方程形式分别表达为

$$\frac{V_0-V_1}{V_1}=f_1(p)+F_1(p)(T-T_0) \tag{7.71}$$

$$\frac{V_0-V_2}{V_2}=f_2(p)+F_2(p)(T-T_0) \tag{7.72}$$

式中:下标"1"和"2"分别表示共存于混合相区的低压相和高压相;V_0 为相 1 的初始

比容。

式(7.71)和式(7.72)等号左边表示比容的相对变化,实际上是相1和相2的压缩度 η 的某种表达,即

$$\eta \equiv (V_0-V)/V=\rho/\rho_0-1 \tag{7.73}$$

式(7.71)和式(7.72)等号右边相当于把从始态 (p_0,V_0,T_0) 冲击到终态 (p,V,T) 的过程分解为等温变化和等压变化两步进行:首先使材料沿着 $T\equiv T_0$ 的等温线从初始状态 (p_0,V_0,T_0) 压缩到高压状态 (p,V',T_0),然后沿着等压线从状态 (p,V',T_0) 变化到位于混合相区的冲击压缩终态 (p,V,T)。因此,等号右边第一项 $f(p)$ 描述等温过程中压缩度 η 随压力 p 的变化,第二项 $F(p)(T-T_0)$ 描述等压过程中压缩度的变化。在材料沿着等压线从 (p,V',T_0) 进入混合相区的 (p,V,T) 的过程中,温度从 T_0 增加到 T,比容从 V' 变化到 V。沿着等压线压缩度的变化可用等压过程中的体胀系数 $\alpha(p,T)$ 描述:

$$\alpha(p,T)\equiv[(\partial V/\partial T)/V]_p$$

考虑金属材料在高压下的体胀系数与压力和温度的关系,因而在式(7.71)和式(7.72)中将沿着等压线压缩度的改变在形式上表达为 $\Delta\eta=F(p)\Delta T$ 的形式是恰当的,其中 $F(p)$ 为压力的函数。

如果从量纲分析的角度看式(7.71)和式(7.72),等号左边的变量 $\dfrac{V_0-V}{V}$ 是无量纲的,等号右边 $f(p)$ 也应是无量纲变量,因此应把压强表达为与某种参考压强之比,如取作 p 与 $\rho_0c_0^2$ 之比等;为了使 $F(p)(T-T_0)$ 具有无量纲形式,温度也应取作 T 与 T_0 之比。由于 $\rho_0c_0^2$ 及 T_0 均为常数,在式(7.71)和式(7.72)中实际上已把它们隐含在 $f(p)$ 和 $F(p)$ 的函数式中。

7.9.2 剪应力的贡献

式(7.71)和式(7.72)中的压力 p 是流体静水压强。对于弱冲击加载,在实验测量的轴向应力中,剪应力所占的份额相对较大。在低应力冲击加载下往往需要考虑材料强度的影响。流体静水压强 p 与 Hugoniot 压力 σ_H 及 von Mises 屈服强度 Y_0 和剪应力 τ 的关系表达为

$$p=\sigma_H-2Y_0/3=\sigma_H-4\tau/3 \tag{7.74}$$

7.9.3 内能方程的解耦

混合相区高压相和低压相的温度 T 及压力 p 相等,但混合相物质的比内能 E 和比容包含了低压相1的比内能 E^{I} 和高压相2的比内能 E^{II} 的共同贡献,需要对两者进行解耦。从始态 O 到混合相区的 Hugoniot 终态 M(图7.35)。比内能增加为

$$E-E_0=\frac{1}{2}p(V_0-V)=\frac{1}{2}pV\frac{V_0-V}{V}$$

式中:比内能 E 包含了相1的比内能 E^{I} 和相2的比内能 E^{II} 共同贡献。由于相1保持了初始相的结构。假定将它从始态直接加载到终态 (p,V_1),则相"1"的比内能 E^{I} 的变化为

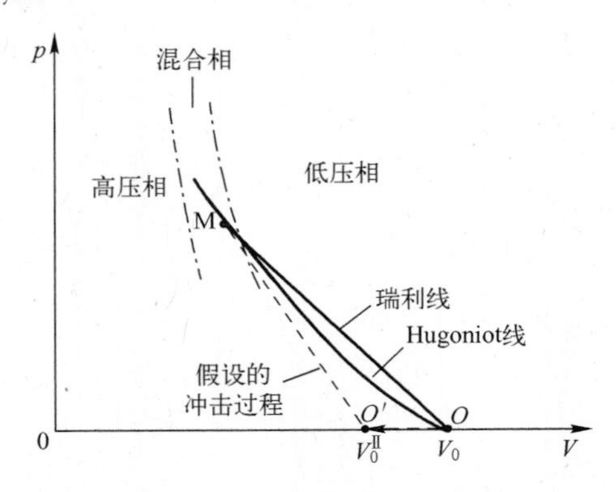

图 7.35 相变潜热的示意

$$E^{\mathrm{I}}-E_0=\frac{1}{2}p(V_0-V_1)=\frac{1}{2}pV_1\ \frac{V_0-V_1}{V_1}$$

另外,根据驱动冲击波的双波结构,假定始态压力 $p_0=0$,相 1 的比内能 E^{I} 的变化也可表达为

$$E^{\mathrm{I}}-E_0=\frac{1}{2}p_{\mathrm{tr}}(V_0-V_{\mathrm{tr}})+\frac{1}{2}(p+p_{\mathrm{tr}})(V_{\mathrm{tr}}-V_1)$$

式中:p_{tr}、V_{tr}分别为形成双波结构的相变起始点的压力和比容。

由此得到

$$p(V_0-V_1)=p_{\mathrm{tr}}(V_0-V_{\mathrm{tr}})+(p_{\mathrm{tr}}+p)(V_{\mathrm{tr}}-V_1) \tag{7.75}$$

只要已知混合相区的终态压力 p、相变压力 p_{tr}及比容 V_{tr},就可由式(7.75)解出混合相区对应于冲击压力 p 的 相 1 的比容 V_1,并利用式(7.71)计算压缩度:

$$\eta_1=(V_0-V_1)/V_1 \tag{7.76}$$

这样就得到了相 1 的压缩度 η_1 与冲击绝热线的流体静水压 p 的关系,$\eta_1=\eta_1(p)$。

为了将相 2 解耦,假定相 2 在常温、常压下的比容为 V_0^{II},设想其始态位于图 7.35 的零压等压线的 O'点,即 O'点的比容为 V_0^{II}。将它从 O'点加载到混合相区的 M 点压力状态,相 2 的比内能从 O'点的初始比内能 E_0^{II} 增加到 E^{II},即

$$E^{\mathrm{II}}-E_0^{\mathrm{II}}=\frac{1}{2}p(V_0^{\mathrm{II}}-V_2)$$

另外,如果忽略图 7.33 中 A 点压力以下的非平衡相变对内能的贡献,根据相 2 经历的相变路径,则从始态到终态相 2 的比内能增加为

$$E^{\mathrm{II}}-E_0=\frac{1}{2}p_{\mathrm{tr}}(V_0-V_{\mathrm{tr}})+\frac{1}{2}(p+p_{\mathrm{tr}})(V_{\mathrm{tr}}-V_2)$$

相 2 经历的两种过程的比内能差为

$$\Delta E^{\mathrm{II}}=\frac{1}{2}p_{\mathrm{tr}}(V_0-V_{\mathrm{tr}})+\frac{1}{2}(p_{\mathrm{tr}}+p)(V_{\mathrm{tr}}-V_2)-\frac{1}{2}p(V_0^{\mathrm{II}}-V_2) \tag{7.77}$$

而这一差值应等于相 1 从 O 点沿着零压等压线到达 O'并转变为相 2 的相变潜热 L:

$$L=\frac{1}{2}p_{\mathrm{tr}}(V_0-V_{\mathrm{tr}})+\frac{1}{2}(p_{\mathrm{tr}}+p)(V_{\mathrm{tr}}-V_2)-\frac{1}{2}p(V_0^{\mathrm{II}}-V_2) \tag{7.78}$$

一旦从实验测量确定了 p_{tr}、V_{tr},且 V_0^{II} 及零压相变热 L 为已知,从式(7.78)能够得到

对应于混合相区冲击终态压力 p 的比容 V_2；结合式(7.72)可以得到与冲击压力 p 对应的相 2 的压缩度，即

$$\eta_2=(V_0-V_2)/V_2 \tag{7.79}$$

由式

$$\frac{V_0^{\mathrm{II}}-V_2}{V_2}\equiv\left(\frac{V_0-V_2}{V_2}-\frac{V_0-V_0^{\mathrm{II}}}{V_0^{\mathrm{II}}}\right)\frac{V_0^{\mathrm{II}}}{V_0} \tag{7.80}$$

将可以从式(7.79)计算的$(V_0-V_2)/V_2$ 换成以 V_0^{II} 为始态的相 2 的关系，$\eta_2=\eta_2(p)$。

至此，已经利用实验测量的冲击绝热线和相变数据，将两相完全解耦，给出了两相在冲击压缩下的压缩度随冲击压力变化的流体静水压线 $\eta_i=\eta_i(p)$ $(i=1,2)$ 关系，但需要已知相变的压力 p_{tr}、比容 V_{tr}以及高压相的零压比容 V_0^{II} 等数据。

7.9.4　沿着冲击绝热线的温度

在混合相区，两共存相的温度 T 及压力 p 相等。

首先，给出在 Gruneisen 物态方程框架下以比容 V 和温度 T 为变量的内能 $E=E(T,V)$ 的微分表达式。根据以熵 S 和比容 V 为变量的热力学第二定律，可得

$$\mathrm{d}E(S,V)=\left(\frac{\partial E}{\partial S}\right)_V\mathrm{d}S+\left(\frac{\partial E}{\partial V}\right)_S\mathrm{d}V=T\mathrm{d}S-p\mathrm{d}V$$

若将熵 S 表达为温度和比容的函数 $S=S(T,V)$，即

$$\mathrm{d}S(T,V)=\left(\frac{\partial S}{\partial T}\right)_V\mathrm{d}T+\left(\frac{\partial S}{\partial V}\right)_T\mathrm{d}V$$

则内能方程 $E=E(T,V)$ 的全微分表达式为

$$\begin{aligned}\mathrm{d}E(T,V)&=\left(\frac{\partial E}{\partial T}\right)_V\mathrm{d}T+\left(\frac{\partial E}{\partial V}\right)_T\mathrm{d}V\\&=\left(\frac{\partial E}{\partial S}\right)_V\left[\left(\frac{\partial S}{\partial T}\right)_V\mathrm{d}T+\left(\frac{\partial S}{\partial V}\right)_T\mathrm{d}V\right]+\left(\frac{\partial E}{\partial V}\right)_T\mathrm{d}V\\&=T\left(\frac{\partial S}{\partial T}\right)_V\mathrm{d}T+\left[T\left(\frac{\partial S}{\partial V}\right)_T-p\right]\mathrm{d}V\end{aligned}$$

结合比定容热容的定义

$$c_V\equiv\left(\frac{\partial E}{\partial T}\right)_V=T\frac{\partial S}{\partial T}$$

得到内能方程 $E=E(T,V)$ 的全微分表达式为

$$\mathrm{d}E(T,V)=c_V\mathrm{d}T+\left[-p+T\left(\frac{\partial p}{\partial T}\right)_V\right]\mathrm{d}V \tag{7.81}$$

最后一步计算利用了麦克斯韦关系

$$\left(\frac{\partial S}{\partial V}\right)_T=\left(\frac{\partial p}{\partial T}\right)_V$$

假定 Gruneisen 系数 γ 仅与比容有关，根据 Gruneisen 物态方程，得到

$$\left(\frac{\partial p}{\partial T}\right)_V=\frac{\gamma}{V}\left(\frac{\partial E}{\partial T}\right)_V=\frac{\gamma}{V}C_V$$

将上式代入式(7.81)中得到

$$dE(T,V)=c_V dT+\left(-p+\frac{\gamma}{V}c_V T\right)dV \tag{7.82}$$

将式(7.82)与式(1.11)联立可得

$$\left(c_V dT+\frac{\gamma}{V}c_V T dV-p dV\right)_H=\frac{1}{2}[(V_0-V)dp-p dV]_H$$

式中:下标"H"表示计算沿着冲击绝热线进行。

因此,沿着冲击绝热线的温度方程为

$$\left(\frac{dT}{dV}+\frac{\gamma}{V}T\right)_H=\frac{1}{c_V}\left(\frac{p}{2}+\frac{V_0-V}{2}\frac{dp}{dV}\right)_H \tag{7.83}$$

假定 Gruneisen 系数与比容的关系为已知,而式(7.83)等号右边沿着 Hugoniot 的各量均已知,因此式(7.83)是一个关于温度 T 的一阶非齐次线性常系数微分方程,可以用常数变易法求解,也可以进行数值求解。略去下标,利用定义 $\zeta\equiv(V_0-V_\zeta)/V_0$,计算是沿着 Hugoniot 线进行的,将式(7.83)改写,得到沿着 Hugoniot 线的温度:

$$\frac{dT}{dV}+\frac{\gamma}{V}T=\frac{1}{c_V}\left(\frac{p}{2}+\frac{V_0}{2}\frac{\zeta}{1+\zeta}\frac{dp}{dV}\right) \tag{7.84}$$

需要指出,式(7.84)是从一般的热力学方程推导出的,对冲击绝热线具有普适性。在已知两相共存的混合相区的 $p-V$ 冲击绝热线情况下,可以利用式(7.84)计算混合相区的冲击温度;在发生冲击熔化时,式(7.84)为计算高压熔化线提供了不同于在第3章中论述的以等熵线为参考线的另一种冲击温度的计算方法。

在将式(7.84)应用于两相共存区的温度计算时,虽然在共存相区中两相的温度 T 及压力 p 相同,但沿着两相物质各自的冲击绝热线,两者的 dT/dV、γ/V、dp/dV 等不一定相同,它们各自的温度需要根据

$$\frac{dT}{dV_1}+\left(\frac{\gamma}{V}\right)_1 T=\left[\frac{1}{c_V}\left(\frac{p}{2}+\frac{V_0-V}{2}\frac{dp}{dV}\right)\right]\Bigg|_1 \tag{7.85a}$$

$$\frac{dT}{dV_2}+\left(\frac{\gamma}{V}\right)_2 T=\left[\frac{1}{c_V}\left(\frac{p}{2}+\frac{V_0-V}{2}\frac{dp}{dV}\right)\right]\Bigg|_2 \tag{7.85b}$$

分别进行计算。

7.9.5 两相物态方程的确定

为简化起见,略去式(7.71)和式(7.72)中符号的下标,将它们统一标记为

$$\eta=\frac{V_0-V}{V}=f(p)+F(p)(T-T_0) \tag{7.86}$$

确定两相物态方程也就是分别确定低压相和高压相的 $f(p)$ 及 $F(p)$。$f(p)$ 及 $F(p)$ 仅与压力有关,为此,利用实验测量的 Hugoniot 数据首先计算 $F(p)$,然后计算 $f(p)$。

1. 计算 $F(p)$

由式(7.86)对温度求偏导数:

$$F(p)=\left(\frac{\partial\eta}{\partial T}\right)_p=\left(\frac{\partial\eta}{\partial V}\right)_p\Big/\left(\frac{\partial T}{\partial V}\right)_p \tag{7.87}$$

显然

$$\frac{\partial \eta}{\partial V}=-\frac{V_0}{V^2}=-\rho_0(1+\eta)^2 \tag{7.88}$$

为了从实验测量的冲击绝热线数据计算$\left(\frac{\partial T}{\partial V}\right)_p$,利用热力学恒等式

$$\left(\frac{\partial T}{\partial V}\right)_p\left(\frac{\partial p}{\partial T}\right)_V\left(\frac{\partial V}{\partial p}\right)_T\equiv -1$$

得到

$$\left(\frac{\partial T}{\partial V}\right)_p=-\left(\frac{\partial p}{\partial V}\right)_T\Big/\left(\frac{\partial p}{\partial T}\right)_V \tag{7.89}$$

由 Gruneisen 物态方程直接对 T 求偏导数得到

$$\left(\frac{\partial p}{\partial T}\right)_V=\frac{\gamma}{V}\left(\frac{\partial E}{\partial T}\right)_V=\frac{\gamma}{V}c_V \tag{7.90}$$

因此,式(7.89)变为

$$\left(\frac{\partial T}{\partial V}\right)_p=-\left(\frac{\partial p}{\partial V}\right)_T\Big/\left(\frac{\gamma}{V}c_V\right) \tag{7.91}$$

为了得到$\left(\frac{\partial p}{\partial V}\right)_T$与 Hugoniot 数据的关系,将压力方程 $p=p(V,T)$ 中的温度表达为 $T=T(V,E)$ 的形式,则压力方程变为 $p=p(V,E)$ 的形式,因此

$$\mathrm{d}p(V,E)\equiv\left(\frac{\partial p}{\partial V}\right)_E\mathrm{d}V+\left(\frac{\partial p}{\partial E}\right)_V\mathrm{d}E \tag{7.92}$$

$$\mathrm{d}p(V,T)\equiv\left(\frac{\partial p}{\partial V}\right)_T\mathrm{d}V+\left(\frac{\partial p}{\partial T}\right)_V\mathrm{d}T \tag{7.93}$$

$$\mathrm{d}T(V,E)\equiv\left(\frac{\partial T}{\partial V}\right)_E\mathrm{d}V+\left(\frac{\partial p}{\partial E}\right)_V\mathrm{d}E \tag{7.94}$$

将式(7.94)代入式(7.93)可得

$$\begin{aligned}\mathrm{d}p&=\left(\frac{\partial p}{\partial V}\right)_T\mathrm{d}V+\left(\frac{\partial p}{\partial T}\right)_V\left[\left(\frac{\partial T}{\partial V}\right)_E\mathrm{d}V+\left(\frac{\partial T}{\partial E}\right)_V\mathrm{d}E\right]\\&=\left[\left(\frac{\partial p}{\partial V}\right)_T+\left(\frac{\partial p}{\partial T}\right)_V\left(\frac{\partial T}{\partial V}\right)_E\right]\mathrm{d}V+\left(\frac{\partial p}{\partial E}\right)_V\mathrm{d}E\end{aligned} \tag{7.95}$$

比较式(7.95)与式(7.92),得到

$$\left(\frac{\partial p}{\partial V}\right)_E=\left(\frac{\partial p}{\partial V}\right)_T+\left(\frac{\partial p}{\partial T}\right)_V\left(\frac{\partial T}{\partial V}\right)_E \tag{7.96a}$$

即

$$\left(\frac{\partial p}{\partial V}\right)_T=\left(\frac{\partial p}{\partial V}\right)_E-\left(\frac{\partial p}{\partial T}\right)_V\left(\frac{\partial T}{\partial V}\right)_E \tag{7.96b}$$

利用$\left(\frac{\partial p}{\partial T}\right)_V=\frac{\gamma}{V}\left(\frac{\partial E}{\partial T}\right)_V$,进一步将式(7.96b)表达为

$$\left(\frac{\partial p}{\partial V}\right)_T=\left(\frac{\partial p}{\partial V}\right)_E-\frac{\gamma}{V}\left(\frac{\partial T}{\partial V}\right)_E\left(\frac{\partial E}{\partial T}\right)_V$$
$$=\left(\frac{\partial p}{\partial V}\right)_E+\frac{\gamma}{V}\left(\frac{\partial E}{\partial V}\right)_T \tag{7.96c}$$

按照式(7.82),沿着冲击绝热线有

$$\left(\frac{\partial E}{\partial V}\right)_T=-p+\frac{\gamma}{V}c_V T$$

因此

$$\left(\frac{\partial p}{\partial V}\right)_T=\left(\frac{\partial p}{\partial V}\right)_E+\frac{\gamma}{V}\left(-p+\frac{\gamma}{V}c_V T\right) \tag{7.97}$$

联立式(7.97)与式(7.90)得到

$$\left(\frac{\partial T}{\partial V}\right)_p=-\left(\frac{\partial p}{\partial V}\right)_T\Big/\left(\frac{\gamma}{V}c_V\right)$$
$$=-\left[\left(\frac{\partial p}{\partial V}\right)_E+\frac{\gamma}{V}\left(-p+\frac{\gamma}{V}c_V T\right)\right]\Big/\left(\frac{\gamma}{V}c_V\right) \tag{7.98}$$
$$=-\frac{V\left(\frac{\partial p}{\partial V}\right)_E}{\gamma c_V}+\frac{p}{c_V}-\frac{\gamma}{V}c_V T$$

根据式(7.86)给出的 η 的定义,得到

$$\left(\frac{\partial p}{\partial V}\right)_E\equiv\left(\frac{\partial p}{\partial \eta}\right)_E\left(\frac{\mathrm{d}\eta}{\mathrm{d}V}\right)_E=-\rho_0(1+\eta)^2\left(\frac{\partial p}{\partial \eta}\right)_E \tag{7.99}$$

$$\frac{1}{V}=\rho_0(1+\eta) \tag{7.100}$$

将式(7.99)和式(7.100)代入式(7.98),得到

$$\left(\frac{\partial T}{\partial V}\right)_p=\frac{(1+\eta)\left(\frac{\partial p}{\partial \eta}\right)_E}{\gamma c_V}+\frac{p}{c_V}-\rho_0(1+\eta)\gamma c_V T \tag{7.101}$$

联立式(7.101)和式(7.87)得到

$$F(p)=\left(\frac{\partial \eta}{\partial V}\right)_p\Big/\left(\frac{\partial T}{\partial V}\right)_p$$
$$=-\rho_0(1+\eta)^2\left[\frac{(1+\eta)\left(\frac{\partial p}{\partial \eta}\right)_E}{\gamma c_V}+\frac{p}{c_V}-\rho_0(1+\eta)\gamma c_V T\right]^{-1} \tag{7.102}$$

或

$$F^{-1}(p)=-\left[\left(\frac{\partial p}{\partial \eta}\right)_E\cdot\frac{1}{\rho_0(1+\eta)\gamma c_V}+\frac{p}{\rho_0(1+\eta)^2 c_V}-\frac{\gamma c_V T}{(1+\eta)}\right]$$
$$=-\frac{1}{\rho_0(1+\eta)\gamma c_V}\left[\left(\frac{\partial p}{\partial \eta}\right)_E+\frac{\gamma p}{(1+\eta)}-\rho_0(\gamma c_V)^2 T\right] \tag{7.103}$$

至此,得到了在 Gruneisen 物态方程框架内 $F(p)$ 的表达式,式中各参量均可由实验

测量的 Hugoniot 数据(p,η)计算。在式(7.103)出现了温度 T,这似乎与 F 仅与压力 p 相关的初始假定相矛盾。实际上与冲击压力 p 对应的冲击温度 T 不是独立的,$T\equiv T(p)|_H$。将式(7.103)表达为

$$F^{-1}(p)=-\frac{1}{\rho_0(1+\eta)\gamma c_V}\left[\left(\frac{\partial p}{\partial \eta}\right)_E+\frac{\gamma p}{(1+\eta)}-\rho_0(\gamma c_V)^2T(p)\right] \tag{7.104}$$

式中:$T(p)$由式(7.84)给出。

将式(7.104)用于冲击压缩的 Hugoniot 数据计算时,由于 Hugoniot 状态下的热力学函数的是单参量函数,Hugoniot 状态下的偏微分实际上是单变量函数的全微分。因此$\left(\frac{\partial p}{\partial V}\right)_E\equiv\left(\frac{\mathrm{d}p}{\mathrm{d}V}\right)_E$。由 Rankin-Hugoniot 能量方程得到

$$\frac{\mathrm{d}E}{\mathrm{d}V}=\frac{1}{2}(V_0-V)\frac{\mathrm{d}p}{\mathrm{d}V}-\frac{1}{2}p \tag{7.105}$$

当内能保持为定值时,得到式(7.99)中的$\left(\frac{\partial p}{\partial V}\right)_E$及式(7.104)中的$\left(\frac{\partial p}{\partial \eta}\right)_E$分别为

$$\left(\frac{\partial p}{\partial V}\right)_E=\frac{p}{V_0-V}=\frac{(1+\eta)p\rho_0}{\eta} \tag{7.106}$$

$$\left(\frac{\partial p}{\partial \eta}\right)_E=-\frac{p}{\eta(1+\eta)} \tag{7.107}$$

在此需要指出,文献[215]给出的 $F(p)$表达式与式(7.104)不同,而是如下式所示:

$$F=-\frac{\gamma c_V}{\left(\frac{\partial p}{\partial \eta}\right)_E+\frac{\gamma p}{\rho_0(1+\eta)^2}} \tag{7.108}$$

显然,式(7.108)中的分母第一项$\left(\frac{\partial p}{\partial \eta}\right)_E$具有与压强相同的量纲,但$\frac{\gamma p}{\rho_0(1+\eta)^2}$的量纲显然与压强的量纲不同,而两个量纲不同的物理量是不能相加的。因此,文献[215]给出的 $F(p)$表达式(7.108)有误。

2. 计算 $f(p)$

求得 $F(p)$后,利用 7.9.3 节计算得到的 $\eta=(V_0-V)/V$,以及 7.9.3 节计算的温度 T 计算 $f(p)$。因此得到

$$f(p)=\eta-F(T-T_0) \tag{7.109}$$

至此,原则上能够以冲击绝热线和 Gruneisen 物态方程为基础,加上适当的基础物性数据,计算得到 η、$F(p)$、$f(p)$三者之间的对应关系,建立具有形如式(7.86)两相物态方程。

7.10　关于金属的再凝固相变

本节讨论的再凝固相变是指已经发生冲击熔化的金属在后继应力波的作用下发生凝固相变的现象。一般情况下,由于在 $p-T$ 平面上位于液相区的等熵卸载线的斜率比熔化线(固-液相线)的斜率小,从液相区卸载时卸载线与高压熔化线不会相交,已经处于冲击熔化状态的金属在卸载过程中不会发生再凝固相变。但是有少数具有反常熔化性质

的金属，如钚和铋等，在低压下熔化温度反而随压力升高而降低。只要动力学条件合适，从液相区的卸载线有可能与固-液相线相交（图 7.36），引发再凝固相变。此外，如果在冲击波后紧跟着一个应变率适当、持续时间足够长的斜波，从液相区冲击绝热线上出发的准等熵压缩线也可能与金属的高压熔化线相交，甚至可以使材料经再凝固相变重新进入固相区。利用冲击压缩-准等熵压缩引发的再凝固相变现象可以克服第 4 章中提出的从冲击-卸载熔化实验中测量的熔化温度对应的阻抗匹配压力远低于样品中的初始冲击加载压力的缺点，为测量较高压力下的熔化温度提供了可能性，也为研究某些特殊动力学过程中可能存在的复杂液-固相变问题提供支撑。

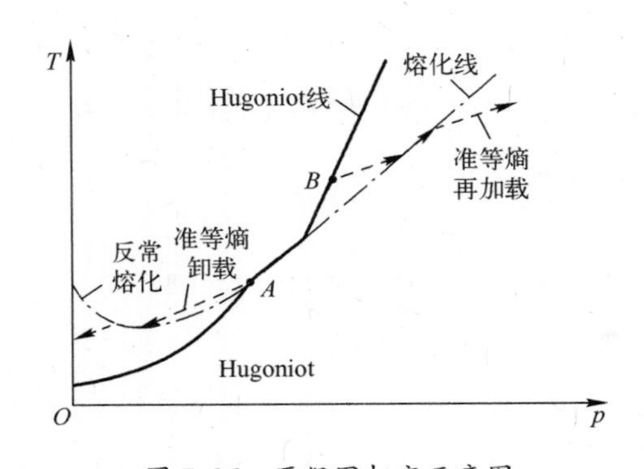

图 7.36　再凝固相变示意图

注：从 A 点出发的卸载线与反常熔化线相交，导致再凝固相变；从位于液相区的冲击绝热线上 B 点发出的准等熵压缩线与熔化线相交，引发再凝固相变。

Nguyen[216,217] 等首先报道了常压下已经处于熔融状态的金属铋在阻抗梯度飞片产生的斜波加载下的再凝固现象。他们用了三种实验样品布局，如图 7.37 所示。图 7.37(a) 中的固体铜台阶样品装置或熔融铋台阶样品装置分别用于斜波加载下的粒子速度剖面测量，以获取两者的声速。由于铜样品不发生相变，利用反向积分法可以从实测的铜台阶样品的斜波加载粒子速度剖面计算进入铜基板中的准等熵压缩波的原位应力、粒子速度剖面及声速等，用于校验反向积分计算程序；利用校验后的计算程序可以计算熔融铋台阶样品在斜波加载下的粒子速度剖面、应力及声速，再将计算结果与实验测量的粒子速度剖面进行比较，进一步检验计算程序的适用性；第三种样品布局用于在同一斜波加载下同时对熔融铋和固体铜的“样品/窗口”界面速度剖面进行测量，通过比较两种速度剖面的特点，结合校验过的计算程序，确定熔融铋发生再凝固相变的位置。实验的具体参数：熔融铋样品台阶厚度为 0.87mm，固体铜样品台阶厚度为 1.75mm，阻抗梯度度飞片速度为 1.3km/s。该实验需要使用熔融金属斜波实验的高温靶装置及相关实验加载和诊断技术，相比于第 6 章中讨论的固态台阶样品实验要困难一些。

Nguyen 等在同一发实验中测量的熔融铋与固体铜样品的粒子速度剖面如图 7.38 所示。

在“Cu/LiF”界面，粒子速度剖面的第一个平台是由梯度飞片击靶产生的初始冲击波在“铜样品/窗口”界面上反射造成的，速度平台的幅度与梯度飞片低阻抗端的阻抗有关；紧随于该速度平台后方的连续上升的粒子速度剖面是铜样品中的斜波加载，不太光滑的

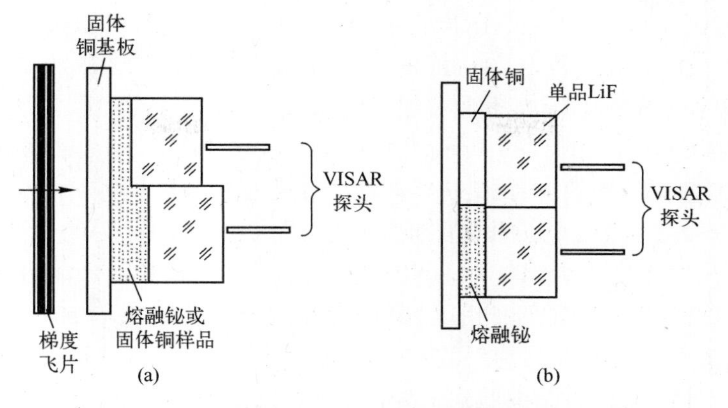

图 7.37 斜波加载下熔融铋的再凝固相变实验测量装置

(a) 分别用于测量斜波加载下熔融铋和固体铜的声速的台阶样品装置;(b) 在同一发实验中同时测量固体铜和熔融铋样品在斜波加载下的"样品/窗口"界面粒子速度历史的实验装置。

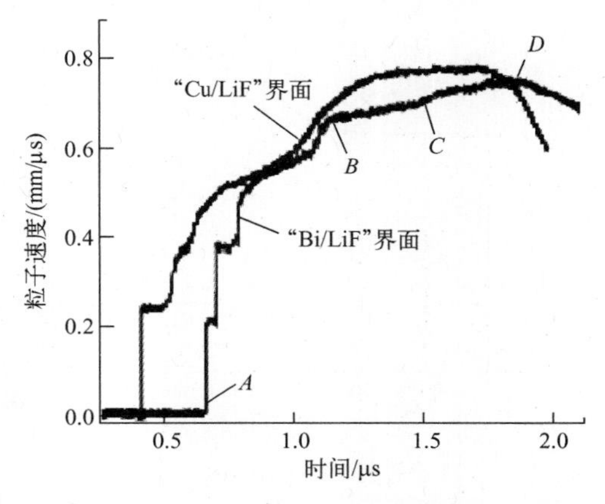

图 7.38 在同一斜波加载下,熔融铋与固体铜的粒子速度剖面的比较

波剖面反映了 LLNL 的薄带铸造技术的早期制造水平,也可能包含了从"铜样品/窗口"界面上反射的左行波与梯度飞片的相互作用。在"Bi/LiF"界面,粒子速度剖面上的第一个平台的幅度比铜样品的稍低些,因为铋的阻抗比铜稍低些,初始冲击压力也比铜低,尽管两者差异不是十分显著;第二个速度平台的形成可能是由铋中的冲击波在 LiF 窗口与铜基板之间的往返反射造成的,其后方的粒子速度连续上升反映了斜波对熔融铋的加载作用,也包含了斜波在 LiF 窗口与铜基板之间复杂反射波的影响。

Nguyen 等根据实测粒子速度剖面并结合理论计算,认为图 7.38 中的 A 点为梯度飞片击靶后的初始冲击波进入熔融铋的时刻,熔融铋在斜波加载下发生再凝固相变的起始位置位于图中 B 点,完成再凝固相变的位置在 C 点。因此曲线 BC 位于混合相区,通过同时测量温度可以确定较高压力下的液-固相变的温度;曲线 CD 位于固相区。从 D 点开始粒子速度出现下降,表明来自梯度飞片后界面追赶稀疏波已经到达"样品/窗口"观测界面。显然,这种实验装置设计过于复杂,梯度飞片、铜靶板及熔融铋之间的波系作用过于复杂,影响对实验测量数据的解读。

SNL[212]报道了用 Z 机器的磁驱动斜波加载技术在锡样品中产生冲击压缩-准等熵斜波再加载方法研究锡的再凝固相变取得的成果。他们首先使 Z 机器的负载面板(飞片)加速并碰撞锡样品,再对受冲击压缩的锡样品通过磁驱动斜波加载进行准等熵压缩。采用厚度分别为0.992mm和1.200mm的两块锡样品,观测冲击波-准等熵斜波在“Sn/LiF窗口”界面的粒子速度历史,获得受冲击锡样品在准等熵再加载波压缩下的响应特性。实测粒子速度剖面如图7.39所示。由于入射冲击波到达“Sn/LiF窗口”界面时受到阻抗较低的LiF窗口的卸载,根据两块实测粒子速度平台的时间差可以计算入射冲击波的原位Hugoniot状态:得到入射冲击波速度为(5.22±0.02)km/s,锡的冲击压力为(65.1±1.9)GPa,冲击压缩下密度为(10.84±0.04)g/cm^3,受冲击锡位于液相区,且受到LiF窗口的卸载后锡样品依然停留在液相区,窗口的卸载并不会引发锡的再凝固相变。SNL根据实验测量的双台阶锡样品的斜波粒子速度剖面,计算了锡在斜波加载下的声速变化,再用反向积分计算它的原位状态。结果表明,熔融锡在斜波加载下的确发生了再凝固相变。

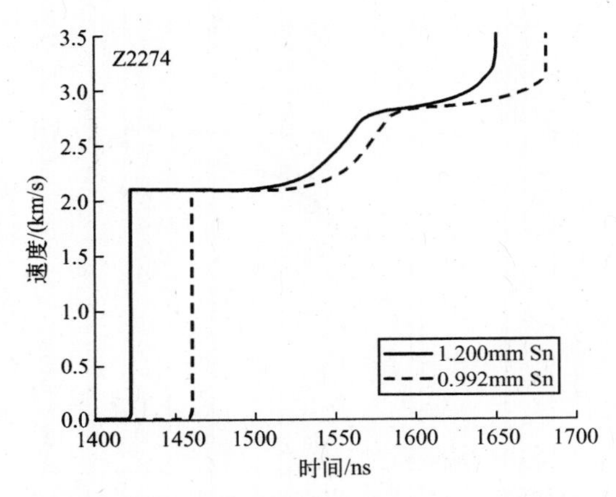

图7.39 Z机器驱动的锡的再凝固相变的粒子速度剖面[218]

注:锡样品先经冲击压缩发生熔化,然后在准等熵压缩下发生再凝固相变。

7.11 聚心球面冲击压缩的守恒方程及其物理意义

为了满足精密物态方程对动高压实验加载技术的需求,苏联科学家从20世纪40年代开始研究化爆超高压加载技术。除了发展化爆驱动一维推体平板飞片碰撞技术以外,还发展了以爆轰产物球面会聚为基础的化爆超高压加载技术,即球面会聚冲击加载技术。这项研究工作的发展历程和成果在Trunin 1998年发表的著作*Shock Compression of Condensed Materials*[16]中得到了充分展示。苏联的化爆球面会聚超高压实验技术历经50年的发展,到20世纪90年代才完全成熟,由此可见这项技术的难度之大。目前,除了俄罗斯,没有其他国家公开发表过此类研究工作。

图7.40为改进后的化爆球面会聚超高压装置结构的示意图[16]。高级炸药从外球面同步起爆,爆轰产物的球面会聚流动使球面铁飞片加速到极高速度,碰撞铁基板,在实验样品中产生极高压力的球面冲击波。实验装置一半用于测量飞片的击靶速度,另一半用于测量样品的平均冲击波速度。

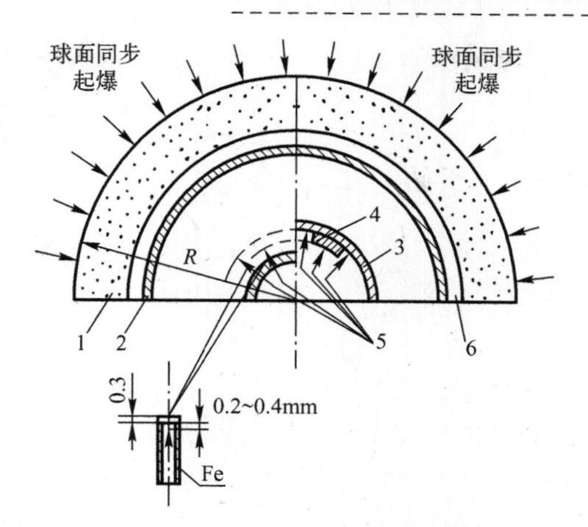

图 7.40　改进后的化爆球面会聚装置结构[16]

1—高级炸药;2—铁飞片;3—铁基板;4—待测试样品;5—电子学探针;6—空气间隙。

注:左半部用于测量飞片速度;右半部用于测量冲击波速度。

俄罗斯的球面内爆超高压装置的基本性能和达到的技术水平如下:①通过超高速球面飞片对称碰撞实验,获得了 280~900GPa 范围内铁的精密冲击绝热线数据;②解决了早期化爆球面会聚过程中铁飞片高达 1800℃的温升,经改进后的球面会聚装置中铁飞片的温升与化爆一维推体驱动下铁平板飞片的温升相当;③解决了球面会聚飞片击靶波形的对称性问题,实现了球面飞片对靶样品材料不同位置的同时碰撞;④在一发实验中能够同时精密测量球面铁飞片的击靶速度和待测试样的冲击波速度,实现了球面会聚下冲击绝热线的绝对法精密测量;⑤能够使用薄基板和薄样品进行球面冲击压缩实验,从而显著减小了因球面会聚对实测平均冲击波速度的修正,而在未改进的球面冲击实验测量中该项修正高达 2%~3%。据 Trunin 报道,利用该球面会聚装置测量重材料($\rho_0 \geqslant 16\mathrm{g/cm^3}$)的冲击压缩性数据,冲击压力最高达 2.5TPa,对应的球面铁飞片速度达 18.6~23.0km/s。这种装置能使用毫米量级尺度的样品进行实验,Trunin 认为这是当前世界最高水平的化爆加载动高压装置。

7.11.1　聚心球面冲击波的守恒方程

设球面飞片与靶(基板)及样品的材料相同。球面飞片击靶后,靶及样品中球面冲击波的聚心运动如图 7.41 所示。为简单起见,忽略来自飞片后界面追赶稀疏波的影响。如同可以把匀速平板飞片看作驱动平面冲击波做匀速运动的活塞一样,也可以把击靶后的球面飞片看作驱动球面冲击波做聚心运动的变截面活塞。设飞片击靶位置位于 AA' 界面,这是球面冲击波的初始位置。事实上,可以把击靶后球面冲击波到达的任意一个半径位置作为变截面活塞驱动球面冲击波的初始位置。设 AA' 界面的球面半径为 R,任意时刻它对前方物质施加的瞬时作用力为 F,球面冲击波的瞬时速度为 D,经过 δt 时间后冲击波阵面从 AA' 界面位置运动到 HH' 界面位置,与此同时变截面活塞的驱动界面也从 AA' 运动到 BB' 位置。冲击波从 AA' 位置运动到 HH' 位置的平均速度为

$$\overline{D} = \frac{\int_0^{\delta t} D\mathrm{d}t}{\delta t}$$

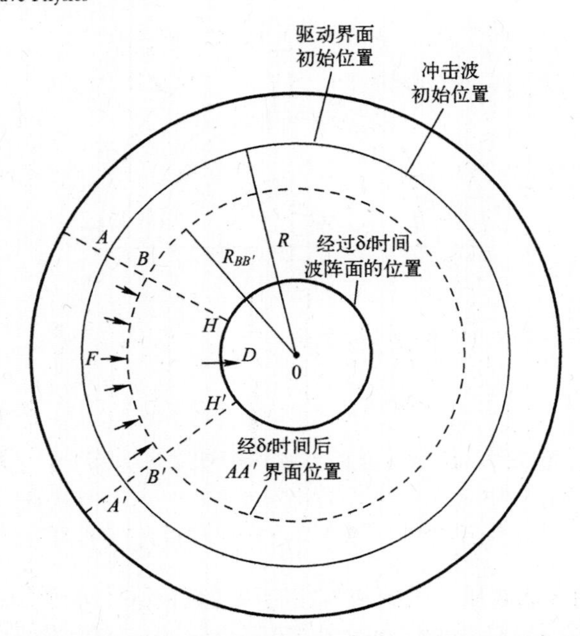

图 7.41　在 δt 时间内实验室坐标系中球面冲击波阵面运动与波后粒子运动到达的的界面位置关系

得到界面 HH' 的球半径为

$$R_H = R - \overline{D}\delta t \tag{7.110}$$

δt 时间内球面冲击波扫过物质的总质量 δm 等于从 AA' 界面至 HH' 界面之间的物质的质量：

$$\begin{aligned}\delta m &= \int_t^{t+\delta t} \mathrm{d}m = \frac{4}{3}\pi[R^3 - (R - \overline{D}\delta t)^3] \cdot \rho_0 \\ &= 4\pi R^2 \rho_0 \overline{D}\delta t[1 - \overline{D}\delta t/R + (\overline{D}\delta t/R)^2/3]\end{aligned} \tag{7.111}$$

显然，δm 也等于被球面冲击波压缩在界面 BB' 至 HH' 之间的物质的总质量。

1. 冲量方程

为简单起见，取波前物质的初始压强 $p_0 = 0$。在 δt 时间内活塞界面上的平均作用力 $\widetilde{F}$ 产生的总冲量为

$$\delta I = \widetilde{F}\delta t$$

其中

$$\widetilde{F} = \int_t^{t+\delta t} (F\mathrm{d}t)/\delta t$$

HH' 界面与 BB' 界面之间各质点的运动速度不同，在 δt 时间内每个质点的平均速度也各不相同，但是这部分物质运动的等效平均速度 $\widetilde{u}$ 应该满足

$$\widetilde{F}\delta t = \delta m \cdot \widetilde{u} \tag{7.112}$$

需要指出，式(7.112)给出的 δt 时间内从活塞界面至 HH' 界面之间物质运动的等效平均速度 $\widetilde{u}$，并不等于 Hugoniot 线上与平均冲击波速度 $\overline{D}$ 对应的粒子速度 $\overline{u}$。由式(7.110)～式(7.112)可得到 δt 时间内活塞驱动界面从 AA' 运动到 BB' 的过程中作用于驱动界面上的平均作用力 $\widetilde{F}$ 与平均冲击波速度及粒子运动的等效平均速度的关系：

$$\widetilde{F}=4\pi R^2(\rho_0\,\overline{D}\widetilde{u})[1-\overline{D}\delta t/R+(\overline{D}\delta t/R)^2/3] \tag{7.113}$$

另外,δt 时间内冲击波的运动距离(相当于样品的厚度)$h=\overline{D}\delta t$。引入几何因子:

$$x\equiv h/R=(\overline{D}\delta t)/R \tag{7.114}$$

它表示样品厚度 h 与球面半径 R 之比(图 7.41),因此平均作用力可表示为

$$\begin{aligned}\widetilde{F}&=4\pi R^2(\rho_0\,\overline{D}\widetilde{u})[1-h/R+(h/R)^2/3]\\&=4\pi R^2(\rho_0\,\overline{D}\widetilde{u})(1-x+x^2/3)\\&=4\pi R^2(\rho_0\,\overline{D}\widetilde{u})g(x)\end{aligned} \tag{7.115}$$

式中:$g(x)$ 为球面聚心装置的结构因子,且有

$$g(x)\equiv 1-x+x^2/3 \tag{7.116}$$

当 $\delta t\to 0$ 时,$x\to 0$,$g(x)\to 1$,式(7.115)中的各平均量趋于冲击波驱动 AA' 界面上瞬时量,得到驱动 AA' 界面上的瞬时压强,即球面冲击波阵面的瞬时压强:

$$\begin{aligned}p&=\lim_{\delta t\to 0}\frac{\widetilde{F}}{4\pi R^2}\\&=\rho_0 Du\end{aligned} \tag{7.117}$$

这就是球面冲击波的冲量方程。它与平面冲击波的冲量方程形式相同,只是球面冲击加载下它们是时间的函数,必须用球面冲击波阵面的瞬时运动速度和瞬时粒子速度进行计算。

当 $R\to\infty$ 时,球面冲击波趋于平面冲击波。由 $x=h/R\to 0$ 及 $g(x)\to 1$,式(7.117)转化为平面冲击加载下的冲量方程。对于稳定的平面冲击波,瞬时冲击波速度永远等于样品中的平均冲击波速度,驱动界面的粒子运动速度永远等于波后粒子速度。

上述讨论表明,在球面冲击波的实验测量中,如果能够测量若干不同厚度样品的平均冲击波速度随样品厚度的变化规律,即可以获得样品厚度趋于零时的瞬时冲击波速度。

2. 质量守恒方程

在 δt 时间内被球面冲击波阵面扫过的物质最终被压缩在 BB' 界面和 HH' 界面之间(图 7.41),BB' 界面的半径为

$$R_{BB'}=R-\overline{u}_{AA'}\delta t \tag{7.118}$$

式中:$\overline{u}_{AA'}$ 为初始位于 AA' 界面上的拉氏粒子在 δt 时间内的平均运动速度。

由 BB' 界面与 HH' 界面围成的空间体积为

$$\begin{aligned}\delta V&=\frac{4\pi}{3}[(R-\overline{u}_{AA'}\delta t)^3-(R-\overline{D}\delta t)^3]\\&=\frac{4\pi}{3}\delta t[3R^2(\overline{D}-\overline{u}_{AA'})-3R(\overline{D}^2-\overline{u}_{AA'}^2)\delta t+(\overline{D}^3-\overline{u}_{AA'}^3)(\delta t)^2]\end{aligned} \tag{7.119}$$

设这部分物质的平均密度为$\widetilde{\rho}$,同样,$\widetilde{\rho}$不等于 Hugoniot 线上与平均冲击波速度$\overline{D}$对应的密度$\overline{\rho}$。界面 BB' 与 HH' 之间的物质总质量 δm 由(7.111)式给出:

$$\delta m=\frac{4\pi}{3}\overline{D}\delta t[3R^2-3R\,\overline{D}\delta t+(\overline{D}\delta t)^2]\cdot\rho_0$$

因此

$$\widetilde{\rho}[3R^2(\overline{D}-\overline{u}_{AA'})-3R(\overline{D}^2-\overline{u}_{AA'}^2)\delta t+(\overline{D}^3-\overline{u}_{AA'}^3)(\delta t)^2]=\rho_0\,\overline{D}[3R^2-3R\,\overline{D}\delta t+(\overline{D}\delta t)^2]$$

即

$$\frac{\rho_0}{\tilde{\rho}}=\frac{3R^2(\overline{D}-\overline{u}_{AA'})-3R(\overline{D}^2-\overline{u}_{AA'}^2)\delta t+(\overline{D}^3-\overline{u}_{AA'}^3)(\delta t)^2}{\overline{D}[3R^2-3R\overline{D}\delta t+(\overline{D}\delta t)^2]}$$
$$=\frac{(\overline{D}-\overline{u}_{AA'})[1-(\overline{D}+\overline{u}_{AA'})\delta t/R+(\overline{D}^2+\overline{D}\overline{u}_{AA'}+\overline{u}_{AA'}^2)(\delta t/R)^2/3]}{\overline{D}[1-\overline{D}\delta t/R+(\overline{D}\delta t/R)^2/3]} \tag{7.120}$$

当 $\delta t\to0$ 时,式(7.120)各平均值趋于冲击阵面上的瞬时值,即$\overline{D}\to D$,$\overline{u}_A\to u$,$\tilde{\rho}\to\rho$,得到质量守恒方程为

$$\frac{\rho_0}{\rho}=\frac{D-u}{D} \tag{7.121}$$

式(7.121)与平面冲击加载下质量守恒方程完全相同,但必须使用球面冲击波阵面的瞬时状态量进行计算。同样,当 $R\to\infty$ 时,球面冲击波趋于平面冲击波,在式(7.120)中令 $R\to\infty$,得到与式(7.121)完全相同的结果。

3. 能量守恒方程

受冲击压缩物质获得的能量来自驱动活塞,包括内能和动能两部分,均来自 AA' 界面上的作用力 F 在 δt 时间内对被压缩物质所做的功 δw:

$$\delta w=\int_0^{\delta t}(F\cdot u_{AA'})\mathrm{d}t=\tilde{F}\,\overline{u}_{AA'}\delta t \tag{7.122}$$

式中:$u_{AA'}$ 为驱动界面的瞬时速度;$\tilde{F}$、$\overline{u}_A$ 分别为 δt 时间内 AA' 界面上的作用力及 AA' 界面运动速度的平均值,$\tilde{F}$由式(7.115)给出,即

$$\tilde{F}=4\pi R^2(\rho_0\overline{D}\tilde{u})[1-\overline{D}\delta t/R+(\overline{D}\delta t/R)^2/3]$$

以$\tilde{e}$表示受压缩物质的平均比内能,则比内能的增加为$\tilde{e}-e_0$,比动能的增加为$\tilde{u}^2/2$,按照能量守恒得到

$$\tilde{F}\,\overline{u}_{AA'}\delta t=\delta m[(\tilde{e}-e_0)+\tilde{u}^2/2] \tag{7.123}$$

其中,受冲击压缩物质的质量 δm 由式(7.111)给出,即

$$\delta m=4\pi R^2\rho_0\overline{D}\delta t[1-\overline{D}\delta t/R+(\overline{D}\delta t/R)^2/3]$$

当初始压强 $p_0=0$ 时,由式(7.112)得到$\tilde{u}=\tilde{F}\delta t/\delta m$,代入式(7.123)得到

$$\tilde{u}\,\overline{u}_{AA'}=(\tilde{e}-e_0)+\tilde{u}^2/2 \tag{7.124}$$

当 $\delta t\to0$ 时,式(7.124)中各项平均值趋于 AA' 界面处的瞬时值,即$\tilde{u}\to\overline{u}_{AA'}\to u$,$\tilde{e}\to e$,得到

$$e-e_0=\frac{1}{2}u^2 \tag{7.125}$$

式(7.125)表达的含义与平面冲击波一样:冲击压缩对物质所做的功平均分配给内能和动能,比内能的增加与比动能的增加相等。但在球面冲击压缩下,式(7.125)中的物理量均为瞬时量。因此,仅在球面冲击波阵面到达的界面位置上,物质内能的瞬时增加与动能的瞬时增加相等。

联立式(7.117)和式(7.121),消去其中一个变量得到

$$u^2=p(1/\rho_0-1/\rho)=p(V_0-V) \tag{7.126}$$

或

$$D^2=p/[\rho_0^2(1/\rho_0-1/\rho)]=pV_0^2/(V_0-V) \tag{7.127}$$

联立式(7.125)和式(7.126),得到初始压强 $p_0=0$ 时内能方程的另一种形式,即

$$e-e_0=\frac{1}{2}p\left(\frac{1}{\rho_0}-\frac{1}{\rho}\right)=\frac{1}{2}p(V_0-V) \tag{7.128}$$

式(7.128)也与平面冲击波的形式相同,其中各量均为球面冲击波阵面上的瞬时量。如果需要考虑初始压强 p_0 的影响,则冲量方程的形式变为

$$p-p_0=\rho_0 Du \tag{7.129}$$

式(7.126)变为

$$u^2=(p-p_0)(1/\rho_0-1/\rho)=(p-p_0)(V_0-V) \tag{7.130}$$

当 $\delta t\to 0$ 时,图 7.40 中 AA'界面上的净作用力的平均值为

$$\widetilde{F}=(p-p_0)4\pi R^2 \tag{7.131}$$

由式(7.123)可以得到

$$pu=\rho_0 D[(e-e_0)+u^2/2] \tag{7.132}$$

结合式(7.125)和式(7.130),不难得到球面冲击波的 Hugoniot 能量方程:

$$e-e_0=\frac{1}{2}(p+p_0)(V_0-V) \tag{7.133}$$

同样,式(7.133)仅对球面冲击波阵面上的瞬时量成立。

上述守恒方程表明,在球面冲击压缩下,对于冲击波阵面到达位置上瞬时冲击加载状态,三大守恒方程的形式与单轴应变平面冲击波压缩相同,该加载状态位于 Hugoniot 线上;但是,当球面冲击波阵面经过该(拉氏)位置以后,由于球面聚心运动,该拉氏粒子的状态并不会像平面冲击压缩那样会停留在 Hugoniot 线上保持不变。球面冲击波的瞬时速度和波后瞬时粒子速度难以直接测量,如果以球面冲击波通过某一有限距离的平均波速$\overline{D}$以及 Hugoniot 曲线上与该平均波速对应的粒子速度$\overline{u}$来代替瞬时波速及瞬时粒子速度,则这些守恒方程式不能成立。

对于柱面聚心冲击压缩,利用上述方法不难得到类似的结论:以柱面冲击波运动的瞬时量表达的三大守恒方程具有与平面冲击压缩相同的简洁形式;但若依柱面冲击波运动的平均量代替瞬时量,则这些简洁的守恒方程形式不再成立。

7.11.2 聚心球面冲击压缩波后状态的基本图像及其含义

Hugoniot 线仅与材料的性质有关。平面冲击压缩下材料的 Hugoniot 状态不随时间改变,冲击波阵面的运动速度及波后粒子速度均不随时间变化,因而能够通过测量平均波速和平均粒子速度得到瞬时波速和瞬时粒子速度。

但是,球面冲击波与平面冲击波完全不同。由于聚心运动,冲击阵面的半径随聚心运动不断减小,冲击波速度和瞬时压力随球半径的减小而增大。如果针对波阵面运动路径上的某个拉氏位置进行观察,如图 7.41 中初始位置在 HH'界面上的拉氏粒子(拉氏坐标为 $h=R_{HH'}$),当球面冲击波经过该拉氏粒子时,其状态从始态(p_0,V_0)跃变到 Hugoniot 状态$(p_{HH'},V_{HH'})$。但是,当球面冲击波阵面经过该拉氏位置后,由于波后流体粒子做聚心运动导致的能量会聚效应,其状态将在会聚过程中作连续变化。球面冲击波的波后状态不能继续保持在以(p_0,V_0)为始态的主 Hugoniot 线上,在冲击波阵面经过该拉氏粒子以后,该拉氏粒子立即进入 off-Hugoniot 状态,而平面冲击波阵面后方的质点能够始终保持

在 Hugoniot 状态,这是平面冲击压缩和球面冲击压缩的最根本区别。这一图像可以用图 7.42进一步说明:位于不同球半径位置的三个拉氏粒子 A、B、C(图 7.42(b))在球面冲击压缩下到达的瞬时的 Hugoniot 状态,分别如图 7.42(a)的主 Hugoniot 线上的三个对应点所示。但它们的状态并不能一直保持在 Hugoniot 线上,冲击波阵面经过以后,这三个拉氏粒子继续做聚心运动,立即从各自的 Hugoniot 状态进入 off-Hugoniot 状态,图 7.42(b)中的 off-Hugoniot 线示意性地给出了它们各自的应力-比容的变化轨迹。

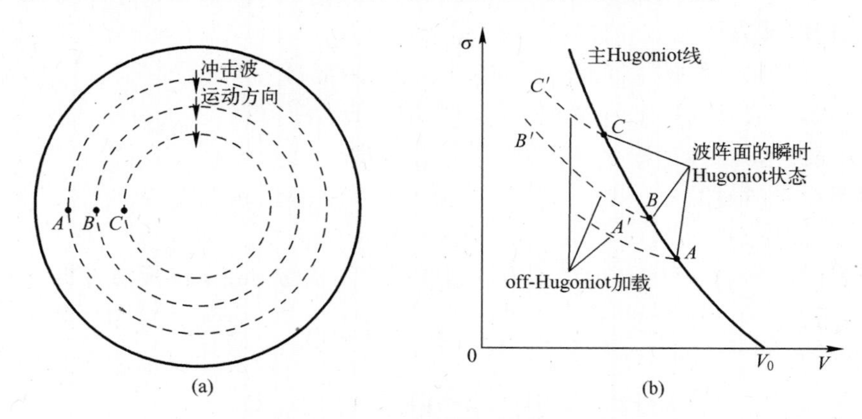

图 7.42　球面冲击加载的基本图像

(a) 不同球半径处的三个拉氏粒子(A、B、C);(b) 球面冲击加载的瞬时状态
位于 Hugoniot 线上,但波阵面经过以后,拉氏粒子的状态不能保持在冲击绝热线上,球面聚心运动导致其进入 off-Hugoniot 状态,表明其收到的后续连续应力波作用可看作一种连续的斜波加载或无冲击加载。

造成这种差异的原因源自驱动平面冲击波运动的作用力与驱动球面聚心冲击波的作用力不同。如果把碰撞平面基板做匀速平动运动的平板飞片看成驱动平面冲击波的活塞,则做匀速运动的平面飞片击靶后施加于“活塞/基板”驱动界面上的作用力是一维的且不随时间变化。在做匀速运动飞片的驱动下,在驱动界面的前方形成一个稳态一维流场:驱动界面前方的粒子和冲击波阵面始终保持匀速运动。

对于聚心球面冲击波加载,同样可以看作做聚心球面运动的飞片击靶产生的冲击驱动。显然,做平动的球面飞片击靶后不能产生聚心球面冲击波。因此,做聚心球面运动的球面飞片击靶后在驱动界面上产生的物质运动不是平动运动而是球面聚心运动。由于驱动界面(图 7.41 的 AA'界面)上的作用力始终指向球心,导致它前方的粒子做聚心运动,产生能量会聚,使球面冲击波阵面的运动速度不断提高,因此可以把球面冲击波的聚心运动看作在沿着球锥形通道做变速运动的变截面活塞驱动下的动力学过程。

在聚心球面冲击加载下,材料在经历球面冲击波的瞬态加载后立即进入连续的 off-Hugoniot 状态变化过程。连续变化的 off-Hugoniot 过程也可以看作某种复杂的斜波加载过程。就图 7.42 中的拉氏粒子 A、B、C 而言,它们从始态经历不同的球面冲击加载跃变到不同的 Hugoniot 状态;接着在波阵面后方的斜波加载作用下沿着不同的 off-Hugoniot 路径作连续变化。因此,球面冲击阵面后方的流场将非常复杂,并随时间持续变化。

根据上述球面冲击压缩的基本图像可得到如下推论。

(1) 球面冲击波压缩下波后的应力剖面或粒子速度剖面不会像平面冲击压缩那样存在一个平台区。换言之,在球面冲击波阵面后方紧跟着应力随时间做连续变化的斜波加载作用;波后粒子的状态变化历史既与驱动界面(图7.41中AA'界面)上的应力作用历史有关,也与球面装置的几何因子以及该拉氏粒子的位置有关。

(2)虽然能够测量某时间间隔内球面冲击波的平均速度$\overline{D}$,并根据Hugoniot关系计算出与$\overline{D}$对应的粒子速度$\overline{u}$和密度$\overline{\rho}$等平均物理量,但是$\overline{u}$或$\overline{\rho}$并不代表在该时间间隔内球面冲击波阵面后方的粒子速度或密度的平均值,不能据此根据Hugoniot关系计算波后的平均状态。而平面冲击波阵面的速度及波后粒子速度保持稳定不变,通过测量某时间间隔内的冲击波速度和粒子速度的平均值完全能够确定平面冲击波后的热力学状态。

(3)仅仅测量球面冲击波阵面的瞬时状态不足以确定球面冲击波后材料经历的全部热力学状态,因为球面冲击波后物质经历的热力学状态与它的off-Hugoniot路径有关。这将对球面冲击加载下材料经历的应力-应变状态、温度和发生的相变等造成深远的影响。例如,由于斜波加载产生的温升显著低于冲击加载的温升,球面冲击压缩的温升将显著低于相同压力平面冲击压缩下的温升,这可能影响到熔化相变的发生、固-固相变及再凝固相变等。

(4)球面冲击压缩下的相变研究不能仅仅局限于沿着主Hugoniot线,还需要考虑沿着off-Hugoniot路径可能发生的相变。例如,需要考虑图7.42(b)中由曲线$\overline{ABC}$、$\overline{CC'}$,$\overline{C'B'A'}$、$\overline{A'A}$所围成的区域内可能发生的相变。

在许多情况下,应该把球面冲击加载理解为包含沿着不同冲击压缩-斜波再加载路径的一种复杂过程。每个拉氏粒子经历的off-Hugoniot加载路径各不相同,不能简单套用平面冲击加载的方法研究球面冲击加载过程。

(5)驱动平面冲击波阵面运动的能量来自高速运动平板在碰撞界面(驱动界面)受到的阻滞,由于驱动界面做一维轴向运动,驱动界面上的能量能够通过一维流场输运到达冲击波阵面并使其保持匀速运动。驱动聚心球面冲击波运动的能量也来自球面驱动界面,但是该驱动界面做聚心运动,波后粒子的球面聚心流动导致流场发生能量会聚,使冲击波阵面的运动速度随球面半径的减小而增大。

在实验研究上,由于球面冲击波阵面后方紧跟着斜波波列,依靠单纯的平面冲击波压缩不能产生球面冲击加载的复杂状态。利用阻抗梯度飞片产生的冲击加载-准等熵再加载有可能产生类似于球面冲击加载的状态,阻抗梯度飞片技术产生的冲击加载-斜波加载-卸载……过程为研究材料在类似于球面冲击加载下的响应特性特供了可能性。

球面冲击波阵面速度的近似公式。Zel'dovich等在*Physics of Sheek Waves and High-Temperature Hydrodynamic Phenomena*[219]中,根据量纲分析和相似原理对理想气体中的聚心球面冲击波传播进行了讨论。图7.43是他们给出的多方指数$\gamma=7/5$的多方气体中的聚心球面冲击波阵面运动及波后压力的欧拉空间分布,图中,取冲击波到达圆心的时间为零点。垂直线的高度显示了球面冲击波阵面的Hugoniot压力随着半径的减小单调增大;弯曲的实线显示了同一时刻波阵面后方不同半径位置上的压力分布;不同时刻的实线显示了波阵面后方压力的欧拉空间分布随时间的演化,即聚心球面冲击波阵面后方的off-Hugoniot状态的演化特点;尽管在同一时刻在某些欧拉空间区域的压力分布呈现出随半径增大而下降的趋势,但从拉氏坐标系的角度看,同一拉氏粒子的压力依然呈现出随球面聚心运动而单调增加的走向,如图7.43中的虚线箭头所示。

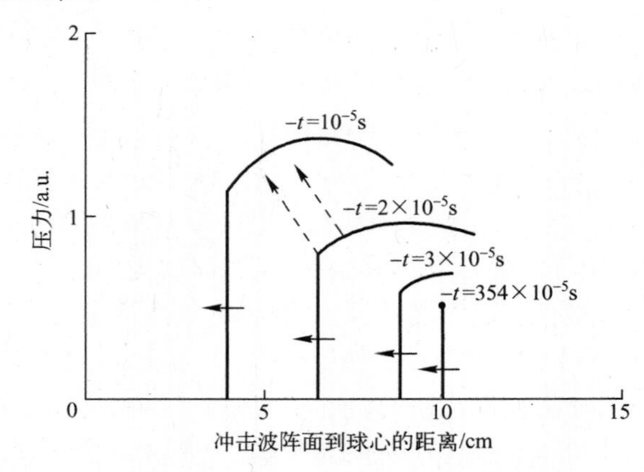

图 7.43　理想气体($\gamma=7/5$)中球面聚心冲击波在不同时刻冲击波阵面上的 Hugoniot 压力以及波后压力的空间分布[219]

注:实线箭头表示冲击波的传播方向,虚线箭头表示下一时刻波阵面后方的拉氏粒子的压力变化趋势。

Zel′dovich 得到的一个重要结论是:球面聚心冲击波的瞬时速度 D 与球面冲击波的半径 r 可近似用下列关系描述:

$$D\approx r^{(\alpha-1)/\alpha}$$

式中:α 为与被研究物质有关的参数,$0<\alpha<1$。

对多方指数 $\gamma=c_p/c_V=7/5$ 的理想气体,他给出 $\alpha=0.717$;当 $\gamma=3$ 时,$\alpha=0.638$。当 $\gamma\to1$时,$\alpha\to1$。假定金属材料的聚心球面冲击波具有类似的聚心规律,令

$$\Gamma=2\alpha/(1-\alpha)>0$$

得到

$$D\approx r^{-2/\Gamma}$$

上式不知为何被有些研究者称为 Witham 公式。Γ 称为材料的聚心因子,Γ 既与材料有关,也应与材料的状态有关。假定当半径变化较小时 Γ 近似取常数,则半径 r 处的球面冲击波速度 $D(r)$ 与它在半径 $r=r_0$ 处的初始冲击波速度 D_0 的关系可近似表达为

$$\frac{D}{D_0}\approx(r_0/r)^{2/\Gamma} \tag{7.134}$$

没有查到关于金属材料 Γ 的具体值,根据多方气体的结果,假定金属的 $\Gamma=3\sim4$,Γ 值的近似性尚需通过实验研究确定。原则上,不同金属材料应该有不同的 Γ 值。

7.11.3　关于球面冲击压缩的对比法实验

1. 对比法实验测量对入射冲击波的基本要求

在平面冲击压缩的对比法实验中,通过测量标准材料和待测材料的冲击波速度,根据阻抗匹配原理计算待测材料的 Hugoniot 状态。在此,标准材料的 Hugoniot 状态是用于度量待测材料中未知冲击状态的一把“标尺”。对比法实验隐含的一个基本假定是:从基板进入待测材料的冲击波与从基板进入标准材料的冲击波必须是完全等同的,这是能够用标准材料中的 Hugoniot 状态去度量待测样品中的冲击压缩状态的基础;如果从基板界面进入两种材料的冲击波不同,标准材料就失去了作为“计量标尺”用于阻抗匹配法计算

的依据。这项基本要求对平面冲击加载的对比法实验完全能够得到满足。因为平面冲击波产生的加载是单次性的。尽管在平面冲击波的对比法实验中入射波在“基板(标准材料)/待测材料”界面(图2.18)会发生反射,但这种反射也是单次性的,而且只有当冲击波阵面穿过入射界面进入待测材料以后才会发生;在冲击波阵面穿过该界面以前,从基板中入射到标准材料中的冲击波与入射到待测材料的冲击波完全相同,并没有受到来自“基板/待测材料”界面上的任何反射波的干扰;而一旦它穿过该界面,就完成了平面冲击加载过程。为简单起见,把“基板/待测材料”界面称为球面冲击波的入射界面或阻抗匹配界面。

2. 聚心球面冲击波在入射界面上的反射

如果在平面冲击波阵面的后方紧跟着一个斜波波列(图7.44(a)),进入标准材料的入射波与进入待测材料的入射波的等同性就会受到破坏。首先,当冲击波阵面穿过入射界面以后,跟随于它后方的斜波波列将继续穿过入射界面并立即与待测材料发生作用而产生一系列反射波;这些反射波将与尚在基板材料中传播的那部分入射波发生作用,使它受到额外的干扰。但在标准材料一侧,由于基板材料与标准材料相同,无论是冲击波阵面还是跟随于它后方的斜波波列,都不会受到这种界面反射波的干扰。其次,由于球面冲击波阵面后方不存在平台压力区,后续斜波对冲击波阵面的追赶将导致冲击波速度和冲击压力沿传播路径不断增强。这与平面冲击压缩下追赶稀疏波赶上冲击波阵面以后的情况类似,只是前者导致冲击波速度或压力连续增加,后者将导致冲击波速或压力连续下降。因此,一旦球面冲击波阵面穿过入射界面,将无法比较标准材料与待测材料中的斜波对各自冲击波阵面的追赶作用。

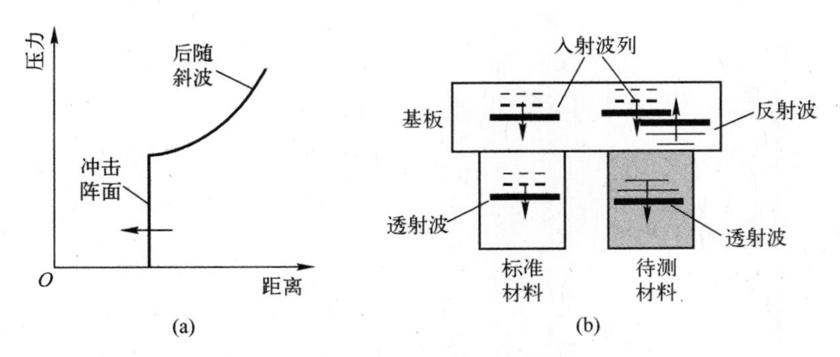

图7.44 冲击阵面后方紧随斜波的对比法测量示意

(a) 入射波后应力的空间分布;(b) 从“基板/待测材料”界面产生的连续反射波与入射波的相互作用以及对于对比法实验的影响。

后方紧跟着斜波加载的平面冲击波也相当于一个强度持续变化着的冲击波,它与聚心球面冲击波的情况非常相似。在变强度冲击波加载下,材料将经历冲击压缩-斜波再加载这类复杂过程;受冲击材料在冲击波阵面作用下到达 Hugoniot 状态后立即在后方斜波加载作用下进入 off-Hugoniot 状态。因此,聚心球面冲击压缩实际上包含了两类加载过程:由聚心球面冲击阵面产生的瞬时冲击加载,以及由紧随聚心冲击阵面的斜波作用产生的持续加载。

因此,当基板中的球面冲击波分别进入标准材料和待测材料时,除了处于头部位置的冲击阵面,进入标准材料和进入待测材料的后方斜波波列不再等同:对于“基板/待测材料”界面，跟随于入射冲击阵面后方的斜波波列中的所有子波首先受到冲击阵面在入射界面上产生的强反射波的作用；紧接着，斜波波列中靠近冲击阵面的那部分子波在入射界面上反射，反射波与尚未到达该界面的那部分子波作用，改变了后者的状态。但是，“基板/标准材料”界面上不存在这种反射作用。因此，一旦冲击波阵面穿过入射界面，从基板进入待测材料的斜波波列与从基板进入标准材料的斜波波列不再等同，这种差异破坏了对比法实验测量的基础。因此，适用于稳定平面冲击加载的对比法测量的实验设计不能简单地照搬到带有后随斜波加载的不稳定冲击波测量中，包括球面冲击加载和被追赶稀疏波赶上的平面冲击波。

根据质量、动量和能量的守恒方程，当球面冲击波阵面穿过“基板/标准材料”界面和“基板/待测材料”界面的瞬间，它产生的瞬时冲击状态能够满足对比法实验测量的要求，可以用于阻抗匹配计算。此外，在其他任意时刻和样品中任意位置上的加载状态均不满足阻抗匹配条件。正如文献[33]所指出的，需要将球面冲击波对比法实验测量的平均冲击波速度“修正到样品厚度等于零的球面位置”，即修正到图 7.44 的入射界面位置上，得到该界面处的瞬时冲击波速度，方能用于阻抗匹配计算中。

3. 对测试波形的影响

球面聚心冲击波对比法实验可能出现的另一个问题是：跟随于冲击阵面后方的斜波在入射界面上产生的反射波将导致待测材料一侧的入射波的对称性遭到破坏，使待测材料中的波形变差。这种变化反映到实测数据中将导致平均冲击波速度的测量不确定度变大。尤其在使用厚基板进行实验时，入射球面冲击波阵面后方紧跟着较强的斜波加载；或者当待测材料与基板(标准材料)的阻抗差异较大时，入射界面上的强反射波会对入射波造成较严重的扰动。这就要求球面冲击的对比法实验中应尽量使用薄基板和薄样品，前者有利于减小入射冲击波阵面后方的斜波作用，后者有利于减小样品的平均冲击波速度对入射界面上的瞬时冲击波速度的偏离。但是，采用薄基板和薄样品的前提是能够产生具有较高对称性的球面强冲击加载，这对球面冲击加载技术及实验装置设计提出了挑战。

4. 球面冲击波对比法实验的 $p-u$ 图分析

在平面冲击波压缩的对比法实验测量中，标准材料样品的厚度可以与待测材料的相等，也可以不相等，实验样品厚度的选择范围较大。平面冲击加载下的平均冲击波速度和波后粒子速度不会随样品厚度的改变而改变，平均冲击波速度和粒子速度都等于入射冲击波在“基板/样品”界面反射瞬间的瞬时冲击波速度，满足阻抗匹配条件。

但是，在球面冲击波的对比法实验中，不同厚度的样品将得到不同的平均冲击波速度。样品越厚，平均冲击波速度越高，平均波速$\overline{D}$是样品厚度 h 的函数。根据式(7.134)球面冲击加载下的波速与装置的几何结构有关，因此球面冲击波的平均速度不仅包含被测量材料的动力学性质，而且包含实验装置几何结构的影响，虽然在球面冲击波的对比法实验中偏爱于将待测样品的厚度取作与标准材料的相等或接近，直接用实测平均冲击波速度进行阻抗匹配计算，但是，从两个等厚度样品测得的球面冲击波的平均波速并不满足阻抗匹配条件。在球面冲击波的对比法实验中，如何选取待测样品的厚度 h_X，使之能够消除几何结构的影响，确保从两者测量的平均波速能够满足阻抗匹配的要求，是实验成功的关键。

在镜像线近似下，利用平均波速进行阻抗匹配计算的原理如图 7.45 所示。不失一般性，假定待测材料的阻抗高于标准材料，入射球面冲击波在“基板/待测材料”界面上将反射冲击波。假定测得厚度为 h_A 的标准材料的平均冲击波速度为$\overline{D}_A$，以 A 点表示标准材料的冲击绝热线上与平均冲击波速度$\overline{D}_A$ 对应的 Hugoniot 状态。由于在“基板/标准材料”界面上不发生反射，也可以把$\overline{D}_A$ 想象为入射球面冲击波阵面运动到标准材料中某一球半径位置处产生的瞬时冲击波速度。假定 AB 表示过 A 点的标准材料冲击绝热线的镜像线；满足阻抗匹配条件的待测材料的 Hugoniot 状态点将位于镜像线 AB 上的某一位置处。待测材料的 Hugoniot 线与镜像线 AB 的交点 X_M^* 就是满足阻抗匹配要求的镜像线近似解。点 X_M^* 的冲击波速度 D_{XM}^*既可以看作是某个平面冲击波阵面的定常波速；或者看作某个球面冲击波阵面在某一半径位置处的瞬时波速；也可以看作待测材料厚度 h_X 恰好取某一理想厚度 h_{XM}^*时，实测球面冲击波的平均速度 D_{XM}^*。由于点 X_M^* 与点 A 具有唯一对应关系，可把理想厚度 h_{XM}^*称为与标准材料样品厚度 h_A 对应的待测材料的阻抗匹配厚度。一旦确定了标准材料的厚度 h_A，满足阻抗匹配要求的待测样品的厚度 h_{XM}^*也唯一地确定了。

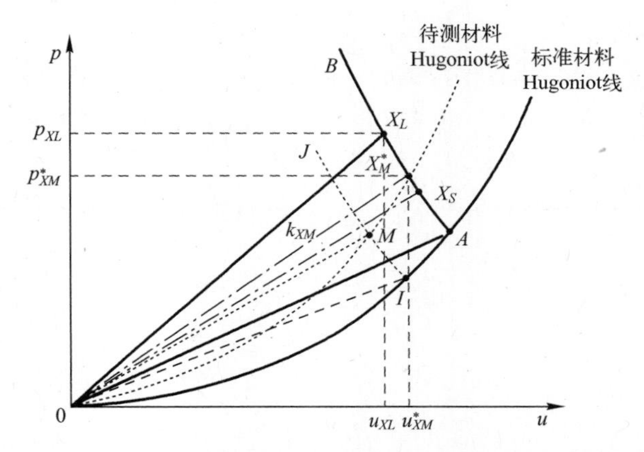

图 7.45　在 p-u 图上，以标准材料和待测材料的平均冲击波速度代替入射界面上的瞬时冲击波速度，进行阻抗匹配计算，对压力和粒子速度影响的示意

但是待测材料的 Hugoniot 线是未知的，理想厚度 h_{XM}^*也是未知的。阻抗匹配法计算中 Hugoniot 状态点的位置需由实测波直线与镜像线 AB 的交点确定（图 7.45）；波直线的斜率 k_X 需由实测平均冲击波速度$\overline{D}_X$ 计算：

$$k_X=\rho_{0X}\overline{D}_X$$

式中：$\overline{D}_X$ 为与实验设计的待测样品厚度 h_X 对应的平均冲击波速度；ρ_{0X}为待测材料的零压密度。

实测平均冲击波速度计算的波直线与 AB 的交点是否恰好落在 X_M^* 点，实际上也是未知的。因此，没有理由认为等厚度样品设计中待测材料的平均波速与标准材料的平均波速满足阻抗匹配条件。

图 7.45 中点 I 表示球面冲击加载下“基板/样品”入射界面上标准材料中的瞬时冲击状态。IJ 表示过 I 点的镜像线，它与待测材料的 Hugoniot 线的交点 M 就是入射界面上的阻抗匹配状态，即样品厚度趋于零时的阻抗匹配解。有限厚度待测样品中的平均冲击

波速度总是大于 M 点的瞬时冲击波速度 D_M，有限厚度待测样品测得的波直线均位于过 M 点的波直线 OM 的左方。

1）厚样品实验

在球面冲击波的阻抗匹配试验中，无法保证待测试样品的厚度 h_X 恰好等于阻抗匹配厚度 h_{XM}^*。通常，为了获得尽量高的压力，取得尽量精密的实验数据，往往将实验样品和标准材料尽可能设计得厚一些，倾向于将待测样品的厚度设计成与标准材料的相等。当然样品越厚，A 点对 I 点的偏离也越大。在这种实验中可能出现两种情况。

（1）待测样品的厚度 h_X 显著高于阻抗匹配厚度 h_{XM}^*，即

$$h_X = h_{XL} > h_{XM}^*$$

导致待测试样的平均冲击波速度将大于阻抗匹配条件下的冲击波速度，$\overline{D}_{XL} > D_{XM}^*$。根据图 7.45，由平均冲击波速度计算的阻抗匹配压力点 X_L 将位于点 X_M^* 的左方，导致 X_L 点对应的粒子速度 u_{XL} 显著偏小，$u_{XL} < u_{XM}^*$，两者之间的偏差将随 h_{XL} 对 h_{XM}^* 的偏离的增大而增大。根据实验平均冲击波速度数据计算的 $D-u$ 冲击绝热线的斜率 λ_{XL} 将偏大：

$$\lambda_{XL} = \frac{D_{XL} - C_0}{u_{XL}} > \frac{D_{XM}^* - C_0}{u_{XM}^*} = \lambda \tag{7.135a}$$

（2）在厚样品实验中有一种情况需要特别引起注意，虽然此时待测样品厚度较大，但由于无法确切知道阻抗匹配厚度 h_{XM}^*，也有可能待测样品的厚度低于对应的“阻抗匹配厚度”，即

$$h_X = h_{XS} < h_{XM}^*$$

此时，实测平均波速 $\overline{D}_{XS}$ 将偏低，$\overline{D}_{XS} < D_{XM}^*$，导致波直线与 AB 的交点位于点 X_M^* 的右方，X_S 点压力虽然偏低，但与 $\overline{D}_{XS}$ 对应的粒子速度偏大，$u_{XS} > u_{XM}$。根据实验平均冲击波速度数据计算的 $D-u$ 冲击绝热线的斜率 λ_{XS} 将偏小：

$$\lambda_{XS} = \frac{D_{XS} - C_0}{u_{XS}} < \frac{D_{XM}^* - C_0}{u_{XM}^*} = \lambda \tag{7.135b}$$

通常把 0.6TPa 至数太帕的冲击压力区称为太帕超高压区。Trunin 等利用球面冲击波加载技术进行了太帕超高压区的冲击绝热线测量，他们付出了半个多世纪的努力，最终获得了满足阻抗匹配要求的 Hugoniot 数据。但 Trunin 没有给出球面冲击对比法实验测量中样品的具体尺寸。在太帕超高压力区的实验中，如果在低端压力（如 0.6 TPa）实验中待测样品的厚度大于阻抗匹配厚度，而在其他高压力点实验时待测样品的厚度小于阻抗匹配厚度，或者在实验样品厚度设计出现忽高忽低的情况，则根据这样的实验测量数据计算的 Hugoniot 状态点可能会出现奇异现象，由一系列平均冲击波速度的阻抗匹配数据拟合得到的 $D-u$ 线也可能发生异常弯曲。

2）极薄样品实验

采用尽量薄的样品进行球面冲击下的对比法实验测量时，需要具有高时-空分辨力实验加载和诊断技术。薄样品实验既能减小 A 点对 I 点的偏离，而且随着样品厚度的减小，点 X_L 和 X_S 对于点 X_M^* 的偏离也将不断缩小，并逐渐趋近于点 I（图 7.45）。因此，薄样品技术更易于获得满足阻抗匹配要求的 $D-u$ 数据。

3）多台阶样品实验

进行多台阶样品实验测量的目的是消除球面冲击对比法实验中实验装置的几何结

构对材料动力学性质的影响。在图7.45中，I点、M点的状态就是当样品厚度趋于零时基板和待测材料中的瞬时冲击加载状态，它们满足阻抗匹配要求，不包含几何结构的影响。如同在光分析法实验中采用多台阶样品能够求得追赶比R那样，也可以通过在同一发球面冲击加载实验中测量数个不同厚度的台阶样品（包括多个标准材料样品和多个待测材料样品）的平均冲击波速度。根据各平均冲击波速度随样品厚度的变化趋势，将平均冲击波速度修正到入射界面，分别得到入射界面上零样品厚度下满足阻抗匹配要求的标准材料和待测材料的瞬时冲击波速度，进行阻抗匹配计算。这样获得的冲击绝热线数据消除了球面装置几何结构的影响，具有与平面冲击加载完全相同的明确物的理含义。

7.11.4　对平均冲击波速度的近似修正

平均冲击波速度对入射界面上的瞬时冲击波速度的偏离可以利用式(7.135)进行近似估算。在图7.45中，仅有三条粗实线是已知的。现估算有限厚度样品的平均冲击波速度对阻抗匹配界面上I点与M点的瞬时冲击波速度的偏离。

设初始时刻t_0时球面冲击波位于球半径为r_0的阻抗匹配界面处，在时刻t，波阵面到达球半径位置$r=r_0-h$处，根据聚心瞬时球面冲击波速度的定义$D(r)=-\dfrac{\mathrm{d}r}{\mathrm{d}t}$，积分得到

$$t-t_0=\int_{r_0}^{r}\frac{\mathrm{d}r}{D(r)}$$

根据平均速度$\overline{D}$的定义

$$\overline{D}\equiv\frac{r_0-r}{t-t_0}=h/\int_{r_0}^{r_0-h}\frac{\mathrm{d}r}{D(r)} \tag{7.136}$$

将

$$D(r)=D(r_0)\left(\frac{r_0}{r}\right)^{2/\Gamma}$$

代入式(7.136)得到厚度为h的样品的平均冲击波速度为

$$\begin{aligned}\overline{D}(h)&=\left(1+\frac{2}{\Gamma}\right)\frac{hD_0r_0^{2/\Gamma}}{r_0^{1+2/\Gamma}-(r_0-h)^{1+2/\Gamma}}\\&=D_0\left(1+\frac{2}{\Gamma}\right)\frac{h/r_0}{1-(1-h/r_0)^{1+2/\Gamma}}\\&=D_0\left(1+\frac{2}{\Gamma}\right)\frac{h/r_0}{1-(1-h/r_0)^{1+2/\Gamma}}\end{aligned}$$

令$x\equiv h/r_0$为实验装置的几何因子，上式显示平均冲击波速度不仅与样品厚度h有关，还与入射冲击波的初始半径r_0有关，即包含球面装置几何结构的影响。令$m=1+2/\Gamma$，进一步将上式简写为

$$\begin{aligned}\overline{D}(x)/D_0&=\left(1+\frac{2}{\Gamma}\right)\frac{x}{1-(1-x)^{1+2/\Gamma}}\\&=\frac{mx}{1-(1-x)^m}\end{aligned} \tag{7.137}$$

由泰勒级数展开可得

$$(1-x)^m=1-mx+\frac{1}{2}m(m-1)x^2-\frac{1}{6}m(m-1)(m-2)x^3+\frac{1}{24}m(m-1)(m-2)(m-3)x^4-\cdots$$

式(7.137)可以写为

$$\begin{aligned}\overline{D}(x)/D_0&=\left(1+\frac{2}{\Gamma}\right)\frac{x}{1-(1-x)^{1+2/\Gamma}}\\&\approx\frac{1}{1-\frac{x}{\Gamma}+\frac{1}{3\Gamma}\left(\frac{2}{\Gamma}-1\right)x^2-\frac{1}{6\Gamma}\left(\frac{2}{\Gamma}-1\right)\left(\frac{1}{\Gamma}-1\right)x^3+\cdots}\\&=\frac{1}{1-\frac{x}{\Gamma}\left[1-\frac{1}{3}\left(\frac{2}{\Gamma}-1\right)x+\frac{1}{6}\left(\frac{2}{\Gamma}-1\right)\left(\frac{1}{\Gamma}-1\right)x^2+\cdots\right]}\end{aligned}$$

进一步令

$$f(x)=1-\frac{1}{3}\left(\frac{2}{\Gamma}-1\right)x+\frac{1}{6}\left(\frac{2}{\Gamma}-1\right)\left(\frac{1}{\Gamma}-1\right)x^2+\cdots$$

则有

$$\overline{D}(x)/D_0\approx\frac{1}{1-\frac{x}{\Gamma}f(x)}$$

若将上式近似展开到 x 的 4 次幂,则得到

$$\overline{D}(x)/D_0\approx1+\frac{x}{\Gamma}+\frac{(1+\Gamma)x^2}{3\Gamma^2}+\frac{(1+\Gamma)x^3}{6\Gamma^2}+\frac{(9\Gamma^3+7\Gamma^2-4\Gamma-2)x^4}{90\Gamma^4}\tag{7.138}$$

当样品厚度不太大时,式(7.138)仅采用线性项进行估算就足够了:

$$\overline{D}(x)/D_0\approx1+\frac{x}{\Gamma}\tag{7.139}$$

因此

$$\frac{\delta\overline{D}}{D}\equiv\frac{\overline{D}(x)-D_0}{D_0}\approx\frac{x}{\Gamma}\tag{7.140}$$

如果用实测平均冲击波速度$\overline{D}$代替阻抗匹配界面上的瞬时冲击波速度 D_0,平均冲击波速度对 D_0 的偏离正比于 x/Γ,即正比于样品厚度 h,使用薄样品将显著减小修正量。为了得到尽可能高的压力,需要尽量减小球面冲击压缩实验中入射界面的球半径。如果假定 $r_0=25\sim30\text{mm}$, $h=3\text{mm}$ ($x=0.1\sim0.12$),假定对金属材料取 $\Gamma\approx3\sim4$,根据式(7.140),冲击波速度的修正量近似为

$$\frac{\delta\overline{D}}{D}=2.5\%\sim4\%\tag{7.141}$$

上述估算结果与文献[16]中给出的偏差相当。由于 Γ 随材料而异,标准材料和待测样品将有不同的修正量。

根据式(7.138),如果进行多样品实验,测量不同样品厚度的平均冲击波速度,获得一系列平均冲击波速度随样品厚度变化的拟合曲线。将拟合曲线外推到样品厚度为零,得到阻抗匹配界面处的瞬时冲击波速度。在前面的算例中,当样品厚度减小到 1mm 以

下时，则冲击波速度的修正将减小到1% 以内。但是，正如 Trunin 所指出的，使用薄样品进行实验测量要求球面冲击波有非常好的对称性，否则实验测量数据自身将引入可观的偏差。在20世纪50年代，苏联进行的球面冲击对比法实验由于波形对称性较差，需要采用厚样品和厚基板进行实验，通过多发实验的平均测量降低数据的不确定度，而且需要对冲击波速度和粒子速度分别进行实验以获得等效于绝对法测量的冲击绝热数据。尽管如此，20世纪90年代他们利用改进后的装置重新进行实验后，仍发现当时的最高压力点数据偏高竟达到数百吉帕，如图7.46所示。

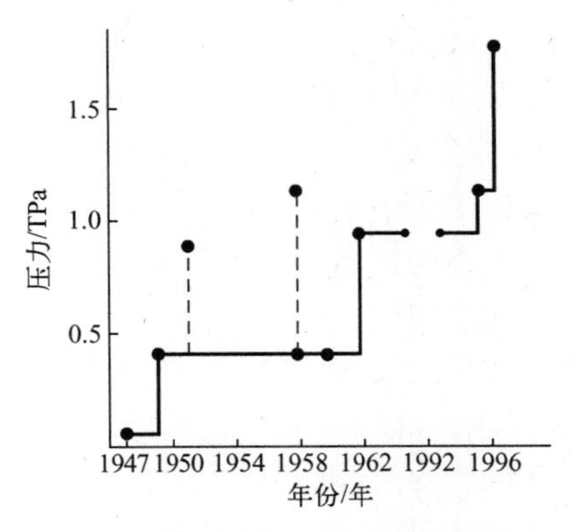

图7.46　苏联/俄罗斯改进后的球面装置最高压力与20世纪50年代的结果比较[16]
虚线表示20世纪50年代的(初步)结果；实线表示20世纪90年代用改进装置测量的最终结果。

第 8 章　激光速度和位移干涉测量技术基础

当一辆汽车加速从身旁驶过时,听到汽车鸣笛的音频先是由低变高,然后由高变低;而且运动速度越快,音频的相对变化越大。这种由于声源与观测者之间的相对运动导致接收器(如观测者的耳朵)感知的音频频率发生改变的现象称为声学多普勒效应,声学多普勒效应是多普勒在 1842 年首先发现并对其物理机理进行解释的。声源运动时观察者所接收到的频率 f 称为表观频率,声源静止时频率 f_0 称为本征频率,两者之差 $\Delta f=f-f_0$ 称为多普勒频移。多普勒频移的大小与运动速度密切相关。

多普勒效应并不是声波特有的现象。按照宇宙大爆炸理论,宇宙膨胀导致遥远星体以极快的速度远离地球而去。现代天文学证实极其遥远处恒星的运动速度甚至可与真空中的光速相比拟,恒星高速远离地球的运动导致从地球上接收到的这些星体发射的光波频率向低频端移动,这种现象称为多普勒红移,这是光学多普勒效应。不过,由于光速高达 3×10^5km/s,光波频率高达每秒数百万亿赫兹,而普通物体的运动速度通常远远低于光速,普通发光物体运动产生的光学多普勒频移量极小,想要直接测量出从速度为数百至数千米每秒的运动物体表面发射的光波频率变化是极其困难的。

但是,能否通过光波干涉方法调制解调出反射光与入射光之间的频率差呢?20 世纪 60 年代激光器的发明为开展这项研究提供了强有力的支撑。美国科学家 Baker 等[23]在 20 世纪 70 年代初发明了一种将不同时刻从运动物体表面反射的激光进行差分干涉的仪器,通过对差分干涉条纹进行解调,获得物体运动产生的光学多普勒频移,进而获得物体的运动速度。以两束反射激光的差分干涉为基础,Barker 成功地研制出了任意反射面速度干涉测量系统(VISAR),能够精确测量物体在极短时间间隔内的速度变化历史,实现了对运动物体速度的非接触式连续精密实时测量,从此开始了利用激光速度干涉技术测量物体瞬时运动速度的时代。

Barker 发明的 VISAR 起初仅能测量单点的运动速度历史,他将激光差分干涉产生的做连续变化的光信号投射到光电倍增管上,经光电转换后通过示波器输出,形成信号幅度连续变化的干涉条纹。在有些情况下需要研究沿着一条直线上各质点的运动速度,对所有质点的激光差分干涉信号变化历史进行记录,这就要求将所有质点运动产生的激光干涉信号转变为电子学信号。这种激光干涉信号不可能依靠一个或数个光电倍增管进行记录,需要使用变像管相机或其他类似的高速扫描相机进行记录。经过几十年的努力,到 20 世纪 90 年代已经研制成功用于线速度测量的线 VISAR;其后又研制成功用于面速度测量的面 VISAR,面 VISAR 需要使用面成像高速分幅相机对干涉信号进行记录。

为满足我国材料动力学研究的需要,中国工程物理研究院流体物理研究所从 20 世纪 80 年代开始研究激光速度干涉测量技术。1987 年,胡绍楼等[220]研究成功我国第一代 JG-1 型 VISAR 仪,与早期的 Barker 型 VISAR 一样,由离散的光学元器件组成。这种激光速度干涉仪不仅体积较大,需要安装在专门的光学平台上,而且需要专业人员操作。

其后,李泽仁等[221]研制成功的尾纤式光学探头极大地提高了 JG-1 型 VISAR 的可操作性;此后其他研究者在 VISAR 快速数据处理[222]程序、降低加窗 VISAR 的窗口杂光和伪信号光对干涉条纹影响[223],以及采用折返式光路的干涉技术[224]和共腔式干涉腔的多点测量技术[225]等方面,对 VISAR 仪器进行了持续改进,使我国的 VISAR 的性能和适用性得到了迅速提高。最近,刘寿先等[226,227]研制成功了线 VISAR 和面成像 VISAR,极大地拓展了我国 VISAR 的测量能力和应用领域。

谭华所在的研究团队从 20 世纪 90 年代中期开始研究全光纤激光速度和位移干涉测量技术[228,229]。经过近十年的努力,于 21 世纪初在全光纤激光干涉测速技术上取得了突破[230, 231]。在此基础上,翁继东等[26]成功发明了一种全光纤激光位移/速度干涉系统(DISAR)。DISAR 具有数十皮秒的时间分辨力和数十纳米的位移分辨率,克服了 Barker 型 VISAR 在某些情况下出现的“条纹丢失”等问题。在研制成功 DISAR 的基础上,翁继东等进一步发展了一系列其他类型的速度干涉测量系统,如光波-微波混频测速仪[231](OMV),以及用于绝对距离测量的新型频域测距仪[232, 233](OFDI)等。

本章将对利用光学多普勒现象进行粒子速度和位移精密测量的原理进行讨论,以供从事冲击波物理实验和极端应力-应变率斜波加载下材料科学的研究者们参考。这方面已经有很多专著出版,但这些专著更多地从光学专业的角度叙述这些问题。考虑非光学专业读者的需求,本章将尽可能详细地从普通物理的角度对有关原理进行论述。首先讨论声学多普勒频移与物体运动速度之间的关系。

8.1　声学多普勒效应

声学多普勒效应是发出声波的振动源(如汽车喇叭)相对于探测器(如观察着的耳朵)运动时产生的一种物理现象。在实验室坐标系中,虽然声源在运动,但对于跟随声源一起运动的观测者(如汽车驾驶员)来说声源的振动频率并未因汽车运动而发生改变,但是相对于实验室坐标系静止的探测器接收到的声波频率发生了改变。探测器接收到的是经空气介质传播的声波频率,这说明正是声源相对于静止接收器运动导致了声扰动在介质中的传播频率发生了改变。另外,声扰动是一种小应力扰动,小扰动在介质中的传播速度即声速是由介质自身的性质和热力学状态决定的,与声源本身运动与否无关,因此,声源的运动并不会影响声波在介质中的传播速度。但是,频率是单位时间内探测器接收到的振动次数,或单位时间内经过接收器的声扰动的振动次数。声学多普勒现象说明在介质中传播的声波频率与声源和接收器之间的相对运动有关,不是介质的固有属性;由此推知声波的波长也不是介质的特定属性。下面分三种情况对多声学普勒频移与声源运动速度及声速之间的关系进行分析。

8.1.1　声源相对于介质静止而探测器相对于介质运动时的多普勒效应

当声波振动源相对于介质静止时,声波在介质中传播的速度即声速 c 由介质的特性决定,而波长 λ_0 或频率 f_0 由声振动源的特性决定,不受探测器的运动速度 u_1 的影响。取探测器朝声源运动时的速度为正,离开声源运动时的速度为负(下同)。假定探测器以速度 u_1 朝声源运动,探测器的运动导致声波波列以速度 $c+u_1$ 通过探测器。Δt 时间内探测器扫过的声波波列的长度 $\Delta L=(c+u)\Delta t$，它接收到的声波振动次数 $\Delta N=\Delta L/\lambda_0=(u+c)\Delta t/\lambda_0$。因此，单位时间内探测器测量到的声波振动次数，即声波频率为

$$f_1=\frac{\Delta N}{\Delta t}=\frac{u_1+c}{\lambda_0}=f_0\left(1+\frac{u_1}{c}\right) \tag{8.1}$$

式中：声速 $c=\lambda_0 f_0$。

多普勒频移为

$$\Delta f_1=f_1-f_0=f_0\frac{u_1}{c} \tag{8.2}$$

由此可见，当观测者（探测器）的运动方向朝声源时（$u_1>0$）接收到的声频率增加，导致探测器接收到声波的音调升高；当观察者的运动方向离开声源时（$u_1<0$）接收到的声频率减小，导致音调降低。

8.1.2 声源相对于介质运动但探测器相对于介质静止时的多普勒效应

假定观察着静止但声振动源相对于介质以速度 u_2 运动（图 8.1）。声源自身的本征振动频率 f_0 不会因其运动而发生改变，在 Δt 时间内声源发出的振动次数即它向介质中发送的声波的振动次数 $N=f_0\cdot\Delta t$，这也是探测器在 Δt 时间内测量到的声波的振动次数。由于声源以速度 u_2 朝探测器运动，经历时刻 Δt 以后声源与探测器之间距离变为（图 8.1）

$$\Delta L=(c-u_2)\cdot\Delta t \tag{8.3}$$

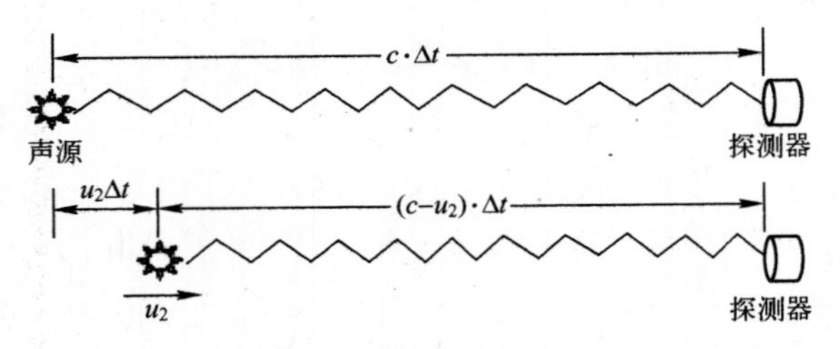

图 8.1　声源运动对声波频率的影响

而 ΔL 距离内声波的振动次数也正是声源在 Δt 时间内发射的或接收器在同一时间内接收到的振动次数。因而相对介质静止的探测器接收到的声波的波长为

$$\lambda_2=\frac{\Delta L}{N}=\frac{c-u_2}{f_0}$$

或

$$f_2=f_0\frac{1}{1-u/c} \tag{8.4}$$

即多普勒频移为

$$\Delta f_2=f_2-f_0=\left(\frac{c}{c-u_2}\right)f_0 \tag{8.5}$$

…可见，当声源的运动方向朝向观测者时（$u_2>0$）接收到的声频增大，音调升高；当声源…方向离开观测者时（$u_1<0$）接收到的声频减小，音调降低。式（8.1）和式（8.4）在…样，因此声源运动造成的多普勒频移与探测器运动造成的多普勒频移效果不

同。若 $u_2 \ll c$,在一级近似下得到多普勒频移为

$$\Delta f_1 = f_0 \frac{u_2}{c} \tag{8.6}$$

两者在表达形式上就等价了。

上述分析表明,声源运动导致接收器(耳朵)接收到的声波频率(表观频率)发生了改变,但声源的本征振动频率并未因自身运动而改变。因此,可以把声学多普勒效应看作"接收器"自身的一种"感觉效果"。

8.1.3 声源和探测器相对于介质静止但被观察物体相对于介质运动时的多普勒效应

在实际应用多普勒效应进行运动物体的速度测量时,从相对于实验室坐标系静止的声源向以速度 u 运动的目标物体发射一束频率 f_0 的声波,以静止的探测器测量从运动物体表面反射的回声的频率 f(图 8.2)。对于声源而言,被测运动物体相当于在 8.1.1 节中讨论的向左运动的观察者或探测器;对于跟随目标物体一起运动的探测器,测得到达运动物体的声波频率为

$$f_3 = \frac{c}{\lambda} = f_0(1+u/c)$$

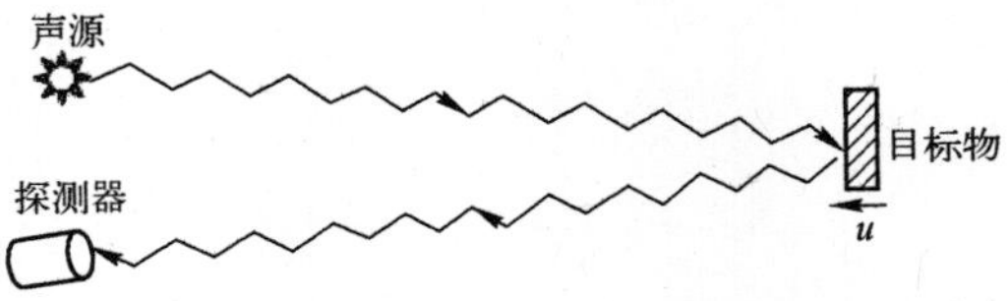

图 8.2 利用声学多普勒效应测量物体运动速度

另外,对于实验室坐标系中的探测器接收到的是从以速度 u 运动的目标物反射回来的声波,该目标物就是 8.1.2 节中以速度 u 运动的声源,从它表面反射的声波频率为 f_3。根据 8.1.2 节的结果,相对于实验室坐标静止的探测器测量到的频率为

$$f = f_3 \frac{1}{1-u/c} = f_0 \frac{1+u/c}{1-u/c} \tag{8.7}$$

因此,相对于实验室静止的接收器接收到的声波频率与声源发射的声波频率之差为

$$\begin{aligned}\Delta f &= f_0\left(\frac{1+u/c}{1-u/c} - 1\right) \\ &= f_0 \frac{2u/c}{1-u/c}\end{aligned}$$

若 $u \ll c$,则在一级近似下得到声学多普勒频移为

$$\Delta f = f_0 \frac{2u}{c} = \frac{2u}{\lambda_0} \tag{8.8}$$

8.2 光学多普勒效应

8.1 节的讨论不适用于光学多普勒效应,因为光的传播不像声波那样需要有介质才

能传播。光的振动频率源自原子内部电子的本征跃迁发射的电磁波,与光源的宏观运动无关;光的传播服从相对论,光速不因坐标系的运动与否而改变。但是,按照狭义相对论,时间间隔和运动距离的测量与坐标系的运动速度密切相关。为了获得探测器测量的光波频率与运动光源发射的本征光波频率及光速的关系,需要在相对论框架内讨论由于目标物体的运动对时间间隔测量和对运动距离测量的影响。

为简单起见,考虑光在真空中的传播。假定光的传播方向与物体运动方向一致,即沿着图 8.3 所示的 x 轴方向传播。光源 S 相对于 M'坐标系静止。观察者或探测器 D 位于坐标系 M 中,相对于 M 坐标系静止,取探测器的位置为坐标系 M 的原点。M 坐标系中的探测器测量到光源以速度 u 运动。假定光源 S 在某时刻间隔内向探测器 D 发射一束频率(本征频率)为 ν_0 的单色光,以 M 坐标系中的探测器对光源的发光过程进行观测。首先讨论光源向着探测器运动的情况,以下标"+"表示光源的运动速度指向观察者时的对应物理量,则测量结果如下。

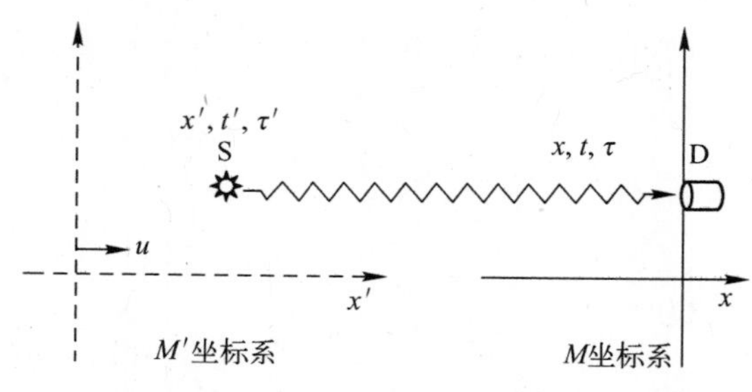

图 8.3　光学多普勒效应原理

M 坐标系中的探测器探测到光源 S 的开始发光时刻为 φ_1,其空间坐标位置为 $x_1(x_1<0)$;探测到光源 S 结束发光的时刻为 φ_2,其空间位置在 $x_2(x_2<0)$。在时间间隔 $\varphi_+=\varphi_2-\varphi_1$ 内,M 坐标系中的观察者测得该光源发射的单色光的频率为 ν_+。现需确定 ν_+ 与光源的本征频率 ν_0 的关系,即频率的改变与光源运动速度的关系。

根据狭义相对论在 M 坐标系中的观测者看来,由于光源与探测器之间存在一定距离而光波的速度为 c,从光源开始发光时的位置 x_1 到该光波到达探测器位置所需的时间为 $\dfrac{|x_1|}{c}$。因此 M 坐标系的观察着认为光源开始发光的实际时间为

$$t_1=\varphi_1-|x_1|/c=\varphi_1+x_1/c \tag{8.9}$$

同理,M 坐标系中的观察者认为光源停止发光的实际时间为

$$t_2=\varphi_2-|x_2|/c=\varphi_2+x_2/c \tag{8.10}$$

因此,在狭义相对论框架下,M 坐标系中测量的光源发光的实际持续时间为

$$\begin{aligned}\tau &=t_2-t_1=(\varphi_2-\varphi_1)+(x_2-x_1)/c\\ &=\varphi_++(x_2-x_1)/c\end{aligned} \tag{8.11}$$

由于光源运动,导致 M 坐标系中探测器测量的光源发光的持续时间 $\varphi_+=\varphi_2-\varphi_1$ 与考虑相对论效应后光源发光的实际持续时间 $\tau=t_2-t_1$ 并不相等。光源 S(M'坐标系)的运动速度为 u,因此,根据起始发光时刻的位置 x_1 与终了发光时刻的位置 x_2 之间的关系,M 坐标系中的观察者测量得到的 M'坐标系(光源)的运动速度为

$$u=(|x_1|-|x_2|)/\tau=(x_2-x_1)/\tau \tag{8.12}$$

联立式(8-11)和式(8.12),得到

$$\varphi_+=\tau(1-u/c) \tag{8.13}$$

式(8.13)给出了考虑相对论效应以后,M 坐标系中的探测器 D 测量到的光源的发光时间间隔 φ_+ 与光源 S 的运动速度 u、光源的实际放光时间间隔 τ 以及光速 c 之间的关系。

类似于声学多普勒现象,需要计算跟随 M' 坐标系一起运动的观察者(类比于汽车中的驾驶员)测量的光源 S 的发光时间间隔 τ'(类比于汽车喇叭的发声时间间隔)与 M 坐标系中的测量结果的关系,以便得到光源在时间间隔 τ' 发射的本征频率 ν_0 与 M 坐标系中的探测器测量的频率 ν 之间的关系。根据相对论,跟随 M' 坐标系运动的观测者测量的发光起始时刻 t_1' 与 M 坐标系中的观测者测量的发光起始时刻 t_1 的关系为

$$t_1'=\frac{t_1-(u/c^2)x_1}{\sqrt{1-(u/c)^2}} \tag{8.14}$$

与发光终了时刻 t_2 的关系为

$$t_2'=\frac{t_2-(u/c^2)x_2}{\sqrt{1-(u/c)^2}} \tag{8.15}$$

因此,M' 坐标系中的观察者测量的光源 S 发光的时间间隔为

$$\begin{aligned}\tau'=t_2'-t_1'&=\frac{t_2-t_1-(u/c^2)(x_2-x_1)}{\sqrt{1-(u/c)^2}}=\frac{(t_2-t_1)-(u^2/c^2)(t_2-t_1)}{\sqrt{1-(u/c)^2}}\\&=(t_2-t_1)\sqrt{1-(u/c)^2}=\tau\sqrt{1-(u/c)^2}\end{aligned} \tag{8.16}$$

由于相对论效应,两坐标系测量的光源发光的持续时间并不相等,因此 M' 坐标系中的光源的本征振动频率 ν_0 在时间间隔 τ' 内光源 S 发出的振动数为

$$N=\nu_0\tau'=\nu_0\tau\sqrt{1-(u/c)^2} \tag{8.17}$$

上述光波振动次数 N 也是 M 坐标系中的探测器 D 在时间间隔 $\varphi_+=\varphi_2-\varphi_1$ 探测到的光波振动次数。因此 M 坐标系中探测到的光波频率为

$$\nu_+=\frac{N}{\varphi_+}=\frac{\tau\nu_0\sqrt{1-(u/c)^2}}{\tau(1-u/c)}=\nu_0\sqrt{\frac{1+u/c}{1-u/c}}>\nu_0 \tag{8.18}$$

同理可证,当光源离开观测者运动时(下标“-”表示与光源向着观测者运动的对应物理量),有

$$\varphi_-=\tau(1+u/c)$$

$$\nu_-=\frac{N}{\phi_-}=\frac{\tau\nu_0\sqrt{1-(u/c)^2}}{\tau(1+u/c)}=\nu_0\sqrt{\frac{1-u/c}{1+u/c}}<\nu_0 \tag{8.19}$$

如果把光源和观测者相互接近时的相对运动速度取为正,相互离开时的运动速度取为负,则式(8.18)和式(8.19)可以统一写为

$$\nu=\nu_0\sqrt{\frac{1+u/c}{1-u/c}} \tag{8.20}$$

由于通常情况下物体的运动速度 u 远远低于光速 c,上式可近似表达为

$$\nu=\nu_0(1+u/c) \tag{8.21}$$

即

$$\Delta\nu=\frac{u}{c}\nu_0=\frac{u}{\lambda_0} \tag{8.22}$$

此即光学多普勒效应引起的频移。与声学多普勒效应一样,当光源向着探测器运动时,探测器测量到的频率高于光源自身的发光频率。

声的传播需要介质,在声学多普勒效应中,声源相对于探测器运动与探测器相对于声源运动产生的效果是不同的。在光学多普勒效应中,由于 M 坐标系和 M' 坐标系互为参考系,因此观测者相对于光源运动产生的多普勒效应与光源相对于观测者运动产生的结果是一样的。这是因为光作为一种电磁波可以在真空中传播,不需要任何介质作为光波传输的载体。

上述分析表明,光学多普勒效应是由于光源与观测者的相对运动运动导致接收器(眼睛)接收到的光波的表观频率发生了改变,运动并没有使光源自身发射的本征频率发生改变。因此,光学多普勒效应也可以看作"接收器"自身的一种"感觉效果"。

在实际测量中,总是以实验室坐标系为参照,从实验室坐标系发出一束激光照射到运动的物体表面,以探测器测量从物体表面反射回来的光,计算物体运动引起的多普勒频移 $\Delta\nu\equiv\nu-\nu_0$。采用类似于声学多普勒效应中的分析方法,探测器测量的多普勒频率 ν 与物体运动速度 u 的关系为

$$\nu=\nu_0(1+2u/c) \tag{8.23a}$$

或

$$\lambda=\lambda_0(1-2u/c) \tag{8.23b}$$

得到实测的光学多普勒频移 $\Delta\nu$ 与激光的频率 ν_0 与激光反射界面运动速度 u 的关系为

$$\Delta\nu=2u(\nu_0/c)=2u/\lambda_0 \tag{8.24}$$

或运动速度与光学多普勒频移的关系为

$$u=\frac{\lambda_0}{2}\Delta\nu \tag{8.25}$$

可见光和近红外光波的频率范围 $\nu_0\approx10^{14}\sim10^{15}/\mathrm{s}$,即使物体的运动速度达到 10km/s 量级,它引起的频率的相对改变($\Delta\nu/\nu_0$)也不过是光波频率的数万分之一至十万分之一。想要从高达 $10^{14}\sim10^{15}/\mathrm{s}$ 的频率中直接精确分辨出如此细微的频率改变是非常困难的。

8.3 拍频干涉原理

光波作为一种平面简谐电磁波可以表示为

$$E=A\cos\varphi=A\cos(kz-\omega t)$$

式中:E 为光波的电场强度;z 为沿着光线传播方向上的空间位置;A 为光波的振幅,$I=A^2$ 为光强,它表示光波能量的时间平均值;k 为波数,$k=\frac{2\pi}{\lambda}=2\pi\frac{\nu}{c}$,其中,$\lambda$ 为波长,ν 为光

波的频率，c 为光速；ω 为角频率，$\omega=2\pi\nu$；φ 为光波的相位，$\varphi=kz-\omega t=kz-2\pi\nu t=\frac{2\pi}{\lambda}(z-ct)$，其中，$kz$ 为初相位，z 为光波到达的空间位置。

当两束频率相等、振动方向相同、初相位固定不变的光波叠加时，在两束光波的交叠区内将会形成明暗相间的条纹，这就是光波的干涉现象。这种明暗相间的干涉图案不随时间发生变化，其空间位置也不发生移动。因此，将它投射到光电倍增管上不会输出交变的电信号。

但是，如果两束叠加光波的频率虽然不相等但差异很小，例如，从激光器发出的一列入射光波与该列光波从运动表面反射并发生了多普勒频移的反射光波，当它们发生叠加时情况又如何呢？为简单起见，假定这两束激光的振幅相等，频率分别为 ν_1（对应于波长 λ_1）和 ν_2（对应于波长 λ_2），则有

$$E_1=a\cos(k_1z-2\pi\nu_1t),E_2=a\cos(k_2z-2\pi\nu_2t)$$

两光波叠加后的电场强度为

$$E=E_1+E_2=a[\cos(k_1z-2\pi\nu_1t)+\cos(k_2z-2\pi\nu_2t)] \tag{8.26}$$

经过简单的运算，合成光波可以表达为

$$E=A\cos(\bar{k}z-2\pi\bar{\nu}t) \tag{8.27}$$

式中：$\bar{k}$为合成光波的平均波数，$\bar{k}=(k_1+k_2)/2$；$\bar{\nu}$为合成光波的平均频率，$\bar{\nu}=(\nu_1+\nu_2)/2$。

若 ν_1 和 ν_2 非常接近，则$\bar{\nu}/\nu_1\approx\bar{\nu}/\nu_2\approx1$，即合成光波的平均频率$\bar{\nu}$与 ν_1 和 ν_2 非常接近；而式（8.27）中合成光波的振幅 A 为

$$A=2a\cos(k_mz-2\pi\nu_mt) \tag{8.28}$$

因此，合成光波的振幅将随时间而变，即合成光波的光强随时间以频率 ν_m 变化。式（8.28）中：$\nu_m=(\nu_1-\nu_2)/2$；k_m为合成光波振幅的波数，$k_m=(k_1-k_2)/2=\frac{2\pi}{c}\frac{\nu_1-\nu_2}{2}$它描述两束单色光波的初始相位差。若 ν_1 和 ν_2 非常接近，则合成光波振幅随时间变化的频率 $\nu_m=(\nu_1-\nu_2)/2$ 将远远低于入射光波的频率，相对与入射光及反射光波的频率，振幅 A 随时间的变化非常缓慢。

根据定义，式（8.27）中合成光波强度为

$$\begin{aligned}I&=A^2=4a^2\cos^2(k_mz-2\pi\nu_mt)\\&=2a^2+2a^2\cos2(k_mz-2\pi\nu_mt)\end{aligned} \tag{8.29}$$

当 ν_1 和 ν_2 非常接近时，合成光波强度的变化也很缓慢。根据式（8.29）合成光波强度可以看作由直流和交流两部分组成，其中的直流部分为

$$\bar{I}=2a^2$$

交流部分为

$$\begin{aligned}\tilde{I}&=2a^2\cos(2k_mz-4\pi\nu_mt)\\&=2a^2\cos(\varphi_0-2\pi ft)\end{aligned} \tag{8.30}$$

交流分量的振幅 $I_0=2a^2$，交流分量的变化频率 f 等于两合成光波的频率差，即

$$f=2\nu_m=|\nu_1-\nu_2|=\Delta\nu \tag{8.31}$$

令 $t=0$，得到探头所在位置 z 的合成光强的交流部分的初始相位为

$$\varphi_0 = 2k_m z = (k_1 - k_2)z$$

在实验测量的起始时刻($t=0^-$)两束光波刚刚到达探头位置 z,式(8.26)或式(8.30)中探头输出的交流分量应等于零,即

$$\tilde{I} = I_0 \cos(\varphi_0 - 2\pi ft)\big|_{t=0} = I_0 \cos\varphi_0 = 0$$

由此可知,合成光强的初相位应满足

$$\varphi_0 = \pm \frac{\pi}{2}$$

式(8.29)表明,当两束频率差异极小、振幅相等、初始相位固定的单色光波叠加后,合成光波的振幅将随时间做缓慢变化,形成光拍。在某一确定的空间位置(确定的 z)上将能观察到光强随时间做忽明忽暗的周期性变化,这种现象称为光的拍频干涉,相当于合成光强受到某种低频信号的调制。拍频干涉与超外差收音机中利用较低的声波频率对高频无线电波进行调制的现象非常相似。与单色光干涉形成的图案不同,由于合成光波的强度 I 随时间变化,拍频干涉一般不能形成稳定的干涉图案,将它投射到光电倍增管上将输出交变的电子学信号。如果 ν_1 和 ν_2 比较接近,该拍频信号强度变化的频率 ν_m 较低,易于被高速条纹相机直接记录,或被光电探测器转换成电信号后由高速示波器记录。

拍频干涉中光强从极大值到极小值的周期性变化形成的明暗相间的条纹称为拍频干涉条纹。根据式(8.29),单位时间内光强明暗变化的次数等于光拍的频率 $f=2\nu_m=|\nu_1-\nu_2|$。因此,在某一时间间隔 δt 内形成的明暗相间的干涉条纹总数 δn 与 f 成正比,$\delta n = f \cdot \delta t$。在有些情况下,拍频干涉光强的变化频率非常高,可能会远远超出示波器的带宽,无法全部被示波器记录,就会出现条纹丢失现象。

根据式(8.29),当两束激光强度相等时,合成光强最大值为 $4a^2$、最小值为 0,此时拍频干涉信号条纹具有最大的对比度。实际上,两束激光强度不可能严格相等。可以证明,对于两束光强不等的光波,合成光强可表达为

$$I = A^2 = a_1^2 + a_2^2 + 2a_1 a_2 \cos[2(k_1-k_2)z - 4\pi(\nu_1-\nu_2)t] \tag{8.32}$$

光强的调制频率虽然没有变化,但光强的最大值为$(a_1+a_2)^2$、最小值为$(a_1-a_2)^2$,干涉图案的对比度变差。因此,在拍频干涉测量中,应设法使两束激光的强度尽量接近。

若上述两束激光分别为激光器发出的激光($\nu_1=\nu_0$)和同一列光波从运动物体表面的反射激光($\nu_2=\nu$),则拍频干涉信号的调制频率 f 恰好等于多普勒频移 $\Delta\nu$,即

$$\Delta\nu = \nu_1 - \nu_0 = 2\nu_m = \nu_0 \frac{2u}{c} \equiv f \tag{8.33}$$

当界面运动速度随时间变化时,调制频率 f 也随时间变化。因此,干涉图案条纹的疏密变化反映了物体运动速度的变化率,即物体运动的加速度。

8.4 传统的分离式激光速度干涉测量系统(VISAR)

8.4.1 VISAR 的基本原理

在多普勒效应中,一束频率为 ν_0 的激光波列与它被运动物体表面反射的激光之间的

多普勒频移 $\Delta\nu=\nu-\nu_0$ 通常可达到数十吉赫以上。例如，当物体以 10 km/s 的速度运动时，$\Delta\nu/\nu_0=10^{-4}\sim10^{-5}$，光拍的频率 $f>10^{10}$/s。在 20 世纪 60 至 70 年代，光电器件尚难以对如此快速变化的拍频光强进行实时测量。但是，在两个相邻时刻 t_1 和 $t_2=(t_1+\tau)$ 从运动物体表面同一位置上反射的两束多普勒激光的频率分别为

$$\nu_1(t_1)=\nu_0(1+2u_1/c) \tag{8.34a}$$

$$\nu_2(t_2)=\nu_0(1+2u_2/c) \tag{8.34b}$$

按照 8.3 节的分析，若设法使这两束多普勒激光发生叠加，就能形成合成光强变化频率为 f 的拍频干涉条纹，即

$$f=\nu_1-\nu_2=\Delta\nu=2\nu_0(u_2-u_1)/c=\nu_0\frac{2\Delta u}{c} \tag{8.35}$$

显然，频率 f 直接与时间间隔 $\tau=t_2-t_1$ 内的速度变化 $\Delta u=u_2-u_1$ 相关。只要时间间隔 τ 足够小，则时间间隔 τ 内物体运动速度变化 Δu 也足够小，拍频干涉条纹的频率 f 将能够被实时精密测量。例如，当冲击波从自由面卸载时自由面速度连续增大，卸载波的应变率 $\dot{\varepsilon}\approx10^5$/s，在数十吉帕的冲击压力下的声速 $c\approx5\times10^3$m/s，，得到卸载过程中的加速度 $\dot{u}=\dot{\varepsilon}c\approx10^9(\text{m/s}^2)$。假定实验测量仪器的分辨率约为 10ns，取 $\tau\approx20$ns，则在时间间隔 τ 内的速度变化 $\Delta u=\tau\dot{u}\approx20(\text{m/s})$。由式(8.35)得到 $f\approx10^{-6}\nu_0\sim10^7$/s。对于这种频率的光拍信号，不难用普通光电仪器进行记录。

但是，为了使在 t_1 和 $t_2=t_1+\tau$ 两个不同时刻从运动表面同一位置上反射的、来自入射激光同一波列的两束反射光进行叠加，必须对 t_1 时刻从运动表面发出的反射光进行延迟，否则不可能使两者在同一探头位置处相遇并叠加。图 8.4 给出了使激光延时、叠加并产生拍频相干的原理光路。从激光器 1 发出的入射激光的频率为 ν_0；假定 t_1 时刻从速度 $u(t_1)$ 的物体表面反射的携带了该时刻多普勒信息的激光的频率 ν_1，它先后经由半透半反分光镜 2，反光镜 3、etalon 延时器 4 和反光镜 5 构成的延时臂，最终到达半透半反分光镜 6；同一波列的入射激光在稍迟时刻 t_2 从速度 $u(t_2)$ 的运动物体表面的同一位置反射，携带了该时刻的多普勒信息的光波的频率 ν_2，经由直达光路到达半透半反反光镜 6。假定经延时臂与经直达臂到达半透半反分光镜 6 的两束激光的时间差 $\Delta t=t_2-t_1=\tau$，则它们叠加时形成的光拍频率 f 由式(8.35)给出。

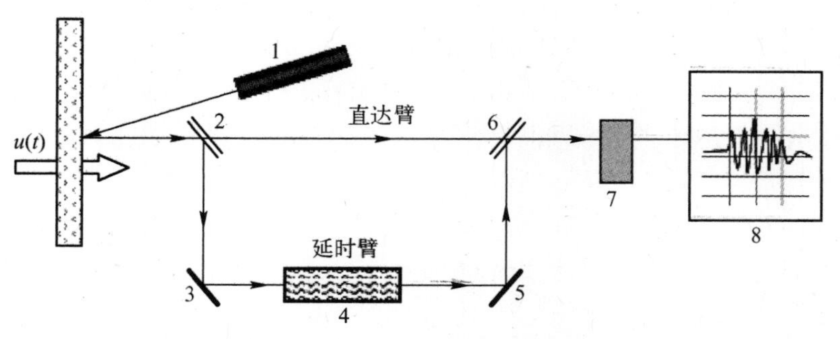

图 8.4　产生拍频相干的光路原理

1—激光器；2，6—半透半反分光镜；3—反射镜；4—etalon 延时器；5—反射镜；7—光电倍增管；8—示波器。

频率 f 表示单位时间间隔内的拍频条纹光强的明暗变化次数，在 $\Delta t=(t+\tau)-t=\tau$ 时间间隔内产生的拍频干涉条纹数为

$$\Delta N=f\cdot\Delta t=f\cdot\tau=\frac{2\tau}{\lambda_0}\Delta u \tag{8.36}$$

因此，从初始时刻($t=0$)到测试终了时刻 t 的总条纹数为

$$N(t)=\sum_t\Delta N=\frac{2\tau}{\lambda_0}\sum_t\Delta u \tag{8.37}$$

由于延迟时间通常为纳秒或亚纳秒量级，$\tau\ll t$，因此式(8.37)也可以写为积分形式：

$$\begin{aligned}N(t)&=\int_0^t\mathrm{d}N=\int_0^t f\mathrm{d}t\\&=\frac{2\tau}{\lambda_0}\int_0^t\mathrm{d}u=\frac{2\tau}{\lambda_0}[u(t)-u_0]\end{aligned} \tag{8.38}$$

$N(t)$ 表示从初始时刻开始到测量终了时刻记录到的光拍明暗变化次数即拍频干涉条纹总数，因而任意时刻的界面速度与初始时刻的速度 u_0 之差可表示为

$$u(t)-u_0=\frac{\lambda_0}{2\tau}N(t)=F_{\mathrm{C}}\cdot N(t) \tag{8.39}$$

式中：F_{C} 为条纹常数，表示单个条纹对应的速度变化，通常取为 $10^2\sim10^3$m/s 量级，且有

$$F_{\mathrm{C}}=\frac{\lambda_0}{2\tau} \tag{8.40}$$

如果初始时刻物体对于测试探头处于相对静止状态($u_0=0$)，则速度与条纹总数的关系可表达为

$$u(t)=\frac{\lambda_0}{2\tau}\cdot N(t) \tag{8.41}$$

式(8.39)的推导过程表明，VISAR 测量的瞬时速度 $u(t)$ 实际上是从时刻 t 至 $t+\tau$ 时间间隔 τ 内的平均速度，在有的文献中把它表达为

$$u(t+\tau/2)=\frac{\lambda_0}{2\tau}\cdot N(t) \tag{8.42}$$

的形式。由于 τ 极小，也可以看作时刻 t 的瞬时速度。式(8.39)给出的通过计数拍频干涉条纹总数 $N(t)$ 获得瞬时速度 $u(t)$ 的方法，是 20 世纪 70 年代 Barker[23] 提出并研制成功的基于多普勒频移和拍频干涉原理、测量任意时刻的界面运动速度的激光速度干涉测量技术的基本原理。Barker 把这种激光速度干涉仪命名为任意反射面的速度干涉系统。

式(8.39)~式(8.42)的结果表明，如果物体一开始处于匀速运动状态并始终保持匀速运动，$u(t)\equiv u_0$，则 $N=0$。因此，Barker 的激光速度干涉仪是测量界面运动速度变化的仪器，它不能测量始终处于匀速运动物体的速度。事实上式(8.38)可改写为

$$N(t)=\frac{2\tau}{\lambda_0}\int_0^t\frac{\mathrm{d}u}{\mathrm{d}t}\mathrm{d}t=\int_0^t\frac{\mathrm{d}N}{\mathrm{d}t}\mathrm{d}t \tag{8.43}$$

或

$$\frac{\mathrm{d}u}{\mathrm{d}t}=\frac{\lambda_0}{2\tau}\frac{\mathrm{d}N}{\mathrm{d}t}=\frac{\lambda_0}{2\tau}f(t)$$
$$=F_{\mathrm{C}}\cdot f(t) \tag{8.44}$$

也就是说,VISAR 测量的是加速度。VISAR 通过对加速度的积分获得速度变化历史或速度剖面;加速度与条纹的变化率 $\mathrm{d}N(t)/\mathrm{d}t$ 或光拍的频率 $f(t)$ 成正比。当速度剖面中的某些区域拍频光强不再变化时 $f(t)=0$,条纹总数 N 也不再变化,在 VISAR 记录的干涉条纹图形上将出现一条光滑的直线,这条光滑直线意味着界面处于匀速运动状态,而条纹越密集,意味着速度变化越剧烈。

在有些情况下,界面运动速度的变化幅度的绝对值也许不很大,但速度的变化发生在极短暂的时间间隔内,速度变化率即加速度将非常大。例如,当冲击压力较低时粒子速度并不高,但冲击波阵面上粒子速度变化极快,粒子速度剖面的前沿极陡,根据冲击波阵面的上升前沿估算的加速度甚至可达$10^{12}\sim10^{13}\mathrm{m/s^2}$,导致条纹变化频率高达数十吉赫以上。因此式(8.44)中的 $\mathrm{d}N/\mathrm{d}t$ 有可能远远超出许多光电探测系统的时间分辨力。如果对这类极高加速度运动进行实时测量,光电测试系统不能对如此快速变化的光拍信号进行记录,将导致拍频干涉条纹丢失。因为光电测试系统的时间分辨力总是有限的,在这一意义上也可以说条纹丢失是 VISAR 测量原理带来的局限性。在发生条纹丢失的情况下,根据实测条纹数计算的粒子速度剖面就不能反映速度变化的真实情况。因而 Barker 型 VISAR 往往不能用于速度变化太快的动力学过程的粒子速度剖面的精密测量。但是对于准等熵压缩或卸载等动力学过程,应变率通常仅为$10^5\sim10^7/\mathrm{s}$,对应的加速度通常为$10^7\sim10^9\mathrm{m/s^2}$, VISAR 完全能够胜任这类动力学过程中粒子速度剖面的精密测量。

根据任意时刻光强的变化频率 f 与拍频条纹数 $N(t)$ 的关系 $f=\mathrm{d}N/\mathrm{d}t$,以及光拍的相位 φ 的变化与角频率的关系 $\mathrm{d}\varphi/\mathrm{d}t=\omega=2\pi f$,得到光拍的相位变化与拍频条纹数变化的关系为

$$\mathrm{d}\varphi/\mathrm{d}t=2\pi\cdot\mathrm{d}N/\mathrm{d}t$$

积分得到任意时刻拍频光强的交流分量$\tilde{I}$与条纹数的关系式(8.30)为

$$\tilde{I}=I_0\cos(2\pi N+\varphi_0) \tag{8.45}$$

或

$$\tilde{I}=I_0\cos\left(2\pi\frac{u}{F_{\mathrm{C}}}+\varphi_0\right) \tag{8.46}$$

式中:φ_0 由初始条件决定。

就本节讨论的情况,初始时刻光拍的交流分量应等于零,$\tilde{I}|_{t=0}=0$,因而初始时刻的拍频条纹数等于零,$N|_{t=0}=0$,得到初始时刻光拍的相位为

$$\varphi_0=\pm\pi/2$$

若取初始时刻光拍的相位 $\varphi_0=-\pi/2$,则可将式(8.45)写为

$$I=I_0\cos(2\pi N-\pi/2) \tag{8.47}$$

另外,虽然在瞬时应力作用下物体的加速度非常大,可导致运动速度发生突跃变化,但冲击加载瞬时应力的作用时间极短,速度变化的绝对值非常有限,因而运动产生的空间位移也非常有限。而物体的位移总是连续变化的,如果利用瞬态位移干涉测量获得位

移变化信息,进而获得速度变化历史的信息,就能够避免 VISAR 条纹丢失带来的困扰。有关高分辨率瞬态激光位移干涉测量的基本原理将在 8.8 节中介绍。

8.4.2 Barker 型 VISAR 的基本结构[23]及设计原理分析

Barker 利用拍频干涉原理,在 1972 年成功研制了一种激光速度干涉系统[23],其光路结构如图 8.5 所示。下面就 Barker 型 VISAR 的结构设计中需要考虑的主要物理问题进行讨论。

1. Barker 型 VISAR 的基本结构及光路分析

Barker 型 VISAR 由一系列离散的光学元器件组成,操作和调试比较复杂,需由专业人员操作。虽然 Barker 后来对它做了一系列改进,但对于原始的 Barker 型 VISAR 的光路结构进行深入分析有助于理解 Barker 在研制和设计激光速度干涉仪器时的基本考虑,对于理解和分析使用 VISAR 测量速度剖面时可能遇到的问题颇为有益。

在图 8.5 中,从激光器发出的入射激光束穿过中心带有小孔的反射镜 M_3,照射到直径约 50mm 的凸透镜 L 上。透过凸透镜 L 的光束被反射镜 M_4 偏转(M_4 位于凸透镜 L 的焦平面上)并会聚于待测运动物体的漫反射表面上。从运动物体表面反射的激光携带了该界面运动的多普勒信息,被凸透镜 L 重新收集、准直,再经中心有小孔的反射镜 M_3 反射到望远镜中,经望远镜聚集后形成直径约 7mm 的光束。从望远镜出射的激光束约以 45°角入射到偏振器上,偏振器使激光起偏,产生干涉仪所需的偏振激光。关于起偏器产生偏振光的原理参见文献[234]。

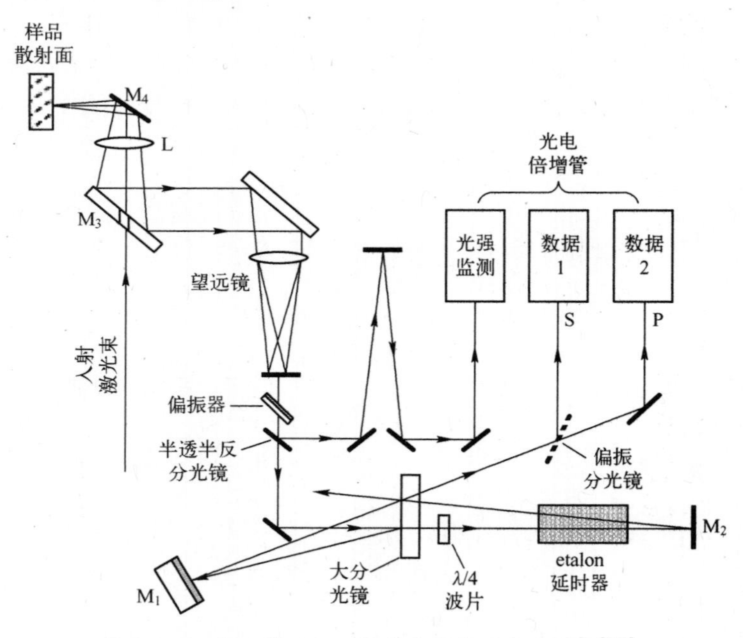

图 8.5 Barker 型 VISAR 的基本结构及光路原理[234]

偏振光的主光束经半透半反分光镜分光后形成两路激光:一路进入光强监测支路,用于监测实验测量过程中从运动界面反射的光波强度的变化;另一路激光束经由干涉臂产生拍频干涉信号,最后到达数据测量光电倍增管,由示波器记录运动界面速度的干涉条纹。

来自半透半反分光镜的用于光强监测的激光束的强度大约为主光束的1/3。在冲击波作用下，运动界面的反射率可能发生快速变化，实时光强监测用于考察界面反射率的变化对VISAR干涉信号的影响，为VISAR数据分析和解读提供参考。光强检测信号经数个反射镜延迟，当它最终到达光强检测的光电倍增管时，应与另一路经由干涉臂到达数据测量光电倍增管的光信号基本保持同步。

来自半透半反分光镜的第二路激光束进入VISAR的干涉臂，用于界面运动速度测量。该光束以约几度的入射角入射到直径约63mm大分光镜上的某一位置处(图8.5)；然后经大分光镜再次分光形成两路光束，分别进入以大分光镜的反射面为分界面的VISAR干涉仪的左、右干涉臂中。其中，透过大分光镜的那束偏振光在右干涉臂中传播，依次通过1/4波片产生$\pi/2$相位差，再通过etalon延时器产生延时时间τ，到达反射镜M_2并由M_2反射再次穿过etalon延时器到达大分光镜的另一位置处。与此同时，被大分光镜反射的那路偏振光在左干涉臂光路中传播，它首先到达方向可调的反射镜M_1，再经M_1反射返回到大分光镜，并与从右干涉臂返回大分光镜的、已经延时并发生$\pi/2$相位差的光束重新合成、叠加，产生拍频干涉。

最后，形成拍频干涉后的光波被大分光镜反射到偏振光分光镜上，被分离成独立的S光和P光，S光和P光分别到达两个不同的数据采集光电倍增管，经光电转换，输出的电信号由示波器记录。

2. 干涉臂的长度与零视程差条件的获得

为方便干涉仪调节，反射镜M_1(图8.5)的方向是可调的，它与大分光镜之间的距离也是可调的，以适应不同厚度的etalon延时器的需要。在图8.5中，光信号在达到大分光镜之前经历的传播路径相同，但是到达大分光镜后分别进入干涉仪左臂和右臂的两路光束经历的路径不同。

1）干涉仪两臂的长度

为了保证经历两条不同路径的光束具有零视程差，干涉仪左臂从反射镜M_1到大分光镜的空间距离l_L与干涉仪右臂从反射镜M_2到大分光镜的空间距离l_R应当满足

$$l_R-l_L=h\left(1-\frac{1}{n}\right) \tag{8.48}$$

式中：h为etalon延时器的总长度；n为etalon延时器材料对应于入射激光的初始频率ν_0(或波长λ_0)的折射率。

式(8.48)是基于迈克尔逊干涉仪原理提出的关于干涉仪的左、右两臂的长度必须满足的要求。当不存在etalon延时器时，VISAR的两个干涉臂也可看作迈克尔逊干涉仪的两条干涉臂(图8.6)。其中，M_2'是反射镜M_2通过半透半反镜SM形成的虚像。在探测器(或眼睛)D的视场中，干涉条纹数与两条干涉臂的长度l_R和l_L之差有关[234]。当两条干涉臂的长度相等($l_R=l_L$)时，虚像M_2'与反射镜M_1重合，干涉条纹消失，探头D中的视场亮度是均匀的，实现了零视程差。这是VISAR干涉臂的长度设置必须满足的条件。如果在等干涉臂迈克尔逊干涉仪的右干涉臂中放置长度为h的etalon延时器，则透过etalon延时器观察到反射镜M_2的目视位置与它的空间几何位置不再重合(图8.7(a))。可以证明，从厚度为h的熔石英etalon延时器中观察到的反射镜M_2的视位置与反射镜M_2的

实际位置之间的距离为

$$x=(1-1/n)h \tag{8.49}$$

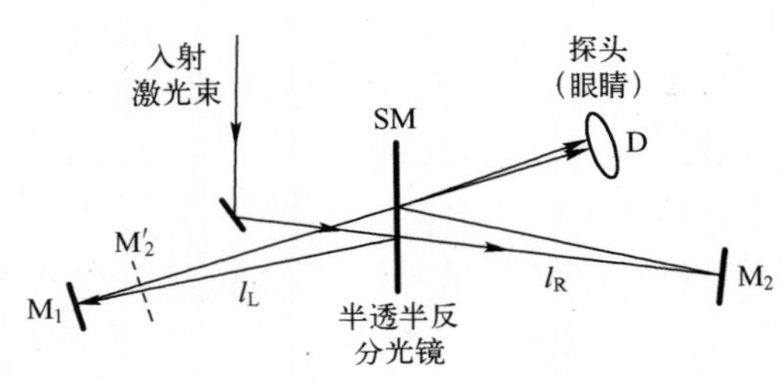

图 8.6 迈克尔逊干涉仪的光路原理图

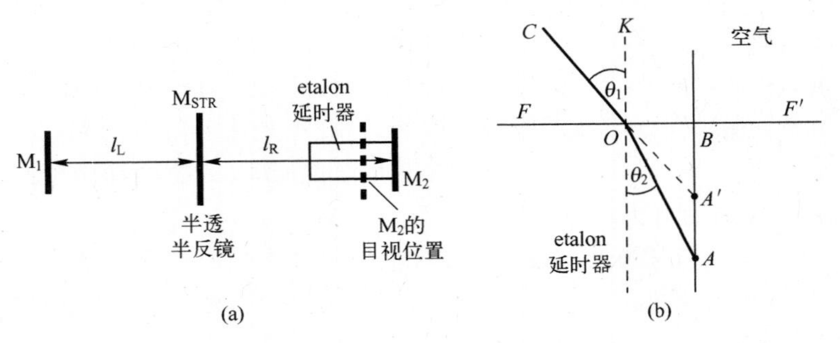

图 8.7 干涉仪左右两臂长度之间的关系

(a) 干涉仪右臂的 etalon 延时器对 M_2 的目视位置的影响;(b) A 点的位置与它的视位置 A' 的关系。

为了推导出式(8.49),参阅图 8.7(b)。图中 FF' 表示空气与 etalon 延时器之间的界面。假定 etalon 延时器中 A 点发出的一束光从界面上的 O 点进入空气,其入射角为 θ_2,折射角 θ_1;另一束光垂直入射于 FF' 界面并从 B 点进入空气中。假定 A 点到界面 FF' 的距离 $AB=h$,在空气介质中在 OC 方向上观察到 A 点的视位置在 A' 处,A' 点到界面 FF' 的距离 $A'B=h'$。根据折射定律,可得

$$n_1\sin\theta_1=n_2\sin\theta_2 \tag{8.50}$$

式中:n_1 及 n_2 分别为空气及 etalon 延时器的折射率。

另外,由图 8.7 所示几何关系容易得到

$$d_1\sin\theta_1=d_2\sin\theta_2 \tag{8.51}$$

式中:d_1、d_2 分别为线段 OA' 及 OA 的长度,因此有

$$\frac{d_1}{d_2}=\frac{n_1}{n_2} \tag{8.52}$$

利用 $h'=d_1\cos\theta_1$,$h=d_2\cos\theta_2$,得到

$$\frac{h'}{h}=\frac{d_1\cos\theta_1}{d_2\cos\theta_2}=\frac{n_1}{n_2}\,\frac{\cos\theta_1}{\cos\theta_2} \tag{8.53}$$

空气的折射率 $n_1=n_{\mathrm{air}}=1.003\approx1$,与真空非常接近,etalon 延时器由熔石英制造,其折射率 $n_2=n=1.4584$。因此

$$h'=\frac{h}{n}\,\frac{\cos\theta_1}{\cos\theta_2} \tag{8.54}$$

VISAR 仪器中,激光束几乎是沿 etalon 延时器的法线方向入射,因此 $\cos\theta_1 \approx \cos\theta_2 \approx 1$,得到 A 点与 A'点的关系为

$$x=h-h'=(1-1/n)h$$

此即式(8.48)给出的左右干涉臂的长度必须满足的关系。

因此,如果图 8.5 中从反射镜 M_2 到大分光镜的距离与反射镜 M_1到大分光镜的空间距离相等,但透过 etalon 延时器看到的反射镜 M_2 的视位置更靠近半透半反镜,虚像 M_2' 不再与反射镜 M_1 重合。为了使干涉仪视场亮度均匀,右臂的空间长度 l_R(反射镜 M_2 到大分光镜的距离)需要比左臂的长度 l_L(反射镜 M_2 到大分光镜的距离)增加$(1-1/n)h$ 的空间长度,即

$$l_R=l_L+(1-1/n)h \tag{8.55}$$

这就得到了干涉仪左、右两臂在空间距离上的关系式(8.48)。

2）干涉仪两臂的光程差

空间距离与折射率之积称为光程。在右臂的总长度为 l_R 中有一部分被 etalon 延时占据。厚度为 h 的 etalon 延时器的光程为 nh,其余部分为空气,空气的折射率取为 1,因而右干涉臂与左干涉臂的光程差为

$$\begin{aligned}\Delta &=[(l_R-h)\times 1+nh]-l_L\times 1\\ &=(l_R-l_L)+(n-1)h\\ &=\left(n-\frac{1}{n}\right)h\end{aligned} \tag{8.56}$$

当干涉仪左、右两臂的长度满足式(8.48)时,光在干涉仪右臂与左臂往返一次的时间差或延迟时间为

$$\begin{aligned}\tau &=2\Delta/c\\ &=\frac{2h}{c}(n-1/n)\end{aligned} \tag{8.57}$$

在 Barker 型 VISAR 中,反射镜 M_1 与大分光镜之间的距离约为 30cm。反射镜 M_1 安装在微动压电进给平台上,通过调节电压可使干涉仪左臂的长度在几个波长的范围内做微调,以使两臂的长度满足式(8.48)的要求。此时的延迟时间由式(8.57)计算。这项设计对于干涉仪的精密准直、实验过程中干涉仪设置参数的检测、条纹对比度检测以及示波器的偏转灵敏度设置等,都带来了较多方便。

需要指出,大分光镜反射面右方的基体材料本质上也相当于某种 etalon 延时器,在上述讨论中它产生的延时并未被大分光镜反射面左方的材料平衡,在计算延迟时间时需加以考虑。此外,由于图 8.5 中的光束与 etalon 延时器的纵轴之间存在一个小角度,光束在 etalon 延时器中走过的实际长度比它的几何长度 h 稍长点。

VISAR 主要用于冲击加载等极端条件下的界面运动速度测量。在冲击作用下界面有可能发生剧烈变形、倾斜和破坏等,导致从观测界面反射的激光发生无规律变化。如果直接将这种发生畸变的光束与入射的平面光束进行叠加产生外差干涉,则难以得到高信噪比的干涉条纹。Barker 型 VISAR 采用零程差技术,使来自同一分光镜的两束激光经历一定时间的延迟后进行叠加,使干涉场中任意一点都具有相同的相位,能够输出较高质量的拍频干涉条纹。但是,由于来自靶面的反射光束并非理想的平行光束,为了满足

零程差要求，需要使用能输出品质非常优良的单模光束的激光器；也要求 VISAR 干涉仪的透镜、etalon 延时器、分光镜、反射镜等在激光束的传输中尽量不引入附加的畸变。这些是构建高质量的 Barker 型 VISAR 时，对所使用的激光器和各种光学器件等提出的要求。

3. 提高 VISAR 的分辨率

Barker 指出，VISAR 中使用的所有光学器件表面的平面度需要加工到约 $\lambda/20$。Barker 型 VISAR 的 etalon 延时器用 Schlieren 级熔石英制造，其变形扭曲小于 $\lambda/10$。所有光学器件的表面均用低损耗介电材料镀膜，以提高透射和反射性能。etalon 延时器的最大长度约 10cm，一发实验中最多要用到 5 个 etalon 延时器。延时臂最大长度约 32cm（不包括 1/4 波片和大分光镜），达到的最大延时大于 1.6ns。理论上只要增加 etalon 的个数就能增大延时长度，但实际并非如此。理论上 Barker 型 VISAR 速度测量的上限可以达到 5~10 个条纹常数，但实际上仅能达到 1~2 个条纹常数。为了提高速度测量的精度，需要提高对拍频条纹的分辨率，以减小总条纹数 $N(t)$ 的计数误差。

1）关于 1/4 波片

Barker 采用相位差为 90°的两路拍频干涉信号提高实测干涉条纹的分辨率。他采用 1/4 波片产生相位差为 90°的两路干涉条纹信号（图 8.5）。关于 1/4 波片产生相位延迟的原理可参见文献[234, 235]。简单说来，1/4 波片是用双折射晶体制造的一种光学器件。单晶方解石、单晶石英等均属于双折射晶体。当入射光不是沿着双折射晶体的光轴方向入射到晶体中时，在晶体内部将产生传播速度和方向均不相同的两路折射光，这种现象称为双折射现象。在这两路折射光中，有一路折射光服从折射定律，称为寻常光或 o 光；另一路折射光不服从折射定律，称为非常光或 e 光。根据晶体光学理论，o 光和 e 光均属于偏振光，但两者的偏振方向（电场矢量的振动方向）不同；对于单光轴双折射晶体，o 光和 e 光的偏振方向相互垂直。由于 o 光与 e 光的传播速度不同，因此可以通过控制波片的厚度来控制 o 光和 e 光之间的光程差或相位差，使 o 光与 e 光之间产生 $\pi/4$、$\pi/2$ 或 π 等相位差，这些波片分别称为 1/8 波片，1/4 波片或 1/2 波片。这样，当 o 光与 e 光从双折射晶体中出射重新进入空气中时，将在空气中形成沿着不同方向传播的、具有确定相位差的两束偏振光。

2）S 光和 P 光

有些双折射晶体的光轴不止一个。VISAR 中使用的波片是用单光轴双折射晶体制造的，其光轴垂直于 etalon 波片的表面。当图 8.5 右臂中的激光束沿着波片的法向入射时，表面上虽然看不到双折射现象，但 o 光和 e 光依然存在于晶体内部，不过两者重叠在一起而已。因此，从 1/4 波片出射的激光束是具有不同偏振方向的两种偏振光：其中，电场矢量直于入射面的偏振光称为 S 光，电场矢量平行于入射面的偏振光称为 P 光。这两束光具有 90°相位差，且强度相等；当进入图 8.5 的干涉仪的左臂的偏振光束返回大分光镜，并与在右臂传播且经过延时的另一偏振光束在大分光镜位置处重新相遇、叠加时，就形成了两组具有 $\pi/2$ 相位差的拍频干涉图案。

采用相位差 90°的两路干涉信号进行数据解读具有明显的优点。条纹数 $N(t)$ 可看作光强 $I(t)$ 的函数，干涉条纹数的精确测量依赖于对光强随时间变化的精确分辨。因为干涉仪输出信号的强度随时间呈正弦函数变化，当正弦函数达到极大值和极小值时光强也达到极值。在光强的极值处 $\mathrm{d}I/\mathrm{d}N=0$，所以在光强极值处光强对条纹数的微小变化不敏感,条纹数的微小改变引起的光强变化很小,难以被分辨观测。因此,在靠近光拍强度极大值或极小值的位置处也是条纹记录分辨最差的位置。

3）加速与减速

采用两个相位差为90°的干涉信号就能避免上述困难,因为无论何时两个干涉图案中总会有一个图案的信号强度处于非极值的高分辨率状态。采用相位差为90°的两个干涉信号的另一优点是能够区分加速与减速过程。因为在加速过程中必定有一路条纹信号领先于另一路条纹信号90°,而当界面运动从加速转变为减速时,原来处于领先状态的那路条纹信号将由领先变为落后。通过比较两路干涉条纹的相互位置变动就可以判定界面运动是否从加速转变为减速,反之亦然。如果采用单个干涉信号或相位差180°的两路干涉信号来判定加速或减速将会引起歧义,因为在这种设计中在靠近条纹的最大值或最小值处发生的加速或减速过程均会引起条纹相互位置关系的逆转,导致分辨加速和减速过程变得模棱两可。

8.4.3 etalon 色散及其对 VISAR 测量的表观界面速度的修正

采用 VISAR 测量界面运动的速度剖面时,干涉条纹的精确计数是获取精密速度数据的关键。

对实验测量的条纹数的修正主要来自两方面:一是由 etalon 延时器的色散引入的修正;二是在使用加窗 VISAR 进行测量时由窗口材料的折射率引入的附加多普勒频移的修正。本节首先对 etalon 色散修正进行讨论。

VISAR 中 etalon 的延时作用由式(8.57)描述。延时 τ 与折射率 n 密切相关,而折射率与入射激光的波长 λ 关有。光学透明材料的折射率通常是针对某一特定波长给出的。在 8.4.1 节的讨论中没有考虑多普勒频移导致的激光频率的改变对 etalon 折射率的影响,式(8.57)中的 etalon 的延时是针对入射激光波长 λ_0 给出的。由于多普勒频移,尤其是冲击波后的粒子速度较高时,运动界面反射光的波长 λ(或频率 ν)与激光器发出的初始光波的波长 λ_0(或频率 ν_0)之间的差异较大,导致两种波长下 etalon 的折射率及它产生延迟时间改变。按照波长 λ_0 的折射率计算的延迟时间 τ_0 及条纹常数与发生多普勒频移后的波长 λ 对应的延迟时间 τ 及条纹常数不再相等,这些差异将直接影响 VISAR 测量输出的拍频干涉条纹计数,因而影响粒子速度剖面的精密测量。

由于波长或(频率)变化引起 etalon 折射率改变在物理光学中用光的色散理论描述。Barker 和 Schuler[236] 就色散对 etalon 延时的影响进行了讨论,本节将从不同角度对 etalon 的色散问题进行分析。由于折射率随波长的变化非常复杂,而且当界面运动速度发生快速、连续变化时,多普勒频移也做连续变化,企图从理论上对折射率随多普率频移的变化做出精确的解析性描述既无可能也无必要。

对于透明物质,折射率随波长的增加而减小。Cauchy 提出了一种色散经验公式描述折射率 n 随波长 λ 的变化[234]:

$$n=a_0+\frac{a_1}{\lambda^2}+\frac{a_2}{\lambda^4} \tag{8.58}$$

式中:a_0、a_1、a_2 为与材料相关的常数。

在激光干涉测速中,波长变化范围很小。由多普勒频移计算得到波长的改变为

$$\Delta\lambda_0 = -\lambda_0 \frac{2u}{c} \tag{8.59}$$

当物体的运动速度在 0~10km/s 范围内变化时，由多普勒频移引起的激光波长的相对变化很小，$(\lambda-\lambda_0)/\lambda_0 \approx 10^{-5}$，引起的折射率的变化也较小，通常将柯西公式取前两项就足够了：

$$n = a_0 + \frac{a_1}{\lambda^2} \tag{8.60}$$

为了分析由波长的改变引起的 etalon 延迟时间的变化，将柯西色散经验公式用泰勒级数展开到波长的一次项：

$$\begin{aligned} n &= n_0 + \left.\frac{\mathrm{d}n}{\mathrm{d}\lambda}\right|_{\lambda=\lambda_0} (\lambda-\lambda_0) \\ &= n_0 - \frac{2a_1}{\lambda_0^3}\left(-\lambda_0 \frac{2u}{c}\right) \\ &= n_0 + \frac{4a_1}{\lambda_0^2} \frac{u}{c} \\ &= n_0(1+\alpha) \end{aligned} \tag{8.61}$$

式中：n_0 为 etalon 对应于激光器发射的波长 λ_0 的折射率；α 为随多普勒频移或界面运动速度 u 变化的小量，且

$$\alpha = -\frac{4a_1}{n_0\lambda_0^3}(\lambda-\lambda_0) = \frac{4a_1}{n_0\lambda_0^2} \frac{u}{c}$$

结合 Barker 型 VISAR 的延迟时间方程式(8.57)，得到考虑 etalon 色散后的延迟时间为

$$\begin{aligned} \tau &= \frac{2h}{c}(n - 1/n) \\ &= \frac{2h}{c}\left[(1+\alpha)n_0 - \frac{1}{(1+\alpha)n_0}\right] \\ &= \frac{2h}{c}\left(n_0 - \frac{1}{n_0}\right) + \frac{2h}{c}\left[\frac{1}{n_0} - \frac{1}{(1+\alpha)n_0}\right] \\ &= \tau_0(1+\delta) \end{aligned} \tag{8.62}$$

式中：$\delta = \dfrac{\alpha}{(1+\alpha)(n_0^2-1)}$是一个小量。

因此，考虑了多普勒频移引起 etalon 延时器的折射率变化后，计算界面速度的公式应修正为

$$u = \frac{\lambda_0}{2\tau_0(1+\delta)} N(t) \tag{8.63}$$

式中：λ_0 为激光器发出的激光波长；τ_0 为波长 λ_0 对应的折射率由式(8.57)计算的延时间。

Barker 测量的熔石英 etalon 在两种波长下的修正参数 δ 值[236]：$\lambda_0 = 514.5\text{nm}$，$\delta = 0.0339$；$\lambda_0 = 632.8\text{nm}$，$\delta = 0.0239$。

根据平板碰撞实验中自由面速度的 VISAR 测量数据，将它与对比法实验测量的粒子速度进行比较，能够确定 etalon 色散修正参数。

8.5　窗口材料折射率引入的附加多普勒频移

真空条件下的多普勒频移与真空中的光速 c 及界面运动速度 u 相关。在加窗 VISAR 测量中,观测界面上粘贴了一块透明窗口,VISAR 探头接收的是从"受压缩样品/窗口"运动界面发出的反射光,在实验测量时间内,与"样品/窗口"界面相邻的那部分窗口材料与样品一起受到冲击压缩,界面反射光的光速与受压缩窗口材料的折射率有关,因此 VISAR 实验的条纹数与窗口材料在冲击压缩下的折射率密切相关。如果对加窗条件和真空条件下的两个速度完全相同的运动界面分别进行测量,加窗条件下拍频干涉条纹的频率 f^*(或表观条纹数 N^*)与真空或空气条件下的拍频干涉条纹频率 f(或实际条纹数 N)将不相等;直接以实测的表观条纹数 N^* 计算得到的"样品/窗口"界面的表观速度 u^* 与实际运动速度 u 之间将存在差异。可以通过 $\Delta u=u^*-u$, $\Delta N=N^*-N$ 或 $\Delta f=f^*-f$ 等物理量来度量这种差异,也可以用上述两种测量值之比来度量这种差异:

$$f^*/f\equiv N^*/N=u^*/u=1+\Delta f/f \tag{8.64}$$

式中:$\Delta f=f^*-f$。

Barker 将 $1+\Delta f/f\equiv 1+\chi$ 称为加窗 VISAR 测量的折射率修正因子。因此包含了 etalon 色散修正因子 δ 和窗口折射率修正因子 $\Delta f/f$ 的界面运动速度可以表达为

$$u=\frac{u^*}{1+\Delta f/f}=\frac{\lambda_0}{2\tau_0(1+\delta)(1+\chi)}N^*(t) \tag{8.65}$$

为了更加直观地说明窗口材料的折射率对 VISAR 测量结果的影响,假定窗口材料是不可压缩的刚体,即受到应力作用时窗口将像刚体一样并以与界面相同的速度与待测材料一起作整体运动。当然"刚体窗口"是不存在的。冲击压缩下"刚体窗口"的密度和折射率将与常压下的密度 ρ_0 及折射率 n_0 相等。此时窗口中任意位置在任意时刻的光速均等于 c/n_0。根据 8.2 节的讨论,"样品/窗口"界面的反射光的多普勒频移为

$$f^*=\nu_0\frac{2u}{c/n_0}=n_0\left(\nu_0\frac{2u}{c}\right)=n_0\cdot f$$

即

$$u^*=n_0 u$$

表观界面速度与实际界面速度之比与"刚体窗口"的折射率密切相关。"刚体窗口"的折射率修正因子为

$$1+\chi=n_0$$

"刚体窗口"当然是一种虚拟假定。当窗口材料受到冲击波或连续应力波(斜波)作用时,应力波阵面把窗口材料分隔成波阵面前方未受到压缩的"零压"静止区以及波阵面后方的受压缩运动区两个区域。在零压静止区内窗口材料保持常态密度 ρ_0 及折射率 n_0,在被压缩区内窗口的折射率 n 随加载应力 σ、密度 ρ 或粒子速度 u 而变化。

在欧拉坐标系中,"样品/窗口"界面的运动是用其空间位置 x 随时间 t 的变化率描述的。在真空或空气中,从运动界面到探测器的空间距离等于反射光走过的光程,界面运动速度可以用从界面到探头的反射光的光程对时间的导数描述。在加窗条件下,反射光光程的变化不再与空间距离相等,按照光程的普遍定义,在欧拉坐标系中,厚度为 L 的窗

口材料的光程为

$$z(t)=\int_L n(x,t)\,\mathrm{d}x \tag{8.66}$$

式中:L 为窗口材料的厚度;$n(x,t)$ 为距“样品/窗口”运动界面 x 处的窗口材料的折射率。

式(8.66)中的积分计算在窗口范围内进行。“样品/窗口”界面运动导致窗口材料的光程发生改变,根据光程计算的表观拍频干涉条纹的频率 f^* 将与窗口的折射率随时间的变化密切相关。根据光程与表观拍频干涉条纹的频率 f^* 的关系,表观速度 u^* 等于光程 z 对时间的导数,即

$$u^*=-\frac{\mathrm{d}z}{\mathrm{d}t} \tag{8.67}$$

由于按式(8.66)计算的光程将随时间增加而减小,而在多普勒频移中总是将“样品/窗口”界面(光源)向着光探测器(观察者)运动时的速度取为正,因此式(8.67)的右端需加负号“-”。

8.5.1 斜波加载下窗口材料的折射率与表观界面速度的关系

Hayes[237]给出了在连续变化应力作用下 VISAR 测量的“样品/窗口”界面的表观速度与窗口材料的折射率的关系。以下是对 Hayes 方法的详细剖析。

一个随时间做连续变化的大应力扰动总可视为由一系列小扰动子波组成的波列。假定该应力波是从零压开始做连续变化的准等熵波或斜波,任意时刻从“样品/窗口”界面进入窗口中的某小扰动子波到达的空间位置 $x=x(t)$,该处的折射率 $n=n(x)$,则处于应力波波头位置的子波的传播速度等于窗口材料的常态声速 c_0。在欧拉坐标系中,假定 t 时刻“样品/窗口”界面的坐标 $x_I=x_I(t)$,波头到达的空间位置为 c_0t,窗口材料的总光程由受压缩和未收压缩的两部分材料的光程构成:

$$z(t)=\int_{x_I(t)}^{c_0t} n(x)\,\mathrm{d}x+n_0(L-c_0t) \tag{8.68}$$

式中:L 为初始时刻窗口材料的厚度;$n_0(L-c_0t)$ 为未受到作用的窗口材料的光程;$\int_{x_I(t)}^{c_0t} n(x)\,\mathrm{d}x$ 为受到应力作用的那部分窗口材料的光程。

计算任意时刻受压缩窗口材料光程需要确定其物理状态。该物理状态可用 t 时刻的应力空间分布 $\sigma=\sigma(x)$ 描述,也可用波速分布 $c=c(x)$、粒子速度分布 $u=u(x)$ 或密度分布 $\rho=\rho(x)$ 等描述,因为这些物理量之间存在完全确定的对应关系。因此,窗口中的折射率分布 $n=n(x)$ 既可表达为密度的函数 $n=n(\rho)$,也可表达为粒子速度的函数 $n=n(u)$,甚至 $n=n(\sigma)$ 的形式,折射率的这些表达形式相互等价。在式(8.68)的计算中,界面位置 $x_I=x_I(t)$ 及被压缩区内流体粒子的空间位置 $x=x(t)$ 均随时间变化,在欧拉坐标下难以将折射率函数 $n(x)$ 与密度及运动速度等物理量关联。为此,Hayes 将欧拉坐标 x 变换为拉氏坐标 h。通过拉氏坐标下的质量守恒方程将密度引入式(8.68)中。按质量守恒得到

$$\rho_0\mathrm{d}h=\rho\mathrm{d}x$$

在拉氏坐标下任意时刻 t 的光程为

$$z(t)=\int_0^{c_0t}\frac{\rho_0}{\rho}n(h,t)\,\mathrm{d}h+n_0(L-c_0t) \tag{8.69}$$

式(8.69)中拉氏坐标不随时间改变,可以把应力波在窗口材料中的传播图像想象为

各小扰动波依次通过具有固定拉氏坐标的一个个拉氏粒子微团的传播图像。以下标“0”表示“样品/窗口”界面处的拉氏粒子的物理量，并取“样品/窗口”界面的拉氏坐标 $h_0=0$。对于“样品/窗口”界面位置上的拉氏流体微团，其折射率随密度的变化也可以通过密度与粒子速度间的对应关系表达为粒子速度的函数。按照特征线理论，各小扰动波既可以用它的拉氏声速 a 表征，也可用小扰动波后的粒子速度 u 表征。利用小扰动波的波速与粒子速度之间完全确定的对应关系，拉氏声速 $a=a(u)$，这正是能够从多台阶样品的粒子速度剖面计算拉氏声速的基础。另外，除中心稀疏波的情形以外，各小扰动子波从“样品/窗口”界面进入窗口中的时刻 t_0 各不相同，t_0 与该小扰动波的波速或粒子速度有关，即 $t_0=t_0(u)$。假定波速为 $a=a(u)$ 的子波在 t 时刻到达窗口中拉氏坐标为 h 的粒子处，则它在窗口中的运动时间为 $t-t_0(u)$，得到该小扰动波在窗口中运动的拉氏距离为

$$h=[t-t_0(u)]a(u)=h(u,t) \tag{8.70}$$

即从欧拉坐标系中观测到的窗口中拉氏坐标为 h 的粒子在 t 时刻的运动速度将等于 u，因而坐标为 $h+\mathrm{d}h$ 的拉氏粒子的运动速度将等于 $u+\mathrm{d}u$，则

$$\mathrm{d}h/\mathrm{d}u=[t-t_0(u)][\mathrm{d}a(u)/\mathrm{d}u]-a(u)[\mathrm{d}t_0(u)/\mathrm{d}u]$$

或

$$\mathrm{d}h=[t-t_0(u)]\mathrm{d}a(u)-a(u)\cdot\mathrm{d}t_0(u) \tag{8.71}$$

令 $a'\equiv\dfrac{\mathrm{d}a(u)}{\mathrm{d}u}$，$t_0'\equiv\dfrac{\mathrm{d}t_0(u)}{\mathrm{d}u}$，则将式(8.71)简写为

$$\mathrm{d}h=[(t-t_0)a'-at_0']\mathrm{d}u \tag{8.72}$$

同理，窗口材料中的折射率分布可以表达为 $n=n(u)$ 或 $n=n(\rho)$。例如，在斜波加载下 t 时刻斜波的波头到达的拉氏位置 $h=c_0t$，波头特征线处的粒子速度 $u=0$，折射率 $n=n_0$；波尾特征线处的拉氏坐标 $h=0$，粒子速度即界面速度 $u=u_I(t)$，折射率 $n=n(u_I)$。由式(8.69)~式(8.72)，拉氏坐标下的光程为

$$z(t)=\int_{u_I}^{0}\frac{\rho_0}{\rho}n(u)[(t-t_0)a'(u)-at_0'(u)]\mathrm{d}u+n_0(L-c_0t) \tag{8.73}$$

为方便起见，将积分号中的函数简写为 $f(t,u)$，则有

$$f(t,u)\equiv\frac{\rho_0}{\rho}n(u)[(t-t_0)a'(u)-a(u)t_0'(u)] \tag{8.74}$$

式(8.73)可简写为

$$z(t)=\int_{u_I}^{0}f(t,u)\mathrm{d}u+n_0(L-c_0t) \tag{8.75}$$

按照式(8.67)将“样品/窗口”界面的表观速度简写为

$$u^*=-\frac{\mathrm{d}}{\mathrm{d}t}\left[\int_{u_I}^{0}f(t,u)\mathrm{d}u\right]+n_0c_0 \tag{8.76}$$

进一步将式(8.76)中不定积分简写为

$$\int f(t,u)\mathrm{d}u\equiv F(t,u) \tag{8.77}$$

则 $F(t,u)$ 应满足

$$\frac{\partial}{\partial u}F(t,u)=f(t,u) \tag{8.78}$$

因而,可将式(8.76)方括号中的定积分形式上表达为

$$G(t)\equiv\int_{b_1(t)}^{b_2(t)}f(t,u)\,\mathrm{d}u\equiv F(t,b_2)-F(t,b_1) \tag{8.79}$$

并得到

$$u^*=-\frac{\mathrm{d}}{\mathrm{d}t}G(t)+n_0c_0 \tag{8.80}$$

按照复合函数的微分法则,由式(8.79)得到

$$\frac{\mathrm{d}}{\mathrm{d}t}G(t)=\left[\frac{\partial}{\partial b_2}F(t,b_2)\cdot b_2'(t)+\frac{\partial}{\partial t}F(t,b_2)\right]-\left[\frac{\partial}{\partial b_1}F(t,b_1)\cdot b_1'(t)+\frac{\partial}{\partial t}F(t,b_1)\right]$$

$$\equiv[f(t,b_2)b_2'(t)-f(t,b_1)b_1'(t)]+\frac{\partial}{\partial t}[F(t,b_2)-F(t,b_1)]$$

或

$$\frac{\mathrm{d}}{\mathrm{d}t}G(t)\equiv[f(t,b_2)b_2'(t)-f(t,b_1)b_1'(t)]+\int_{b_1(t)}^{b_2(t)}\frac{\partial f(t,u)}{\partial t}\mathrm{d}u$$

将 $b_1=u_I,b_2=0$ 代入上式,得到

$$\frac{\mathrm{d}}{\mathrm{d}t}G(t)\equiv-f(t,u_I)\cdot\left.\frac{\mathrm{d}u}{\mathrm{d}t}\right|_I-\int_0^{u_I(t)}\frac{\partial f(t,u)}{\partial t}\mathrm{d}u \tag{8.81}$$

式中:$f(t,u_I)$ 为由式(8.74)定义的函数 $f(t,u)$ 在“样品/窗口”界面上的取值,即

$$f(t,u)|_I\equiv\{(\rho_0/\rho)n(u)[(t-t_0)a'(u)-a(u)t_0'(u)]\}|_I$$

在“样品/窗口”界面上,t_0 表示粒子界面速度为 u_I 的子波进入窗口的初始时刻,而该子波刚到达该界面位置时它在窗口材料中的传播时间 $t=0$,得到边界条件

$$(t-t_0)|_I=0,\quad t_0'(u)\equiv\left.\frac{\mathrm{d}t}{\mathrm{d}u}\right|_I$$

因此,得到式(8.81)等号右方第一项的值,即

$$f(t,u_I)\cdot\left.\frac{\mathrm{d}u}{\mathrm{d}t}\right|_I=-[n(\rho_0/\rho)\cdot a\cdot t_0']|_I\cdot\left.\frac{\mathrm{d}u}{\mathrm{d}t}\right|_I=-(\rho_0/\rho)n\cdot a\equiv-nc$$

式中:c 为“样品/窗口”界面处的欧拉声速。

同样,根据式(8.74)定义的 $f(t,u)$,得到

$$\frac{\partial f(t,u)}{\partial t}=\frac{\rho_0}{\rho}n(u)a'(u)$$

最后,由式(8.76)和式(8.79)得到

$$u^*=n_0c_0-(nc)|_I+\int_0^{u_I}\frac{\rho_0}{\rho}n(u)a'(u)\,\mathrm{d}u \tag{8.82}$$

根据小扰动传播的特征线理论计算 $a'(u)$。由 $\rho_0a=\rho c$,得到式(8.82)中的 $a'(u)$:

$$a'(u)\equiv\frac{\mathrm{d}a}{\mathrm{d}u}=\frac{\mathrm{d}}{\mathrm{d}u}(\rho c/\rho_0)=\frac{c}{\rho_0}\frac{\mathrm{d}\rho}{\mathrm{d}u}+\frac{\rho}{\rho_0}\frac{\mathrm{d}c}{\mathrm{d}u}$$

由声速定义 $c^2=\frac{\mathrm{d}\sigma}{\mathrm{d}\rho}$ 及特征线方程 $\mathrm{d}\sigma=\rho c\mathrm{d}u$,或 $\frac{\mathrm{d}\rho}{\mathrm{d}u}=\frac{\mathrm{d}\rho}{\mathrm{d}\sigma}\frac{\mathrm{d}\sigma}{\mathrm{d}u}=\frac{\rho}{c}$,得到

$$a'(u)=\frac{c}{\rho_0}\frac{\rho}{c}+\frac{\rho}{\rho_0}\frac{\mathrm{d}c}{\mathrm{d}u}=\frac{\rho}{\rho_0}\left(1+\frac{\mathrm{d}c}{\mathrm{d}u}\right) \tag{8.83}$$

将式(8.83)代入式(8.82)得到表观界面速度为

$$u^{*}=n_0c_0-(nc)|_I+\int_0^{u_I}n(u)[1+c'(u)]\mathrm{d}u$$

对上式微分,得到

$$\frac{\mathrm{d}u^{*}}{\mathrm{d}u_\mathrm{I}}=-\frac{\mathrm{d}(nc)}{\mathrm{d}u}\bigg|_I+n(u_I)[1+c'(u)]|_I \tag{8.84}$$

化简后得到

$$\frac{\mathrm{d}u^{*}}{\mathrm{d}u_I}=\left(n-c\frac{\mathrm{d}n}{\mathrm{d}\rho}\cdot\frac{\mathrm{d}\rho}{\mathrm{d}u}\right)_I=\left(n-c\frac{\mathrm{d}n}{\mathrm{d}\rho}\cdot\frac{\mathrm{d}\rho/\mathrm{d}\sigma}{\mathrm{d}u/\mathrm{d}\sigma}\right)_I$$
$$=\left(n-c\frac{\mathrm{d}n}{\mathrm{d}\rho}\frac{1/c^2}{1/\rho c}\right)_I=\left(n-\rho\frac{\mathrm{d}n}{\mathrm{d}\rho}\right)_I \tag{8.85}$$

因此,表观界面速度 u^* 与实际界面速度 u_I 的关系完全由折射率决定:

$$\frac{\mathrm{d}u^{*}}{\mathrm{d}u_I}=[n(\rho)-\rho n'(\rho)]_I \tag{8.86}$$

或

$$\frac{\mathrm{d}u^{*}}{\mathrm{d}t}=[n(\rho)-\rho n'(\rho)]_I\cdot\frac{\mathrm{d}u_I}{\mathrm{d}t} \tag{8.87}$$

因此,一旦确定了高压下折射率与密度的关系 $n(\rho)$,就能够从实验测量的表观界面速度剖面 $u^*(t)$ 计算实际速度剖面 $u(t)$。

式(8.86)表明,表观界面速度 u^* 仅与"样品/窗口"界面层附近窗口材料的折射率有关,与窗口材料其他位置上的折射率无关。这一点并不难理解:若把斜波加载下的窗口材料看成由不同密度或不同折射率的许多薄层材料叠加在一起构成的多层材料,根据光的折射定律,从"样品/窗口"界面层发出的携带了多普勒信息的反射光在通过具有不同折射率的材料层时,其频率不会因折射而发生变化,因而从运动界面发出的包含多普勒频移的反射光的频率仅与"样品/窗口"处的折射率或密度有关。

8.5.2　低压下窗口材料的折射率及 VISAR 速度测量的修正因子

在低压冲击压缩下窗口材料的密度变化较小,折射率的变化也较小。将折射率函数用泰勒级数展开到密度的一次幂项,得到的线性近似关系:

$$n(\rho)=n_0+(\rho-\rho_0)n'(\rho_0)$$
$$\equiv a_0+a_1\rho \tag{8.88}$$

式中

$$a_0=n_0-\rho_0n'(\rho_0)$$
$$a_1=n'(\rho_0)\equiv(n_0-a_0)/\rho_0$$

代入式(8.86),并利用物理约束条件$u^*|_{t=0}=u|_{t=0}=0$ 对式(8.86)积分得到

$$u^*/u_I=a_0 \tag{8.89}$$

1. 当压力不太高时,修正因子χ近似为常数

$$1+\chi=\frac{u^*}{u_I}=a_0 \tag{8.90}$$

$$\chi=\Delta u/u_I=a_0-1 \tag{8.91}$$

式中:$\Delta u=u^*-u_I$。

式(8.90)及式(8.91)对低压斜波加载也成立,为测量低压下窗口材料的修正因子χ、a_0和a_1提供了方便。根据阻抗匹配计算得到界面速度u,与低压冲击实验VISAR测量的表观速度u^*进行比较,可以确定$\Delta u=u^*-u$,χ、a_0及a_1。

2. 单晶LiF窗口在低冲击压缩下的折射率修正因子

马云等[238]利用气炮驱动无氧铜、LY12铝及单晶LiF平板飞片碰撞单晶LiF窗口,通过测量"飞片/碰撞"界面的表观界面速度,与根据阻抗匹配原理计算的实际界面速度进行比较,确定单晶LiF窗口在低压下的折射率修正因子。实验中激光器的波长$\lambda_0=532$nm。为了减小实验测量不确定度,VISAR仪采用了102.5m/(s·Fr)、234m/(s·Fr)、468m/(s·Fr)、808m/(s·Fr)四种条纹常数,马云等在同一发气炮实验中采用两种不同的条纹常数进行双灵敏度测量,并预先对这些条纹常数进行了精确标定。当发生条纹丢失时,根据物理边界条件对条纹进行补偿。综合评估得到VISAR实验的测量不确定度小于2%。总计进行了11发实验,LiF的冲击压力范围为2.77~66.05GPa,对应的"样品/窗口"界面粒子速度为0.194~2.801km/s。马云将实验测量的Δu对界面速度u_I作图、拟合,得到线性拟合关系:

$$\Delta u=-0.00836+0.28442u_I(\mathrm{km/s})$$

实际上,当$u_I=0$时,$\Delta u=0$,根据低压下折射率与密度的线性近似关系得到$\chi=\mathrm{const}$,Δu具有如下形式:

$$\Delta u=\chi u_I$$

马云给出的单晶LiF在低压下的折射率修正关系中的常数项应归结为实验测量的不确定度,也可能与在补偿条纹丢失时采用的具体方法有关。尽管如此,马云由实验得到$\chi_{\mathrm{LiF}}=0.28442$,与Wise和Chhibidas[239]得到的低冲击压力下的结果$\chi_{\mathrm{LiF}}=0.283$近乎相等。马云还采用了形式为$\Delta u=c_1u^{c_2}$的幂函数对他们的实验数据拟合,得到

$$\Delta u(u)=0.27178\cdot u^{1.03989}$$

在实验测量压力范围内,从上面两种拟合关系式计算的Δu差异很小,完全落在实验测量不确定度范围内。

8.5.3 折射率与密度的经验关系及强冲击压缩下单晶LiF窗口折射率的实验测量

1. 折射率与密度的经验关系

在冲击压缩下,冲击波速D及波后粒子速度u不随时间改变,窗口材料的折射率n仅仅是Hugoniot状态下的密度的函数。窗口材料在t时刻的光程为

$$z(t)=n(D-u)t+n_0(L-Dt) \tag{8.92}$$

式中:L为窗口材料的初始厚度;$(D-u)t$为被压缩材料层的厚度;$L-Dt$为未受冲击压缩材料层的厚度。

按式(8.67)"样品/窗口"界面的表观速度为

$$u^* = n_0 D - n(D-u) \tag{8.93}$$

将式(8.93)可改写为

$$n(u) = \frac{n_0 D - u^*}{D-u} \tag{8.94}$$

根据窗口材料的冲击绝热线、常压折射率及实验测量的表观界面速度,不难计算冲击压缩下的折射率。将 $D/(D-u)=\rho/\rho_0\equiv\sigma$ 及 $u/(D-u)=\rho/\rho_0-1\equiv\sigma-1$ 代入上式,得到冲击压缩下窗口材料折射率方程的一种普遍表达形式:

$$n(\rho) = \alpha + (n_0-\alpha)\frac{\rho}{\rho_0} \tag{8.95}$$

式中:α 为 VISAR 速度测量的修正因子,$\alpha\equiv u^*/u=1+\chi$。

假定式(8.95)中 $\alpha\equiv\text{const}$,则

$$\frac{\mathrm{d}n}{\mathrm{d}\rho} = (n_0-\alpha)/\rho_0 = \text{const} \tag{8.96}$$

因此,当且仅当折射率为密度的线性函数时,冲击压缩下的折射率修正因子χ 才为常数。

在斜波加载下,粒子速度与应力波速不存在冲击加载下那样的简单关系。为了从表观速度计算斜波加载下的真实速度,需要研究折射率 n 随密度 ρ 的变化。为了得到较高压力下的折射率与密度的关系,可以利用泰勒级数展开将折射率展开到密度的二次项:

$$n = a_0 + a_1\rho + a_2\rho^2 \tag{8.97}$$

与式(8.88)一样,这种折射率-密度函数关系也仅仅是一种纯数学模型。

1) G-D 模型

在早期提出的诸多折射率-密度经验关系中,Gladstone Dale(G-D)模型[39, 240]将折射率与密度的关系表达为

$$\frac{\mathrm{d}\rho}{\rho} = \frac{\mathrm{d}n}{n-1} \tag{8.98}$$

积分式(8.98)得到

$$n = 1 + (n_0-1)(\rho/\rho_0) \tag{8.99}$$

G-D 模型表达的 n-ρ 线性变化经验关系,相当于式(8.88)中的常数项 $a_0=1$,因而 G-D 模型将导致对任意窗口 $u^*\equiv u$,它显然不能描述加窗 VISAR 测量时折射率修正因子的一般情况。

2) Kormer 模型

1968 年,Kormer 提出了另一种折射率模型:

$$n = n_0 + (\sigma-1)\frac{\mathrm{d}n}{\mathrm{d}\sigma} \tag{8.100}$$

式中:σ 为冲击压缩下的密度比或压缩度 $\sigma=\rho/\rho_0=D/(D-u)$。

可以认为式(8.100)是对 G-D 模型的某种改进,由于

$$\frac{\mathrm{d}n}{n-n_0} = \frac{\mathrm{d}\sigma}{\sigma-1}$$

Kormer 模型等价于假定折射率的相对变化正比于压缩度的相对变化,积分得到线性关系为

$$n = n_0 + \left(\frac{\rho}{\rho_0}-1\right) \tag{8.101}$$

3）Barke 模型

1968 年，Barker[241]将 G-D 模型修正为

$$\frac{n-1}{n_0-1}=\frac{\rho}{\rho_0}[1-\xi(\rho)] \tag{8.102}$$

式中：$\xi(\rho)$为密度ρ的某种待定函数。

4）Setchell 模型

Setchell[240]在研究受冲击熔石英和蓝宝石窗口的折射率时，将函数$\xi(\rho)$取为

$$\xi(\rho)=\alpha\ (\rho/\rho_0-1)^{\beta} \tag{8.103}$$

式中：α、β为待定材料参数。

利用式(8.103)将 Setchell 的折射率模型表达为

$$n=1+(n_0-1)\frac{\rho}{\rho_0}[1-\beta_1\ (\rho/\rho_0-1)\beta_2] \tag{8.104}$$

5）Wise 模型

Wise 和 Chhabildas [239]给出了修正的 G-D 模型中的$\xi(\rho)$的另一种形式，以应变

$$\varepsilon=1-V/V_0=1-\rho_0/\rho=u/D$$

取代式(8.103)中的变量ρ/ρ_0-1，则式(8.104)中的待定函数$\xi(\rho)$为

$$\xi(\varepsilon)=\gamma\cdot\varepsilon^{\kappa} \tag{8.105}$$

式中：γ、κ为待定材料参数。

因此，Setchell 模型实际上与 Wise 模型等价，即

$$\frac{n-1}{n_0-1}=\frac{1-\xi(\varepsilon)}{1-\varepsilon}=\frac{1-\gamma\varepsilon^{\kappa}}{1-\varepsilon} \tag{8.106}$$

2. 单晶 LiF 在高压下的折射率的实验测量

由于优良的光学透明性，单晶 LiF 是激光速度干涉测量中最广泛使用窗口。在强冲击压缩下，LiF 窗口能够保持透明的冲击压力上限超过 200GPa。在准等熵压缩的低温升下，单晶 LiF 保持透明的压力上限比冲击压缩高得多。Wise 和 Chhabidas[239]分别以式(8.88)和式(8.103)对冲击压缩下单晶 LiF 的阻抗匹配实验测量结果进行拟合，得到的折射率-密度变化曲线如图 8.8 所示。其中的线性拟合关系为$n_{\text{LiF}}=1.286+0.0412\rho$，即$n'(\rho_0)=0.0412$，$a_0=1.286$。已知单晶 LiF(沿 100 轴)的折射率$n_0=1.394$，初始密度$\rho_0=2.64\text{g/cm}^3$，按照式(8.88)计算得到$a_0=n_0-\rho_0 n'(\rho_0)=1.283$，与实验数据线性拟合的截距 1.286 非常一致。图 8.8 中下方的曲线是用 Setchell 模型(修正的 G-D 模型)的拟合结果，也与实验数据符合很好，尤其当加载压力不太高时，两条曲线几乎重合。可见，在低压下两种形式的拟合结果的差异并不大；但随着加载压力的升高，两条曲线渐渐分离，可能与折射率的温度效应有关。

Rigg 等[241]研究了 LiF 窗口在 35~200GPa 冲击压缩下的折射率随密度变化的关系。他们以 6061Al、Ta、Cu 为飞片，进行了 29 发平板对称碰撞实验。分别以 VISAR 和光子多普勒速度计(Photonic Doppler Velocimetry，PDV)测量“样品/LiF”窗口界面的表观粒子速度u^*，以阻抗匹配法确定样品“样品/窗口”界面的真实粒子速度u，计算 LiF 窗口的速度修正值$\Delta u=u^*-u$。在阻抗匹配计算中取单晶 LiF 的 Hugoniot 参数：$\rho_0=2.640\text{g/cm}^3$，$D=5.215+1.351u$(速度单位为 km/s)。使用两种激光波长(532nm 及 1550nm)测量“样品/

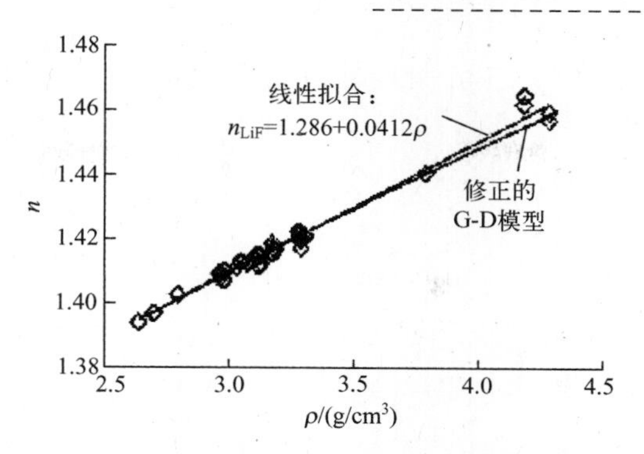

图 8.8　从冲击波实验得到的 LiF 窗口的折射率随密度的变化

窗口”表观界面速度 u^*；常压下这两种波长对应的 LiF 的折射率分别为 n_0(532nm) = 1.3935，n_0(1550nm) = 1.3827。根据实测的 u^* 和阻抗匹配实验得到的 u、D 及 ρ，按式(8.94)计算 LiF 的折射率随密度变化的一系列数据 $n=n(\rho)$。Rigg 将测量的折射率数据以及其他研究者发表的 LiF 窗口在较低压力下的折射率数据一起作图，结果如图 8.9 所示，显示了 $n(\rho)$ 随密度的变化的非线性特性。

Rigg 直接用 Setchell 模型、Wise 模型、折射率随密度的一次和二次泰勒近似展开式以及 Kormer 的折射率模型，对图 8.9 中 $n(\rho)$ 数据进行了拟合，结果发现 Wise 模型与实验数据符合程度最好。尽管如此，图 8.9 中的 Wise 模型给出的拟合曲线与实验数据的客观变化规律之间依然存在明显差异，表明这些经验模型不能在较宽的压力范围内描述折射率随密度变化的关系。为此 Rigg 提出了一种对 Wise 模型进行某种物理“约束”或“限制”的数据拟合方法，最终得到了图 8.9 中标注为“最佳拟合曲线”的那两条曲线。以下讨论 Rigg 等提出的对 Wise 模型进行物理“约束”或“限制”的数据拟合方法及所做的近似。为了理解这种数据处理方法中包含的物理假定，对 Rigg 的数据拟合方法进行详细的分析和讨论是非常有必要的。

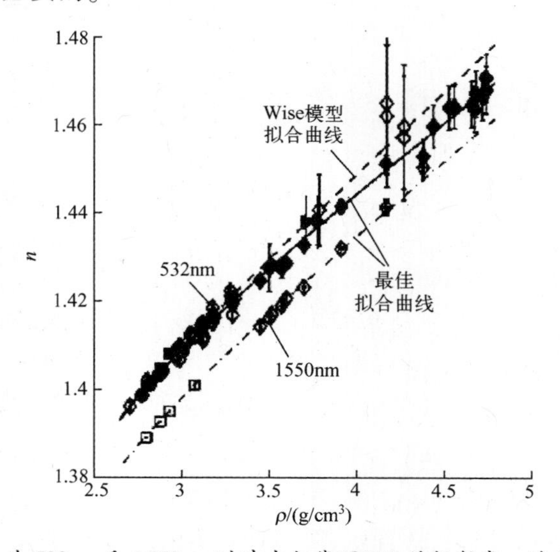

图 8.9　波长为 532nm 和 1550nm 时冲击加载下 LiF 的折射率 n 随密度 ρ 的变化

注：虚线表示没有考虑物理约束时用 Wise 模型的计算结果；

最佳拟合曲线为考虑约束时用 Wise 模型的计算结果[240]。

8.5.4 Rigg 的 LiF 窗口折射率实验测量数据及数据拟合方法

实际上,根据实验测量的 u^*、u、$D(u)$ 等初始数据,容易计算窗口材料在冲击压缩下的密度及应变

$$\rho(u)=\rho_0 D/(D-u)$$

$$\varepsilon(\rho)=1-\rho_0/\rho$$

以及式(8.94)给出的折射率

$$n(u)=\frac{n_0 D-u^*}{D-u}$$

并计算速度偏差

$$\Delta u(u)=u^*-D+\frac{n_0 D-u^*}{n} \tag{8.107}$$

式(8.107)与式(8.94)等价。利用质量守恒方程 $\rho(u)=\rho_0 D/(D-u)$,将 $n(u)$ 转换为 $n(\rho)$ 或 $n(\varepsilon)$ 的形式。通过多发实验测量,能够分别得到两套实验数据:折射率随粒子速度变化的函数关系 $n(u)$,以及速度偏差 $\Delta u(u)$ 随粒子速度变化的函数。为叙述方便,将根据原始实验测量数据直接计算得到的 $n(u)$ 数据和 $\Delta u(u)$ 数据分别简写为 $\{n\}_0$ 和 $\{\Delta u\}_0$,其中下标“0”表示原始实验数据。

图 8.9 汇集了 Rigg 的 29 发实验的折射率–密度数据点 $\{n(\rho)\}_0$,以及其他研究者发表的 LiF 的折射率数据点。根据图中的 $\{n(\rho)\}_0$ 数据,Rigg 用折射率与密度的线性 n–ρ 关系、包含二次项的 n–ρ 关系、Kormer 模型、Setchell 模型和 Wise 模型对实验测量数据进行拟合。比较用不同模型的拟合曲线计算的折射率数据与实验数据之间的差异,发现 Wise 模型

$$n(\varepsilon)=1+(n_0-1)\frac{1-\gamma\varepsilon^{\kappa}}{1-\varepsilon} \tag{8.108}$$

与实验测量数据的偏差最小。为叙述方便,将用 Wise 模型对原始的 $\{n\}_0$ 实验数据拟合得到的参数 γ 及 κ 简写为 $\{\gamma,\kappa\}_0$。

但是,Wise 模型纯粹是一种经验关系,根据拟合参数 $\{\gamma,\kappa\}_0$ 用式(8.108)计算得到折射率数据 $\{n(\varepsilon)\}$ 或拟合曲线 $n(\varepsilon)$ 并不一定能够再现实验数据 $\{n\}_0$ 的变化规律。为了得到实验数据的最佳拟合,Rigg 提出需要对 Wise 折射率模型的拟合参数进行两项“物理约束”:第一项约束是折射率 n 与 u 或 Δu 的关系必须满足描述冲击压缩下折射率与粒子速度关系的物理关系或式(8.94);第二项约束是用 Wise 模型计算的折射率在常压下必须收敛于 n_0。显然,Wise 模型和 Setchell 模型能够自动满足第二项要求;对于折射率–密度的线性近似模型和包含密度的泰勒展开二次项的近似模型,第二项约束要求拟合系数必须满足 $a_0+a_1\rho_0=n_0$ 和 $a_0+a_1\rho_0+a_2\rho_0^2=n_0$。

为了描述 Δu 随 u 的变化规律,Rigg 将 $\Delta u(u)$ 表达为幂函数形式,即

$$\Delta u=a_1 u^{a_2} \tag{8.109}$$

式中:a_1、a_2 为待定参数。

在马云等[238]拟合 LiF 的 $\Delta u(u)$ 数据时，式(8.109)给出的幂函数拟合关系与线性拟合关系能够同样恰当地描述实验数据，表明用幂函数形式拟合 $\Delta u(u)$ 数据具有一定的合理性。由于 $\Delta u(u)$ 曲线经过原点 $u=0$ 且折射率修正系数 $\chi>0$，因而要求式(8.109)中的拟合系数 $a_2>1$。

首先，将实验原始数据 $\{\Delta u\}_0$ 用式(8.109)拟合得到的参数 a_1 及 a_2 记为 $\{a_1,a_2\}_0$。另外，经验关系式(8.109)中的参数 a_1 及 a_2 也必须受到式(8.94)的物理约束，因而可以通过式(8.94)使拟合参数 $\{\gamma,\kappa\}$ 与 $\{a_1,a_2\}$ 相互联系并制约。由此，利用式(8.94)对 Wise 模型进行物理约束的数据拟合方法归纳如下(用其他折射率模型进行拟合时的物理约束方法原则上与此相同)。

(1) 首先根据原始实验测量数据 $\{u^*\}_0$、$\{u\}_0$、$\{D\}_0$，计算一套 $\{\rho\}_0$、$\{\varepsilon\}_0$、$\{n\}_0$ 及 $\{\Delta u\}_0$ 数据；然后以式(8.108)及式(8.109)分别对这套 $\{n\}_0$ 及 $\{\Delta u\}_0$ 数据进行拟合，分别得到一套拟合参数 γ、κ 及一套 a_1 和 a_2 数据，分别记为 $\{\gamma,\kappa\}_0$ 及 $\{a_1,a_2\}_0$。

用 Wise 模型对 $\{n\}_0$ 进行拟合的过程纯粹是一种数学拟合计算。因此，用 Wise 模型得到的 $\{\gamma,\kappa\}_0$ 没有体现式(8.94)的物理约束，仅仅是以 Wise 提出的经验折射率模型对实验测量的折射率数据进行的一种拟合计算而已。这样得到的拟合曲线就是在图 8.9 中用虚线表示并标记为“Wise 模型拟合曲线”的那条曲线。

(2) 将在步骤(1)中拟合得到的 $\{\gamma,\kappa\}_0$，代入式(8.108)和式(8.107)，可以计算出一套新的速度差数据及折射率数据，分别记为 $\{\Delta u\}_1$ 及 $\{n\}_1$。这样，连同原来的实验数据 $\{\Delta u\}_0$ 及 $\{n\}_0$，就有了两套 $\{\Delta u\}$ 数据及两套 $\{n\}$ 数据。

将 $\{\Delta u\}_1$ 与 $\{\Delta u\}_0$ 取平均值，得到一套新的数据 $\{\overline{\Delta u_{0,1}}\}$；然后以式(8.109)对 $\{\overline{\Delta u_{0,1}}\}$ 重新进行拟合计算，得到新的拟合参数 $\{a_1,a_2\}_1$。

与此同时，将 $\{n\}_1$ 与 $\{n\}_0$ 取平均，得到一套新的数据 $\{\overline{n_{0,1}}\}$；将这套新的 $\{\overline{n_{0,1}}\}$ 数据以式(8.108)拟合，得到新的拟合参数 $\{\gamma,k\}_1$。

比较步骤(1)和步骤(2)中得到的两套拟合参数 $\{a_1,a_2\}_0$ 和 $\{a_1,a_2\}_1$ 以及 $\{\gamma,\kappa\}_0$ 和 $\{\gamma,\kappa\}_1$。如果两套参数之间不一致，则进行步骤(3)计算。

(3) 以上一步计算的拟合参数 $\{\gamma,\kappa\}_1$，用式(8.108)计算出新的折射率数据 $\{n\}_2$，将此 $\{n\}_2$ 代入式(8.107)计算出一套新的 $\{\Delta u\}_2$ 数据。

将 $\{\Delta u\}_2$ 及 $\{\Delta u\}_0$ 取平均将得到一套新的 $\{\overline{\Delta u_{0,2}}\}$ 数据；将 $\{\overline{\Delta u_{0,2}}\}$ 代入式(8.109)进行拟合，得到新的拟合参数 $\{a_1,a_2\}_2$。

将 $\{n\}_0$ 及 $\{n\}_2$ 数据取平均，得到一套新的 $\{\overline{n_{0,2}}\}$ 数据；用式(8.108)对 $\{\overline{n_{0,2}}\}$ 数据进行拟合，得到新的拟合参数 $\{\gamma,\kappa\}_2$。

(4) 比较步骤(3)和步骤(2)计算得到的两套拟合参数 $\{\gamma,k\}_1$ 和 $\{\gamma,\kappa\}_2$ 以及 $\{a_1,a_2\}_1$ 和 $\{a_1,a_2\}_2$。如果两套参数不一致，重复上述计算，直到拟合参数 $\{a_1,a_2\}$ 及 $\{\gamma,\kappa\}$ 不再发生变化，或两者之间的差异满足设定的不确定度为止。

根据上述方法得到的折射率随密度变化曲线被 Rigg 称为“最佳拟合曲线”，如图 8.9 所示。这条最佳拟合曲线满足式(8.94)或式(8.107)的物理约束。Rigg 用上述方法得到的单晶 LiF 折射率的未约束及受约束拟合参数分别如表 8.1 所列。

表 8.1　未约束的拟合参数与受约束拟合参数的比较[241]

拟合参数	未约束		受约束	
	532nm	1550nm	532nm	1550nm
n_0	1.3935	1.3827	1.3935	1.3827
γ	0.7954	0.7768	0.8051	0.7850
κ	1.057	1.0502	1.0654	1.0589
a_1	0.2811	0.2691	0.2822	0.2706
a_2	1.0419	1.0385	1.0366	1.0330
b_1	—	—	0.7827	0.7895
b_2	—	—	0.9902	0.9918
c_1	—	—	—	0.0098
c_2	—	—	—	0.0082

在实际应用中,需要直接从 u^* 计算 u。为此,联立 $\Delta u=a_1u^{a_2}$ 及 $u^*=u+\Delta u$ 得到

$$u^*=u+a_1u^{a_2}$$

类似地,上式可表达为幂函数形式,即

$$u=b_1\,(u^*)^{b_2} \tag{8.110}$$

因此,只要确定了窗口材料的参数 b_1 及 b_2,即可以根据实测的表观界面速度 u^* 由式(8.110)计算真实界面速度 u。Rigg[241]计算单晶 LiF 窗口的 γ 及 κ、a_1 及 a_2 及 b_1 及 b_2 参数也列于表 8.1 中。

关于利用各种不同折射率经验模型对波长 532nm 和 1550nm 的实验测量数据进行拟合得到的 $n(\rho)$ 曲线、$\Delta u(u)$ 曲线、$u(u^*)$ 曲线与实验数据的符合程度,以及这些曲线相互之间的差异,参见文献[239],不再赘述。

根据 Rigg 的计算结果,对于 $n(\rho)$ 和 $\Delta u(u)$ 曲线,不同模型之间的差异比较显著[239];但根据折射率与密度的线性关系和二次幂函数关系计算的数据,以及根据式(8.110)计算的 $u(u^*)$ 之间的差异实际很小,如图 8.10 所示。因此,在 LiF 能够保持透明的极限冲击压力范围内,用线性 $\Delta u(u)$ 关系拟合实际速度与表观速度的关系,仍不失为比较方便的数据处理近似方法。

式(8.110)的另一种形式为

$$1+\chi=u^*/u=\frac{1}{b_1}(u^*)^{1-b_2}$$

即

$$1+\chi=c_1\,(u^*)^{c_2} \tag{8.111}$$

根据 b_1、b_2 计算的参数 c_1、c_2 也列于表 8.1 中。按照式(8.111)计算了在表观速度 0.5~7km/s 的范围内两种激光波长下 LiF 窗口的修正系数 $1+\chi$ 随表观速度的变化,列于表 8.2 中,显示了随着压力的升高 $1+\chi$ 对于线性修正的偏离。总的看来,表观速度较低时,如小于 3.0km/s 时,修正系数随表观速度增加较快;当大于 3.0km/s 时,变化相对较缓慢。对于 $\lambda_0=532$nm,$1+\chi$ 的平均值为 1.2830,最大值与最小值对平均值的相对偏离为 2.98%;对于 $\lambda_0=1550$nm,$1+\chi$ 的平均值为 1.2588,最大值与最小值对平均值的相对

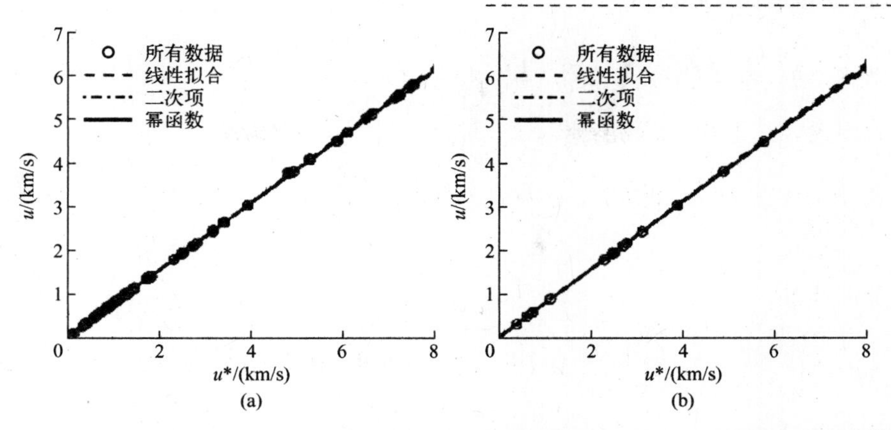

图 8.10 从不同的折射率模型得到的实际速度 u 与表观速度 u^* 的拟合曲线的比较[241]
(a) 激光波长 $\lambda_0=532\text{nm}$;(b)激光波长 $\lambda_0=1550\text{nm}$。

偏离为 2.17%,可以把它们看作用线性近似对表观速度进行修正时引入的不确定度的上限。

表 8.2 两种波长下单晶 LiF 的修正系数 $1+\chi$ 随表观速度 u^* 的变化[240]

λ_0/nm	532										
u^*/(km/s)	0.5	1.0	1.5	2.0	2.5	3.0	3.5	4.0	5.0	6.0	7.0
$1+\chi$	1.2689	1.2776	1.2827	1.2863	1.2891	1.2914	1.2934	1.2951	1.2979	1.3003	1.3022
λ_0/nm	1550										
u^*/(km/s)	0.5	1.0	1.5	2.0	2.5	3.0	3.5	4.0	5.0	6.0	7.0
$1+\chi$	1.2452	1.2523	1.2565	1.2595	1.2618	1.2631	1.2653	1.2667	1.2690	1.2709	1.2725

8.5.5 复杂应力波作用下窗口材料的折射率及冲击温升的影响

1. 复杂加载过程对折射率的影响

在平板碰撞实验中,或者在阻抗梯度飞片加载下,窗口材料将经历冲击加载-卸载或冲击加载-再加载等复杂的应力作用。以下仅对窗口材料在受到冲击加载-卸载的情形进行讨论。

以追赶稀疏波的波头进入窗口材料的时刻作为时间的零点($t=0$)。假定 $t=0$ 时刻冲击波阵面与“样品/窗口”界面之间的距离为 d_1,冲击波阵面前方为受压缩的窗口材料层的厚度为 d_0,冲击波速为 D,波后粒子速度为 u_1,声速为 c_H;常压下窗口材料的折射率为 n_0,冲击压缩下的折射率为 n_1。稀疏波在 $t=0$ 时刻从“样品/窗口”界面进入窗口,根据特征线理论,实验室坐标系中观察到的追赶稀疏波波头的传播速度 $c_1=u_1+c_H$,任意时刻 t 的窗口材料的光程为

$$z = n_0(d_0 - Dt) + n_1[d_1 + Dt - (u_1 + c_H)t] + \int_{x_I(t)}^{(u_1+c_H)t} n\mathrm{d}x \tag{8.112}$$

式中:$x_I(t)$ 为任意时刻“样品/窗口”界面的欧拉坐标。

类似地,将光程由欧拉坐标下的量转换为拉氏坐标下的量,即

$$z = n_0(d_0 - Dt) + n_1[d_1 + Dt - (u_1 + c_H)t] + \int_0^{(u_1+c_H)t} \frac{\rho_0}{\rho} n(h,t)\mathrm{d}h \tag{8.113}$$

利用拉氏声速表达上式中的 dh:

$$z = n_0(d_0 - Dt) + n_1[d_1 + Dt - (u_1 + c_H)t] + \int_{u_I}^{u_1} \frac{\rho_0}{\rho} n(u)[(t - t_0)a'(u) - at_0'(u)]\mathrm{d}u \tag{8.114}$$

及表观界面速度:

$$u^* = -\frac{\mathrm{d}}{\mathrm{d}t}[\int_{u_I}^{u_1} f(t,u)\mathrm{d}u] + (n_0 - n_1)D + n_1(u_1 + c_H) \tag{8.115}$$

式中

$$f(u,t) \equiv \frac{\rho_0}{\rho} n(u)[(t-t_0)a'(u) - at_0'(u)]$$

式(8.115)中的积分变量与式(8.75)相同,两者仅在积分限上有所不同。类似地,令

$$G(t) \equiv \int_{b_1(t)}^{b_2(t)} f(t,u)\mathrm{d}u \equiv F(t,b_2) - F(t,b_1)$$

式中:b_2为冲击波后粒子速度,$b_2 = u_1$;b_1为界面速度,$b_1 = u_I(t)$。

根据隐函数微分法则得到

$$\frac{\mathrm{d}}{\mathrm{d}t}G(t) = [f(t,b_2)b_2'(t) - f(t,b_1)b_1'(t)] + \frac{\partial}{\partial t}[\int_{b_1(t)}^{b_2(t)} f(t,u)\mathrm{d}u]$$

将 $b_1 = u_I, b_1'(t) = \mathrm{d}u_I/\mathrm{d}t, b_2 = u_1, b_2'(t) = 0$ 代入上式得到

$$\frac{\mathrm{d}}{\mathrm{d}t}G(t) \equiv -f(t,u_I) \cdot \left.\frac{\mathrm{d}u}{\mathrm{d}t}\right|_I - \int_{u_1}^{u_I(t)} \frac{\partial f(t,u)}{\partial t}\mathrm{d}u \tag{8.116}$$

类似于单纯斜波加载的情况,得到"样品/窗口"界面上的$f(t,u_I)$函数为

$$f(t,u_I) \cdot \left.\frac{\mathrm{d}u}{\mathrm{d}t}\right|_I = -(\rho_0/\rho)n \cdot a = -nc$$

$$\frac{\partial f(t,u)}{\partial t} = \frac{\rho_0}{\rho} n(u)a'(u)$$

$$\begin{aligned} u^* &= (n_0 - n_1)D + n_1(u_1 + c_H) - (nc)|_I + \int_{u_1}^{u_I} \frac{\rho_0}{\rho} n(u)a'(u)\mathrm{d}u \\ &= (n_0 - n_1)D + n_1(u_1 + c_H) - (nc)|_I + \int_{u_1}^{u_I} n(u)[1 + c'(u)]\mathrm{d}u \end{aligned}$$

由于 D、n_1、u_1、c_H 与界面速度 u_I 无关,最终得到

$$\begin{cases} \dfrac{\mathrm{d}u^*}{\mathrm{d}u} = n(\rho) - \rho n'(\rho) \\ \dfrac{\mathrm{d}u^*}{\mathrm{d}t} = [n(\rho) - \rho n'(\rho)]\dfrac{\mathrm{d}u}{\mathrm{d}t} \end{cases} \tag{8.117}$$

式中各物理量均是"样品/窗口"界面上的物理量。

式(8.117)与单纯斜波加载下表观界面速度与实际界面速度之间的关系完全相同,仅仅是斜波加载的初始条件有所差别。假定卸载过程中折射率函数 $n(\rho)$ 与冲击加载过程中的折射率函数满足相同的线性关系 $n(\rho) = a_0 + a_1\rho$,积分上式得到

$$u_R^* - u_H^* = a_0(u_R - u_H) \tag{8.118}$$

式中：下标“H”表示初始 Hugoniot 状态；下标“R”表示以 Hugoniot 状态为始态的卸载状态。

与冲击加载相比，再加载或卸载过程中的温度变化对折射率的影响比密度变化对折射率的影响要小得多。因此

$$\begin{aligned} 1+\chi &= (u^* - u_H^*)/(u-u_H) \\ &= u_1^*/u_1 = u^*/u = a_0 \end{aligned} \tag{8.119}$$

可以看出，斜波加载过程的修正系数与冲击加载下的修正系数相同，当折射率随密度作线性变化时，冲击加载下的修正系数χ与冲击加载-卸载或冲击加载-斜波再加载的修正系数相同，即复杂加载下的修正系数与加载路径无关。

2. 温升的影响

在前述讨论中仅把折射率当作密度的函数，没有考虑温度的影响。在冲击压缩下窗口材料的温升比相同压力（或者相同密度）斜波加载下的温升高得多，两种加载条件下的窗口材料的密度、光、电性质的变化将遵循不同的规律，有可能导致折射率在冲击加载下和准等熵斜波加载下服从不同的变化规律。

Fratanduono 等[242]采用金刚石活塞（Diamond piston）技术研究单晶 LiF 在斜波加载下的折射率与密度的关系，所采用的实验装置的详细结构请参阅有关文献。实验中的金刚石活塞实际是一片单晶金刚石薄膜：在单晶金刚石薄膜的一个面上贴上金膜，用 Omegar 激光器辐照预先贴有数微米厚度金膜的单晶金刚石薄膜进行激光烧蚀，从而在金刚石膜中产生极高应力和应变率的斜波加载。金刚石薄膜的另一面的一半区域为自由面，另一半区域紧贴一片厚度约 500μm 的单晶 LiF 薄膜；在金刚石膜与 LiF 薄膜的周边用环氧胶粘接，要求这种粘接能够确保斜波直接从金刚石进入 LiF 而不会受到环氧胶的影响；他使用 46μm 和 100μm 厚度的金刚石薄膜进行实验，斜波加载沿着 LiF 的<100>方向。用 VISAR 同时测量金刚石的自由面速度和“金刚石/LiF”界面的表观界面粒子速度。为了增大 VISAR 观测界面的激光反射率，有一部分金刚石与 LiF 薄膜之间镀有一层厚度约 100nm 的钛（Ti）膜。在另一部分实验中则采用环氧胶粘接金刚石和 LiF。实验表明，当压力较高时两种方法的测量结果没有区别。

斜波加载下 LiF 的应力-应变数据由阻抗匹配计算得到。其中金刚石在斜波加载下的响应使用 Bradley 的实验结果[243]。Bradley 的实验数据中包含金刚石在斜波加载下的强度以及由 SESAME 数据库 7271 给出的 LiF 的流体静水压数据，但忽略了 LiF 塑性变形的影响。发现在 LiF 的 EOS 中考虑 Steinberg 强度模型后对于“金刚石/LiF”界面的阻抗匹配压力的影响很小（$\ll 1\%$），可忽略不计。

Fratanduono 在 30~800GPa 峰值应力范围内共计进行了 24 发斜波加载实验[242]，通过阻抗匹配法计算 LiF 窗口中的应力、粒子速度和密度；按照式（8.86），由实验测量的“金刚石/LiF”的表观界面粒子速度 u^* 和阻抗匹配计算得到的真实界面速度 u 计算折射率随密度的变化。连同 Wise 和 Lalone 已经发表的较低压力下的折射率随密度的变化数据，得到从常压到 800GPa 斜波加载下 LiF 的折射率随密度的变化满足线性关系[243]：

$$n_{\mathrm{LiF}} = 1.275(\pm 0.008) + 0.045(\pm 0.003)\rho$$

它与 20GPa 冲击压力以下的折射率与密度的线性变化关系实际上是一致的，即

$$n_{\mathrm{LiF}}=1.277(\pm 0.002)+0.0433(\pm 0.0008)\rho$$

Fratanduono 指出，根据 SESAME 数据库 7271，LiF 在 400GPa、800GPa 斜波加载下的温度分别为 700K、800K，而在相同压力的冲击加载下达到的温度分别达到 12500K、32500K。由分子动力学计算得到 LiF 的冲击熔化压力约为 150GPa，温度为 3500K。利用有效振子模型进行的量子力学计算表明，高压加载下在 LiF 的能级间隙闭合的同时发生金属化转变；在发生金属化转变的同时伴随着折射率-密度关系从线性向非线性的转化，LiF 从大能级间隙的绝缘体转变为光学反射材料或不透明材料。在弱冲击加载下 LiF 的温升与斜波加载的温升差异很小，因而两种条件下折射率与密度的关系相同。而强冲击加载下的高温升导致 LiF 熔化并失去透明性，导致折射率-密度关系表现出非线性关系。

总之，斜波加载的低温升阻碍了 LiF 在高压下的熔化，也阻止了折射率-密度从线性关系向非线性关系的变化。根据有效振子模型计算的结果，LiF 在斜波加载下的金属化压力约为 4000GPa，据此估算斜波加载下单晶 LiF 保持透明的压力应至少达到 4000GPa，因此是一种极其优良的透明窗口材料。

8.6 分数条纹

根据光拍的振幅从极大值到极小值的变化，整数拍频干涉条纹易于分辨和计数，对应的界面速度计算相对比较简单。但界面运动速度不可能恰好是条纹常数的整数倍，式(8.37)中的条纹数 $N(t)$ 不一定恰好是整数。根据式(8.29)和式(8.47)，如果光拍的振幅稳定，则可忽略干涉信号中的直流分量。假定 Barker 型 VISAR 的两路输出信号中其中一路的相位比另一路超前 $\pi/2$，将两路光拍信号的强度 I_1 及 I_2 可分别表达为

$$I_1(t)=I_{01}\cos(2\pi N-\pi/2) \tag{8.120}$$

$$I_2(t)=I_{02}\cos(2\pi N-\pi/2+\pi/2) \tag{8.121}$$

将总条纹数表示为整数条纹与分数条纹之和：

$$N=n_{\mathrm{int}}+n_{\mathrm{fra}}$$

式中：n_{int} 为整数条纹；n_{fra} 为分数条纹。

两路信号的分数条纹应满足方程

$$I_1=I_{01}\sin[2\pi(n_{\mathrm{int}}+n_{\mathrm{fra}})]=I_{01}\sin(2\pi n_{\mathrm{fra}}) \tag{8.122}$$

$$I_2=I_{02}\cos[2\pi(n_{\mathrm{int}}+n_{\mathrm{fra}})]=I_{02}\cos(2\pi n_{\mathrm{fra}}) \tag{8.123}$$

为简单起见，假定两路交流拍频信号的幅度相等，$I_{01}=I_{02}$，两路信号的分数条纹数理应相等。通过三角函数运算可得到

$$n_{\mathrm{fra}}=\frac{\arcsin(I_1/I_{01})}{2\pi}=\frac{\arccos(I_2/I_{02})}{2\pi} \tag{8.124}$$

且应满足

$$0<n_{\mathrm{fra}}<1$$

任意时刻的速度也分别表示为由整数条纹和分数条纹计算的两部分速度值之和，即

$$u=n_{\mathrm{int}}F_{\mathrm{C}}+n_{\mathrm{fra}}F_{\mathrm{C}} \tag{8.125}$$

其中，条纹常数 F_C 已经包含 etalon 的色散修正和透明窗口材料的折射率修正。

理论上，只要从式(8.124)确定光信号终了时刻的相位，就能确定分数条纹之值。分数相位可由实验测量的终了时刻拍频信号的振幅以及与它对应的整数条纹的振幅的比值由式(8.124)计算。但是，由于运动界面反射率的变化，整数条纹的振幅可以随时间缓慢变化，在 Barker 型 VISAR 输出的三路光信号中，有一路光信号用于监测运动界面反射光强的变化，为分析界面反射率的改变对光强的影响提供参照。

另外，1/4 波片产生的实际相位差可能与 π/2 稍有差异。可以用李萨如图形分析 VISAR 测量的两路信号的实际相位差。假定 1/4 波片产生的实际相位差为 θ_0，将 VISAR 输出的两路电子学信号分别加到示波器的互相垂直的水平轴(x 轴)及垂直轴(y 轴)上，令

$$x \equiv I_1 = I_{01}\sin(2\pi N) \tag{8.126}$$

$$y \equiv I_2 = I_{02}\sin(2\pi N + \theta_0) \tag{8.127}$$

化简得到

$$\frac{x^2}{I_{01}^2} + \frac{y^2}{I_{02}^2} - \frac{2xy}{I_{01}I_{02}}\cos\theta_0 = \sin^2\theta_0 \tag{8.128}$$

式(8.128)是椭圆方程。施加在 x 轴和 y 轴上的两路随时间变化的电子学信号将使示波器屏幕上的光点 $A(x,y)$ 扫描出椭圆形运动轨迹，称为李萨如图形(图 8.11)。A 点围绕原点 O 每转动一周，干涉条文就出现一次完整的周期变化，因此根据李萨如图形的运动轨迹，原则上能够确定出整数条纹和分数条纹的值。

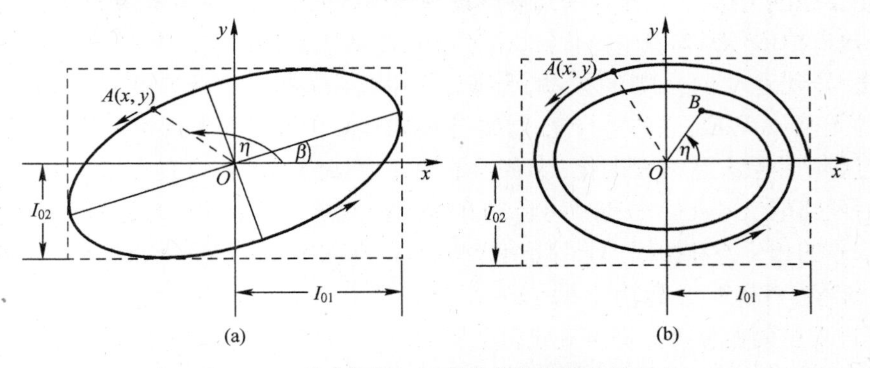

图 8.11　利用李萨如图形确定分数条纹的原理

(a) 两路振幅相等、频率相同，但相位差偏离 π/2 时的拍频干涉的电子学信号加到示波器的 x 轴和 y 轴产生的李萨如图形；(b) 两路振幅不等且随时间减小、频率相同，但相位差等于 π/2 时的拍频干涉的电子学信号加到示波器的 x 轴和 y 轴产生的螺旋李萨如图形。

当 $\theta_0 \neq \pi/2$ 时，式(8.128)表示倾斜的椭圆方程，其长轴和短轴不再与 x 轴和 y 轴重合(图 8.11(a))。可以证明该倾斜椭圆的一条轴与 x 轴的夹角 β 满足以下关系[234]：

$$\tan 2\beta = \frac{2I_{01}I_{02}}{I_{01}^2 - I_{02}^2}\cos\theta_0 \tag{8.129}$$

利用李萨如图形可确定 β 角，进而从式(8.129)确定 θ_0。整数条纹等于 A 点绕原点转动的圈数，分数条纹由终了时刻 A 点的坐标位置决定。设终了时刻 A 点坐标位置对应的角度为 η，则有

$$\tan\eta=\left(\frac{y}{x}\right)_A=\frac{I_{02}\sin(2\pi n_{\text{fra}}+\theta_0)}{I_{01}\sin(2\pi n_{\text{fra}})} \tag{8.130}$$

联合求解式(8.129)和式(8.130)得到分数条纹 n_{fra}。

当 $\theta_0=\pi/2$ 时,式(8.128)变为

$$\frac{x^2}{I_{01}^2}+\frac{y^2}{I_{02}^2}=1 \tag{8.131}$$

这是标准的椭圆方程,椭圆的两轴分别与 x 轴和 y 轴重合。此时,从终了时刻 A 点的位置 $A(x,y)$ 计算分数条纹比较简单,即

$$\tan\eta=\left(\frac{y}{x}\right)_A=\frac{I_{02}\sin(2\pi n_{\text{fra}}+\pi/2)}{I_{01}\sin(2\pi n_{\text{fra}})}=\frac{I_{02}\cos(2\pi n_{\text{fra}})}{I_{01}\sin(2\pi n_{\text{fra}})} \tag{8.132}$$

在上述讨论中,没有考虑光拍振幅随时间缓慢变化对计算结果的影响。当式(8.123)的两个半轴 I_{01} 和 I_{01} 随时间缓慢减小时,A 点的运动轨迹将逐渐向原点 O 收缩。图 8.11(b)示意性地给出了当 1/4 波片产生的相位差等于 $\pi/2$ 时,A 的运动轨迹不断向原点 O 收缩的形成的螺旋形李萨如图形。终了时刻的光点位置 B 对应的分数条纹为

$$\tan\eta=(y/x)_B=\frac{I_{02}(t)\cos(2\pi n_{\text{fra}})}{I_{01}(t)\sin(2\pi n_{\text{fra}})}=-\frac{I_{02}(t)}{I_{01}(t)}\cot(2\pi n_{\text{fra}}) \tag{8.133}$$

式中:$I_{01}(t)$、$I_{02}(t)$ 需要参考与 B 点最邻近的螺旋李萨如图形的光拍的“振幅”确定。

总之在 VISAR 仪器的实际工作过程中,光拍信号之间的相位差、振幅会发生缓慢的变化。主要原因包括:①由于冲击加载下被测物体表面的反射率在运动过程中发生缓慢变化,导致光拍信号振幅发生变化;②由于被测物体表面倾斜度在物体运动过程中发生缓慢变化,导致进入 VISAR 干涉仪的光强和入射光角度发生缓慢变化;③由于照射在物体表面的光束并不是理想的平行光,导致进入 VISAR 干涉仪的光强和入射光的角度在物体运动过程中也会发生缓慢变化;④由于不同光电探测器的响应存在微小差异,导致光电转换后两路电信号在幅度和时间延迟方面存在差异。以上四个原因都会影响 VISAR 输出电信号的相位差和振幅,为了减小这些影响,在 VISAR 仪器的设计和静态调试过程中,尽可能使 VISAR 仪器输出的信号相位差稳定,振幅相等,$I_{01}(t)=I_{02}(t)$,根据式(8.132)求得的相位角 η 即可确定分数条纹 n_{fra}。实际进行数据处理不能仅仅依靠目视李萨如图形的运动,也不必使用示波器。利用计算机作图功能可以呈现李萨如图形,需编制计算程序精确计算整数和分数条纹[242]。

8.7 全光纤激光速度干涉测量系统

尽管 Barker 发明的 VISAR 开创了利用多普勒频移和拍频相干原理精密测量界面运动速度历史的新时代,但 Barker 型 VISAR 由一系列离散的光学透镜、分光镜、反射镜、etalon延时器等精密光学元器件组成,结构松散、庞大,需由专业人员调试和操作。此外,这种 VISAR 测量仪对振动敏感,对工作环境条件要求较高。20 世纪 90 年代以来,随着光纤技术的发展及其在光通信技术中的广泛应用,许多高速宽带光电元器件应运而生,制造成本日趋下降且技术日益成熟,人们开始探索利用光纤代替传统的光学元器件传

输、混合光学多普勒信号，构建光纤型 VISAR。1996 年，以色列科学家 Levin 和 Shamir 等在 *Review of Scintific Instruments* 上报道了采用极短相干长度的激光光源构建光纤型 VISAR[244]。该光纤型 VISAR 的结构十分紧凑，全部采用单模光纤作为光信号传输元件，采用一个 3×3 光纤耦合器和一个 2×2 光纤耦合器分别作为激光的分光和光波合成元件。Levin 的文章一经发表，立刻引起了各国 VISAR 研究者的巨大兴趣。但是 Levin 的光纤型 VISAR 采用出射光近似于平行光的自聚焦透镜为探头，搜集从运动界面的反射的多普勒激光，因此要求运动界面保持优良的镜面反射条件，而且对运动界面在应力载荷下的微小偏转、扭曲、破坏等十分敏感，导致反射激光的利用效率极低，仅能用于速度很低、速度变化缓慢并具有良好反射性能的界面的运动速度的测量。

冲击波物理与爆轰物理重点实验室于 1997 年开始研究光纤型激光速度干涉仪[228 229]。2005 年翁继东和谭华等[245]公布了一种的新型全光纤激光速度干涉仪（AFVISAR），其基本光路结构如图 8.12 所示。与 Levin 采用自聚焦探头不同，AFVISAR 采用传统光学探头搜集运动界面反射的光信号，采用多模-单模“模式转换器”、单模光纤和光纤耦合器传输、合成、分离、延时激光信号。由于采用了与传统 VISAR 类似的组合透镜探头搜集从运动界面反射的多普勒光学信号，确保 AFVISAR 具有很高的集光效率，能够容忍运动界面在冲击波作用下可能发生的扭曲和偏转。采用单模光纤和光纤耦合器确保 AFVISAR 形成的拍频干涉信号具有较高信噪比和低损耗。因此，翁继东等构建的 AFVISAR 兼备了传统 Barker 型 VISAR 和光纤型 VISAR 的双重优点，但需要解决探头接收的多模光信号与单模光纤之间的耦合问题。这种耦合是通过特殊的多模-单模模式转换器完成的。AFVISAR 不同于 Levin 的光纤型 VISAR 的另一个特点是采用 3×3 单模光纤耦合器，能够方便地分辨出界面的加速和减速运动。图 8.12 给出了 AFVISAR 的工作原理。

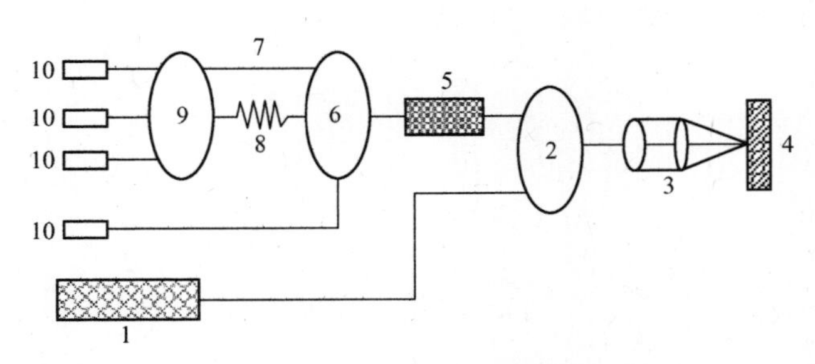

图 8.12　新型 AFVISAR 结构

1—激光器；2—1×2 多模光纤耦合器；3—AFVISAR 探头；4—运动界面；
5—单模-多模转换器；6—1×3 单模光纤耦合器；7—直达支路；8—延迟支路；
9—3×3 单模光纤耦合器；10—光电倍增管。

从激光器 1 发出的中心波长为 λ_0 的激光束，经过 1×2 多模光纤耦合器 2 传输到由若干透镜组成的 AFVISAR 探头 3 并入射到以速度 u 运动的物体界面上；从运动界面 4 反射的携带了多普勒信息的反射光经由 AFUISAR 探头 3 返回 1×2 多模耦合器 2，并由多模-单模转换器 5 耦合到 1×3 单模光纤耦合器 6 中。从该单模光纤耦合器输出 3 路光信号：一路用于光强监测并由光电倍增管 10 记录，另两路激光分别通过直达支路 7 和延时支路 8 进入 3×3 单模光纤耦合器 9，在该耦合器中叠加，产生拍频干涉信号，最终输出 3

路相位差为 $2\pi/3$ 的拍频干涉信号，经光电转换后由高速示波器记录。

上述工作原理表明，可把 AFVISAR 看作传统的光纤 VISAR。采用光纤延时比采用 etalon 延时更便于安装、调试和操作，并降低成本。对于激光器发出的波长为 λ_0 的激光，长度为 ΔL 的光纤产生的延迟时间为

$$\tau_0=\Delta L/(c/n_0)=cn_0\Delta L/c \tag{8.134}$$

式中：n_0 为光纤芯材料的折射率。

由于多普勒频移的引起的色散效应，光纤芯材料的折射率发生的改变可表达为

$$\begin{aligned} n &= n_0+\left.\frac{\mathrm{d}n}{\mathrm{d}\lambda}\right|_{\lambda_0}\Delta\lambda \\ &= n_0(1+\delta) \end{aligned} \tag{8.135}$$

式中：$\Delta\lambda=-\lambda_0(2u/c)$ 由多普勒频移决定，$\left.\frac{\mathrm{d}n}{\mathrm{d}\lambda}\right|_{\lambda_0}$ 可以用柯西色散方程（见式（8.58））进行估算，将速度方程中的色散修正因子表达为

$$\delta\equiv\frac{\Delta\lambda}{n_0}\left.\frac{\mathrm{d}n}{\mathrm{d}\lambda}\right|_{\lambda_0}=\frac{2}{n_0\lambda_0^2}\frac{2u}{c}\left(a_1+\frac{2a_2}{\lambda_0^2}\right) \tag{8.136}$$

由于色散效应，长度 ΔL 的光纤的延迟时间 $\tau=(1+\delta)\tau_0$，条纹常数 $F_{\mathrm{C}}=\lambda_0/[2\tau_0(1+\delta)]$。

AFVISAR 输出的两路相位差等于 $2\pi/3$ 的光拍信号，其幅度分别为

$$y_1=I_0\left\{1+\cos\left[2\pi(1+\delta)\frac{u}{F_{\mathrm{V}}}+\varphi_0\right]\right\} \tag{8.137a}$$

$$y_2=I_0\left\{1+\cos\left[2\pi(1+\delta)\frac{u}{F_{\mathrm{V}}}+\frac{2\pi}{3}+\varphi_0\right]\right\} \tag{8.137b}$$

只要给定某种粒子速度随时间的变化，可以在计算机上用式（8.137）计算对应的模拟信号的幅度 y_1 及 y_2。图 8.13（a）展示了这种计算模拟结果。

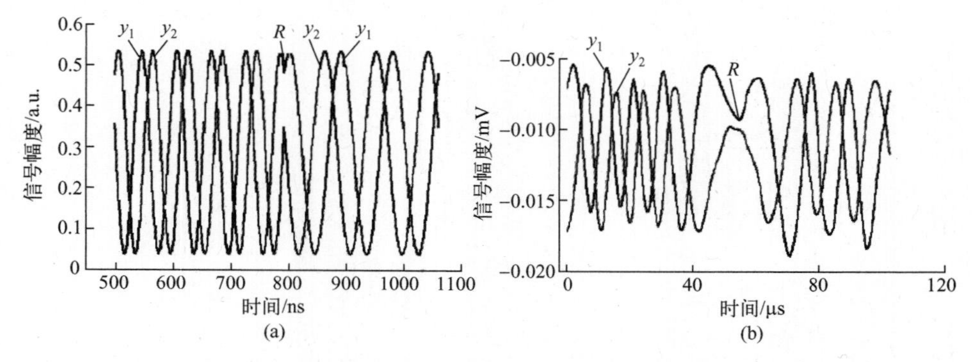

图 8.13　用 AFVISAR 测量的扬声器膜片振动信号与计算模拟的比较

（a）相位差为 $2\pi/3$ 的两路输出信号 y_1 及 y_2 的计算机模拟结果；

（b）用 AFVISAR 测量的扬声器膜片振动得到的两路干涉信号的示波器记录。

采用具有 $2\pi/3$ 相位差的两路输出信号的优点之一是能够方便地区分界面的加速和减速过程。图中 R 点标出了粒子速度从加速运动到减速运动转变的位置：在 R 点以前，信号 y_1 超前于信号 y_2，粒子处于加速运动过程；在 R 点以后，信号 y_1 迟后于信号 y_2，粒子处于减速运动过程。从加速运动到减速运动转变的位置处，两路余弦波形分别出现了类

似于字母“M”和“W”的波形特征。图 8.13(b)是用 AFVISAR 观测扬声器膜片运动得到的拍频干涉波形。实验测量用的激光器的功率为 2W,激光波长 $\lambda_0=532\text{nm}$,单模本征波长度可达 20m。扬声器喇叭谐振动的拍频信号特征与计算模拟结果一致,出现了膜片振动从加速到减速的特征点 R,佐证了计算模拟分析的结论是可信的。

利用 AFVISAR 测量分离式 Hopkinson 杆入射杆端面的运动,输出的干涉条纹图像如图 8.14 所示[246]。实验中 AFVISAR 的条纹常数 $F_C=10.64\text{m/(s.fr)}$,探头采用的多模光纤芯径为 400μm。在图 8.13(a)中的拍频干涉图形中,也用字母“R”标记了若干“M”形和“W”形波形的位置,揭示了杆端运动的加速—减速—再加速……的连续变化过程,显示了 Hopkinson 杆纵向运动的谐振特征。图 8.14(b)是根据图 8.13(a)中实测的波形计算的杆端面的运动速度,杆端面速度峰值约为 49.36m/s,与碰撞入射杆的子弹速度 50.16m/s 相符,也与应变仪测量的波剖面得到的速度剖面一致,显示了 AFVISAR 的能力。

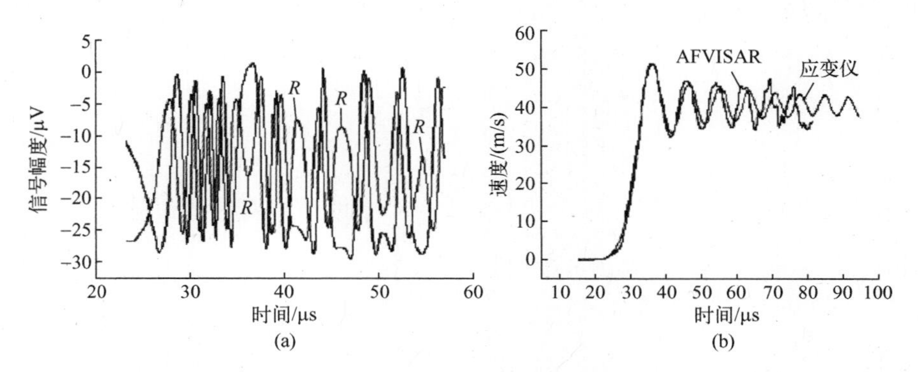

图 8.14　用 AFVISAR 测量 Hopkinson 杆入射杆的端面速度[246]

(a) AFVISAR 测量的 Hopkinson 杆入射杆端面速度的两路拍频信号的示波器记录;

(b)从拍频干涉信号计算的 Hopkinson 入射杆的端面速度剖面与根据应变仪的测量信号的计算结果。

8.8　全光纤激光位移干涉测量系统

8.8.1　全光纤激光位移干涉系统的基本原理与光路结构

VISAR 观测的拍频干涉条纹的频率 $f=\mathrm{d}N/\mathrm{d}t$ 与被观测界面运动的加速度 $\mathrm{d}u/\mathrm{d}t$ 直接关联,在强冲击加载或极端应变率斜波加载等情况下,波阵面上的应变率 $\dot{\varepsilon}$ 可以高达 10^9/s 以上,按照应变率与加速度及声速的关系 $\dot{\varepsilon}=\dot{u}/c$,极端条件下物质粒子的加速度可高达 $10^9\sim10^{12}\,g$(g 为重力加速度)。极端应变率加载产生的超高加速度远远超出了许多光电元器件或记录仪器的响应能力,可能导致条纹丢失。发生条纹丢失意味着实测的速度历史不能正确反映动力学过程的细节。

全光纤激光位移干涉仪正是在这一背景下逐步发展起来的。物体空间位置的变化称为位移,位移的变化总是连续的。例如,冲击加载时波阵面上物质粒子的加速度极大,但该加速经历的时间过程极短,加速过程导致的速度变化的绝对值非常有限,发生的位移也极为有限。因此,与速度可以发生突跃变化不同,物体运动的位移不会发生跃变。

受当时光电仪器响应能力的限制,在激光速度干涉仪的早期发展阶段不能完整直接记录与多普勒频移 $\nu-\nu_0$ 直接关联的频率极高的光拍信号,Barker 型 VISAR 采用了将运动界面上两个不同时刻反射的多普勒光信号叠加产生拍频干涉的技术,因而 VISAR 仪器本质上是用二次差频原理来降低光拍信号的频率进行拍频测量的一种速度干涉仪。但是进入 21 世纪初以来,随着光纤和光通信技术的发展,激光的光纤传输、叠加、分离、干涉技术日臻成熟,高速和宽带光电转换技术取得了突破,使精确测量多普勒频移 $\nu-\nu_0$ 成为可能。

位移干涉测量并不是一种新技术。用于测量准静态位移的迈克尔逊干涉仪[234]就是位移干涉仪之一,但是迈克尔逊干涉仪不能用于强冲击波或爆轰波作用下的材料表面粒子位移测量。根据光学多普勒效应,对于具有足够相干长度的激光器发射的同一列光波,从运动界面反射的光波与入射光波叠加时合成的拍频干涉信号的频率 $f=\nu-\nu_0=\nu_0\dfrac{2u}{c}$,不难得到在 $t-t_0$ 时间间隔内记录的拍频干涉条纹总数 $N(t)$ 与界面运动的位移 $s-s_0$ 的关系:

$$s(t)-s_0=\frac{\lambda_0}{2}N(t) \tag{8.138}$$

这相当于条纹常数 $F_C=\dfrac{\lambda_0}{2}$,即位移干涉测量中每个干涉条纹对应的位移长度等于 $\lambda_0/2$。取 $s_0=0$ 得到 $s(t)=F_CN(t)$,因此条纹总数

$$N(t)=\frac{2s}{\lambda_0}=\frac{s}{F_C} \tag{8.139}$$

与位移成正比。由于位移不会发生突变,因此原则上位移干涉仪不会发生丢失条纹的现象。对位移进行移微分得到界面运动速度为

$$u(t)=\frac{ds}{dt}=\frac{\lambda_0}{2}\frac{dN(t)}{dt}=\frac{\lambda_0}{2}f(t) \tag{8.140}$$

式中:$f(t)$ 为单位时间内产生的条纹数,即光拍的频率。

显然,位移干涉测量中光拍信号的频率等于反射激光与参考激光之间的一次差频,记录一次差频信号需要具有足够带宽的高速光电元器件,这项技术已经随着当代光通信技术的发展得到了顺利解决。

2006 年,翁继东和谭华等[26]发表了具有皮秒量级时间分辨力的(DISAR),其工作原理如图 8.15 所示,从激光器 1 发出波长为 λ_0 的激光束在光纤分离器 2 中分成两路,一路进入环形光纤 3,用作探测界面运动的测试光,另一路进入 3×3 光纤耦合器 7,该路激光保持了初始激光的频率 ν_0,被用作位移干涉用的参考光,当它与从运动界面返回的携带了多普勒信息的测试光进行叠加时,产生位移干涉信号。

环形光纤 3 有两个端口,一个端口的出射光束经由单模-多模转换器 4 进入由数个透镜组成的探头 5,并聚焦于物体的运动界面 6。从运动界面反射的携带了多普勒频移信息的反射激光束经由探头 5 及多模-单模转换器 4 返回环形光纤 3,并从它的另一端口出射。出射光进入 3×3 光纤耦合器 7,在耦合器中与参考激光叠加形成拍频干涉。从光纤耦合器 7 输出 3 路相位差为 120°的拍频位移干涉信号,经光电转换后由高速示波器记录。

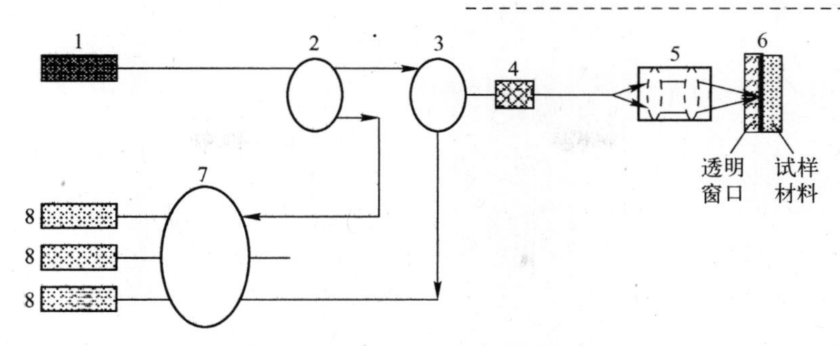

图 8.15　DISAR 的基本结构

1—激光器;2—光纤分光器;3—环形光纤;4—多模-单模转换器;
5—探头;6—运动界面;7—3×3 光纤耦合器;8—光/电转换器。

在加窗测试条件下,需要考虑窗口折射率对多普勒频移的影响。加窗条件下的位移 $s(t)$ 和速度 $u(t)$ 分别为

$$s(t)-s_0=\frac{\lambda_0}{2(1+\chi)}N(t) \tag{8.141}$$

$$u(t)=\frac{\lambda_0}{2(1+\chi)}\frac{\mathrm{d}N(t)}{\mathrm{d}t} \tag{8.142}$$

式中:$N(t)$ 为 t 时刻实验记录的条纹总数。

经归一化后两路输出信号幅度随时间的变化可表示为

$$y_1=I_0\left[1+\cos\left(4\pi\frac{s}{\lambda_0}+\varphi_0\right)\right]=I_0\left[1+\cos\left(2\pi\frac{s}{F_\mathrm{V}}+\varphi_0\right)\right] \tag{8.143}$$

$$y_2=I_0\left[1+\cos\left(4\pi\frac{s}{\lambda_0}+\frac{2\pi}{3}+\varphi_0\right)\right]=I_0\left[1+\cos\left(2\pi\frac{s}{F_\mathrm{C}}+\frac{2\pi}{3}+\varphi_0\right)\right] \tag{8.144}$$

式中:F_C 为条纹常数,$F_\mathrm{C}=\dfrac{\lambda_0}{2(1+\chi)}$,其中,$\chi$ 为窗口材料的折射率修正因子(在不存在窗口的情况下,$\chi=0$)。

根据式(8.138)和式(8.140)计算位移历史及速度历史的方法与 VISAR 的数据处理方法基本相同。

在我国 DISAR 发明的同时,国外同步发表了一种称为光子多普勒速度计(Phonon Doppler Velocimeter,PDV)[247,248]的位移干涉仪。与 DISAR 一样,PDV 也全部采用光纤组件。但 PDV 采用单模光纤探头,仅输出单路拍频信号,时间和位移分辨力比 DISAR 低一些。与此同时,王翔等研制成功 DPS(Doppler Probe System)位移干涉测量仪(研究结果未发表),具有与 PDV 基本相同的原理结构和测试能力。

DISAR 使用 1550nm 的激光波长,激光器器功率为 20mW,激光的相干长度达 1000m(激光器发射的具有相同初始相位的一列激光波列的长度)。图 8.16 展示了利用 DISAR 观测扬声器膜片的谐振动时得到的两路拍频干涉信号。图中字母"R"所示的位置出现了"M 形"及"W 形"波形,表示扬声器膜片的振动方向发生了反转或膜片加速度方向发生翻转,这是采用具有 2π/3 相位差的两路输出信号的优点。

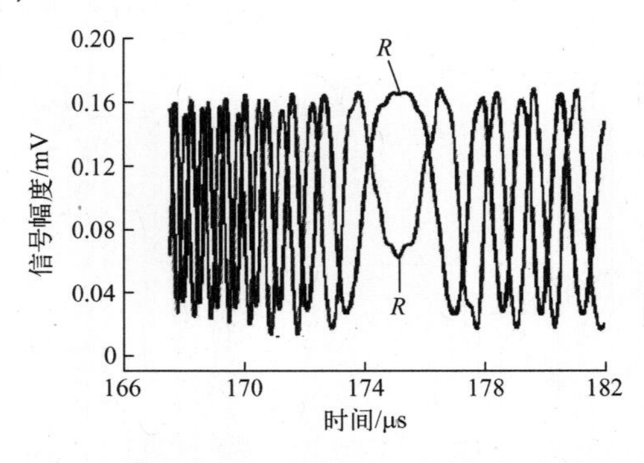

图 8.16　用 DISAR 观测扬声器膜片的谐振动得到的相位差为 2π/3 的两路拍频信号

在冲击波加载下粒子速度剖面的前沿极其陡峭,这类速度剖面的上升前沿难以用传统 VISAR 测量。当 VISAR 测量中需要考虑冲击波阵面的上升前沿的速度时,通常采用补整数条纹的方法或通过阻抗匹配计算获得有关数据。为了验证 DISAR 对高加速度的动力学过程的诊断能力,翁继东等利用二级轻气炮将铝飞片加速到 4360m/s,以 DISAR 测量铝飞片碰撞铝基板后,“铝样品/LiF 窗口”界面的速度剖面。在实验中 DISAR 使用长度约 1m、芯径约 400μm 多模光纤传输从多模探头接收的携带了多普勒频率的反射光;通过多模-单模模式转换后进行位移干涉,从 3×3 单模光纤耦合器输出的两路拍频信号用带宽 6GHz 的高速示波器记录,实测位移干涉信号的示波器记录如图 8.17 所示。

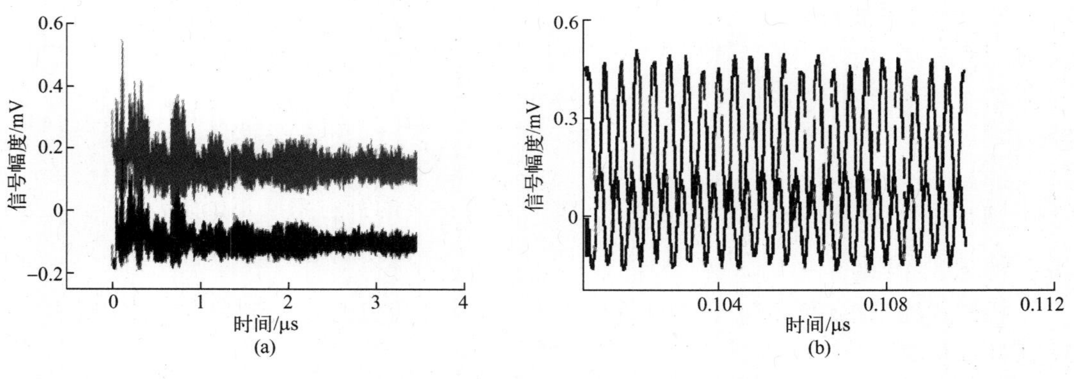

图 8.17　高速铝飞片对称碰撞实验[26]

(a)用 DISAR 测量的“Al/LiF”窗口界面的两路拍频干涉信号;(b)局部拍频信号的结构。

由于 DISAR 输出的光拍信号频率极高,图 8.17(a)中的拍频信号难以目视分辨;从其中取出时长约 7ns 的一段信号示于图 8.17(b)中,显示了从 DISAR 输出的测量信号具有极高的信噪比和时间分辨率。根据实测拍频信号,由式(8.142)及式(8.143)计算“铝样品/LiF 窗口”界面的粒子速度为 2133 m/s,如图 8.18 所示,与根据铝飞片的击靶速度、铝和 LiF 的冲击绝热线用阻抗匹配法计算的数据非常一致。在图 8.18 中的实心方块数据点显示了速度前沿的上升历史,表明 DISAR 能够测量陡峭的冲击阵面前沿上的动力学过程,显示了 DISAR 仪器的时间分辨力(包括数字转换系统)能够达到了 50ps,对空间位移测试的分辨力约达 80nm。

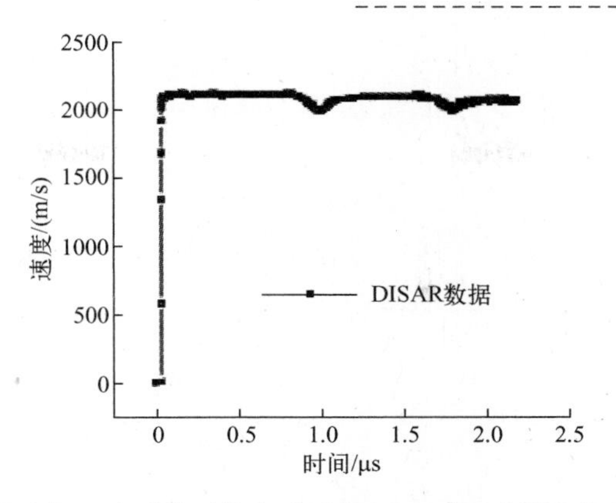

图 8.18　高速铝飞片对称碰撞实验的“Al/LiF 窗口”界面粒子速度剖面

8.8.2　光波-微波混频速度计的基本原理

显然,随着界面运动速度上限的提高,DISAR 测量需要使用采样速率越来越高的示波器和频带越来越宽光电转换器件,方能完整地记录 DISAR 输出的高频光拍信号。根据光拍的频率公式

$$f_D=\nu_0\frac{2u}{c}=\frac{u}{\lambda_0/2} \tag{8.145}$$

可以对 DISAR 测量的光电仪器的带宽进行估算。当采用 $\lambda_0=1550\text{nm}=1.55\times10^{-9}\text{km}$ 的激光光源时,若波长单位采用 km,速度单位采用 km/s,得到 $f_D\approx1.29\times10^9u\text{Hz}=1.29u$ GHz。因此,为了测量 10km/s 的界面速度历史,要求光电转换器件的带宽约达 13GHz。如果每个拍频条纹平均需要采集 3~4 个不同时刻的拍频振幅或相位数据,则示波器的采样速率需要达 40~50GHz/(s·sa);当运动速度约达 20km/s 时,示波器的采样速率将达 80~100GHz/(s·sa),如此等等。为了解决这一问题,翁继东和王翔等[249]提出了一种采用光波与微波混频的测量技术,以降低对示波器带宽的要求。这种瞬态速度仪称为光波-微波混频速度计 Optic-microwave Mixing Velocimeter,OMV)。

OMV 的基本结构和工作原理如图 8.19 所示。它以微波发生器输出的高频微波信号为参考信号,将 DISAR 输出的位移干涉光拍信号转换成高频电子学信号,然后将它与微波发生器输出的高频微波进行电子学混频;利用微波下变频技术,通过傅里叶分析从混频信号中频率较低的差频信号反算出 DISAR 测试信号的频率;最后计算出界面运动速度。

在图 8.19 中,从激光器 1 发射的波长为 λ_0 的激光经光纤分光器 2 分成两路,一路用作参考光进入光纤耦合器 5,另一路经过探头 3 中的一根单模光纤入射到物体的运动表面;在探头 3 中包含两根单模光纤,从运动界面 4 反射的携带了多普勒信息的光波经由探头中的另一根单模光纤传输进入光纤耦合器 5,与光纤耦合器 5 中的参考光经光波混频形成拍频位移干涉信号,再经光电转换器 6 输出高频电子学信号。按照位移干涉原理,可得到任意时刻 t 的界面运动速度历史 $u(t)$ 与实验记录的光拍频率 $f_D(t)$ 满足关系:

$$u(t)=\frac{\lambda_0}{2(1+\chi)}f_D(t) \tag{8.146}$$

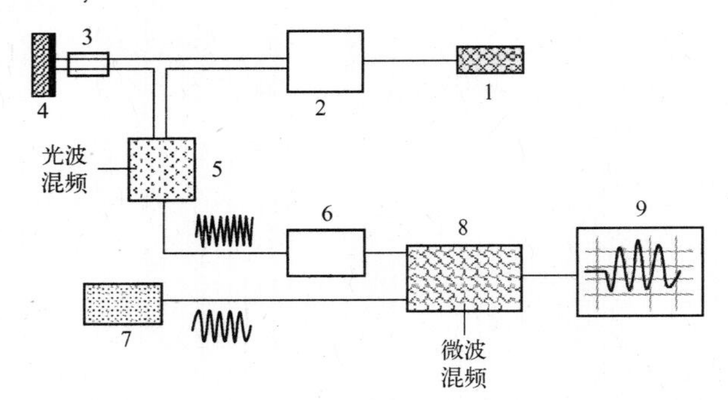

图 8.19　光波-微波混频速度计原理

1—激光器;2—光纤分光器;3—探头;4—运动界面;5—光纤耦合器;
6—光电转换器;7—微波发生器;8—微波混频器;9—示波器。

式中:$f_D(t)$为实测的表观多普勒频移,$f_D(t)=\dfrac{dN(t)}{dt}$,其中$N(t)$为t时刻实验记录的表观条纹总数。

根据多普勒频移与光拍频率的关系,从光电转换器6输出的电子学测试信号具有与光拍相同的频率,可表示为

$$y_1=\cos[2\pi f_D(t)\cdot t+\varphi_0] \tag{8.147}$$

该电子学测试信号也是一种微波信号。将它输送到微波混频器8,与微波发生器7输出的具有固定频率f_W的微波参考信号混频,混频后输出的微波信号可表达为

$$y_2(t)=1+\frac{1}{2}\cos[2\pi(2f_Dt)]+\frac{1}{2}\cos[2\pi(2f_Wt)]+\cos[2\pi(f_D+f_W)t]+\cos[2\pi(f_D-f_W)t] \tag{8.148}$$

式中包含$2f_D$、$2f_W$、f_D+f_W、f_D-f_W四种不同的频率,其中频率f_D-f_W最低。适当控制参考微波频率f_W,可以使频率f_D-f_W降低到足以被普通数字示波器记录的程度。最后从f_D-f_W解出f_D,即可由式(8.146)获得运动速度$u(t)$。

在翁继东和王翔等公开报道光波-微波双源混频测速技术实验测量结果的同一年,美国Sanida实验室也报道了一种基于PDV位移干涉测量技术的全光波双(光)源混频测速技术[250]。我国和美国的技术均采用双源外差干涉原理,既可以采用下变频模式降低DISAR/PDV等测速仪的输出信号,以降低数字示波器的测量带宽;也可以采用上变频模式升高DISAR/PDV等测速仪的输出信号,以提高单位时间内的干涉条纹数(条纹频率),提高速度测量的分辨率。两种技术都可用于频分复用系统。例如,美国核武器实验室以全光波双源混频测速技术为单元,构建了多点复用式测速(MPDV)系统。不同的是光波微波双源混频测速系统更加稳定,更适合于非光学专业人员使用,全光波双源混频测速系统更加灵活,可根据不同测速要求调整双(光)源之间的频率差。

为了验证OMV的能力,在冲击波物理与爆轰物理重点实验室三级炮上进行了一发超高速驱动实验测量。实验中利用速度为6.9km/s的叠层型阻抗梯度飞片碰撞厚度1mm的铝飞片使之达到高速度,用OMV和DISAR同时测量铝飞片的在叠层型阻抗梯度飞片驱动下的加速历史。在OMV中的微波发生器的射频/本征频率为20GHz。将高速铝飞片的加速运动过程中产生的高频多普勒拍频信号经光电转换后输入微波混

频器,经下变频后输出较低频率的中频信号,易于被示波器记录。实测的 OMV 的微波混频信号和 DISAR 的拍频干涉信号的示波器记录如图 8. 20(a) 所示。图 8. 20(a)显示了约300ns 时间间隔内示波器的记录信号。总的看来,OMV 的信号幅度较稳定,而 DISAR 的信号幅度出现了一定程度的衰减;图 8. 20(b)是从图(a)中取出的时长约 8ns 的信号的放大图,可见 OMV 输出的混频信号的频率明显低于 DISAR 的光拍信号的频率。实验中使用$f_W = 3.2$GHz 的微波信号与 DISAR 信号进行混频,使用目前网络通信中普遍使用的示波器和光电转换器件就能完整地记录 OMV 的输出信号。从 OMV 的信号反算得到f_D,据此计算铝飞片在三级炮发射的卫星抗梯度飞片驱动下的加速历史。

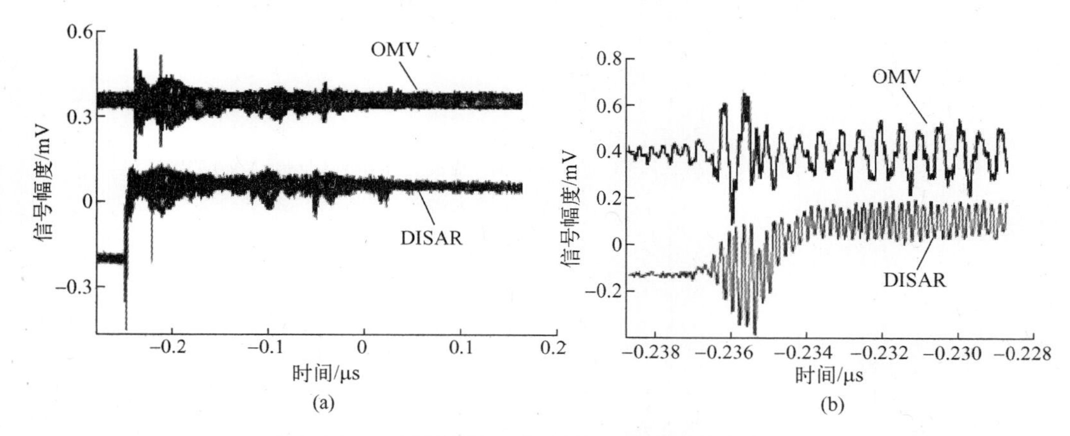

图 8. 20 OMV 的微波混频信号和 DISAR 信号的比较

(a) 示波器记录信号的比较;(b) 经放大的时长约 8ns 的局部信号的比较。

由 OMV 和 DISAR 得到的铝飞片的速度剖面如图 8. 21 所示[249],两者的速度变化历史的细节完全一致,铝飞片的终速 11. 2km/s 也相同。因此,OMV 能够依靠普通商用光通信元器件实现高达 20km/s 的超高速度的精密测量。适当控制参考微波信号和测试微波信号之间的频率差,容易使 OMV 的时间分辨达数百皮秒(亚纳秒)量级。

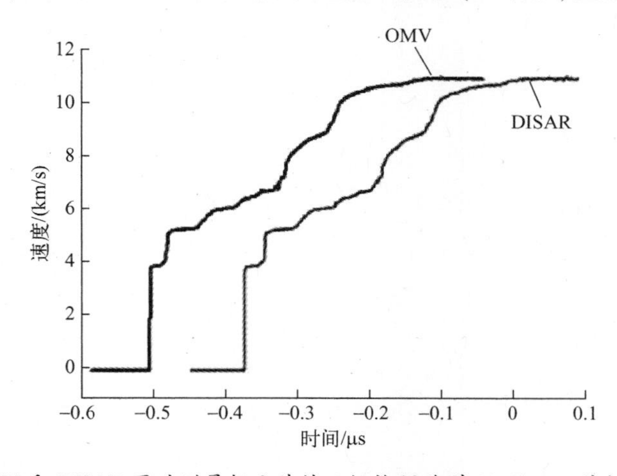

图 8. 21 利用 OMV 和 DISAR 同时测量铝飞片被三级炮驱动到 11. 2km/s 的加速历史的比较[249]

理论上采用多级混频技术能够不断提高 OMV 的速度测量上限。但是,当速度增大时,OMV 中的对高频光拍信号进行光-电转换的器件的带宽也随之升高。为此可采用全光波双源混频系统的下变频技术[233]，能有效降低对光电转换器件带宽的要求。在全光波双源混频系统中，图 8.19 中所示的高频微波发生器替换为能够输出频率 ν_j 可调的激光的变频激光器。控制输出激光的频率 ν_j，使之与多普勒光拍的频率 ν_D 比较接近，将这两路激光进行混频即可输出频率较低的光波差频信号，经转换成的电子学信号后易于被通用示波器记录。

参 考 文 献

[1] 杨桂通. 弹塑性力学引论[M]. 北京:清华大学出版社,2004.

[2] Zharkov V N, Kalinin V A. Equation of State for Solids at High Pressures and Temperature[M]. New York: Springer Science+Business Media, LLC., 1971.

[3] Zel'dovich Y B, Raizer Y P. Physics of Shock Waves and High-Temperature Hydrodynamic Phenomena[M]. New York: Dover Publications, Inc., 2002.

[4] 徐锡申,张万箱. 实用物态方程导引[M]. 北京:科学出版社,1986.

[5] Nguyen J H, Orlikowski D, Streitz F H, et al. High-pressure Tailored Compression: Controlled thermodynamic paths[J]. J. Appl. Phys., 2006, 100: 023508.

[6] Hall C A, Asay J R, Knudson M D, et al. Experimental Configuration for Isentropic Compression of Solids Using Pulsed Magnetic Loading[J]. Rev. Sci. Instruments, 2001, 72: 3587-3595.

[7] Swift D C, Johnson R P. Quasi-Isentropic Compression by Ablative Laser Loading: Response of Materials to Dynamic Loading on Nanosecond Time Scales[J]. Physical Review E, 2005, 71: 066401.

[8] Davis J-P. Experimental Measurement of the Principal Isentrope for Aluminum 6061-T6 to 240 GPa[J]. J. Appl. Phys., 2006, 99: 103512.

[9] Vogler T J. On Measuring the Strength of Metals at Ultrahigh Strain Rates[J]. J. Appl, Phys., 2009, 106: 053530.

[10] Meyers M A. Dynamic Behavior of Materials[M]. London: John Wiley & Sons, Inc., 1994.

[11] 经福谦. 实验物态方程导引[M]. 2版. 北京:科学出版社, 1999.

[12] Zhernokletov M V, Glushak B L. Material Properties under Intensive Dynamic Loading[M], Berlin: Springer, 2006.

[13] Tang Bengsheng, Jing Fuqian. The Planar Flyer Plate Driven by Detonation Product Convergent Flow [C]. Proceedings of 7th Symposium on Detonation, 1981.

[14] Glushak B L, Zhakov A P, Zhernokletov M V, et al. Experimental Investigation of the Thermodynamics of Dense Plasmas Formed from Metals at High Energy Concentrations[J]. Sov. Phys. JETP, 1989, 69(4): 739.

[15] Al'tshuler L V, Trunin R F, Fortov V E, et al. Development of Dynamic High-Pressure Techniques in Russia[J]. Physics-Uspekhi, 1999, 42(3): 261.

[16] Trunin R F. Shock Compression of Condensed Materials[M]. London: Cambridge University Press, 1998.

[17] Reinhart W D, Chhabildas L C, Carroll D E, et al. Equation of State Measurement of Materials Using a Three-Stage Gun to Impact Velocity of 11 km/s[J]. International Journal of Impact Engineering, 2001, 26: 625.

[18] Chhabildas L C, Kmetyk L N, Reinhart W D, et al. Enhanced Hypervelocity Launcher Capabilities to 16 km/s[J]. International Journal of Impact Engineering, 1995, 17: 183.

[19] Batani D, Balducci A, Lower T, et al. Equation of State Data for Gold in the Pressure Range <10 TPa[J]. Phys, Rev. B, 2000, 61(14): 9287.

[20] Kundson M D, Lemke R W, Hayes D B, et al. Near Absolute Hugoniot Measurements in Aluminum to 500GPa Using a Magnetically Accelerated Flyer Plate Technique[J]. J. Appl. Phys., 2003, 94(7): 4422.

[21] Ragan Ⅲ C E. Shock Compression Measurement at 1 to 7 TPa[J]. Phys. Rev. A, 1982, 25(6): 3360.

[22] Mitchell A C, Nellis W I, Holmes N C. Shock Impedance Match Experiments in Aluminum and Mobedenum between 0.1 to 2.5 TPa[C]. Shock Wave in Condensed Matter-1983, Chapter II. Elsevir Science Publisher, 1984.

[23] Barker L M, Hollenbach R E. Laser Interferometer for Measuring High Velocities of Any Reflecting Surface[J]. J. Appl. Phys., 1972, 43: 4669.

[24] Kinslow R. High Velocity Impact Phenomena[M]. New York: Academic Press, 1970.

[25] Weng Jidong, Tan Hua, Hu Shaolou, et al. New All-Fiber Velocimeter[J]. Rev. Sci. Instru., 2005, 76: 093301.

[26] Weng Jidong, Tan Hua, Wang Xiang, et al. Optical-fiber Interferometer for Velocity Measurements with Picosecond Resolution[J]. Appl. phys. Lett., 2006, 89: 11101.

[27] Boslough M B, Ahrens T J. A Sensitive Time-Resolved Radiation Pyrometer for Shock-Temperature Measurements above 1500 K[J]. Rev. Sci. Instru., 1989, 60(12): 3711.

[28] Zukas J A. High Velocity Impact Dynamics[M]. New York: Jone Wiley & Sons, Inc., 1990.

[29] Asay J R, Chhabildas L C. Determination of the Shear Strength of Shock Loaded 6061-T6 Aluminum[C]. Shock Wave and High-Strain-Rate Phenomena in Metals, New York: Plenum Press, 1981.

[30] Asay J R, Lipkin J. A Self-Consistent Technique for Estimating the Dynamic Yield Strength of Shock-Loaded Materials[J]. J. Appl. Phys., 1978, 49(7): 4242.

[31] Remington B A, Bazan G, Belak J, et al. Materials Science Under Extreme Conditions of Pressure and Strain Rate[J]. Metallurgical and Materials Transactions A, 35A, 2004: 2587-2607.

[32] Chou P C, Hopkin A K. 材料在脉冲强动载下的响应[M]. 张宝平,赵衡阳,李永池,译. 北京:科学出版社, 1986.

[33] Batsanov S S. Effects of Explosions on Materials[M]. New York: Springer-Verlag, 1994.

[34] Trunin R F, Simakov G V. Shock Compression of Ultra-low Density Nickel [J]. JETP, 1993, 76(6): 1090.

[35] Wu Q, Jing F Q. Unified Thermodynamic Equation of State for Porous Materials in a Wide Pressure Range[J]. Appl. Phys. Lett., 1995, 67(1): 49.

[36] Geng H Y, Tan H, Wu Q. A New Hugoniot Equation of State for Shocked Porous Materials[J]. Chin. Phys. Lett., 2002, 19(4): 531.

[37] Geng H Y, Wu Q, Tan H, et al. Extension of the Wu-Jing Equation of State for Highly Porous Materials: Thermoelectron Based Theoretical Model[J]. J. Appl. Phys., 2002, 92(10): 5924.

[38] 戴诚达,王翔,谭华. Hugoniot 实验的粒子速度测量不确定度分析[J]. 高压物理学报,2005,19(2):113-119.

[39] Barker L M, Hollenbach R E. Shock-Wave Studies of PMMA, Fused Sillica, and Sapphire[J]. J. Appl. Phys., 1970, 41: 4208-4226.

[40] 师昌绪. 材料大辞典[M]. 北京:化学工业出版社,1994.

[41] Cahn R W. 物理金属学[M]. 北京钢铁学院物理教研室,译. 北京:科学出版社,1984.

[42] 黄昆. 固体物理学[M]. 韩汝琦,改编. 北京:高等教育出版社,1996.

[43] 李欣竹. 金属半经验物态方程的讨论[D]. 绵阳:中国工程物理研究院,2003.

[44] 胡金彪,经福谦. 用冲击压缩数据计算物质结合能的一个简便解析方法[J]. 高压物理学报,1992,4(3):175.

[45] 秦允豪. 热学[M]. 北京:高等教育出版社,1999.

[46] Yuan V W, Bowman J D, Funk D J, et al. Shock Temperature Measurement Using Neutron Resonance Spectroscopy[J]. PRL, 2005, 94: 125504.

[47] Kormer S B, Sinitsyn M V, Kilillov G A, et al. Experimental Determination of Temperature in Shock-Compressed NaCl and KCl and of Their Melting Curves at Pressures up to 700 kbar[J]. Soviet Physics JETP, 1965, 21: 689.

[48] Kormer S B. Optical Study of the Characteristics of Shock Compressed Condensed Dielectrics[J]. Soviet Phys. Physics USPKHI, 1968, 11: 229.

[49] Hare D E, Holmes N C, Webb D J. Shock-wave-induced Optical Emission from Sapphire in the Stress Range 12 to 45GPa: Images and Spectra [J]. Physical Review B, 2002, 66: 014108.

[50] Luo S N, Akins J A, Ahrens T J, et al. Shock-Compressed $MgSiO_3$ Glass, Enstatite, Olivine, and Quartz: Optical Emission, Temperatures, and Melting[J]. Journal of Geophysical Research, 2004, 109: B05205.

[51] Grover R, Urtiew P A. Thermal Relaxation at Interfaces Following Shock Compression[J]. J. Appl. Phys., 1974, 45: 146.

[52] Ahrens T J. Shock Wave Techniques for Geophysical and Planetary Science[J]. Methods of Experimental Physics, 1987, 24: 185.

[53] Urtiew P A, Grover R. Temperature Deposition Caused by Shock Interaction with Material Interface[J]. J. Appl. Phys.,

1974,45:140.

[54] Lyzenga G A, Ahrens T J. A Multi - Wavelength Optical Pyrometer for Shock Compression Experiments [J]. Rev. Sci. Instr. ,1979,50:1421.

[55] 谭华. 金属的冲击波温度测量(1):高温计的标定及界面温度的确定[J]. 高压物理学报,1994,8(4):254.

[56] Press W H,Flannery B P,Teokolsky S A,et al. Numerical Recipes:The Art of Scientific Computation[M]. New York: Cambridge University Press,1971.

[57] 汤文辉. 非金属晶体导热系数与压力和温度的相关性[J]. 高压物理学报,1994,8(2):125.

[58] Bass J D,Svendsen B,Ahrens T J. The Temperature of Shock Compressed Iron[C]. High Pressure Research in Mineral Physics,Tokyo:Terra Scientific Publishing Co.,1987.

[59] Gallagher K G,Ahrens T J. Ultra High-Pressure Thermal Conductivity Measurements of Griceite and Corundum[C]. Proceedings of the 20th International Symposium On Shock Waves-1995,World Scientific Publishing Co. Pre. Ltd., 1996.

[60] 汤文辉,张若棋. 物态方程理论级计算概论[M]. 长沙:国防科技大学出版社,1999.

[61] Mott N F,Jones H J. The Theory of the Properties of Metals and Alloys[M]. New York:Dover Publications,Inc., 1958.

[62] Kittle C. Introduction to Solid State Physics[M]. New York:John Wiley & Sons,Inc.,2005.

[63] Keeler R N,Royce E B. Electrical Conductivity of Condensed Media at High Pressures[C]. Physics of High Energy Density,Proceedings International School Phys.,Enrico Femi XLVIII,New York:American Press,1971.

[64] Bi Y, Tan H, Jing F Q. Electrical Conductivity of Iron under Shock Compression up to 200GPa [J]. J. Phys.: Condens. Matter,2002,14:10849.

[65] Tan H,Ahrens T J. Shock Temperature Measurements for Metals[J]. High Pressure Research,1990,2:159.

[66] 谭华. 金属的冲击波温度测量(2):界面卸载近似[J]. 高压物理学报,1996,10(3):161.

[67] Ahrens T J,Kathleen G,Chen G Q. Shock Temperatures and The Melting Point of Iron[C]. Proceedings of Shock Compression of Condensed Matter-1997,New York:Woodbury and New York Publications,1998.

[68] Williams Q,Jeanloz P,Bass J D,et al. The Melting Curve of Iron to 250 Gigapascals:A Constrain on the Temperature at Earth's Core[J]. Science,1987,181:236.

[69] Tan H,Ahrens T J. Analysis of Shock Temperature Data for Iron[J]. High Pressure Research,1990,2:5.

[70] Tang W H,Jing F Q,Zhang R. Q,et al. Thermal Relaxation Phenomena Across the Metal/Window Interface and Its Significance to Shock Temperature Measurement of Metals[J]. J. Appl. Phys.,1996,80(6):3284.

[71] Nellis W J,Yoo C S. Issues Concerning Shock Temperature Measurements of Iron and Other Metals[J]. J. Geophys. Res., 1990, 95 (B13):21749.

[72] McQueen R C,Isaak D G. Characterizing Windows for Shock Wave Radiation Studies[J]. J. Geophys. Res.,1990,95 (B13):21753.

[73] Tan H,Dai C D. Problems of Shock Temperature Measurements for Metals by Using Optical Radiometry Method[J]. High Pressure Research, 2001, 21:183.

[74] 谭华. 金属的冲击波温度测量(3):"基板/样品"界面间隙对辐射法测量冲击波温度的影响[J]. 高压物理学报,1999 13(3):161.

[75] 谭华. 金属的冲击波温度测量(4):"三层介质模型"及其应用[J]. 高压物理学报,2000,14(2):81.

[76] 戴诚达. 铁陨石的冲击熔化及其对地核热结构的影响[D]. 绵阳:中国工程物理研究院,1999.

[77] Kinslow R. High Velocity Impact Phinimena[M]. New York:Academic Press,1970.

[78] Marsh S P. LASL Shock Hugoniot Data[M]. Berkeley:University of California Press,1980.

[79] 朱永和. 现代科技综述大辞典[M]. 北京:北京出版社,1998.

[80] Kraut E,Kennedy G C. New Melting Law at High Pressures[J]. Phys. Rev. Lett.,1966,16:608.

[81] 杜宜瑾. 凝聚态物理研究[M]. 合肥:安徽大学出版社,1998.

[82] 数学手册编写组. 数学手册[M]. 北京:高等教育出版社,1979.

[83] Couchman P R,Reynolds Jr C L. Tait Equation for Inorganic Solids with Applications to the Pressure Dependence of

Melting Temperature[J]. J. Appl. Phys. ,1976,47:5201.

[84] Carslaw H S,Jaeger J C. Conduction of Heat in Solids[M]. 2nd ed. London:Oxford University Press,1959.

[85] Furnish M B,Chhabildas L C,Reinhart W D. Time-Resolved Particle Velocity Measurement at Impact Velocity of 10 km/s[R]. SAND Report 98-0043C,1998.

[86] Tan Ye,Yu Yuying,Dai Chengda,et al. Hugoniot and Sound Velocity Measurements of Bismuth in the Range of 11-70GPa[J]. J. Appl. Phys. ,2013,113:093509.

[87] Asay J R,Chhabildas L C. Determination of the Shear Strength of Shock Compressed 6060-T6 Aluminum[C]. Shock Wave and High-Strain-Rate Phenomena in Metals,New York:Plenum Press,1981.

[88] Chhabildas L C,Furnish M B,Reinhart W D. Shock Induced Melting in Aluminum:Wave Profile Measurements[R]. SAND 99-0875C,1999.

[89] Yu Yuying,Tan Hua,Hu Jianbo,et al. Shear Modulus of Shock-Compressed LY12 Aluminum up to Melting Point[J], Chinese Physics B,2008,17:264-269.

[90] 谭华,俞宇颖,谭叶,等. LY12 铝在冲击绝热压缩下的泊松比[J]. 兵工学报,2014,35 (8):1218-1222.

[91] Reinhart W D,Asay J R,Chhabildas C,et al. Investigation of 6061-T6 Aluminum Strength Properties to 160 GPa[C]. Shock Compression of Condensed Matter-2009,New York:AIP Press,2009.

[92] McQueen R G,Hopson J W,Fritz J N. Optical Technique for Determining Rarefaction Wave Velocities in Very High Pressure[J]. Rev. Sci. Instru. ,1982,53(2):245.

[93] Hayes D,Hixson R S,McQueen R G. High Pressure Elastic Properties,Solid-Liquid Phase Boundary and Liquid Equation of State from Release Wave Measurements in Shock-Loaded Copper[C]. Proceedings of Shock Compression of Condensed Matter - 1999,New York:AIP Press,2000.

[94] 张凌云. 无氧铜冲击熔化特性的实验研究[D]. 绵阳:中国工程物理研究院, 2004.

[95] Belonoshko A B,Ahuja R,Eriksson O,et al. Quasi ab initio Molecular Dynamic Study of Cu Melting[J]. Phys. Rev. B. , 2000,61:3838.

[96] Brown J M,McQueen R G. Phase Transitions,Gruneisen Parameter,and Elasticity for Shocked Iron between 77GPa and 400GPa[J]. J. Geophys. Res. ,1986,91:7485.

[97] Nguyen J H,Holmes N C. Melting of Iron at the Physical Conditions of the Earth's Core[J]. Nature,2004,427:339.

[98] 许灿华. 铁在冲击压缩下的熔化温度的直接测量[D]. 绵阳:中国工程物理研究院, 2004.

[99] Tan H,Dai C D,Zhang L Y,et al. Method to Determine the Melting Temperature of Metals under Megabar Shock Pressure[J]. Appl. Phys. Lett. ,2005,87:221905.

[100] Anderson O L. The Power Balance at the Core-Mantle Boundary[J]. Physics of the Earth and Planetary Interior, 2002,131:1.

[101] Dai C D,Tan H,Geng H Y. Model for Assessing the Melting on Hugoniots of Metals:Al,Pb,Cu,Mo,Fe,and U[J]. J. Appl. Phys. ,2002,92(9):5019.

[102] Yoo C S,Holmes N C,Ross M,et al. Shock Temperatures and Melting of Iron at Earth Core Conditions[J]. Phys. Rev. Lett. ,1993,70:3931.

[103] Boehler R. Temperature in Earth's Core from Melting-Point Measurements of Iron at Static Pressures[J]. Nature, 1993,363:534.

[104] Li Jun,Zhou Xianming,Li Jiabo,et al. Development of a Simultaneous Hugoniot and Temperature Measurements for Preheated metal Shock Experiments:Melting Temperatures of Ta at Pressures of 100 GPa[J]. Review of Scientific Instruments,2012,83:053902.

[105] Stewart S T,Ahrens T J. Shock Properties of H_2O Ice[J]. Journal of Geophysical Research,2005,110:E03005.

[106] Hecker S S. Plutonium and Its Alloys:from Atoms to Microstructure[J]. Los Alamos Science,2000,26:260.

[107] Tonkov E Y,Ponyatovsky E G. Phase Transformations of Elements under High Pressure[M]. New Youk:CRC Press, 2005.

[108] David R L. CRC Handbook of Chemistry and Physics [M]. 84th Edition. London:CRC Press,2004.

[109] Chhabildas L C,Asay J R. Recent Advance in Shock and Quasi-Isentropic Compression Techniques for Dynamic Ma-

terials Property Studies[R]. SAND Report,91-2815C,1991.

[110] 张江跃,谭华,虞吉林. 动高压下拉格朗日声速的测定及其应用[J]. 高压物理学报,1999,13(1):42.

[111] Duffy T S,Ahrens T J. Hugoniot Sound Velocities in Metals with Applications to The Earth's Inner Core[C]. High-Pressure Research:Application to Earth and Planetary Sciences,Tokyo:Terra Scientific Publication Company, 1992.

[112] Al'tshuler L V,Kormer S B,Brazhnik M I,et al. The Isentropic Compressibility of Aluminum,Copper,Lead,and Iron at High Pressures[J]. Soviet Physics,JETP,1960,11(4):766.

[113] Al'tshuler L V,Trunin R F,Urlin V D,et al. Development of Dynamic High-Pressure Techniques in Russia[J]. Soviet Physics,USPEKHI, 1999,42 (3):261.

[114] Brown J M,Shaner J W. Rarefaction Velocities in Shocked Tantalum and the High Pressure Melting Point[C]. Shock Wave in Condensed Matter-1983,New York:Elsevier Science Publishers,1984.

[115] Nguyen J H,Holmes N C. Iron Sound Velocities in Shock Wave Experiments[C]. Proceedings of Shock Compression of Condensed Matter-1999,New York:AIP Press,2000.

[116] Lyzenga G A,Ahrens T J. Shock Temperature of SiO_2 and Geophysical Implication[J]. J. Geophys. Res. ,1983,88 (B3):2431.

[117] Dai C D,Jin X G,Zhou X M,et al. Sound Velocity Variations and Melting of Vanadium under Shock Compression[J]. J. Phys. D, 2001, 34: 3064.

[118] Erskine D. High Pressure Hugoniot of Sapphire[C]. AIRAPT/APS Conference of High-Pressure Science and Technology-1993,New York:AIP Press,1994.

[119] Carter W J. Equation of State of Some Alkali Halides[J]. High Temperature High Pressure,1973,5:313.

[120] Mitchell A C,Nellis W J. Shock Compression of Aluminum,Copper and Tantalum[J]. J. Appl. Phys. ,1980,52 (5): 3363.

[121] Duffy T S, Ahrens T J. Compressional Sound Velocity, Equation of State, and Constitutive Response of Shock-Compressed Magnesium Oxide[J]. J. Geophys. Res. ,1995,100(B1):529.

[122] 谭华. 高压声速测量及卸载路径[J]. 爆轰波与冲击波,2003,75 (2):60-70.

[123] Yu Yuying,Tan Hua,Dai Chengda,et al. Sound Velocity and Release Behaviour of Shock-Compressed LY12 Al[J], Chin. Phys. Lett. ,2005,22(7):1742-1745.

[124] 胡建波,戴诚达,俞宇颖,等. 双屈服面法测量金属材料动高压屈服强度的若干改进[J]. 爆炸与冲击,2006, 26 (6):516-521.

[125] Asay J R,Chhabildas L C. Shear Strength of Shock-Loaded Polycrystalline Tungsten[J]. J. Appl. Phys. ,1980,51 (9):4774.

[126] Furnish M D,Trott W M,Mason J,et al. Assessing Mesoscale Material Response via High Resolution Line-Imaging VISAR[C]. Proceedings of Shock Compression of Condensed Matter-2003,New York:AIP press,2004.

[127] Asay J R, Vogler T J, Ao T, et al. Dynamic Yielding of Single Crystal Ta at Strain Rates of 5×10^5/s[J]. J. Appl. Phys. ,2011,109:073507.

[128] Yu Yuying,Tan Hua,Hu Jianbo,et al. Determination of Effective Shear Modulus of Shock-Compressed LY12 Al from Particle Velocity Profile Measurements[J]. J. Appl. Phys. ,2008,103:103529.

[129] Johnson J N,Hixson R S,Gray III G T,et al. Quasi-Elastic Release in Shock Compressed Solids[J]. J. Appl. Phys. , 1992,72 (2):429-441.

[130] Broberg K B. 弹性及弹-塑性介质中的冲击波[M]. 尹祥础,译. 北京:科学出版社,1965.

[131] Crockett S,Chisolm E,Wallace D. A Comparison of Theory and Experiment of the Bulk Sound Velocity in Aluminum Using a Two-Phase EOS[C]. Shock Compression of Condensed Matter-2003,New York:AIP press,2004.

[132] Yu Yuying,Tan Hua,Hu Jianbo,et al. Shear Modulus of Shock-Compressed LY12 Aluminum up to Melting Point[J]. Chinese Physics B,2008,17:264-269.

[133] Tan Ye,Yu Yuying,Dai Chengda,et al. Hugoniot and Sound Velocity Measurements of Bismuth in the Range of 11-70GPa[J]. J. Appl. Phys. ,2013,113:093509 .

[134] Xi Feng, Jin Ke, Cai Lingcang,et al. Sound Velocity of Tantalum under Shock Compression in the 18-142 GPa

Range[J]. J. Appl. Phys. ,2015,117:185901.

[135] Zhang Xiulu, Liu Zhongli, Jin Ke, et al. Solid Phase Stability of Molybdenum under Compression: Sound Velocity Measurements and First-Principles Calculations[J]. J. Appl. Phys. ,2015,117:054302.

[136] Park H S, Remington B A, Becker R C, et al. Strong Stabilization of the Rayleigh-Taylor Instability by Material Strength at Megabar Pressures[J]. Physics of Plasmas,2010,17:056314.

[137] Remington B A, Park H S, Prisbrey S T, et al. Progress Towards Materials Science Above 1000 GPa(10 Mbar) on the NIF Laser [C]. Proceedings of DYMAT International Conference-2009, Brussel Belgium: EDP Sciences,2009.

[138] Duvall G E, Graham R A. Phase Transitions under Shock-wave Loading[J]. Rev. Modern Phys. ,1977,49(3):523.

[139] 王礼立. 应力波基础:[M]. 2 版. 北京:国防工业出版社,2005.

[140] 张江跃,谭华,虞吉林. 双屈服法测定 93W 合金的屈服强度[J]. 高压物理学报,1997,11(4):255.

[141] Steinberg D J, Cochran S G, Guinan M W. A Constitutive Model for Metals Applicable at High -Strain Rate[J]. J. Appl. Phys. ,1980,51:1498-1504.

[142] Steinberg D J, Lund C M. A Constitutive Model for Strain Rates from 10^{-4} to 10^{6} s^{-1} [J]. J. Appl. Phys. ,1989,65(4):1528.

[143] Steinberg D J. A Rate-Dependent Constitutive Model for Molybdenum[J]. J. Appl. Phys. ,1993,74(6):3827.

[144] 胡建波,谭华,俞宇颖,等. 铝的动态屈服强度测量及再加载弹性前驱波的形成机理分析[J]. 物理学报, 2008,57(1):405-409.

[145] Huang H, Asay J R. Compressive Strength Measurements in Aluminum for Shock Compression over the Stress Range of 4-22 GPa[J]. J. Appl. Phys. ,2005,98:033524.

[146] Asay J R, Chhabildas L C. Determination of the shear strength of shock compressed 6061-T6 aluminum[C]. Shock waves and high-strain-rate phenomena in metals, New York: Plenum Publishing Corp. ,1981:417-431.

[147] Vogler T J, Reinhart W D, Chhabildas L C. Hugoniot and Strength Behavior of Silicon Carbide[J]. J. Appl. Phys. , 2006,99:023512.

[148] Furnish M D, Alexander C S, BrownJ L, et al. 2169 Steel Waveform Measurements for Equation of State and Strength Determination[J]. J. Appl. Phys. ,2014,115:033511.

[149] 俞宇颖,谭叶,谭华,等. 适用于自洽强度方法的冲击加载-再加载实验技术[J]. 爆炸与冲击,2016,36(4): 491-496.

[150] 王翔. 金属材料状态方程精密实验测量技术研究[D]. 绵阳:中国工程物理研究院,2004.

[151] Mitchell A C, Nellis W J. Shock Compression of Aluminum, Copper and Tantalum[J]. J. Appl. Phys. ,1981,52(5): 3363-3374.

[152] 俞宇颖. 强冲击载荷作用下 LY12 铝的准弹性卸载特性及层裂研究[D]. 绵阳:中国工程物理研究院, 2006.

[153] Marsh S P. LASL Shock Hugoniot Data[M]. Berkeley: University of California Press,1980.

[154] Burakovsky L, Preston D L. Generalized Guinan-Steinberg Formula for the Shear Modulus at all Pressures[J]. Physical Review B,2005,71:184118.

[155] Cochran S G, Guinan M W. Bauschinger effect in uranium[R]. Lawrence Livermore National Laboratory Report No. UCID-17105,1976.

[156] Huang H, Asay J R. Reshock Response of Shock Deformed Aluminum[J]. J. Appl. Phys. ,2006,100:043514.

[157] Huang H, Asay J R. Reshock and Release Response of Aluminum Single Crystal[J]. J. Appl. Phys. , 2007, 101: 063550.

[158] Asay J R, Chhabildas L C, Kerley G I, et al. High Pressure Strength of Shocked Aluminum[C]. Proceedings of Shock Compression of Condensed Matter-1985, New York: Plenum: 145.

[159] Eduardo M B, Caro Alfredo, Wang Yinmin, et al. Ultrahigh Strength in Nanocrystalline Materials under Shock Loading[J]. Science,2005,309:1838.

[160] Church P D, Andrews T, Bourne N K, et al. Spallation in the Alloy Ti-6Al-4V[C]. Proceedings of Shock Compression of Condensed Matter-2001.

[161] Razorenov S V, Kanel G I, Baumung K, et al. Hugoniot Elastic Limit and Spall Strength of Aluminum and Copper Sin-

gle Crystals over a Wide Range of Strain Rates and Temperatures[C]. Proceedings of Shock Compression of Condensed Matter-2001, New York: AIP Press, 2002.

[162] 张万甲,杨中正. 93 钨合金断裂特性研究[J]. 高压物理学报, 1995, 9(4): 279-288.

[163] Kinslow R. High Velocity Impact Phenomena[M]. New York: Academic Press, 1970.

[164] Curran D R, Seaman L. Dynamic Failure of Solids [J]. Physical Reports, 1987, 147(5/6): 253.

[165] Bezruchko G S, Kanel G I, Razorenov S V. Measurements of Sound Speed in Zinc in the Negative Pressure Region[C]. Shock Compression of Condensed Matter-2003, New York: AIP Press, 2004.

[166] Hu Jianbo, Dai Chengda D, Y Yuying, et al. Sound Velocity Measurement of LY12 Al Alloy under Tensile Stress[C]. Proceedings of DYMAT International Conference-2009, Brussel: EDP Sciences, 2009.

[167] Funk D, Gray R, Germann T, et al. 21st Century Needs and Challenges of Compression Science Workshop[R]. LA-UR09-07771, 2009.

[168] Nguyen J H, Orlikowski D, Streitz F H, et al. High-Pressure Tailored Compression: Controlled Thermodynamic Paths[R]. UCRL-JRNL-216464, 2005.

[169] Funk D, Gray R, Germann T, Martineau R (organizer). A Summary Report on the 21st Century Needs and Challenges of Compression Science Workshop[R]. LA-UR 09-07771, 2009.

[170] 刘高旻. 高密度 PZT95/5 陶瓷的冲击相变及放电性能研究[D]. 绵阳:中国工程物理研究院, 2009.

[171] Asay J R. Shock Induced Melting in Bithmuth[J]. J. Appl. Phys., 1974, 45: 4441-4452.

[172] Asay J R, Chhabildas L C. Some New Developments in Shock Wave Research[C]. High Pressure Science and Technology, Marteau: Pergamon Press, 1980.

[173] Asay J R, Vogler T J, Ao T, et al. Dynamic Yielding of Single crystal Ta at Strain rates of 5×10^5/s [J]. J. Appl. Phys., 2011, 109: 073507.

[174] Reisman D B, Toor A, Cauble R C. Magnetically Driven Isentropic Compression Experiments on the Z Accelerator[J]. J. Appl. Phys., 2001, 89(9): 1625.

[175] Furnish M D, Davis J P, Knudson M, et al. Using the Saturn Accelerator for Isentropic Compression Experiments[R], SAND Report 2001-3773, 2001.

[176] Hayes D. Backward Integration of the Equations of Motion to Correct for Free Surface Perturbations[R]. SAND Report 2001-1440, 2001.

[177] Hayes D B, Hall C A, Asay J R, et al. Measurement of the Compression Isentrope for 6061-T6 Aluminum to 185 GPa and 46% Volumetric Strain Using Pulsed Magnetic Loading[J]. J. Appl. Phys., 2004, 96: 5520.

[178] Davis J P. Experimental Measurement of the Principal Isentrope for Aluminum 6061-T6 to 240 GPa [J]. J Appl. Phys., 2006, 99: 103512.

[179] Vogler T J, Ao T, Asay J R. High-Pressure Strength of Aluminum under Quasi-Isentropic Loading[J]. International Journal of Plasticity, 2009, 25: 671-694.

[180] Asay J R, Ao T, Vogler T J. Yield Strength of Tantalum for Shockless Compression to 18 GPa[J]. J. Appl. Phys., 2009, 106: 073515.

[181] Vogler T J. On Measuring the Strength of Metals at Ultrahigh Strain Rates[J]. J. Appl. Phys., 2009, 106: 053530.

[182] Brown J L, Alexander C S, Asay J R, et al. Extracting strength from High Pressure Ramp-Release Experiments[J]. J. Appl. Phys., 2013, 114, 223518.

[183] Brown J L, Alexander C S, Asay J R, et al. Flow Strength of Tantalum under ramp Compression to 250GPa [J]. J. Appl. Phys., 2014, 115: 043530.

[184] Smith R F, Eggert J H, Saculla M D, et al. Ultrafast Dynamic Compression Technique to Study the Kinetics of Phase Transformations in Bismuth[J]. Phys. Rev. Lett., 2008, 101: 065701.

[185] Smith R, Eggert J, Celliers P, et al. Laser Driven Quasi-Isentropic Compression Experiments (ICE) for Dynamically Loading Materials at High Strain Rates[R]. UCRL-CONF-220335, 2006.

[186] Lorenz K T, Edwards M J, Glendinning S G, et al, Accessing Ultrahigh-pressure, Quasi-isentropic States of Matter[J]. Physics of Plasmas, 2005, 12: 056309.

[187] Barker L M, Scott D D. Development of a High-Pressure Quasi-isentropic Plane Wave Generating Capability[R]. SAND Report 84-0432, 1984.

[188] Barker L M. High Pressure Qusi-isetropic Impact Experiments[C]. Proceedings of Shock Wave in Condensed Matter-1983, New York: Elsevier Science Publications, 1984.

[189] Martin L P, Patterson J R, Orlikowski D, et al. Application of Tape-cast Graded Impedance Impactors for Light-gas Gun Experiments [J]. J. Appl phys., 2007, 102: 023507.

[190] Furnish M D, William M K, Reinhart D, et al. Exploring Pulse Shaping for Z Using Graded-Density Impactors on Gas Guns[R]. SAND Report 2005-6210, 2005.

[191] Martin L P, Orlikowski D, Nguyen J H. Fabrication and Characterization of Graded Impedance Impactors for Gas Gun Experiments from Tape Cost Metal Powders[J]. Materials Science and Engineering A, 2006, 427: 83-91.

[192] Yep S J, Belof J L, Orlikowski D A, et al. Fabrication and Application of High Impedance Graded Density Impactors in Light Gas Gun Experiments[J]. Rev. Sci. Instru., 2013, 84: 103909.

[193] Jarmakani H, McNaney J M, Kada B, et al. Dynamic Response of Single Crystalline Copper Subjected to Quasi-Isentropic Gas-Gun Driven Loading[R]. UCRL-PROC-215958, 2005.

[194] 柏劲松,等. 超高速发射实验模型的数值计算[J]. 高压物理学报,2004,18(2):116.

[195] 柏劲松, 谭华,李平,等. 阻抗梯度飞片加载下的超高速发射二维数值模拟方法[J]. 计算物理,2004,21(4):305-310.

[196] Yang Z M, Zhang L M, Shen Q, et al. Theoretical Design of Sedimentation Applied to the Fabrication of Functionally Graded Materials[J]. Metallurgical and Materials Transactions B, 2003, 34B; 605-609.

[197] Zhang J, Luo G Q, Wang Y Y, et al. An Investigation on Diffusion Bonding of Aluminum and Magnesium Using a Ni Interlayer[J]. Materials Letters, 2012, 83: 189-191.

[198] Liu S L, Shen Q, Luo G Q, et al. Fabrication of W/Cu FGM By Aqueous Tape Casting[J]. Journal of Physics: Conference Series 419, 2013: 012018.

[199] Zhang L M, Chen W S, Luo G Q, et al. Low-Temperature Densification and Excellent Thermal Properties of W-Cu Thermal-Management Composites Prepared from Copper-Coated Tungsten Powders[J]. Journal of Alloys and Compounds, 2014, 588: 49-52.

[200] Nguyen J H, Orlikowski D, Streitz F H, et al. High-Pressure Tailored Compression: Controlled Thermodynamic Paths[J]. J Appl. Phys. 2006, 100: 023508.

[201] Chhabildas L C, Barker L M, Asay J R, et al. Launch Capabilities to over 10 km/s[C]. Proceedings of Shock Compression of Condensed Matter-1991, New York: Elsevier Science Publishers, 1992.

[202] Brannon R M, Chhabildas L C. Shock Induced Vaporization of Zinc[C]. Proceedings of Shock Compression of Condensed Matter-1995, New York: AIP Press, 1996.

[203] Winfree N A, Chhabildas L C, Reinhart D, et al. EOS Data of Ti-6Al-4V to Impact Velocities of 10.4 km/s on a Three-Stage Gun[C]. Shock Compression of Condensed Matter-2001, New York: AIP Press, 2002.

[204] 柏劲松,罗国强,唐蜜,等. 冲击加载-准等熵加载过程的密度梯度飞片计算设计[J]. 高压物理学报,2009,3:173-180.

[205] 沈强. W-Mo-Ti 体系梯度飞片材料的制备及其准等熵压缩特性[D]. 武汉:武汉理工大学,2001.

[206] 沈强,王传彬,张联盟,等. 为实现准等熵压缩的波阻抗梯度飞片的实验研究[J]. 物理学报,2002,51:1759.

[207] 王青松,王翔,戴诚达,等. 三级炮加载技术在超高压物态方程中的应用[J]. 高压物理学报,2010,4(3):187-191.

[208] 王青松,王翔,郝龙,等. 三级炮超高速发射技术研究进展[J]. 高压物理学报,2014,28(3):339-345.

[209] 柏劲松,王翔,钟敏,等. 气炮发射获得超高速碰撞器的数值模拟研究进展[J]. 中国科学:物理学力学天文学,2014,44(5):547-556.

[210] Barker L M, Hollenbach R E. Shock Wave Study of the α-ε Phase Transition in Iron[J]. J. Appl. Phys., 1974, 45: 4872-4887.

[211] Duvall G E, Graham R A. Phase Transitions under Shock-Wave Loading[J]. Rev. Modern Phys., 1977, 49 (3):

523-579.

[212] Asay J R,Hall C A,Holland K G, et al. Isentropic Compression of Iron with the Z Accelerator[C]. Shock Compression of Condensed Matter - I999, New York:AIP Press,2000.

[213] Greeff C W, Rigg P A,Kundson M D,et al. Modeling Dynamic Phase Transition in Ti and Zr[C]. Proceedings of Shock Compression of Condensed Matter-2003,New York:AIP Press,2004.

[214] Gorman M G,Briggs R,McBride E E,et al. Direct Obervation of Melting in Shock-Compressed Bismuth with Femtosecond X-ray Diffraction[J]. Phys. Rev. Lette. ,2015,115:095701.

[215] Minao Kamegai. Two-Phase Equation of State and Free-Energy Model for Dynamic Phase Change in Materials[J]. J. Appl. Phys. ,1975, 46(4):1618.

[216] Nguyen J H,Orlikowski D,Streitz H,et al. Specifically Prescribed Dynamic Thermodynamic Paths and Resolidification Experiments[C]. Proceedings of Shock Compression of Condensed Matter-2003,New York:AIP Press,2004.

[217] Streitz F H, Nguyen J H, Orlikowski D, et al. Rapid Resolidification of Metals using Dynamic Compression[R]. UCRL-TR-209674,2005.

[218] Seagle C T,Davis J P,Martin M R,et al. Shock-Ramp Compression:Ramp Compression of Shock-Melted Tin[J]. Appl. Phys. Lett. ,2013,102:244104.

[219] Zel'dovich Y B,Raizer Y P. Physics of Shock Waves and High-Temperature Hydrodynamic Phenomena[M]. New York:Academic Press,1966.

[220] 胡绍楼,王文林,等. JGS-1 型激光速度干涉仪[J]. 爆炸与冲击,1987,3(7):257-260.

[221] 李泽仁,李幼平,等. 光纤传输速度干涉仪[J]. 爆炸与冲击,1994,14(2):175-181.

[222] 陈光华,李泽仁,等. VISAR 数据处理新方法及程序[J]. 爆炸与冲击,2001,4(10):315-320.

[223] 马云,胡绍楼,汪晓松,等. 样品-窗口界面运动速度的 VISAR 测试技术[J]. 高压物理学报,2003,17 (4):290-294.

[224] Peng Qixian,Ma Ruchao,et al. Four-Point Bisensitive Velocity Interferometer with a Multireflection Etalon[J]. Review of Scientific Instruments,2007,78(11):113106.

[225] Li Zeren,Ma Ruchao,et al. A Multi-Point VISAR and Its Applications[C]. Proceedings of 24th International Congress on High Speed Photography and Phtonics,Japan,2000.

[226] 刘寿先,李泽仁. 一种新的线成像激光干涉测速系统[J]. 强激光和粒子束,2009,21(2):213-216.

[227] 刘寿先,雷洪波,等. 同时线成像和分幅面成像任意反射面速度干涉仪测速技术[J]. 中国激光,2014,41(1):0108007.

[228] 胡力,贾波,谭华,等. 全光纤任意反射面速度干涉系统[J]. 光学学报,2000,20(6):814-820.

[229] Jia Bo, Hu Li, Tan Hua, et al. Fiber - Optic Interferometer for Measuring Low Velocity of Diffusively Reflecting Surface[J]. Microwave and Optical Technology Letters. 1999,22(4):231-234.

[230] 翁继东,谭华,胡绍楼,等. 全光纤速度干涉仪数据处理方法[J]. 光电工程,2005,32(1):77-80.

[231] Weng Jidong,Wang Xiang,Tao Tianjiong,et al. Optic-Microwave Mixing Velocimeter for Superhigh Velocity Measurement[J]. Rev. Sci. Instru. ,2011, 82(12):123114.

[232] Weng Jidong,Tao Tianjiong,Liu Shenggang,et al. Optical-Fiber Frequency-Domain Interferometer with nanometer resolution and centimeter Measuring Rang[J]. Rev. Sci. Instru. ,2013,84:113103.

[233] Weng Jidong,Liu Shenggang,Ma Heli,et al. Dynamic Frequency-Domain Interferometer for Absolute Distance Measurements with High Resolution[J]. Rev. Sci. Instru. ,2014,85:113112.

[234] 梁铨廷. 物理光学[M]. 3 版. 北京:电子工业出版社,2008.

[235] Hemsing W F. Velocity Sensing Interferometer (VISAR) Modification[J]. Rev. Sci. Instr. ,1979,50(1):73-78.

[236] Barker L M,Schuler K W. Correction to the Velocity-Per-Fringe for the VISAR Interferometer[J]. J. Appl. Phys. ,1974,45:3692-3693.

[237] Hayes D. Unsteady Compression Waves in Interferometer Windows[J]. J. Appl. Phys. ,2001,89:6484-6486.

[238] 马云,李泽仁,胡绍楼,等. 用作 VISAR 窗口的 LiF 晶体折射率变化修正因子[J]. 高压物理学报,2007,21:397-400.

[239] Wise J L, Chhabidas L C. Laser Interferometer Measurements of Refractive Index in Shock-Compressed Materials[C]. Shock Wave in Condensed Matter-1985, New York, 1986.

[240] Setchell R E. Index of Refraction of Shock-Compressed Fused Silica and Sapphire[J]. J. Appl. Phys., 1979, 50: 8186-8192.

[241] Rigg P A, Knudson M D, Scharff R J, et al. Determining the Refractive Index of Shocked [100] Lithium Fluoride to the Limit of Transmissibility[J]. J. Appl. Phys., 2014, 116: 033515.

[242] Fratanduono D E, Boehly T R, Barrios M A, et al. Refractive Index of Lithium Fluoride Ramp Compressed to 800 GPa[J]. J. Appl. Phys., 2011, 109: 123521.

[243] Bradley D K, Eggert J H, Smith R F, et al. Diamond at 800GPa[J]. Phys. Rev. Lett., 2009, 102: 075503.

[244] Levin L, Tzach D, Shamir J. Fiber Optic Velocity Interferometer with Very Short Coherence Length Light Source[J]. Rev. Sci. Instrum., 1996, 67 (4): 1434-1437.

[245] 翁继东,谭华,胡建波,等. 任意反射面全光纤速度干涉仪的数据处理方法[J]. 光学工程,2005,32(1): 77-80.

[246] Weng Jidong, Tan Hua, Hu Shaolou, et al. New all-Fiber Velocimeter[J]. Rev. Sci. Instrum., 2005, 76: 093301.

[247] Dolan D H, Jones S C. Push-Pull Analysis of Photonic Doppler Velocimetry Measurements[J]. Rev. Sci. Instrum., 2007, 78: 076102.

[248] Jensen B J, Holtkamp D B, Rigg P A, et al. Accuracy Limits and Window Corrections for Photon Doppler Velocimetry[J]. J. Appl. Phys., 2007, 101: 013523.

[249] Weng Jidong, Wang Xiang, Tao Tianjiong, et al. Optic-Microwave Mixing Velocimeter for Superhigh Velocity Measurement[J]. Rev. Sci. Instr., 2011, 82: 123114.

[250] Ao T, Dolan D H. Effect of Window Reflections on Photonic Doppler Velocimetry Measurements[J]. Rev. Sci. Instrum, 2011, 82, 023907.

内 容 简 介

本书就实验冲击波物理当前普遍关注的若干热点问题及新思想进行了较深入的讨论,展示了作者及中国工程物理研究院冲击波物理与爆轰物理重点实验室(LSD)的同事们近20年来取得的部分研究成果。全书共包含8章。

第1章重点介绍了冲击波物理的一些重要概念,包括冲击波的守恒方程与冲击绝热线,小扰动传播的特征线理论以及拉格朗日坐标和守恒方程。第2章重点讨论了冲击绝热线的实验测量方法及原理。第3章论述了金属材料的冲击波温度的辐射法实验测量原理及方法,包括理想界面模型和非理想界面模型。第4章讨论了金属材料的冲击熔化及冲击熔化温度的实验测量问题,重点讨论了由于界面热传导引发的金属材料再凝固相变和窗口材料的熔化对冲击熔化温度测量的影响。第5章阐述了强动载下的拉格朗日声速实验测量的基本原理以及从 Hugoniot 状态卸载时的准弹性-塑性现象。第6章论述了单轴应变极端条件下金属材料的弹-塑性屈服,重点论述了冲击加载和极端应变率斜波加载下的本构关系及屈服强度的实验测量方法。第7章介绍了利用"阻抗梯度飞片"进行无冲击驱动的方法、三级炮超高速发射原理及其应用,对平衡相变模型、两步相变模型以及渐变型相变模型的基本物理图像进行了深入分析,对球面聚心冲击压缩进行了简要讨论。第8章从多普勒频移现象入手,对拍频干涉原理及其应用进行讨论,阐述了早期的 Barker 型激光速度干涉仪(VISAR)的基本设计思想,对可用于超高速度和超高加速度测量的全光纤激光位移干涉仪(DISAR)及光波-微波混频干涉仪(OMV)的原理进行了说明,并给出了实际应用结果。

本书可供从事凝聚态物理、地球物理、天体物理和材料科学等研究领域的研究者、学者和工程技术人员以及从事航天器防护、新材料合成、爆炸效应等应用研究的有关人员参考。也可用作相关专业的大学本科生和研究生的参考读物。

This edition o Experimental Shock Wave Physics includes new ideas on the hot topics currently discussed worldwide and new progress achieved by the author and his colleagues in the Laboratory for Shock Wave and Detonation Physics Research (LSD) during the recent 20 years. It contains 8 chapters.

Chapter 1 to chapter 4 focused on the experimental measurement methods of the high-pressure and high-temperature states created by strong shock compressions. Chapter 5 expounded the fundamental principles on Lagrange sound velocity measurements under strong dynamic loadings. The elastic-plastic yielding of metallic materials under extreme conditions and the diagnosis method of the yield state were elaborated in detail in chapter 6, where emphasis is put on the constitutive relationship when subjecting to strong shock loading or extreme ramp loadings. Chapter 7 discusses the three basic means to create the extreme ramp wave compressions, with focus on the " graded-impedance flyer techniques" developed recently in LSD. A three-stage-gun, capable of launching a massive metallic plate impacter of a few grams to super-high velocities over 10km/s has been developed; Another issue discussed is the centripetal spherical shock compressions. phase transition dynamics models were also elaborated. Chapter 8 dealt with the beat frequency interference and its applications in high-resolution real-time velocity diagnoses; the basic principles for DISAR and OMV instruments were stated and a few applications for super high velocity real-time diagnoses were presented.

This book is for researchers, engineers, technicians and students who are working in condensed matter physics, geophysics, astrophysics and material science and for those who are interested in space vehicle protections, dynamic material syntheses and processing and explosion effects etc. It can also be used as a reference book or textbook for graduate students of the related specialties in universities and institutes.